실무를 위한 식품포장공학

FOOD PACKAGING

실무를 위한 식품포장공학

대표저자 박현진
김성우 · 김정민 · 김형계 · 민세철 · 배호재
신양재 · 오세종 · 이성주 · 이춘식 · 전대훈

수학사

머리말

대한민국의 패키징 산업은 해방 후 시작되었으니 대략 70년이 넘었다. 패키징 산업은 우리나라의 기간산업으로 자리 잡았으며 소재, 가공, 기계, 서비스 등을 포함하여 2018년 현재 시장 규모가 대략 80조 원에 이를 정도이다. 그중 식품 패키징은 전체 패키징 산업의 약 70%를 점하고 있으며, '포장, 유통, 판매, 정보 제공' 등의 복합적 기능을 가지고 있다.

우리나라에서 식품 포장이라고 하면 단지 '포장'에 관한 단순한 기능만으로 독자들이 생각할 수 있으리라 판단하여, 식품 포장이란 용어 대신에 영어의 'Food Packaging'을 그대로 사용한 '식품 패키징'이라는 좀 더 포괄적이고 복합적인 단어를 선택하였다. 결국 이 책에서 다루고자 하는 내용은 식품의 포장과 관련된 모든 기능을 포함한다.

모든 제품은 패키징이 되어야 소비자에게 판매할 수 있고 제품의 변질, 파손, 도난을 방지하는 기능에서부터 제품의 특성, 용량, 효능, 사용법, 폐기 후 탄소 배출량까지 다양한 정보를 제공한다.

최근에는 생산, 가공, 수송, 제품의 안전 등의 상세한 정보를 실시간 확인할 수 있는 이력 추적 시스템이 패키징 기술에 도입되어 있다. 또한 패키징은 최신의 과학 및 공학은 물론 디자인, 마케팅, 환경 등에 이르기까지 모든 첨단 정보가 집약된 경이로운 작품이기도 하다.

'식품포장공학'은 1997년부터 지금까지 20여 년간 진보하고 있다. 그러나 아직 국내에는 마땅한 교재가 없어 해외의 원서를 사용하고 있는 실정이다. 그러다 보니 우리나라의 포장산업과 현실에 맞지 않는 부분도 있으며, 실용적인 분야라는 '패키징'의 본연의 의미와도 다소 거리감이 있었다.

다행히 국내에서 식품 패키징 교재의 저술이 가능했던 것은 고려대학교 식품공학과 학부와 대학원에서 제자인 김정민 박사와 식품포장공학을 강의하면서 얻은 경험과 자료를 바탕으로 식품 패키징 교재 저술이란 오랜 꿈을 실현할 수 있는 기반을 마련했기 때문이라 생각한다. 학계에서는 전남대학교의 오세종 교수, 건국대학교의 배호재 교수, 서울여자대학의 민세철 교수, 한국농수산식품유통공사의 김정민 교수, 산업계에서는 원로이신 한일제관의 김성우 전무님, 대양화성의 김형계 소장, 아세아그룹의 이춘식 이사, CJ의 이성주 부장, 포장학회의 신양재 박사 등 각 분야의 전문가들이 참여하였으며, 한국식품의약품안전처에서 오랫동안 패키징 업무를 담당한 전대훈 박사가 참여함으로써 수준 있는 식품 패키징 교재의 완성을 가능케 하였다.

식품 패키징은 식품화학, 식품미생물, 식품공학, 식품저장학을 공부한 후 식품 관련 제품을 소비자에게 전달하는 식품과학 기술의 열매이다. 이 책이 우리나라 식품 패키징의 발전에 크게 기여할 수 있기를 바라며, 많은 후학들이 식품 연구과 식품산업체의 발전에 기여하기 위한 밑거름이 되기를 바라마지 않는다.

고려대학교 이공대학 캠퍼스에서

대표저자 박 현 진

차례

CHAPTER **01**
식품 패키징과 기능

1. 개요 16
2. 기술적/공학적 기능 20
   1) 담는 기능과 유통 기능 20
   2) 편리 기능 21
   3) 보호 기능 22
3. 판매/소통 기능 23
4. 식품 패키징에서 고려해야 할 사항 24

CHAPTER **02**
종이와 판지

1. 개요 28
2. 종이의 원료 : 펄프 32
   1) 펄프의 종류 32
   2) 펄프의 제조공정 36
3. 종이의 제조공정 37
   1) 해리 37
   2) 고해 37
   3) 첨가제의 배합 39
4. 초지 공정 41
   1) 장망 초지기 42
   2) 환망 초지기 43
   3) 초지 공정에서 부여되는 종이의 물성 46
5. 종이 포장의 최근 동향 46
6. 종이 포장재와 환경 50

CHAPTER **03**
골판지와 골판지상자

1. 개요 56
2. 골판지의 종류와 용도 60
3. 골판지의 제조공정 및 제조설비 61
   1) 골판지 제조공정 및 설비 61
4. 골판지 원지 생산 및 유통 63
   1) 골판지 원지 종류 및 용도 63
   2) 골판지 원지 생산공정 63
5. 골판지상자의 제조공정 67
   1) 골판지상자 가공공정 67
   2) 골판지상자의 종류 및 용도 69
   3) 골판지상자의 설계 74
   4) 골판지상자의 원가계산 76

6. 골판지산업 79
1) 원지 시장 현황 79
2) 골판지 포장산업 81
3) 골판지 시장 성장 전망 82

CHAPTER 04
금속 포장 공학(금속 캔)

1. 개요 86
1) 금속 포장(금속 캔)의 정의 87
2) 연구 범위 87
2. 금속 캔의 시장과 제조 기술의 변천 88
1) 금속 캔의 시장 규모와 비중 88
2) 금속 캔 기술의 변천 89
3. 금속 캔의 특성 및 분류 92
1) 금속 캔의 특성 92
2) 금속 캔 및 소재의 선택 요소 93
3) 금속 용기의 분류 93
4) 금속 캔의 규격 93
4. 금속 용기의 소재 97
1) 금속 원재료 97
2) 캔용 도료 및 기타 부재료 103
5. 금속 용기의 제조 방법 및 특성 108
1) 3피스 캔 109
2) 2피스 캔 112
3) 보틀 캔 117
4) 미술관 및 특수 금속 캔 119
5) 캔 뚜껑 120
6. 금속 캔의 밀봉(이중권체) 122
1) 이중권체의 목적과 기본 요건 123
2) 이중권체의 주요 명칭 123
3) 이중권체의 형성 공정과 형상 123
7. 금속 캔의 품질 관리 125
8. 최근 기술 개발의 동향 127
1) 원가 절감을 위한 캔의 경량화 128
2) 제품의 차별화를 통한 판매 촉진 기술 129
3) 환경과 식품 안전에 대한 기술 130
9. 자원 절약과 재활용 131
1) 정부의 포장재 자원 절약과 재활용 정책 131
2) 금속 캔의 자원 절약과 재활용 촉진 기술 131
10. 맺는 말 132

CHAPTER **05**

식품에 사용되는 유리 용기

1. 개요 136
    1) 유리 포장 137
    2) 식음료 분야의 유리 포장재 시장 137
    3) 유리의 조성 138
2. 식품 패키징으로서 유리 용기의 장단점 139
3. 유리 및 유리 용기의 제조 142
    1) 용융 142
    2) 컨테이너 성형 142
    3) 설계 매개변수 144
    4) 후가공 처리 144
4. 금형 146
5. 마개의 선택 149
    1) 일반 씰 150
    2) 진공 씰 150
    3) 압력 씰 150
6. 마개의 종류 151
    1) 크라운 캡 151
    2) 러그 캡 151
    3) ROPP 캡 152
    4) TP 캡 152
    5) 마개의 안전규격 153
7. 유리 용기의 가공 153
    1) 유리 용기 식품의 열처리 153
    2) 장식기법 154
    3) 파손 방지 설계 154
8. 유리병과 환경 156
    1) 재사용 156
    2) 재활용 157
    3) 경량화 158

CHAPTER **06**

고분자 재료

1. 식품 포장재로서 고분자 재료 162
2. 고분자 제조 방법 및 형태 162
    1) 고분자 제조 방법 162
    2) 고분자의 형태 166
3. 고분자의 물리적, 열적 및 기계적 성질 167
    1) 중합도 및 분자량 167
    2) 결정성, 비결정성 고분자의 결정화도 168
    3) 기계적 성질 169
    4) 고분자의 열적 성질 173
4. 고분자의 화학적 성질 175
5. 생분해성 플라스틱 177
    1) 개요 177
6. 전자레인지용 플라스틱 178
7. 식품 포장재로 사용되는 고분자의 종류 179
    1) 폴리에틸렌 179
    2) 폴리프로필렌 180
    3) 폴리에틸렌 테레프탈레이트 181
    4) 폴리스티렌 183
    5) 폴리아미드 184
    6) 폴리카보네이트 185

CHAPTER **07**

플라스틱 필름

1. 개요 192
2. 무연신 필름 194
    1) 무연신 필름의 제조 방법 194
    2) 소재에 따른 무연신 필름의 종류 199
    3) 압출 코팅에 의한 필름의 제조 210

4) 필름의 코팅 방법 212

3. 이축연신 필름 213

1) 이축연신 방법 213

2) 이축연신 필름의 특징 및 종류 217

CHAPTER 08

생물고분자 패키징 필름

1. 생물고분자의 분류 및 생물고분자 필름의 역사 226

2. 생물고분자 필름의 원료 및 특징 227

3. 생물고분자 필름의 장점 228

4. 생물고분자 필름의 기계적 물성 229

5. 생물고분자 필름의 가스 투과도 230

6. 생물고분자 필름의 온도 의존성 및 활성화 에너지 232

CHAPTER 09

포장재의 기체 투과 이론

1. 기체 및 수증기 투과도 238

1) 정의 238

2) 투과도 측정 240

3) 가스에 대한 포장재의 투과도 247

4) 수분 투과도 252

5) 습윤 기체의 투과도 254

6) 다층 포장재의 투과도 257

CHAPTER 10

블로 성형

1. 블로 성형의 역사 264

2. 블로 성형 원리 및 특징 264

3. 블로 성형 방법 266

1) 압출 블로 성형 267

2) 사출 블로 성형 270

3) 연신 블로 성형 272

4. 블로 성형 장치 275

1) 압출 장치 275

2) 다이/헤드 276

3) 형체 장치 277

4) 블로 장치 279

5) 금형 279

5. 블로 성형의 불량 원인 및 대책 282

1) 블로 성형 조건과 품질 관계 282

2) 블로 성형의 불량 원인 및 대책 283

6. 블로 성형 용기의 응용 286

1) 폴리에틸렌 286

2) 폴리프로필렌 288

3) 폴리에틸렌 테레프탈레이트 290

4) 다층 290

CHAPTER 11

PET병 성형

1. 서론 294

2. PET병의 역사 294

1) 초기 싱글 스테이지 ISBM 296

2) 초기 투 스테이지 ISBM 297

3) 통합된 투 스테이지 ISBM 298

4) 열고정 298
5) PET병 주요 부위의 명칭 299

3. 싱글 스테이지 사출 연신 블로 성형 300
1) 개요 300
2) PET 수지의 건조 301
3) PET의 소성 302
4) 프리폼의 사출성형 303
5) 프리폼 온도의 최적화 303
5) 연신 블로 성형 304
6) 컨테이너 배출 305

4. 싱글 스테이지 ISBM 설비 305
1) 싱글 스테이지 설비의 구성 305
2) 싱글 스테이지 설비의 세부 단위공정 306

5. 통합 투 스테이지 기계 310

6. 투 스테이지 사출 연신 블로 성형 311
1) 개요 311
2) 프리폼 성형 312
3) 용기의 연신 블로 성형 313
4) Neck 결정화 314
5) 열고정 314

7. 프리폼 및 용기 디자인 315
1) 연신 블로 성형 재료로서 PET의 기술적 기초 315
2) 프리폼 디자인 318
3) PET병의 디자인 322

CHAPTER 12

열성형

1. 열성형의 개요 332
1) 열성형의 정의 332
2) 열성형의 역사 332
3) 열성형 포장 시장 333
4) 국내 식품용 열성형 포장 개발 사례 334

2. 열성형 기술 336
1) 열성형 공법 336
2) 열성형기의 주요 장치 339
3) 열성형 공법의 장단점 비교 339
4) 열성형 플라스틱 소재 340
5) 고차단성 다층 포장재에 대한 이론적 고찰 347
6) 열성형 용기의 벽 두께 설계 351

3. 압출성형 기술 353
1) 압출성형 공법 353
2) 다층 압출에 대한 기술적 고찰 354

CHAPTER 13

포장 설계와 디자인

1. 연포장재의 설계 362
1) 연포장 필름의 특성 363
2) 식품의 종류별 포장 설계 369

2. 플라스틱 용기의 설계 376
1) 주요 플라스틱 소재 및 특성 376
2) 플라스틱 용기의 성형 376
3) 금형의 설계 및 관리 381

3. 지류 포장 설계 382
1) 지기의 설계 382

2) 지대의 설계 384

3) 골판지상자의 설계 386

4. 포장 표준화 391

1) 유닛 로드 시스템 391

2) 포장의 표준화 방법 392

3) 적정 포장 설계 394

CHAPTER **14**

포장재 인쇄 기술

1. 개요 398

1) 플렉소인쇄 398

2) 오프셋인쇄 403

3) 그라비아인쇄 409

2. 인쇄 방식별 인쇄 품질 414

1) 계조의 표현 방식 차이 414

2) 잉크의 전이량과 인압 효과 415

3) 인쇄 방식에 따른 인쇄 품질의 대표적 특징 416

3. 인쇄 방식별 종이의 선택 418

1) 인쇄물로서의 종이 418

2) 인쇄 방식별 요구되는 종이의 품질 420

4. 인쇄 방식별 잉크의 특징 422

5. 외국의 친환경 잉크 사용 동향 425

1) 플렉소 잉크 425

2) 오프셋 잉크 425

3) 그라비아 잉크 427

6. 인쇄 방식의 선정 428

7. 기타 인쇄 기술 429

1) 드라이 오프셋인쇄 429

2) 스크린인쇄 431

3) 열전사인쇄 432

4) 패드인쇄 433

5) 기타 장식 기법 434

CHAPTER **15**

액티브·스마트 포장

1. 개요 440

2. 패키징에 관여하는 인자 441

1) 산소 441

2) 수분 446

3) 온도 447

3. 스마트/인텔리전트 패키징에 사용된 최신 기술 447

1) 신선도 지시계 447

2) 통신 기능 449

3) pH 센서 449

4) 고주파 식별 장치 450

CHAPTER **16**

식품의 포장공정

1. 식품의 포장 형태 454

2. 포장 충전기 454

1) 계수기 454

2) 분말 충전기 456

3) 체적 계량기 457

4) 액체 충전기 457

5) 과립 계량기 459

6) 조합 선택식 계량기 460

3. 파우치 포장 460

1) 접착의 원리 및 종류 460

2) 열 접착기의 종류 462
3) 파우치 포장 기기 463
4. Form-Fill-Seal 포장기 466
1) Form-Fill-Seal 특징 및 활용 466
2) FFS 포장기의 종류 466
5. 용기 포장기 470
1) 용기 공급형 포장기 470
2) MAP 포장기 470
6. 살균 포장 471
1) 레토르트 포장 471
2) 비가열 살균 포장 472
7. 지함 포장 473
1) 반자동 카턴 머신 473
2) 자동 카턴 머신 473
8. 캔 포장 474
9. 라벨 포장과 라벨링 475
1) 라벨의 종류 및 특성 475
10. 묶음 포장 478
1) 열수축 포장 478
2) 멀티 팩 479
11. 박스 제함기 479

CHAPTER 17

우유 및 유제품의 포장

1. 서론 484
2. 유제품에 사용되는 포장재 484
3. 시유의 포장재 486
4. 발효유의 포장 488
5. 치즈의 포장 490
6. 분유 및 조제분유 491
7. 농축 유제품의 포장 492
8. 버터의 포장 493
9. 아이스크림의 포장 494

CHAPTER 18

식품 포장재의 안전 관리

1. 서론 498
2. 식품 포장재 제조 시설의 조건 498
3. 식품 포장재 제조 시 유의 사항 499
4. 식품 포장재의 보존 및 유통 시 유의 사항 499
5. 국내외 식품 포장재 이행 물질의 관리 체계 500
1) 개요 500
2) 기준 및 규격 관리 주체 500
3) 기준 규격 관리 501
6. 식품 포장재 이행 물질의 기준 설정 504
1) 기준 설정 대상 이행 물질 504
2) 이행 물질의 용출량 측정 505
3) 기준 설정 원칙 및 방법 507
4) 우리나라의 기준 설정 절차 510
5) 재평가 511
7. 기준 규격검사 512
8. 식품 포장재 표시 512

CHAPTER **19**

식품 패키징과 물류

1. 식품 패키징의 개요 520
   1) 패키징의 정의 520
   2) 식품 패키징의 기능 520
   3) 식품 패키징의 구분 522
   4) 식품 패키징과 물류의 필요성 523
2. 물류의 개요 524
   1) 물류의 정의 524
   2) 물류의 목적 525
   3) 물류의 범위 528
   4) 물류와 패키징 529
3. 물류 패키징 개론 530
   1) 물류 패키징의 종류 530
   2) 물류 패키징의 기법 538
   3) 물류 패키징 개발 및 시험표준 542
   4) 순환 물류 패키징 544
   5) 친환경 물류 패키징 549
   6) 스마트 물류 패키징 553

CHAPTER **20**

식품 패키징과 환경

1. 식품 패키징과 환경 562
2. 포장 재활용 563
   1) 종이 564
   2) 철 564
   3) 알루미늄 캔 565
   4) 유리 565
   5) 플라스틱 565
   6) 향후 동향 및 재활용 자료 566
3. 친환경 포장 설계 566
4. 전 과정 평가 567
   1) 목표 및 범위 수립 568
   2) 목록 분석 568
   3) 영향 평가 569
   4) 결과 해석 569
5. 친환경 포장 소재 569
   1) 생분해 플라스틱 571
   2) 산화 생분해 플라스틱 572
   3) 바이오 베이스 플라스틱 572
   4) 생물고분자 필름 573
6. 결론 574

찾아보기 580

CHAPTER 01

식품 패키징과 기능

Food Packaging and Functions

FOOD PACKAGING AND FUNCTIONS

1. 개요

식품 패키징/포장은 식품의 '포장, 유통, 저장, 판매, 정보 제공' 등의 복합적 기능을 가지고 있다. 그러나 우리나라에서 식품 포장이란 용어는 단지 '포장'에 관한 기능에만 집중되어 있어 오해할 수 있다. 따라서 식품 포장이란 용어 대신에 영어인 'Food Packaging(식품 패키징)'을 사용하는 것이 식품 포장의 복합적인 기능을 나타낼 수 있다고 판단된다.

패키징 기술은 인류 복지에 크게 기여해 왔다. 예를 들어 참치 통조림, 즉석 짜장이나 카레 파우치는 우리 모두에게 친숙한 즉석식품이다. 참치 통조림의 경우 조리된 참치나 양념된 참치가 캔에 들어 있어 집이나 야외에서 쉽게 반찬이나 간식으로 먹을 수 있다. 즉석 짜장과 카레는 파우치를 뜨거운 물에 데우거나, 내용물을 바로 그릇에 옮겨 전자레인지로 2~3분 데우면 쉽게 밥과 함께 먹을 수 있어 인기이다.

그림 1-1 **즉석 짜장과 카레**

자료 : 오뚜기식품

원시시대부터 1950년대 플라스틱이 개발되기 전까지 인류는 이렇다 할 패키징 기술이 없었으며 액체 식품을 담을 수 있는 용기조차 마땅한 것이 없었다. 지금은 사람들이 물을 마실 때에 종이컵, 플라스틱 컵이나 유리컵 등에 물을 간편하게 따라 마시지만 플라스틱이 개발되기 전에는 흙으로 만든 무거운 사발, 고가의 놋쇠나 유리컵 등을 사용할 수밖에 없었다. 더 시간을 거슬러 올라가 원시·농경 시대에는 수확할 농산물이 많은 여름, 가을에는 풍족한 생활을 했지만, 그 외의 기간에는 굶주림에 쉽게 노출되었다. 따라서 수확한 농식품을 가공하는 기술이나 오염시키지 않고 오래 보관할 수 있는 패키징 기술의 개발은 인류의 오랜 숙원 사업이었다.

현재, 농장에서 생산한 농산물과 어획물은 소비자들이 조리하거나 먹기 쉽게 가공된 후 유통 과정을 거쳐 식탁에 놓이게 된다. 이 중 일부 제품은 유통기한이 1년 이상으로 매우 길게 가공되기도 하는데, 그 대표 식품이 캔과 무균 파우치 제품이다. 캔과 무균 파우치는 살균공정을 거쳐서 미생물이 거의 없도록 만든 제품이므로 장기간 보관해도 안전하다.

표주박 사발 유리컵 놋쇠

그림 1-2 다양한 재질의 용기

자료 : 한국민족문화대백과사전(표주박, 놋쇠); 국립중앙박물관(사발); IKEA(유리컵)

패키징 기술에서의 첫 번째 획기적인 사건은 200여 년 전인 1804년에 프랑스 나폴레옹 황제의 명령으로 요리사 출신인 아페르Nicolas Appert가 주석 캔을 개발한 것이다. 흥미로운 사실은 1824년에 제조된 음식물이 들어 있는 주석 캔을 114년 후에 개봉하였는데, 성분들을 분석한 결과 먹을 수 있는 수준이었다는 것이다. 요즘 식품 공장에서 만들어지는 캔 제품들 또한 건조하고 서늘한 곳에 보관하면 대략 100년 후에도 먹을 수 있다고 한다. 아이러니하게도 음식을 상하게 하는 세균의 존재는 니콜라 아페르가 캔

그림 1-3 니콜라 아페르와 루이 파스퇴르

자료 : NNDB(아페르); 한국파스퇴르연구소(파스퇴르)

을 발명한 이후인 1861년 프랑스의 파스퇴르Louis Pasteur가 밝혔다. 파스퇴르를 통해 통조림을 오래 두고 먹을 수 있는 것은 캔 속에 들어 있는 세균을 파괴시킴으로써 가능하다는 사실이 밝혀졌다.

최근에 많이 쓰이는 식품용 레토르트 파우치는 1960년대 미국의 NASA(미항공우주국)와 미국 육군에서 우주와 군용 식량에 사용하기 위해 개발하였으나, 이 기술의 가능성을 파악한 한국 기업이 이를 상용화에 성공시켜 현재 전 세계를 석권하고 있다. 우주에서 먹는 식품은 안전해야 하기 때문에 세균이 없는 무균 상태로 처리한 후 무중력 상태에서도 편하게 먹을 수 있도록 파우치에 넣어 가져간다. 지구에서는 식품을 주위에서 쉽게 구할 수 있지만 우주에서는 구할 수 없기 때문에 오로지 지구에서 가져간 파우치 식품에만 의존할 수밖에 없다. 우주인들은 콜라, 사이다, 커피와 같은 기호식품도 모두 파우치에 들어 있는 것을 먹고 마신다. 최첨단의 우주 기술을 자랑하는 미국에서 개발한 파우치를 일상생활에 상용화한 것이 한국 기업이고, 나아가 이를 전 세계에 소개했을 뿐 아니라 그 시장을 석권하고 있다는 것이 참 자랑스럽다.

장기 보관을 목표로 캔이나 파우치에 넣은 식품에는 어떤 것이 있을까? 초기 캔이나 파우치에 담아 상품화한 제품들은 주로 소비자에게 인기 있는 식품들이다. 처음 상용화된 캔 제품은 1890년경 만들어진 것으로 미국 보스톤에서 많이 잡히는 바닷가재였다. 바닷가재 통조림의 개발로 중부 내륙에 사는 사람들도 맛있는 바닷가재를 접할 기회가 크게 늘어났다. 현재 흔히 볼 수 있는 참치, 해물수프, 각종 채소류, 고기류, 생선류 등이 주로 잘 팔리는 캔 제품이다. 우리나라에서는 꽁치와 햄 통조림이 인기이다. 파우치는 즉석식품으로 짜장류, 카레, 해물소스류 등이 대표적인 제품으로 꼽힌다.

패키징 기술은 고분자, 기계공학, 화학공학, 전자 등의 기술 발전에 힘입어 급속도로 발전하고 있다. 한국의 삼성전자는 2000년 시카고에서 개최된 국제가전박람회에서 식품 패키징과 커뮤니케이션이 가능한 특별한 인공지능 마이크로웨이브를 출품하여 인기를 끌었으며, 현재 이 제품은 국내 식품회사와 연계하여 상용화되었다. 이 마이크로웨이브에 포장된 식품을 넣으면, 마이크로웨이브 내의 전사 시스템이 식품의 바코드를 인식해서 필요한 시간만큼 마이크로웨이브를 작동시킨다. 따라서 소비자는 번거롭게 마이크로웨이브의 작동 시간을 입력할 필요가 없다. 미국에서는 패키징에 이력추적시스템을 상용화하였다. 이 시스템에는 제품의 원료 생산 지역, 생산자, 제품 제조 시기와 거쳐간 물류창고 등이 기록되어 있어 소비자로부터 큰 호응을 얻고 있다. 소비자는 제품에 도입된 이력추적시스템에 대한 비용을 기꺼이 지불하고 있다.

현재 높은 인기를 누리고 있는 즉석밥(예로서 CJ(주) 햇반, 오뚜기의 맛있는 오뚜기밥 등)은 최신 패키징 기술에 의해 가능해진 것 중 하나이다. 일본 구라레이Kuraray사가 개발한 산소 차단용 에틸비닐알코올필름을 즉석밥 용기 및 용기 포장필름에 적용하여 산소 차단성을 증가시켜 주었다. 이로써 제조된 쌀밥 배아 부분의 지방 산화가 최소화되어 유통기간이 대략 6개월 정도에 달하게 된다. 또 다른 예로 무거운 맥주병을 대신하는 폴리에스터 맥주 용기는 이산화탄소 배출을 최소화하였기에 가능하였다. 최근 나노공학 기술이 적용된 패키징은 더욱 더 획기적이다. 나노 크기의 점토가 혼용된 플라스틱 필름/플라스틱은 가스 차단성이 매우 높으므로 기존의 플라스틱 필름이나 용기를 얇게 하거나 감량해도 상당한 가스 차단 효과를 볼 수 있었다. 따라서 이산화탄소 저감화는

햇반　　　맛있는 오뚜기밥

그림 1-4 즉석밥

물론이고 폐기물의 발생도 현저히 줄었다.

발전된 패키징 기술은 우리의 생활과 조리 습관에 큰 변화를 가져왔다. 포장된 냉동 식품과 즉석식품의 활발한 활용으로 점차 부엌에서 조리할 필요성이 줄었으며, 군대에서도 훈련이나 전투 중에 음식을 조리할 필요 없는 포장된 군용식을 보급하게 되었다. 패키징 기술은 식품의 안전성을 높여 주고 우리의 일상생활을 건강하고 편리하게 해줌은 물론이고, 식품의 손상을 막는 기능을 넘어 소비자의 구매 욕구를 높이는 역할도 한다.

식품 패키징의 기능은 크게 2가지로 구분된다.

- 기술적/공학적 기능 : 식품 패키징을 통해 식품을 담는 용기, 외부로부터의 차단성, 품질 보호, 미생물 등으로부터의 안전성 확보, 물류를 위한 유통성 등을 기술적/공학적 방법으로 확보하는 것이다. 여기에는 화학, 물리, 재료공학, 식품공학, 기계공학, 전기공학, 환경공학 등의 복합적 기술이 필요하다.
- 판매/소통 기능 : 식품 패키징으로 미적 감각과 좋은 색감을 부여하고, 제품의 특성과 장점을 적확하게 홍보하여 소비자에게 구매 동기를 부여하는 것이다. 여기에는 응용미술, 그래픽, 디자인, 마케팅 등의 복합 학문이 필요하다.

일반적으로 소비자가 제품을 구매하는 1차적 기능은 판매/소통의 기능이고, 소비자가 구매한 제품 품질의 우수성을 인정하고 동일한 제품을 재구매하게 하는 것은 기술적/공학적 기능이 작용한다.

2. 기술적/공학적 기능

1) 담는 기능과 유통 기능

대부분의 식품은 생산 시점으로부터 일정 기간이 지난 시간과 떨어진 장소에서 소비되므로 식품의 저장과 유통에서 식품 패키징은 필수적이다. 식품 패키징의 기능은 매우 다양하다. 우선 필요한 식품의 단위량을 담는 식품 용기로서의 역할을 하거나, 여러 단위unit를 하나로 묶는 기능을 한다. 예를 들어 몇몇 액체 식품은 병/통에 담겨지고 이 병/통은 박스로 묶이며 이 박스들은 취급이 용이하도록 하나의 팰릿pallet에 적재된다.

그림 1-5 **팰릿에 담긴 제품**

포장은 공정processing의 보조물로 사용되기도 하는데, 예를 들어 금속 캔은 내용물을 보호할 뿐만이 아니라 형태에 안정성을 부여하여 열처리 시 식품이 일정한 모양을 지닐 수 있도록 하며, 열 침투의 특성을 알아내는 데도 사용된다.

2) 편리 기능

패키징은 소비자에게 편리한 아이템이다. 예를 들어 맥주 캔은 가공, 저장, 유통 중 용기의 역할뿐 아니라 그대로 마실 수 있는 그릇의 역할도 한다. 패키징의 다양성은 소비자에게 식품을 다루거나 준비하고 소비하는 데 도움을 준다. 반면 용기의 디자인이 잘못된 경우에는 오히려 식품의 효율적 활용을 방해하는 경우도 종종 있다.

캔 맥주

참치통조림

그림 1-6 **금속 용기**

3) 보호 기능

패키징의 보호 기능을 고려할 때에는 식품의 어떠한 품질 특성이 보호되어야 하는지를 먼저 생각해야 한다. 소비자에게 도달할 때 포장의 품질은 식자재의 상태, 조립 방법, 가공공정의 강도severity와 저장 상태에 의해 결정된다. 제품의 품질은 저장 기간이 경과함에 따라 떨어진다. 물론 외적으로 와인이나 쇠고기 숙성과 같은 예외적인 경우도 있다. 식품 품질의 저하 속도와 정도는 식품이 저장되어 있는 주변 환경에 의해 결정된다.

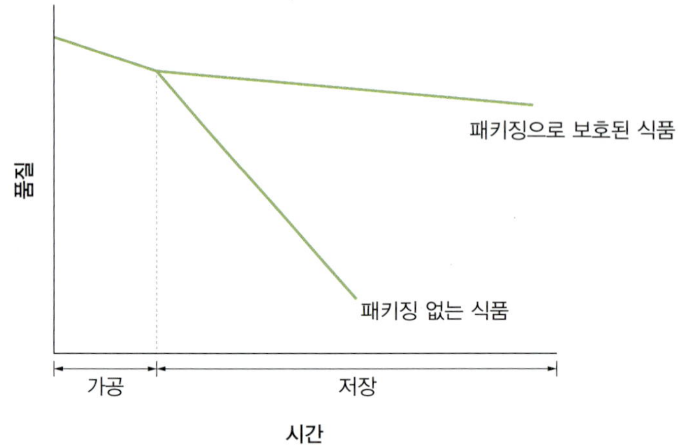

그림 1-7 가공 및 저장 기간 동안의 제품 품질 손실

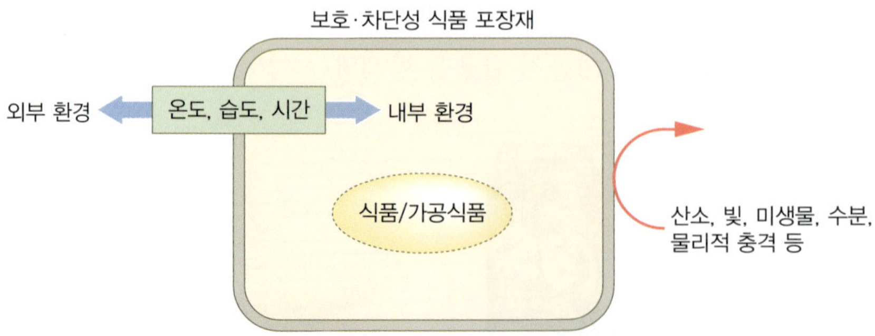

그림 1-8 포장된 식품과 주변 환경 사이의 상호작용

식품 변패의 화학적, 물리적, 생물학적 메커니즘은 여러 환경적 요소에 따라 민감하게 반응하므로 식품에 가장 적절한 차단성을 부여하는 포장재를 각 제품마다 다양하게 적용할 수 있다. 식품 변패에 영향을 미치는 환경적 요소와 이에 대응할 수 있는 적절한

표 1-1 포장과 주변 환경 간의 상호작용

외부 환경적 요인	외부 요인 대응 포장재의 성질
산소, 수증기 등	투과도
빛	빛 차단성, 빛 반사도
온도	열전도도
기계적 충격	강도, 완충도
생물학적 요소(미생물, 곤충 등)	투과도 또는 침투성

포장 성질은 표 1-1에 나타내었다.

3. 판매/소통 기능

패키징은 마케팅 도구이기도 하다. 패키징을 통해 상품의 판매를 촉진하거나 제품을 소비자에게 인식시키는 방법 등은 식품회사 대리점과 제품 판매에 매우 중요하다. 특히 식품회사의 대리점들이 사업 결정에 중요한 역할을 하기 때문에 포장 디자인의 마케팅적 측면이 중요시된다. 실제로 슈퍼마켓에 가보면 글자 그대로 다양한 마케팅을 겨냥한 수천 가지의 포장을 찾을 수 있다. 즉, 지속적인 모양의 유지와 용기의 일정한 라벨링 패턴을 통해 자사의 제품을 명확하게 소비자에게 각인시키고 있다. 가장 좋은 예가 캠벨수프의 캔이나 코카콜라 병이다. 이와는 반대로 다양한 광고 지향적 모양을 사용하기도 한다. 예를 들어 섬세한 모래시계 모양의 병 같은 경우와, 튼튼한 제품이 사각이

코카콜라 병　　캠벨 수프 캔

그림 1-9 자사 고유 형태를 유지하는 상품들
자료 : campbell soup company 홈페이지(캠벨 수프)

나 섬세하지 못한 형태의 병으로 포장되는 경우이다. 일부에서는 소비자를 보호하기 위한 목적으로 소비자를 현혹시키는 포장을 막기 위해 법의 도입을 주장하기도 한다.

4. 식품 패키징에서 고려해야 할 사항

패키징은 적절하게 적용될 때 비용 절감의 효과를 누릴 수 있는데, 그와 동시에 고려해야 할 요소들이 많기 때문에 매우 복잡하다. 포장은 쏟아짐을 방지하거나, 운반의 용이, 오염의 방지, 노동비 절감 등 명백한 경제적 이점들을 지니고 있다. 그럼에도 포장을 하기 위해서는 반드시 고정비용을 지출해야 한다. 예를 들어 포장재 자체, 포장 기계, 포장의 배송 무게 등이 그것이며, 현시점에서 필요한 사회적 비용도 포함된다. 처분 비용, 폐기물 축적으로 발생하는 생태학적 피해를 막기 위한 비용, 에너지 소비 패턴의 변화에 따른 비용과 그와 결합된 비용 등이다.

현대에서 패키징 시스템은 에너지 소비를 최소화하는 방향으로 발전하는 추세이며, 포장에 사용된 비용에 대한 이익으로 보상되기도 하고 그렇지 않은 경우도 있다. 제품의 보호가 패키징의 가장 중요한 역할이지만, 식품 제조사가 제시하는 여러 가지 다른 기능이 무시되어서는 안 된다.

1. 패키징이 무엇인지 설명하시오.

2. 패키징의 역사에서 획기적인 사건 2가지를 답하시오.

3. 패키징 기능을 분류하시오.

4. 식품 패키징에서 고려해야 할 사항들을 설명하시오.

연습 문제

풀이와 정답

1. 패키징은 '포장, 유통, 판매, 정보 제공' 등의 복합적 기능이다.
2. 패키징 기술에서의 첫 번째 획기적인 사건은 200여 년 전인 1804년에 프랑스 나폴레옹 황제의 명령으로 요리사 출신인 아페르(Nicolas Appert)가 주석 캔을 개발한 것이다. 두 번째 획기적인 사건은 니콜라 아페르가 캔을 발명한 이후인 1861년 프랑스의 파스퇴르(Louis Pasteur)가 음식을 상하게 하는 세균의 존재를 밝힌 것이다. 파스퇴르는 통조림을 오래 두고 먹을 수 있는 것은 캔 속에 들어 있는 세균을 파괴시킴으로써 가능하다는 사실을 밝혀 주었다.
3.
   - 기술적/공학적 기능 : 식품 패키징을 통해 식품을 담는 용기, 외부로부터의 차단성, 품질 보호, 미생물 등으로부터의 안전성 확보, 물류를 위한 유통성 등을 기술적/공학적 방법으로 확보하는 것이다. 여기에는 화학, 물리, 재료공학, 식품공학, 기계공학, 전기공학, 환경공학 등의 복합적 기술이 필요하다.
   - 판매/소통 기능 : 식품 패키징으로 미적 감각과 좋은 색감을 부여하고, 제품의 특성과 장점을 적확하게 홍보하여 소비자에게 구매 동기를 부여하는 것이다. 여기에는 응용미술, 그래픽, 디자인, 마케팅 등의 복합 학문이 필요하다.
4. 포장은 적절하게 적용될 때 비용 절감의 효과를 누릴 수 있는데, 그와 동시에 고려해야 할 요소들이 많기 때문에 매우 복잡하다. 포장은 쏟아짐을 방지하거나, 운반의 용이, 오염의 방지, 노동비 절감 등 명백한 경제적 이점들을 지니고 있다. 그럼에도 포장을 하기 위해서는 반드시 고정비용을 지출해야 한다. 예를 들어 포장재 자체, 포장 기계, 포장의 배송 무게 등이 그것이며, 현시점에서 필요한 사회적 비용도 포함된다. 처분 비용, 폐기물 축적으로 발생하는 생태학적 피해를 막기 위한 비용, 에너지 소비 패턴의 변화에 따른 비용과 그와 결합된 비용 등이다.

참고 문헌

Gordon L. Robertson. 1993. *Food Packaging Principles and Practice*. Marcel Dekker, Inc.

Jung H. Han. 2014. *Innovations in Food Packaging*, 2nd edition. Academic Press.

M.L Rooney. 1995. *Acitive Food Packaging*. Blackie Academic & Professional

Walter Soroka. 2009. *Fundamentals of Packaging Technology*, 4th edition. Institute of Packaging Professional, IOPP

CHAPTER 02

종이와 판지

Paper and Paper Board

PAPER AND PAPER BOARD

1. 개요

빵과 과자 포장재에서부터 종이컵, 그리고 중포장을 위한 보드와 유통을 위한 완충재에 이르기까지 포장packaging에는 다양한 종이와 판지가 사용된다. 종이와 판지는 제품의 생산, 유통, 판매, 사용되는 곳 모두에서 사용되고 있으며, 전체 포장 시장의 약 3분의 1을 차지한다.

종이와 판지 소비량의 약 10%는 포장에 사용되고 있으며, 포장에 사용되는 종이와 판지의 50% 이상이 식품 패키징에 사용된다. 종이는 인류의 역사와 함께 사용되어 온 소재로 이집트와 중국에서는 기원 전후에 종이가 개발되어 기록 매체로 사용되었음은 물론이고, 포장의 소재로도 사용되어 왔다. 식품 패키징에 종이를 사용한 가장 오래된 기록 중 하나는 1665년 2월 16일 영국의 힐 데이어드Charles Hildeyerd가 '설탕 제조자 및 사람들이 사용하는 블로 페이퍼 제조법The way and art of making blew paper used by sugar-bakers and others'에 대해 제기한 특허이다(Hills, 1988). 19세기 후반에는 제조산업의 필요로 포장을 목적으로 한 종이와 판지의 사용이 가속화되었다. 이에 따라 종이의 제조 역시 한 번에 한 장씩 수작업으로 만들던 것을 목재 펄프로 대체하면서 산업화가 진행되었다. 이로써 오늘날에는 슈퍼마켓, 재래시장, 소매점 같은 곳에서 종이 포장재를 쉽게 찾아볼 수 있게 되었다.

우리나라에서의 본격적인 종이 포장의 시작은 1958년 삼양지업 설립으로 볼 수 있다. 한국전쟁 이후 수출산업 진흥을 통한 경제 개발이 진행되면서 1962년 제1차 경제개발 5개년 계획의 일환으로 독일 ESHER WYSS사와 반화학 펄프 제조시설을 위한 외자차관계약이 체결되었고, 1964년 삼양펄프에 미표백 크라프트 펄프unbleached kraft pulp, UKP 제조시설이 준공되면서 포장용 판지의 원료인 UKP 생산을 시작하였다. 1974년에는 국내 유일의 펄프&제지 일관 기업인 무림 P&P가 설립되었으며, 1970년대 이후 수출 증가와 함께 골판지 박스를 포함한 종이 포장재의 수요가 급속도로 증가함에 따라 20세기 말까지 수많은 종이 포장재 회사가 등장하였다. 그러나 우리나라는 1980년대까지 한국전쟁으로 황폐화된 산림을 복구하느라 오랫동안 벌목이 금지되었다. 뿐만 아니라 빠른 시간 안에 산림을 복구하기 위하여 목재나 종이의 원료로 사용하기 어려운 수종을 많이 식재하였다. 이러한 이유들로 우리나라는 현재까지 대부분의 펄프를 수입에 의존하고 있으므로 제지산업에 비해 펄프 제조산업은 발전이 미미하다. 펄프 제조산업은 계획적인 조림사업과 동시에 이루어져야 하기 때문에 향후 통일이 되면 산이 많은 북한에서 양질의 펄프를 얻을 수 있는 침엽수를 중심으로 펄프 제조산업과 연계된 장기적이고 계획적인 조림사업을 선행할 수 있을 것으로 예상한다.

종이 포장재는 다음과 같이 다양한 식품에 사용되고 있다.

- 건조식품 : 곡물, 비스킷, 빵 및 구운 제품, 차, 커피, 설탕, 밀가루 등.
- 냉동식품, 냉장식품 및 아이스크림.
- 액체 식품 및 음료 : 주스 음료, 우유 및 우유 파생 제품.
- 초콜릿 및 과자.
- 패스트푸드.
- 신선식품 : 과일, 채소, 고기 및 생선.
- 식품의 외포장 및 박스.
- 묶음 포장 및 라벨, POP.

종이와 판지는 셀룰로오스 섬유의 층간 네트워크로부터 만들어진 시트 재료이며, 이 재료는 인쇄하여 절단하거나 접고, 접착하여 포장재로 사용된다. 또한 성형하여 종이 용기로 만들 수 있는 물리적 특성도 지닌다.

종이와 판지의 종류는 매우 다양하다. 사용된 섬유의 종류와 양, 그리고 제조 과정 중 섬유가 처리되는 방법에 따라 종이와 판지의 외관, 강도 등 여러 특성이 달라지기 때문이다. 섬유의 양은 단위면적당 중량(제곱미터당 그램, g/m^2 또는 1 bs/1000 ft^2)으로 표현된다. 두께의 단위를 쓰는 경우가 있지만, 습도에 따라 두께가 달라지는 종이의 특성상 보통 단위면적당 중량(평량)으로 표시하는 것이 일반적이다. 국제표준화기구ISO에 의해 200 g/m^2 이상의 용지를 판지 또는 보드로 정의하지만 일부 제품은 200 g/m^2 미만임에도 불구하고 판지로 분류되고 있다.

식품 포장에 직접 사용되는 종이의 종류는 다음과 같다.

- 백상지 : 식품의 외부를 싸는 종이로 보통 50~60 g/cm^{2}의 평량인 종이를 사용.
- 권은지 : 왁스 코팅 또는 알루미늄 포일(25 g/cm^2)을 접합하여 사용(껌의 내면지 등).
- 박엽지 : 직접 포장 또는 라미네이션용으로 사용되며, 보통 15~40 g/cm^{2}을 사용.
- 하이그로스지 : 인쇄성이 우수한 종이로, 직접 인쇄에 많이 사용.

이외에 티백 포장에 사용되는 나염지, 스티커 등의 이형지로 실리콘 코팅하여 사용되는 라벨용 박리지, 의료 포장에 사용되는 멸균지, 목재 펄프 함량이 높아 튼튼하여 농산물 포장 등에 사용되는 크라프트지 등이 있다(그림 2-1).

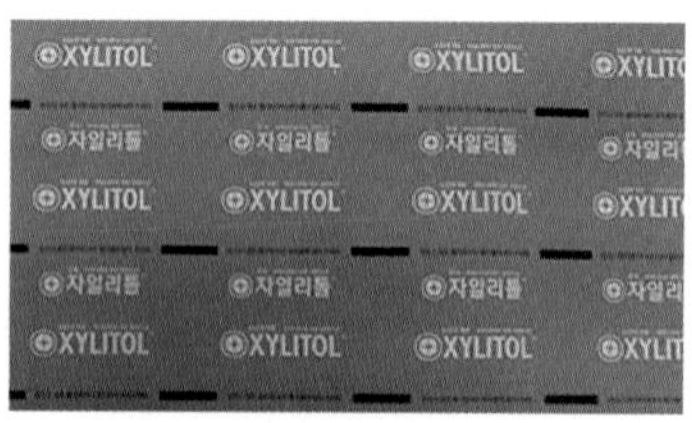

백상지

권은지

그림 2-1 **껌 포장재**

기능성을 부여한 가공지는 물과 기름에 강한 유산지parchment가 있으며, 밀도를 높여 식품 원료 및 분말의 포장과 정량 등에 사용하는 글라신지glassine paper, 그리고 내유성 코팅 처리를 하여 버터와 마가린 포장에 사용하는 내유지greaseproof paper 등이 있다(그림 2-2).

종이컵에는 물을 담아도 젖지 않도록 저밀도 폴리에틸렌low density polyethylene, LDPE을 코팅하여 사용한다. 폴리에틸렌PE은 열 접착이 가능하므로 종이컵의 이음매 부분을

유산지

글라신지

내유지

그림 2-2 내수성과 내유성 등이 강화된 특수 포장용지들

열접착하여 물이 새는 것을 방지한다. PE 코팅 종이는 종이컵 이외에도 도시락, 접시 tray, 기타 액상 식품을 담는 용도에도 활용된다. 또한 전자레인지 조리 시 내열성을 부여하기 위해 좀더 내열성이 있는 중밀도 폴리에틸렌middle density polyethylene, MDPE이나 폴리프로필렌polypropylene, PP을 코팅한 종이를 사용하는 경우도 있다.

판지는 산업용지와 골판지 원지로 분류된다. 산업용지는 보통 백판지라 하며, 골판지 원지는 표면지liner와 중심지medium로 나눌 수 있다(표 2-1). 식품과 직접 접촉할 수 있는 종이는 천연 펄프virgin pulp로만 만든 Royal Ivory와 수입 지종인 Carrier Board뿐이다.

종이와 판지 포장은 냉동식품부터 끓는 물의 고온과 전자레인지 조리가 가능한 영역까지 광범위한 온도 범위에서 사용되고 있다(-40~100℃). 순수한 펄프로 만든 종이는 식품과 접촉할 수 있도록 허가되어 있지만, 재활용 펄프로 만든 종이는 중금속 등의 문

표 2-1 국내에서 사용되는 판지의 종류와 특징

구분	명칭	주요 펄프 종류	천연 펄프 함량	비고
산업용지 (백판지)	SC-Manilla	재활용 펄프+BKP[1]	30% 내외	
	Ivory	재활용 펄프+BKP	60% 내외	
	Royal Ivory	BKP	99% 내외	식품과 접촉 가능
	Carrier Board	UKP[2] 또는 BKP	99% 내외	
골판지 원지	Liner	재활용 펄프+UKP	30% 이하	
	Medium	재활용 펄프	10% 이하	

1) BKP : bleached kraft pulp(표백 크라프트 펄프)
2) UKP : un-bleached kraft pulp(미표백 크라프트 펄프)

제로 인해 법적으로 식품과의 접촉이 허용되지 않는다. 종이와 판지로 만들어진 포장재는 물, 수증기, 지방 성분을 함유한 식품과 접촉할 수 있도록 알루미늄, 폴리에틸렌PE, 폴리프로필렌PP, 폴리에틸렌 테레프탈레이트PET와 같은 플라스틱을 코팅 또는 라미네이션하여 사용하며, 내용물의 누출 방지를 위하여 코팅된 플라스틱층 열 접착을 시행한다. 플라스틱 필름 또는 왁스로 코팅된 종이는 액체 식품의 포장에 유용하다. 최근 환경 이슈로 플라스틱 포장재의 사용을 제한하면서 상대적으로 종이 포장재에 대한 관심과 중요성이 높아지고 있다.

2. 종이의 원료 : 펄프

종이 및 판지는 목재로부터 추출한 셀룰로오스 섬유가 겹쳐진 층상의 네트워크로 구성된 시트 재료이다. 셀룰로오스 섬유는 섬유 네트워크 내의 접촉점에서 물리 화학적 결합이 일어나 시트를 형성한다. 시트의 강도는 섬유의 종류와 유형, 그리고 섬유가 어떻게 처리되어 만들어졌는지에 따라 달라지며, 단위면적당 중량 및 두께에 따라 달라지게 된다.

1) 펄프의 종류

목재는 리그닌lignin에 의해 서로 붙어 있는 섬유로 만들어진 복잡한 천연 합성물이다. 섬유질은 리그닌과 셀룰로오스cellulose 또는 헤미셀룰로오스hemicellulose로 구성된 거대원섬유macro fibril로 구성되고, 거대원섬유는 다시 미세섬유micro fibril로 구성된다. 가장 작은 단위인 미세섬유에서는 셀룰로오스가 가장 기본적인 단위가 된다(그림 2-3).

기본적으로 목재는 섬유로 구성된 목질부와 물관vessel, 방사세포ray cell 등으로 이루어져 있으며, 이들을 구성하는 주요 성분은 셀룰로오스와 헤미셀룰로오스, 리그닌 등이다. 목재에서 섬유와 헛물관tracheid은 제지에 가장 적합한 부분이나 그 외 다른 세포 구성 성분은 제지에 적합하지 않다. 섬유와 헛물관은 셀룰로오스가 주성분이며, 특히 침엽수 조직에 치밀하게 분포한다. 반면 활엽수는 물관이 발달하여 상대적으로 섬유의 양이 적다(그림 2-4). 이러한 이유로 침엽수가 제지에 많이 사용되고 있다. 침엽수와 활엽수 섬유의 가장 큰 특징은 섬유 길이의 차이를 들 수 있다(그림 2-5).

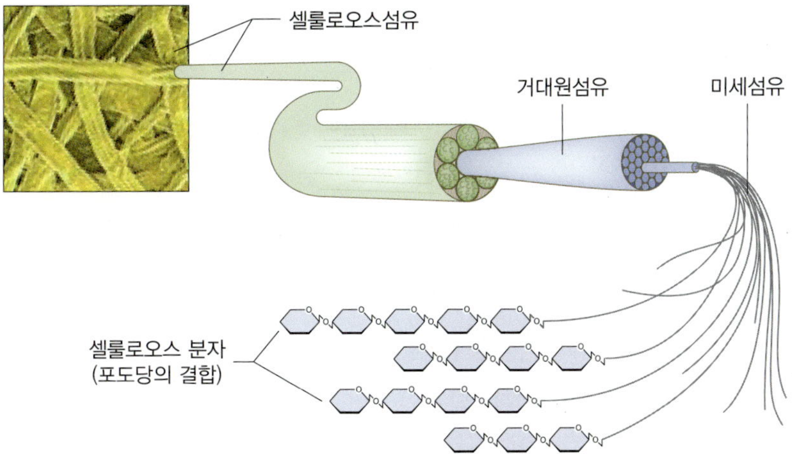

그림 2-3 **목재 섬유의 구성**

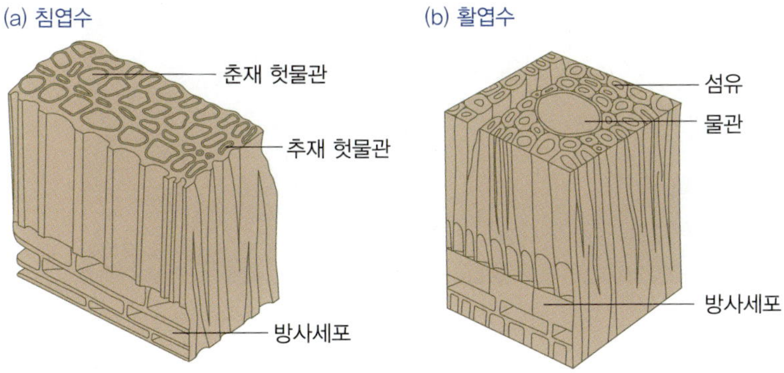

그림 2-4 **수종별 조직 차이**

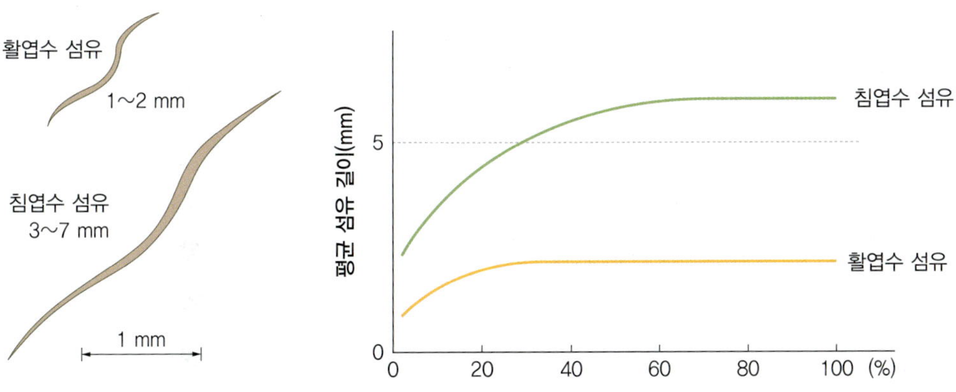

그림 2-5 **침엽수 섬유와 활엽수 섬유의 길이 비교**

목재 펄프는 목재의 종류에 따라 침엽수 펄프softwood pulp, SWP와 활엽수 펄프hardwood pulp, HWP, 그리고 비목재 펄프non woody fiber pulp로 구분할 수 있다.

침엽수에 속하는 소나무pine, 전나무fir, 낙엽송larch에서 얻은 펄프는, 활엽수인 유카립투스eucalyptus, 포플러poplar, 너도밤나무beech, 자작나무birch, 참나무oak 등에서 얻은 펄프보다 섬유의 길이가 길어 강한 종이를 만들 수 있어서 판지 등의 원료로 사용한다. 반면 활엽수에서 얻은 펄프는 조직이 치밀하고 유연하기 때문에 인쇄용지 또는 식품을 싸는 종이 등으로 만들어 사용된다. 비목재 펄프는 짚, 갈대, 옥수수대, 황마 등 다년생 식물을 원료로 한 펄프이다. 섬유의 강도가 약하고 물성이 떨어지기 때문에 종이 원료로는 부적합하지만, 경제성 등을 이유로 목재 펄프에 소량 섞어서 사용하기도 한다. 볏짚 펄프straw pulp 등이 일부 제한적으로 사용되고 있다.

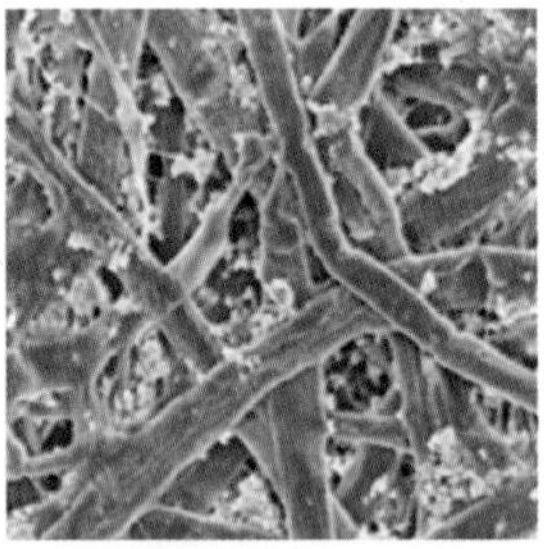

인쇄용지

닥섬유(60%) + 고춧대(40%)

그림 2-6 **목재 펄프로 만들어진 종이와 비목재 펄프로 만들어진 종이의 섬유 비교**

자료 : 서정민 등. 2008. 닥나무 대체섬유를 활용한 기능성 강화 한지에 대한 연구. 한국펄프·종이공학회

목재 펄프와 함께 재활용 종이에서 얻은 재활용 펄프도 종이의 원료로 사용된다. 재활용 펄프는 재생지recycled paper를 원료로 만들며, 목재 펄프와 혼용하여 사용하거나 강도가 중요하지 않은 골판지용 원지, 화장지 등의 제조에 주로 쓰인다. 재활용하는 섬유는 재활용 공정에서 섬유 길이가 짧아지는데 이는 종이의 강도 저하를 초래한다. 또한 인쇄용 잉크, 접착제 등 오염된 물질의 잔류로 펄프는 회색을 띠게 된다. 재활용 펄프는 수거 및 재생 과정에서 불순물의 오염과 중금속 등이 문제가 되므로 식품과 직접 접촉하는 종이로는 사용할 수 없다. 따라서 종이의 안쪽 층에 주로 사용된다.

펄프의 제조 방법에 의한 분류로는 크게 기계적 펄프와 화학적 펄프로 나눌 수 있다.

기계적 펄프mechanical pulp는 물리적인 힘으로 목재를 잘게 부수어 얻은 펄프로, 목재에서 셀룰로오스를 기계적으로 추출하여 목재를 연마하는 가장 빠르고 수율이 높은 경제적인 방법이지만 펄프 제조 과정에서 잘게 부수는 작용으로 인해 섬유도 끊어져 유효 길이가 줄어드는 단점이 있다. 따라서 신문용지 같은 품질이 떨어지는 용지의 제조, 또는 비용 절감 및 표면의 평활성smoothness 개선을 위해 고가의 펄프와 혼합하여 종이를 만드는 데 사용된다. 보통 기계적 공정만으로는 목재의 리그닌 등 추출물을 제거하기 어렵기 때문에 화학적 공정을 병행한다.

화학적 펄프chemical pulp는 목재의 섬유다발이 손상되지 않도록 물리적인 힘 대신 화학약품을 사용하여 추출한 펄프로, 목재에서 천연 리그닌의 바인더를 용해시키기 위하여 황산염sulfate 등의 화학약품을 사용한다. 알칼리성 황산염과 산성 황산염(황산염, 아황산염) 등으로 리그닌이나 불순물extractive 등을 제거digestion하여 셀룰로오스의 순도는 높고 섬유의 손상은 적다. 그러나 수율이 낮고 생산 비용이 높다는 단점이 있다. 따라서 대부분의 제지공정에서는 기계적 방법과 화학적 방법을 병행하여 만든 semi-chemical pulpSCP를 주로 사용한다. 이외에 수율을 높이기 위해 펄프 공정에 들어가기 전 목재를 쪄서 만든 열기계 펄프thermomechanical pulp, TCP가 있다.

Kraft pulp(황산염 펄프)는 대표적인 화학적 펄프로, 침엽수 목재 칩을 수산화나트륨(NaOH), 황화나트륨(Na_2S)을 사용하여 고온 고압하에서 중해하여 리그닌 등을 제거하고 만드는 펄프이다. 'Kraft'란 북유럽에서 기원한 말로 영어 'force(힘)'와 의미가 같아 '강한 종이'를 만드는 펄프라는 뜻에서 붙여진 이름이다. 수율은 약 50%이나 강도가 기계적 펄프보다 약 2배나 강하기 때문에 다양한 용도로 폭넓게 사용된다. 주로 라

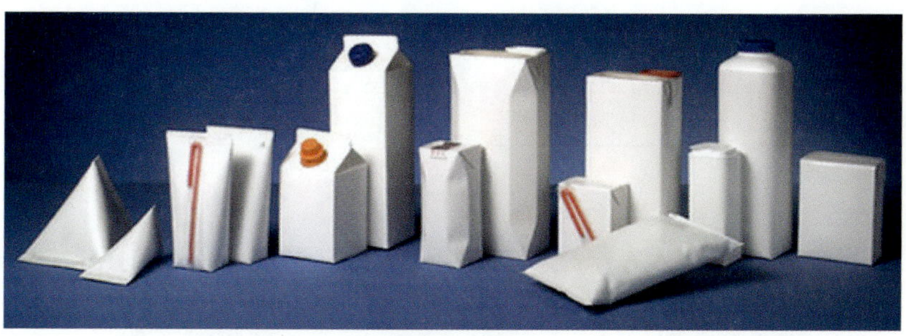

그림 2-7 표백 크라프트 펄프(BKP)로 만든 종이 포장
자료 : Tetrapak®

이너, 산업용지, 우유팩 등 강한 포장용 종이 제조에 쓰인다. 공정의 부산물인 리그닌은 열회수하여 에너지원으로 재활용된다. 미표백한 갈색 종이를 Natural Kraft PulpNKP 또는 미표백 크라프트 펄프UKP라고 부르며, 표백하여 하얗게 만든 펄프는 표백 크라프트 펄프bleached kraft pulp, BKP라고 한다.

이외에 전통 한지의 경우 뽕나무과에 속하는 낙엽 관목인 참닥나무를 펄프 원료로 하며, 닥풀(황촉규) 뿌리를 분산제로 사용한다.

재활용 펄프는 수거된 폐지를 원료로 하여 제조된다. 재활용되는 종이의 종류에 따라 우유팩은 물리적 강도가 강하여 주로 화장지 제조에 사용되고, 판지나 골판지는 다시 골판지용 원지로 재활용되며, 기타 종이들은 저급 인쇄용지 등으로 각각 활용된다.

2) 펄프의 제조공정

펄프는 원료가 되는 목재의 껍질을 벗기고 잘게 부수어 만든 목재칩wood chip을 기본 원료로 한다. 목재칩은 식물 세포조직으로 구성되어 있으며, 이 조직을 부수고 셀룰로오스 섬유만 분리해 내는 것이 다음의 공정이다. 기계적으로 부수어 고해refining공정을 거치면 기계적 펄프가 만들어지고, 분쇄된 목재칩이나 고해disk refining공정을 거친 원료를 황산염 등 산에 의해 분해시켜 불순물을 제거하면 화학적 펄프가 만들어진다. 최근에는 이 두 가지 방법을 조합한 공정이 많이 적용되고 있으며, 온실가스greenhouse gas,

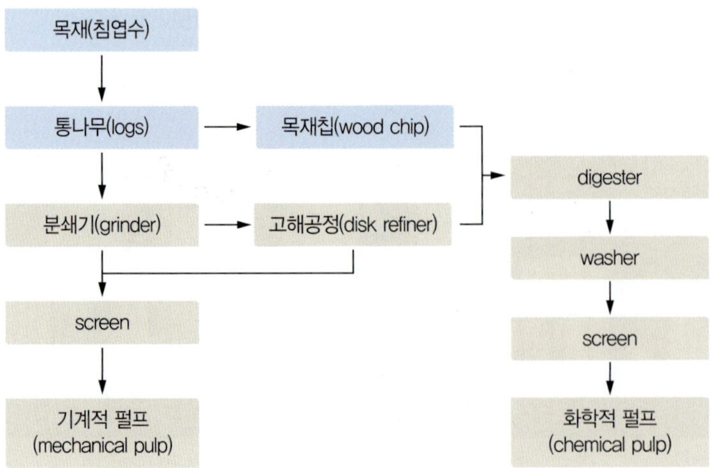

그림 2-8 **펄프의 기본 제조공정**

GHG와 에너지 저감의 일환으로 리그닌 등 부산물을 연료로 사용하여 에너지를 회수하고 있다. 펄프의 제조공정을 그림 2-8에 나타내었다.

원료가 되는 목재의 특성에 따라 섬유의 두께와 길이에 차이를 보이며, 기계적 펄프와 재활용 펄프는 섬유가 많이 손상되어 있음을 보여 준다. 손상된 섬유는 종이의 기계적 강도가 떨어지는 원인이 되므로 기계적 강도가 필요한 포장용 판지의 경우 화학적 펄프의 함량을 높여 강도를 증가시킨다. 펄프의 원료나 제조공정에 따른 차이를 그림 2-9에 나타내었다.

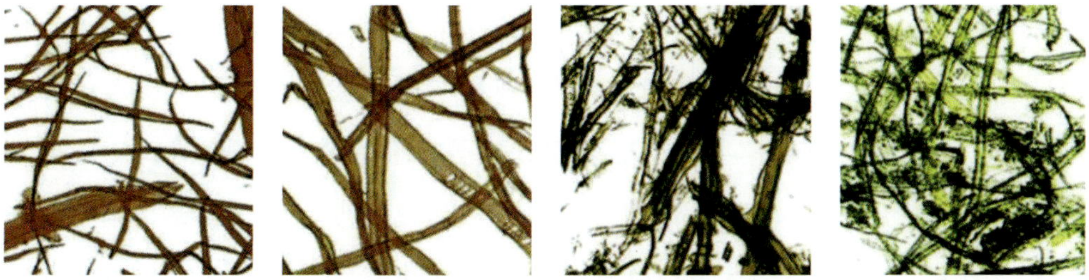

화학적 펄프(자작나무) | 화학적 펄프(소나무) | 기계적펄프(자작나무) | 재활용 펄프

그림 2-9 펄프의 제조 방법에 따른 섬유 형태의 비교

3. 종이의 제조공정

종이는 펄프를 물에 씻어 푼 후 해리pulping → 고해refining → 첨가제 등 원료의 배합을 거친 후, 초지 공정으로 들어가게 된다.

1) 해리

펄프를 물에 풀어 주는 공정으로, 거대한 수조 안에 펄프를 넣고 회전형 날개로 물에 와류를 일으켜 목재의 섬유를 해리시키고, 최종적으로 스크린으로 이물을 제거한 후 풀어진 섬유들이 물에 용해된 채로 고해공정으로 넘어간다.

2) 고해

목재칩으로부터 분리된 셀룰로오스 섬유들이 뭉친 형태에서 작은 섬유가닥 또는 섬유소의 형태로 방출되기 위해 회전 기어 사이의 작은 통로를 통과하는데 이때 물리적

표 2-2 고해가 종이의 품질에 미치는 영향

장점	단점
• 내수성 및 강도 향상 • 섬유 사이의 결합 증가 • 부드러움과 광택 향상 • 파열 강도, 인장 강도 증가	• 흡수성 감소 • 강성(뻣뻣함) 감소 • 인열 강도 저하

인 힘이 가해지는 공정을 고해라고 한다. 고해공정에서는 각각의 섬유 표면에 기계적 손상을 주어서 섬유들끼리 서로 네트워크를 형성할 수 있도록 한다.

고해공정을 짧은 시간 동안 거친 종이는 높은 인열 강도와 높은 흡수성을 갖지만, 파열 강도와 인장 강도는 낮아지게 된다. 고해공정의 시간을 증가시킬수록 종이의 흡수성과 인열 강도는 감소하지만 파열 및 인장 강도는 증가한다. 따라서 뻣뻣하고 강도를 요구하는 종이일수록 고해 시간을 길게 하여야 하지만, 이렇게 만들어진 종이는 잘 찢어진다. 그림 2-10과 2-11에서와 같이 고해는 섬유를 짓이겨서 미세섬유를 방출시키며, 이

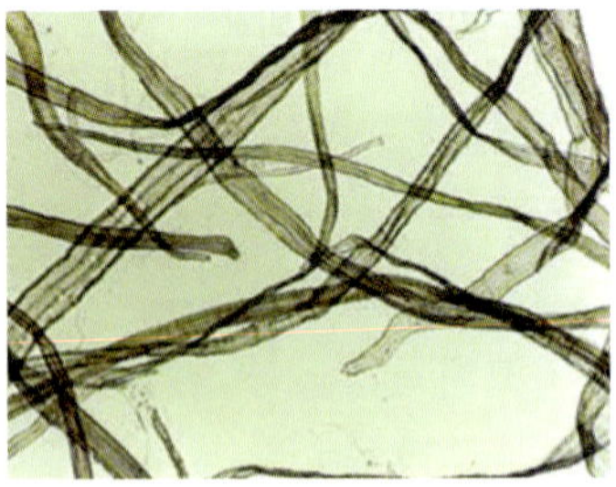

고해 과정 전

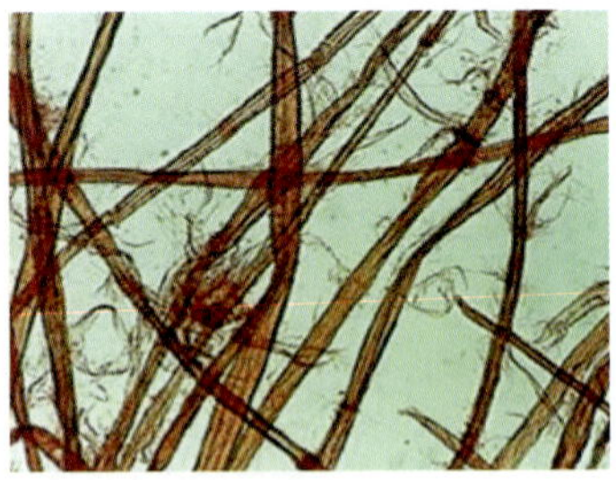

고해 과정 후

그림 2-10 고해가 섬유에 미치는 영향

자료 : http://www.knowpap.com/

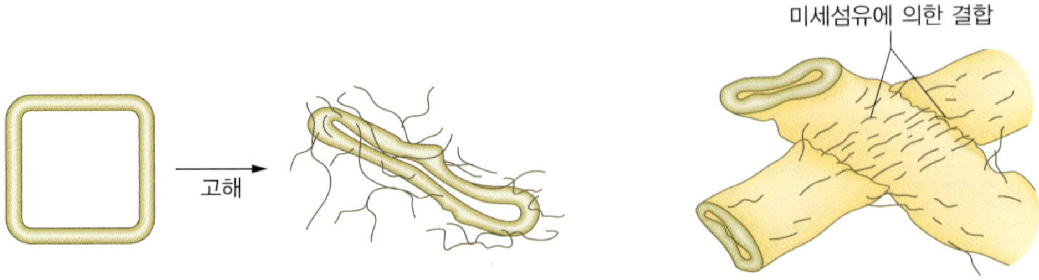

그림 2-11 고해에 의해 변형된 섬유 형상과 섬유간 결합 형태

들에 의해 각각의 섬유와 섬유가 가교될 수 있는 것이다. 고해를 거친 섬유는 더 유연해지고 섬유 사이의 결합력이 증가한다.

고해를 오래할수록 종이의 밀도는 증가하게 되므로 식품 등 내용물의 침투를 막는 데 적합하다. 내유지grease-resistant paper는 고도의 고해가 이루어진 펄프로 만들어진 종이이며, 글라신지는 미세섬유가 최대로 분리된 용지이다.

공업적인 고해 설비는 회전하는 원뿔형 스크린통 형태(그림 2-12)이며, 스크린의 작은 구멍을 섬유가 용해된 물이 통과하면서 압력에 의해 기계적 충격을 받도록 설계되어 있다.

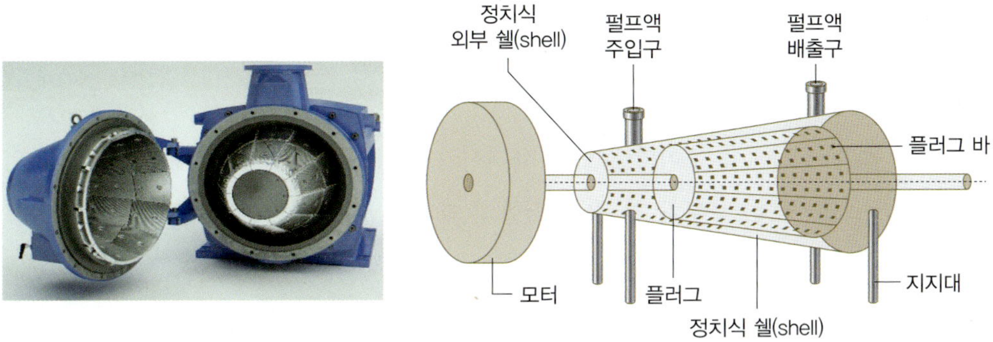

그림 2-12 고해 설비의 구조
자료 : ANDRITZ GROUP, https://www.andritz.com/

3) 첨가제의 배합

첨가제의 배합은 수분에 대한 저항성과 강도의 향상, 그리고 인쇄를 위해 평활도와 백색도를 향상시키기 위한 목적으로 시행한다.

(1) 사이징제

모세관 현상에 의해 종이 섬유 사이에 액체가 침투하는 것을 방지할 목적으로 사용되는 첨가제로, 로진계Rosin(주성분은 Abietic acid, $C_{19}H_{29}COOH$)를 많이 사용한다. 사이징제sizing agent는 양극성amphipathic(친수성 & 소수성)을 갖기 때문에 종이 표면의 셀룰로오스와 수소 결합하여 표면에 소수성을 띠게 한다(그림 2-13).

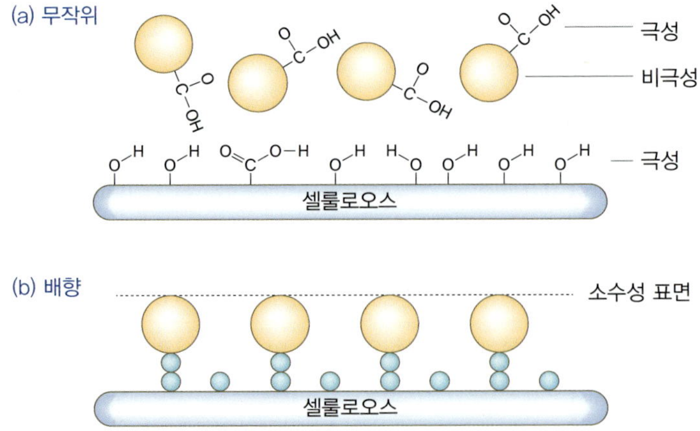

그림 2-13 사이징제 처리에 의한 종이 표면 개질 효과

(2) 지력 증강제

습도가 높은 조건에서 종이의 강도를 유지시키기 위해 사용하는 첨가제이다. 수분의 침투에 의한 셀룰로오스 분자 간 수소 결합의 파괴를 막기 위하여 전분 또는 폴리아크릴아미드polyacrylamide, PAM를 사용한다.

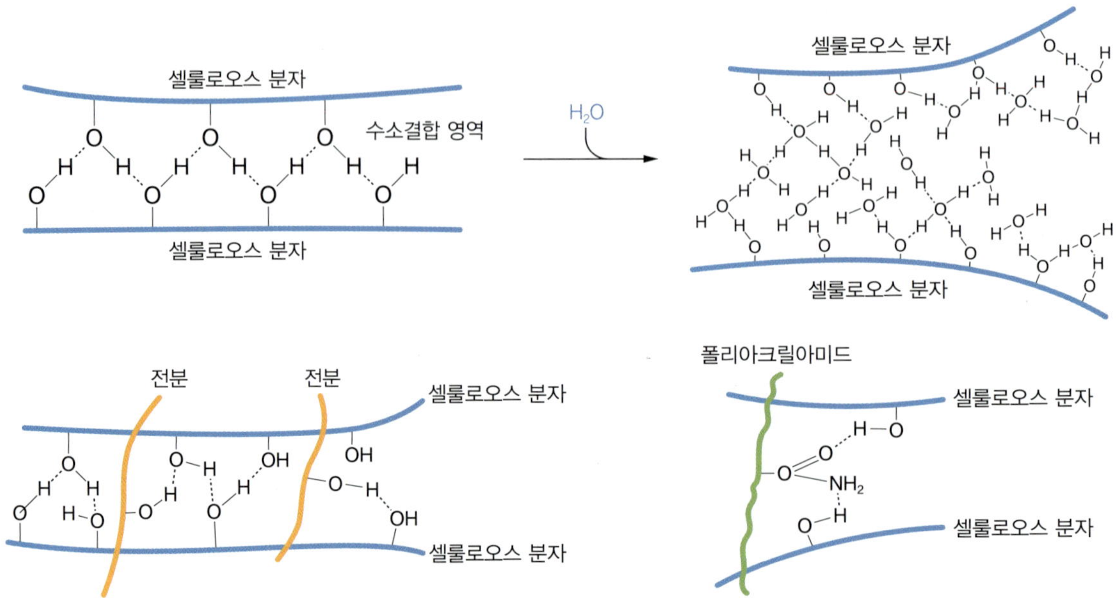

그림 2-14 셀룰로오스 분자 간 결합 형태와 PAM의 역할

(3) 기타 첨가제

종이의 파열 강도, 인장 강도 등을 증가시키기 위하여 전분 또는 변성전분 등을 사용한다. 이 경우 종이의 강도는 증가하나 습도가 높은 환경에서는 큰 효과를 발휘하지 못하는 것이 특징이다. 따라서 습도가 높은 환경에서도 지력을 향상시키기 위하여 습윤지력 증강제가 사용되는데, 에폭시화 폴리아미드epoxy化 polyamide를 사용하여 내수성을 부여한다. 이외에 종이의 백색도를 증가시키고 색상을 구현하기 위하여 점토clay나 탄산칼슘($CaCO_3$) 또는 염료를 사용하기도 한다.

4. 초지 공정

초지 공정paper making process은 지료를 탈수 건조하여 종이를 만드는 공정으로, 지층 형성, 압착 탈수, 건조, 표면 처리 등의 과정을 거친다. 헤드박스head box에서 분출된 원료는 와이어 파트wire part에서 지필로 형성된 다음, 프레스 파트press part에서 압착 탈수 과정을 거친 후 건조 파트dryer part에서 잔류 수분을 증발시킨 다음 슈퍼 캘린더에서 종이의 두께를 조절하여 제품으로 완성된다.

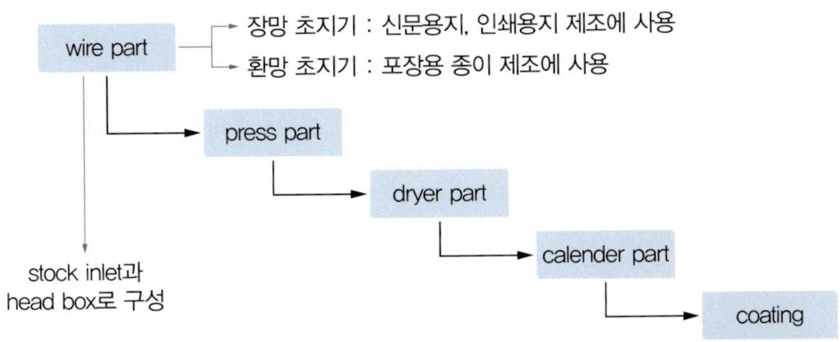

그림 2-15 **초지 공정 : Wire part에 따라 장망 초지기, 환망 초지기로 구별됨**

와이어 파트에서 펄프 용액의 수분 중 약 20%가 제거되고, 50% 이상의 수분은 프레스 파트에서 제거된다. 다음 공정인 건조 파트에서는 가열된 실린더cylinder와 열풍으로 압착된 습지의 잔여 수분을 건조시킨다. 이렇게 만들어진 종이는 약 5~8%의 수분을 함유하게 되며, 이후 표면 처리를 하게 된다.

1) 장망 초지기

주로 얇은 종이에 많이 쓰이며, 신문용지와 같은 단층의 종이를 만드는 데 쓰인다. 1803년 포드리니어Henry Fourdrinier의 후원으로 최초의 장망 초지기Fourdrinier machines가 만들어졌으며, 이 기계는 제지 기계의 표준 설계가 되었다. 그림 2-16은 장망 초지기의 기본 구조를 설명하고 있다.

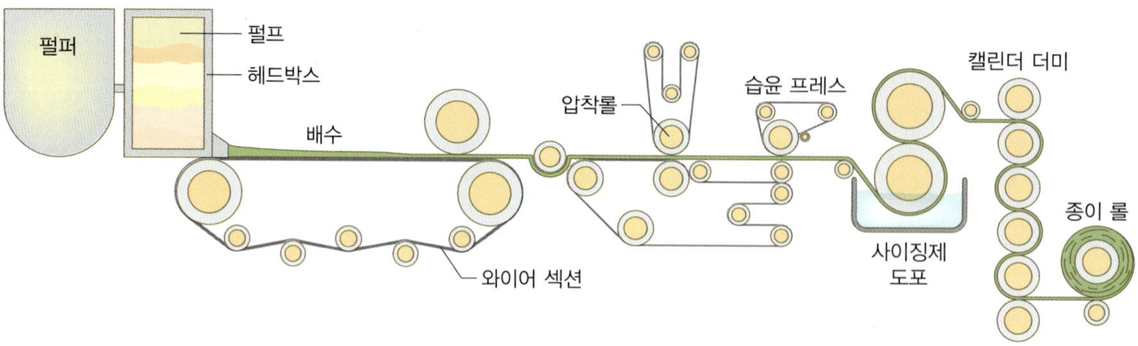

그림 2-16 장망 초지기
자료 : Strathmore®, http://www.strathmoreartist.com/

장망 초지기에서 섬유와 물이 걸쭉하게 섞인 펄프액pulp furnish은 헤드박스의 좁은 틈slice을 통해 흘러나와 물이 지속적으로 배출되는 이동식 와이어 벨트에 직접 공급된다(그림 2-17, 2-18). 이 부분을 통과하는 섬유와 물이 걸쭉하게 섞인 펄프액은 아직 물이 제거되기 전이므로 이 부분을 wet end라고 부른다. 이 걸쭉한 섬유와 물의 혼합물은

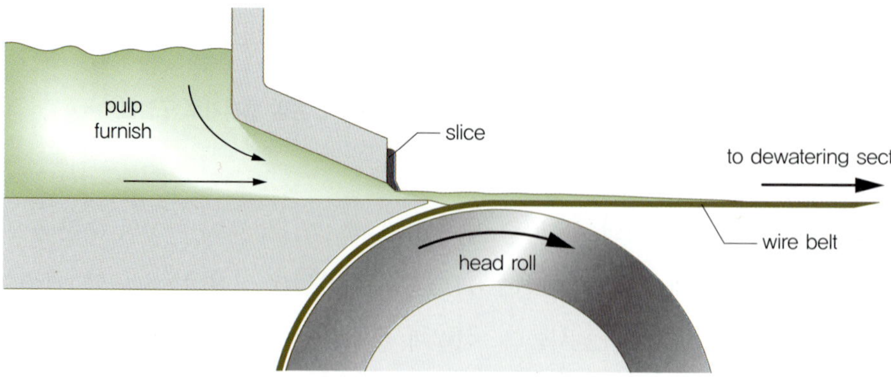

그림 2-17 장망 초지기의 Wet end

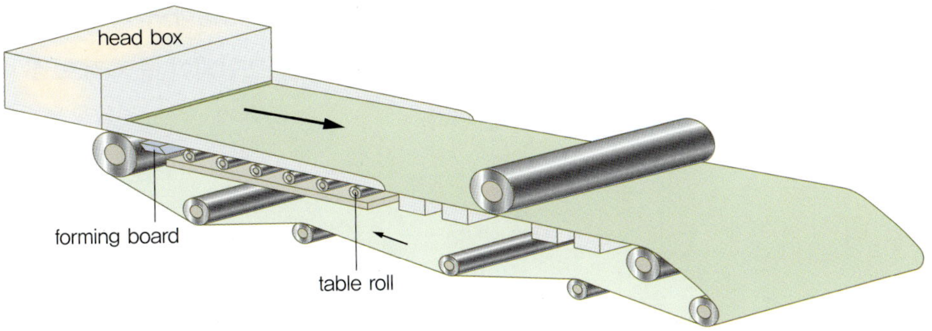

그림 2-18 장망 초지기의 Wet End와 Wire Section

와이어 벨트에 평평하게 올려져 이동하며, 이 부분을 와이어 파트라고 한다. 와이어 파트를 지난 종이는 프레스 파트로 이동하여 수분이 제거됨과 동시에 평평한 종이의 형상을 갖추게 된다. 이후 사이징 등 첨가제 처리를 한 후 건조 파트에서 잔여 수분을 제거하게 된다. 캘린더 파트calendar part에서는 사이징 처리된 종이의 표면 평활도가 조정되며, 일정한 두께의 종이가 최종적으로 만들어지게 된다.

2) 환망 초지기

장망 초지기로 만드는 종이의 두께는 얇기 때문에 이를 개선해 두꺼운 판지 등을 제조하기 위하여 개발된 설비가 환망 초지기cylinder machines이다. 종이는 단층으로 두껍게 만드는 것이 어렵기 때문에 종이를 두껍게 하기 위해서는 여러 개의 실린더를 조합한 와이어 파트를 구성하여 다층으로 만들게 된다. 다층의 경우 보통 5~8층의 조합으로 포장용 판지를 만든다. 장망 초지기보다 두껍고 다양한 층으로 구성된 종이를 만들 수 있지만, 속도가 느리고 생산성이 다소 떨어진다. 환망 초지기의 각 층 형성은 스크린 드럼을 이용하는데 펄프액pulp furnish이 담긴 통에서 스크린 드럼을 회전시키면서, 드럼 안쪽으로는 진공 상태에서 빨아들여 물은 스크린 드럼 안으로 흡수되고 드럼 외부에는 섬유들이 엉켜 쌓이게 된다. 이 얇은 층의 섬유는 이동하는 펠트 벨트로 옮겨지며, 이 펠트 벨트는 섬유층을 적층하는 다른 회전 실린더 위로 순차적으로 지나가게 된다. 환망 초지기의 스크린 드럼screen drum은 그림 2-19와 같이 나타낼 수 있다. 섬유 현탁액(펄프 용액)에 반쯤 잠겨서 회전하는 스크린 드럼은 내부를 진공 상태로 유지하며 운전되기 때문에, 물을 흡수하고 표면에 섬유로 이루어진 지층을 형성하며 다음 공정으로 전달된다. 이러한 스크린 드럼이 그림 2-20과 같이 여러 개 조합되어 순차적으로 여러 층을 적층하면서 다층의 지층을 형성하게 된다.

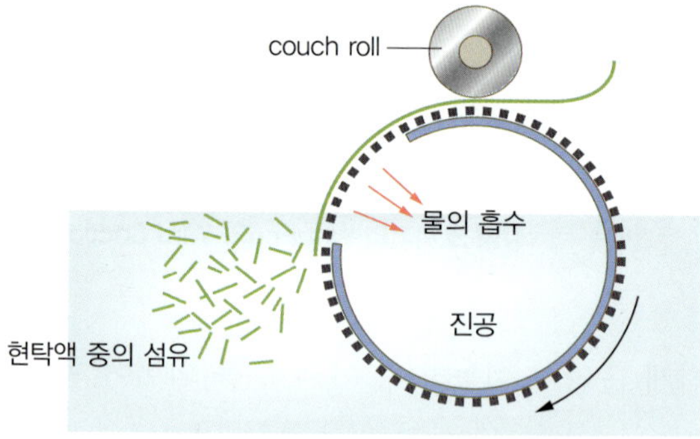

그림 2-19 환망 초지기의 스크린 드럼

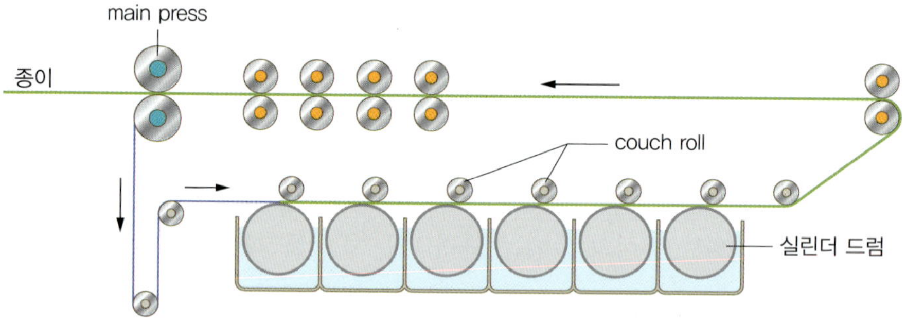

그림 2-20 6개의 실린더 드럼이 조합된 환망 초지기의 와이어 파트

이와 같이 포장용 판지는 다층으로 구성되며, 용도에 따라 각 층의 펄프 배합을 다르게 구성한다. 국내에서 많이 사용되는 SC-Manilla 지종의 경우 보통 표면층에는 인쇄

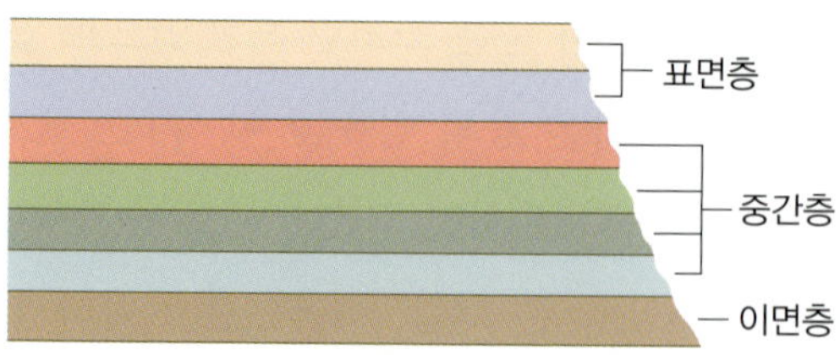

그림 2-21 식품 포장용 판지(SC-Manilla 등)의 층 구성 예시

를 위하여 표백 크라프트 펄프BKP와 백색도 및 평활도를 증가시킬 수 있는 첨가제를 사용하며, 중간층과 이면층에는 원가를 줄이기 위해 재활용 펄프의 함량을 높게 설계한다. 이는 SC-Manilla로 만든 과자 등의 식품 포장재가 표면은 백색이지만 안쪽은 회색을 띠는 이유이다.

와이어 파트 → 프레스 파트 → 건조 파트를 거친 종이는 캘린더 파트에서 일정 두께를 갖도록 조정되고, 마지막으로 코팅 공정coating part으로 넘어간다. 코팅 공정은 인쇄 적성printability, 불투명성opacity, 표면 평활도smoothness를 증가시키기 위한 공정으로, 점토 또는 탄산칼슘, 이산화티타늄(TiO_2), 활석Talc 등을 사용하여 표면을 코팅하게 된다. 종이의 표면 색상은 구현하고자 하는 인쇄 품질에 큰 영향을 미치므로 종이 표면의 백색도whiteness는 잉크가 본래의 색을 구현하는 데 중요한 역할을 한다. 표면 평활도는 인쇄의 선명도와 인쇄 적성에 큰 영향을 끼친다. 코팅 공정을 거치기 전의 종이는 섬유들이 그물망처럼 형성되어 있는 매우 불균일한 표면을 가지고 있다(그림 2-22).

이와 같이 울퉁불퉁한 표면에 인쇄를 하게 되면, 인쇄하고자 하는 망점이 제대로 구현되기 어려워 선명한 인쇄물을 얻을 수 없다. 따라서 인쇄를 위한 종이는 표면에 적절한 코팅이 이루어져야만 한다. 그림 2-23은 코팅하지 않은 종이와 코팅한 종이에 인쇄

그림 2-22 코팅 전의 종이 표면

코팅하지 않은 종이 / 코팅한 종이

그림 2-23 코팅하지 않은 종이와 코팅한 종이의 표면과 인쇄 품질 차이

한 예이다. 그림 2-23에서와 같이 코팅하지 않은 종이는 표면의 요철로 인하여 망점의 인쇄가 적절히 이루어지지 않아 코팅한 종이에 비해 인쇄 선명도가 많이 떨어진다.

3) 초지 공정에서 부여되는 종이의 물성

종이를 만드는 공정에서 부여되는 중요한 물성으로 방향성을 들 수 있다. 종이는 용액 상태의 섬유가 긴 생산 라인을 따라 흘러가면서 섬유 배열에 방향성이 주어지는 경향이 있다. 즉, 기계의 진행 방향machine direction, MD에 맞추어 섬유가 배열되면서 MD 방향으로는 종이가 접히거나 찢어지기 쉬운 반면에, 직각 방향인 가로방향cross direction, CD으로는 뻣뻣하고 잘 접혀지지 않는 특성이 있다. 따라서 종이로 포장재를 만들고자 할 때는 하중을 받는 힘의 방향이 인쇄 면의 어느 방향인지를 고려하여 이에 따라 인쇄되는 종이의 투입 방향을 결정해야 한다. 인장 강도tensile strength에서 방향성 차이는 단망 초지기로 만든 종이의 MD/CD의 강도 비율이 2 : 1, 장망 초지기로 만든 종이의 경우 4 : 1 정도로 매우 크다.

5. 종이 포장의 최근 동향

최근 플라스틱 사용을 줄이자는 환경 이슈로 식품의 포장재를 종이로 대체하고자 하는 움직임이 두드러진다. 대표적인 사례로는 그동안 컵라면 등에 사용되어 왔던 발포 폴리스티렌expandable polystyrene, EPS 또는 폴리스티렌 페이퍼polystyrene paper, PSP 용기가 사라지고 있으며, 가까운 장래에 모두 대체될 전망이다. EPS 용기는 가볍고 내수성과 단열성이 뛰어날 뿐 아니라 가격이 저렴하여 국내외에서 많이 사용되어 왔던 포장재였으나, 21세기 들어 단열성이 있는 이중 종이컵의 등장으로 대체되기 시작하였다.

이중 종이컵의 구조는 그림 2-24에 나타낸 것과 같이 순수 목재 펄프로 만들어진 Royal Ivory 종이에 PE 코팅을 하고 외부에 인쇄를 한 SC-manilla 종이이며, 각도에 차이를 두어 두른 형태로 되어 있다. 내층의 종이와 외층의 종이 사이의 공기층이 열 전달을 막아 단열 효과를 나타낸다. 종이에는 원색 인쇄가 가능하기 때문에 발포 PS 용기와 달리 이중 종이컵은 진열 시 매대의 높은 위치에 진열되어 있어도 눈에 잘 띈다는 장점이 있다.

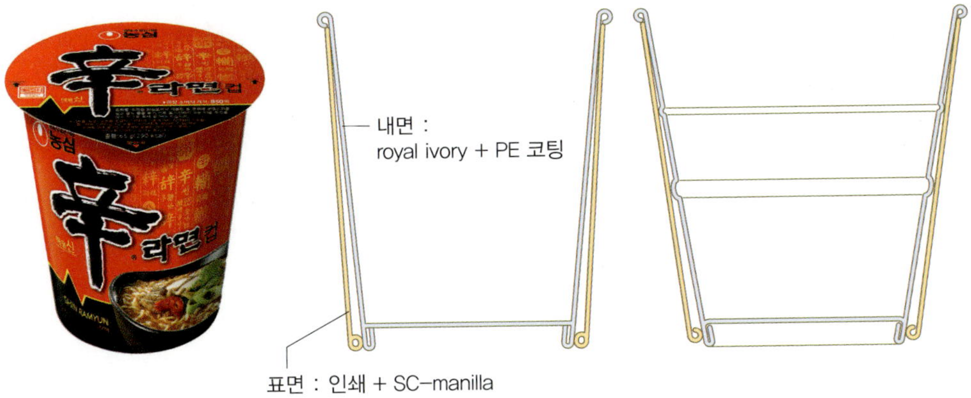

그림 2-24 **컵라면용 이중 종이컵의 구조(예시)**

최근 HMRhome meal replacement(가정식 대체 식품) 시장의 성장과 더불어 전자레인지에 조리할 수 있는 용기가 시장에서 요구되고 있다. 전자레인지에서 조리하면 식품이 100℃ 이상으로 가열될 수 있으므로 저밀도 폴리에틸렌LDPE 코팅을 한 종이컵으로는 다소 내열성이 부족하다는 문제점이 있어 왔다. 이러한 문제를 극복하기 위하여, 최근 식품 업계에서는 LDPE 대신 PP 코팅을 적용한 이중 종이컵의 채용이 늘고 있다.

또한 내열성과 친환경성을 동시에 추구하고자 하는 노력으로 발포 종이컵을 컵라면 용기에 적용하기 시작하였다. 발포 종이컵은 종이Royal Ivory → 종이 내외면 코팅 → 표면 인쇄 → 발포(열풍 터널)의 공정으로 제작되며, 종이 양면에 MDPE(내면)와 LDPE(외면, 발포층)를 코팅하여 제조한다. 이는 인쇄 질감이 뛰어나고 플라스틱층이 두꺼워 일반 종이컵보다 수분 등의 차단성이 향상되었다는 평가를 받고 있다. 또한 가볍고 종이 사용량이 적어 기존 이중 종이컵에 비해 온실가스 발생량을 줄일 수 있고, 단열 효과도 향

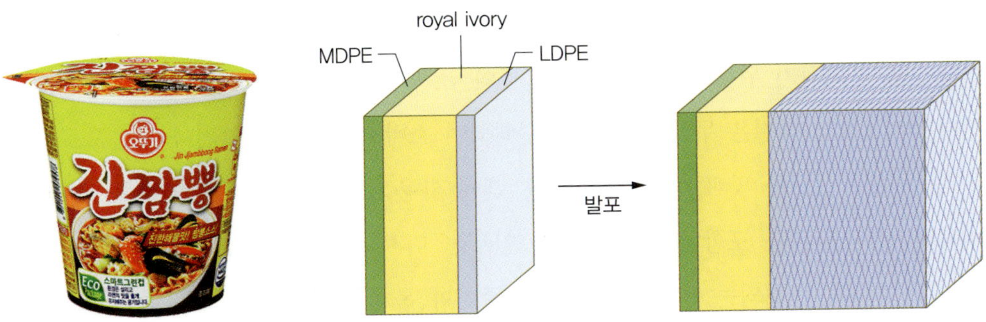

그림 2-25 **컵라면용 발포 종이컵의 구조(예시)**

상되었다. 그러나 종이의 양면에 플라스틱층이 배치되기 때문에 재활용이 까다롭고 종이 해리에 시간이 오래 걸린다는 단점이 있다.

컵라면의 뚜껑lid에도 가까운 장래에 변화가 있을 것으로 예상된다. 현재 컵라면의 뚜껑에 사용되는 알루미늄 포일이 플라스틱필름 재활용에 방해가 되고 있으며, 전자레인지를 사용한 조리를 어렵게 하고 있다. 이러한 문제를 해결하기 위해서 업계에서는 알루미늄 층을 제거하고 방습성과 기체 차단성이 향상된 종이 또는 필름으로 대체하고자 하는 노력을 기울이고 있으며, 일부 상품화되기도 하였다.

그림 2-26 **향후 예상되는 컵라면용 뚜껑의 변화**(※이 예시는 해당 업체와 상관 없음)

종이컵에 더 친환경성을 부여하기 위한 노력의 하나로 종이컵 내면에 PE를 코팅하는 대신에 재활용할 때 분리하기 쉬운 고분자를 코팅하고자 하는 연구가 진행 중이다. 현재의 종이컵 재활용공정에서 PE 필름의 제거에 많은 노력이 필요하기 때문에 이를 생물고분자 또는 수용성 고분자로 대체한 제품 개발에 대한 연구가 진행되고 있다. 또한 물에 의해 쉽게 분리되는 코팅제와 접착제도 개발이 진행 중이다.

금속 캔을 종이로 만든 캔으로 대체하고자 하는 것도 지속 가능한 포장의 하나이다. 일본에서 상품화된 종이용기인 '카토캔Cartocan®'은 종이를 사용할 뿐만 아니라 산소 차단성을 부여하기 위해, 알루미늄 포일 등의 금속재료가 아닌 투명 증착 필름을 활용한다(그림 2-27). 충전은 무균 충전으로 수행되며 소비자에게 살균하거나 고온으로 충전된 음료보다 신선한 맛과 향을 제공한다. 캔에 사용되는 종이 원료의 30%는 지역에서 벌목한 목재 펄프를 포함하며, 매출액의 일부는 다시 지역의 숲 조림사업에 기부된다. 지속 가능하게 관리되는 산림은 미래에도 종이와 목재 기반의 포장재를 공급할 것이라는 확신을 준다. 유럽의 맥주회사인 칼스버그는 최근 에콕스팩EcoXpac과 함께 세계 최

그림 2-27 **Composite Can**(Cartocan®)

자료 : TOPPAN PRINTING CO., LTD.

초의 완전 생분해성 펄프wood-fibre병을 개발하겠다는 야심찬 계획을 발표하였다. 뚜껑을 비롯한 모든 병 부분은 생물학적 및 생분해성 재료만 사용하여 제조된다고 한다.

펄프 몰드 트레이pulp mold tray의 플라스틱 대체도 많은 진전을 보이고 있다. 종이는 비록 플라스틱만큼 성형성이 좋지는 않지만, 트레이와 같이 높이가 낮은 용기 성형에는 현재도 꾸준히 적용되고 있다. 연포장 분야에서는 연신 필름을 종이로 대체하려는 움직임이 있다. 비록 모든 종류의 식품에 적용하기는 어렵지만, 건조식품 등에는 이미 종이로 대체된 포장재를 사용하는 제품들이 시장에 등장하였다.

농산물 포장용 박스에 내수성을 부여하기 위한 노력은 왁스, PE 코팅 또는 PE 필름의 라미네이션 등으로 구현되어 왔지만, 최근에는 재활용을 좀 더 용이하게 하기 위한 노력으로 수용성 중합체와 무기 안료를 조합한 내수성 골판지가 일본에서 출시되었다. 그림 2-28에서 보는 것과 같이 얼음을 담아도 괜찮을 만큼 내수성이 뛰어나 플라스틱 용기를 대체할 수 있다.

그림 2-28 내수성 원지(liner)로 만든 농산물 포장 박스의 해외 사례

6. 종이 포장재와 환경

최근 플라스틱 사용을 줄이자는 측면에서 종이의 적용이 확산되고 있다. 종이는 생분해가 될 뿐 아니라 재활용도 가능하며, 대기 중의 탄소를 고정하여 만든 탄소 중립 carbon-neutral성 소재이기 때문에 지구 온난화를 막는 데도 도움이 된다. 향후 종이의 단점을 극복할 수 있는 기술이 개발되어 머지않은 장래에 많은 분야의 포장재에 사용되고 있는 플라스틱을 대체하게 되리라고 전망한다.

하지만 어떤 사람들은 종이 포장재가 결코 친환경적이지 않다고 주장한다. 많은 소비자에게 생분해는 '자연 친화적'으로 인식되는 단어이고, 생물 소재 기반의 생분해성 플라스틱은 현재까지 '지속 가능한 포장'으로 분류되어 왔다. 그러나 생분해 또는 퇴비화의 부산물인 메탄 등의 가스는 지구 온난화의 원인이 되므로 지속 가능할 수 없다는 의견이다. 따라서 소각을 통해 열에너지를 회수하는 것이 오히려 낫다는 주장이다.

또한 종이 포장재가 친환경적이지 않다는 사람들은 종이가 산림자원을 파괴하며 제지 공업은 수질오염을 유발한다고 주장한다. 목재는 수십 년을 키워야 하므로 한번 파괴된 산림을 복구하는 데는 많은 시간이 필요하다. 따라서 바람직한 모델은 제지산업과 조림산업의 계획적인 연계 운영이다. 해외에서는 지속 가능한 산림 경영을 위하여 제3자 인증과 관리를 시행하고 있으며, 개인 토지 소유자에게 임업 관리를 지원하는 정부 차원의 프로그램이 실시되고 있다. 제지공정에서 종이 1톤ton을 만드는 데 필요한 물은 10톤 이상이다. 특히 폐지의 재활용 과정에서는 수질오염 문제가 더욱 심각하다.

그림 2-29 **미국 제지회사의 고율활성슬러지처리시스템**(High rate activated sludge treatment system)

따라서 제지회사들은 폐수 처리에 많은 노력을 기울여야 한다. 제지회사 입장에서 환경에 대한 대처는 폐수와 슬러지를 처리하는 시스템 관리에 많은 비중을 두어야 한다.

온실가스 발생이란 측면에서 볼 때도 플라스틱 필름으로 된 포장재가 종이 포장재보다 오히려 온실가스의 발생량이 적다고 주장하는 사람들이 있다. 플라스틱 필름이 가볍고 차단성이 뛰어나다는 점을 감안하면 틀린 주장은 아니다. 제지공정에서 소모되는 에너지의 양이 크다는 것도 그 주장을 뒷받침한다. 그러나 화석연료에서 비롯된 플라스틱과 달리 종이는 대기 중의 이산화탄소(CO_2)가 고정된 유기화합물이므로 지속 가능한 소재임은 틀림없다. 폐기 단계에서도 종이는 틀림없이 친환경적이다. 재활용이나 폐기방법과는 상관없이 어떠한 폐기방식을 선택하더라도 지구 환경에 부하를 주지 않는 지속 가능한 포장 소재이다.

연습
문제

풀이와
정답

1. 우리나라에서 최초로 미표백 크라프트 펄프(Unbleached Kraft Pulp) 제조시설을 갖춘 회사를 답하시오.

2. 우리나라에서 펄프 산업이 발달하지 못하고 대부분의 펄프를 수입에 의존하는 이유를 설명하시오.

3. 밀도를 높여 식품 원료 및 분말의 포장과 정량 등에 사용하는 종이를 답하시오.

4. 목재의 구성 성분 중 종이의 주원료로 사용되는 섬유를 구성하는 고분자가 무엇인지 답하시오.

5. 침엽수 섬유와 활엽수 섬유의 주요한 특징 차이를 설명하시오.

6. 재활용 펄프로 만든 종이를 식품 포장재에 사용 시, 식품과 접촉하는 내포장 용도로 사용해서는 안 되는 이유를 설명하시오.

7. 물리적 힘으로 목재를 잘게 부수어 얻은 펄프로, 목재에서 셀룰로오스를 기계적으로 추출하여 목재를 연마하는 가장 빠르고 수율이 높은 경제적인 펄프가 무엇인지 답하시오.

8. Kraft pulp(황산염 펄프)에 대하여 서술하시오.

9. 고해(refining)가 종이의 품질에 미치는 영향 중 장점을 서술하시오.

10. 모세관 현상에 의해 종이 섬유 사이에 액체가 침투하는 것을 방지할 목적으로 사용되는 첨가제로, 로진계(Rosi)를 많이 사용하는 첨가제가 무엇인지 답하시오.

11. 종이 제조의 마지막 단계에서 점토 또는 탄산칼슘, 이산화티타늄(TiO_2), 활석(Talc) 등을 사용하여 종이의 표면을 코팅하는 이유를 설명하시오.

12. 종이 케이스와 같이 두꺼운 여러 겹의 종이를 만드는 데 쓰이는 초지기가 무엇인지 답하시오.

1. 1964년, 삼양펄프
2. 우리나라는 1980년대까지 한국전쟁으로 황폐화된 산림을 복구하는데 많은 노력을 기울여야 했으므로 오랫동안 벌목이 금지되어 왔다. 또한 빠른 시간 안에 황폐화된 산림을 복구하기 위하여 목재나 종이의 원료로 사용하기 어려운 수종을 조림사업에 주로 식재한 결과 펄프의 재료로 사용할 산림자원이 부족하기 때문이다.
3. 글라신지(glassine paper)
4. 셀룰로오스(cellulose)
5. 침엽수 섬유는 활엽수보다 길이가 길어 단단한 종이를 만드는 데 적합하다.
6. 재활용 펄프는 수거 및 재생 과정에서 불순물의 오염과 중금속 등이 문제되기 때문이다.
7. 기계적 펄프(mechanical pulp)
8. 대표적인 화학적 펄프(chemical pulp)로, 침엽수 목재 칩을 수산화나트륨(NaOH), 황화나트륨(Na_2S)을 사용하여 고온 고압하에서 중해해서 리그닌 등을 제거하여 만드는 펄프로, 강한 종이의 원료가 되는 펄프이다.
9. 내수성 및 강도 향상, 섬유 사이의 결합 증가, 부드러움과 광택 향상, 파열 강도와 인장 강도 증가
10. 사이징제(sizing agent)
11. 인쇄 적성(printability), 불투명성(opacity), 표면 평활도(smoothness)를 증가시키기 위한 목적이다.
12. 장망 초지기(Fourdrinier machines)

참고문헌

서정민, 김철환, 이지영, 이영록, 신태기, 정호경. 2008. 닥나무 대체섬유를 활용한 기능성 강화 한지에 대한 연구, **한국펄프·종이공학회지** 10, pp45-52.

M.J. Kirwan. 2003. *Paper and paperboard packaging*. Blackwell Publishing Ltd.

R.L. Hills. 1988. *Papermaking in Britain 1488-1988*. The Athlone press.

ANDRITZ GROUP, https://www.andritz.com/

Strathmore®, https://www.strathmoreartist.com/

Tetrapak®, https://www.tetrapak.com/

TOPPAN PRINTING CO., LTD., https://www.toppan.co.jp/

CHAPTER 03

골판지와 골판지상자

Corrugated board and Box

CORRUGATED BOARD AND BOX

1. 개요

골판지란 골심지medium로 골flute을 만든 후 양쪽 면에 라이너liner(표면지)를 접합시킨 판지 제품이다. 그림 3-1과 같이 골심지가 두 라이너 사이에 파도 모양 구조로 배치됨으로써 골 방향(골과 나란한 수평 방향)으로는 강한 압축 강도를 갖게 하며, 수직 방향으로는 외부 충격에 완충 작용을 하여 내용물을 보호하는 기능을 갖는다. 골판지상자는 대량 생산, 저렴한 가격, 사용의 편리성, 제작의 간편함, 친환경, 재활용 등의 장점에도 불구하고 외포장인 이유로 소모성 부자재 품목으로 취급되고 있지만, 대형 수요처에

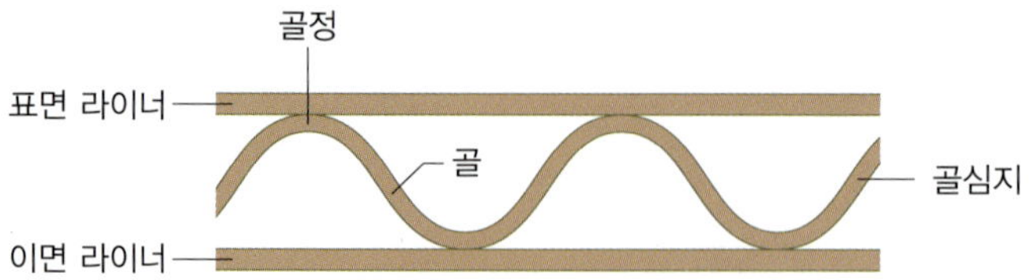

그림 3-1 **골판지의 기본 구조**

골판지 관련 용어

- 골(flute) : 중심지가 파상으로 성형되어 있는 것
- 골정(flute tip) : 골의 최선단부
- 라이너(liner) : 표면과 이면에 골정과 접착되어 있는 두꺼운 원지
- 골심지(medium) : 표면/이면 라이너 사이에 골이 성형되어 있는 중간지

서는 원자재와 함께 중요한 부자재로 관리되고 있다.

골판지는 1871년 미국에서 램프의 유리등과 물약 병 등 깨지기 쉬운 내용물을 보호하기 위해 처진 골 모양의 완충재로 개발된 존스Albert L. Jones의 특허에 기원(그림 3-2)이 있다고 할 수 있다. 존스는 특허에서 라이너가 없는 형태의 파형 골심지를 완충재로 적용하는 것을 제안하고 있다.

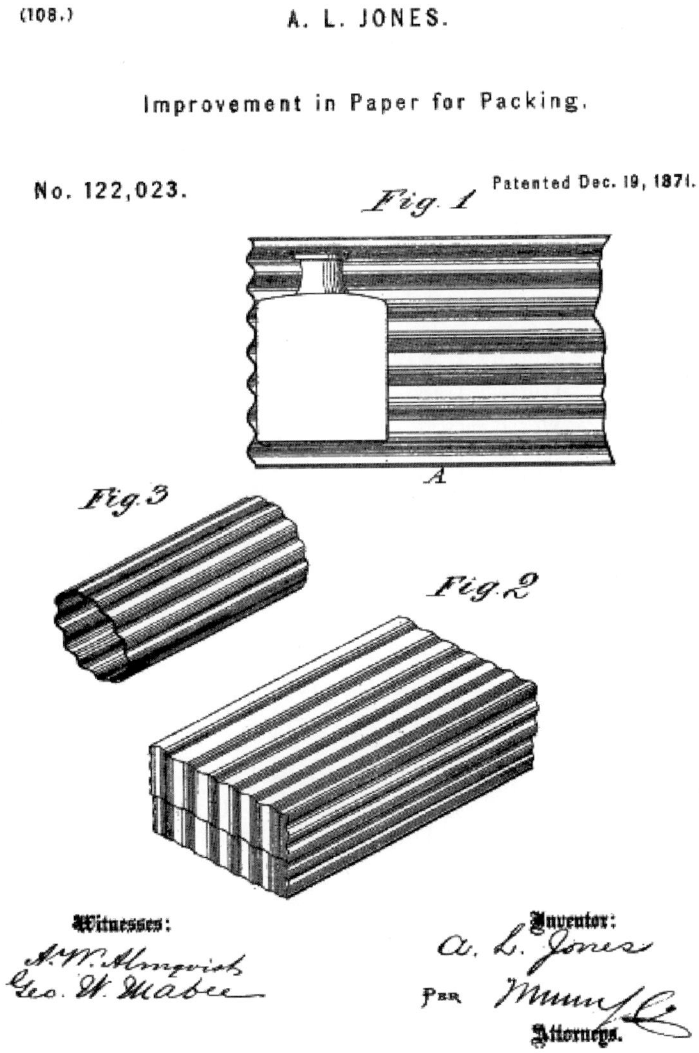

그림 3-2 **Albert L. Jones의 특허**

"Improvement in paper for packing" (US Pat. 122,023) Fig. 1 represents a section of such packing with one end turned up on the side of a vial so as to show the end of the material. Fig. 2 is a perspective view of a packing-box made of corrugated material. Fig. 3 is an end view of a bottle-packing cylinder.

라이너가 조합된 오늘날의 편면 골판지는 1874년 미국 롱Olivier Long의 '병, 항아리 & 포장packing for bottles, jars & C.' 특허에서 볼 수 있다. 이 특허에서는 파형 골심지에 라이너를 추가하여 기능성을 강화하는 개념을 소개하였다(그림 3-3).

하지만 초기의 두 가지 특허는 골판지를 단순히 완충재로만 사용하는 형태였으며, 오늘날의 골판지상자와 같은 형태는 1875년 미국의 'Thompson & Norris'라는 회사가 최초로 개발하였다. 이후 이 회사는 1881년 최초의 편면 골판지single-facer corrugated board 기계를 제작하였고, 1882년에는 양면 골판지가 처음으로 생산되었으며 1884년에

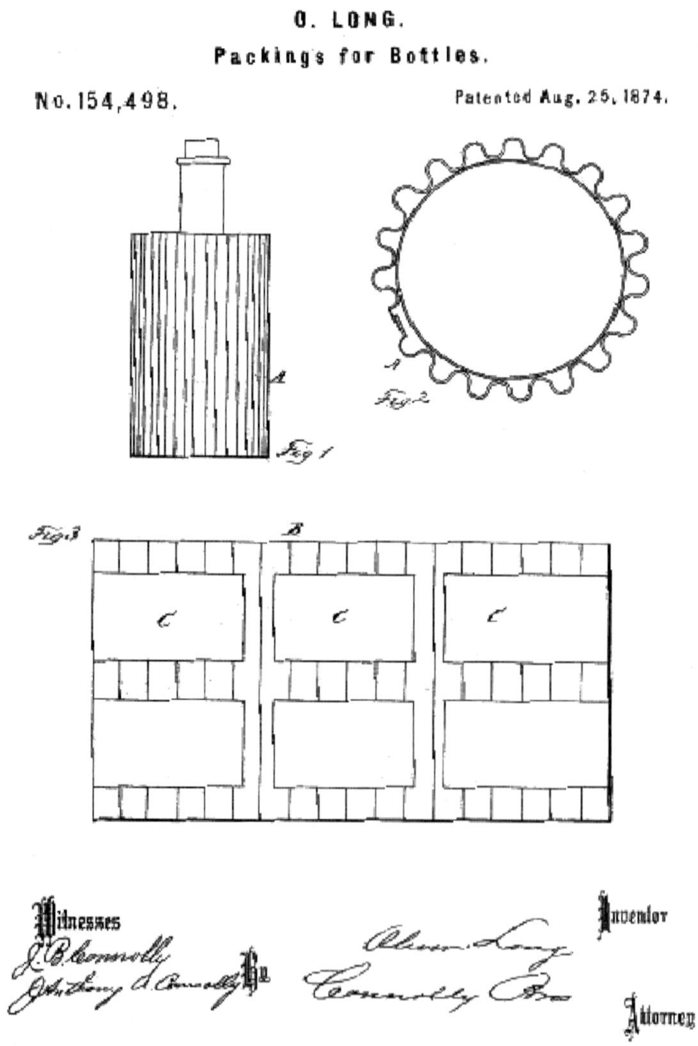

그림 3-3 Olivier Long의 특허 : Improvement in packing for bottles

이르러 최초의 '양면 골판지상자cellular board box'가 탄생하게 된다.

우리나라에서는 1947년 설립된 신흥제지공업㈜이 골판지를 최초로 생산하였다. 6.25 전쟁 이후 유엔군의 군사용 휴대 식품C-ration을 보관, 배송하기 위한 포장용 상자로 양면 골판지상자가 대량으로 들어오게 되면서 국내에 골판지상자가 소개되었다. 당시 청계천 주변과 마장동 등 도시 외곽에는 집단으로 빈민촌이 형성되었는데, 이때 미군부대에서 나오는 각종 폐자재(목재, 양철 등)를 사용하여 지붕과 벽을 만들었으며, 방바닥에는 가마니를 깐 후 장판 대신 골판지상자를 깔았다. 골판지상자는 장판 외에 수납함, 책상, 밥상 등의 생활도구를 대신하였으며, 이러한 연유로 이들 무허가 주택을 '상자집 또는 판자집'이라고도 불렀다.

국내에서 양면 골판지가 본격적으로 생산, 판매되기 시작한 것은 1960년대 중반부터이다. 1960년대 정부의 수출산업 진흥 정책으로 수출을 위한 골판지상자의 수요가 늘어나면서 국내의 골판지 산업도 본격적으로 성장하게 되었다. 수도권에 한국판지, 공화지기, 협동 단보루공업사, 오성제지 등이 설립되었고, 경상도에 국제 단보루, 천일종합포

그림 3-4 **편면 골판지**

골판지와 골의 각국 명칭

- 유럽 : carton box, corrugated container('골(flute)'의 어원은 중세 유럽의 주름진 목도리와 형태가 비슷하다고 하여 이같이 명명)
- 미국 : corrugated fiber board, folding box
- 일본 : 단보루(段+board : 계단 형태와 유사하다고 일어와 영어를 조합해 명명)
- 중국 : 瓦楞紙板(와릉지판 : 지붕의 기와 모양과 비슷하다고 이같이 명명)
- 한국 : 일본 명칭(단보루)을 그대로 사용하다가 1963년 밭고랑의 형상과 비슷하여 순수한 우리말로 골이 처진 판지, 즉 골판지(~板紙)라고 정식으로 명명. 1964년 '외부 포장용 골판지'를 산업 표준 명칭(KSA 1502)으로 제정 공고

장, 희성산업 등이 등장하였다. 이후 제지와 골판지를 일괄적으로 생산하는 한국수출포장공업(1957), 아세아제지(삼양지업, 1958), 태림포장공업(1962), 대양제지(신대양그룹, 1970), 삼보판지공업사(1973) 등이 설립되었다.

2. 골판지의 종류와 용도

골판지는 골의 크기·형태와 조합에 따라 각각 분류된다. 골판지의 종류와 사용 용도를 표 3-1과 3-2에 나타내었다.

표 3-1 골판지의 종류

종류	형태	종류	형태
A골 양면 골판지 골 높이 : 4.5~5.0 mm 골수 : 34±2/30 cm		B골 양면 골판지 골 높이 : 2.5~2.8 mm 골수 : 50±2/30 cm	
C골 양면 골판지 골 높이 : 3.5~4.0 mm 골수 : 340±2/30 cm		E골 양면 골판지 골 높이 : 1.0~1.2 mm 골수 : 93±2/30 cm	
BA골 이중양면 골판지		BB골 이중양면 골판지	
EB골 이중양면 골판지		AAA골 삼중 골판지	
편면 골판지		※ 생산 품목 • A골, B골, E골 양면 골판지(SW) • BA골, BB골, EB골 이중양면골판지(DW)	

*종류 S/W : A, B, C, E　D/W : BA, EB, BB　TW : AAA

표 3-2 골판지의 용도

종류	정의(용도)	형태
골지(파상 골판지)	종이에 파상의 골을 성형한 것 (완충재)	
편면 골판지 (single face)	파상의 골을 성형한 골심지를 한쪽에 라이너(liner) 접합한 것 (완충재, offset 합지 In-box)	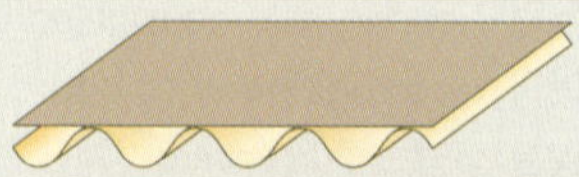
양면 골판지 (single wall)	편면 골판지의 맞은편에 라이너를 접합한 것 (경량 포장상자)	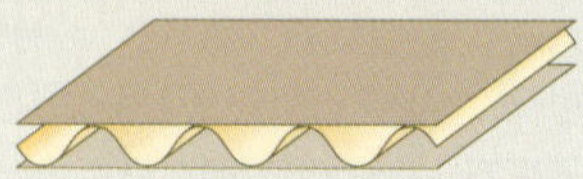

(계속)

종류	정의(용도)	형태
이중 양면 골판지 (double-wall)	양면 골판지 한쪽에 면을 밖으로 한 편면 골판지를 접합한 것 (중량 또는 손상이 쉬운 내용물 포장상자)	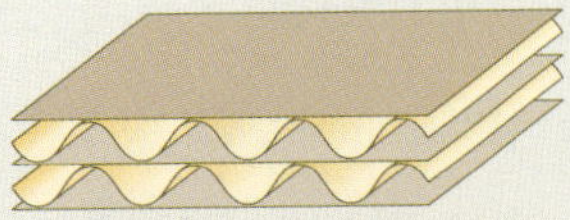
삼중 골판지 (triple-wall)	이중 양면 골판지에 면을 밖으로 한 편면 골판지를 접합한 것 (중량물 포장상자)	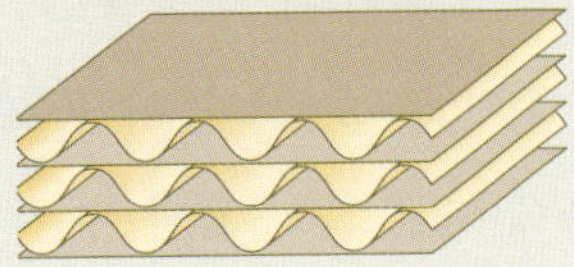

3. 골판지의 제조공정 및 제조설비

골판지는 골심지를 골 성형하여 표면지에 접착시켜 만들어지며, 사용자가 원하는 크기와 골의 형태에 맞추어 생산된다. 그림 3-5에 골판지 제조설비인 코루게이터를 나타내었다.

그림 3-5 **골판지 제조설비인 코루게이터(corrugator)**

1) 골판지 제조공정 및 설비

골판지 제조공정은 WET END와 DRY END의 2개 공정으로 구분된다.

(1) WET END 공정

골심지로 골을 성형하고 라이너지를 접착, 건조하여 골판지를 제조하는 공정이다. 이 공정에 필요한 설비들은 다음과 같다.

- 편면기single facer : 골판지 생산의 핵심 파트로 상하 골의 롤이 맞물려 골을 형성하는 역할을 한다.
- 스티머steamer : 골 형성을 용이하게 하기 위해 골심지에 고온의 저압 증기를 균일하게 보내어 골 성형 후 복원되지 않도록 하는 장치이다.
- 호부기glue M/C : 풀이 뭉치거나 소량만 도포되지 않도록 균일하게 해주며, 속도 비율에 따른 풀의 양과 수분 편차를 조절한다.
- 밀롤 스탠드mill roll stand : 원지를 걸어 주는 장치이다.
- 스플라이서auto splicer : 원지를 자동으로 이어주어 논스톱 상태에서 원지를 교체하는 장치이다.
- 예열기preheater : 골판지의 휨을 방지하기 위한 열량 조절과 온도 및 습도를 조정한 후 건조시키는 장치이다.
- 브릿지over-bridge : S/F에서 만들어진 편면을 다음 공정에 안정적으로 공급하기 위해 저장해 주는 장치이다.
- 양면기double facer : 편면 골판지에 풀을 도포하고 라이너를 접착시켜 드라이엔드 공정으로 넘기는 장치이다. 글루머신과 가열부, 냉각부가 있다.

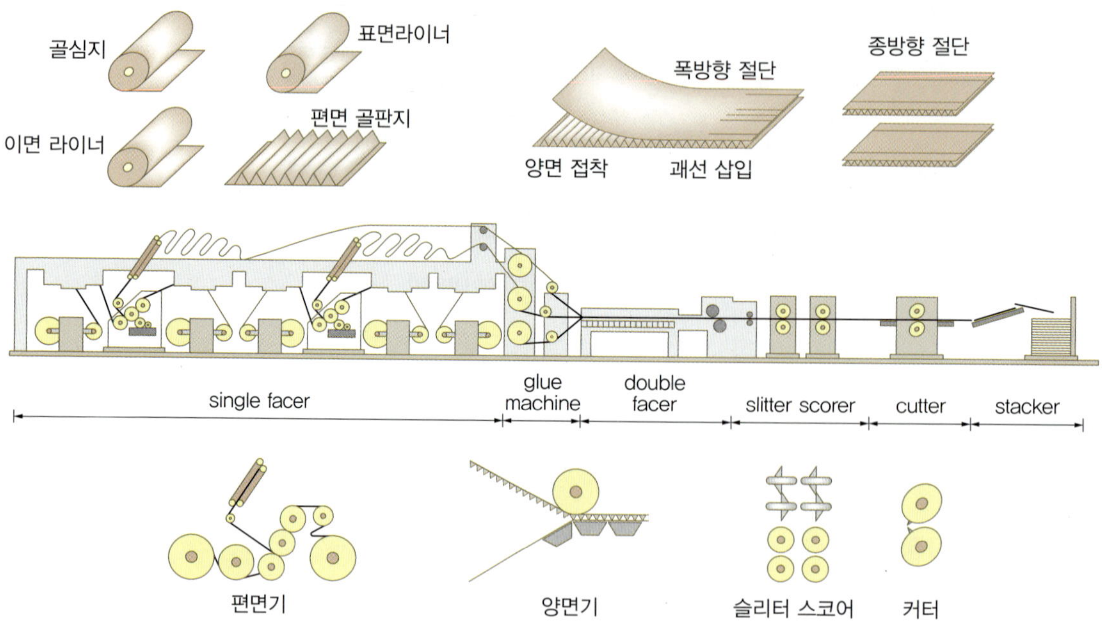

그림 3-6 양면 골판지의 제조공정도

(2) DRY END 공정

WET END 공정에서 제조된 골판지 원단을 필요한 길이로 재단/절단하고 필요한 매수로 적재하는 공정이다. 이 공정에 필요한 설비들은 다음과 같다.

- 로터리 절단기rotary shear : 접착된 골판지 시트를 길이 방향으로 절단/분리하는 회전식 커터 장치이다.
- 슬리터 스코어slitter scorer : 골판지를 상자 규격에 맞도록 길이 방향으로 재단하고, 괘선scoring을 넣는 장치이다.
- 컷 오프 머신cut off M/C : 상하의 회전칼날로 전장을 절단하고, 주행 속도에 맞추어 순간적으로 회전함으로써 전장 규격에 오차가 없도록 시트 주행 방향에 대해 수직으로 절단하는 설비이다.
- 스태커stacker : 절단된 골판지를 정해진 수량으로 적재하여 컨베이어를 통해 배출하는 장치이다. Up-스태커, Down-스태커, Double-스태커(하이브리드형) 등이 있다.
- 생산 관리 장치 : 골판 제조기 코루게이터corrugator의 연속/고속 생산을 위해 컨트롤메모리 프로그램을 넣어 각 부의 설비를 자동으로 제어하는 컴퓨터 장치이다. 원지 필요량 투입, 골판지 생산, 제품별/규격별 상자 생산, 배송 납품 관리까지 생산로직을 컨트롤하는 장치이다.
- 컷팅 테이프 : 이면 라이너에 테이프를 붙여 상자의 상단부를 분리하기 쉽게 하는 장치로, easy-open box, 핸들 보강용, 상자 하단부 찌그러짐 방지용 등으로 사용한다.

4. 골판지 원지 생산 및 유통

1) 골판지 원지 종류 및 용도

골판지 원지의 종류 및 용도는 표 3-3에 제시하였다.

2) 골판지 원지 생산공정

(1) 원질 공정

종이를 만들기 위한 원료를 조성하는 공정이다. 폐지/펄프 등 원료를 해리, 정선, 농축, 고해를 통해 약품 투입(조약 공정)의 효과를 높이기 위한 초지 공정의 전 단계 작업

표 3-3 골판지 원지 종류와 용도

골판지 원지 표기 명칭	용도
KLB	크라프트 라이너 포드(kraft liner board), 고강도용 라이너 원지, 대형 전자 제품 상자용
KA 180 YKA 180	중강도용 라이너 원지, 일반 범용 상자
KA 210 YKA 210	중강도용 라이너 원지, 농수산물 상자
WL 180	화이트라이너 중강도용 라이너 원지, 표면 인쇄상자
AK	고강도 골심지용 원지
K2	라이너 골심지용 원지, 저급용 라이너 원지, 저급 박스
KA150	중강도용 라이너 원지, 일반 범용 박스(수출용)

이며, 원료의 배합을 조정해서 초지기로 보내는 파트이다. 초지 공정과 함께 종이 품질에 큰 영향을 미친다.

- 해리공정 : 펄프를 물과 섞어 풀어 주는 공정(pulper).
- 1차 정선공정 : 해리된 원료를 basket에 통과시켜 섬유를 정선하는 스크린 공정(screen).
- 2차 정선공정 : 1차 정선된 원료를 클리너에 통과시켜 원심분리 방식과 비중차를 이용하여 불순물을 제거하는 공정(cleaning).
- 농축공정 : 최종 정선된 원료를 자연 탈수방식으로 농축하는 공정(disc filter).
- 고해공정 : 원료를 갈아 유연하게 하는 공정(refiner : 섬유를 미세화fibril하여 종이의 물리적 강도를 향상시키는 것).

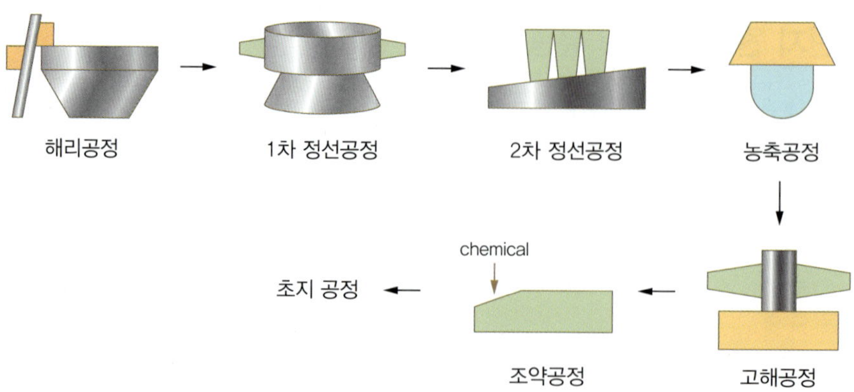

그림 3-7 **원질 공정도**

그림 3-8 **고해(refiner)공정**

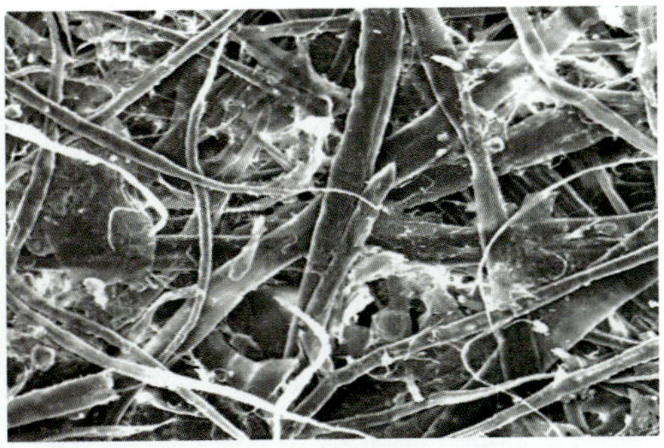

그림 3-9 **고해(refiner)에 의한 섬유들의 결합**

- 조약공정 : 고해된 원료에 지력 증강을 위한 약품 투입 공정(mixing). 이때 투입되는 주요 약품은 전분, 지력 증강제, 보류제 염료, 안료 등이다.

(2) 초지 공정

조성된 원료로 종이 제품을 만드는 공정으로 섬유의 분산, 여과, 치밀화, 압착 밀착, 증발 등의 과정을 거친다. 종이의 지합에 결정적 영향을 미치는 초지 공정의 핵심 장치인 '헤드박스'는 원료를 폭 방향으로 균일하게 분배해 주고flow spreader, 지료의 흐름과 섬유의 분산을 조절하여perforated roll 사출해 주는slice 장치이다.

초지공정을 요약하면 원료 도입부 → 와이어 공정wire part(조성된 원료를 와이어망에 안착시키는 공정) → 압착공정press part(압력을 가해 탈수하는 공정) → 건조공정dry part(통과된 지필을 드라이어 실린더로 건조하는 공정으로, 이때 실린더는 40~45개 사용) → 광택공정

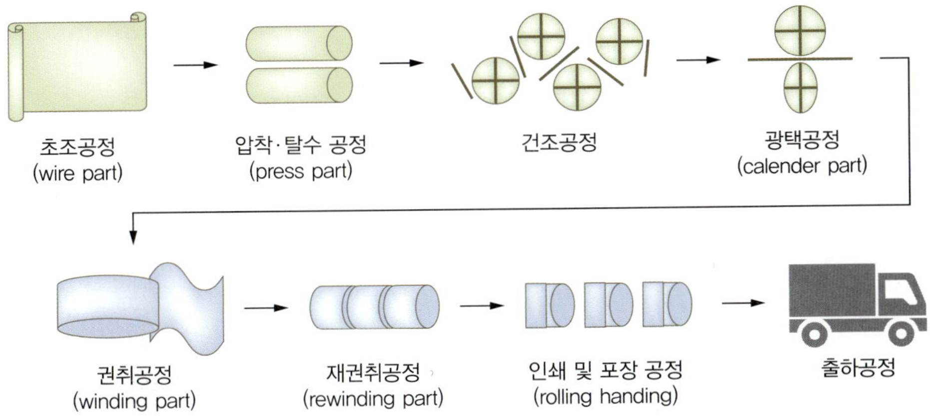

그림 3-10 **초지 공정도**

calender part(건조된 종이에 광택을 내는 공정으로 이미 반제품 상태임) → 권취공정winding part(완성된 종이를 롤 모양으로 감는 공정이며, 점보롤은 3만 m)으로 나뉜다. 이후 재권취 rewinding와 인쇄 및 포장roll handling 공정을 거쳐 출하된다.

4 PLY

- maker : METSO – 5,450 m/m
- design speed : 800 m/min(1,100 ton/day)

3 PLY

- maker : METSO – 4,450 m/m
- design speed : 1,000 m/min(900 ton/day)

그림 3-11 **초조공정(wire part) : 4 ply와 3 ply 설비**

- Maker : Metso
- 최대 Speed : 2,300 m/min
- 최대 Diameter : 2,000 m/m

- Maker : Metso
- 최대 Speed : 2,300 m/min
- 최대 Diameter : 2,000 m/m

그림 3-12 **재권취공정(rewinder part) 설비의 예**

(3) 원지 물류유통 구조

골판지의 원료는 수입 펄프와 폐지, 그리고 국산 폐지에 의존하고 있다. 이들 원료를 사용하여 제조회사에서 골판지 원지가 생산되면, 골판지 원단 지함 제조회사에서 포장한 후 중소 규모 지함회사로 옮겨져 소비자가 요구하는 크기의 상자 등으로 제작되어 소비자에게 전달된다.

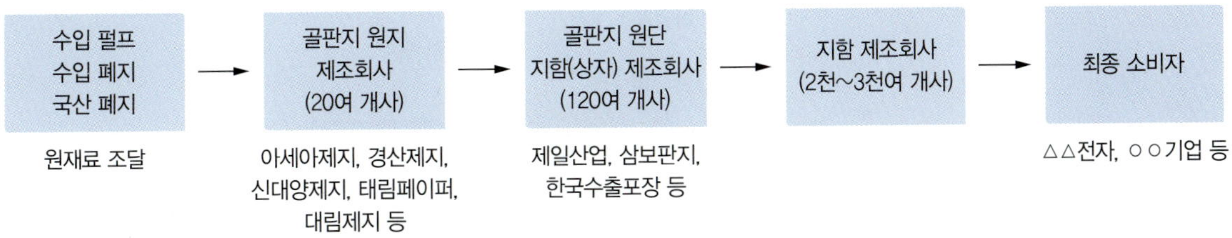

그림 3-13 **국내 골판지 원지 유통 과정**

5. 골판지상자의 제조공정

생산된 골판지 원단은 다양한 형태의 가공 과정을 거쳐 소비자가 원하는 기능성을 탑재한 상자로 생산, 소비된다. 골판지상자가 생산되는 과정은 그림 3-14와 같다.

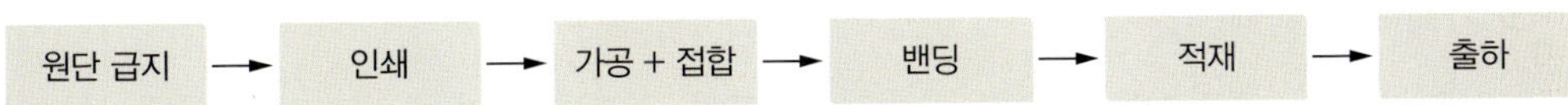

그림 3-14 **골판지상자 제조 과정**

1) 골판지상자 가공공정

(1) 원단 급지pre-feeder

인쇄를 하기 위한 골판지 원단을 인쇄기에 자동으로 한 개씩 일정한 시간과 속도로 정확하게 투입시켜 주는 장치를 말하며, 인쇄기의 맨 앞에 위치한다.

(2) 인쇄

① 플렉소인쇄는 고무판, 수지판을 이용한 볼록 인쇄로 독타롤에서 애니록스롤ANILOX에 전이된 잉크를 인쇄롤에 부착된 인쇄판을 통해 골판지 표면에 묻혀 주는 인쇄 방식이다. → 미터링, 닥터블레이드doctor blade, 챔버 방식 등이 있다.

② 그라비아인쇄는 음각판에 잉크를 채워서 인쇄하는 방식으로, 과자봉지, 비닐, 필름 등 연포장에 주로 사용한다.

③ 오프셋인쇄는 인쇄판이 종이에 직접 닿지 않고 회전하면서 부드럽고 매끄러운 고무롤러에 잉크를 전달하여 인쇄된다. 즉, 물과 잉크가 섞이지 않는 성질을 이용하여 인쇄판에 물을 묻히고 감광하면 젖은 곳은 잉크가 묻지 않고 물이 없는 곳은 잉크가 묻게 되는 원리로 인쇄하는 방식이다.

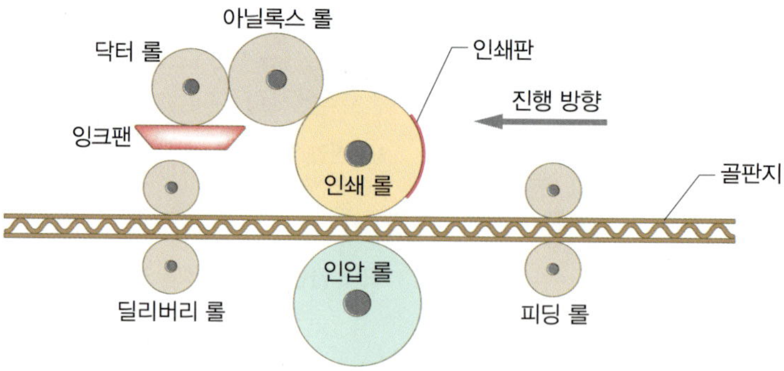

그림 3-15 **골판지상자 인쇄공정**

④ 기타 : Pre-printing 인쇄, 디지털인쇄 등.

(3) 가공(괘선 및 재단 장치)

상자의 규격을 결정짓는 중요한 장치로, 정확한 규격의 상자를 제조하기 위해서 정밀한 설계가 요구되는 장치라고 할 수 있다. 접히는 부분에 괘선을 넣어 주고 재단을 한다. 손잡이나 특수 홀hole 적용 시 목형 등을 부착하여 재단해 준다.

(4) 접합(풀 접합, 철 접합)

인쇄와 괘선/재단 작업이 끝난 후 펼쳐진 상태의 원단을 자동 연속공정을 거쳐 날개 부위를 접으면서 접합 부위인 이음매 부분에 접착제를 도포하거나 철 핀을 박아 주어 규격에 맞게 접합을 완성시키는 공정이다.

(5) 밴딩

접합이 완료된 상자를 카운터 인젝터에서 지정 수량을 푸시한 뒤, 콘베어 이송 후 수량 단위별로 카운팅하여 묶어 주는 공정이다.

(6) 적재

밴딩된 상자를 적재 패턴별로 팰릿에 적재한 후 상자 파손 방지를 위해 상하패드를 추가 투입하여 랩핑 후 출하공정으로 이송한다.

- 적재 방식 : 블록, 벽돌, 스플릿, 교대배열, 십자형 적재 등.

⑺ 출하

팰릿에 적재된 상자를 차량에 이적하여 고객사로 배송한다. GPS를 활용한 배송 현황과 차량의 이동 경로를 실시간으로 확인하는 차량 관리 시스템을 도입하여 운용하고 있다.

원단 급지

인쇄, 가공, 접합

밴딩

적재

그림 3-16 **골판지상자 제작 과정**

2) 골판지상자의 종류 및 용도

⑴ 형태별 상자 종류

① A형 상자(홈판형)

세계적으로 가장 많이 사용하는 상자로 정식 명칭은 regular slotted container이고 약어는 RSC이다. 우리나라에서도 가장 오랫동안 일반적 상자 형태로 쓰이다가 1992년 11월 국제표준으로 개정된 KS규격(0201)에 따라 홈판형slotted-type 상자로 정하였다.

상자형 접합 시 상하의 날개를 접어서 OPPoriented polypropylene 테이프로 밀봉하거나 안쪽 날개 부위를 핫멜트hot melt로 접합하기도 한다. 상자를 펼치면 직사각형이므로 대량생산에 용이하고, 원지의 손실이 적어 가격이 저렴하며 적재 배송에 편리성이 뛰어나다.

(a) 홈판형(slotted-type boxes)

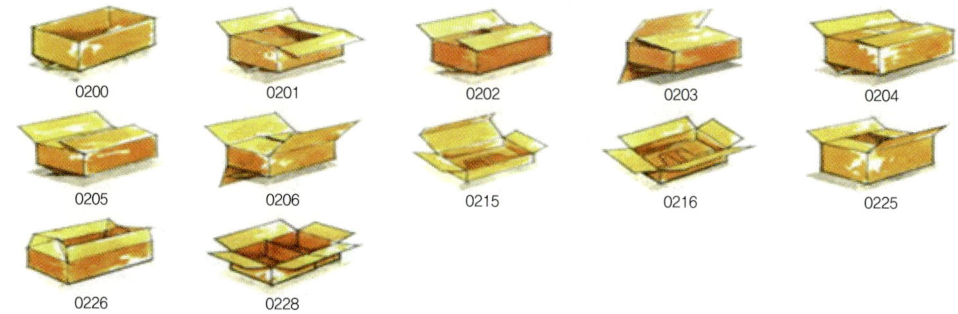

(b) 씌운형(telescope-type boxes)

(c) 접는형(folder-type boxes)

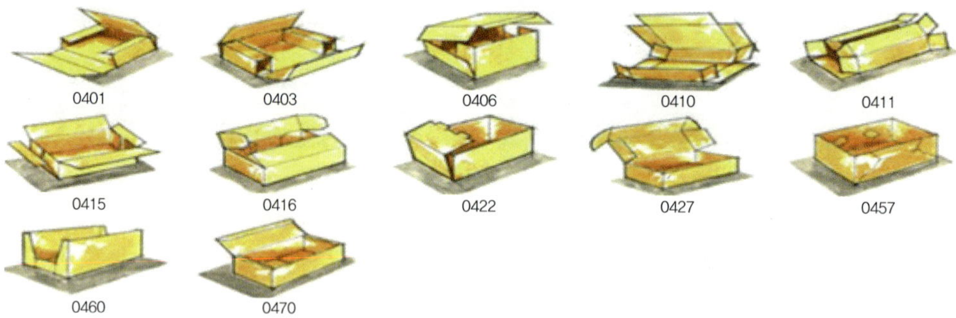

(d) 대표적인 부속류(interior fitments)

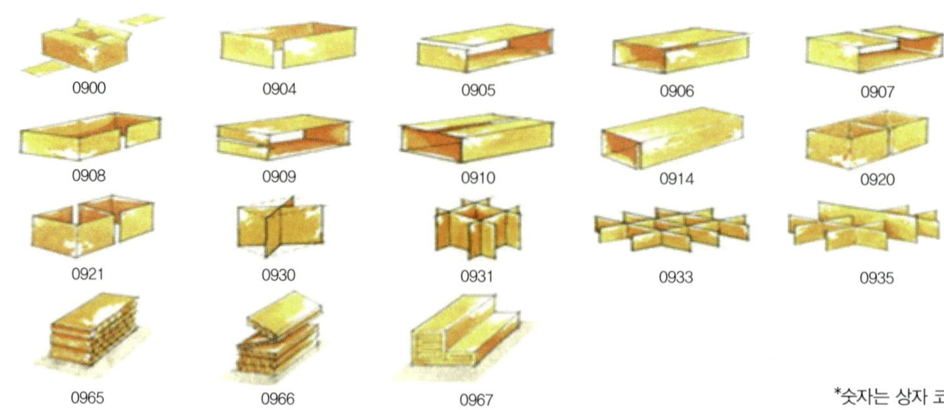

*숫자는 상자 코드

그림 3-17 **골판지상자의 형태 사례**

- A-1형 상자 : 모든 날개의 길이는 같고 바깥날개가 서로 맞닿는 홈판 상자.
- A-2형 상자 : 모든 날개의 길이가 같고 바깥날개는 일부분이 서로 겹치는 상자.
- A-3형 상자 : 안날개와 바깥날개가 서로 맞닿는 상자.
- A-4형 상자 : 모든 날개의 길이가 같고 안날개는 맞닿으며, 바깥날개는 일부분이 서로 겹치는 형태의 상자.
- A-5형 상자 : 모든 날개의 길이가 같고 바깥날개는 완전히 서로 겹치는 홈판 상자.

② 씌운형

한 장의 골판지로 밑바닥이 있는 사각통을 만들고 다른 한 장의 골판지로 덮개가 있는 사각통을 만들어 덮는 상자이다. 의류상자, 트렁크 정리함 박스, 고급 농산물 박스 등으로 쓰인다.

③ 접는형

이음부가 없이 접어 끼우는 상자이다. 농산물용 개방형 상자 등이 이에 속한다.

④ 미닫이형

둘레 면과 끚이 면으로 되어 있는 상자이다.

(2) 기능별 상자 종류

① 공산품 상자

보통 흔하게 접하는 박스로 식·음료 상자, 기계 부품류, 완구류, 봉제류 등 각종 공산품의 상자를 말한다. 주로 A형 상자와 Wrap-around 상자가 사용된다.

② 원색 분해 컬러박스

오프셋인쇄의 장점을 가미한 플렉소인쇄이다. 원색 분해를 통한 70메시mesh 이상 망점 인쇄로 섬세한 미장 인쇄가 가능하다. 프리프린팅 방식에 의한 소롯트 제품, 오프셋으로 만들지 못하는 1합 제품에 적합하다.

③ 프리프린팅 인쇄상자

인쇄된 원지를 표면지로 적용하여 코루게이터에서 원단을 생산한 후 상자로 가공한다. 고급 인쇄와 대량생산에 적합한 상자이다.

④ 도전성 골판지상자

반도체를 운송할 때 정전기 방지를 위하여 표면에 카본 처리한 골판지상자이다.

(3) 특성별 상자 종류

① 왁스 코팅 상자

내외부 습기를 방지하기 위하여 표면 및 이면에 코팅 처리한 상자이다. 각종 채소류, 건어물, 수산물, 농축산물 가공 상자가 대표적이다.

② 농축수산물 상자

발수도가 좋은(R/10) 상자로 단시간 물에 노출되었을 경우 물방울이 맺혀 흘러내림으로써 습기의 침투를 방지할 수 있는 상자이다. 냉동 포장용 상자, 농축수산물 상자 등으로 주로 쓰인다.

③ 조립상자

실수요자가 요구하는 모든 형식의 조립상자로 수납함, 과일상자 등의 형태로 쓰인다.

④ 대형 상자

공산품, 가전제품, 가구 등을 포장할 수 있는 대형 상자이다.

그림 3-18 **Tape 적용한 Handle-hole 강화용 상자**(Asia tape : 손잡이 터짐 방지)

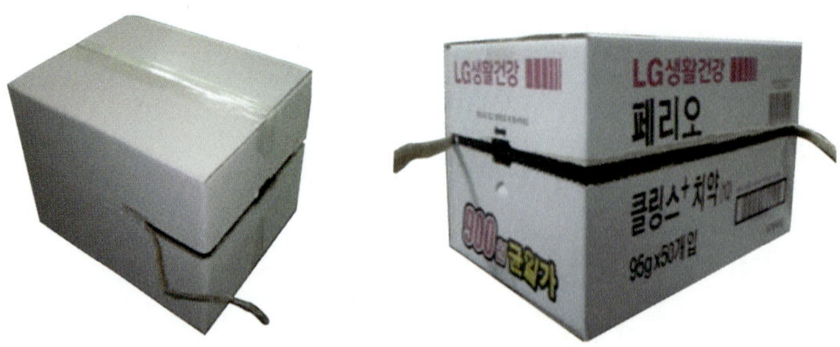

그림 3-19 **Tape 적용한 이지오픈용 상자**(Asia tape : 대형 할인매장용(이마트, 롯데, 홈플러스) easy open 상자)

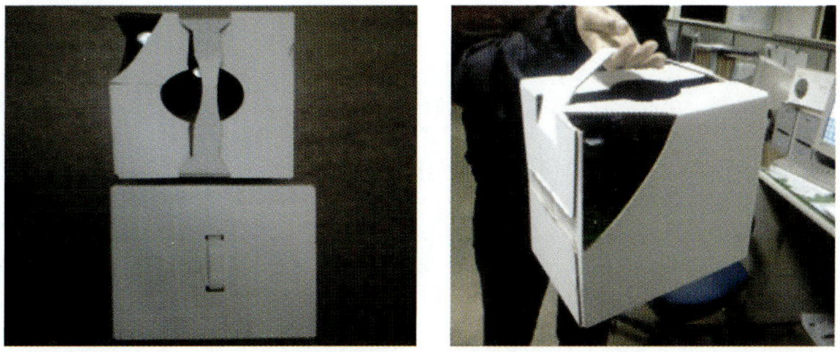

그림 3-20 Asia tape 적용한 포터블 타입 상자(핸들용 : 기존 고리작업 생략으로 원가 절감 가능)

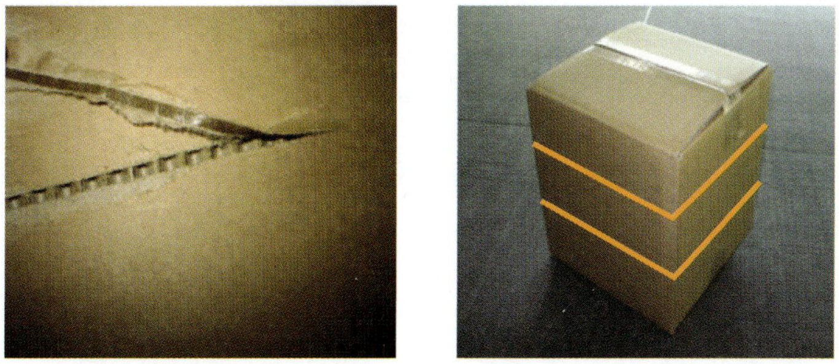

그림 3-21 Asia tape 적용한 포터블 타입 상자(박스 중앙 배나옴 방지 및 박스 하단부 찌그러짐 보완 : 엘리펀트 풋 현상 방지)

(4) 상자 코드별 분류

골판지상자는 KS 규격에 따라 코드code별로 분류하기도 한다. 주요 코드별 분류를 표 3-4에 나타내었다.

표 3-4 코드별 상자 종류

상자 CODE	내용
0201	A-1형 상자(regular slotted container, RSC) 0201은 모든 날개의 길이는 같고 바깥날개가 서로 맞닿는 slot된 상자
0320	한 장의 골판지로 밑바닥이 있는 사각통을 만들고 다른 한 장의 골판지로 덮개가 있는 사각통을 만들어 이것으로 밑바닥이 있는 사각통을 덮어 주는 상자
0401	folder type boxes
0504	B형 상자(05계열)는 장과 폭을 가지고 동체를 이루는 한 장의 골판지와 상하면과 꽂이를 가진 다른 한 장의 골판지의 두 장(bi-piece)으로 구성된 것
0600	bliss box(06계열)는 flap이 있는 것과 없는 것이 있는데 한 장의 골판지로 2개의 장과 한 개의 밑면을 이루고 2장의 조각으로 폭을 만들어 전체적으로 3장으로 이루어진 것
0700	ready glue type
0900	상자 내부용 부속(interior fitments)

3) 골판지상자의 설계

골판지상자를 설계할 때 규격은 길이×너비×높이(mm)로 표시하고 원단 소요량은 전개된 면적을 기준으로 한다. 제조설비에 따라 차이가 있으나 통상 주변 길이와 접착 부분의 합이 2,500 mm 초과 여부로 결정한다.

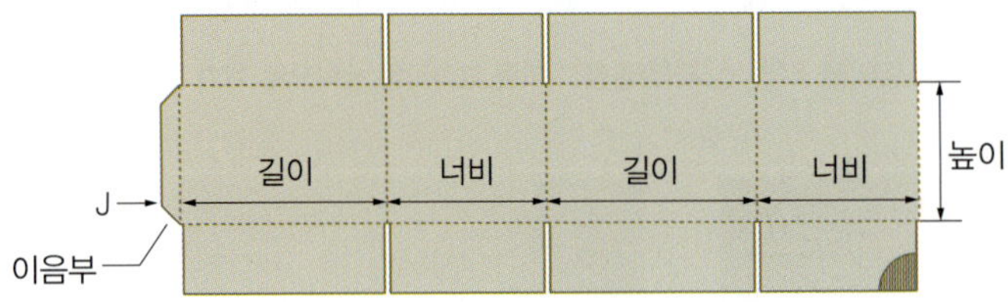

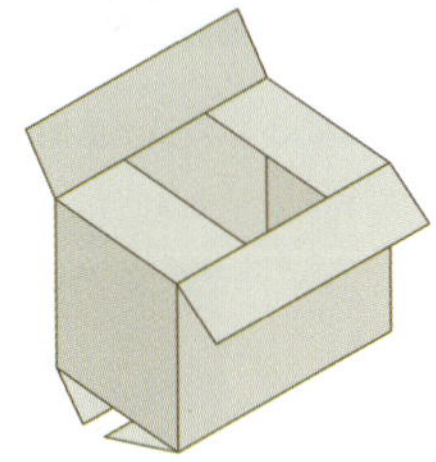

그림 3-22 **골판지상자(0201형) 및 전개도**

(1) 치수 환산

KS 규격에 따라 골판지상자 안쪽 치수를 표시하도록 규정한다(KS T 1061). 실제로는 바깥치수를 설계 기준으로 하고 있기 때문에 상자의 안쪽 치수를 바깥치수로 환산해야 한다.

① 양면 골판지상자(SW) 설계 공식

- A골 : (길이+6)×(너비+6)×(높이+9)
- B골 : (길이+4)×(너비+4)×(높이+6)

② 이중양면 골판지상자(DW) 설계 공식

- AB골 : (길이+9)×(너비+9)×(높이+18)

(2) 일반 골판지상자의 골판지 설계

① 골판지상자 형식 0201형(구 A-1형) 상자의 골판지 설계

- 1개소 접합상자 소요량 계산 표준 공식

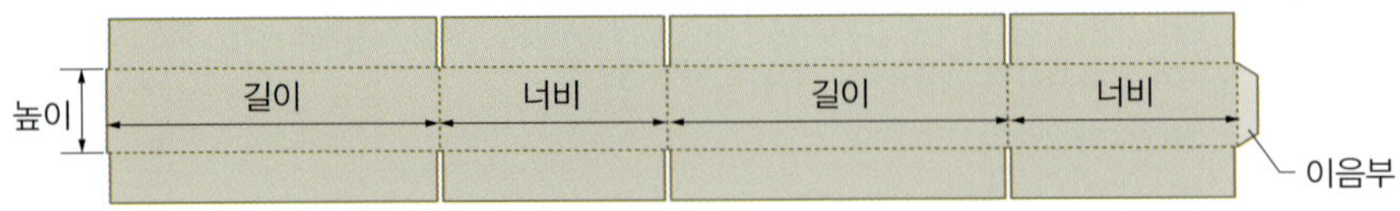

그림 3-23 **접합부에 따른 골판지상자(0201형) 규격 설계 방법 : 1개소 접합상자**

양면 골판지상자 : 〔2(길이+너비)+40〕×(너비+높이+8+25)=m^2

이중양면 골판지상자 : 〔2(길이+너비)+45〕×(너비+높이+10+25)=m^2

- 2개소 접합상자 설계 표준 공식

  양면 골판지상자 : 〔2(길이+너비+40)〕×(너비+높이+8+25)=m^2

  이중양면 골판지상자 : 〔2(길이+너비)+45〕×(너비+높이+10+25)=m^2

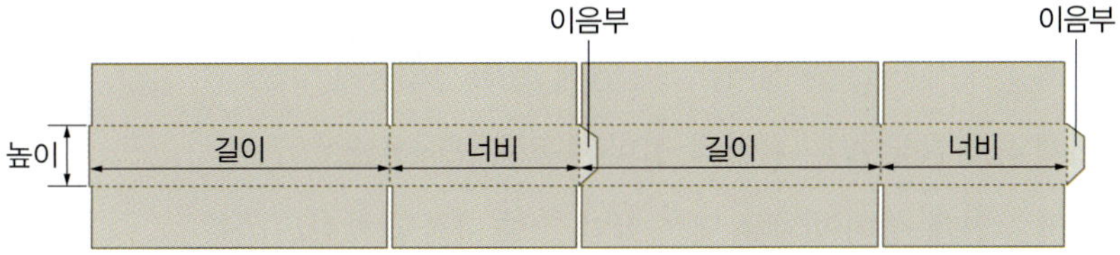

그림 3-24 **접합부에 따른 골판지상자(0201형) 규격 설계 방법 : 2개소 접합상자**

② 골판지상자 형식 0712형 변형 상자의 설계 및 면적

다이커팅die cutting 변형 상자의 전개도 치수가 1,000×700 mm인 경우

- 상자 실소요량 : 1×0.7=m^2
- 상자 제조 골판지 면적 계산 공식

  (1,000+15+15)×(700+15+15+지합 손실 25)

  =1030×755 → 1030×785(지폭 손실)=0.81 m^2

※ 1. 위 각 항 공식의 길이, 너비, 높이 및 숫자의 단위는 mm.

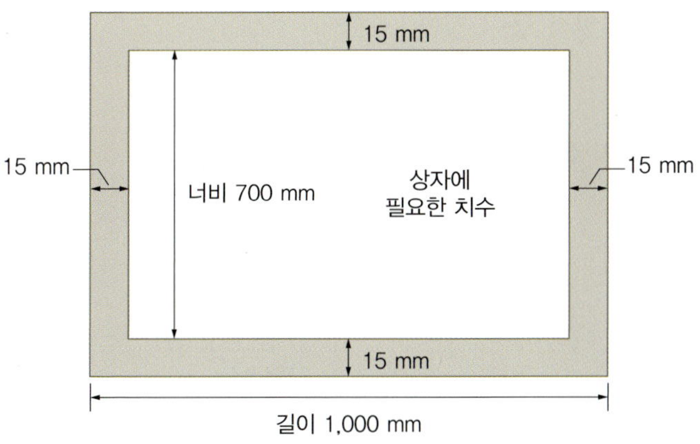

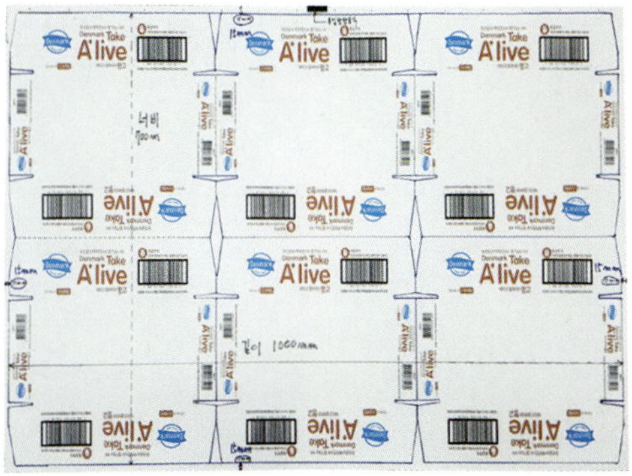

그림 3-25 **Die cutting 상자의 골판지 규격 설계 방법과 사각 플랫보드**

2. 2개소 접합상자의 소요 면적(m^2)은 접착 부분(이음부)만큼 가산함.

3. 날개flap가 접힐 때 골판지 두께만큼 줄어드는 길이를 보전해 주는 치수임.

4) 골판지상자의 원가계산

(1) 상자 제조업체별 특성

보유 설비에 따라 일관 업체, 전문 업체, 제상 업체로 구분한다.

- 일관 업체 : 제지 → 코루게이터 → 인쇄 설비(산업용지 생산).
- 전문 업체 : 코루게이터 → 인쇄 설비(자동화, 대량생산).
- 제상 업체 : 인쇄 설비(반자동 및 수작업, 소량 다품종 생산).

(2) 골판지상자 원단위 분석

원가 중 주재료가 차지하는 비율이 매우 높다. 골판지의 판매가격 산정은 다음 식에 따른다.

판매가격 = 주·부재료 + 노무비 + 제조 경비 + 판관비 + 운송비 + 영업 외 비용 + 이윤

① 골판지 원지

제품 가격의 약 70~80%를 원재료비가 차지하며, 판매가격을 산정하는 데 원지의 소요량 및 m^2당 원지 가격 계산은 매우 중요하다. 원단위는 제시된 포장 강도 및 상자의 치수 등에 따라 개별 원단위로 산출할 수 있다.

② 골판지 부자재

옥수수전분, 붕사, 가성소다, 잉크, 평철사 등이 있다.

표 3-5 골판지 주요 부자재 소요 원단위

구분	골판지 포장 생산량 (백만m^2)	연간 사용량 (톤)	소요 원단위 (kg/m^2)	비고
전분	4,473	76,041	0.0170	
가성소다	4,473	2,684	0.0006	
붕사	4,473	2,237	0.0005	

1) SW, DW 평균 합계이며 2014년도 실태조사 자료임

2) 기타 잉크, 평철사, 포장용 밴드 등은 원가 반영비율이 미미하여 일반적으로 평균 원단위를 산출하지 않음

③ 원·부자재의 수율

일반적으로 SW는 100/91, DW는 100/90으로 계산한다.

④ 판매 관리비 및 이윤 산출

제조업의 판매 관리 비용은 일반적으로 제조원가의 14% 미만으로 산정한다. 한국은행 등에서 발표하는 업종별 재무제표 등을 기준으로 하는 방법이 보편적이다.

⑤ 운송비

골판지상자는 부피가 크다는 특성이 있어서 운반비 부담이 크며, 이는 유가 상승에 직접적인 영향을 받는다. 제품의 종류, 주문 수량, 거리 및 소요시간 등을 산출하여 판매가격에 반영한다.

(3) 골판지상자의 원가계산

골판지상자의 원가는 제품의 원가에서 차지하는 비중이 크지는 않지만, 부자재로서는 무시하기 어려운 수준이다. 따라서 적정 강도를 갖는 설계를 통하여 비용을 낭비하지 않는 것이 무엇보다 중요하다. 현재 국내에서 통용되는 원지의 강도와 가격, 그리고 원가 산출 내용의 예를 들어 표 3-6, 3-7에 나타내었다. 또한 골외부 포장용 골판지 시트 원가의 예시는 표 3-8에 나타내었다.

표 3-6 골판지 원지의 품질과 가격 현황 예시

원지 구분	품질 기준		원지 강도		원지 가격 (원/톤)
	비파열 강도	비압축 강도	파열 강도(kgf/cm²)	압축 강도(R, C : kgf)	
S 120	1.0	7	1.20	8.4	460,000
K 200	2.0	11	4.00	22.0	450,000
SK 180(KA 180)	2.2	11	3.96	19.8	540,000
SK 210(KA 210)	2.7	13	5.67	27.3	570,000
KLB 175	3.5	14	6.12	24.5	650,000
KLB 225	3.5	14	7.87	31.5	650,000

표 3-7 **골판지 원지 가격의 산출 방법과 적용 예시**

<table>
<tr><th colspan="2" rowspan="2">원가 항목</th><th>산출 근거</th><th colspan="4">SK 180/S 120/S 120/S 120/K 120(DW)</th></tr>
<tr><th>소요량</th><th>원지</th><th>톤당 가격</th><th>m²당 원지 소요량</th><th>m²당 금액</th></tr>
<tr><td rowspan="3">라이너</td><td>표면</td><td rowspan="3">평량×단가×손실률</td><td>SK 180</td><td>540,000</td><td>180×0.54×1.11</td><td>107.89</td></tr>
<tr><td>중간</td><td>S 120</td><td>460,000</td><td>120×0.46×1.11</td><td>61.27</td></tr>
<tr><td>이면</td><td>K 200</td><td>450,000</td><td>200×0.45×1.11</td><td>99.90</td></tr>
<tr><td rowspan="2">골심지</td><td>A골</td><td rowspan="2">평량×골률×단가×손실률</td><td>S 120</td><td>460,000</td><td>120×1.6×0.46×1.11</td><td>98.04</td></tr>
<tr><td>B골</td><td>S 120</td><td>460,000</td><td>120×1.4×0.46×1.11</td><td>85.78</td></tr>
<tr><td colspan="2">원지 가격</td><td>-</td><td>-</td><td>-</td><td>-</td><td>425.88</td></tr>
</table>

표 3-8 **골외부 포장용 골판지 시트 원가 원단위**(골판지상자 형식 0201형)

<table>
<tr><th colspan="2" rowspan="2">구분</th><th rowspan="2">단위</th><th>SW 3종, A골
(KA210/KA210)</th><th>DW 3종, AB골
(KA210/S120/K200/S120/K200)</th><th rowspan="2">비고</th></tr>
<tr><th>12.0 kgf/cm²</th><th>14.0 kgf/cm²</th></tr>
<tr><td colspan="2">1. 주재료</td><td>원</td><td></td><td></td><td rowspan="12">*라이너 및 골심지 수율
SW:100/91(1.1)
DW:100/90(1.11)
*골률은
A/F=1.6
B/F=1.4</td></tr>
<tr><td rowspan="3">라이너</td><td>표면</td><td>kg</td><td>0.210×1.1=0.231</td><td>0.210×1.11=0.233</td></tr>
<tr><td>중간</td><td>kg</td><td>-</td><td>0.200×1.11=0.222</td></tr>
<tr><td>이면</td><td>kg</td><td>0.210×1.1=0.231</td><td>0.200×1.11=0.222</td></tr>
<tr><td rowspan="2">골심지</td><td>AF</td><td>kg</td><td>0.120×1.6×1.1=0.211</td><td>0.120×1.6×1.11=0.213</td></tr>
<tr><td>BF</td><td>kg</td><td>-</td><td>0.120×1.4×1.11=0.187</td></tr>
<tr><td colspan="2">지설 공제(△)</td><td>kg</td><td>0.061</td><td>0.107</td></tr>
<tr><td colspan="2">2. 부재료</td><td></td><td></td><td></td></tr>
<tr><td rowspan="3"></td><td>전분</td><td>kg</td><td>0.01130</td><td>0.0226</td></tr>
<tr><td>가성소다</td><td>kg</td><td>0.00044</td><td>0.00088</td></tr>
<tr><td>붕사</td><td>kg</td><td>0.00040</td><td>0.00080</td></tr>
<tr><td colspan="2">3. 연료</td><td>t</td><td>0.02303</td><td>0.02786</td></tr>
<tr><td colspan="2">4. 전력</td><td>kwh</td><td>0.03997</td><td>0.05558</td><td></td></tr>
</table>

자료 : 한국골판지포장산업협동조합

(4) 골판지상자의 제조 경비 구성

골판지상자에서 요소에 따른 제조 경비의 구성을 그림 3-26에 나타내었다. 제조 경비는 회사에 따라 차이가 있으나, 재료비와 노무비, 직접비와 간접비, 이익 등으로 구성된다.

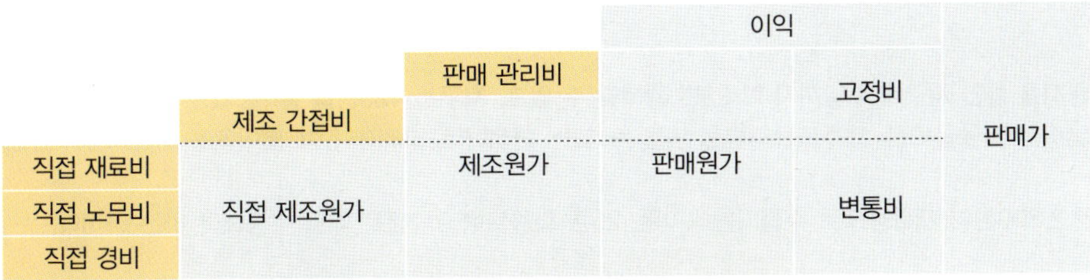

제조 직접비	제조 간접비	판매 관리비	
전력비	수선비	직원임금	회사 운영비
연료비	제조 관리자 임금	광고홍보비	교육 훈련비
포장비	감가상각비	판매수수료	경영자 임금
수도·광열	운반비	운송보관비	사무실 임대료
수선 소모품	외주 가공	복리후생	세금과 공과
소모품비	차량 유지	보험수수료	임차료

그림 3-26 **골판지상자 요소별 제조 경비의 구성**

6. 골판지산업

1) 원지 시장 현황

(1) 숫자로 보는 제지/골판지 현황(2017년 기준)

- 우리나라의 제지회사는 58개이며 공장 수는 67개이다. 종이를 만드는 설비인 초지기의 수는 129개이고, 1만 2,000명 정도가 제지산업에 종사하고 있다.
- 골판지회사와 공장은 98개사, 골판지를 만드는 코루게이터 설비는 143개, 종사자 수는 1만 6,700명 정도이다.

  *수도권 : 56.2%, 영남권 : 24.5%, 충청권 : 11.2%, 호남권 : 7.2%, 강원/제주 : 0.9%

  *골판지 소비량이 많은 수도권에 집중되어 있으며, 수도권 개발 제한과 지역경제 성장에 힘입어 일부가 충청 지역으로 분산되는 추세이다.
- 국내의 총 종이 소비량은 1,170만 톤이며, 이 중 골판지 원지는 487만 톤으로(41%) 세계 7위의 규모이다.

  *중국 : 1억 400만 톤(세계 1위), 일본 : 2,630만 톤(세계 4위)
- 골판지의 1인당 소비량은 192.4 kg으로 세계에서 11번째로 소비하고 있다.

  *1위 : 벨기에(312.7 kg), 2위 : 독일(254.3 kg), 3위 : 오스트리아(241.0 kg) 등

숫자로 보는 골판지 원지 길이와 골판지 면적

- 1년 동안 생산된 원지를 풀면 지구에서 달까지 약 23번 왕복할 수 있고, 지구는 425번을 돌 수 있는 길이이다.
- 생산된 골판지의 넓이는 서울을 9번, 제주도는 3번을 덮을 수 있는 면적이며, 고려대 전체 넓이에는 410 m 높이로 탑을 쌓을 수 있다.
- 폐지는 하루에 2만 2,800톤이 재활용으로 수집되는데 이는 25톤 화물트럭 912대로 매일 수송해야 하는 양이다.

(단위 : 1,000 km, km²)

원지 생산량	롤 무게	롤 수	1롤 길이	생산 총길이	달까지 거리	왕복 횟수
504만 톤	1.7톤	296만 롤	6,000 m	1,776만 km	38만 4,000 km	23회
골판지 생산량	**서울 면적 대비**		**제주도 면적 대비**		**고려대 면적 대비**	
5,960 km²	605 km²	9.8배	1,845 km²	3.2배	1.09 km²	5,468배
18억 평	1억 8,300만 평		5억 5,800만 평		33만 평	410 m

자료 : 한국제지공업협동조합, 한국골판지포장산업협동조합. 2018.

- 폐지 재활용률은 84.6%로 세계 평균인 약 59%를 훨씬 웃도는 세계 1위이다.

  *일본 : 81.5%, EU(통합) : 71.5%, 타이완 : 70.0%, 미국 : 67.2%, 중국 : 46.0%

(2) 골판지 원지의 시장 규모

종이의 종류별 생산량을 살펴보면 그림 3-27에서와 같이 골판지 원지로 사용되는 것이 가장 많고 그 다음이 인쇄용지, 포장용 종이의 순으로 소비된다. 골판지 원지로서의 생산량을 살펴보면 표면지와 이면지의 생산량이 많은데, 이는 골심지보다 이면지의 평량이 높고, 이면지 자체로 사용되는 양도 많기 때문이다.

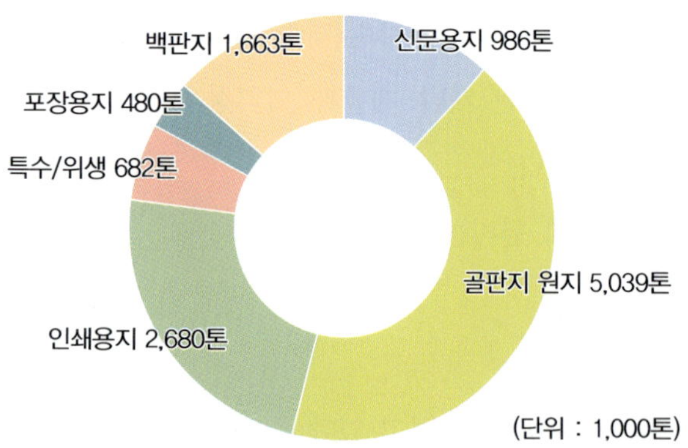

그림 3-27 **종이의 종류별 생산량과 시장 규모(2018년)**

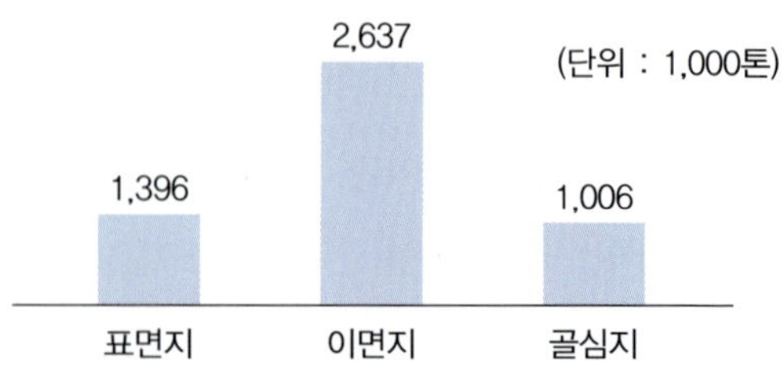

그림 3-28 **골판지용 원지의 종류별 생산량(2018년)**

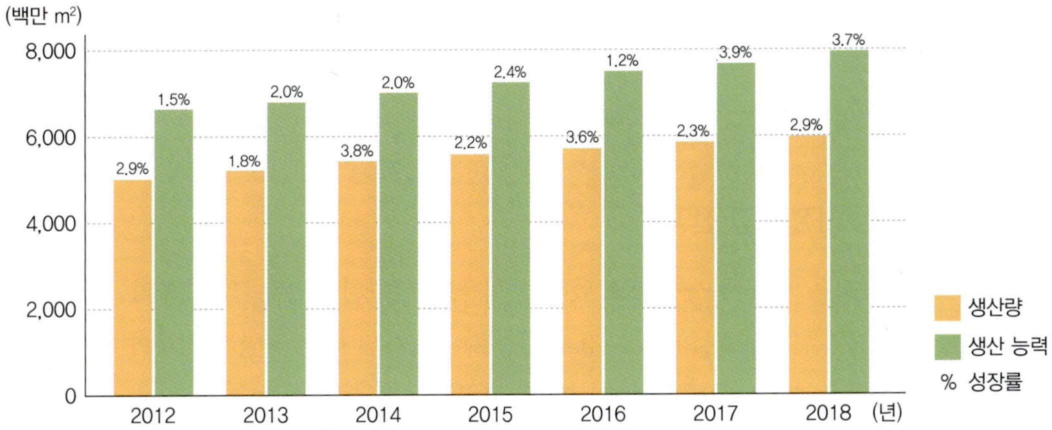

그림 3-29 국내 골판지 시장 규모 추이

자료 : 한국제지공업협동조합/한국골판지포장산업협동조합 통계연보

2) 골판지 포장산업

(1) 골판지 포장산업의 특성

자체 브랜드가 없으며, 주문 생산형 중간재 산업이다. 과거에는 노동집약적인 저부가 가치의 소규모 생계형 산업이었으나, 현재는 대형 수요처의 골판지 소비량이 급증함에 따라 설비 투자가 대규모로 이루어져 기업형 산업으로 성장하고 있다. 특히 대기업의 구매 방식도 공장별 구매에서 통합 구매로 전환됨으로써 골판지 포장산업은 대량생산을 위한 초고속 코루게이터 및 첨단 인쇄기를 도입하여 고품질화와 자동화를 추구하게 되었다.

(2) 골판지 포장기업 현황(업태별 : 2018년 기준)

국내 골판지상자 기업의 업태별 현황을 살펴보면, 순수하게 제상을 하는 기업 수에

표 3-9 골판지상자 기업의 업태별 현황

(단위 : 개사, 억 원, %)

업태	생산공정별			업체 수	시장 규모	비율(%)	비고
일관기업	원지	골판지	골판지상자	4	4,446	11.2	
전문기업		골판지	골판지상자	89	31,620	79.4	
제상기업			골판지상자	2,369	3,755	9.4	
합계				2,462	39,821	100.0	

자료 : 한국골판지포장산업협동조합. 2018.

비해 이들 기업의 시장 점유율은 크지 않다. 이는 골판지 시장이 기업 등 대량 수요처와 다품종 소량 생산하는 기업의 수요로 구분되어 있기 때문이며, 전체 시장의 90% 이상을 일관기업과 전문기업이 공급하고 있다.

3) 골판지 시장 성장 전망

골판지는 모든 상품에 사용되고 있다는 이유로, 골판지 시장은 그 나라의 경제 성장률에 의해 좌우된다. 일본의 경우 경제 성장률이 둔화된 이후 골판지 시장의 성장도 둔화되고 있는 추세를 보이는 반면에, 우리나라의 경우는 시장 성장률에 따라 완만한 성장이 예상되고 있다.

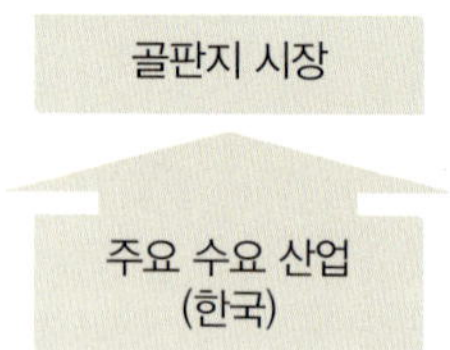

연평균 경제 성장률(2012~2016년 기준)

- 한국 2.5%
- 일본 1.3%
- 전자상거래 17.5%
- 택배 7.8%

일본은 2007년부터 시작된 인구 감소와 저성장 속에서도 1.3% 수준의 성장을 유지하고 있다(표 3-10). 수요의 전망/일본 상황 비교를 기반으로 국내 골판지산업은 향후 5년간 연간 3~4% 수준의 성장이 예상된다.

표 3-10 한국과 일본의 골판지 시장 성장률 비교

연도	한국(%)	일본(%)
2012년	2.3	1.5
2013년	2.9	2.0
2014년	3.3	0.3
2015년	2.8	1.2
2016년	2.8	1.0

2012~2016년까지 경제 성장률에 비해 전자상거래와 택배 시장은 폭발적인 증가를 보여 왔다. 이는 골판지 시장의 전방 수요 산업의 확대를 의미한다. 특히 1인 가구의 증가와 생활 패턴 변화로 인해 골판지 시장은 지속 성장할 것으로 전망된다. 이는 2017년 현재 전체 유통산업 중 온라인 판매 비중이 50%를 넘어서고 있는 사실에서도 추론이

가능하다.

또한 솔로족, 딩크족 등 핵가족화와 SNS의 발달로 인해 전자상거래 이용 분야는 나날이 확대, 증가 추세를 보인다. 예로는 홈쇼핑 등 전자상거래로 판매하는 농산물, 공산품의 소포장화를 들 수 있다.

소비자의 생활 패턴 등의 변화는 식품산업에도 변화를 요구하게 된다. 배달음식에서 간편조리식으로, 이는 다시 식사키트meal kit/가정대체식HMR으로 산업의 중심이 빠르게 변화하고 그에 걸맞는 상품을 내놓음으로써 시대 변화에 적응하고 있다. 이에 따라 대표적인 식품회사들이 햇반, 컵반, 냉동 조리식품 등의 생산을 위해 진천/충추 등에 대규모 생산기지를 신설하고 있다.

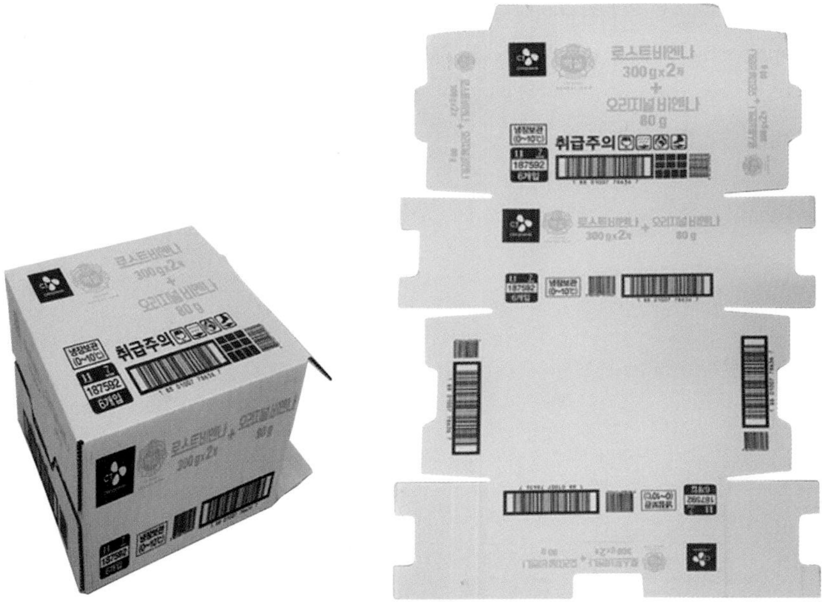

그림 3-30 **간편조리식 식품상자**

골판지상자는 소중한 재활용 자원임과 동시에 생분해가 되는 환경에 매우 친숙한 포장재이다. 스티로폼 상자 등과 비교할 때, 부피도 작고 친환경적이며 온실가스도 저감할 수 있는 포장재이기 때문에, 최근 이슈가 되고 있는 지구 온난화와 플라스틱 폐기물 저감을 위한 유일한 대안으로 떠오르고 있다. 향후에는 스티로폼 상자와 완충재 등 플라스틱 포장재를 대체할 수 있는 용도로 다양한 응용과 개발이 기대된다.

참고 문헌

오진수. 2010. **2010년도 골판지포장총람**. 한국골판지포장공업협동조합. (유)국제피알.

L.J. Albert. Improvement in paper for packing, US122023A, Grant 1871-12-19, Publication 1871-12-19.

M.J. Kirwan, (ed.). 2008. *Paper and paperboard packaging technology*. John Wiley & Sons.

O. Long, Improvement in packing for bottles, US154498A, Grant1874-08-25, Publication 1874-08-25

CHAPTER 04

금속 포장 공학(금속 캔)

Metal Package

METAL PACKAGE

1. 개요

금속 포장은 포장의 주소재로 금속을 사용하여 만든 식품 패키징으로, 식품의 장기 저장을 가능하게 한 가열살균 방법과 같이 창안된 병조림에 이어 관심을 받는 포장법이다. 특히 금속 포장 중 금속 용기(금속 캔)는 1810년 수공으로 만든 것이 첫선을 보인 이래 지난 200여 년 동안 매우 친숙해진 식품 용기로, 시대적 환경과 식생활 패턴의 변화에 맞추어 원가와 품질, 부가가치 향상을 위한 개선을 꾸준히 하여 왔다.

금속 포장은 대체 가능한 다른 식품 포장들에 비하여 고도의 차단성barrier을 가지므로 장기 보존이 가능하고 식품 가공공정에 필요한 열과 압력에도 잘 견디며, 견고하여 운송부터 보관 과정에서도 매우 유리하다. 또한 휴대성, 격조 높은 금속 인쇄와 디자인 효과, 빠른 작업성 면에서 비교우위의 장점을 가진다. 이로써 금속 포장은 유리병과 같이 장기 보존은 가능하면서 더 가볍고 깨지지 않으며, 플라스틱 용기처럼 사용의 편리함으로 많은 사랑을 받아 왔다.

금속 포장은 식품의 성분과 가공공정에 따라 내열, 내압 식품에도 적합하므로 전투식량에서 시작하여 거의 모든 가공식품에 널리 사용되고 있다. 따라서 전 세계의 식품용 금속 포장인 금속 캔 시장 규모는 2017년 현재 약 4,800억 개로 추산되며, 그중 한국은 약 84억 개를 생산하여 세계 11대 생산국으로 양적인 성장뿐 아니라 선진국 수준의 품질과 기술력을 보유하게 되었다.

FTA 확대로 국경 없는 경쟁시대가 됨에 따라 최근 금속 캔 기술 개발의 방향은 세계 시장에서 원가와 품질에 대한 경쟁력을 선점하기 위한 기술 혁신에 주력하고 있다. 뿐만 아니라 식품위생 및 환경 위해 요인에 대한 사전적·예방적 대책(HACCP, 비분비계 장애물질)과 다양한 계층의 소비심리를 유인할 수 있는 판매 촉진이 가능한 용기 개발에 주력하고 있다.

1) 금속 포장(금속 캔)의 정의

금속 포장(금속 캔)의 정의는 여러 가지일 수 있으나 기본적인 기능을 가진 포장 방법의 하나이며 주소재로 금속을 사용하여 만든 포장 용기이므로, "제품의 유통 과정에서 내용물을 보존하고 사용하기 편리하며 판매를 촉진할 수 있는 기능을 가진 낱개의 포장 용기로 주소재를 금속을 사용하여 만든 포장"이라고 정의할 수 있다(한국표준산업분류/KS, JIS; 박영호, 식품포장학).

한국표준산업분류에서는 '금속 캔'으로 분류되어 있다. 이 책에서는 이하 '금속 캔'으로 표기하되, 전통적으로 우리말 '깡통' 또는 한자 표기인 '공관空罐'으로 불리어 왔기 때문에 캔을 한글로 표기할 경우 공관에서 공空 자를 생략하고 '관罐'이라 하고, 영문일 경우 '캔'이라 표기하는 것을 허용하기로 한다(예를 들어 용접관, 2피스 캔 등). 전 세계적으로는 '캔can'이라 불려지는데, 이는 세계 최초로 캔을 발명한 영국의 피터 듀란드Peter Durand가 주석 도금강판을 오려 납땜하여 만든 용기를 'Tin Canister'라고 부른 데서 유래되었다.

2) 연구 범위

이 단원에서는 금속 포장 중 강성 포장rigid packaging인 금속 캔(산업분류상)의 쓰임 중 비중이 큰 식품용 금속 용기와 미술관 및 일부 특수 금속 용기(금속 캔)를 중심으로 그 특성과 종류, 소재와 제조 원리, 그리고 시장과 기술의 변천 추이를 중점적으로 기술하였다. 따라서 드럼관, 금속 마개closer, 알루미늄박과 기타 복합 재질 용기composite can는 지면의 제한으로 서술 범위에서 제외하였다.

2. 금속 캔의 시장과 제조 기술의 변천

1) 금속 캔의 시장 규모와 비중

2017년 기준으로 전 세계의 금속 캔 시장의 총 규모는 약 4,950억 개로 추산되며, 그 중 맥주와 음료용 캔이 약 3,400억 캔을 차지한다. 시장 수요는 나라에 따라 차이를 보이나 전반적으로 연간 약 3% 내외의 성장세를 보이고 있다.

이 중 식품용 캔의 국가별 분포는 미국이 1,250억 개로 선두를 지키고 있고, 이어서 중국이 일본을 누르고 2위를 차지하고 있다. 그동안 캔 시장을 이끌어 온 미국과 일본, 서유럽은 성숙 단계로 성장이 정체되어 있는 가운데 중국을 비롯한 아시아 태평양, 중동, 아프리카와 중남미 지역 국가들이 성장을 주도할 것으로 예상된다. 한국은 2017년 현재 금속 캔 생산량이 약 84억 개로 세계 10대 생산국이다.

식품용 캔의 1인당 연간 소비 수준은 미국이 384개로 제일 많으며, 한국의 경우는 168캔으로 소비 잠재력 면에서는 향후 소득과 소비심리의 호전 여부에 따라 일정 기간 추가 성장의 가능성을 엿볼 수 있다.

내용물별로는 구미 지역에서는 맥주와 탄산음료가 주종을 이루지만, 우리나라와 일본 그리고 일부 아시아 지역에서는 거의 절반 가까이가 커피, 차를 포함한 비탄산음료가 차지하고 있다. 우리나라는 최근 맥주와 탄산음료 캔 제품이 신장하였으나 주스와 커피, 차나 기타 비탄산음료 그리고 일반 식품의 캔 제품은 감소하고 있다. 캔의 유형은

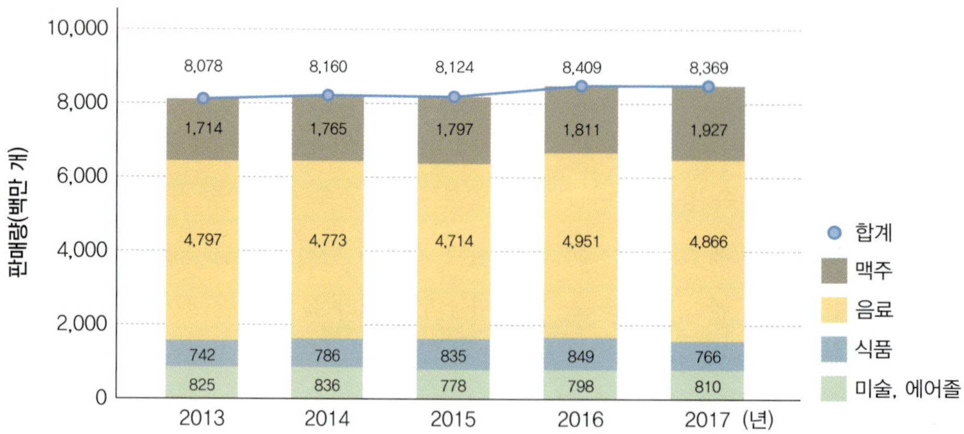

그림 4-1 **한국 금속 캔의 판매 실적**(내용물 대분류)

자료 : 한국제관공업협동조합

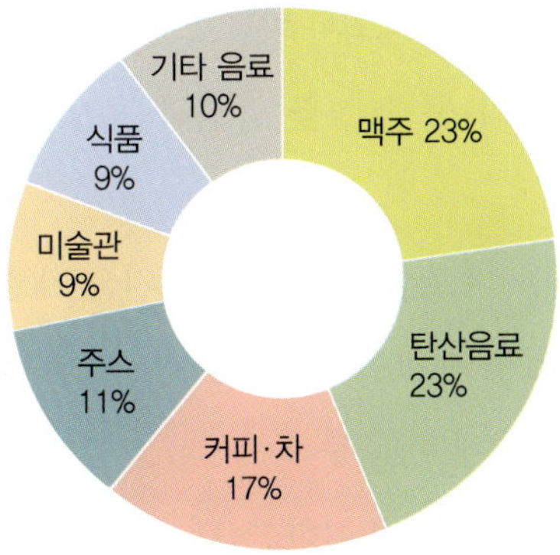

그림 4-2 한국의 금속 캔 판매 실적(내용물별 비중, 2017년 기준)

맥주와 음료용 캔에서는 2피스 캔이 3피스 캔보다 원가와 품질 위생 면에서 유리하여 우리나라에서는 거의 전량이 질소 충전하여 2피스 캔으로 전환하였다.

금속 캔의 대체 용기인 플라스틱 병(PET병)은 그동안 재밀봉re-sealable의 편리성과 용기의 유연성, 디자인 등의 장점으로 금속 캔과 유리 용기 시장을 부분적으로 잠식하기도 하였으나 가스 차단성barrier 등의 한계와 이에 대응하는 보틀 캔bottle can의 개발로 일정 비율 성장한 후에는 안정적인 점유율을 유지하는 추세이다. 앞으로도 대체 용기와의 경쟁력을 위한 기술 개발은 계속될 것으로 예상된다.

2) 금속 캔 기술의 변천

(1) 세계 금속 캔의 기술 변천

1810년 영국인 피터 듀란드가 수작업으로 주석도금강판을 잘라 원통을 만들고 측면 접합부와 뚜껑을 납땜하여 만든 양철 캔을 창안하였다. 실제로는 1813년 영국 육·해군에 처음으로 시험 공급함으로써 사용하기 시작하였으며, 상용화는 1825년경 토마스 켄세트Thomas Kensett가 미국에 통조림 방법과 양철 캔에 대한 특허를 등록하면서 기업화의 토대를 닦았다. 미국의 남북전쟁(1861~1865)을 계기로 전투식량으로 수요가 크게 신장되면서 대량생산 체제를 갖추며 산업화의 꽃을 피웠다. 그 후 금속 캔 산업은 대량 수요처인 미국이 중심이 되어 근대적 제관 기술의 개발을 주도하며 원천 기술을 개발하였고, 아시아에서는 일본이 부분적으로 개량 기술을 발전시켜 왔다. 그 상세 내용을 정리하면 다음과 같다(미국 CMI, 유럽 BCME, 일본 제관협회 및 관계사 자료. 단, 미국 CMI, 유럽BCME의 역사 자료 간에 차이점은 관련 회사 자료로 수정).

- ~1900년대 중반 : 캔의 동체胴體를 납땜하는 3피스 캔 제조 설비를 자동, 고속화함.
- 1958~1973년 : 2피스 캔을 제조하는 획기적인 기술 개발로 기존 3피스 캔을 전환.
- 1962~1975년 : 뚜껑을 쉽게 개관할 수 있는 이지오픈엔드easy open end, EOE 개발.
- 1970~1973년 : 3피스 캔 동체 이음부side seam를 납땜 방식에서 접착제로 접착하는 방법과 전기 저항열을 이용하여 용접하는 캔 개발.
- 1990년대 : 합성수지(PET 등)로 라미네이팅한 캔과 보틀 캔을 개발하는 등 1900년대 중반부터 약 50년 동안은 제관 기술에 일대 혁신이 일어난 시기였음.
- 2000년 이후 : 캔 수요의 고도 성장에서 성숙기로 접어들자 원가 절감을 위한 경량화와 판매 촉진을 위한 디자인 요소를 가미한 캔을 개발하여 원가와 품질, 환경위생 등에 중점을 두고 개발이 진행되고 있음.

(2) 한국의 금속 캔 기술 변천

우리나라의 금속 캔 성장 과정은 1939년 일본인이 조선제관을 설립하여 납땜을 한 캔을 만들어 주로 수산물 통조림에 사용하여 일본군에 군납한 이래로 해방이 될 때까지 침체기를 겪다가 한국전쟁 동안 통조림 전투식량의 보급으로 다시 수요가 늘었으나 전쟁 이후에는 먹고 살기도 힘든 경제 여건으로 캔을 사용하는 통조림산업은 침체가 지속되었다.

1960년대 정부 주도로 제1, 2차 경제개발 5개년 계획을 세우고, 국가 재건과 산업화 정책의 하나로 국가에서 통조림산업을 농어민 소득 증대와 군수산업 및 수출 전략산업으로 육성하기 위해 적극적인 정책 지원이 있었다. 이어 월남전 파병으로 한국군의 전투식량 제공을 위한 통조림 제품 수요가 늘어났고, 1970년대 경제 성장기를 거치며 국내 수요가 증가하면서 국내의 캔을 만드는 제관회사들은 일본, 미국의 세계 최대 규모의 제관회사들과 기술 제휴나 합작 투자로 기술의 선진화를 촉진하였다. 1970년 이후 캔 시장의 성장 내용을 살펴보면 다음과 같다.

- 1970년대 : 후반부터 외국과의 합작 및 기술 제휴로 선진 기술을 도입.
- 1977년 : 알루미늄 이지오픈 엔드(분리형) 제조 설비 도입.

그림 4-3 캔 사진으로 보는 제관의 역사 비교(세계와 한국)

- 1978년 : 3피스 용접 캔 제조 설비를 갖춤.
- 1981년~2000년 : 2피스 캔(D&I)에 이어 2000년까지 2피스 DRD 캔과 부착형 이지 오픈 엔드 및 소재의 두께를 줄이는 경량화까지 선진국 기술 수준을 따라잡기 위한 기술의 선진화를 가속화하였다.
- 2011년 : 보틀 캔의 생산을 개시하였다.
- 현재~ : 캔 제조 업체에 따라 차이는 있겠으나 수요의 제한으로 투자하지 않아서 상품화하지 못하는 경우를 제외하고는 품질과 원가 면에서 국제 경쟁력을 기를 수 있는 수준이 구비되어 있다고 할 수 있다. 다만, 최근 기술 및 제품의 개발 경쟁은 하루가 다르게 가속화되고 있고, 특히 이웃나라인 중국의 저렴한 원가와 일본의 품질에 대한 경쟁력을 기르는 것이 곧 국제 경쟁력을 유지할 수 있는 길이 될 것으로 본다.

3. 금속 캔의 특성 및 분류

1) 금속 캔의 특성

금속 캔은 식품 용기의 필수적인 3대 기능(내용물 보존성, 편리성, 판매 촉진 기능)과 원가, 생산 효율 및 유통, 친환경적 요소(재활용 측면 등)에서 유리한 장점을 가지고 있다. 표 4-1에 나타낸 바와 같이 식품 용기별 특성 비교에서도 금속 캔은 고도의 차단성 barrier과 내열성으로 장기 보존에 적합하고, 견고하여 수송 및 보관에도 유리하며, 휴대성과 금속인쇄가 지닌 격조 높은 인쇄 효과와 고속 생산 작업성 면에서 장점을 가지고 있다.

단점으로 지적되는 스틸 캔의 금속(철)이 노출되어 수분과 산소와의 접촉반응으로 인한 부식과 금속 용출은 도장 공법을 지속적으로 개선시키고 있으며, 논란이 되어온 에폭시 도료 사용에서 유인되는 비분비계 장애물질 의심물질인 비스페놀 A에 대해서는 현재까지 국제공인기관의 과학적 분석을 통하여 유해성이 검증된 바 없고, 현 용출 수준은 허용수준 이하의 안전한 단계이다. 그러나 소비 대중의 위해危害 심리와 일부 국가

표 4-1 식품의 포장 용기별 특성 비교

		금속 캔		유리병	종이팩	PET병
		알루미늄	스틸			
보존성	위생성	◎	○	◎	△	○
	물리적 강도	○	◎	○	×	△
	차단성(빛, 가스, 수분)	◎	◎	○	×	×
편리성	휴대 적성	○	○	×	△	◎
	개폐 용이성	○	○	◎	○	◎
판촉성	투명성	×	×	◎	×	◎
	인쇄 적성	◎	◎	×	◎	○
	광택(평윤)성	◎	◎	◎	×	○
경제성	가격(원가)	○	△	×	◎	△
	생산 효율	◎	◎	○	△	○
	수송성	◎	◎	×	×	×
	보관성	◎	○	◎	×	×
환경 친화성	재활용성	○	○	◎	◎ ×(여러 겹)	△

* ◎ : 아주 좋음 ○ : 좋음 △ : 좋지도 나쁘지도 않음 × : 나쁨

의 정치적 규제에 대비한 대체 도료의 개발이 계속되어 부분적으로 상용화 단계에 이르렀으나, 아직은 기존 도료에 비하여 기능이 떨어지고 원가가 비싸며 새로 개발된 도료의 성분 중에도 일부 위해성이 검증되지 않은 성분이 있을 가능성을 배제할 수 없어서 전면적인 상용화가 지연되고 있다.

유리병과 플라스틱병의 개폐 용이성re-closeable과 뚜껑 개관의 편리성에 대응하여 보틀 캔 등이 상용화됨으로써 소재 간 또는 용기 간 경쟁을 통하여 소비자에게 더 유익하고 편리하며 안전한 기술의 개발이 기대되고 있다.

2) 금속 캔 및 소재의 선택 요소

금속 캔의 종류별, 소재별 선택은 내용물의 가공과 용기 제조 기술에 영향을 주는 중요한 요소이므로 내용물에 따른 가공(살균) 방법과 유통기한 및 가용 제조 설비를 사전 검토하고, 품질과 원가 그리고 재활용도 등에 직접적인 영향을 미치는 다음 사항을 고려하여 선정해야 한다.

- 소재 경쟁력 : 품질, 가격, 공급 능력, 납기 등.
- 소비 고객의 품질 주안점 : 외관, 작업 효율/수율, 내면, 유통, 보관, 진열 등.
- 기타 정책 방향 : 국내 조달/수입, 환경, 산업 정책 방향 등.

3) 금속 용기의 분류

금속 용기는 통상 국내외적으로 용도(내용물), 용기 소재 및 형상에 따라 크게 분류하고, 형상 중 몸체와 뚜껑의 구성 수 및 제조 방법, 모양, 동체 접합부side seam의 구조, 내외면 도장 및 인쇄에 따라 세분하기도 한다(표 4-2). 또 일부는 자사의 개발 제품에 별도로 정한 호칭을 사용하기도 한다.

- 대분류 기준 : 용도(내용물), 소재, 형상.
- 세분류 기준 : 몸체와 뚜껑의 구성 수, 제조 방법, 모양, 접합부 구조, 도장과 인쇄 등.

4) 금속 캔의 규격

금속 캔의 규격은 종전에는 나라별로 다소 상이하였으며 명칭도 달리 사용해 왔다.

표 4-2 금속 캔 종합 분류표

<table>
<tr><th colspan="2" rowspan="2">용도(내용물)</th><th rowspan="2">소재</th><th colspan="2">형상</th></tr>
<tr><th>3피스 캔</th><th>2피스 캔</th></tr>
<tr><td rowspan="2">식관</td><td>음료관
맥주
탄산음료
비탄산음료</td><td rowspan="4">철재(steel)
알루미늄(aluminum)</td><td>측면 접합부 구조
납땜관
접착관
용접관</td><td>제조공정
타발관(Single Drawn)
DRD(Drawn Redrawn)
D&I(Drawn & Ironed)
DTR(Drawn Thin Redrawn)</td></tr>
<tr><td>일반 식품관</td><td colspan="2"></td></tr>
<tr><td colspan="2">미술관(잡관)</td><td colspan="2">모양 : 원형관, 각형관</td></tr>
<tr><td colspan="2">특수관(드럼, 에어로졸관 등)</td><td colspan="2">인쇄/도장 : 백관, 도장관, 인쇄관
목의 형태 : 넥인 캔, 넥아웃 캔, 스택 캔
뚜껑 형상/부착 여부</td></tr>
</table>

*국내에서 통상 '관(罐)'이라는 호칭은 우리말 용어(납땜, 접착 등) 뒤에, '캔'은 영문 용어(2피스, DRD 등) 뒤에 붙임

표 4-3 금속 캔의 KS 규격(예시)

형태	호칭	내경(mm)	높이(mm)	내용적(mL)	종류	참고 명칭
원형	202-1	52.3	56.5	162.8	상하 2중 권체관	버섯 1호관
	202-2	52.3	104.3	207.9		주스 200 g관
	202-3	52.3	132.8	273.0		주스 250 g관
	202-4	52.3	97.8	190.5		주스 170 g관
	202-5	52.3	104.5	207.0		탄산음료 200호관
	202-6	52.3	133.1	268.0		탄산음료 250호관
	211-1	65.4	39.2	108.9	상하 2중 권체관	참치 3호관
	211-2	65.4	52.7	152.5		8호관
	211-3	65.4	69.2	210.7		버섯 2호관
	211-4	65.4	81.3	249.3		과실 7호관
	211-5	65.4	101.4	318.1		7호관
	211-6	65.4	122.1	384.3		주스 7호관
	211-7	65.3	122.0	380.0		탄산음료 350호관
	211-8	65.3	167.8	524.0		탄산음료 500호관
	301-1	74.1	34.4	120.3		평 3호관
	301-2	74.1	39.2	138.6		게 3호관
	301-3	74.1	50.5	187.5		휴대관
	301-4	74.1	59.0	223.2		6호관
	301-5	74.1	81.3	318.7		5호관
	301-6	74.1	95.3	379.3		버섯 3호관
	301-7	74.1	113.0	454.4		4호관
	301-8	74.1	79.6	308.0		연유관
	307-1	83.5	45.5	208.9		참치 2호관
	307-2	83.5	51.1	240.5		평 2호관
	307-3	83.5	55.9	265.2		게 2호관
	307-4	83.5	113.0	572.7		3호관
	307-5	83.5	142.3	733.5		버섯 4호관

(계속)

형태	호칭	내경(mm)	높이(mm)	내용적(mL)	종류	참고 명칭
원형	401-1	99.1	59.0	396.6		참치 1호관
	401-2	99.1	68.5	468.2		평 1호관
	401-3	99.1	71.7	493.7		게 1호관
	401-4	99.1	120.9	872.3		2호관
	404-3	105.3	176.8	1,462.0		3호 실린더관
	603-1	153.5	169.4	2,974.6		1호관
	603-2	153.5	176.8	3,090.5		특 1호관
	603-3	153.5	113.3	1,961.0		참치 2 kg관
	400	98.6	117.8	818.7		분유 1호관
	401-5	99.1	112.3	793.0	돌림띠 상하	분유 3호관
	401-6	99.1	118.03	845.0		분유 4호관
	404-1	105.3	97.8	788.5	2중 권체관	분유 2호관
	404-2	105.3	118.05	945.0		분유 5호관
타원형	125	125.7×83.0	31.5	225.2		타원 2호관
	138	158.2×106.7	38.5	448.2		타원 1호관
사각형	97-1	97.6×46.0	20.0	61.0	전면 2중관 프레스관 또는 상하 2중 권체관	각 7호관 C
	97-2	97.6×46.0	30.0	97.7		각 7호관 A
	103-1	103.4×59.5	19.0	71.7		각 5호관 C
	103-2	103.4×59.5	30.0	135.0		각 5호관 A
	106-1	106.2×74.6	18.0	84.0		각 3호관 C
	106-2	106.2×74.6	22.0	120.9		각 3호관 B
	106-3	106.2×74.6	29.0	173.7		각 3호관 E
	106-4	106.2×74.6	52.0	223.0		각 3호관 D
	122	122.2×74.3	32.4	233.2		각 8호관
	130-1	138.7×81.5	31.5	282.8		각 9호관
	130-2	138.7×100.7	40.3	454.4		각 10호관
	132	132.0×68.8	279.0	2,422		홍삼 1호관

1) 높이는 실관(상하 밀봉 후)의 높이
2) 공관 높이는 실관 높이의 +0.25 mm
3) 높이의 허용치는 ±0.2mm
4) 내용적은 캔 뚜껑을 밀봉한 후 20°C 물을 채워서 구함. 이지오픈 뚜껑을 밀봉할 경우는 위 표의 값보다 0~2% 감소함
5) 공관의 호칭 내경은 관의 밑뚜껑으로부터 약 10 mm 위치의 외경을 측정하고 판재의 두께를 뺀 값으로 함

우리나라도 오랫동안 KS 규격(표 4-3. 예시 참조)을 사용하여 왔으나 수출입이 증대되면서 국내에만 적용되는 KS 규격은 국제적으로 통용이 되지 않는데다가 산업화 단계에서 도입되었던 KS마크 제도의 실효성이 적어지면서, 지금은 국제적으로는 인치법에서 유래된 국제 공용의 호칭을 주로 사용하고 있다. 다만, 나라에 따라서는 국제 공용 호칭이 보급되지 않았거나 익숙하지 않아서 별도의 참고 명칭을 사용하거나 미터법에 의한 규

격(주로 유럽 등)을 사용하기도 하여서 치수dimension 차이가 있을 수 있으므로 국제 거래를 할 때에는 반드시 수요처의 요구에 맞는 세부 사양을 받아 상호 재확인하여 사용하는 것이 중요하다.

(1) 일반적인 국제 공용 호칭

일반적으로 캔의 규격은 3자릿수의 인치inch로 표기한다. 명목상 표기이므로 미터법으로 환산하려면 첫 번째 숫자는 인치이고, 나머지 2자리 숫자는 분모가 16이다. 예를 들어 '202'는 2인치 더하기 02/16인치이다.

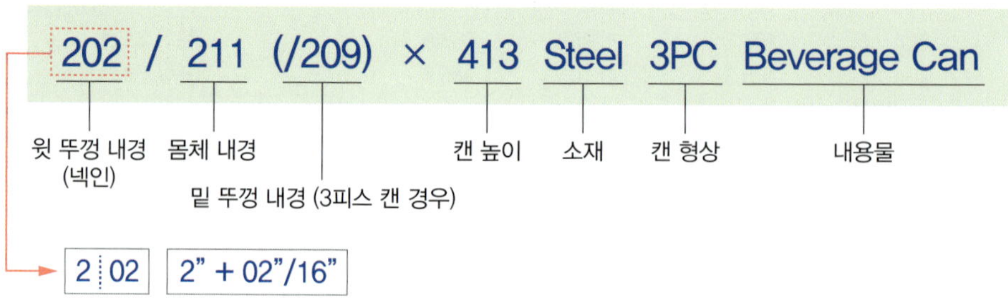

※ 상기 국제 표기인 구경(diameter)의 인치를 미터법으로 환산하기 위해서는 캔 동체의 안지름에 해당하는 plug diameter의 치수(소수 이하 3자릿수)를 소수 이하 1자릿수의 밀리미터(mm)로 환산한 후 사사오입한 정수로 표기함
예) 지름이 211구경(diameter)인 경우, 안지름(plug diameter)은 2.571인치임.
2.571(in)×25.4=65.3 mm 사사오입하여 65 mm로 표기
그러나 인치 표기는 명목상 표기이므로 실제 미터법으로 환산할 경우 구경(diameter)은 1/16인치 정도의 오차가 있으나 명목상 사용해 온 호칭을 그대로 사용함

그림 4-4 캔의 국제 공용 호칭

자료 : CMI, Recommended Industry Can standard manual

표 4-4 금속 캔의 국제 표기(일부 예시)

형태		Can size (국제 표기)	Neck/Outside Dia. (mm)	Finished Can height (mm)	일반 호칭
원형(slim)	2피스 캔	200/202×402	50.16/52.84	104.50	180 mL
		200/202×405	50.16/52.84	109.73	200 mL
		200/202×504	50.16/52.84	133.0	250 mL(slim)
		202/211×309.5	52.40/66.04	91.44	stubby
		202/202×405	52.40/66.04	115.11	330 mL
		202/202×413	52.40/66.04	122.22	350 mL
		202/211×610	52.40/66.04	168.00	500 mL

*Finished can height는 뚜껑을 밀봉하지 않은 캔의 높이로, 이는 can bottom의 형상과 지역 국가에 따라 약간 다를 수 있음

4. 금속 용기의 소재

금속 용기의 소재는 앞에서 서술한 것과 같이 내용물에 따른 가공(살균) 방법과 유통기한 및 가용 제조 설비를 고려하여 선택해야 하며, 포장 제품의 경쟁 요소인 품질과 원가 그리고 재활용에 직접적인 영향을 준다.

금속 캔에 사용되는 금속 원자재는 스틸(철재)과 알루미늄이고, 주요 부자재는 제품 용기인 금속과 내용물과의 반응을 차단 또는 유리한 방향으로 작용하게 하는 도료 및 뚜껑의 밀봉제로 사용하는 봉합용 콤파운드sealing compound 등이며, 이를 구분하여 금속 캔 제조에 영향을 많이 미치는 부분 중심으로 알아보기로 한다.

1) 금속 원재료

금속 용기에 사용되는 원자재는 스틸steel(철재)과 알루미늄이다. 금속 용기 제조 기술의 발달로 소재의 가용 범위가 확대되고 있으며, 고강도 박판화薄板化와 표면 도금량의 감소 및 고가 도금 소재의 대체, 소재 조성의 청정화 및 균질화, 표면 처리 피막의 품질 개선으로 저가, 고품질, 고기능의 소재가 개발되고 있다.

(1) 금속 캔 제조 방법별 주로 사용하는 소재

금속 소재인 스틸과 알루미늄은 캔을 만드는 제관 방법에 따라 사용 가능 여부가 결정되며, 그 일반적인 적용 내용을 표 4-5에 나타내었다.

(2) 스틸 : 표면 처리 강판

금속 캔에 사용하는 스틸은 납땜과 전기 저항열 용접을 하여 만드는 3피스 캔에 적합한 소재로, 박판의 스틸에 주석을 도금한 주석도금강판tinplate〔석판, 네덜란드어인 블리크blik로 불리기도 함〕이 초기부터 주로 사용되어 왔다. 원가를 절감하기 위하여 가격이 비싼 주석 대신 크롬을 비롯한 대체 금속으로 도금하는 무주석강판tin free steel과, 스틸의 원판을 2중 압연하여 강도를 높이고 두께는 줄인 강판double reduced, DR강판을 개발하여 원가 경쟁력을 높이고 있다.

① 스틸 강판과 표면 도금 강판의 기본 분류

기본적인 분류는 스틸 강판의 강종과 제조 방법(압연) 및 조질도에 따라 분류하고, 도

표 4-5 금속 용기 종류별 소재의 일반적 적용

형태	관 종	주사용 소재	주요 용도
3피스 캔	납땜관(soldered can)	석판	식품, 음료
	접착관(cemented can)	무주석강판(주), 석판, 알루미늄	식품, 음료
	용접관(welded can)	석판(주), 니켈 주석 강판(N.T.S)	식품, 음료
2피스 캔	DR 캔(dawn can, 일명 타발관)	무주석강판, 석판, 알루미늄	일반 식품
	DRD 캔(draw redraw can)	무주석강판(주), 석판, 알루미늄	일반 식품
	D&I 캔(drawn & ironed can)	석판, 알루미늄	음료(맥주 포함)
	DTR 캔(draw thin redraw can)	수지로 라미네이팅한 강판	음료, 식품

1) 납땜관은 일정량 이상의 주석 부착량(5.6 g/#50 이상 권장)이 되어야 납땜 가능
2) 접착관은 기술적으로 소재의 사용 제한은 없으나 원가상 무주석강판을 주로 사용
3) 크롬 무주석강판을 용접하여 사용할 경우는 용접 부위의 크롬을 벗겨 내는 장치(de-chroming machine)가 있어야 사용 가능
4) 2피스 캔 중 D&I 캔은 공정의 특성상 석판이나 알루미늄을 사용해야 하고, 이외 Drawn, DRD, DTR는 기술적으로는 모두 작업이 가능하나 원가상 주로 고강도 무주석 박판(TFS, DR)을 사용하며 고급 제품은 알루미늄도 사용함
5) 3피스 캔의 영문 표기인 soldered can은 soldered side seam can의 약칭. 이외에 cemented can과 welded can도 중간에 side seam이 생략된 것임

금 강판은 철면에 도금하는 표면도금의 금속 종류에 따라 세분한다. 이를 표 4-6~표 4-9에 나타내었다.

표 4-6 강종에 의한 분류

분류 기호	내 용	용 도
MR 강종(Medium Residual)	불순물은 L보다 약간 많으나 내식성(耐蝕性)과 가공성이 필요한 용도에 사용	캔의 동체(body) 및 뚜껑(주로 3피스 캔)
D 강종(Deep Drawing)	Al killed강으로 고도의 가공성이나 항복 연신이 발생하기 쉬운 캔에 사용	캔을 늘려서 가공(drawing)하는 2피스 캔에 주로 사용
L 강종(Low Residual)	Cu, Ni, Cr, Mo 등 기타 잔류 성분이 극히 적어 우수한 내식성을 요구하는 캔에 사용	강한 산성 식품이나 부식성이 높은 화공약품의 캔

* JIS, ASTM, KS 등 각종 국가 규격에서 사용

표 4-7 제조 방법(압연)에 따른 분류

분류	압연 횟수
SR 강판(Single Reduced Plate)	1회 압연 판
DR 강판(Double Reduced Plate)	2회 압연 판

표 4-8 조질도에 따른 분류

조질도	목표 경도(HR30T)	용 도
T-1	49±3	고가공성을 요구하는 캔에 사용
T-2	53±3	보통의 가공성을 갖는 용도
T-3	57±3	3피스는 일반 대형 미술관(18 L 등)의 동체와 뚜껑용 2피스 D&I용 동체
T-4	61±3	3피스 캔이 대부분 경량화하면서 동체와 뚜껑용 및 마개용 왕관 등에 사용
T-5	65±3	두께 0.18 mm 이하로 경량화하는 고강도 3피스 캔에 사용
T-6	70±3	극히 고강도가 요구되는 일부 특수 대형 관
DR-8	73±3	2피스 Drawn, DRD, DTR용 동체
DR-9	76±3	추가 고강도 박육화(두께를 줄임) 캔 용도로 사용

표 4-9 표면 도금에 따른 분류

도금 금속	분류
주석도금강판(Tinplate, Tin Coated Steel)	(원가절감을 위해 저석 도금 강판에 도장) 저석(低錫)도금강판(Low Tin Steel, LTS)
무주석도금강판(Tin Free Steel, TFS)	크롬도금강판(TFS-CT) 니켈도금강판(TFS-NT) 주석-니켈도금강판(Tin Nickel Steel, NTS) 아연도금강판(TFS-ZT)

* 도금 강판의 영문 표기는 나라 또는 제조회사에 따라 다소 상이할 수 있음

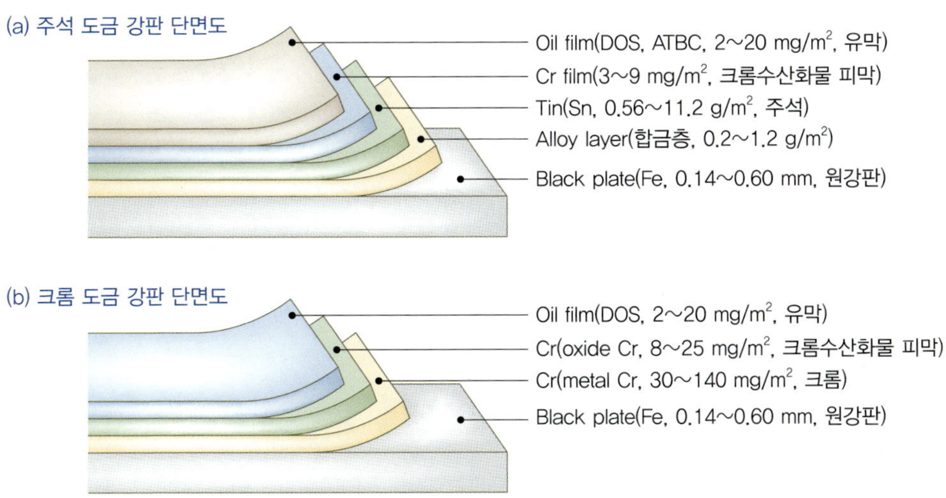

그림 4-5 스틸의 표면 도금별 단면도

자료 : 동양석판(현, TCC). 1996. 표면처리강판; 일본포장기술협회. 1988. 식품포장편람; 芝崎勳 외. 1996. 식품포장강의

② 스틸 소재의 주요 사양

스털인 표면 처리 강판의 다음 주요 사양은 캔을 제조하고 내용물을 충전하는 데 필요한 요건(제관 작업성, 내용물 가공 및 살균공정에 필요한 내압이나 진공, 부식성, 원가, 외관 등)을 충족시키는 것이다. 특히 검증이 안 된 신제품의 경우 캔을 만드는 회사는 사전에 소재 공급회사와 캔을 사용하는 충전회사 간에 사양을 충분히 검토하여 결정해야 하며, 본 내용물의 동일한 공정과 조건으로 충전하여 실관 실험 등을 통하여 확인, 검사하는 것이 안전하다.

표면 처리 강판의 주요 사양 중 주석 및 크롬의 부착량, 경도(조질도temper), 표면 조도와 강종 등이 중요하며, 그 사양은 거의 표준화(국제, 국내)되어 있다. 대표적인 사양을 표 4-10~표 4-12에 나타내었다.

표 4-10 주석 부착량 표준

분류	주석 도금량 표기		호칭 도금 부착량		최소 평균 도금 부착량	
	KS D 3526 JIS G 3303	ASTM A 624	g/m^2	lbs/BB	g/m^2	lbs/BB
양면 동일 양 부착	2.8/2.8	#25	5.6(2.8/2.8)	0.25	4.9	0.22
	5.6/5.6	#50	11.2(5.6/5.6)	0.50	10.5	0.47
	8.4/8.4	#75	16.8(8.4/8.4)	0.75	15.7	0.70
	11.2/11.2	#100	22.4(11.2/11.2)	1.00	20.2	0.90
양면 양 차등 부착	5.6/2.8	#50/25	5.6/2.8	0.25/0.125	5.05/2.25	0.23/0.10
	8.4/2.8	#75/25	8.4/2.8	0.375/0.125	7.85/2.25	0.35/0.10
	8.4/5.6	#75/50	8.4/5.6	0.375/0.25	7.85/5.05	0.35/0.23
	11.2/2.8	#100/25	11.2/2.8	0.50/0.125	10.1/2.25	0.45/0.10
	11.2/5.6	#100/50	11.2/5.6	0.50/0.25	10.1/5.05	0.45/0.23
	11.2/8.4	#100/75	11.2/8.4	0.50/0.375	10.1/7.85	0.45/0.35

*미국 재료 표준 규격인 ASTM의 주석 부착량 표기 기준은 Base Box(BB, 14 inch×20 inch 철판의 112매의 넓이(31,360 in^2)당 평균 부착량이 1파운드인 경우를 #100(100번)이라고 한 호칭을 기준

자료 : KS, JIS, ASTM과 제조회사

표 4-11 크롬 부착량

분류	부착량(mg/m^2)
금속 크롬(Metal Cr)	30~140
크롬 산화물(Cr Oxide)	8~25

자료 : KS, JIS, ASTM과 제조회사

표 4-12 철 표면 조도(surface finish)

구분		JIS 기호	ASTM 기호	표면 조도(목표값 uRa)
Bright		B	7B	~0.35
Stone	R1	R	7C	0.35~0.5
	R2			0.45~0.7
Silver		S	5C	0.8~0.5
Matte		M		0.7~1.3

* 표면 조도는 작업 중 상처(scratch)의 예방적 측면과 내식성 감안 결정
자료 : KS, JIS, ASTM과 제조회사

(3) 알루미늄

금속 캔의 소재로 알루미늄의 2피스 D&I 캔(일부 DRD)과 개관開罐이 용이하게 제작된 뚜껑인 이지오픈엔드EOE에 주로 사용하고 있는 알루미늄 소재는 경쟁 소재인 스틸에 비하여 다음과 같은 장점이 있다.

- 무색, 무미, 무취, 무독하여 향미에 민감한 제품(맥주 등) 용기에 적합.
- 인장, 인열, 파열 강도가 강하고 성형 가공성이 좋아서 2피스 D&I 캔에 적합.
- 스틸의 발청(녹)이나 유화합물인 내용물과 철이 반응하여 생기는 유화 흑변과 같은 변질이 없어서 품질 위생성이 우수.
- 비자성, 열전도율이 높음.
- 가볍고 광택이 미려함.
- 과거에는 스틸보다 가격이 비싸고 변동도 심하였으나, 근래에는 더 싸고 시세를 예측하여 선매hedging도 가능.

이와 같이 스틸에 비해 유리한 장점이 있는가 하면 단점도 확인할 수 있다.

- 경도가 스틸보다 낮아 이송 중 손상과 진공이 필요한 제품 용기에 부적합.
- 3피스의 용접관 등에는 작업할 수 없음.
- 내열성과 내염성(염분)이 스틸보다 약함.

그럼에도 여전히 2피스 D&I 캔이나 보틀 캔 등에는 가격이 크게 비싸지 않는 이상, 비교우위의 강점을 지닌다.

알루미늄의 화학 조성alloy별 용도와 기계적 특성mechanical property에 따라 강도, 성형성 등에 미치는 영향이 크므로 각 용도에 따라 적합한 소재를 선정해야 한다(표 4-13). 또한 표면 처리 사양 등의 규격도 중요하나 지면 관계로 생략한다.

표 4-13 캔 용 주요 알루미늄 판의 화학조성 성분 규격

합금 번호 (ALLOY)	Si	Fe	Cu	Mn	Mg	Cr	Zn	Ti	기타		주요 용도
									각각	소계	
3104	0.6	0.8	0.05~0.25	0.8~1.4	0.8~1.3	-	0.25	0.10	0.05	0.15	2피스 캔(D&I) 동체
3105	0.6	0.7	0.30	0.3~0.8	0.2~0.8	0.20	0.40	0.10	0.05	0.15	2피스 캔(D&I) 동체
5052	0.25	0.4	0.10	0.10	2.2~2.8	0.15~0.35	0.10		0.05	0.15	캔 뚜껑 비 내압용
5042	0.20	0.35	0.15	0.2~0.5	3.0~4.0	0.10	0.25	0.10	0.05	0.15	
5182	0.20	0.35	0.15	0.20~0.50	4.0~5.0	0.10	0.25	0.10	0.05	0.15	캔 뚜껑 내압용/Tab
5082	0.20	0.35	0.15	0.15	4.0~5.0	0.15	0.25	0.10	0.05	0.15	Tab 재
5352	-	-	0.10	0.10	2.2~2.8	0.10	0.10	0.10	0.05	0.15	2피스 캔 (DRD) 동체

자료 : 국제통용규격

표 4-14 알루미늄 합금 분류 체계

알루미늄에 합금한 주성분	합금 번호*	적용 대상
순도 99.00%의 알루미늄	1000 계열	포일(은박지), 인쇄판 등
Al에 Cu(구리) 합금	2000 계열	항공 소재
Al에 Mn(망간) 합금	3000 계열	알루미늄 캔 동체, 핀(Fin), 건축재 등
Al에 Si(규소) 합금	4000 계열	특수 접착제(브레이징, 크래딩)
Al에 Mg(마그네슘) 합금	5000 계열	알루미늄 캔 뚜껑과 식품용 캔(DRD)
Al에 Mg와 Si 합금	6000 계열	자동차와 일반재
Al에 주소재 Zn(아연) 합금	7000 계열	항공 소재 등

*합금 번호는 표 4-13 참조 0000
첫 번째 숫자는 합금 계열 번호에 의해 분류
두 번째 숫자는 기본 합금에 대한 개량이나 불순물 한계를 표시
세 번째 및 네 번째 숫자는 특정 합금 이름이나 알루미늄 최소 함량 표시

(4) 스틸 캔과 알루미늄 캔의 비교 선택

두 소재는 대체하여 사용이 가능한 캔 제조 공법인 2피스 캔을 중심으로 경쟁해 왔다. 소재의 선택은 소재 선택 기준에 의하여 평가하지만 소재의 경쟁력은 가격(원가)과 품질(위생)이 중요한 평가 요소이다.

전통적으로 스틸은 견고하고 가격이 저렴하며 공급이 안정적인 반면에, 알루미늄은 가격 변동이 심하고 비쌌으나 제품의 위생적인 측면에서 유리하였다. 그러나 스틸의 국제 시세가 급등하여 알루미늄의 가격이 스틸보다 상대적으로 싸고 안정적인 공급이 가능해져 2피스 음료용 캔에서는 거의 알루미늄을 사용하고 있다. 다만, 캔 제조 공법상 알루미늄 사용이 어려운 일반 식품용 3피스 캔(용접관)과 고강도 박판薄板(두께가 얇은 판)을 사용하여 원가 경쟁력을 가진 2피스 식품관(DRD 등)은 스틸을 알루미늄과 겸용하고 있다. 향후의 국제 원자재 추세를 지켜보며 제관 설비공정도 소재를 바꾸어 사용하는 시간을 단축할 수 있게 하는 설비swing line를 구비하기도 한다.

표 4-15 스틸과 알루미늄의 비교

스틸(Steel, 철재)		비교 항목		알루미늄(Aluminum)
가격이 비싸고, 공급은 안정적	△	가격과 공급 안정성	○	국제 시세 변동 가격이나 저렴
발청(녹) 용출 시 맛에 영향	×	품질(내식성, 향미)	◎	무색, 무미 무취, 무독
외관이 미려하나 접착력 보통	○	외관(인쇄, 도장)	◎	외관의 광택과 접착력 양호
금속 내 마찰성 양호	○	작업성(가공 성형성)	◎	가공 성형성(연신성) 양호
내충격성 및 내압 강도 양호	◎	살균 및 유통 적성	△	내압 강도와 내충격성 불리
내열 및 내염성(염분) 양호	◎	내열성/내염성(염분)	△	내열 강도와 내염성 약함
뚜껑의 개관이 어려움	△	개관성(뚜껑 소재)	○	뚜껑(이지오픈엔드) 개관 편리
2중 도장 등 추가 시설 필요	△	시설 투자비(2피스)	○	1회 도장 가능
3 피스 용접 캔 작업 가능	◎	용접성(3피스 캔)	×	3피스 캔 용접용 사용 불가

*◎ : 아주 좋음　○ : 좋음　△ : 좋지도 나쁘지도 않음　× : 나쁨

2) 캔용 도료 및 기타 부재료

(1) 캔용 도료

캔에 사용하는 도료can coating는 캔 제품 내용물(식품)을 보존하고 외관을 장식하는 중요한 역할을 한다. 캔용 도료의 기본적인 목적은 다음과 같이 정리할 수 있다.

- 금속과 식품의 반응을 차단하여 금속 용출을 방지.
- 금속과 식품 사이의 유익한 반응을 유도하여 식품의 기능을 높임.
- 금속의 부식 방지와 캔 제품의 외관을 아름답게 함(美觀).
- 내용물 충전 시의 작업성(윤활성)과 운송 시 충격에 의한 타박(상처)을 줄임.

이러한 캔용 도료는 일반적으로 다음과 같이 분류 및 구성하며, 캔 제조 방법 및 내용물에 따라 적합한 도료와 도장 방법을 선정하는 것은 중요한 제관 기술의 노하우 중의 하나이다. 최근 환경호르몬과 대기 오염을 줄이기 위한 친환경 소재 개발의 일환으로, 유성에서 수성 도료로 바뀌 가고 있으며, 비닐 계열 도료(PVC 등) 사용을 금지(억제)하고, 유해성 검증과 관계없이 논란의 소지가 있는 비스페놀 A 함유 도료를 대체 개발하거나 용출량을 최소화시키는 노력이 진행되고 있다. 또한 전통적으로 저온 살균용과 고온 살균용의 도료를 구분해서 사용하던 것을 공용화하여 도료의 교체 시간 감소와 재고 부담을 줄이고 있다.

① 관용 도료의 기본 분류

- 용도별 분류 - 내면용 : 내용물에 금속 용출 방지, 부식 방지, 향미, 안전, 위생
  - 외면용 : 부식 방지, 미관
- 도장 방법별 분류 - 롤러roller 도장 : 판sheet 및 코일coil
  - 스프레이spray 도장
  - 전해 도장electro-repair coating

② 도장(코팅)의 일반적 구성 : 안료, 수지, 용제, 첨가제로 구성

- 내면 도장 : 싱글(1회), 더블(2회)
- 외면 도장 : 사이즈나 화이트코팅, 잉크, 사상(외면) 니스

③ 도장 사양의 결정 요소

캔에 사용하는 적합한 도료의 선택은 다음과 같은 4가지 결정 요소를 검토하여 결정해야 한다.

- 캔 제조 방법 : 납땜, 접착, 용접, 타발, DRD, D&I, DTR, 기타
- 캔 소재 : 알루미늄, 석판, 무주석강판, 기타
- 내용물 및 살균 조건 : 살균 조건, pH, 변패 성분(유화합물), 향미성 등
- 도장 구분 : 내면, 외면/도장 횟수(1회, 2회)/화이트 코팅, 사상 니스over vanish 여부/롤러나 스프레이 도장 등

④ 관용 내외면 도료의 구비 조건

- 캔의 내면에 사용하는 도료

ⓐ 안전성(위생, 품질) : 이미, 이취, 금속 용출, 유독물질 함유, 색조 변화, 저장 안정성, 내한성 등 기본 요건과 내용물 성분의 특성에 적합한 도료를 배합하여 변패 방지의 기능〔육류나 어육 통조림에서 발생하는 유화흑변硫化黑變 방지를 위해 Zn paste나 Al pigment 첨가 도료 등〕.

ⓑ 작업성 : 기포, 오염, 도막 결함, 저자극성, 경화성, 내구성, 가공성, 내충격성/상처, 윤활성, 접착성 등.

ⓒ 내열성(열탕/증기 살균) : 변색, 백화, 부착력 약화(박리), 기포 등.

ⓓ 환경 친화성 : 용제에 의한 대기 오염도VOC와 내분비장애물질 대응의 PVC 배제(다이옥신), 에폭시epoxy 도료의 수성화와 대체 도료 등.

ⓔ 원가 절감 내외면 도료 공통 : 에너지 절감과 기능을 높여 사용하는 도료(건조 도막량) 절감 등.

- 캔의 외면에 사용하는 도료

ⓐ 인쇄 잉크에 대한 적응 적합성 : 금속 위에 도료를 도장한 후 인쇄하고 사상니스over varnish를 도포할 때에 잉크와 도료 간의 상호 적응성이 나빠 간섭하는 반응이 없도록 함.

ⓑ 내충격성 : 도장하고 캔을 만드는 이송공정에서 충격으로 상처scratch가 발생하지 않도록 접착력과 경도 유지.

ⓒ 내열성(열탕/증기 살균성) : 내용물을 열탕이나 증기로 내열 살균할 때 변색이나 백화, 도료 박리나 광택이 죽지 않도록 내열성 유지.

ⓓ 내오염성 : 도장 작업 중 오염으로부터 보호.

ⓔ 윤활성 : 외면 사상니스에 적정 슬립slip제가 함유되어 있어 고속 작업 시 윤활성 유지.

ⓕ 가공성 : 성형 가공 시 도료의 깨짐crack 등을 방지.

ⓖ 환경 친화성과 원가 절감 : 휘발성 유기화합물VOC 발생 억제.

⑤ 캔용 도료별 특성과 일반적 적용 범위

캔에 사용하는 도료의 적용은 각 도료(합성수지)의 특성을 토대로 내용물인 식품의 성분과 살균 방법 등에 적합하게 선정해 구분하여 사용해 왔다. 예를 들어 고온 살균하는 식품의 캔 내면에는 에폭시계 도료, 저온 살균하며 향미香味가 중요한 제품에는 비널게 도료로 처리하였다. 그러나 최근에는 각 도료 타입별 단점을 보완하여 배합한 도료가 개발되어 고온 살균용과 저온 살균용을 겸용할 수 있도록 하고, 접착력과 향미 보존성을 보완한 변성 에폭시modified epoxy 같은 도료가 개발되어 도료 교체에 따른 작업 손실을 줄였을 뿐 아니라 원가도 절감하고 있다(표 4-16 참조).

또한 식품위생·환경적 측면에서도 내분비계 장애물질(환경호르몬) 가능성이 있는 도료도 위해성 입증과는 별도로 사용 금지나 제한에 대비하여 대체 도료들이 개발되고 있다.

표 4-16 관용 도료별 특성 및 적용 범위

도료 유형	특성	적용 범위
에폭시계 도료	• 내열성과 내약품성 및 접착성이 우수하나 BPA에 대해 위해성과 관계없이 논란의 대상	• 캔 코팅 내외 면에 가장 널리 사용
에폭시 페놀계	• 장점 : 페놀과 배합비에 따라 다르나 접착성, 내열성, 내약품성 우수 • 단점 : 페놀 배합 비율이 높을수록 접착성, 가공성, 향미 보존성이 약하고 색상은 황색	• 고온 살균과 접착성이 좋아 캔의 내면에 널리 사용 • 유화흑변 방지를 위해 알루미늄이나 아연(ZnO)을 첨가하여 사용
에폭시 아미노계	• 장점 : 접착성, 향미 보존성 보완, 무색 • 단점 : 상기 페놀수지보다는 내열성 낮음	• 캔 외면 도료(사이즈, 니스) • 이지오픈엔드
에폭시 에스테르계	• 장점 : 접착성, 가공성, 내마모성 우수 • 단점 : 가열 후 발색 가능	• DRD 캔 외면용 • 3피스 캔 사이드심 도료
에폭시 아크릴계	• 장점 : 배기 공해 방지, 저원가, 향미 보존성 • 단점 : 도장 작업성	• 음료용 D&I 캔 내면(수성)
염화비닐계 도료	• 향미 보존성이 특히 우수하나 내열 접착성과 다이옥신 우려로 최근 변성 에폭시로 전환	• 전에는 향미 보존과 가공성이 중요한 제품에 사용했으나 최근에는 사용 금지나 제한
스트레이트 비닐계	• 장점 : 향미 보존성 • 단점 : 접착성, 내열성	• 저온 살균 음료용 내면 상층 도료에 사용했으나 사용 금지
열 경화성 비닐	• 장점 : 스트레이트 비닐보다 내열성, 내용제성 보완 • 단점 : 가열 시 황색	• 전에는 캔과 뚜껑의 내외면 도료로 사용했으나 최근에는 뚜껑에만 사용
비닐 오가노졸	• 장점: 향미 보존과 고형분(도막)을 높여서 작업이 가능하고 가공성과 접착력 우수 • 단점 : 내충격성, 내열성에 약하고 다이옥신 발생 요인	• 가공성이 요구되는 2피스 DRD, 알루미늄 뚜껑에 사용됐으나 최근 에폭시로 전환, 왕관용 내면
아크릴계 도료 (아크릴 아미노)	• 장점 : 내열성 내약품성, 내오염성, 내식성, 부착성, 가공성과 내증기 살균성 양호	• 캔 외면 도료인 화이트 코팅, 사상니스에 널리 사용(2피스 캔, 3피스 캔)
폴리에스테르계 도료 (폴리에스테르 아미노)	• 장점 : 가공성, 내마모성, 차단성 • 단점 : 접착성, 내약품성, 고원가, 광택 낮음	• 주로 캔 외면의 기초 도장에 사용하고, 최근 비스페놀 A 방지를 위한 에폭시 대체 도료

자료 : 日本製罐協會. 2000. 통조림용 금속관과 이중권체(개정II판).; 한일제관을 비롯한 세계 선진제관회사

표 4-17 캔의 종류 및 용도별로 주로 사용하는 도료의 최근 사양 예시

캔과 소재	살균	도장 면(내외 면)	도장 유형	도료 유형
2피스 D&I 캔 루미늄	저온 고온 겸용	캔 내면	Inside spray	Modified Epoxy
		캔 외면	Base coat	Modified Acryl
			Over varnish	Modified Acryl
			Rim varnish	Epoxy Urea
2피스 D&I 캔 스틸	저온 고온 겸용	캔 내면	Inside spray(1회 도장)	Modified Epoxy
			Inside spray(2회 도장)	Modified Epoxy
		캔 외면	Base coat	Acryl Amino
			Over varnish	Acryl Amino
			Rim varnish	Epoxy Urea
			Bottom spray	Modified Epoxy
2피스 DRD 캔 스틸(TFS)	고온	캔 내면	Inside coat(2회 도장)	Epoxy Phenol(유화흑변 방지 Al 첨가)
		캔 외면	Base coat	Modified Polyester
			Over varnish	Acryl나 Epoxy ester
3피스 캔 스틸	저온 고온 겸용	캔 내면	Inside coat(1회 도장)	Epoxy Phenol
			Base coat (2회 도장)	Epoxy Phenol
			Top spray coat	Modified acryl
		캔 외면	Base coat	Acryl (white)
			Over varnish	Acryl (clear)
캔 뚜껑(SOT)	저온 고온 겸용	내면	Coil coat	Modified epoxy
		외면	Coil coat	Modified epoxy
캔 뚜껑(FPEOE)	저온 고온 겸용	내면	Coil coat (1회 도장) Sheet coat (2회 도장)	• 스틸 : Polyester/Organosol(2회) (유화흑변 방지 Al 첨가) • 알루미늄 : epoxy phenol(1회) Polyester epoxy 스프레이
		외면	싱글 도장	Epoxy phenol

1) 본 자료는 2018년도 현재, 일반적으로 사용하고 있는 참고자료를 예시한 것이며, 실제 적용은 캔의 종류별, 내용물과 살균 조건별로 가용한 도료 타입과, 건조 도막량 및 건조시간 등을 도료 공급회사와 협의된 제조 사양에 따라야 함

2) 3피스 동체의 사이드심(side seam)에 사용하는 일반 도료와 분체 도료(powder coating) 등은 생략함

(2) 기타 부자재

캔용 기타 부자재는 캔의 뚜껑에 도포하여 캔의 몸체와 밀봉 시 누설을 방지하는 중요한 기능을 하는 캔 밀봉제sealing compound와 잉크 등이 있는데 여기에서는 잉크와 기타 부자재는 생략한다.

① **캔 밀봉제**

캔 밀봉제sealing compound는 고무를 주성분으로 하는 콤파운드compound를 캔 뚜껑에 도포하여 캔의 동체와 뚜껑을 밀봉시켰을 때 기밀도를 유지시켜 주기 위한 소재이다. 캔 밀봉제는 캔의 몸체와 뚜껑을 밀봉하여 기밀도를 유지하여 가스의 유입과 누설을 방지함으로써 제품의 저장 기간을 연장하기 위해 도포한다. 이를 위해서는 콤파운드의 적절한 도포 작업, 캔과 뚜껑의 품질 규격, 적합한 콤파운드의 선택, 이중 밀봉 double seaming의 품질이 중요하다.

그림 4-6 **캔 밀봉제의 도포 위치와 밀봉 부위**

표 4-18 **캔 밀봉제의 주요 성분과 기능**

성분	주요 기능
1. 고무(rubber)	탄력성을 높여 내충격성과 피막 응집성 향상
2. 수지(resin)	피막의 접착(점착)성 향상, 고형분의 증가
3. 충전제(filler)	피막의 보강과 도포성 향상, 고형분의 증가
4. 착색제(pigment)	색상 조정
5. 노화 방지/안정제	피막의 경시 변화에 따른 산화·열화 방지

5. 금속 용기의 제조 방법 및 특성

여기에서는 금속 캔 중 비중이 큰 식품용 3피스 캔과 2피스 캔, 그리고 그 뚜껑을 중심으로 구분하여 기본적인 명칭과 공정의 이해 및 특징을 살펴보고자 한다.

1) 3피스 캔3 Piece Can, 3PC Can

(1) 3피스 캔의 정의 및 주요 명칭

3피스 캔이라 함은 용기의 동체body와 상하 뚜껑의 3부분3 Piece, 3PC으로 구성된 캔을 말한다. 몸체에 뚜껑 하나만으로 구성된 2피스 캔과 구분하여 국제적으로 3피스 캔이라 부른다. 금속 캔의 명칭(표 4-19)은 우리나라의 고유 명칭이 없으며 국내는 물론 외국에서도 별도 명칭을 사용하는 일부 국가를 제외하고는 영문 명칭을 그대로 사용한다.

표 4-19 **3피스 캔의 주요 명칭**

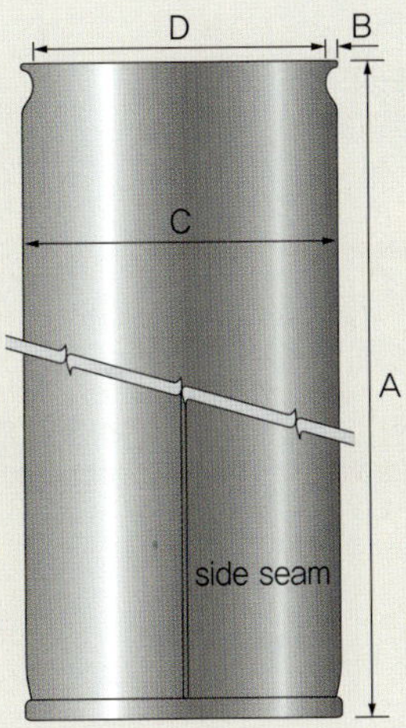

명칭	약호	해설	구분
Can Body		몸체	
Can End		뚜껑	
Side Seam		몸체의 열 접합부	
Flange		양끝을 벌린 부위	
Blank Height	BH	절단된 판의 높이	
Flange Height	FlH	양끝을 벌린 상태의 높이	
Finish Height	FiH	한쪽 뚜껑의 권체한 높이	A
Can Height	CaH	양쪽 뚜껑을 권체한 높이	
Flange Width	Fl.W	양끝을 벌린 플랜지 폭	B
Plug Diameter		몸체의 내경	C
Necked In Diameter		목을 줄인 부분의 내경	D
End Seam			

(2) 제조공정

제조공정은 도장, 인쇄, 제개(뚜껑 제조), 제동(몸체 제조)/뚜껑과의 결합 및 포장 공정으로 나눌 수 있으며, 세부 공정은 소재와 내용물 사양 및 제조 방법에 따라 상이하므로 일반적인 표준 제조공정만을 그림 4-7에 나타내었다.

(3) 3피스 캔의 특징

① **장점**

- 기계 설비에 대한 투자비가 낮음.

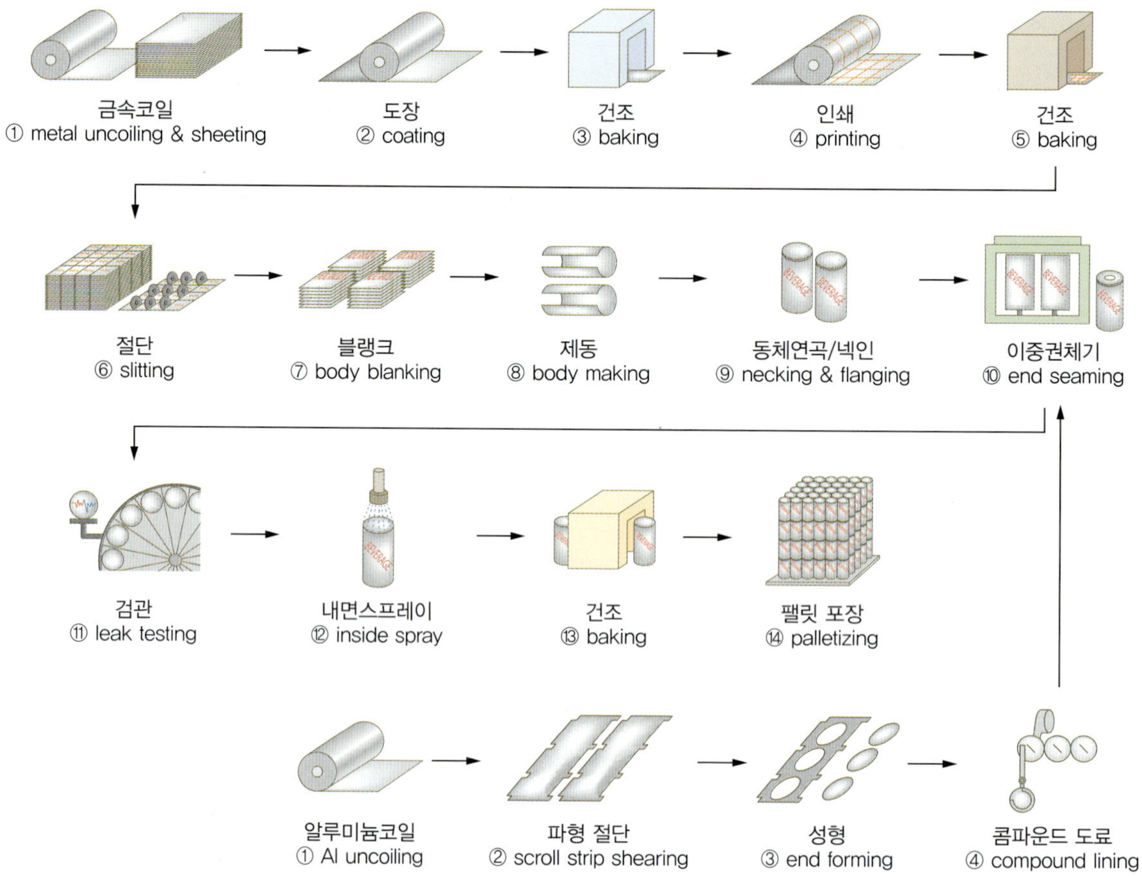

그림 4-7 **3피스 캔의 공정**

- 캔 종류별 형(캔 사이즈) 교체 용이.
- 평판인쇄로 좀 더 선명한 인쇄 효과.
- 2피스 캔보다 캔 두께가 두꺼워 유통 중 손상이 적고 고온·고압 살균에 적합.

② **단점**

- 두께가 두꺼워 재료비 원가가 비쌈.
- 고속 전자동인 2피스 캔보다 고속화와 인원 절감에 한계.
- 스틸 소재를 사용하므로 동체의 접합부side seam와 상하 뚜껑에서 발청(녹), 누설, 금속 용출의 가능성이 높음.
- 이중권체二重卷締, double seaming 조건이 2피스 캔보다 불리함.

(4) 3피스 동체 접합side seam의 방법별 비교

3피스 캔은 동체 접합부의 접합 방법에 따라 납땜관soldered side seam can, 접착관 cemented side seam can, 용접관welded side seam can으로 구분되며 접합부 단면은 그림 4-8에 나타내었다.

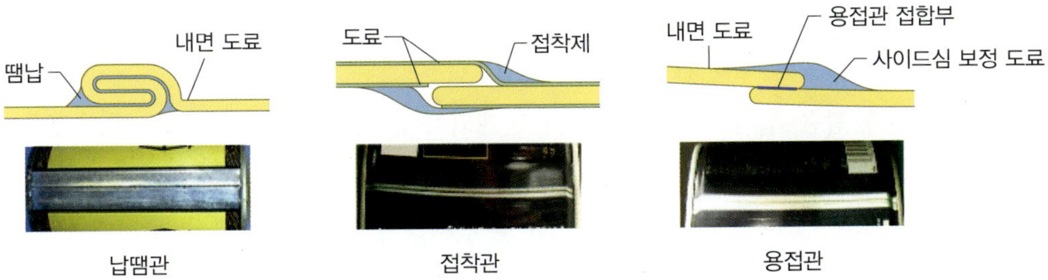

그림 4-8 사이드심의 종류별 도시
3피스 캔의 국내 명칭은 '캔' 대신 '관(罐)'을 붙임

3피스 캔의 기술은 취약 부위인 동체의 접합부 개선에 중점을 두어 납땜하는 과정에서 접착제를 사용한 미라심mira seam 캔과, 스포트spot 용접 후 접착 가공한 코노웰드 conoweld 캔이 개발되었다. 그 후 이를 보완한 기술인 도요심Toyo seam 접착관과 수드로닉Soudronic에서 개발한 전기 저항열을 이용한 용접관이 상용화되었다. 그러나 접착관은 일본에서 일부 사용하는 것을 제외하고는 소재가 적게 들고 접합부 강도가 높아 안전하며 작업성이 우수한 용접관으로 전환되어 소재를 절감하고 품질을 향상시켰다. 레

표 4-20 3피스 캔 동체의 사이드심 방법 비교

	납땜관	접착관	용접관
가용 소재	주석도금강판	무주석강판, 알루미늄	주석도금강판, 무주석강판
주요 용도	식품, 음료	식품, 음료	식품, 음료
경제성 (오버랩 폭)	× (7.16 mm)	△ (5 mm)	◎ (0.4~0.5 mm)
접착제	납땜	합성 수지	없음(전기 저항열)
접합부 강도	○	△	◎
외관	×	◎	○
위생성	×	◎	◎
작업성	△	△	◎

◎ : 아주 좋음 ○ : 좋음 △ : 좋지도 나쁘지도 않음 × : 나쁨

이저 용접 등의 제품들도 출시되었으나 일부 특수 미술관을 제외하고는 사업성이 없었다. 현재는 3피스 캔 중에서는 용접관이 가장 우수하여 종합적으로 널리 사용되고 있으나, 음료 캔은 캔의 원가와 품질이 더 우수한 2피스 캔으로 대체되고 있다.

2) 2피스 캔2 Piece Can, 2PC Can

(1) 2피스 캔의 정의 및 주요 명칭

2피스 캔이라 함은 컵과 같이 밑바닥이 밀폐되어 성형된 캔 동체body와 뚜껑 1개의 2부분2 Piece, 2PC으로 구성된 금속 캔을 말한다. 2피스 캔의 주요 명칭은 밑바닥의 성형된 부분을 제외하고는 3피스 캔과 기본적으로 동일하다.

표 4-21 **D&I 캔의 각 부위 명칭**

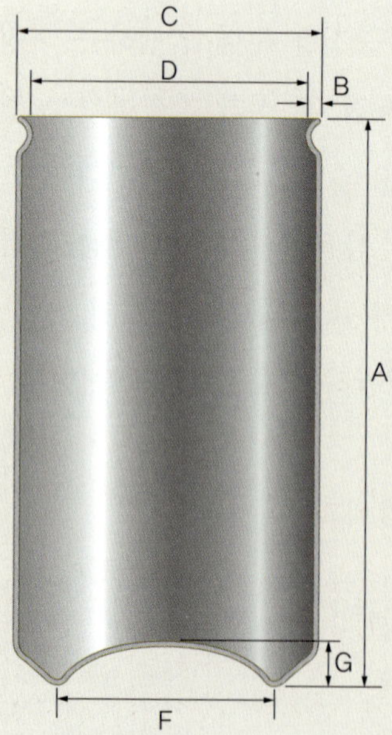

명칭	해설	구분
Finish Height	뚜껑 밀봉 전의 캔 높이	A
Flange Width	플랜지 두께	B
Flange Diameter	플랜지 양끝 간의 구경(口徑)	C
Neck Plug Diameter	목이 들어간 부분 간의 내경	D
Body Outside Diameter	몸체의 외경	E
Base Diameter	밑바닥 닿는 부분 간의 구경	F
Bottom Depth	밑바닥 들어간 부분의 높이	G

(2) 제조공정

2피스 캔은 제조 방법에 따라 DR 캔draw can, DRD 캔draw redraw can, D&I 캔drawn & ironed can과 DTR 캔draw Thin redraw can의 4종류로 분류할 수 있다.

① DR 캔Draw Can(타발관)

DR 캔은 1847년에 2피스 캔 중 제일 먼저 개발되었다. 도장(또는 인쇄)이 된 금속 판을 규격에 맞게 절단하여 컵을 찍어 내는 것처럼 1회 타발draw 또는 drawn하여 만드는 단순 공정의 제조 방법이다. 1회만 타발하기 때문에 캔의 높이가 캔 직경에 비하여 1:1 이하로 성형된다. 캔 형상은 타원형이나 각형의 캔이며 농·축·수산물 통조림에 사용된다.

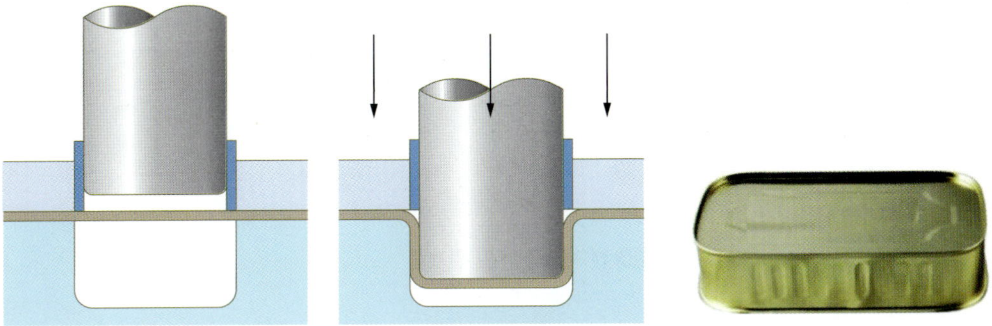

그림 4-9 DR 캔 성형 공정과 제품 견본

② DRD 캔Draw Redraw Can 또는 Drawn Redrawn Can

DR 캔(타발관)이 1회 타발로 성형하는 반면에 DRD는 1회 타발하여 컵과 같은 형상을 만든 후 재차 타발redraw함으로써 캔의 높이를 캔의 직경에 비하여 1:1.5 정도로 높일 수 있는 한 단계 상위의 제조 방법이다. 현재는 주로 수산물 가공용 원형 관과 육가공용의 사각 캔에 많이 쓰인다.

③ D&I 캔Drawn & Ironed Can

1960년대 중반에 개발된 캔으로 1차 컵 성형cupping을 한 다음 캔의 벽면을 얇게 다림질하듯 늘려서ironed 성형을 한 후 인쇄와 도장을 하도록 고안된 고속, 자동의 제조 공법이다. 현재 내압을 가지는(탄산가스나 질소 충전) 거의 모든 맥주와 음료용 캔 제품에 사용하고 있다. 다른 제관 방법보다 캔의 직경에 대한 높이가 가장 높고, 캔 두께는 가장 얇으며 고속 작업이 가능하다.

④ DTR 캔Draw, Then Redraw

1980년 말에 이르러 캔 소재로서 알루미늄이 스틸에 비하여 가격 경쟁력이 생기고 녹

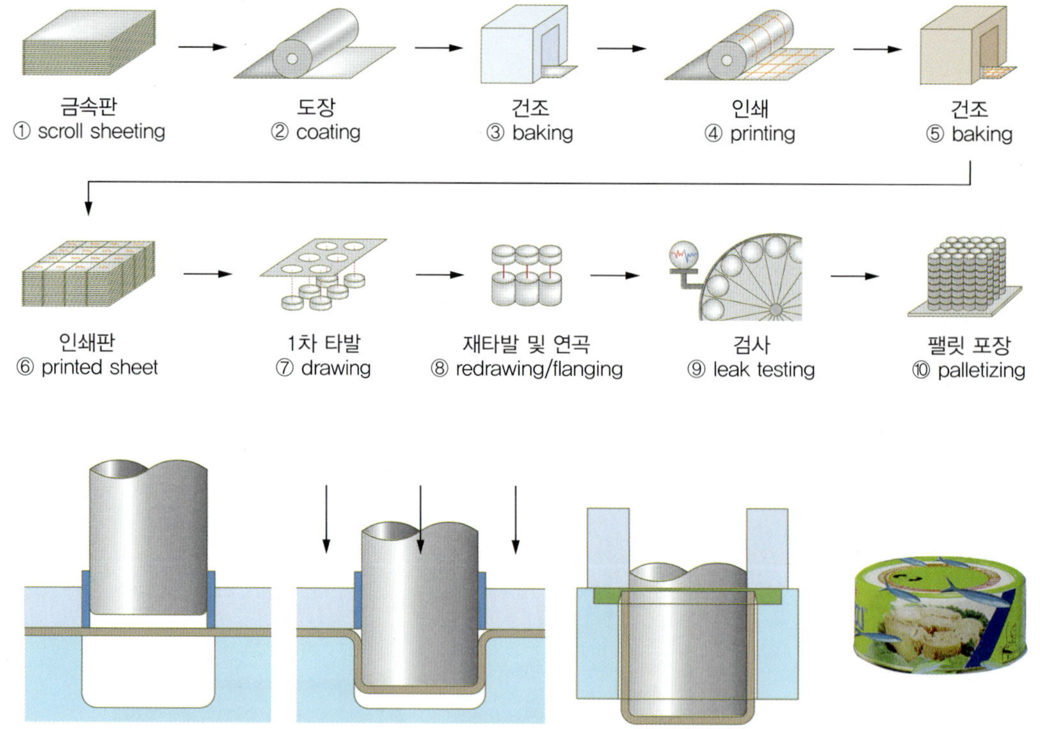

그림 4-10 **DRD 캔 제조공정 및 완제품**

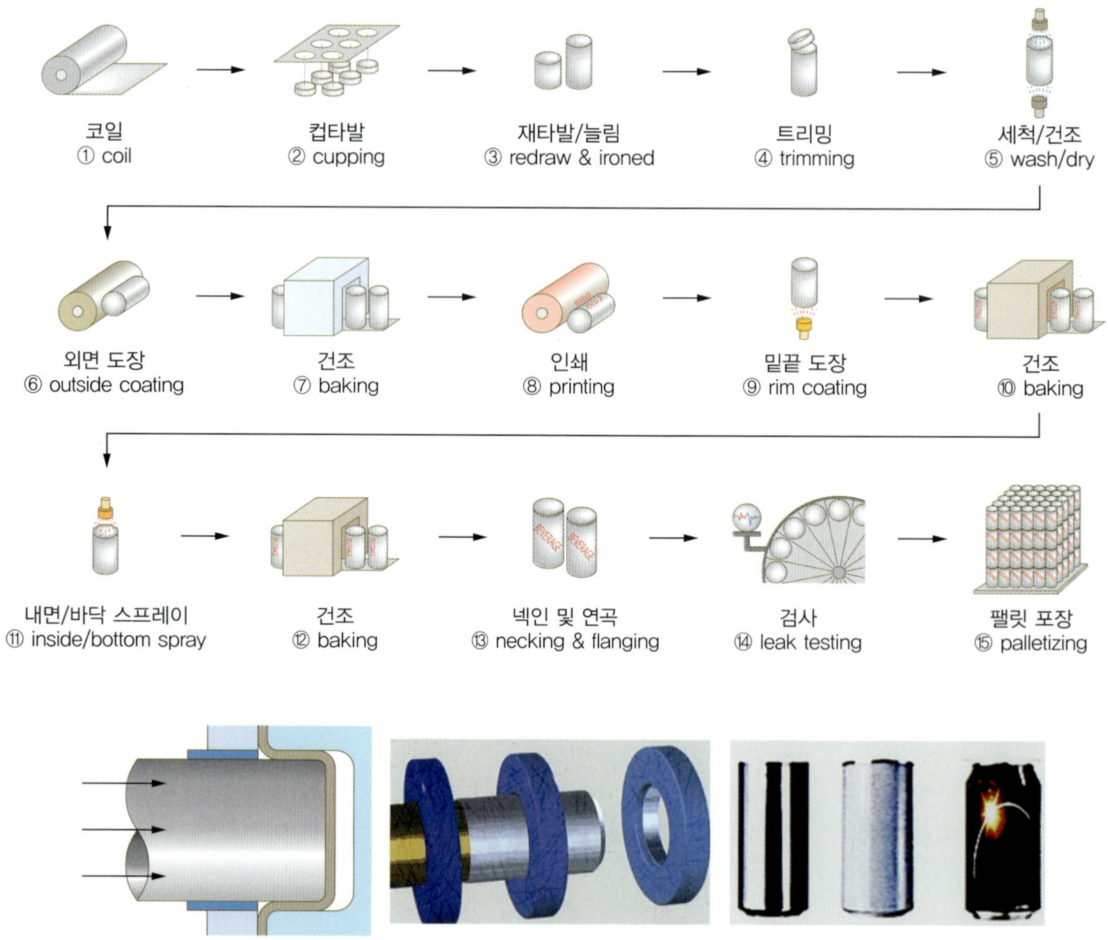

그림 4-11 **D&I 제조공정**

이 슬지 않는다는 품질의 장점을 앞세워 시장을 확대하자, 글로벌 스틸 생산 업체들은 캔 제조회사와 같이 스틸 캔의 가격과 품질의 경쟁력을 높이면서 보다 친환경적 공법의 2피스 캔 제조 기술 개발을 착수하였다.

이에 더 얇고 강도가 높은 고강도 박판 스틸 소재(DR판)에 주석 대신 크롬을 도금하고Tin Free Steel, TFS, 그 표면에 폴리에스터PET 수지로 라미네이팅laminating하여 캔을 만드는 공법인 DTRdraw thin redraw 또는 laminate can을 개발하였다. 이는 일본의 일본동양제관Toyo Seikan이 신일본제철과 공동으로 1987년 개발에 착수한 뒤 1992년부터 TULC 캔Toyo Ultimate Can이라는 이름으로 상용화하여 가격이 비쌈에도 일본을 중심으로 오늘날까지 사용되고 있다.

구미 지역에서는 당시 미국의 제관기계 제조회사인 레디칸Redicon이 워톤스틸Weirton Steel과 함께 개발에 착수하였고, 영국의 브리티시 스틸British Steel에서는 라미네이트한 코일로 만든 RBSRedicon British Steel System 캔을 출시하였으나 원가가 기존 2피스 알루

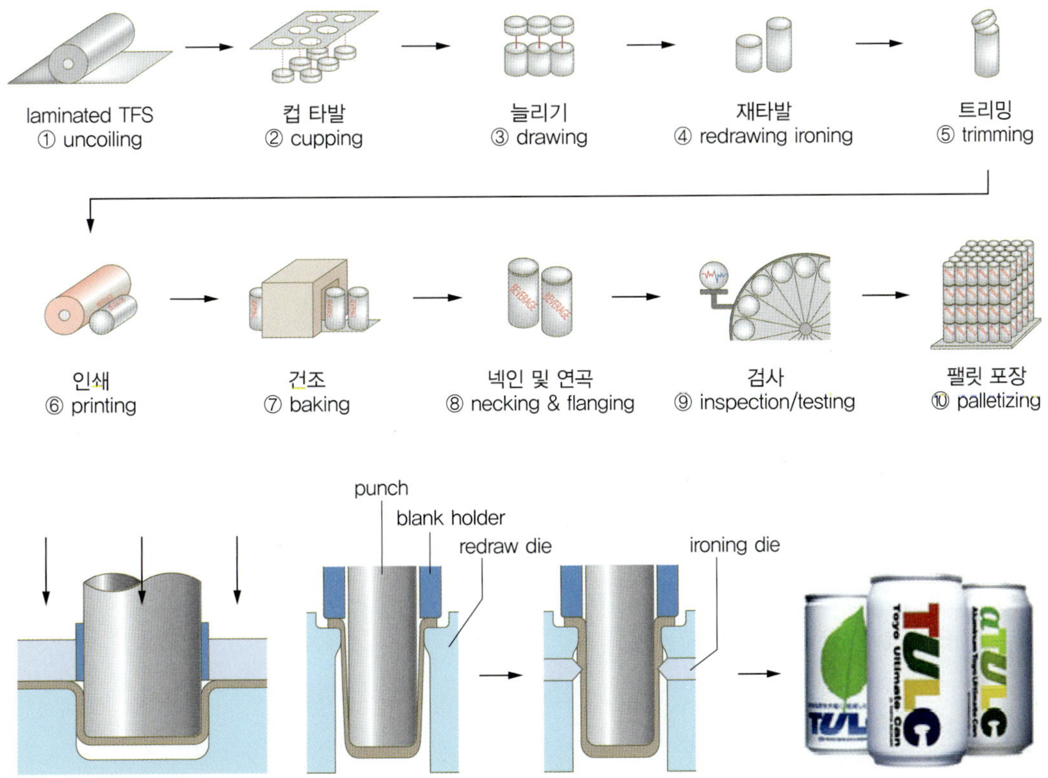

그림 4-12 DTR 제조공정

미늄 D&I에 비하여 비싸서 상용화에 성공하지는 못했다.

기술과 친환경적 측면에서 두 제조 공법상 다소 상이한 점은 있으나 공통적인 특징은, 고강도(주로 DR판) 무주석강판에 폴리에스터(PET) 수지로 내외 면을 라미네이트 접착한 코일(또는 판)을 가지고 관(캔)의 몸체 두께를 상기 DRD 공법보다는 더 얇게 성형한 후 D&I 공정과 같이 캔을 세척과 건조, 외면 도장 및 내면 스프레이 도장, 건조공정을 거치지 않아서 다량의 세척수 절감과 폐수 처리시설이 필요 없으며, 도장에 따른 대기오염 방지, 오븐 에너지 절감 및 기계 설치 면적과 투자비 절감, 내분비계 장애물질(환경호르몬) 등의 우려가 없다는 장점을 가지는 것이다. 그러나 아직은 원가가 D&I 2피스 캔에 비하여 비싸기 때문에 일본을 제외한 지역과 원가 절감을 중시하는 경영적 측면에서는 시장 확대에 한계가 있으므로 향후의 경쟁력은 좀 더 지켜봐야 할 것이다.

(3) 2피스 캔의 유형별 특징

2피스 캔의 관형별 특징은 용도와 가용 소재 및 수요량에 따라 각기 장단점이 다르다.

- DR 캔은 투자비가 적은 반면에 캔이 상대적으로 두꺼워 원재료비가 비싸고 주문량이 비교적 적은 소규모 작업에 적합하다.
- DRD 캔은 DR 캔보다 한 단계 발전된 공법이나 D&I보다는 제조공정이 단순하고 투자비가 적은 반면에 원재료비가 비싸다.

표 4-22 2피스 캔의 관형(캔 형상)별 특징 비교

구분	타발관(Drawn)	DRD 관	D&I 관	DTR 관
주사용 소재	주석도금강판 무주석강판 알루미늄	무 주석강판 알루미늄	주석도금강판 알루미늄	무주석강판(라미네이팅)
주용도(내용물)	일반 식품	일반 식품	음료(양압)	음료(양압, 음압)
원료 절감(경제성)	△	○	◎	○
설비 투자비	◎	○	X	△
Drawing 비율 (캔 높이/캔 직경)	1 : 1 이하	1 : 1.5	1 : 1.5 이상	1 : 1.5 이상
고속 생산성	×	○	◎	◎
견고성	◎	○	×	△
환경 친화성	○	○	△	◎

*◎ : 아주 좋음 ○ : 좋음 △ : 좋지도 나쁘지도 않음 × : 나쁨

• D&I관은 고속, 자동화로 몸체에서 도장, 인쇄에 이르기까지 일관된 대량생산에 적합하며 가장 저렴한 원자재로 생산이 가능하나, 투자비가 비싸다.

• DTR관은 상기 DRD와 D&I의 장단점을 가진 중간 형태의 친환경적 제조 공법으로 만든다는 장점이 있으나 D&I에 비교하여 원가와 생산 효율이 낮다.

3) 보틀 캔

(1) 보틀 캔의 정의 및 주요 명칭

보틀 캔bottle can이라 함은 금속 캔의 동체에 일반 병과 같이 뚜껑(캡)을 부착하여 개폐(열고 닫음)할 수 있는 기능을 가진 캔을 보틀 캔이라 한다. 유리병이나 페트병에 대응하여 편리성을 보완할 목적으로 개발하였는데, 기존 캔에 비하여 고가이므로 내용물도

표 4-23 **보틀 캔의 각 부위 명칭**

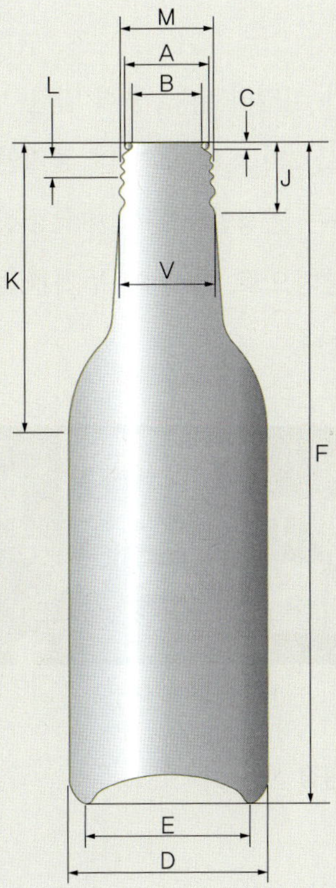

명칭	해설	구분
Curl Outer Diameter	Curl 외부 구경	A
Plug Diameter	마개 내경	B
Curl Height	Curl 높이	C
Body Diameter	몸체의 외경	D
Stand Diameter	병 바닥 Base 부위 구경	E
Bottle Height	병의 높이	F
Neck Capping Clearance(skirt)	병목 캡핑(skirt) 높이	J
Shoulder Length	병 어깨 길이	K
No. of Threads	나사 수	L
Thread Outer Diameter	나사 외경	M
Tamper Evidence Band Diameter	변조 방지턱(band) 구경	V

고급 프리미엄 제품에 사용하여 차별화되어 있다. 캔 동체의 형상은 3피스 캔과 2피스 캔 공히 사용되나 병목neck thread 성형이 이음부가 없는 2피스 캔이 용이하므로 2피스 보틀 캔이 대부분이다. 보틀 캔의 부위 명칭은 병목의 모양에 따라 다르나 대체로 표 4-23과 같다.

(2) 제조공정

보틀 캔의 유형별 제조공정은 캔 동체의 공정과 뚜껑인 캡cap의 성형공정으로 구분할 수 있다. 캔 동체의 성형공정은 3피스 캔과 2피스 캔의 D&I, DTR 공정과 충격 압출 impact extrusion 공법을 주로 사용한다. 병목의 모양은 뚜껑 형상에 맞게 설계하며, 주로 나사screw 모양과 앵커 모양(왕관 등의 모양으로 뚜껑에 적합)을 사용하고 있다.

(3) 보틀 캔의 유형별 특징

보틀 캔의 유형은 제조공정에서 간략하게 설명한 바와 같이 동체는 3피스 캔에서는 주로 용접관(캔)도 사용하나 주로 2피스 캔인 D&I 캔과 DTR 캔, 충격 압출 캔을 사용한다.

유형별 특징은 충격 압출 캔을 제외하고는 이미 앞에서 설명하였다. 충격 압출 방식은 그간 화장품이나 에어로졸 캔에 적용되어 온 방법으로, 2피스 D&I의 앞 공정인 얇은 판 소재(주로 알루미늄)의 코일을 사용하여 컵을 생산하는 공정인 커핑cupping공정 대신 두꺼운 알루미늄 판slug을 가압하여 캔을 성형하는 방법으로 병(캔)의 두께를 줄이는 데 한계가 있으므로 D&I 공법보다 원재료비가 많이 든다.

그림 4-13 충격 압출 제조공정 중 앞 공정

4) 미술관 및 특수 금속 캔

앞에서 설명한 바와 같이 금속 캔의 주류를 이루며 대량생산 체제를 갖춘 3피스 캔과 2피스 캔에 비하여 다품종 소량 생산인 미술관과 기타 특수 용도의 금속 캔들은 아래와 같이 구분할 수 있다. 단, 드럼 관drum can은 제외한다.

(1) 미술관general can

미술관의 내용물은 페인트나 오일 등의 산업용에서 식품(김치, 과자류, 장류, 조미료 등), 약품에 이르기까지 매우 다양하여 잡관雜罐이라고도 한다. 캔의 형상은 원형과 각형이 있고 캔의 크기(용량)도 18 L에서 소형의 약품관까지 다양하며, 뚜껑의 형태와 밀봉 방법, 개관용 마개의 유무와 형상 등 다양하다.

(2) 에어로졸 캔aerosol can

에어로졸 캔은 용기에 분사제(액화가스나 압축가스)와 내용물(살충제, 향료, 연료, 소화기, 크림 등)을 밀봉한 뒤 분사제의 압력을 이용하여 내용물을 밸브에서 스프레이, 거품, 분말, 젤 형태로 분출시키도록 고안된 내압 관이다. 소재는 금속 캔도 있지만 플라스틱 또는 이의 혼합 소재가 있으며, 구성도 2피스, 3피스, 1피스mono bloc가 있다.

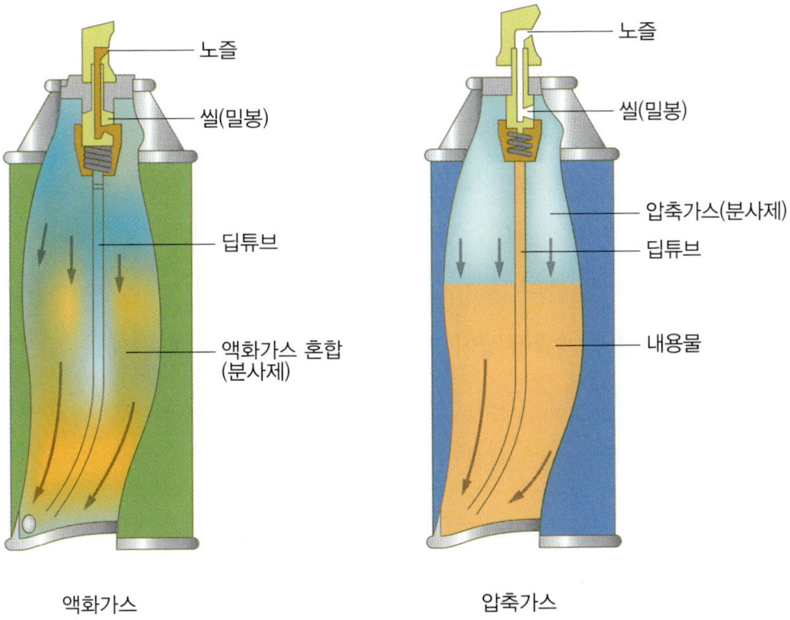

그림 4-14 액화가스와 압축가스용 에어로졸 캔의 기본 구조

(3) 기타 특수 용도 캔

그간 특수 기능을 가진 판촉 용도의 캔인 자가 발열self-heating과 자가 냉각self-cooling 캔 등이 출시된 바 있으나, 원가에 비하여 효용성이 떨어지므로 여기에서는 세부 내용은 생략하기로 한다.

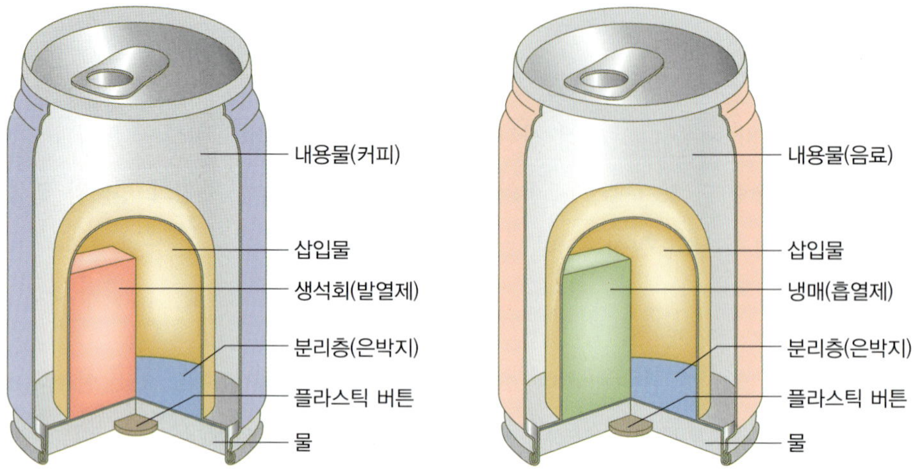

그림 4-15 자가 발열과 자가 냉각 캔의 기본 구조

자료 : The Canmaker, Sayers Publishing Group; CanTech, CanTech International

5) 캔 뚜껑Can End

금속 캔에 사용되는 뚜껑은 영문으로 'END'라고 하며, 캔의 동체와 같이 밀봉seaming하는 필수적인 구성 요소이다. 오랫동안 쉽게 뚜껑을 개봉할 수 없는 일반 뚜껑basic end을 사용해 오다가 쉽게 열 수 있는 뚜껑인 이지오픈엔드easy open end, EOE가 개발, 발전하면서 캔 동체와 더불어 크기, 형상, 개구 방법, 소재 및 용도에 따라 편리하고 원가를 절감하며 밀봉성과 재활용성이 뛰어난 성능을 장착하여 판매를 촉진시켜 왔다.

대표적인 용도인 식품용 캔 뚜껑의 기본 분류와 각 부 명칭 및 제조공정을 중심으로 간략하게 소개하기로 한다.

(1) 뚜껑의 유형별 종류

① 일반 뚜껑basic End

3피스 캔에 사용되는 뚜껑으로, 별도로 개구開口 장치가 없는 일반적인 형태이다.

② **이지오픈엔드**easy open end

뚜껑의 전면 또는 부분을 쉽게 열 수 있는 장치가 부착된 뚜껑으로, 종류는 아래와 같다.

- Partial Easy Open End(Al/St)
  - Ring Pull E.O.E.(Touch & Go/ Pull Tab)
  - Stay On Tab E.O.E.(Al. SOT/St. SOT)
  - Peel-off E.O.E.(Easy Feel End)
  - 기타 각종 기능성 뚜껑 : Re-sealable end, vented end, Design tab end 등
- Full Panel E.O.E.(One Touch)
- Aluminum Foil End

그림 4-16 **뚜껑의 종류**

기본 뚜껑(basic end)의 강도나 개관 기능 등을 보강하기 위하여 링(ring)이나 패널 등을 삽입하기도 함

(2) 기본 명칭 및 제조공정

EOE(S.O.T)를 중심으로 기본 명칭과 표준적인 제조공정을 알아보기로 한다.

① **기본 명칭**

뚜껑의 명칭은 국내는 물론 국제적으로도 자국의 명칭을 별도로 만들 수 있지만 대부분은 영문 명칭으로 통용되고 있다. 뚜껑 외부 형상의 명칭과 아울러 뚜껑 패널의 형상 및 치수별 규격은 뚜껑을 밀봉하는 이중권체double seaming를 관리하는 데 중요한 치수가 된다. 뚜껑의 기본 명칭을 그림 4-17에 나타내었다.

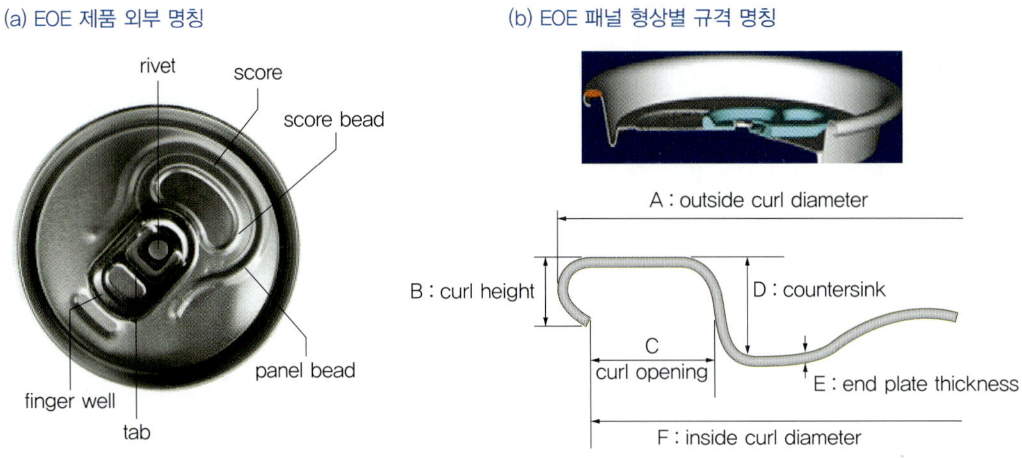

그림 4-17 EOE 각부의 명칭

② 제조공정

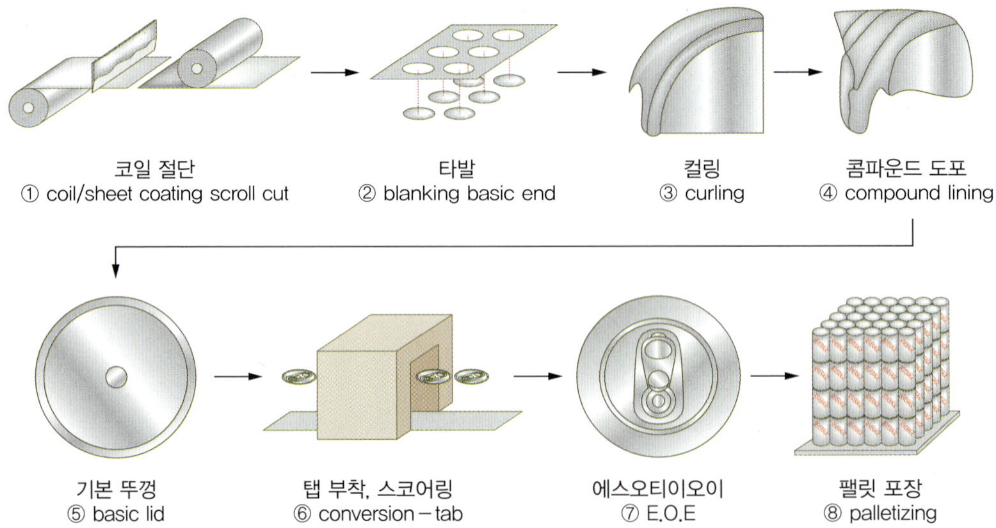

그림 4-18 EOE 제조공정

6. 금속 캔의 밀봉(이중권체)

금속 캔에 내용물을 담아 장기간 보존하기 위해서는 캔의 동체와 뚜껑 자체의 품질 적합성 못지않게 밀봉은 중요한 공정 중의 하나이므로 충분히 알아 두어야 한다. 여기에서는 이중권체二重卷締, double seaming의 목적과 기본 요건, 주요 명칭과 형성 공정에 대하여 설명하기로 한다.

1) 이중권체의 목적과 기본 요건

이중권체double seaming란 캔의 동체 끝 부위 플랜지flange에 뚜껑의 컬링curing 부위를 얹혀 놓고 이중으로 압착시켜 밀봉하여 기밀도氣密度를 유지하는 밀봉 방법이다. 이는 캔 외부로부터 미생물이나 기체 및 수분의 유출 또는 유입을 차단하여 내용물을 안전하게 보존하기 위한 것이다. 캔의 상용화 초기에는 동체에 뚜껑을 감아 압착하는 밀봉을 1회만 하여 밀봉 부위의 누설로 품질 사고가 많았으나, 2번 감는 이중밀봉 기술이 개발되면서 이중권체를 위생적인 캔sanitary can이라 부르게 되었다.

이중권체를 통한 품질의 안전성을 확보하기 위해서는 캔을 만드는 회사와 내용물을 충전하는 회사, 그리고 뚜껑에 도포하는 밀봉제인 캔 밀봉제sealing compound를 공급하는 회사 간에 사전 협의를 통해 캔과 뚜껑의 각종 치수 규격과 캔 밀봉제의 종류, 도포량과 도포 상태 및 캔 밀봉 치수 등의 제반 규격을 합의하고 규격에 적합하도록 관리해야 한다.

2) 이중권체의 주요 명칭

캔의 이중권체 부위에 대한 각부의 국제적 명칭을 그림 4-19에 나타내었다.

3) 이중권체의 형성 공정과 형상

이중권체는 캔의 동체에 뚜껑을 밀봉하는 기계인 시머기seamer에서 이루어지며, 그림 4-20에 나타낸 것과 같이 캔 밀봉의 3요소라 하는 캔을 붙들어 올려놓는 장치인 리프터lifter, 캔 위에 뚜껑을 올려놓고 고정시키는 척chuck, 캔 동체의 플랜지와 뚜껑을 접착시켜 말아서 밀봉하는 장치인 권체 롤seaming roll의 1, 2차 공정을 거쳐 이루어진다. 이 과정에서 밀봉된 이중권체의 각 치수 규격(국내외 통용)이 허용 치수의 범위 내에 작업이 되도록 정밀한 규격 관리가 이루어지지 않으면 누설 등의 불량이 발생하게 되므로 매우 중요한 공정 중의 하나이다.

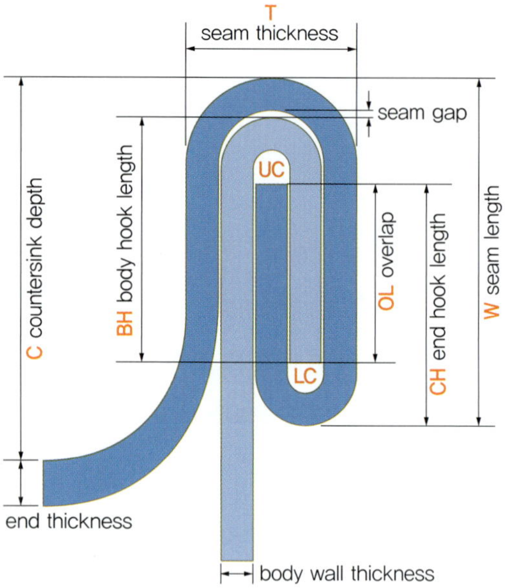

약호	명칭	해설
T	thickness	밀봉부 두께
W	width	밀봉부 폭
C	counter sink	뚜껑에 패인 홈의 깊이
BH	body hook	캔 동체 플랜지 연곡된 부분의 길이
CH	cover hook	캔 뚜껑 컬링부 연곡된 부분의 길이
UC	upper clearance	CH 끝쪽의 상부 밀봉 내부의 공극
LC	lower clearance	BH 끝쪽의 하부 밀봉 내부 공극
OL	overlap	hook의 중합된 길이
G	gap	밀봉 내부 공격부 두께의 총합
Fin.H	finish height	한쪽 뚜껑만 밀봉된 공관의 높이
Ca.H	can height	상하 양 뚜껑을 밀봉한 공관의 높이

주 : 1) T = 3 tc(뚜껑 소재의 두께) + 2 tb(동체 소재의 두께) + G(권체 내부의 판재 간의 틈새로 보통 0.15 mm로 사용)
2) W = 1.1 tc + BH + LC + 1.5 tc

그림 4-19 **이중권체의 부위 치수별 명칭**

이러한 규격치수는 밀봉 부위의 형상Pinch seam, Tight seam과 캔의 플랜지와 뚜껑의 컬링curing부 치수에 따라 결정되는 형상standard, midi, mini seam에 따라 심seam 부위의 두께와 길이가 정해지며, 캔 동체와 뚜껑의 소재, 두께, 내용물의 살균 특성(내압과 온도 등)과 기계 특성 등을 감안하여 설정하고 관리되어야 한다.

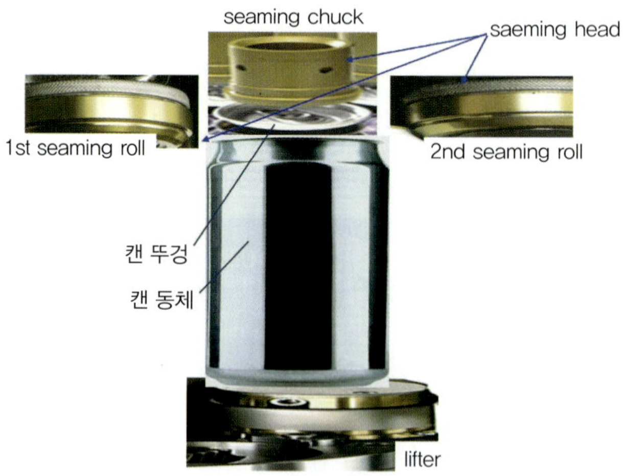

그림 4-20 **이중권체기의 핵심 부분 : 밀봉의 3요소**

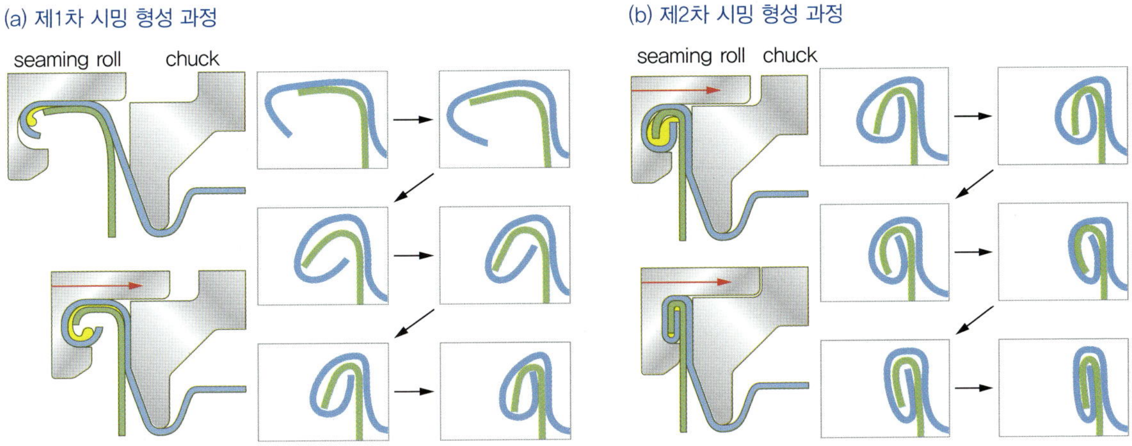

그림 4-21 이중권체의 형성 공정 예시

자료 : 박영호, 박무식. 1992. 통조림 제조학; 日本罐詰協會. 1996. 罐詰食品; Jean Larousse, Bruce E. Brown. 1997. FOOD CANNING TECCHNOLOGY; Evaluation of double seaming by W.R. Grace(현, Henkel)

7. 금속 캔의 품질 관리

캔 제품의 품질 불량은 캔의 소재와 캔 자체 및 내용물을 살균 가공하는 전 과정에서 발생할 수 있으므로 ISO22000(HACCP)과 같은 사전적 통합관리 체계가 필요하다. 그 방법과 절차도 대체로 규정화되어 있지만 책임 소재의 식별을 위해서는 품질 불량의 내용에 따라 정해진 과정의 조사와 분석이 따른다. 따라서 모든 책임의 주체인 캔 제조회사는 소재 공급회사와 캔을 사용하는 내용물 충전회사 간에 내용물의 성분과 가공(살균) 방법, 이에 적합한 캔의 종류와 소재 선택 및 정확한 사양을 토대로 품질 합격 허용기준과 검사 방법을 사전에 검토 및 합의해야 한다.

표 4-24 금속 캔용 원·부자재 수입검사의 주요 항목

품 명	검사 항목
금속 원자재	규격 치수(두께, 폭, 내경), 화학 조성, 기계적 물성(YS, TS, El) 도장 사양(coating, wax), 표면 처리(surface treatment) 외관검사(상처, 오염)
도료 및 밀봉제	도료 기본 사양, 점도, 고형분, 비중 외관검사(색상, 오염)
포장재	규격 치수, 건조도(종이나 목재 경우) 외관검사(색상, 오염)

표 4-25 2피스 캔 제조공정 및 제품검사

공정	검사 항목
Cupper	Cup dimension/Cup Lubrication 도포 상태/Cup Earing Burr, Scratch, Wrinkle
Body maker	Trimmed can dimension, Earing, Dome depth Can wall thickness, Scratch, Dome wrinkle, Damage, Dent etc.
Washer	pH, 농도, 온도, 전도도
Coater, Decorator	도포 상태와 금속 노출, 인쇄 견본 대조 검수, Bar code Rim, Chime, Bottom 도포 상태
Necker flanger	Dimension, Wrinkle, Crack flange
Visual tester	오염과 상처
Leak Tester	누설 테스트
Can test	Axial load, Buckle strength, Mobility test MEK, ERV test, 외관검사(상처, 오염) 및 기타 세부 검사

표 4-26 3피스 캔 제조공정 및 제품검사

공정	검사 항목
Slitter	Blank length, Blank height, 직각도, Burr Spot 치수, 외관검사(상처, 오염)
Welder	I/S 도료점도, O/S 도료점도, I/S 도포 상태, O/S 도포 상태 Ball test, Tear test, 취합, Plug dia, Weld monitor 감지도, 외관검사(상처, 오염)
Flanger	Flange width, Flange height
Seamer	Seam thickness, Seam width, Countersink depth, Cover hook, Body hook, Finished can height, Over-lap, Wrinkle
	Bar code
Air tester	Tester 감지 가부
포장	외관검사(상처, 오염)
Can test	캔 규격 치수, 내용적, ERV 외관검사(상처, 오염) 및 기타 세부 검사

표 4-27 EOE 제조공정 및 제품검사

공정	검사 항목
Shell press	Curl Dia, Countersink depth, Open flange length Panel bead height, Curl Height, Chuck fit 외관검사(상처, 오염)
Liner	캔 밀봉제 양, 도포 상태 외관검사(상처, 오염)
Video Camera	오염과 상처 검사
Conversion press	Countersink depth, End weight, Buckle Pop, Push(tear), Score residual 및 형상
Leak tester	Tester 감지 가부
End test	ERV, 유산동

여기에서는 국제적으로 통상 실시하는 캔 제조회사의 표준적인 품질 관리 항목을 제목 위주로 간단히 예시하여 표 4-24~표 4-27에 나타내었다.

8. 최근 기술 개발의 동향

금속 캔 기술 개발의 기본 방향은 다른 식품 패키징 용기와 같이 식품 용기로서의 기능(내용물의 보존성, 사용하기 편리성, 판매 촉진 등)을 보완하고, 원가 절감과 품질 향상(식품안전 포함) 및 자원 절감과 재활용(환경 친화 제품)의 제품 가치를 높이는 방향으로 구분할 수 있다. 기술 개발을 추진하기 위해서는 캔을 만드는 제관회사와 캔 소재 공급회사 그리고 캔을 사용하는 식품회사가 상호 필요성과 기대 효과를 공유하며 긴밀히 협력해야 가능한 사항이 많다.

최근에 분야별로 우선적으로 추진하고 있는 기술 개발 동향은 관점에 따라 상이할 수 있으나 정리하면 그림 4-22와 같이 나타낼 수 있다.

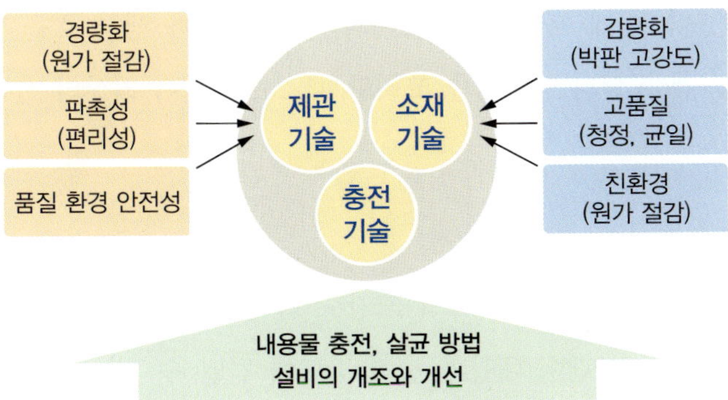

그림 4-22 최근의 기술 개발 동향

특히, 우리나라를 비롯한 선진국의 경제 여건은 수요의 정체와 수익성의 감소, 환경 안전에 대한 요구 증대로 원가 절감과 제품 용기의 차별화 전략 및 환경(위생) 친화적 기술 분야에 중점을 두고 있으며, 제관회사들은 이에 맞추어 경쟁력을 기르고 있다. 세부 내용 중에는 공개가 어려운 내용도 있으므로, 여기에서는 관심과 기대 효과가 큰 원가 절감을 위한 경량화와 판매 촉진을 위한 제품의 차별화 및 환경과 식품 안전에 대한 금속 캔 기술 개발을 간단히 요약해 보기로 한다.

1) 원가 절감을 위한 캔의 경량화

금속 캔의 경량화는 원가 절감 효과가 가장 크고 친환경적 자원 절감에도 기여하므로 글로벌 제관회사와 식품회사에서는 우선적으로 추진하고 있다. 그러나 이를 위해서는 캔을 만드는 제관설비와 내용물을 충전하고 밀봉하는 설비의 교체나 조절을 위한 투자를 해야 한다. 더불어 이에 적합한 소재를 공급하는 소재회사와도 사전 검토와 협력을 통하여 테스트와 분석 및 절감 이익을 공유하는 체계적 협력이 전제되어야 가능하다. 국내외에서 추진되고 있는 금속 캔 경량화 동향 중 중요한 내용만을 소개하면 다음과 같다.

(1) 캔 동체의 목 구경Necked-in diameter과 뚜껑의 소구경화

캔 동체의 목 부분 구경과 이 부위에 밀봉하는 뚜껑의 구경을 줄여서 원가를 절감하는 것으로 캔 동체의 구경이 211 구경diameter인 경우, 세계에서 가장 작게는 200 구경까지 상용화되었으나, 이에 따른 동체 소재의 두께 상승과 생산 효율 및 불량률, 기존 뚜껑의 활용도 및 캔 형상의 장단점을 고려할 때 202 구경이 최상의 선택으로 평가되고 있다.

(2) 캔의 동체와 뚜껑 소재 두께의 감소

캔과 뚜껑 두께의 감소는 소재회사의 고강도 박판(薄板, 두께가 얇은 판) 소재의 개발과 캔 제조회사의 경량화 캔이 내압과 충격 강도에 견딜 수 있는 형상 디자인profile 개발과 필요한 제조 공법의 변경, 내용물 충전하는 식품회사의 가공 조건과 설비부품 개조가 동시에 이루어져야 가능하다.

현재, 국내의 경량화 실태는 캔 동체는 2016년부터 211다이어 2피스 355 mL 캔을 시작으로 경량화 캔이 글로벌 선진 제관회사 수준으로 상용화되기 시작하였고, 202 구경의 2피스 캔 동체도 경량화를 추진 중이다.

뚜껑은 그간 주로 압력을 많이 받는 countersink(그림 4-17 참조)를 보강하는 방법 중심으로 추진하다가 한계에 이르자 chuck wall radius 형상을 변경하여 절단 치수cut-edge를 줄이는 식의 획기적인 디자인 개선을 한 차세대 뚜껑이 2000년대 초에 소개되었다. 국내에서도 외국 제휴 회사와의 협력하에 기술이 개발되어 유사한 디자인의 초경량화 뚜껑을 2004년부터 공급하고 있다.

한편, 스틸 캔은 3피스는 물론 2피스 DRD 캔과 DTR 캔도 고강도 박판을 사용하여 감량화를 추진하여 알루미늄 소재와 경쟁을 하고 있다. 이외의 경량화 기술은 여기에서는 생략하기로 한다.

(3) 3피스 캔을 2피스 캔으로 전환

현재, 우리나라에서는 거의 모든 3피스 음료용 캔이 비탄산음료인 경우에도 질소 가스를 충전하여 2피스 캔으로 전환되었다(가스 치환 방법). 그동안 음료 중 위생 안전상 다소 우려가 있었던 밀크커피도 엄격하고 정교한 관리로 2피스 캔으로 전환하여 유통되고 있다. 현재 주류와 음료 캔은 거의 대부분 2피스 캔으로 전환하여 사용하고 있다.

2) 제품의 차별화를 통한 판매 촉진 기술

제품의 판매 촉진을 위한 기술 개발은 크기의 다양화, 편리성과 안전성의 제고, 형상의 패션화 등으로 구분할 수 있는데, 이에 대한 시설 투자비와 교체를 위한 작업 손실이 따르므로 물량 확보와 투자의 경제성이 검토되어야 하나 추가 수요를 창출하는 측면과 페트병과 같은 대체 용기에 대한 경쟁력을 높이는 측면에서 소홀히 할 수도 없는 상황이다.

(1) 크기의 다양화

사이즈의 다양화 추세로 최근 용도에 따라 2피스 캔도 소형(160 mm 이하) 캔과 대형 캔(1 L)이 개발되어 출시되었다.

(2) 패션 디자인 캔

판매를 촉진하기 위하여 그동안 모양 또는 윤곽이 있는 캔shaped or contoured can, 엠보싱 또는 질감이 있는 인쇄embossing, textured printing, 온도 감지 기능 인쇄와 다양한 판촉 기능이 탑재된 제품이 고급화·차별화 전략을 내세우며 시판되었다. 그러나 다른 식품 패키징 용기에 비하여 금속 캔은 고속 대량생산이라는 강점을 가지고 있기 때문에 위와 같은 판촉용 캔이 투자비에 비하여 실질적인 수요 창출의 효과가 있었는지는 그 실용성과 더불어 좀 더 검증해 가며 추진해야 할 것이다.

(3) 보틀 캔

보틀 캔은 뚜껑 재밀봉성re-closeable의 장점을 가지며, 대체 용기인 페트병과 유리병에 대응하고자 개발되었다. 일반 캔에 비하여 원가는 비싸지만 사용하기 편리하고 고급스러워 프리미엄 제품이나 특수 개발 제품의 판매 촉진용으로 차별화하여 수요를 확대해 가고 있다.

3) 환경과 식품 안전에 대한 기술

캔 제품의 내용물이 주로 식품이므로 HACCP의 적용과 비분비계 장애물질(환경호르몬)에 대한 대책은 수요 고객과 소비단체의 요구 및 친환경에 대한 국민적, 국제적 정책 방향을 감안할 때에 중요한 과제가 아닐 수 없다. 그동안 대기오염과 인체의 유해성을 저감시키기 위하여 도료와 잉크, 밀봉제(실링 콤파운드)가 유성에서 수성으로 전환되고 있고, 비분비계 장애물질(환경호르몬)인 다이옥신에 영향을 줄 수 있는 비닐계 도료 역시 수성 에폭시계로 상당 부분 대체 개발되어 사용을 확대해 가고 있다. 논란의 주요 대상이 되어온 비스페놀 A는 실제 국제공인기관〔세계보건기구WHO, 미국식품의약청USFDA, 유럽식품안전청EFSA 등〕에서 현재까지도 위해성 판명을 확정하지 않고 있으며, 용출량도 우리나라를 비롯해 최근 기준이 엄격해진 유럽EFSA의 허용기준에도 훨씬 못 미치는 수준이다. 그럼에도 계속 논란의 대상이 되자 일부 국가나 주 정부에서 위해성과 관계없이 사용을 금지하고 있으므로 식품회사와 캔 제조회사에서는 도료의 공급회사와 협력하여 대체 도료를 개발하여 부분적으로 적용하고 있다.

대체 도료의 개발 방향은 에폭시계 도료 대신 아크릴, 폴리에스터에 이어 최근에는 비스페놀 A 유사 원료나 최종 공정에서 제거하는 변형 에폭시 신제품 들이 개발되고 있으며, 그동안 대체 도료들이 에폭시 도료보다 원가와 기능이 떨어졌던 부분을 보완하고 있다. 또한 유해 가능성이 있는 성분의 제품을 식품 용기에서 배제하는 chrome free, PVC free, formalin free 등의 친환경적인 제품의 개발이 이루어지고 있다.

9. 자원 절약과 재활용

1) 정부의 포장재 자원 절약과 재활용 정책

우리나라는 금속 캔 재활용은 1992년 「자원의 절약과 재활용촉진에 관한 법률」이 제정되어 지방자치단체를 통한 분리 수거를 체계화시키고, 1994년 사단법인 한국스틸캔재활용협회가 조직되고 이어 1996년 한국금속캔재활용협회로 통합되어 재활용사업을 수익사업으로 발전시킴에 따라 금속도로 재활용 실적이 선진국 수준에 이르렀다. 2003년부터는 생산자책임재활용제도Extended Producer Responsibility, EPR를 도입하여 제품 생산자나 포장재를 사용한 제품의 생산자에게 그 제품이나 포장재 폐기물에 대한 일정량의 재활용 의무를 부여함으로써 재활용률을 높이려 하였다. 그 후 포장재 산업별로, 재활용협회별로 목표 달성 여부에 따라 성과를 배분하였으나, 정부는 수익사업에 대한 문제 등으로 기존 6개의 재활용협회를 통합하여 2013년 12월 정부 주관의 공익법인 한국포장재재활용사업공제조합을 설립하였다. 재활용 의무 생산자로부터 재활용 분담금을 징수하고, 한국순환자원유통센터는 재활용 사업자에게 이를 실적에 따라 배분하며, 한국순환자원유통센터를 통해 통합 관리하고 있다.

현재 금속 캔의 재활용 의무율은 2018년 기준으로 스틸 캔 81.0%, 알루미늄 캔 79.7%(2021년까지 장기 목표는 스틸 캔 83.1%, 알루미늄 캔 81.6%)이며 약 80% 내외의 실적을 유지하고 있다.

2) 금속 캔의 자원 절약과 재활용 촉진 기술

자원 절약과 재활용 촉진 기술 역시 금속 캔을 만드는 제관회사와 소재 공급회사, 식품회사 간의 사전 협력이 이루어져야 가능하다. 캔의 중량을 줄여 원자재 사용량을 줄이는 경량화는 원가 절감은 물론, 자원을 절감하고 배출량도 줄일 수 있기 때문에 우선적으로 추진되어야 할 사항이다. 또한 캔 뚜껑의 탭tab이 뚜껑을 열면 떨어지지 않고 붙어 있는 부착형 탭 뚜껑stay on tab, SOT으로 교체하고, 동체와 뚜껑의 소재를 동일 소재로 사용하는 방향으로 점차 통일, 적용될 것으로 본다.

알루미늄이나 스틸을 공급하는 회사에서는 상호 대체재 간의 경쟁력을 기르기 위하여 소재의 박판(얇은 판)화와 고강도화를 추진해 왔으며, 소재 공급회사 단독 또는 재활용 처리 업체와 협력하여 에너지를 줄일 수 있고 배출가스 감소 측면에서도 훨씬 유리한 재활용 금속을 매입, 처리 과정을 거쳐 사용하고 있다. 이들은 알루미늄과 스틸을 분리하여 처리하는 설비에 대한 투자와 기술을 발전시켜 경제성을 높이고 있다. 현재, 우리나라는 알루미늄의 경우 소재 공급회사에서 규모와 시설 면에서 세계 최신의 재활용recycling 공장을 운영하고 있으며, 스틸은 이미 오래 전부터 재활용 공장을 운영하고 있다.

10. 맺는 말

금속 캔에 대한 연구는 내용물인 식품을 연구하는 식품공학, 캔의 소재인 금속공학, 식품과 금속 간의 반응을 차단하거나 보호하는 화학공학 등의 기초적 연구를 토대로, 식품 용기로서의 기능을 보강하고 경제적 부가가치를 향상시키며 환경과 식품 안전을 보증해야 하는 등 다양한 분야에 걸쳐 넓고 깊이 있는 연구가 필요한 학문의 하나다. 여기에서는 제한된 지면 관계로 금속 캔에 대한 기초 지식과 시장, 그리고 기술 개발 동향을 소개하는 수준으로 작성되었다.

금속 캔을 비롯한 식품 패키징은 가공식품의 중요한 구성 요소로 제품의 원가와 품질, 판매 촉진과 유통, 그리고 환경 보존에 직접 영향을 미치는 마지막 공정임을 감안하면 앞으로 이에 대한 보다 많은 연구와 교육 훈련으로 전문 역량을 갖춘 인재들이 양성되기를 기대한다. 또한, 앞으로 플라스틱을 포함한 경쟁 용기의 도전, 식품위생 안전성 강화, 소비 대중의 포장재에 대한 다양화와 편리성 요구 등이 더욱 커질 것으로 본다. 이에 대비하여 시대적 환경 여건과 식생활 패턴 변화에 대응하고 편리성과 다양성을 요구하는 소비자의 요구에 맞는 판매 촉진 기능 및 경량화 등을 추진, 이에 못지않게 중요시되는 식품 안전과 재활용을 통한 환경 친화적 제품에도 중점을 두어 국제 경쟁력을 높이는 한편, 대체 가능 용기와의 상대적 경쟁력도 키워야 할 것이다. 금속 용기산업은 최종 소비 제품이 아니기 때문에 수요 고객과 소재 회사와의 긴밀한 상생 협력을 통해서만 이루어진다.

참고 문헌

동부제철. 동양석판 및 POSCO 제품 사양서.

동양석판(현, TCC). 1996. **표면처리강판**. ㈜동양석판

박영호, 박무식. 1992. **통조림 제조학**. 형설출판사.

박영호. 1996. **식품포장학**. 수학사.

J. Larousse, B.E. Brown. 1997. *FOOD CANNING TECCHNOLOGY*. Wiley-VCH, Inc.

W.R. Grace. Evaluation and Controlling Double Seams by DAREX. Henkel

藤井哲雄. 2011. 金屬腐食. 日刊 工業新聞社

日本製罐協會. 2000. 罐詰用 金屬罐과 二重卷締 (改訂 II版).

日本罐詰協會. 1996. 罐詰食品. 日本罐詰協會.

日本包裝技術協會. 2016. 包装 …知っとく知識. 日本包裝技術協會

日本包裝技術協會. 1988. 食品包裝便覽. 日本包裝技術協會.

長谷川洋. 2002. 製罐用 外面塗料. 罐詰技術研究會.

芝岐勳, 橫山理雄. 1996. 食品包裝講座, (株)日報出版.

丸木 愼一朗. 2001. 製罐用 內面塗料. 罐詰技術研究會.

The Canmaker. Sayers Publishing Group.

CanTech. CanTech International.

한국 제관조합 통계 자료

American Society for Testing Materials(ASTM) 규격.

Beverage Can Makers Europe(BCME). 2017.

Can Makers Institute(CMI). 2017.

Can Makers Institute(CMI). 1986. CMI Voluntary Can Standard(캔 표준 규격).

CHAPTER 05

식품에 사용되는 유리 용기

Packaging of food in glass containers

PACKAGING OF FOOD IN GLASS CONTAINERS

1. 개요

유리의 역사는 기원전으로 거슬러 올라간다. 지중해 동쪽 끝에서 발견된 유리 구슬과 화살촉에서 이미 기원전 3000년경 청동기시대에 유리를 이용한 도구가 사용되고 있었음을 알 수 있다. 이집트와 메소포타미아의 유적에서도 유리 장식이 발견되었으나 유리가 식품을 담는 도구가 아니라 장식 등의 용도로 사용되었다. 이후 로마 시대에 블로스틱blow stick이 발명됨에 따라 유리 용기가 등장하기 시작하였다. 우리나라는 삼국시대에 이미 유리를 사용하였다. 4세기 말 신라의 유리잔(국보 193호) 등의 유물과 5~6세기 신라의 유적을 보면 유리 그릇과 용기, 잔 등을 사용하고 있었다.

중세에 유리는 액체를 담을 수 있는 가장 초기적 포장 중 하나가 되었다. 상업적인 유리병의 제조는 19세기 후반 미국에서 자동화 기기가 개발되면서 시작되어 현재에 이르고 있다. 유리는 '결정화되지 않은, 용융 상태에서 경질 상태로 냉각된 무기 재료'라고 정의한다(미국재료시험협회The American Society for Testing Materials, ASTM, 1965).

화학적으로 유리는 규산염, 석회 및 소다를 녹을 수 있는 온도까지 가열하여 융합된 혼합물을 냉각시켜서 제조한 것이다. 이렇게 만들어진 유리는 여러 가지 용도로 활용된다. 유리의 원자와 분자는 비정질의 무작위적 분포를 가지며 열역학적으로 액체 상태라고 할 수 있다. 이는 용융 상태에서 결정화되지 않고 모든 온도 범위에서 액체 형태의 구조를 유지한다는 것을 의미한다.

유리의 외관은 일반적으로 투명하지만 구성 성분을 변화시킴으로써 물성을 변화시킬 수 있다. 예컨대 색을 변화시킬 수 있으며, 열 팽창률 및 액체 형태의 구조, pH와 같은 중요한 특성을 변화시킬 수도 있다. 그리고 유리는 단단하고 부서지기 쉽다.

1) 유리 포장

유리 포장glass package 중 식품 패키징에 사용되는 유리는 두 가지 형태로 나눌 수 있다. 목이 좁은 병bottle과 개구부가 넓은 항아리jar이다. 유리 마개는 오늘날에는 일반적이지 않지만 고무 링과 함께 탄산음료와 맥주, 살균 처리된 병조림 등의 가압용 뚜껑으로 사용되어 왔다. 또한 표면을 거칠게 처리한 마개ground glass friction fitting stoppers가 사탕의 저장 용기 뚜껑 등으로 사용된다. 현재, 유리병은 주류와 음료를 중심으로 광범위한 식품에 적용되고 있다(그림 5-1).

그림 5-1 **유리병이 적용된 식품**

2) 식음료 분야의 유리 포장재 시장

유리를 포장에 사용하는 식품은 매우 다양하다. 유제품, 당장 식품(잼 및 마멀레이드), 스프레드, 시럽, 가공 과일, 채소, 생선 및 육류 제품, 겨자 및 조미료 등 다양한 종류의 식품에 사용되고 있다. 액체 식품에 주로 사용되는 유리병은 맥주, 와인, 주류, 리큐어, 청량 음료 및 미네랄 워터 등 광범위하게 사용된다. 즉, 유리 포장에 사용되는 식품은 건조 분말 및 과립에서 액체에 이르기까지 다양하며, 탄산음료와 살균이 필요한 식품에도 광범위하게 쓰이고 있다.

영국 내에서 사용되는 다양한 식품별 유리병의 사용 비율을 표 5-1에 나타내었다. 나열된 카테고리에서 1993~2002년 기간 동안 영국에서 제조된 유리 용기의 수는 약 28% 증가하였다. 표 5-1에서 우유병 수의 감소는 가정으로 배달되는 우유 공급의 감소와 플라스틱 용기 및 카턴팩으로 용기가 대체되어 나타난 현상이다(약 50%). 이와는 반대로 현저하게 확장된 분야로는 알코올 음료를 꼽을 수 있다(Crayton, 2002).

표 5-1 영국 시장에서 식품별 유리병 사용 비중

제품	%	소비 추세
맥주	30	1990년대 이후 꾸준히 증가
식품	24	완만한 감소세
증류주와 리큐어	18.5	일정한 수준으로 유지
알코올 음료	16	1990년대 말부터 급속히 증가
탄산음료	7.5	일정 수준으로 유지
우유	2	일정 수준으로 유지
와인	2	일정 수준으로 유지

자료 : Rockware Glass

3) 유리의 조성

'White flint'라 불리는 무색 유리는 소다, 석회 및 실리카(이산화규소)로 만들어진다. 이들의 구성비는 유리 색상의 기초를 형성한다. 전형적인 조성은 고순도 모래로부터 얻을 수 있는 실리카(SiO_2) 72%, 석회석에서 얻을 수 있는 석회lime(CaO) 12%, 소다회에서 얻을 수 있는 소다(Na_2O) 12%를 주원료로 하며, 여기에 알루미나(Al_2O_3), 마그네슘(MgO) 및 칼륨(K_2O)이 추가 사용된다. 재활용 유리cullet도 원료로 사용된다.

이와 같은 순수한 원료에 철이 더해지는 경우 산화철(Fe_2O_3)에 의해 옅은 녹색 유리가 생성된다. 더 푸른색을 원하는 경우에는 산화크롬(Cr_2O_3)을 첨가한다. 산화크롬과 산화철의 함량을 늘림으로써 더 짙은 녹색을 얻을 수 있다. 갈색은 대개 강하게 환원된 조건에서 산화철을 함유한 조성물을 녹여 얻을 수 있으며 탄소도 추가된다. 산화철의 함량에 따라 다양한 농도의 갈색을 얻을 수 있다. 호박색 유리는 자외선 차단 특성을 갖기 때문에 빛에 민감한 식품 보관에 적합하다. 청색 유리는 일반적으로 철분 함량이 낮은 유리에 코발트를 첨가하여 제조한다.

거의 모든 색상의 유리는 용광로 작업 또는 전처리에서 유리 착색으로 생산할 수 있다. 전처리 작업은 용광로 작업에 비하여 비용이 많이 드는 생산 방법이므로 프리미엄 제품에 이용된다. 유리병의 색상은 마케팅적 효과와 내용물 보존성의 유지가 목적이다. 갈색 병은 자외선 차단이 목적이고, 녹색과 파란색은 변색 방지 및 신선한 느낌을 부여한다. 유리병의 재활용을 위해서는 색상별 분리수거가 필요하다.

2. 식품 패키징으로서 유리 용기의 장단점

유리병은 깨지기 쉽고 무거우며 가격이 비싸다는 단점에도 불구하고 다음과 같은 장점이 있어서 많은 식품의 포장에 사용되고 있다.

(1) 고품질 이미지

유리로 포장된 제품은 품질이 좋다는 이미지를 갖는다. 참기름이나 들기름, 올리브유 등의 포장, 그리고 잼이나 수제 식품들에 유리 포장을 함으로써 제품에 프리미엄 이미지를 부여한다. Rockware Glass사의 의뢰로 The Design Engine이 실시한 소비자 인식에 관한 보고서 결과에 따르면 유리는 식품 패키징용으로 5가지 주요 이점이 있다고 한다(The Design Engine, 2001). 즉, ① 심미적 호소 효과, ② 고품질 이미지, ③ 맛에 대한 상승 효과(무취 및 인식적 선호), ④ 제품의 가시성, ⑤ 재밀봉성 등이다.

또한 유리병은 플라스틱 용기보다 무겁고 두껍기 때문에 동일한 용량의 식품을 담았을 경우 제품의 크기가 더 크게 보이는 장점도 있다. 이것은 소비자로 하여금 유리병에 담은 제품의 양이 더 많은 것처럼 느끼게 하거나, 진열된 제품의 높이가 플라스틱 용기로 담은 제품보다 더 크게 보이는 효과를 가지게 한다.

(2) 투명성

표면이 투명한 특성을 지니는 유리병의 경우 소비자가 포장을 개봉하지 않고도 내용물을 확인할 수 있다. 특히 내용물의 비주얼 자체가 구매 요소selling point가 되는 식품에 있어서는 매우 좋은 포장 재료이다.

(3) 표면 질감

대부분의 유리는 표면이 매끄러운 상태로 생산되지만, 표면 처리를 통해 질감을 부여할 수도 있다. 예를 들어 전체적으로 거친 표면의 얼음 같은 효과, 특정 표면 디자인(예를 들어 로고 디자인), 무광 느낌을 주는 질감의 표현 등이 모두 가능하다. 이러한 효과는 성형 단계에서뿐만 아니라 성형 후 산에 의한 에칭이나 인쇄로도 구현할 수 있다. 표면의 질감을 부여하는 후가공공정으로는 세라믹 인쇄, 파우더 코팅, 착색 및 일반 인쇄, 플라스틱 슬리브 및 다양한 라벨링 옵션을 포함한 여러 가지 기법이 포함된다.

(4) 디자인과 색상

원재료의 선택에 따라 다양한 색상과 채도를 구현할 수 있다. 또한 제품 및 브랜드 인지도를 높이기 위해 독특한 모양을 선택하기도 한다.

(5) 식품 보존성

식품의 품질에 영향을 미칠 수 있는 기체 및 액체에 대해 유리는 거의 완벽한 차단성을 가지고 있다. 산패하기 쉬운 식품들, 예를 들면 식용유나 유지 함량이 높은 식품, 케첩이나 소스 제품에 다양하게 사용되는 것은 물론이고 고압의 이산화탄소(CO_2)를 함유하고 있는 탄산음료나 맥주 등에도 보편적으로 사용되고 있다. 즉, 유리 용기는 제품의 품질이나 맛에 나쁜 영향을 미치지 않으면서 훌륭한 차단성으로 액체 및 고체 식품을 장시간 보관할 수 있다.

(6) 안전성

유리는 화학적 내성을 갖고 있어 강산성 식품 등에 적합하며, 식품의 성분이 포장재로 침투하지 않을 뿐만 아니라 포장재의 성분이 식품으로 이행되지도 않는다. 식품 성분과 화학적 반응을 일으키지 않으므로 안전하다. 유리는 물에 의해 쉽게 씻어낼 수 있는 등 세척 및 건조가 용이하다. 유리에 대한 이행실험 연구 결과 식품에 대한 적용 측면에서 완전한 불활성 물질이며, 건강 및 위생 측면에서도 식품 및 음료 포장 용기로는 최적의 물질임이 증명되었다.

(7) 내열성

유리는 식품 가공공정에서 요구되는 살균온도에서 열적으로 안정적이기 때문에 식품의 고온 충전 및 식품의 충전 후 포장된 상태에서 후살균(저온 살균 및 레토르트 살균)에 적합하다.

(8) 전자레인지 조리 적성

유리는 마이크로파가 투과하기 때문에 전자레인지 조리에 적합하며, 반복하여 전자레인지에 재가열하는 용도로도 적합하다. 다만, 전자레인지 조리 시에는 급격한 내압 상승에 의한 파손을 방지하기 위하여 가열하기 전 밀봉 상태를 해제해야 한다. 음식물이 외부로 튀는 것을 방지하기 위해서는 캡 대신 랩 등으로 느슨하게 덮어 두는 것이 적절하다.

(9) 유통 중 위변조 방지

유리는 강성을 가지고 있어 충격에 의해 파손된다. 따라서 주사기 등에 의한 고의적인 내용물의 변조가 불가능하다. 수축필름이나 위변조 방지 캡tamper evident cap을 사용하여 추가적인 안전성을 유지하기도 한다.

(10) 강도

유리는 깨지기 쉬운 단점이 있기는 하지만, 하중 강도가 높아서 포장 및 유통 과정에서 적재 하중을 충분히 견딜 수 있다. 따라서 팰릿의 적재량을 늘릴 수 있으며 취급하기도 쉽다. 다만, 자체의 하중이 비교적 무거운 편이기 때문에 중량 계수는 플라스틱에 비해 좋지 않아 물류 비용을 절감하려면 고려 대상이 되는 소재이다.

(11) 친환경성

환경적인 면에서 유리병의 가장 큰 장점은 반복 재사용re-use이 가능하다는 것이다. 유리병의 제조에는 많은 열에너지와 화석연료가 소모되지만 생산된 후에는 반복하여 재사용함으로써 이러한 환경 부하를 크게 줄일 수 있다.

3. 유리 및 유리 용기의 제조

1) 용융

유리는 약 1,350℃의 용광로에서 용융되며, 용융 과정에서 균질화되어 거품 없는 액체를 생성하게 된다. 용융된 유리는 온도 조절 채널forehearth을 통해 성형 기계로 흐르게 되고, 여기서 생산 기계에 맞는 온도로 맞춰져 공급기를 통해 이송된다. 식품 및 탄산음료에 적합한 일반 용기의 경우 보통 1,100℃ 정도의 온도로 맞추어진다.

2) 컨테이너 성형

공급기feeder에서 용융된 유리는 미리 정해진 속도로 알려진 직경의 오리피스orifice를 통해 압출되어 견고한 원통 모양으로 절단된다. 이 원통형의 유리 실린더를 고브gob라고 하는데, 생산되는 용기와 같은 무게로 만들어진다. 고브는 일련의 변류기를 통해 자유 낙하하여 성형 기계Individual Section Machine, IS machine로 들어가 패리슨parison의 형상으로 만들어진다. 패리슨은 neck finish를 포함하며 뒤집힌 상태로 만들어진다. 패리슨을 성형하는 방식에는 press 방식과 blow 방식이 있다.

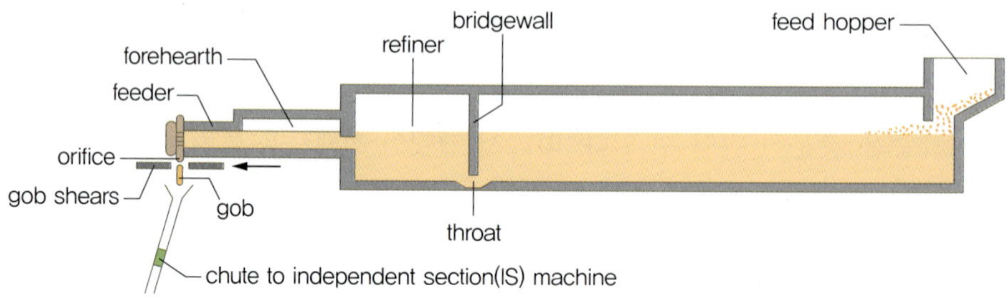

그림 5-2 **공급기(feeder) : 고브(gob)의 제조 과정**

이렇게 만들어진 패리슨은 뒤집어져 최종 금형 안에 놓여지고 blowing되어 약 650℃의 온도로 금형에서 배출된다. 패리슨을 만드는 방식이 두 가지이기 때문에 용기는 press & blow 또는 blow & blow 공정으로 나뉘게 된다(그림 5-3, 5-4).

Blow & blow 공정은 일반적으로 음료 병이나 맥주병과 같이 입구부가 좁은 유리병에 많이 사용된다. 녹은 유리gob를 조형에 넣고 압축공기를 불어넣어blow 패리슨을 만들고, 이를 다시 금형에 넣고 blow하여 유리병을 만드는 방식이다(그림 5-3). 완성된 용기는 꺼내어 오븐으로 옮긴 다음 성형 중에 생성된 응력을 제거하기 위해 재가열하여 조심스럽게 통제된 조건에서 냉각시킨다.

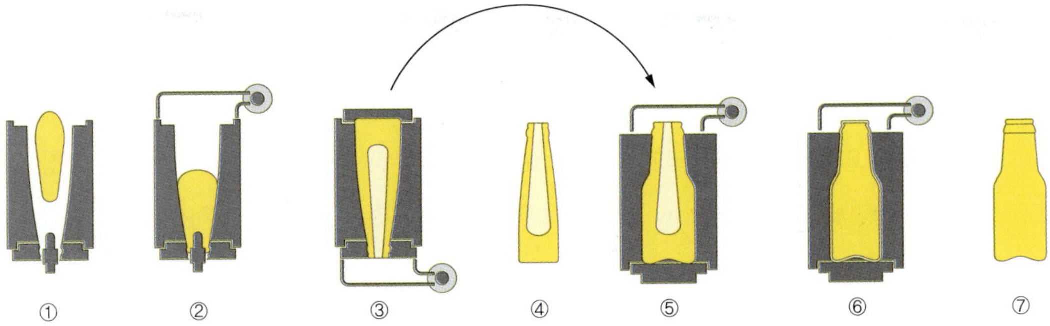

① Gob를 빈 금형에 떨어뜨림 → ② Neck을 성형 → ③ Blank 성형 →
④ 성형된 Blank → ⑤ 블로 금형으로 이송된 Blank → ⑥ Blow에 의한 병 성형 → ⑦ 완성된 병

그림 5-3 **유리병의 제조공정**(Blow & Blow mold process)

Press & Blow 방식은 녹은 유리gob를 조형에 넣어 press하여 패리슨을 만들고, 이를 다시 금형에 넣고 blow하여 유리병을 만드는 방식이다(그림 5-4). 완성된 용기를 꺼내어 오븐으로 옮긴 다음 성형 중에 생성된 응력을 제거하기 위해 재가열하여 조심스럽게 통제된 조건에서 냉각시킨다.

Blow & Blow 방식과의 차이점은 blank(parison)의 성형 단계로, blow에 의해 blank

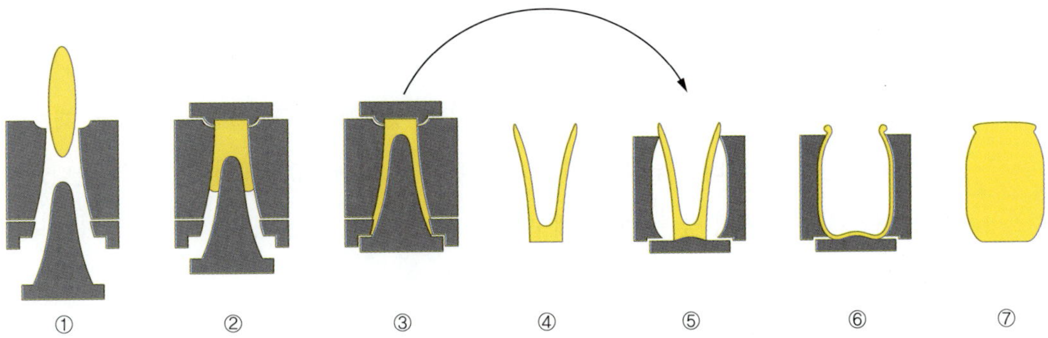

① Gob를 빈 금형에 떨어뜨림 → ② 플런지(plunge) press하여 gob를 틀에 주입 → ③ Blank 성형 →
④ 성형된 Blank → ⑤ 블로 금형으로 이송된 Blank → ⑥ Blow에 의한 병 성형 → ⑦ 완성된 단지(jar)

그림 5-4 **유리병의 제조공정**(Press & Blow mold process)

를 성형하는 것이 아니라 용융된 유리 덩어리gobs가 주형으로 전달되면 플런지에 의해 눌러져서 blank를 성형하는 원리이다. 두께가 균일하고 병의 입구부를 크게 하여도 치수가 안정적이기 때문에 잼, 스파게티 병 등 입구부가 넓은 단지jar형 용기에 사용된다.

Press & blow 방식은 보다 정밀한 치수의 구현이 가능하기 때문에 lug cap과 같은 캡을 사용할 수 있는 나사산을 병의 neck finish에 성형할 수 있다. 반면에 가벼운 병의 경우에는 narrow neck press & blow 공정을 거치게 된다. Press & blow 공정은 일반적으로 입구부의 크기가 지름 35 mm 이상인 항아리를 생산하는 데 가장 적합하다. 반면에 Blow & Blow공정은 입구부 크기가 지름 35 mm 이하인 병을 생산하는 데 더 적합하다.

3) 설계 매개변수

유리병의 기능 면을 관찰할 때 염두에 두어야 할 설계 매개변수 중 하나는 입구가 넓은 유리 용기는 경사각이 22도 이상이어야 하고, 일반 유리병의 경우도 16도 이상이어야 한다는 것이다. 이러한 설계 매개변수design parameters는 유리 용기나 병이 견딜 수 있는 최소한의 안정성 정도를 나타낸다.

4) 후가공 처리

만들어진 유리 용기의 표면 처리는 고온 및 저온의 두 단계로 처리할 수 있다.

(1) 핫 엔드 처리

핫 엔드 처리hot end treatment의 목적은 유리병이 성형되어 뜨거운 상태에서 표면 손상을 방지하고 용기의 강도를 유지하기 위한 것이다. 가장 일반적인 코팅 재료는 산화주석(SnO_2)이지만 티타늄 유도체도 사용된다. 500~600℃에서 스프레이한다. 이 처리는 유리병의 표면에 높은 마찰 계수를 갖게 하므로 이 문제를 극복하기 위해 윤활제가 추가된다(콜드 엔드 처리).

(2) 콜드 엔드 처리

두 번째 표면 처리는 용기가 식어 냉각되었을 때 이루어진다. 유리병을 냉각시키는 공정은 어닐링annealing이라 하며, 성형된 용기의 잔류 변형을 감소시키는 공정이다. 콜드

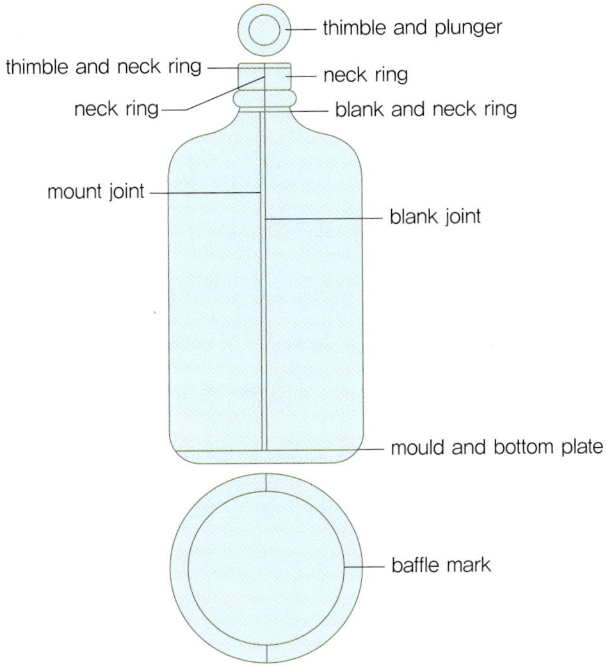

그림 5-5 **유리병의 각부 명칭**

엔드 처리cold end treatment의 목적은 압력이나 물의 영향을 받아 파괴되지 않도록 유리병 표면을 미끄럽게 하여 고속 충전 라인에서도 유리병이 잘 통과하도록 흐름을 돕는 것이다. 윤활제를 도포하는 것은 수성 스프레이 또는 증기에 의하여 이루어진다. 스프레이가 용기에 들어가는 것을 방지하기 위해 주의를 기울여야 하며, 가장 일반적으로 사용되는 윤활제는 폴리에스테르 왁스polyester waxes 또는 폴리에틸렌polyethylene의 유도체이다. 콜드 엔드 처리에 따른 표면 장력surface tension은 다인펜dyne pen을 사용하여 측정할 수 있다.

(3) 검사 및 품질 관리

다른 포장재와 마찬가지로 유리병도 소비자의 안전, 브랜드 소유자의 요구사항, 포장, 유통 및 판매 촉진의 효율성을 보장하기 위한 품질 보증이 필요하다. 품질 보증 요구사항은 설계 단계에서 유리 용기의 규격에 의해 정의되며, 제조의 일관성에 의해 유지될 수 있다. 반면 품질 관리는 온라인 검사, 시료 채취 및 시험 방법을 포함한 절차를 수행하여 규격과의 적합성을 평가하는 것이다.

검사 방법은 화학적, 물리적 그리고 시각적으로 정의될 수 있다. 원료와 완제품 검사에 사용되는 화학적 시험법으로는 분광광도법spectrophotometry, 불꽃광도법flame photometry 및 X선 형광X-ray fluorescence 등이 있다.

원재료의 비율과 순도의 미세한 변화는 가공 및 물리적 특성에 영향을 줄 수 있다. 물리적 시험에는 치수 공차 확인, 색상 테스트, 충격 강도, 열 충격 저항 및 내부 압력 강도시험이 포함된다. 시각적 테스트는 눈으로 볼 수 있는 결함을 확인한다(Sohani, 2002). 시각적으로 관찰할 수 있는 결함 목록은 상당히 길고 대부분 희귀하지만 제조 과정을 계획 절차에 따라 검사해야 한다. 이러한 결함의 범주는 다양한 유형의 균열, 유리 섬유 가닥, 공정 환경으로부터의 이물 및 공정에 사용되는 재료로부터의 오염, 성형 불량 및 다양한 종류의 표면 얼룩과 자국 등을 포함한다. 이러한 결함들의 예는 치명적인 예(소비자의 안전을 위협하거나 충전 및 포장 시 공정 불량을 야기하는 결함 등), 주요한 예(충전 및 포장 효율에 심각한 영향을 미치는 결함 등), 사소한 예(외관과 관련된 결함 등)로 구분하기도 한다.

제조 및 포장 라인에 대한 육안검사는 자동 모니터링 시스템에 의해 수행되고 있다. 불투명하거나 투명한 표면의 결함을 탐지하는 여러 대의 카메라를 사용하여 유리용기의 측벽검사에 시스템을 사용할 수 있다(Anon, 2002). 적외선 카메라는 성형 후 바로 유리병을 검사하는 데 사용할 수 있다(Dalstra & Kats, 2001). 포장 라인에서는 최대 60,000개/hr의 속도로 충전, 포장되는 맥주병의 이물을 검출할 수 있다(Anon, 2001). X선 시스템은 유리 용기에 포장된 제품의 자동검사에 사용된다. 이 시스템은 철, 스테인리스 금속, 유리 입자, 석재, 뼈 및 플라스틱 물질과 같은 이물질을 검출할 수 있으며, 100 m/min로 작동한다.

4. 금형

유리병의 금형mold은 Neck-ring mold와 Parison mold, Blow mold의 세 가지로 구성되어 있다. Neck-ring mold는 고브gob를 받아 입구부를 성형하는 금형의 역할도 하지만, Parison mold, Blow mold로 전달하는 역할도 한다. 마지막 성형 시까지 Neck-ring mold는 유리병과 밀착되어 움직인다. 즉, 고브를 받아 패리슨의 주입 부분을 만들고, 이것을 Blow mold까지 이송하는 역할을 한다. Neck-ring mold는 2개의 부분으로 구성된다.

Parison mold는 'blank mold'라고도 한다. Fully formed finish(lip)와 Partially formed body를 성형하여 패리슨의 형태를 만들어 주며, 성형 후 패리슨은 Blow mold로 이송된다. Parison mold는 2개 또는 3개의 부분으로 구성된다.

Blow mold는 패리슨이 유리병의 최종 형태로 성형되기 위한 주형(금형)이다. 보통 2개 또는 3개의 부분으로 이루어진다.

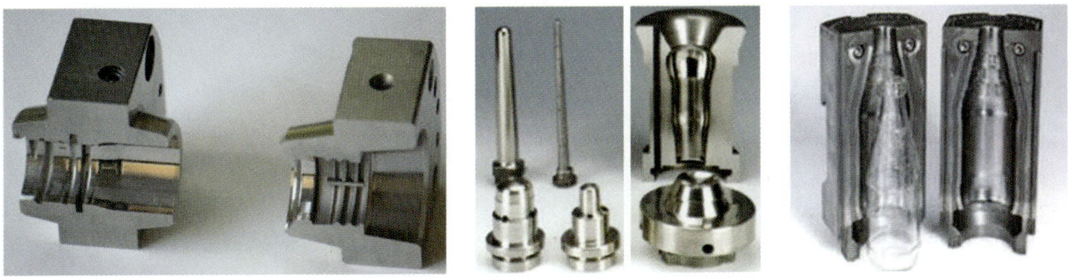

neck ring mold　　parison mold　　blow mold

그림 5-6 유리병 제조에 사용되는 금형의 예

유리병의 상업적 생산을 위한 기계화가 완전히 이루어진 것은 20세기에 들어서이다. 1860년 이전에는 Neck ring mold가 지금보다 더 긴 형태로 시작이 되었다. 따라서 당시의 유리병들은 블로 금형의 이음매mold seam가 유리병의 어깨에서 낮게 끝났다. 1860년에서 1880년 사이에 제작된 유리병은 금형의 이음매가 유리병의 목 부분에서 끝난다. 1880년에서 1905년 사이에 만들어진 유리병은 닫힌 금형closed mold이 적용되기 시작하였으며, 이때부터 closed mold를 사용하여 목과 입구를 기계적으로 성형하였다. 1905년 이후에 제작된 유리병들은 병의 입구 끝까지 금형의 이음매 자국이 있었으며, 이것은 주입구까지 기계적 생산이 이루어졌음을 의미한다. 골동품 애호가 대부분은 유리병에 새겨진 금형의 이음매 자국을 보고 유리병의 제작 연대를 추측한다(그림 5-7).

현대의 유리병 제조공정에서 금형은 총 7~8부분으로 구성되며, 이들의 조합은 다음과 같은 부위에 금형이 겹쳐지는 자국을 유리병에 남긴다.

- Neck Ring Parting Line : Neck ring과 Parison moldBlank mold가 만나는 부위.

그림 5-7 **제작 연도에 따른 금형 이음매(mold seam)의 차이**

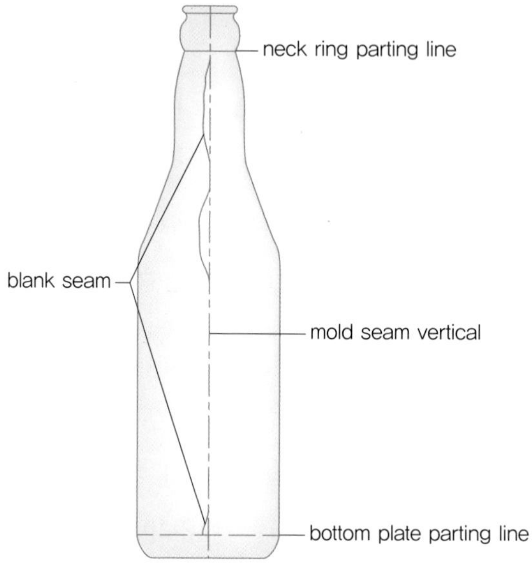

그림 5-8 **유리병에 남겨져 있는 금형 자국**

- Blank Seam : Parison moldBlank mold는 2부분으로 되어 있으며 이들이 만나는 부위.
- Mold Seam : Blow mold를 구성하는 각각의 부분이 만나는 부위.
- Bottom Plate Parting Line : Blow mold와 bottom plate가 만나는 부위.

이러한 자국을 최소화하기 위해서는 금형의 유지 보수를 철저히 하여야 한다.
유리 포장재의 주요한 특징은 플라스틱 용기보다 금형비가 적게 든다는 점(PET병과 비교했을 때 약 1/5 수준)이다. 캐비티cavity당 생산되는 용기의 수는 PET 병보다 적지만, 디자인의 수정이나 금형 개조에 필요한 비용과 시간이 적게 든다는 장점이 있다. 따라서 제품 디자인을 개선하기가 용이하다. 금형의 1캐비티당 생산되는 용기 수는 생산 속도나 디자인 형태, 엠보싱 등 세부 사항에 따라 다르지만, 일반적으로 복합 금형에서는 75만 개, 단순 원형 금형에서는 100만 개가 생산된다. 생산 세트당 20개 이상의 금형을 설치할 수 있다.

5. 마개의 선택

유리 포장 용기의 마개closure는 일반적으로 금속 또는 플라스틱이지만 와인이나 증류주에는 아직도 코르크가 널리 사용되고 있다. 유리병이나 유리 용기의 밀봉을 위해 꽉 끼는 마개tight fitting plug, 나사산 캡screw threaded cap, 금속 캡 등이 사용된다. 완전한 밀폐를 위하여 보통 유리에 필름 등의 차단성 재료를 열 접착하고, 보호를 위해 오버캡overcap을 씌우는 형태가 사용되는데, 우유병에 적용된 알루미늄 포일 캡은 가장 간단한 형태의 밀폐 방법 중 하나이다. 용기의 입구부는 '피니시finish'라고 하는데, 이것은 그림 5-9에서처럼 4군데 부위의 치수로 관리된다.

마개의 선정은 매우 중요하다. 너무 큰 마개는 내부의 가스 압력 또는 제품 가공 중 가열로 인해 생성되는 힘으로 인해 누출이 발생할 수 있다. 반대로 너무 작으면 충전 노즐이 유리병 입구에 끼는 등 문제가 발생할 수 있다.

사용 가능한 마개의 유형은 일반 씰normal seal, 진공 씰vacuum seal, 압력 씰pressure

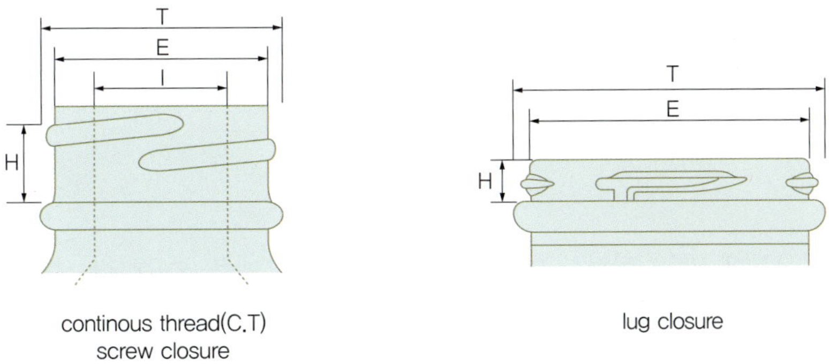

그림 5-9 Neck finish 부위의 4군데 치수 관리 부위

seal의 세 가지 주요 부류로 분류된다.

1) 일반 씰

진공이나 압력이 필요 없는 일반 포장에 사용되는 씰은 일반적으로 커피, 우유 분말, 분말 및 과립 제품, 우유 및 요구르트용 알루미늄 리드를 들 수 있다. 후살균공정이 필요 없는 땅콩 버터나 초콜릿 스프레드, 인스턴트 커피 같은 제품의 경우, 밀봉을 하고자 하는 유리 용기의 입구부를 전처리할 필요 없이 열 접착 또는 고주파 씰을 할 수 있다.

우유나 요구르트에 사용되는 알루미늄 포일 리드는 오랫동안 사용되어 왔으며 비용면에서 효과적이다.

2) 진공 씰

진공 씰은 부드러운 복합재 라이너liner가 있는 마개로 유리 입구부를 밀봉한다. 라이너는 부드럽고 탄성이 있는 소재로 만들어지며, 헤드 스페이스를 스팀으로 치환flushing함으로써 간단히 유리병 안쪽을 진공으로 만들 수 있다. 이렇게 헤드 스페이스를 진공으로 만든 유리병 식품은 저온 살균 및 레토르트 살균이 용이하며, 구부 직경은 보통 28~82 mm이다. 음료의 경우 구부 직경은 보통 28~40 mm 범위이다.

3) 압력 씰

압력 씰의 소재는 금속 또는 플라스틱 마개를 사용할 수 있으며, 복합 라이너로 밀봉할 수 있다. 다음과 같은 종류의 스크루 캡 또는 프레스 캡을 사용할 수 있다.

- preformed metal, e.g. crown or twist crown
- metal closures rolled-on to the thread of the glass
- roll-on pilfer proof (ROPP)

유리병 입구부에 맞는 적절한 마개를 선택하는 것은 매우 중요하다. 최종 선택을 하기 전에 마개와 유리 제조사 양쪽에 적합성에 대한 조언을 구해야 한다.

6. 마개의 종류

1) 크라운 캡

크라운 캡crown cap은 맥주나 음료 등에 전통적으로 많이 사용되어 왔던 뚜껑으로, 밀봉성이 우수하며 생산 속도가 빠르고 경제적이다. 다만, 개봉하기 위해 오프너opener가 필요하다는 불편함 때문에 최근 줄어드는 추세이다. 재질은 주로 TFStin free steel가 사용되며, 밀봉 재료로는 폴리에틸렌PE, 탄성중합체elastomer, 연질 PVC, 코르크 등이 사용된다.

2) 러그 캡

러그 캡lug cap은 완전 진공 상태 유지로 방부제 없이 내용물을 장기간 신선하게 보존할 수 있는 뚜껑으로, 어린이와 노약자도 쉽게 열 수 있을 만큼 편리하며 레토르트가 가능하다. 열수축필름을 병용하여 위변조 방지temper evidence 기능을 보완하고 있으며, 소재로는 주석도금강판과 TFS를, 밀봉 재료로는 연질 PVC를 사용한다.

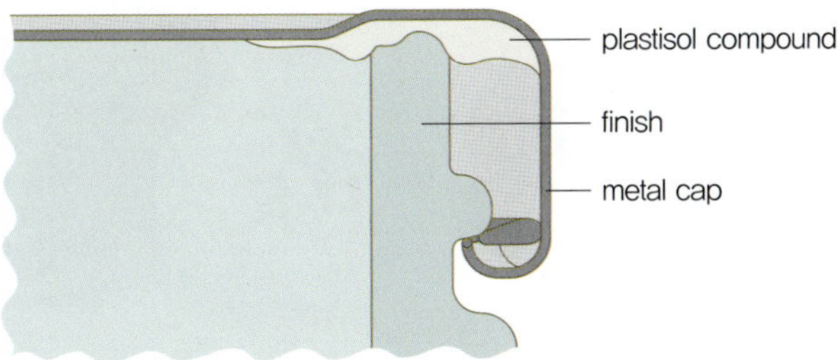

그림 5-10 **러그 캡의 단면**

자료 : Embarcadero Home Cannery (http://www.ehcan.com/

안쪽에 나사를 대신하는 복수(2~5)의 러그라고 부르는 돌기가 있어서 이것이 병의 나사를 맞추게 되어 있는 구조이며, 신축성이 있는 라이너가 밀봉을 부여한다. 약간의 회전(1/3, 1/4, 1/6 회전)으로 열고 닫을 수 있는 개폐 신속성이 있으며, 캡 윗면에 안전 버튼의 기능을 주어서 감압 상태에서 개봉할 때 소리를 내게 한다.

그림 5-11 **크라운 캡(왼쪽)과 러그 캡(오른쪽)**

3) ROPP 캡

ROPP 캡roll-on pilfer proof cap은 내용물의 교환 및 위조 방지 기능을 부여하기 위하여 만들어진 마개로, 알루미늄을 이용하여 비교적 간단하게 만들어지는 경량 스크루 캡이다. 부식의 위험이 없으며 소주, 위스키 등 유리병에 사용하며, 유리병 이외에 커피 등의 보틀 캔에도 사용한다(그림 5-12).

그림 5-12 **ROPP(roll-on pilfer proof) 뚜껑(왼쪽)과 TP(press on twist off) 뚜껑(오른쪽)**

4) TP 캡

TP 캡press on twist off cap은 레토르트(120℃ 이상 고온 살균) 및 내열 제품에 동시 적용할 수 있는 뚜껑으로, 밀봉성이 우수하며 완전진공 상태로 유지가 가능해 밀폐 여부를 확인할 수 있다. 커피, 두유, 이유식 등의 뚜껑에 사용되고 있다.

이외에 링플 캡ring-pull cap 등이 있으며, 유리병 뚜껑의 재질과 용도를 표 5-2에 나타내었다.

표 5-2 유리 용기에 사용하는 뚜껑의 종류

구분	소재	용도
크라운 캡(Crown cap)	Tin plate, TFS, Stainless steel	탄산음료, 맥주
러그 캡(Lug cap)	Tin plate, TFS	스파게티 소스, 잼
ROPP 캡(Roll On Pilfer Proof)	Aluminum	위스키·소주 등 주류, 캔커피 등
PT 캡(Press on Twist off)	Tin plate, TFS	두유, 커피, 이유식
링플 캡(Ring-pull cap)	Aluminum	주스, 음료, 맥주 등

5) 마개의 안전규격

유리병에 사용되는 러그 캡 등은 내면에 신축성이 있고 밀봉 역할을 하는 콤파운드가 사용되며, 프탈레이트phthalate계 가소제의 사용이 제한되어 있다. 「식품용 기구 및 용기·포장 공전」의 II. 공통기준 및 규격 1. 공통제조기준에서 "기구 및 용기·포장의 제조 시 디에틸헥실프탈레이트diethylhexyl phthalate, DEHP를 사용하여서는 아니 된다. 다만, 디에틸헥실프탈레이트가 용출되어 식품에 혼입될 우려가 없는 경우는 제외한다"라고 규정하고 있다. 또한 재질별 용출 규격 및 시험법도 규정되어 있다.

7. 유리 용기의 가공

1) 유리 용기 식품의 열처리

유리 용기는 통상적인 식품의 살균 온도에 안정하므로 고온 및 저온 충전 제품 모두에 대하여 열에 의한 살균 및 멸균 공정에 적합하다. 열처리 공정에서 유리병은 헤드스페이스 조건과 냉각 조건, 열 충격 기준을 준수하면 문제가 발생하지 않는다. 일반적으로 85℃로 충전되어 냉각된 고온 충전 제품은 5%의 최소 헤드 스페이스, 121℃에서 살균이 필요한 제품은 6%의 최소 헤드 스페이스가 적당하다. 예열과 냉각 시 유리 용기의 열 충격은 2배 이상 높다는 점에 유의해야 한다. 열 충격을 피하기 위해서 제품의 온도와 냉각수의 온도 차이는 40℃를 넘지 않는 것이 좋으며, 제품 온도와 열수 온도와의 차이는 65℃를 넘지 않아야 한다.

(1) 압력 저항

유리 용기의 압력 저항internal pressure resistance에 대한 요구 기준은 5 bar 정도이지만, 잘 설계된 용기의 경우는 실제 10 bar(150 in per square inch)의 내압을 견딜 수 있다. 높은 수준의 압력 저항은 유리병의 진공 상태를 유지하기에 충분하다.

(2) 재밀봉성

Preformed metal, roll-on metal 및 preformed plastic closure는 모두 유리 용기의 구부에 쉽게 적용할 수 있다. Prise-off crown closures는 재밀봉resealability이 어려우며, twist-off crown은 재밀봉이 가능하다.

2) 장식기법

유리 용기에는 다양한 장식기법decorating possibilities을 적용할 수 있다. 다양한 종류의 라벨, 세라믹 잉크를 이용한 실크스크린 인쇄, 수축 라벨, 산 부식acid etching, 유기 및 무기 안료 코팅 및 엠보싱과 같은 광범위한 장식기법의 적용이 가능하다. 유리병은 강도가 강하고, 열 등에 의해 변형이 일어나지 않으므로 이러한 장식기법을 자유롭게 적용할 수가 있다. 유리병에 사용되는 일반적인 장식기법은 다음과 같다.

(1) ACLApplied Ceramic Label printing

유리보다 낮은 온도에서 녹는 세라믹 분말과 안료를 혼합하여 유리병에 인쇄하는 방법으로, 강한 내구성을 갖는다.

(2) Hot Stamping

전사지를 이용하여 열에 의한 전사를 하는 방법으로, 보다 미려한 인쇄가 가능하다.

(3) Pad printing

Pad에 의한 간접 인쇄 방법으로, 유리병의 형상이 평평하거나 실린더 형태가 아닌 곡면일 때에 유리한 인쇄 방법이다.

3) 파손 방지 설계

이상적인 유리의 강도는 매우 높지만, 실제로는 취급 과정 또는 포장 라인에서 발생하는 충격으로 미세 균열과 같은 표면 결함이 발생하여 강도가 훨씬 낮아진다. 따라서 유리 용기의 제조 및 사용 시 다음과 같은 분야에 관심이 집중되어 왔다.

- 미세 결함을 줄이기 위해 표면의 개선
- 유리병 제조 시 표면의 코팅 개선
- 제조 및 사용 중 스트레스로부터의 보호

포장 라인의 성능 개선, 모든 파손의 검출 및 고속 비디오 촬영 기술의 적용 등으로 이러한 결함을 줄여 나가고 있다. 파손된 병의 원인 분석을 통하여 파손이 제조공정 중 어떤 단위 공정에서 발생하였는지, 또는 식품회사의 어떤 공정 중에서 발생하였는지 밝혀 내어 동일한 충격이 유리병에 가해지지 않도록 개선할 수 있다.

유리 용기의 강도는 모양과 두께에 따라 다르다. 설계된 디자인과 강도와의 관계를 컴퓨터 모델링을 통해 다음의 예와 같이 분석하여 재설계에 반영할 수 있다.

- 제안된 디자인에서 취약 부분을 찾아냄.
- 디자인 수정을 통한 강도의 보완 효과 계산.
- 두께를 줄여 경량화하였을 때 강도에 미치는 효과를 모의실험.

컴퓨터를 통한 시뮬레이션은 다음과 같은 특정 시험 결과와 조합하여 검증하게 된다.

- 수직 분쇄 테스트 : 적재 및 스태킹stacking 관련.
- 내압 테스트 : 탄산음료와 같이 내부 압력이 강한 경우.
- 열충격 테스트 : 고온 충전, 저온 살균 및 멸균 관련.

열 충격은 열 전달과 밀접한 관련이 있으며, 유리는 우수한 절연체이므로 뜨거운 액체가 채워지면 벽을 가로질러 열이 천천히 진행된다. 열에 의한 치수 변화는 유리의 경우에는 거의 없다. 이러한 성질들은 유리에 포함된 미량 성분의 영향을 받는다. 파이렉스Pyrex는 표준 백색 플린트 소다 유리에 비해 열팽창이 훨씬 낮은 유리이다. 파이렉스는 소다 중 일부를 산화붕소로 대체하고 실리카의 비율을 증가시킴으로써 만들어진다. 용기 벽의 두께를 균일하게 분포시키는 것이 적절한 강도를 유지하면서 무게를 성공적으로 줄이는 가장 효과적인 방법으로 알려져 있다.

8. 유리병과 환경

1) 재사용

최근 주목 받고 있는 유리 용기의 장점은 재사용re-use이다. 우리나라에서 재사용되는 유리 용기는 음료와 소주, 맥주병 등에서 찾을 수 있다. 과거에는 우유병도 재사용하였으나 종이팩으로 대체되었다. 하지만 최근 환경 이슈의 대두로 유리병의 재사용이 다시 주목받고 있다. 유리병은 종류별로 분리 수거되어 회수 → 이물질 선별 → 재사용 선별 → 세척 과정을 거쳐 재사용된다. 유리병은 오랜 시간 동안 사용하여도 녹이 슬거나 마모가 적으므로 재사용에 적합한 포장이다.

유리병의 재사용 및 재활용을 촉진하기 위하여 정부에서는 '빈용기보증금제도'를 시행하고 있다. 빈용기보증금제도는 사용된 유리병의 회수 및 재사용 촉진을 위하여 출고 가격과 별도의 금액(빈 용기 보증금)을 제품의 가격에 포함시켜 판매한 뒤 용기를 반환하는 사람에게 보증금을 돌려 주는 제도이다. 빈 용기 보증금 대상 품목은 재사용이 가능한 유리병으로 청량음료, 주류 용기 등이다. 빈 용기 보증금 시행 여부는 생산자가 스스로 결정할 수 있으며, 빈 용기 보증금을 시행하지 않을 경우에는 생산자 책임 재활용제도에 따라 재활용 의무를 이행하여야 한다.

표 5-3 규격별 유리병의 빈 용기 보증금 및 취급 수수료 (2018 현재 기준)

규격	빈 용기 보증 금액	취급 수수료
190 mL 미만	70원/개	30원
190 mL 이상~400 mL 미만	100원/개	
400 mL 이상~1,000 mL 미만	130원/개	33원
1,000 mL 이상	350원/개	

*빈 용기 보증금 포함 제품의 재활용률이 80%에 미달할 경우 재활용 부과금이 부과됨

2018년 기준, 소주병의 경우 신병 제조원가는 개당 약 145원인 반면 소주병을 재사용할 경우 소요 비용은 취급 수수료가 30원, 공병 세척비가 33원이므로 총 63원이 소요된다. 따라서 새로운 소주병을 만들 때보다 소주병을 재사용하게 되면 병당 82원이 절감된다.

2) 재활용

유리는 플라스틱이나 종이와 같은 고분자물질과 달리 오랜 시간이 흘러도 그 분자 구조에 변화가 없으므로 용융시켜 다시 재활용recycle하기에 적합한 물질이다. 또한 용융에 의해 재활용될 때 모든 품질 특성을 유지하는 유일한 포장재이다. 따라서 신규 원료 대신 재활용 유리cullet를 사용하여 새로운 유리병을 제조할 수 있다. 유리를 새로 만드는 것보다 재활용 유리를 원료로 사용하는 것이 유리한 이유는, 원료 채석장에서 그리고 원료의 운송 시, 원료를 녹여 유리를 제조할 때에 재활용 원료를 사용하는 것보다 더 많은 에너지를 필요로 하고 더 많은 온실가스를 배출하기 때문이다.

유리병의 재활용은 유리병의 분리수거에서 시작된다. 재활용 공정 단계는 유리병의 회수 → 이물질 선별 → 색상 선별 → 분쇄 가공(재생 원료의 제작) → 신병 제작의 순서로 진행된다. 유리병은 다시 유리병으로 재활용하기도 하지만, 글라스 비드나 글라스 타일, 유리 블록 등으로도 재활용된다.

유리병의 재활용을 용이하게 하기 위해서는 되도록이면 투명한 유리병을 사용하고, 만약 색상을 넣더라도 현재 많이 사용하고 있는 녹색이나 갈색을 선택하는 것이 바람직하다. 유리병은 분쇄하여 용융하더라도 같은 색상으로만 재활용되기 때문이다.

유리병 색상별 분리 배출 국가는 현재 OECD 국가들 기준 80% 이상이며, 그림 5-13에서와 같이 색상별 분리 배출을 하는 국가가 혼합 배출을 하는 국가보다 재활용률이

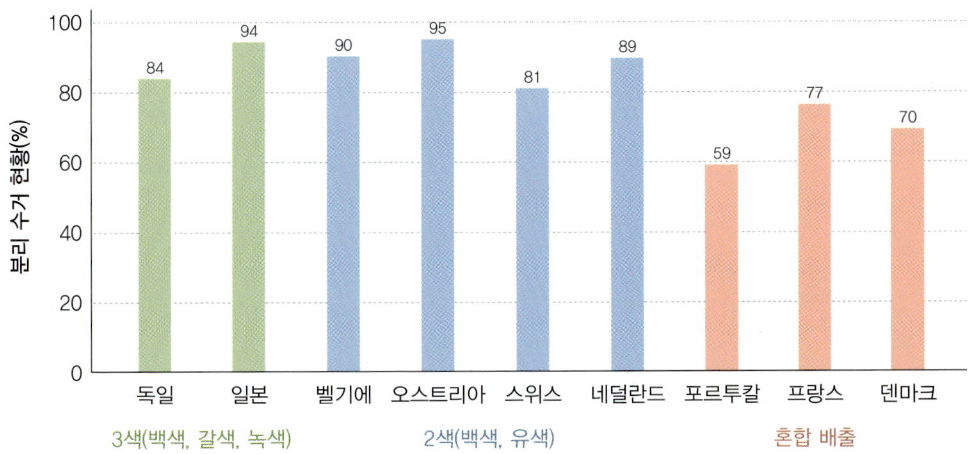

그림 5-13 국가별 유리병 색상별 분리수거 현황과 재활용률

자료 : (사)한국포장재재활용사업공제조합. 2017

높다. 이러한 이유로 우리나라도 재활용율을 높이기 위해서 색상별 분리 배출을 추진 중이다.

3) 경량화

유리병의 무게를 줄이면서 강도를 동일하게 유지하는 것은 유리병 제조업자들의 영원한 과제이자 목표일 것이다. 유리병의 무게를 줄이면 원료비의 감소뿐만 아니라 가벼워서 취급이 용이하고, 제품 충전 후에도 물류비를 절감할 수 있는 등 많은 장점이 있기 때문이다.

미국의 한 유리 회사에서는 1992년부터 2002년까지 유리 용기의 평균중량을 40~50 % 감소시켰다고 한다. 일본에서는 유리병에 중합체polymer를 코팅하여 유리병의 무게를 혁신적으로 줄이면서도 강도를 유지하는 기술이 상업화된 사례가 있다. 코팅된 중합체는 재사용을 위해 충분한 내마모성을 갖는 중합체가 사용되며, 재활용 시에는 용융로에서 소각되어 분리된다.

1. 유리의 주원료를 답하시오.

2. 옅은 녹색의 유리병을 만들기 위하여 첨가하는 부원료를 답하시오.

3. 맥주병과 같이 입구부가 작은 병을 만들 때 적용하는 공정을 답하시오.

4. 두께가 균일하고 병의 입구부를 크게 하여도 치수가 안정적이기 때문에 잼, 스파게티 병 등 입구부가 넓은 단지(jar)형 용기에 사용하는 공정을 답하시오.

5. 콜드 엔드 처리(cold end treatment)의 목적을 설명하시오.

6. 유리병의 금형은 크게 세 가지로 구성되는데 이 세 파트를 답하시오.

7. 맥주나 음료 등에 전통적으로 많이 사용되어 왔던 뚜껑으로, 밀봉성이 우수하고 생산 속도가 빠르며 경제적인 뚜껑을 답하시오.

8. 완전 진공 상태 유지로 방부제 없이 내용물을 장기간 신선하게 보존 가능하게 할 목적으로 유리병에 사용하는 뚜껑으로, 어린이와 노약자도 쉽게 열 수 있을 만큼 편리하며 레토르트가 가능한 뚜껑을 답하시오.

연습 문제 / 풀이와 정답

1. 실리카(SiO_2) 72 %, 석회(lime, CaO) 12 %, 소다(Na_2O) 12%를 주원료로 한다.
2. 산화철(Fe_2O_3)
3. Blow & blow 공정
4. Press & blow 공정
5. 압력이나 물의 영향을 받아 파괴되지 않도록 유리병 표면을 미끄럽게 하여 고속 충전 라인에서도 유리병이 잘 통과하도록 흐름을 돕는 것이다.
6. Neck-ring mold, Parison mold, Blow mold
7. 크라운 캡(crown cap)
8. 러그 캡(lug cap)

참고 문헌

(사)한국포장재재활용사업공제조합. 2017. **2016 포장재 자원순환 연차보고서.**

American Society for Testing Materials. 1965. *Standard Definition of Terms Relating to Glass Products.* ASTM.

Anon. 2002. *Packaging Today, Heineken and GEI launch bottle inspection system*, 23(9), p. 18.

Anon. 2002. *Packaging Innovation, Inspecting for bottle defects*, 6(11), p. 6.

G.W. Morey. 1984. *The properties of glass*, 2nd ed. Reinhold Publishing Corp., New York.

J. Dalstra, H. Kats. 2001. *Glass International, Relocation inspection tasks to the hot end*, 24(6), pp. 35-37.

P.J. Girling. 2003. *Packaging of food in glass containers*, Blackwell Publishing Ltd.

The Design Engine. 2001. *Qualitative Research Report.*

Ardagh Group, https://www.ardaghgroup.com/

C. Crayton. 2002. Packaging magazine; www.dotpackaging.com/features/glass/

H. Ayshford. 2002. Packaging magazine; www.dotpackaging.com/features/glass/

CHAPTER 06

고분자 재료

Polymer material

POLYMER MATERIAL

1. 식품 포장재로서 고분자 재료

식품 포장재로 고분자뿐만 아니라 종이, 유리, 금속, 목재, 도자기 등 다양한 재질이 사용되고 있다. 고분자를 사용한 식품 포장재는 종이나 금속에 비해 내구성이 있고, 유리, 금속, 도자기에 비해 가벼우며 봉지, 필름, 트레이, 병 등 다양한 형태로 제조할 수 있어 다른 재질에 비해 광범위하게 사용되고 있다.

2. 고분자 제조 방법 및 형태

1) 고분자 제조 방법

고분자의 제조 방법은 첨가중합polyaddition과 축합중합polycondensation으로 구분한다. 첨가중합은 2중 결합 등과 같이 불포화 결합을 갖는 단량체monomer가 그 불포화 결합의 방향에 따라 반응하거나 고리ring가 열리면서 차례로 반응해서 고분자가 생성되는 반응이다. 불포화 결합이 열리면서 만들어지는 대표적인 첨가중합 고분자(표 6-1)와, 고리가 열리면서 만들어지는 대표적인 첨가중합 고분자(표 6-2)를 표로 나타내었다.

표 6-1 단량체의 불포화 결합 방향에 따라 만들어지는 대표적인 첨가중합

단량체		고분자	
에틸렌(Ethylene)	$CH_2=CH_2$	폴리에틸렌(Polyethylene, PE)	$-[CH_2-CH_2]_n-$
프로필렌(Propylene)	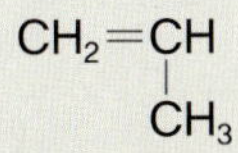	폴리프로필렌(Polypropylene, PP)	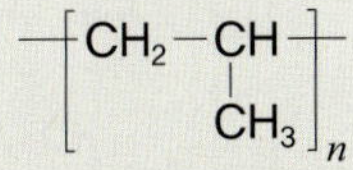
스티렌(Styrene)	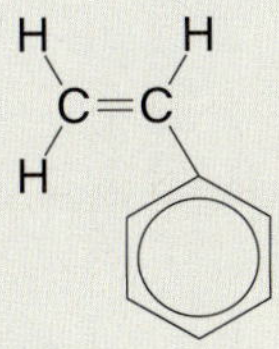	폴리스티렌(Polystyrene, PS)	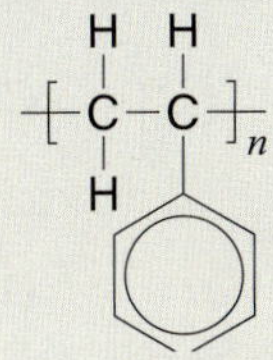
메틸메타크릴레이트 (Methyl methacrylate)	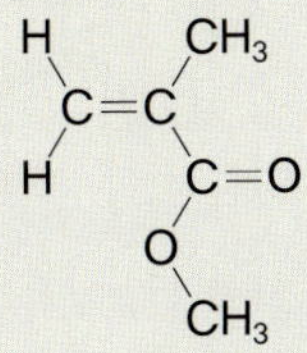	폴리메틸메타크릴레이트 (Polymethyl methacrylate, PMMA)	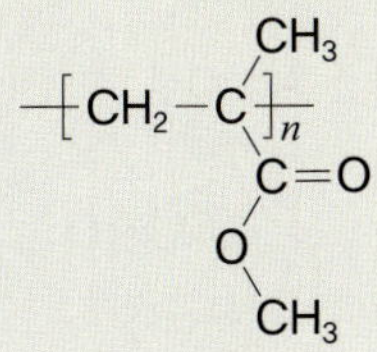
1-부텐(1-Butene)	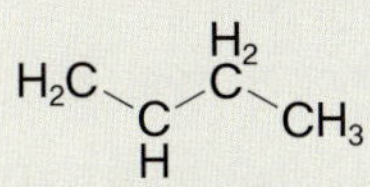	폴리부텐-1(Polybutene-1)	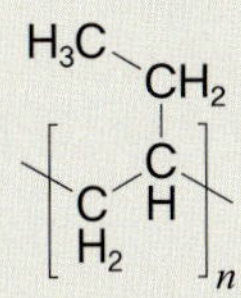
테트라플루우오로에틸렌 (Tetrafluoroethylene)	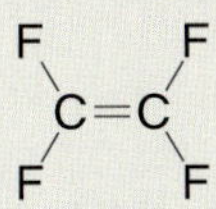	폴리테트라플루우오로에틸렌 (Polytetrafluoroethylene, PTFE)	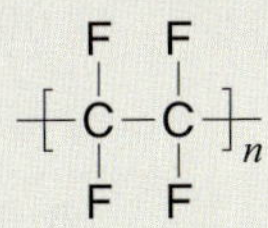

표 6-2 고리가 열리면서 만들어지는 대표적인 첨가중합 고분자

단량체	고분자
ε-카프로락탐(ε-Caprolactam)	폴리아미드 6(Polyamide 6, Nylon 6, PA 6)
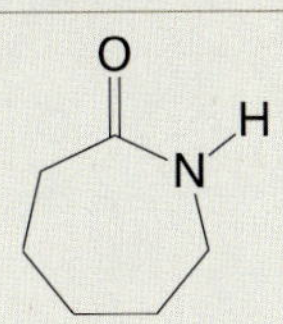	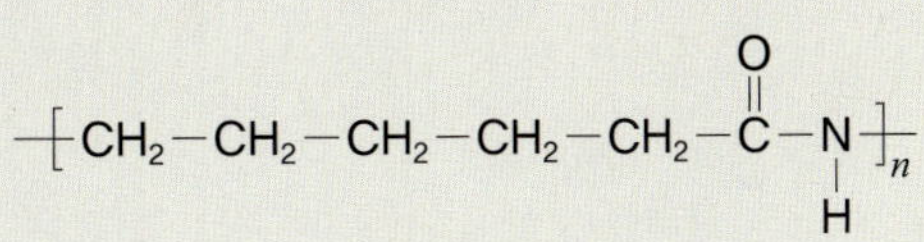

(계속)

단량체	고분자
에피클로로히드린(Epichlorohydrin)과 비스페놀 A(Bisphenol A)	에폭시 수지(Epoxy resin)
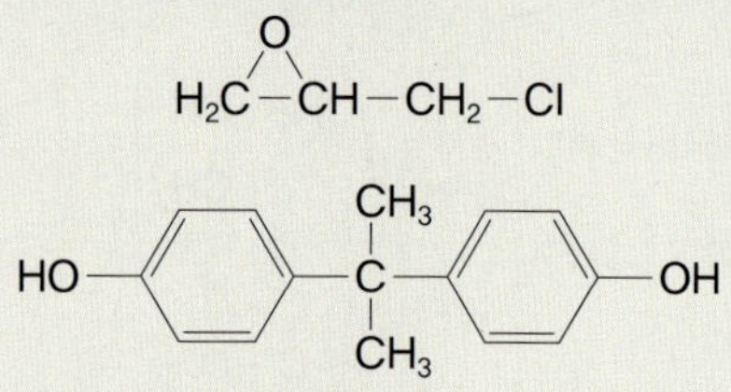	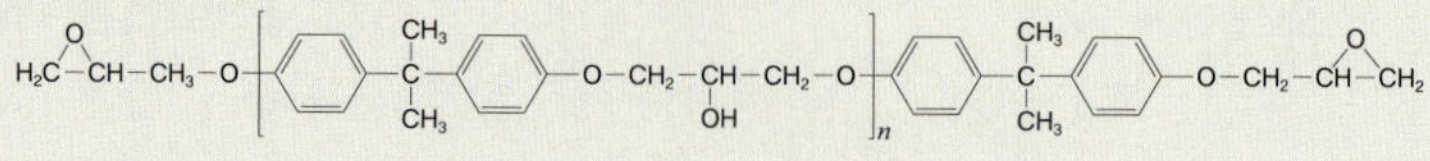
락티드(Lactide)	폴리락틱산(polylactic acid, polylactide, PLA)
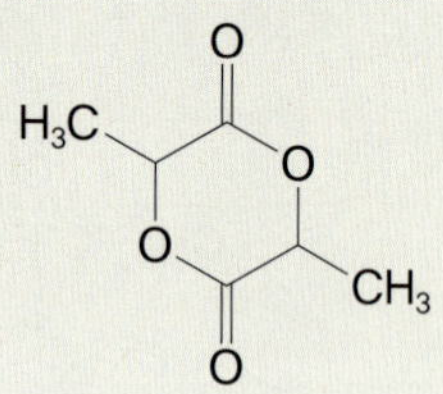	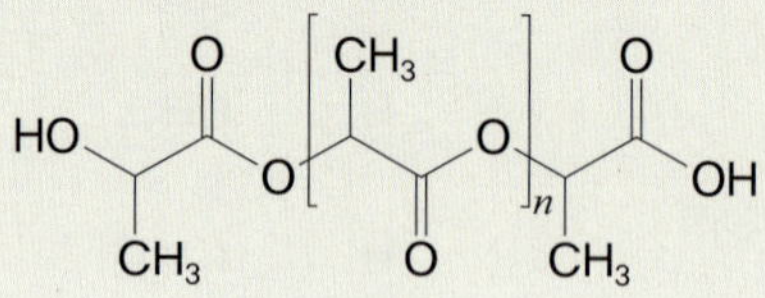

축합중합 고분자는 다작용 기Multi-functional group를 가진 화합물로부터 생성되는데, 일반적으로 반응 과정 중에 물이나 암모니아와 같은 저분자 물질이 부산물로 나온다. 이 반응은 단계적으로 일어나는 특징이 있다.

표 6-3 다작용 기를 가진 화합물로부터 만들어지는 대표적인 축합중합 고분자

단량체	고분자
비스페놀 A(Bisphenol A) + 포스겐(Phosgene) 또는 디페닐카보네이트(Diphenyl carbonate)	폴리카보네이트(Polycarbonate, PC)
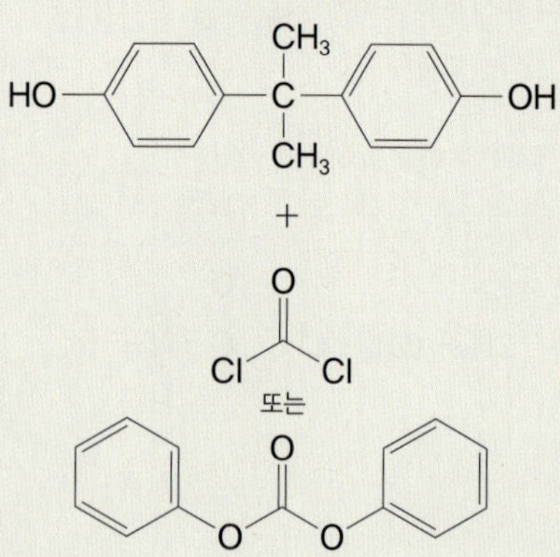	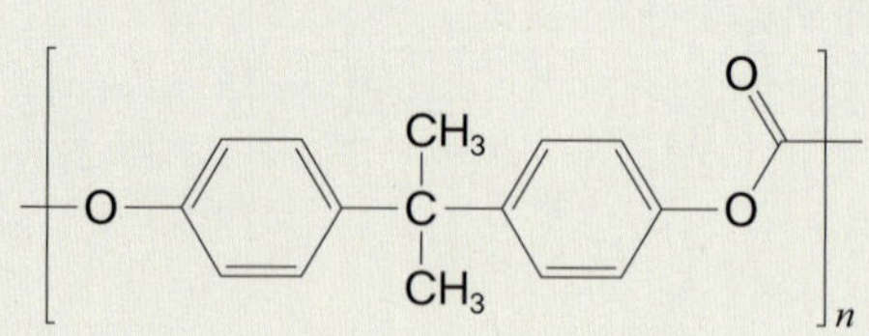

(계속)

단량체	고분자
테레프탈산(Terephthalic acid) 또는 디메틸테레프탈레이트(Dimethyl terephthalic acid) + 에틸렌글리콜(Ethyleneglycol)	폴리에틸렌테레프탈레이트(Polyethylene terephthalate, PET)
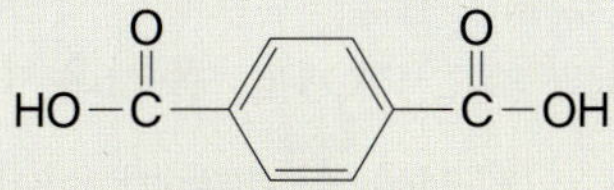 또는 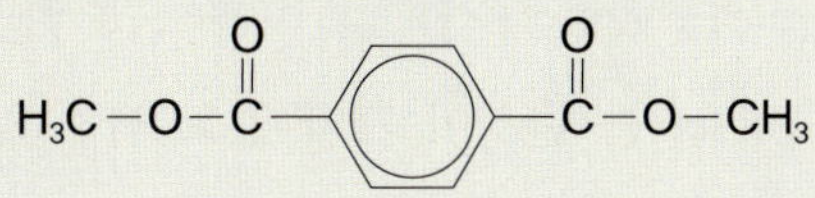 + $HO-CH_2-CH_2-OH$	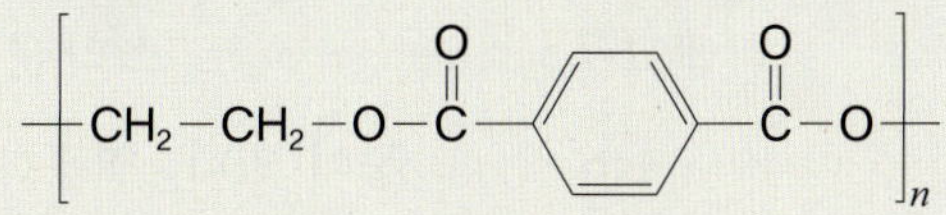
테레프탈산(Terephthalic acid) 또는 디메틸테레프탈레이트(Dimethyl terephthalic acid) + 1,4-부탄디올(1,4-Butanediol)	폴리부틸렌테레프탈레이트(Polybutylene terephthalate, PBT)
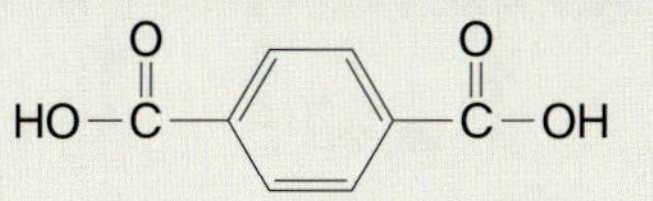 또는 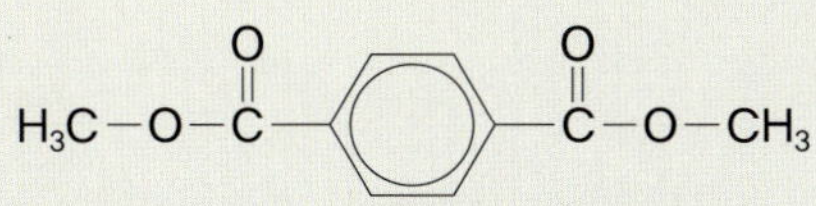 + $HO-CH_2-CH_2-CH_2-CH_2-OH$	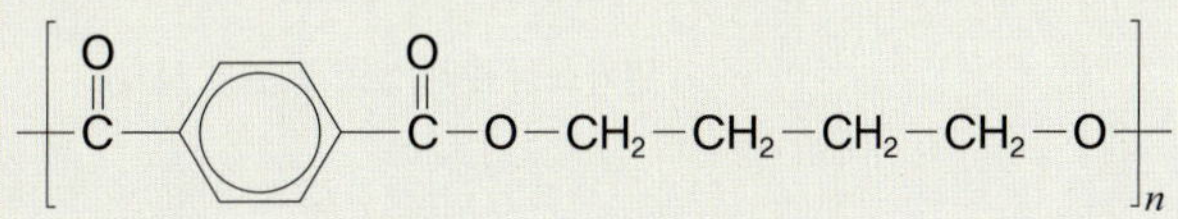
헥사메틸렌디아민(Hexamethylenediamine) + 아디핀산(Adipic acid)	폴리아미드 66(Polyamide 66, PA 66)
$H_2N-(CH_2)_6-NH_2$ + 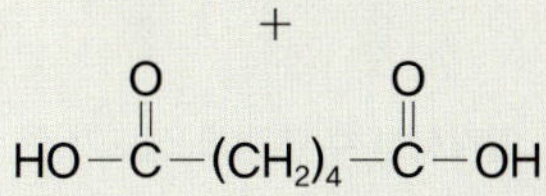	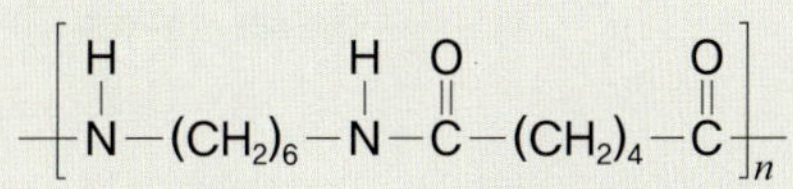
p-디클로로벤젠(*p*-dichlorobenzene) + 황화나트륨(Sodium sulfide)	폴리페닐렌 설파이드(Polyphenylene sulfide, PPS)
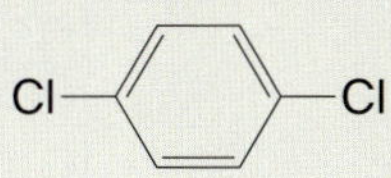 + Na_2S	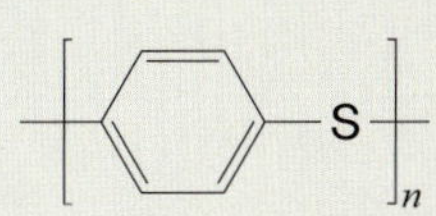

2) 고분자의 형태

고분자의 구조와 온도에 따른 물성에 따라 플라스틱은 여러 형태로 구분할 수 있다. 열가소성 수지thermoplastics는 탄성이 거의 없고 열이나 방사선 에너지에 의해 녹으며 PC, PMMA, PS, 폴리염화비닐Polyvinyl chloride, PVC, PA, PE, 폴리옥시메틸렌Polyoxymethylene, POM, PPS 등이 있다. 고무elastomers는 탄성이 있고 녹기 어려우며, 부타디엔고무butadiene rubber, 스티렌-부타디엔 고무styrene-butadiene rubber, 폴리우레탄polyurethane, PU 등이 있다. 열경화성 수지thermosets는 탄성이 거의 없고 녹지 않는 특징을 가지고 있으며, 에폭시 수지epoxy resin, 페놀 수지phenol-formaldehyde resin 등이 있다. 열가소성 수지, 고무, 열경화성 수지의 고분자 사슬 구조를 그림 6-1에 나타내었다.

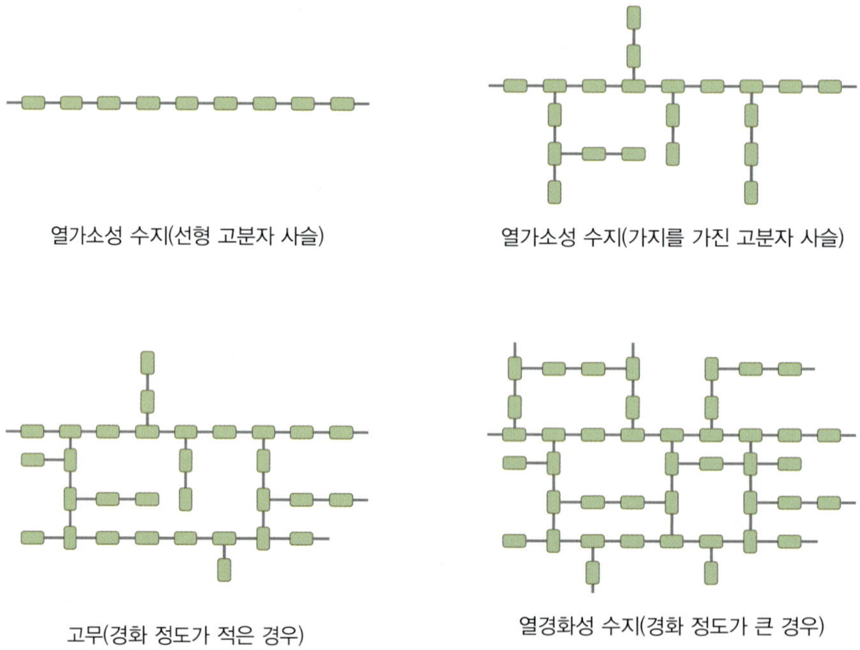

그림 6-1 고분자 형태에 따른 사슬 구조

3. 고분자의 물리적, 열적 및 기계적 성질

1) 중합도 및 분자량

고분자에서 중합도degree of polymerization는 고분자 사슬에서 반복되는 단량체의 개수로 정의한다.

$$-\!\!\left[CH_2-CH_2\right]_n\!\!-$$

고분자의 분자량은 중합도와 반복되는 단량체의 분자량을 곱한 값이다. 고분자의 분자량은 동일하지 않고 중합도가 다른, 즉 서로 다른 분자량의 것이 혼합되어 있다. 따라서 고분자에서는 분자량의 평균값을 다루게 된다. 전이온도transition temperature, 점도viscosity 등 물리적 물성과, 강도strength 등과 같은 기계적 물성은 고분자의 분자량에 따라 달라진다. 분자량이 낮으면 전이온도, 점도, 강도 등은 낮아진다.

(1) 수 평균분자량과 중량 평균분자량

평균분자량average molecular weight에는 수 평균분자량number-average molecular weight과 중량 평균분자량weight average molecular weight이 있다. 수 평균분자량은 중합도 P_i를 갖는 고분자의 개수 n_i로부터 구할 수 있는데, 이 두 값을 곱한 후 전체 단량체 수 N_o로 나눈 값을 말한다. 저분자량을 가진 고분자에 민감한 계산 방식이다.

$$\overline{M}_n = \frac{\sum_{i=1}^{\infty} n_i P_i}{M_0}$$

중량 평균분자량은 위와 같은 방법으로 중합도 P_i를 갖는 고분자의 중량으로부터 구할 수 있다.

$$\overline{M}_w = \frac{\sum_{i=1}^{\infty} m_i P_i}{M_0}$$

고분자의 분자량에 해당하는 양/빈도를 그림 6-2에 나타내었고, 수 평균분자량은 중량 평균분자량보다 작으며 이를 통해 중합도를 계산할 수 있다.

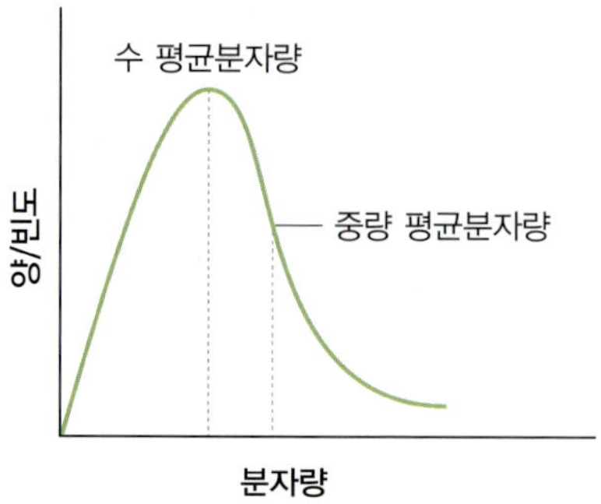

그림 6-2 **수 평균분자량과 중량 평균분자량과의 관계**

$$중합도_{\text{degree of polymerization}} = \frac{수\ 평균분자량_{\text{number-average molecular weight}}}{반복\ 단위의\ 분자량_{\text{molecular weight of the repeat unit}}}$$

(2) 다분산도와 비균질도

수 평균분자량에 대한 중량 평균분자량의 비율을 다분산도polydispersity index, PDI 또는 비균질도heterogeneity index라고 하며, 이를 통해 고분자 혼합물의 다분산도를 측정한다.

$$\mathrm{PDI} = \frac{M_w}{M_n}$$

분산도는 혼합물에서 분자나 입자 크기의 비균질도를 나타낸다. 만일 분자가 같은 크기, 모양 또는 중량을 가지고 있다면 그 혼합물은 단분산monodisperse 고분자이며, 만일 혼합물에서 분자가 같지 않은 크기, 모양, 중량 분포를 가지고 있다면 그 혼합물은 다분산 고분자라고 한다. 예외가 있기는 하지만 일반적으로 천연 고분자는 단분산을, 합성 고분자는 다분산을 보인다.

2) 결정성, 비결정성 고분자의 결정화도

고분자 사슬은 매우 길고 고분자 내에서 2가지 형태로 존재한다. 사슬이 접혀 있고 규칙적으로 배열된 층상 구조의 층상 결정 형태lamellar crystalline form와, 사슬이 비규칙적으로 배열된 비결정 형태amorphous form이다. 층상 결정은 비결정 부분에 들어가 있으며 다른 층상 결정과 서로 연결되어 있다. 대부분의 고분자는 일반적으로 비결정 또는 부분 결정 형태이다. % 결정화도는 다음과 같이 구할 수 있다.

$$\%\text{결정화도} = \frac{\rho_c(\rho_s - \rho_a)}{\rho_s(\rho_c - \rho_a)} \times 100$$

ρ_c : 완전결정 고분자의 밀도　ρ_a : 완전 비결정 고분자의 밀도　ρ_s : 시료의 밀도

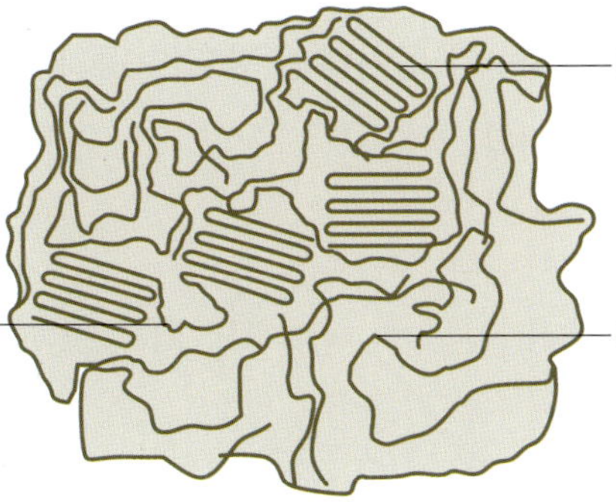

그림 6-3 **부분결정 고분자**

일반적으로 결정화도는 비결정(0%)에서 고결정(> 90%)의 범위에 있다. 선형 사슬로 간단한 구조의 사슬을 가지며 냉각 속도가 낮은 고분자는 기대하는 것보다 좋은 결정화도를 보인다. 천천히 냉각시키면서 결정화하려면 충분한 시간이 필요하다. 결정화도가 높은 고분자는 뻣뻣하며 녹는점이 높으나 충격 강도는 낮다. 반면에 비결정 고분자는 부드러우며 녹는점이 낮다. 용매가 있을 경우 결정 부위보다 비결정 부위로 침투하기가 훨씬 쉽다.

3) 기계적 성질

기계적 성질은 실제로 이 고분자가 얼마나 늘어나는지, 얼마나 굽어지는지, 얼마나 딱딱하거나 부드러운지 또는 반복 사용이 가능한지 등에 따라 적용 범위가 결정된다.

(1) 강도

강도는 고분자 시료를 끊어뜨리는 데 필요한 힘이다. 강도의 종류에는 잡아당겨 측정하는 방법에 의한 인장 강도tensile strength, 꾹 눌러서 측정하는 방법에 의한 압축 강도compression strength, 구부려서 측정하는 방법에 의한 굽힘 강도flexural strength, 비틀어

서 측정하는 방법에 의한 비틀림 강도torsional strength, 충격을 주어 측정하는 방법에 의한 충격 강도impact strength 등이 있다. 고분자는 선형, 가지 달린 선형, 경화 상태, 망상 구조 순으로 강도가 증가한다.

분자량이 증가하면 인장 강도가 증가하는데 분자량이 어떤 값에 도달하면 더 이상 인장 강도는 증가하지 않는다. 경화가 되면 사슬의 운동이 제한되기 때문에 고분자의 강도가 증가한다. 고분자의 결정화가 증가하면 강도가 증가하며 이는 결정 영역에서 분자간 결합이 더 중요하기 때문이다.

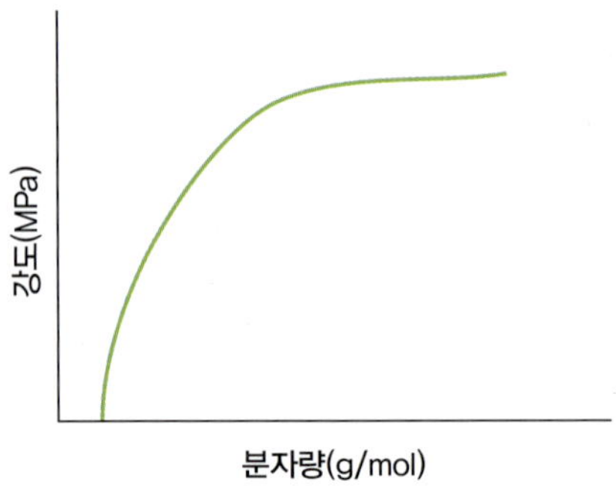

그림 6-4 **고분자 분자량에 따른 인장 강도의 변화**

(2) 인장 응력-변형 곡선

고분자의 기계적 성질을 이해하는 데는 간단한 인장 응력-변형 곡선tensile stress-strain curve이 큰 도움이 된다(그림 6-5). 응력stress은 물체에 외력이 가해졌을 때 그 크기에 대응해 물체가 원래 형태를 그대로 유지하려고 하여 생기는 내력이며, 변형strain은 물체에

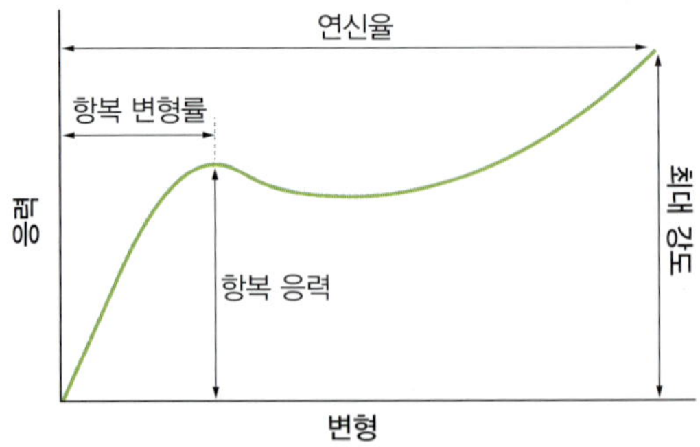

그림 6-5 **일부 고분자 재료에 대한 일반 인장 응력-변형 곡선**

외력이 가해졌을 때 물체의 일그러짐이 생겨 형태 또는 체적이 변화하게 되는데 이 일그러짐의 정도이다. 이 곡선은 일정한 속도로 고분자 시료에 힘을 주어 그것이 끊어질 때까지 늘리면서 나타나는 측정값을 기록한다. 이 곡선에서 처음에 보이는 기울기는 영률Young's modulus(탄성률the modulus of elasticity) 값을 나타내며, 고분자의 뻣뻣한 정도를 나타낸다. 이 곡선에서 항복응력yield stress까지는 어떤 물체에 외력을 가하면 응력에 비례하여 변형되고, 응력이 제거되면 원상태로 되돌아오지만 응력이 어떤 한계를 넘어서면 변형이 급격하게 증가하여 결국 시료가 끊어지게 된다.

그림 6-6에서는 4가지 형태의 인장 응력-변형 곡선을 나타내고 있다. 유리 전이온도(T_g)가 낮은 비결정 고분자와 같이 딱딱하고 부서지기 쉬운 물질은 이 곡선에서 매우 높은 영률의 초반부 기울기를 보이며, 중간 정도의 강도, 낮은 인장값을 보인다(a 곡선). 상온 또는 이보다 낮은 온도에서 이러한 거동을 보이는 고분자로는 PS, PMMA, 페놀 수지 등이 있다. 다음으로 딱딱하고 강한 고분자(b)는 높은 영률, 큰 강도 그리고 5% 정도의 파단 연신율을 가지고 있으며, 항복점yield point으로 여겨지는 곳에서 끊어짐이 일어난다. 이러한 특징을 가진 고분자로 PVC, PC가 있다. 딱딱하고 강인한 거동을 보이는 고분자(c)로 셀룰로오스 아세테이트cellulose acetate, 셀룰로오스 니트레이트cellulose nitrate, 나일론nylon은 높은 항복점, 높은 영률, 높은 강도 및 많은 연신율을 보인다. 부드러우면서 강인한 고분자(d)는 낮은 영률과 항복값, 중간 정도 파단 강도, 20~40%의 매우 높은 연신율을 가지며, 여기에는 가소제가 첨가된 PVC와 고무가 있다.

식품 포장재에 많이 사용되는 고분자의 물리적 성질을 표 6-4에 나타내었다.

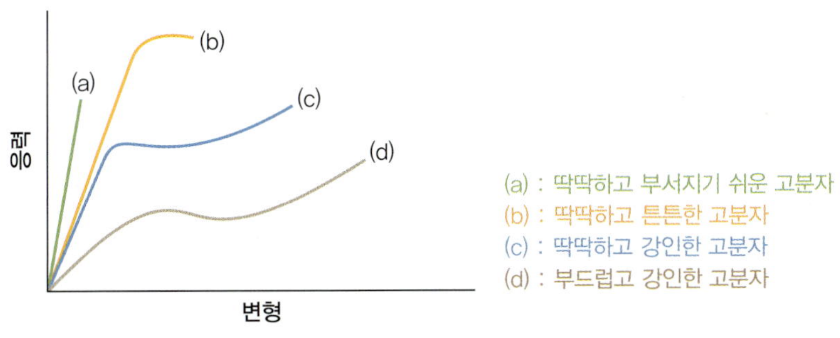

그림 6-6 4가지 형태의 고분자 재료의 인장 응력-변형

표 6-4 고분자의 물리적 성질

고분자	인장 강도 (MPa)	굴곡 탄성률 (탄성 계수, GPa)	파단 연신율 (%)	항복 변형률 (%)	아이조드 충격 강도(kJ/m)
탄소/수소 함유 고분자					
저밀도 폴리에틸렌(LDPE)	10	0.25	400	19	1.064
고밀도 폴리에틸렌(HDPE)	32	1.25	150	15	0.15
폴리프로필렌(PP)	26	2	80	N/Y	0.05
범용폴리스티렌(GPPS)	34	3	1.6		
내충격성 폴리스틸렌(HIPS)	42	2.1	2.5	1.8	
산소 함유 고분자					
고분자 폴리에틸렌 테레프탈레이트(PET)	55	2.3	300	3.5	
폴리카보네이트(PC)	50	2.1	200	3.5	
아세탈(폴리옥시메틸렌)	50	27	20	8	
폴리페닐렌옥시드	65	2.5	60	4.5	0.16
범용 에폭시	600	80	1.3	N/A	0.5
페놀-포름알데히드	45	6.5	1.2	N/A	0.024
셀룰로오스 아세테이트	30	1.7	60	4	0.13
질소 함유 고분자					
폴리아미드(PA) 6	40	1	60	4.5	0.25
PA 6, 6	59	1.2	60	4.5	0.11
나일론/ABS	47	2.14	270	6	
폴리이미드	72	2.45	8	4	
폴리우레탄(PU) 열가소성 엘라스토머	24	0.003	700	N/Y	
스틸렌 아크릴로니트릴	72	3.6	2.4	3.5	
ABS	34	2.1	6	2	
플루오린 함유 고분자					
폴리테트라플루오로에틸렌(PTFE)	25	0.70	400	70	
폴리비닐플루오리드(PVF)	40	1.4	150	30	
폴리비닐리덴플루오리드(PVDF)	100	5.5	6	N/A	
염소 함유 고분자					
폴리염화비닐(PVC)	58	3.1	30	5	
비가소화 PVC	51	3	60	3.5	
가소화 PVC	14~20	0.007~0.03	280~95	N/Y	

(계속)

고분자	인장 강도 (MPa)	굴곡 탄성률 (탄성 계수, GPa)	파단 연신율 (%)	항복 변형률 (%)	아이조드 충격 강도(kJ/m)
황 함유 고분자					
폴리페닐렌설파이트	91	13.8	0.6	N/A	
폴리술폰	70	2.65	80	5.5	
폴리에테르술폰	84	2.6	60	6.6	
실리콘 함유 고분자					
실리콘	28	3.5	2	N/A	

1) 상온에서의 노치 아이조드 충격 강도 값임
2) N/A : 부서지기 쉬운 고분자의 경우 항복점이 없음
3) N/Y : 늘어나는 특성이 있는 고분자의 경우 항복점이 없음

4) 고분자의 열적 성질

(1) 유리 전이온도

낮은 온도에서 고분자의 비결정 영역은 냉각 상태frozen state에 있으며 이때 분자들은 약간씩 진동하지만 많이 움직일 수는 없다. 이러한 상태를 유리 상태glassy state라 하며, 고분자는 유리와 같이 부서지기 쉽고 딱딱하며 뻣뻣하다. 유리 상태에서 고분자에 열을 가하면 고분자 사슬이 서로 주위를 움직이기 시작하고 고분자는 고무와 같이 부드럽고 유연해진다. 이러한 상태를 고무 상태라 한다. 유리 상태에서 고무 상태로 전이할 때의 온도를 유리 전이온도glass transition temperature, T_g라고 한다. 부분 결정 고분자에서 유리 전이는 비결정 영역에서만 일어나고 결정 영역은 영향을 받지 않고 남아 있다.

고분자의 결정 영역이 녹는점에 의해 특징지어지는 반면에 유리 전이온도는 비결정

그림 6-7 고분자 유리 전이온도

영역의 물성이다. 열역학에서 전이는 1차 및 2차 전이로 설명되는데, 녹는점이 1차 전이라면 유리 전이온도는 2차 전이에 해당된다. 유리 전이온도의 값은 유리 상태가 평형이 아니기 때문에 한 가지 값을 갖지 않는다. 이 값은 고분자의 분자량, 측정 방법, 가열 및 냉각 속도에 따라 달라진다. 다음 그림 6-7에 몇몇 고분자의 유리 전이온도를 나타내었다.

만일 고분자 사슬이 쉽게 움직일 수 있다면 유리 상태는 낮은 온도에서 쉽게 고무 상태로 갈 수 있으며, 따라서 유리 전이온도는 낮아진다. 사슬의 움직임이 제한을 받는다면 유리 상태는 좀 더 안정하며, 낮은 온도에서는 고분자 사슬이 가지고 있는 부동 상태를 깨뜨리기가 어렵기 때문에 더 많은 에너지가 필요하다. 이 경우 유리온도가 올라간다. 유리 전이온도에 영향을 미치는 요소로 분자 간 인력, 사슬 강도, 경화 여부, 긴 사슬에 붙어 있는 곁가지, 가소제, 분자량 등이 있다.

(2) 흐름온도, 녹는점 및 분해온도

온도가 올라감에 따라 분자 간의 상호작용이 감소한다. 흐름온도flow temperature, T_f에 도달하면 고분자 사슬들은 서로 완벽하게 미끄러지게 된다Brown's macromobility. 플라스틱의 비결정 구조는 더 부드러워지고 녹기 시작한다. 이 영역에서 화학적 분해 현상은 일어나지 않는다.

부분결정 열가소성 플라스틱semicrystalline thermoplastic에서 결정이 녹는점crystallite melting temperature, T_m에 도달하면 결정은 녹기 시작한다. 결정이 녹는 이 온도는 비결정

표 6-5 열가소성 플라스틱의 상변화 온도

수지(resin)		유리 전이온도(°C)	흐름온도(°C)	녹는점(°C)	분해온도(°C)
비결정 열가소성 플라스틱	PC	145	240		약 327
	PMMA	104	180		226~256
	PS	97	160		318~348
	PVC	80	175		약 250
부분결정 열가소성 플라스틱	HDPE	-95		130~146	360~390
	PA 6	40		220	약 327
	PEEK	120		340	
	PP	-18		160~208	336~366
	PTFE	-20		327	424~513

영역 흐름온도값보다 크며, 이 상태에서 열적으로 분해가 일어나지는 않고 냉각에 의해 가역적으로 고체 상태로 되돌아갈 수 있다. 냉각 속도 및 시간과 같은 냉각 조건에 따라 결정이 다시 생기며 그 크기 및 분포는 처음 상태와 다르다.

열가소성 플라스틱이나 열가소성 고무가 녹은 상태에서 분해온도decomposition temperature, T_d를 넘어서면 집중적인 열 진동에 의해 고분자가 분해된다. 단량체가 분리되거나 최초 반응물질로 화학 변화가 일어난다.

4. 고분자의 화학적 성질

PE 물성의 가장 큰 장점 중의 하나는 화학적으로 비활성이라는 것이다. PE는 금속과 달리 장시간 강산에 노출되어도 영향을 받지 않는다. 용매에 의해 고분자에서 화학적 변화가 일어나는데, 이러한 변화는 용매와 고분자의 화학적 본성에 기인한다. 고분자의 용해도는 기술적인 면에서 매우 중요하다. 용매의 작용에 따른 응용 가능한 기술을 아래와 같이 정리하였다.

- 용매로 고분자를 서로 붙일 수 있으며, 고분자를 녹여 접착제로 사용할 수 있다.
- 고분자 용액에서 용매를 기화하여 화학섬유를 만들 수 있다.
- 고분자 필름이나 시트를 용매 캐스팅을 통해 만들 수 있다.

고분자에서 용매분자와 고분자 사이의 힘이 고분자 간의 힘보다 크다면 용해가 잘 일어난다. 고분자 간의 결합력은 결정화도에 따라 증가한다. '모든 것이 같다'고 가정하면 결정성 고분자는 비결정성 고분자에 비해 덜 용해된다. 더욱이 오래 전부터 내려오는 "비슷한 것끼리 섞인다Like dissolves like" 법칙에 따라 물, 알코올, 케톤 등 극성 용매는 극성 고분자를 잘 녹인다. 몇몇 고분자의 용해도를 표 6-6에 나타내었다.

표 6-6 고분자 용매

고분자		용매	비용매
polyethylene	high density	above 80℃ : aliphatic, cycloaliphatic and aromatic hydrocarbons, halogenated aliphatic, cycloaliphatic and aromatic hydrocarbons, higher aliphatic esters and ketons, di-n-amyl ester	All common organic solvents at room temperaturel highly polar organic solvents at elevated temperatures

(계속)

고분자		용매	비용매
polyethylene	low density	As above but dissolve between 40°C and 60°C	As above
polypropylene	atactic	hydrocarbons and chlorinated hydrocarbons, isoamyl aacetate, diethyl ether	More polar organic solvents with a small hyrdocarbon group at elevated temperature
	isotactic	See polyethylene	
polyethylene terephthalate		chloral hydrate, phenol, chlorophenol, nitro-benzene, dimethyl sulfoxide (hot), halogenated aliphatic carboxylic acids	hydrocarbons, chlorinated hydrocarbons, aliphatic alcohols, ketones, ethers
nylon 6		m-cresol, chlorophenol, formic acid, acetic acid, trichloroacetic acid, sulfuric acid, phosphoric acid, hexamethyl trisphosphoric acid, hexamethyl trisphosphoramide	hydrocarbons, chloroform, alcohols, ethers, ketones, esters
nylon 6, 6		trifluorotehanol, trichloroethanol, phenol, cresols, formic acid, halogenated acetic acid, sulfuric acid, phosphoric acid	hydrocarbons, aliphatic alcohols, chloroform, diethyl ether, aliphatic ketones and ethers
polystyrene		cyclohexane(above 35°C), benzen, toluene, ethyl benzene, lower chlorinated hydrocarbons, tetrahydrofuran, dioxane, methyl ethyl ketone, diisopropyl ketone, cyclohexanone, ethyl acetate, butyl acetate, carbon disulfide	saturated hydrocarbons, alcohols, diols, ethylene chlorohydrine, diethyl ether, acetone
polymethyl methacrylate		benzen, toluene, xylene, methylene chloride, chloroform, chlorobenzene, dioxane, methyl ethyl ketone, cyclohexanone, acetic acid, methyl formate, ethyl acetate	hexane, cyclohexane, mineral oil, methanol, ethylene glycol, glycerol
polyvinyl alcohol		clycols (hot), glycerol (hot), triethylene diamin, formamide, dimethyl formamide, dimethyl sulfoxide (hot), water	hydrocarbons, chlorinated hydrocarbons, lower alcohols, tetrahydrofuran, dioxane, ketone, esters
polyacrylonitrile		o-, m-, and p-phenylene diamines, N-nitroso piperidine, maleic anhydride, dioxanone, p-dioxanedione, ethylene oxolate, propylene carbonate, 2-oxazolidone, dimethylformamide, dimethyl acetamide, hydroxy acetonitrile, adiponitrile, dimethyl sulfoxide, dimethyl sulfone, sulfuric acid, nitric acid	hydrocarbons, chlorinated hydrocarbons, alcohols, diethyl ether, ketone, formamides, acrylonitrile
polybutadiene/polyisoprene/natural rubber		aliphatic, cycloaliphatic and aromatic hydro-carbons, clorinated hydrocarbons, tetra-hydrofuran, higher ketones, higher aliphatic esters	alcohol, lower ketones and esters, nitromethane, propionitrile, water
cellulose		methylene chloride, chloroform, trichloroethane, tetrahydrofuran, dioxane, acetone, ethyl acetate	aliphatic hydrocarbons, benzenen, dichloro-ethane, chlorobenzene, ethanol
cellulose trinitrate		halogenated hydrocarbons, acetone, methyl amyl ketone, cyclohexanone, ethyl acetate, ethyl butyrate, ethylene glycol, ethyl acetate, nitrobenzene	aliphatic hydrocarbons, aromatic hydrocarbons, lower alcohols, ethylene glycol, diethyl ether, water
ethyl cellulose		benzene, toluene, methylene chloride, alcohols, esters	hydrocarbons, decalin, xylene, carbon tetra-chloride, n-propyl ether

5. 생분해성 플라스틱

1) 개요

생분해성 플라스틱은 식품 포장재 분야에서 식기, 쇼핑백 등에 사용된다. 이러한 물질은 플라스틱 쓰레기를 줄일 뿐 아니라 생분해된 후에는 퇴비로 쓰인다. 생분해성 플라스틱은 짧은 기간 기능을 유지하면서 생분해되는 특징을 가지고 있다. 농업용으로 사용되는 필름의 생분해성이 더 중요한 반면에 식품 포장재는 비교적 짧은 기간 기능을 유지하는 분야에 사용된다.

바이오플라스틱bioplastic하면 생물 유래를 기반으로 하는 플라스틱bio-based plastic 또는 생분해 플라스틱biodegradable plastic을 말하는데, 두 용어는 비슷한 용어가 아니다. 표 6-7에서 보는 바와 같이 화석원료를 기반으로 하는 고분자에 생분해 고분자와 그렇지 않은 고분자가 있는 것처럼 생물 유래 원료를 사용한 고분자에도 생분해되지 않는 고분자가 있다.

표 6-7 바이오 및 화석원료 기반의 생분해 또는 생분해되지 않는 플라스틱

	화석원료 기반 플라스틱	부분 바이오 기반 플라스틱	바이오 기반 플라스틱
생분해되지 않는 플라스틱	PE, PP, PET, PS, PVC	Bio-PET, PTT	Bio-PE
생분해 플라스틱	PBAT, PBS(A), PCL	Starch blends	PLA, PHA, cellophane

생분해성 플라스틱은 화학 조성, 기원, 합성 방법, 가공 방법 등에 따라 그림 6-8과 같이 분류할 수 있다.

생분해성 플라스틱은 박테리아나 곰팡이 같은 미생물에 의해 분해되어 물, 이산화탄소(CO_2)와 같은 가스, 메탄(CH_4), 미생물 군락의 성장에 따른 생물원료biomass가 된다. 생분해도는 온도, 미생물 유무, 산소 유무, 물과 같은 환경적 요인에 따라 달라진다. 따라서 생분해도, 생분해 속도는 토양의 차이, 기후의 습한 정도, 표층수, 해양수 등의 영향을 받는다.

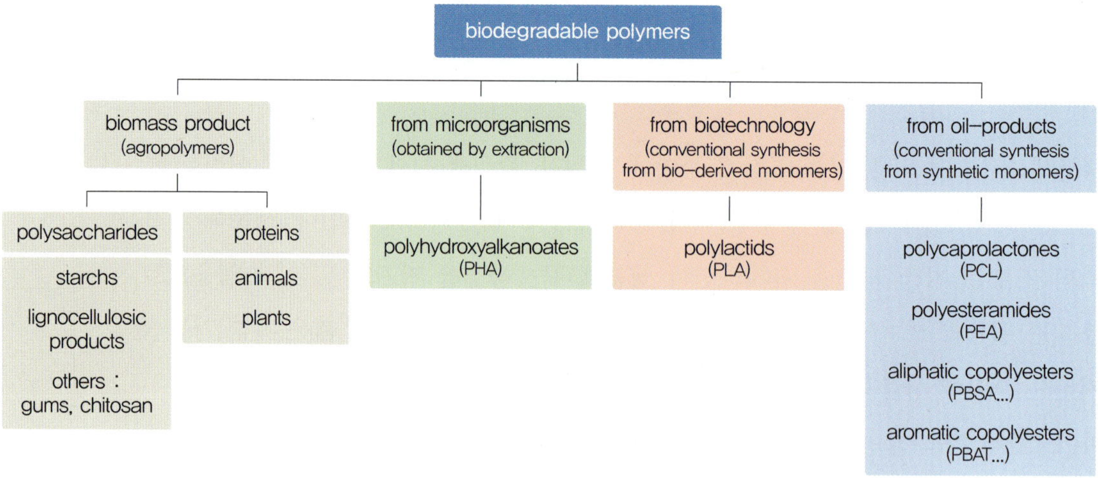

그림 6-8 생분해성 플라스틱의 분류

그림 6-9 생분해성 음료병의 생분해 과정

6. 전자레인지용 플라스틱

오븐 안에 붙어 있는 마그네트론magnetron이 2,450 MHz의 주파수를 가진 라디오파radio wave를 만들어 낸다. 이 주파수는 물, 지방, 설탕에 흡수되어 매우 빠르게 진동하여 식품의 온도를 높여 조리할 수 있다. 전자레인지에는 세라믹과 전자레인지용 유리, 플라스틱과 같은 식품 포장재를 사용할 수 있다. 전자레인지 안에서 고분자는 빠른 시간 내에 고온에 도달하며 확산 속도가 빨라 고분자의 분해반응을 촉진하고, 고분자 전체가 아닌 일부분의 온도가 높아지는 경우가 있다. 전자레인지에 광범위하게 사용되는 재질로는 PP, 결정화 폴리에틸렌테레프탈레이트C-PET 등이 있으며 고밀도 폴리에틸렌

HDPE은 수분이 많은 식품에 사용해야 한다. 지방이나 설탕이 많은 식품의 경우 전자레인지 가열 중에 100℃를 넘을 수 있다.

7. 식품 포장재로 사용되는 고분자의 종류

1) 폴리에틸렌

폴리에틸렌PE은 PP, PET와 함께 식품 포장재로 가장 많이 사용되는 재질이다. 열가소성 수지로 올레핀계 고분자의 일종이며, 전기 절연성, 질김성, 방수성, 내화학성, 유연성이 좋고 다른 고분자에 비해 가격이 저렴하며 가공이 쉬운 장점이 있다. PE의 종류로는 저밀도 폴리에틸렌LDPE, 고밀도 폴리에틸렌HDPE, 선형 저밀도 폴리에틸렌LLDPE이 대표적이며 고분자 사슬 구조는 그림 6-10과 같다.

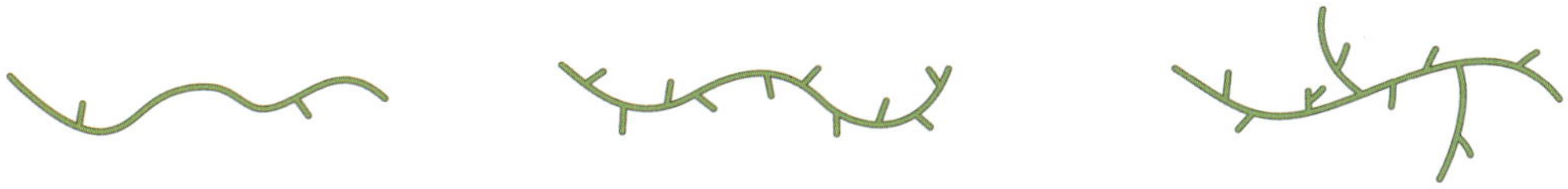

그림 6-10 폴리에틸렌 사슬 구조

LDPE는 밀도가 0.910~0.940 g/cm^{3}이며, 가지 사슬을 가지고 있어 고분자 사슬이 서로 붙기 어렵기 때문에 밀도가 낮고 결정 구조를 갖기 어렵다. 분자 간 결합력이 약하기 때문에 인장 강도가 낮고 연성이 좋다. LDPE는 일회용 봉투나 장갑, 랩, 종이컵이나 우유상자의 내면 등에 사용된다.

HDPE는 밀도가 0.941 g/cm^3 이상으로 가지 사슬이 거의 없다. 선형분자들은 서로 가깝게 붙기 쉬우므로 분자 간 인력이 가지 사슬이 있는 경우보다 강하고 결정 구조를 갖기 쉬우며 인장 강도가 크다. 지글러-나타Ziegler-Natta 촉매, 메탈로센metallocene 촉매 등 중합촉매와 반응 조건을 조절하여 PE 중 LDPE 또는 HPDE를 만들 수 있다. HDPE는 우유병 등 블로성형blow molding 제품에 사용된다.

LLDPE는 밀도가 0.915~0.925 g/cm^{3}이며 짧은 가지 사슬을 가진 선형 고분자이다.

일반적으로 1-부텐, 1-헥센, 1-옥텐과 같은 올레핀과 에틸렌을 공중합하여 제조하는데, LDPE에 비하여 인장 강도 및 충격 강도가 높고 내천공성punching resistance을 갖는다. LLDPE는 병 등에도 사용되지만 억세고 유연하며 비교적 투명하여 연신필름, 랩 등 필름 분야에 더 많이 사용된다.

2) 폴리프로필렌

폴리프로필렌PP은 PE와 마찬가지로 올레핀계 고분자이다. PP는 고분자의 입체 규칙성에 따라 이소택틱isotactic, 신디오택틱syndiotactic, 어택틱atactic PP로 구분되며 이들의 구조는 그림 6-11과 같다.

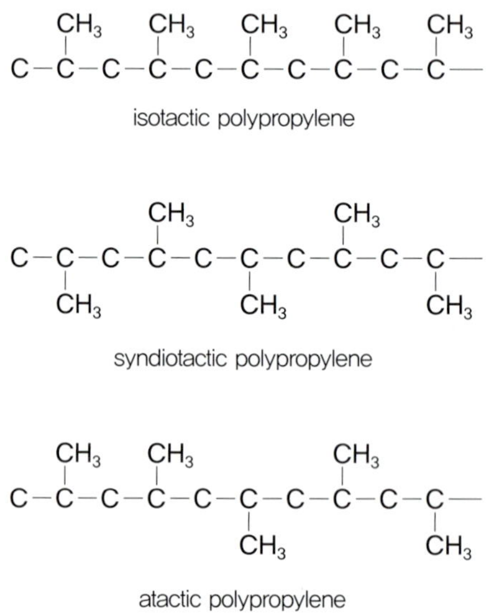

그림 6-11 폴리프로필렌의 입체 규칙성에 따른 분류

PP는 희고 기계적으로 강인한 물질이며, 대부분의 유기용매, 산 및 알칼리에 안전하고, 세계에서 2번째로 많이 사용되는 합성수지이다. PP의 물성은 주사슬에서 메틸기의 상대적 위치인 입체 규칙성에 많은 영향을 받는다. PP는 PE와 용매 내에서의 거동solution behavior과 전기적 성질이 비슷하지만, PP의 메틸기는 기계적 성질과 내열성을 증가시키는 반면 내화학적 성질은 감소시킨다. 이소택틱 PP는 메틸기가 주사슬에서 한 방향으로 배향되어 있기 때문에 신디오택틱, 어택틱 PP에 비해 결정화도가 높고 더 뻣

뺏한 물질이 된다. PP의 밀도는 0.895와 0.92 g/cm³로 밀도가 낮은 플라스틱이다. 대부분의 상업적인 PP는 이소택틱이며, 결정화도는 LDPE와 HDPE 사이에 있다. PP는 색깔이 없을 때 투명하지만 PS, 아크릴 고분자만큼 투명하게 만들기는 쉽지 않다. PP는 사출성형injection molding으로 컵, 병 등을 만들 수 있다.

PP 중 발포 PPexpanded polypropylene, EPP 입자bead foam는 기술에 따라 넓은 범위의 밀도를 가지고 있다. EPP는 단열 효과가 있고 구조적으로 강인하여 식품 운반 용기와 음료수 냉각용으로 사용된다.

3) 폴리에틸렌 테레프탈레이트

폴리에틸렌 테레프탈레이트PET는 폴리에스터polyester계 중 대표적인 고분자로 식품 패키징 및 용기로 사용되고 있다. 단량체인 비스(2-히드록시에틸) 테레프탈레이트Bis(2-hydroxyethyl) terephthalate, BHET는 테레프탈산terephthalic acid 또는 디메틸테레프탈레이트dimethyl terephthalate, DMT와 에틸렌글리콜ethylene glycol을 에스테르화 반응시켜 부산물인 물 또는 메탄올을 제거하여 제조한다. PET 고분자는 이미 만들어진 BHET에서 부

(a) DMT 원료 사용

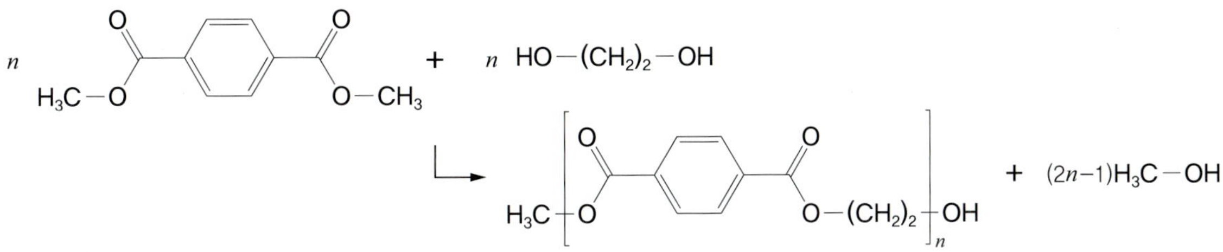

(b) 테레프탈산 원료 사용

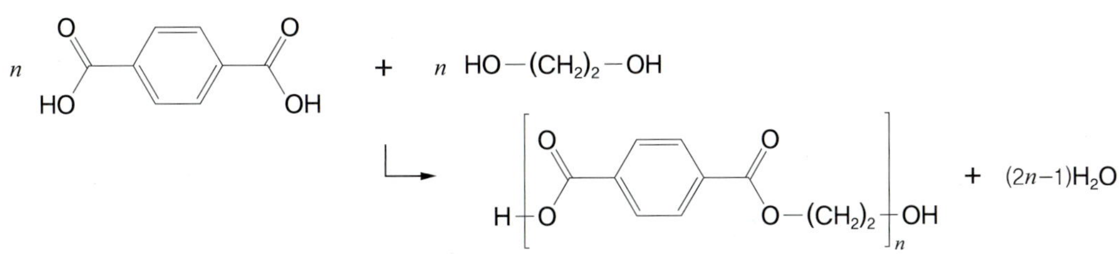

그림 6-12 **PET 생산 시 축합반응**

산물인 물을 제거하여 축합반응에 의해 만든다.

PET는 수분, 수증기, 알코올 차단성이 뛰어나 음료수병이나 포장필름으로 가장 많이 사용된다. PET는 색이 없으며 부분결정 고분자로 빳빳하고 가벼우며 내충격 강도가 높고 유기용매 차단성이 좋다. 클로로폼chloroform이나 벤젠benzene에 닿으면 백화 현상이 일어나는데 PET의 중요한 물성 중 하나는 고유점도intrinsic viscosity, IV이다. 물질의 IV는 그 물질의 농도에 따른 상대점도 그래프에서 농도가 영zero이 되는 점으로 외삽하여 얻어지는 값으로 dL/g 단위를 사용한다. IV는 사슬의 길이에 비례하는데 사슬의 길이가 길어지면 엉킴 현상이 발생하여 IV가 높아진다.

표 6-8 필름 및 병제품의 고유점도

구분		IV(dL/g)
필름	이축연신 PET(BOPET)	0.60~0.70
	열성형용 시트	0.70~1.00
병	생수	0.70~0.78
	탄산음료	0.78~0.85

PET병 제조 방법에서 2단계의 제조 과정을 거치는 경우가 있는데 첫 번째 단계는 사출성형 단계이다. 이때는 거푸집mold이 필요하며 가늘고 긴 튜브 모양을 사용한다. 이렇게 만들어진 튜브를 패리즌parison 또는 프리폼free form이라 한다. 다음 단계는 연신 블로성형stretch blow molding으로 앞서 만든 프리폼을 만들고자 하는 병 모양의 거푸집에 넣고 열과 높은 고압의 공기를 불어넣어 연신시킨다. 탄산가스가 포함된 콜라, 사이다 병은 모양이 유선형이고 바닥은 꽃잎 모양으로 되어 있는데, 이는 충전된 탄산가스가 외부 온도의 상승에 따라 부피가 팽창하면서 병의 외형이 변하는 것을 방지하고 내부 압력을 견디게 하기 위함이다. 또한, 오렌지주스는 90℃ 정도의 온도에서 살균된 채로 충전되기 때문에 오렌지주스와 같은 과즙 음료병을 만들 때는 수축되지 않도록 병 입구를 결정화시켜 내열성을 준다.

그 밖에 폴리비닐알코올polyvinyl alcohol, PVOH 층을 추가하여 산소 차단성을 보완하기도 한다. 일반 비결정화 또는 일부 결정화한 PET와 달리 PET를 결정화시키기도 하는데, 이렇게 만든 결정화 PETcrystallize PET, CPET는 냉동 및 오븐 온도에서 사용할 수 있는 트레이에 사용된다. 유리나 섬유를 혼합하면 더 강하고 내구성이 우수해진다.

4) 폴리스티렌

폴리스티렌PS는 단량체로 스티렌 모노머styrene monomer을 사용하여 만들어지는 방향족 고분자이며 고체 형태와 발포 형태가 있다. 상업적으로는 어택틱 형태의 PS이 주로 사용되며, 신디오택틱 PS도 개발되었는데 결정성이 매우 높아 270℃에서 용융되는 특징이 있다.

PS는 범용 폴리스티렌general performance polystyrene, GPPS, 내충격 폴리스티렌high-impact polystyrene, HIPS, 발포 폴리스티렌expanded polystyrene, EPS 등으로 나눈다.

GPPS는 딱딱하고 부서지기 쉬우며 산소나 수증기 차단성이 좋지 않다. PS는 원래 투명한 플라스틱이나 착색제를 사용하여 색깔을 내서 사용하며 병, 트레이, 일회용 숟가락이나 포크, 뚜껑 등에 광범위하게 사용되고 있다.

HIPS에 스티렌 모노머로 중합시킬 때 이미 중합된 폴리부타디엔polybutadiene과 같은 고무를 넣어 공중합시키면 폴리스티렌 주사슬에 부타디엔 사슬이 가지로 결합된 형태의 고분자가 생성된다. 폴리스티렌과 폴리부타디엔은 상용성이 없으므로 폴리부타디엔 가지는 주사슬인 폴리스티렌으로부터 멀리 떨어지려 하기 때문에 상분리 현상이 나타난다. 이때 이 고분자에 에너지가 가해지면 사슬에 붙어 있는 폴리부틸렌이 에너지를 먼저 흡수하여 부서지지 않게 된다. GPPS가 가지는 단점을 극복할 수 있으며 대표적인 용도로는 요구르트병이 있다.

EPS는 PS에 거품bubble을 만드는 물질을 불어넣고 발포시켜 만드는데, 이때 펜탄pentane, 수소화불화탄소hydrofluorocarbon 등과 같은 물질이 사용되어 빳빳하고 강한 밀폐 기포 발포체closed-cell foam가 만들어진다. EPS는 흰색이며 미리 만들어진 PS 입자bead로 만든다. EPS는 트레이, 접시, 대접, 수산물 박스 등에 사용된다.

연신 PSoriented polystyrene, OPS는 압출 PSextruded PS, XPS 필름을 연신시켜 만드는데 탁도haze를 낮추어 내용이 잘 보이도록 하고 단단함을 증가시킨다. 잘 부서지고 금이 잘 가며 쉽게 찢어지는 단점이 있기는 하지만 PP, PET, HIPS와 같은 플라스틱에 비해 값이 싸고 HIPS나 PP보다는 투명도가 좋다.

5) 폴리아미드

폴리아미드polyamide, PA는 단량체로 디아민diamine과 이산diacid을 사용하거나 α,ω-아미노산 또는 카프로락탐caprolactam과 같이 선형 락탐lactam의 형태를 갖춘 아미드를 사용하여 아미드 결합을 만든다.

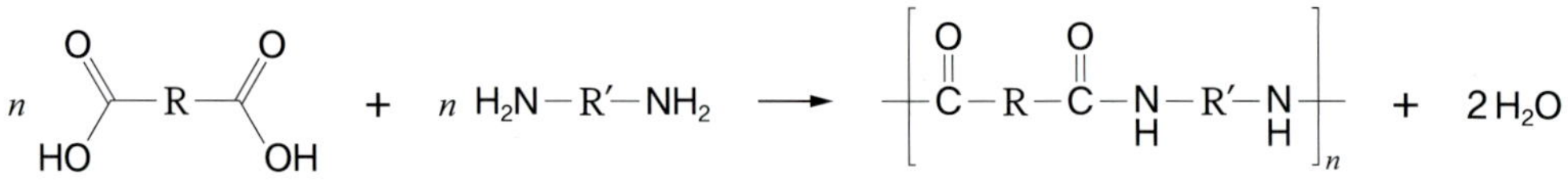

R : 지방족 탄화수소 또는 방향족 탄화수소

그림 6-13 아미드 결합

단량체의 종류에 따른 대표적 폴리아미드는 표 6-9와 같이 구분할 수 있다.

표 6-9 단량체 종류에 따른 대표적 폴리아미드

구분	고분자 사례	단량체
지방족 PA	PA 6(Nylon 6), PA 66	카프로락탐, 헥사메틸렌디아민(Hexamethylenediamine) + 아디프산(Adipic acid)
부분 방향족 PA	폴리프탈아미드(Polyphthalamide)	헥사메틸렌디아민(Hexamethylenediamine) + 테레프탈산(Terephthalic acid)
방향족 PA	Aramid	파라페닐렌디아민(*p*-Phenylenediamine) + 테레프탈산(Terephthalic acid)

PA 6 및 PA 66의 특징은 매우 높은 온도가 되어야 구겨지고 빽빽한 분자 구조를 가지며, 내후성, 내태양광성, 내마모성이 좋고 녹는점은 256℃로 높다. 착색이 매우 잘되며 잘 늘어나는 특성이 있다. PA 6 및 PA 66는 산소 차단성을 요구하는 식품 포장재에 사용되며, 고기나 소시지 싸개로 이용되고 내열성이 좋아 오븐용 백bag에도 적용된다.

폴리프탈아미드에서 디아민이 헥사메틸렌디아민일 때 녹는점은 371℃로 매우 높아 가공하기가 어렵다. 따라서 녹는점을 낮추기 위해 탄소 수가 9~12개로 더 많은 디아민 단량체를 사용하거나 공중합을 한다. 식품 포장재 분야보다는 펌프, 모터, 밸브 등 산업용에 많이 사용된다. 아라미드aramid fiber는 강도가 동일 무게를 기준으로 강철보다 5배 강하고, 500℃ 정도의 내열성을 갖는 섬유 소재이다. 사용 분야는 우주항공, 자동차, 내열성과 내약품성이 요구되는 소방복이나 작업복에 쓰인다.

6) 폴리카보네이트

폴리카보네이트polycarbonate, PC는 강하고 억세며 내충격성과 내열성이 있다. 광학적으로는 유리와 같이 가시광선 투과성이 우수하며, 성형이 쉬운 고분자이다. 내긁힘성이 낮아 이를 보완하기 위하여 코팅하기도 한다. PBT와 성형 단계에서 브렌딩하면 억센 성질은 유지하면서 연료나 날씨에 대한 저항성을 증가시킬 수 있다. ABS와 성형 단계에서 브렌딩하는 경우 낮은 온도에서 높은 용융 흐름성과 억센 특징을 보이면서 기존 PC에 비해 내크랙성을 증가시킬 수 있다. 전기, 전자, 자동차, 건축 분야에 많이 사용되며 식품용으로는 대용량 생수통이나 젖병에 사용되고 있다. 깨지지 않고 다양한 디자인이 가능하기 때문에 유리 젖병을 대체할 수 있는 재질로 사용되어 왔으나, 최근 비스페놀 A가 이슈화되면서 PP 등의 재질로 확대되는 경향을 보인다.

연습문제

1. 고분자의 제조 방법은 첨가중합과 축합중합으로 구분한다. 대표적인 첨가중합 고분자와 축합중합 고분자를 설명하시오.

2. 고분자는 열가소성 수지와 열경화성 수지로 구분할 수 있다. 각 수지의 고분자 사슬 구조를 그리고 특징을 설명하시오.

3. 다분산도를 설명하시오.

4. 결정화도가 높은 고분자와 비결정성 고분자의 특징을 설명하시오.

5. 인장-응력 곡선을 그리고 설명하시오.

6. 유리 전이온도를 설명하시오.

7. 폴리에틸렌의 종류인 LDPE, HDPE, LLDPE의 고분자 사슬 구조를 그리고, 그 특징을 설명하시오.

8. 폴리스티렌의 종류 및 그 특징 및 용도를 설명하시오.

풀이와 정답

1. 첨가중합 고분자로는 PE, PS, PMMA, PTFE, PA 6, 에폭시수지, 폴리락틱산 등이 있으며, 축합중합 고분자로는 PC, PET, PBT, PA 66, PPS 등이 있다.
2. 열가소성 수지(thermoplastics)는 탄성이 거의 없고 열이나 방사선 에너지에 의해 녹으며 PC, PMMA, PS, 폴리염화비닐(Polyvinyl chloride, PVC), PA, PE, 폴리옥시메틸렌(Polyoxy-methylene, POM), PPS 등이 있다. 열경화성 수지(thermosets)는 탄성이 거의 없고 녹지 않는 특징을 가지고 있으며, 에폭시 수지(epoxy resin), 페놀 수지(phenol-formaldehyde resin) 등이 있다.

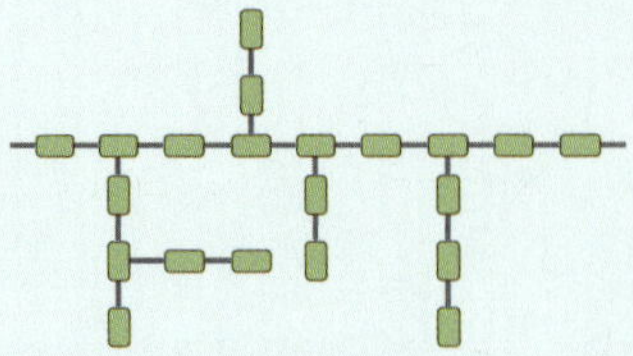

열가소성 수지

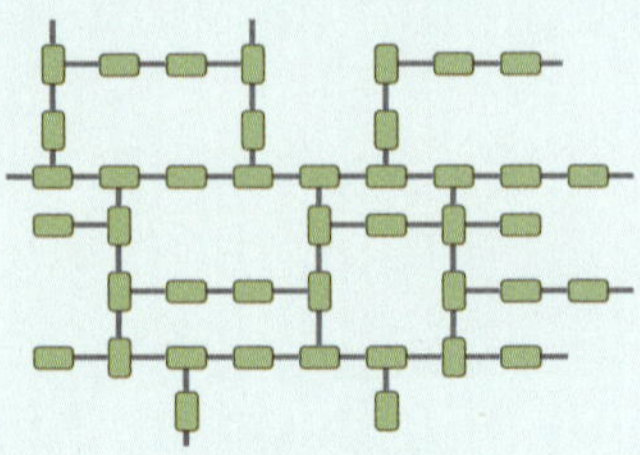

열경화성 수지

3. 수 평균분자량에 대한 중량 평균분자량의 비율을 다분산도(polydispersity index, PDI) 또는 비균질도(heterogeneity index)라 한다. 분자가 같은 크기, 모양 또는 중량을 가지고 있다면 그 혼합물은 단분산(monodisperse) 고분자이며, 만일 혼합물에서 분자가 같지 않은 크기, 모양, 중량 분포를 가지고 있다면 그 혼합물은 다분산 고분자라고 한다. 예외가 있기는 하지만 일반적으로 천연 고분자는 단분산을, 합성 고분자는 다분산을 보인다.
4. 결정화도가 높은 고분자는 뻣뻣하며 녹는점이 높으나 충격 강도는 낮다. 반면에 비결정 고분자는 부드러우며 녹는점이 낮다. 용매가 있을 경우 결정 부위보다 비결정 부위로 침투하기가 훨씬 쉽다.
5. 응력(stress)은 물체에 외력이 가해졌을 때 그 크기에 대응해 물체가 원래 형태를 그대로 유지하려고 하여 생기는 내력이며, 변형(strain)은 물체에 외력이 가해졌을 때 물체의 일그러짐이 생겨 형태 또는 체적이 변화하게 되는데 이 일그러짐의 정도를 말한다. 이 곡선은 일정한 속도로 고분자 시료에 힘을 주어 그것이 끊어질 때까지 늘리면서 나타나는 측정값을 기록한다. 이 곡선에서 처음에 보이는 기울기는 영률(Young's modulus; 탄성률, the modulus of elasticity) 값을 나타내며, 고분자의 뻣뻣한 정도를 나타낸다. 이 곡선에서 항복응력(yield stress)까지는 어떤 물체에 외력을 가하면 응력에 비례하여 변형되고 응력이 제거되면 원상태로 되돌아오지만, 응력이 어떤 한계를 넘어서면 변형이 급격하게 증가하고 결국 시료가 끊어지게 된다.

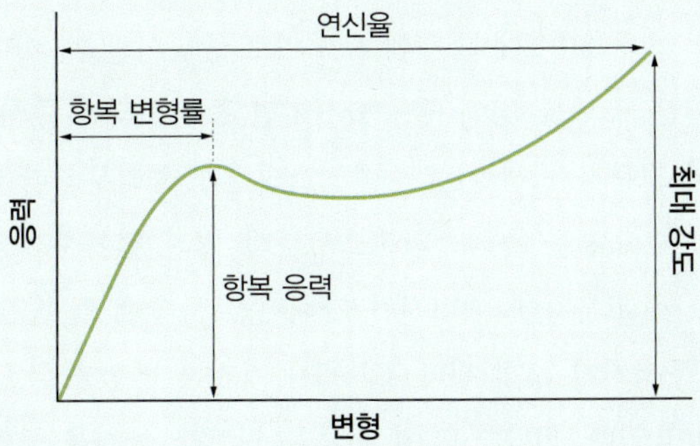

6. 낮은 온도에서 고분자의 비결정 영역은 냉각 상태(frozen state)에 있으며 이때 분자들은 약간씩 진동하지만 많이 움직일 수는 없다. 이러한 상태를 유리 상태(glassy state)라고 하며, 고분자는 유리와 같이 부서지기 쉽고 딱딱하며 뻣뻣하다. 유리 상태에서 고분자에 열을 가하면 고분자 사슬이 서로 주위를 움직이기 시작하여 고분자는 고무와 같이 부드럽고 유연해진다. 이러한 상태를 고무 상태라 한다. 유리 상태에서 고무 상태로 전이할 때 온도를 유리 전이온도(glass transition temperature, T_g)라고 한다. 부분 결정 고분자에서 유리 전이는 비결정 영역에서만 일어나고 결정 영역은 영향을 받지 않고 남아 있다.
7. LDPE는 가지 사슬을 가지고 있어 고분자 사슬이 서로 붙기 어렵기 때문에 밀도가 낮고 결정

구조를 갖기 어렵다. 분자 간 결합력이 약하기 때문에 인장 강도가 낮고 연성이 좋다. LDPE는 일회용 봉투나 장갑, 랩, 종이컵이나 우유상자의 내면 등에 사용된다. HDPE는 가지 사슬이 거의 없다. 선형분자들은 서로 가깝게 붙기 쉬우므로 분자 간 인력이 가지 사슬이 있는 경우보다 강하고 결정 구조를 갖기 쉬우며 인장 강도가 크다. HDPE는 우유병 등 블로성형(blow molding) 제품에 사용된다. LLDPE는 짧은 가지 사슬을 가진 선형 고분자이다. 일반적으로 1-부텐, 1-헥센, 1-옥텐과 같은 올레핀과 에틸렌을 공중합하여 제조하는데, LDPE에 비하여 인장 강도 및 충격 강도가 높고 내천공성(punching resistance)을 갖는다. LLDPE는 병 등에도 사용되지만 억세고 유연하며 비교적 투명하여 연신필름, 랩 등 필름 분야에 더 많이 사용된다.

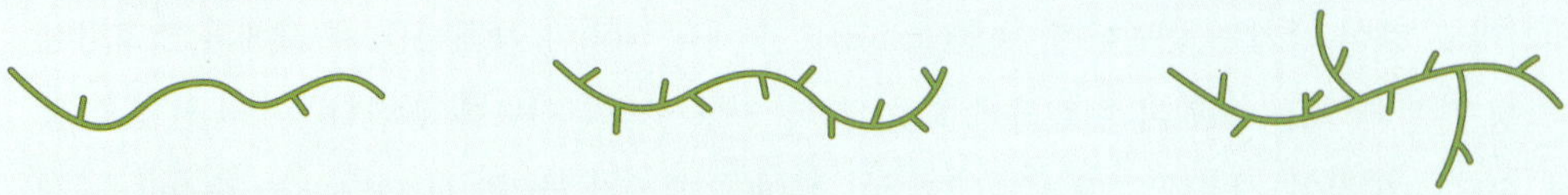

HDPE 짧은 가지 사슬 수가 적음 / LLDPE 짧은 가지 사슬 수가 많음 / LDPE 긴 가지 사슬과 짧은 가지 사슬이 모두 많음

8. PS는 범용 폴리스티렌(general performance polystyrene, GPPS), 내충격 폴리스티렌(high-impact polystyrene, HIPS), 발포 폴리스티렌(expanded polystyrene, EPS) 등으로 나눈다. GPPS는 딱딱하고 부서지기 쉬우며 산소나 수증기 차단성이 좋지 않다. PS는 원래 투명한 플라스틱이나 착색제를 사용하여 색깔을 내며 병, 트레이, 일회용 숟가락이나 포크, 뚜껑 등에 광범위하게 사용되고 있다. HIPS에 스티렌 모노머로 중합시킬 때 이미 중합된 폴리부타디엔(polybutadiene)과 같은 고무를 넣어 공중합시키면 폴리스티렌 주사슬에 부타디엔 사슬이 가지로 결합된 형태의 고분자가 생성된다. 폴리스티렌과 폴리부타디엔은 상용성이 없으므로 폴리부타디엔 가지는 주사슬인 폴리스티렌으로부터 멀리 떨어지려 하기 때문에 상분리 현상이 나타난다. 이때 이 고분자에 에너지가 가해지면 사슬에 붙어 있는 폴리부틸렌이 에너지를 먼저 흡수하여 부서지지 않게 된다. GPPS가 가지는 단점을 극복할 수 있으며 대표적인 용도로는 요구르트병이 있다. EPS는 PS에 거품을 만드는 물질을 불어넣고 발포시켜 만드는데, 이때 펜탄(pentane), 수소화불화탄소(hydrofluorocarbon) 등과 같은 물질이 사용되어 빳빳하고 강한 밀폐 기포 발포체(closed-cell foam)가 만들어진다. EPS는 흰색이며 미리 만들어진 PS 입자(bead)로 만든다. EPS는 트레이, 접시, 대접, 수산물 박스 등에 사용된다. 연신PS(oriented polystyrene, OPS)는 압출PS(extruded PS, XPS) 필름을 연신시켜 만드는데 탁도(haze)를 낮추어 내용이 잘 보이도록 하고 단단함을 증가시킨다. 잘 부서지고 금이 잘 가며 쉽게 찢어지는 단점이 있기는 하지만 PP, PET, HIPS와 같은 플라스틱에 비해 값이 싸고 HIPS나 PP보다는 투명도가 좋다.

참고 문헌

식품의약품안전처. 2017. 기구 및 용기포장의 기준 및 규격.

B. Guemther and H.G. Zachmann. 1983. *Polymer*, 24, 1008.

C. Hall. 1981. *Polymer Materials*, p92-112, p121-152.

Encyclopedia of Polymer Science and Engineering (ed. H.E. Mark), 2nd Edition, John Wiley and Sons, New York, Vol. 12, Polyester Films.

Food Safety and Inspection Service. 2011. Microwave Ovens and Food Safety.

F.W. Harris. 1981. *Journal of Chemical Education*, 58.

J. Alin. 2012. *Migration from Plastic Food Packaging Druing Microwave Heating*.

J.D. Pechold, J. Polym. 1971. *Sci.* C32.

K. Balani, V. Verma, A. Agarwal and R. Narayan. 2015. *Biosurfaces: A Materials Science and Engineering Perspective*, p329-344.

K. Vasanthi. 2017. *Polymer Science* 3, 1:7.

M.C. Boyce, S. Socrate and P.G. Llana. 2000. *Polymer*, 41, 2183.

M.R. Elhanafy. 2016. *Research on Polymers, 4th year Botany and Chemistry*.

M. van den Oever, K. Molenveld, M. van der Zee, H. Bos. 2017. *Bio-based and Biogegradable Plastics-Facts and Figures*.

P.J. Flory. 1953. *Principle of Polymer Chemistry*. Cornell University Press.

P. Shivam. 2016. *Int. Res. J. of Science & Engineering*, 4, p17-26.

R. Klein. 2012. *Laser Welding of Plastics: Materials, Processes and Industrial Applications*, Chapter 1, Wiley-VCH Verlag GmbH & Co. KGaA.

小林恵之助. 1963. 高分子の物性. 化学同人.

高柳素夫. 1963. 高分子の物理. 朝倉書庖.

https://www.wikipedia.org/

CHAPTER 07

플라스틱 필름

Plastic film

PLASTIC FILM

1. 개요

포장packaging 재료의 역할은 기본적으로 물건을 싸는 것이지만 유통이나 수송을 편리하게 하는 기능도 있다. 식품 패키징의 경우는 저장이나 수송 중에 내용물인 식품을 보호하거나 품질을 유지하는 기능이 중요하다. 또한 내용물의 품질을 보존하는 특성 외에도 상품성을 높이는 기능도 요구된다. 이를 위해서는 디자인이나 인쇄를 용이하게 할 수 있는 소재가 필요하다.

식품 패키징 재료에 요구되는 주요 특성으로는 ① 각종 가스나 수증기에 대한 차단성, ② 인장 강도, 충격 강도 등의 강도, ③ 사용되는 온도 영역에서의 안정성, ④ 물과 기름 등 내용물에 대한 안전성, ⑤ 위생성과 안전성, ⑥ 이미나 이취가 적고 향미 성분을 보존할 수 있어야 하는 것, 그리고 ⑦ 개봉성 등 사용 편의성을 들 수 있다.

포장 소재로 사용되는 플라스틱 필름은 경량으로 다양한 특성을 갖고 있으며, 무엇보다 폐기물이 적고 가격이 저렴하다는 점 때문에 많이 이용하고 있다. 플라스틱 필름의 특성은 고분자의 종류 및 구조와 직접 관련이 있다. 고분자는 선상 구조인 열가소성 수지와 3차원 망 구조를 갖는 열경화성 수지로 크게 나뉜다. 포장용 플라스틱 필름의 재료로는 성형 가공이 용이한 열가소성 수지가 주로 사용된다. 열가소성 수지의 고분자 사슬은 주가지와 곁가지에 의해 구성되어 있다. 포장 소재로서 중요한 특성인 내열성, 가스 차단성, 가열 밀봉heat seal성 또는 기계적 성질은 이러한 고분자의 분자 구조에 기인한다. 열가소성 수지는 다시 결정성 고분자와 비결정성 고분자로 나뉜다.

포장용 필름에 사용되는 결정성 고분자는 고밀도 폴리에틸렌HDPE, 저밀도 폴리에틸렌LDPE, 폴리프로필렌PP, 폴리에틸렌 테레프탈레이트PET, 나일론Nylon 6, 에틸렌 비닐 아세테이트EVA, 에틸렌 비닐 알코올EVOH 등이 있다. 비결정성 고분자는 폴리염화비닐PVC이나 폴리스티렌PS을 들 수 있다(PVC는 식품 패키징 용도로는 사용하지 않음). 결정성 고분자에는 녹는점melting point, T_m이 존재하지만, 비결정성 고분자에는 녹는점이 존재하지 않는다. 결정성 고분자의 탄성률은 비결정성 고분자와는 달리 T_g를 넘어서도 높은 값을 유지하기 때문에 포장용 필름으로 충분한 역학적 특성을 지속할 수 있다. 비결정성 고분자에서 분자는 무질서한 상태로 존재하지만 결정성 고분자는 분자가 규칙적으로 늘어서 있는 결정 영역과 불규칙한 상태로 존재하는 비결정성amorphous 영역으로 이루어져 있다.

결정화도crystallinity는 결정부의 총량을 백분율로 표시한 것으로, 필름과 같은 고분자 성형품의 결정화도는 결정화 조건, 즉 성형 조건에 따라 크게 다르다. 결정화도는 충격 강도 등의 재료 강도, 가스 차단, 내열성, 투명성 등 물성과 깊은 관계에 있다.

고분자는 분자 사슬 방향으로 공유결합으로 연결되어 있기 때문에 표 7-1과 같이 결정의 탄성률은 분자축 방향과 그리고 수직인 방향에서는 크게 다르다. 따라서 분자 배향 시 기계적 강도 등 물성이 크게 영향을 받는다. 또한 배향 형식에 의해 물성의 이방성이 발생한다. 필름 성형 시 성형 온도와 응력 등에 의해 분자 배향을 구현할 수 있다. 따라서 원하는 물성을 얻으려면 성형 시의 냉각 조건과 연신 조건을 조절함으로써 분자 배향을 제어할 필요가 있다.

표 7-1 고분자 결정의 탄성률과 결정 면에 수직 방향의 인장 탄성률 측정값의 예

고분자의 종류	분자축 방향의 탄성률×10^{10}(dyne/cm^2)	분자축에 수직인 방향의 탄성률×10^{10}(dyne/cm^2)
폴리에틸렌(PE)	240	3.9
폴리프로필렌(PP)	42	3.2
폴리비닐알코올(PVA)	255	8.9

플라스틱 필름은 크게 무연신 필름과 연신 필름으로 구별된다. 이것은 필름을 구성하는 플라스틱 고분자의 분자 배향이 있느냐 없느냐를 구별하는 분류로, 연신을 하느냐 하지 않느냐에 따라 같은 종류의 플라스틱이라도 물성 차이가 크다. 일반적으로 식

품 패키징에 사용되는 무연신 필름으로는 CPPcasted polypropylene 필름, LDPE 필름, LLDPE 필름, HDPE 필름, EVA 필름 등이 있으며, 주로 가열밀봉 용도로 사용된다. 연신 필름은 보통 이축연신 필름을 말하며, OPEToriented PET 필름, OPPoriented PP 필름, 연신 나일론oriented Nylon 필름, OPSoriented PS 필름 등이 있다. 기계적인 강도와 인쇄성이 우수하기 때문에 주로 표면층에 이면 인쇄reverse printing와 함께 사용하거나 열수축 필름(OPS 필름의 경우)에 사용된다.

2. 무연신 필름

연신된 필름과 구별하기 위해 연신하지 않은 필름을 무연신 필름이라고 한다. 무연신 필름은 분자의 배열이 정렬되지 않은 무정형amorphous 상태로 용융, 압출되어 만들어지기 때문에 열 접착성이 우수하다. 따라서 필름 포장재의 내면 열 접착 용도로 많이 쓰인다.

1) 무연신 필름의 제조 방법

무연신 필름은 압출extrusion 방법에 따라 인플레이션법inflation method(circular die를 사용)과 T-다이 주조법T-die casting method으로 나뉜다. 인플레이션법에 의해 만들어지는 필름을 블로 필름blown film이라 하며, T-다이법에 의해 만들어지는 필름을 캐스팅casting 필름이라고 한다.

용어 설명

- Orient(연신) : 일축연신(一軸延伸, Uniaxually orient), 이축연신(二軸延伸, Biaxially orient)
- T-die : 합성 수지를 압출하는 슬릿(그림)
- Cast : T-die로부터 용융 압출하는 것
- Lamination : 적층(積層), 접합
- Extrusion : 압출
- Co-extrusion(공압출) : 2대 이상의 압출기(extruder)를 사용하여 각각의 용융 수지를 동시에 압출, 복수 층의 필름을 성형하는 것

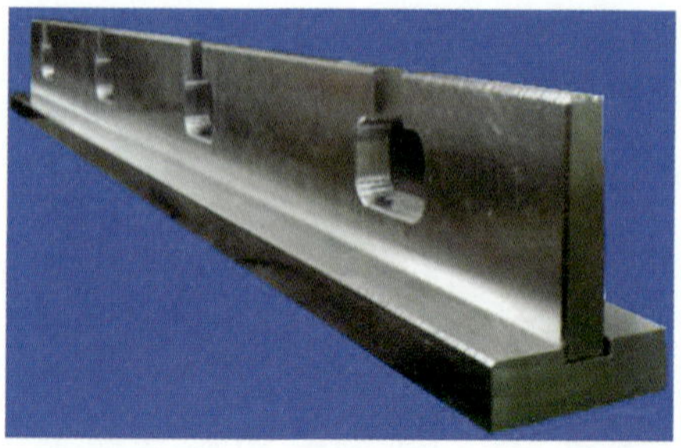

(1) 인플레이션법에 의한 필름 제조

인플레이션법에 의해 만들어지는 블로 필름은 원형 다이circular die를 통해 압출되면서 필름이 마치 풍선처럼 원통형 버블을 형성하며 위로 상승하여 냉각되기 때문에 붙여진 이름이다(그림 7-1).

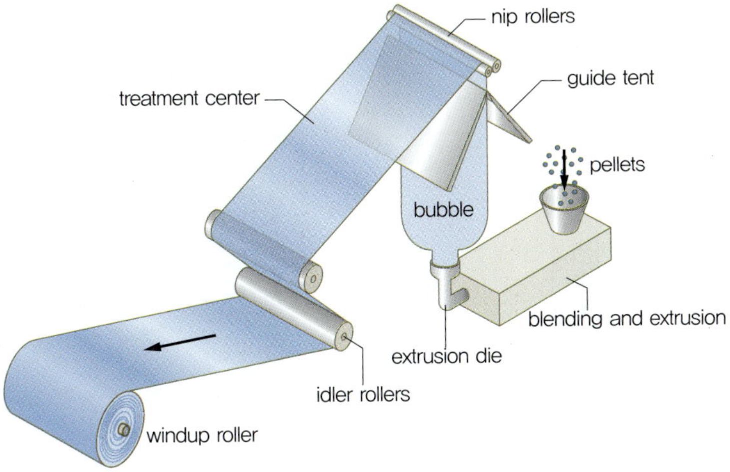

그림 7-1 **인플레이션법 공정도**

먼저, 수지가 압출되는 압출 파트extrusion part는 플라스틱 수지pellet의 건조drying → hopper로 투입 → 스크루screw 내에서 용융 → 노즐nozzle을 통해 압출의 순서로 진행된다(그림 7-2).

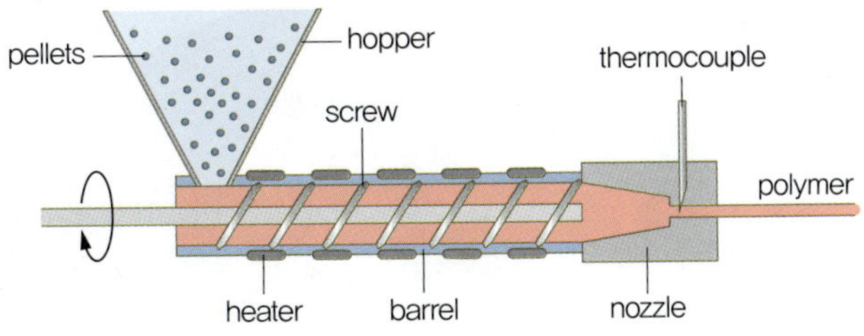

그림 7-2 **압출 파트의 구성**

충분히 건조된 플라스틱 수지는 호퍼로 투입되어 중력에 의해 스크루로 넘어간다. 천천히 전진하는 스크루 내에서 수지는 전기 히터에 의해 용융되며, 용융된 수지는 스크루에 의해 밀려나가면서 노즐을 통해 압출되는데 이 노즐을 '다이die'라고 한다. 인플레이션법의 경우 다이는 둥근 링 형태를 띠고 있어서 이를 원형 다이라고 하며 단층 또는 다층이 가능하다. 다층 필름을 제막하는 다이의 예를 그림 7-3에 나타내었다. 그림 7-3의 (a)는 3층의 필름을, (b)는 9층의 필름을 만들 수 있다.

(a) 200~1,000 mm 지름을 갖는 3층 구조 다이

(b) 500~2,000 mm의 지름을 갖는 9층 구조 다이

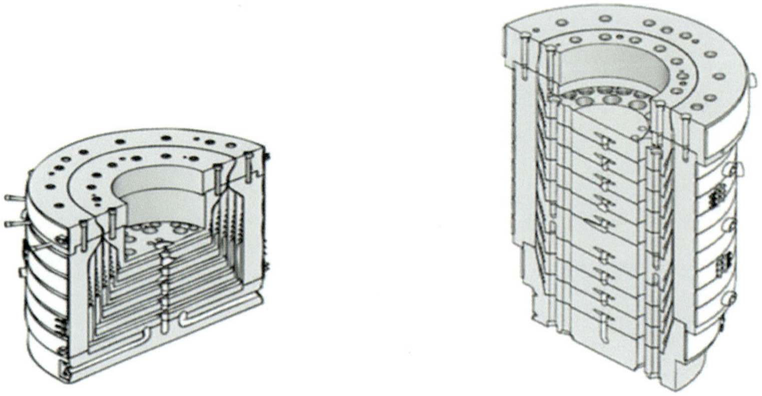

그림 7-3 **다층 필름을 성형하는 원형 다이의 예**

인플레이션법에서 원형 다이를 통해 압출된 플라스틱은 필름을 형성하기 위해 공기의 흐름에 의해 제어된다. 원형 다이와 결합되어 공기의 흐름을 제어하는 장치를 '에어 링air ring'이라고 한다(그림 7-4). 에어 링의 역할은 내부에 일정한 압력으로 공기를 송풍

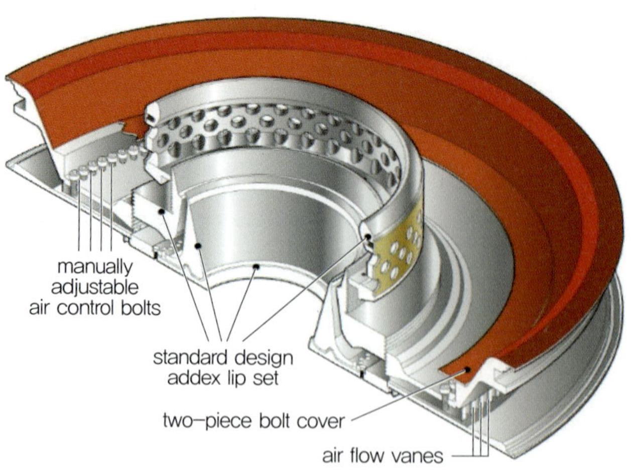

그림 7-4 **원형 다이와 결합된 에어 링의 구조 예**

하여 압출된 수지의 버블bubble 형성을 돕고, 버블 외부에 공기 흐름을 만들어 필름 표면의 냉각을 조절함과 동시에 제막되는 필름 두께를 조절하는 데 있다.

공기 조절은 센서 및 컴퓨터와 연결되어 미세하게 조절된다. 공기는 필름의 두께뿐만 아니라 냉각 속도를 제어하여 결정화도를 조절하는 수단이다. 따라서 필름의 품질에 큰 영향을 미친다. 내부 공기압과 외부의 공기 흐름에 의해 제어되는 이 시스템은 블로 필름의 물성을 좌우하는 가장 중요한 장치이다(그림 7-5).

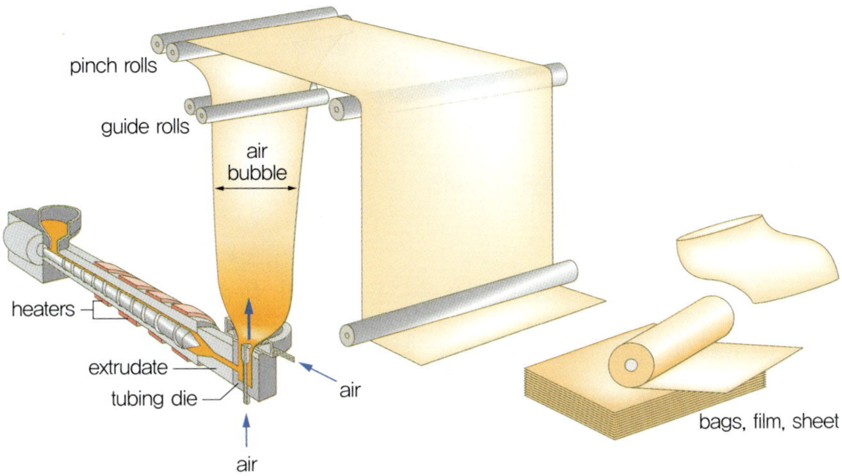

그림 7-5 **에어 링에 의한 내부/외부 공기의 흐름과 버블 제어**

버블을 형성하며 상승한 필름의 상부는 냉각이 완료된 상태이며 Nip Roll에서 접혀 방출된다. 따라서 인플레이션법에 의해 만들어진 필름은 기본적으로 원통형의 두 겹이다. 이 필름을 잘라 한 겹의 필름으로 만드는 공정이 후에 추가된다.

(2) T-다이법에 의한 필름의 제조

보통 T-다이법에 의해 만들어지는 필름을 T-다이 필름 또는 캐스팅 필름이라고 한다. 이 필름은 수평으로 놓인 설비를 통해 만들어지며 압출된 수지가 나오는 다이가 'T' 자 형태로 되어 있어 'T-다이법'이라고 한다. 수지가 압출되는 압출 파트의 공정은 인플레이션법과 동일하나 다이에서부터 공정에 차이가 난다(그림 7-6).

T-다이에서 압출된 수지가 다이로 배분되어 들어가는 부분을 피드블럭feedblock이라 하며, 이것은 매니폴드 모듈manifold module, 피드포트 모듈feedport module, 전환 모듈

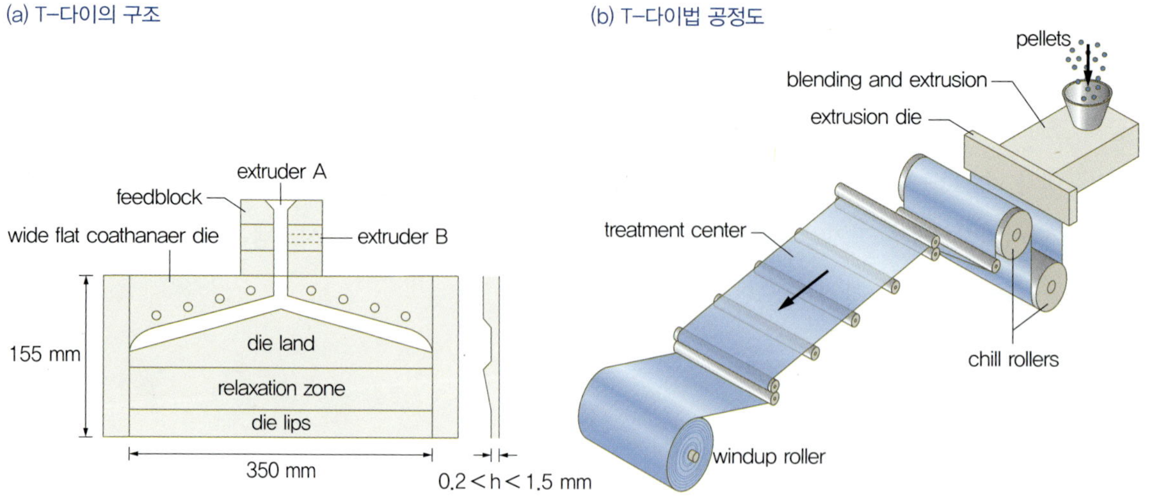

그림 7-6 T-다이법

transition module의 3가지로 구성된다. 피드블럭을 통과한 용융된 수지는 T자 형태의 다이를 통과하면서 넓게 펴져서 얇고 고른 두께로 압출된다.

인플레이션법에서는 공기에 의해 냉각이 이루어지는 반면에, T-다이법에서는 냉각 롤에 의해서 압출된 필름이 냉각된다. 따라서 결정화도가 낮고 매끈한 표면의 필름의 제조가 가능하다. T-다이법으로 제조된 필름은 매우 얇은 두께(30 ㎛ 이하)에서도 균일한 두께의 필름을 만들 수 있다. 매우 투명하고 폭이 큰 필름 제조에 적당하다. 인플레이션법과 T-다이법에 의해 제조된 필름의 특징과 장단점을 표 7-2에 나타내었다.

표 7-2 블로 필름과 캐스팅 필름의 특성 비교

블로 필름(Blown Film) 인플레이션법에 의한 제조	캐스팅 필름(Casting Film) T-다이법에 의한 제조
• 견고(tough)하고 복원력이 뛰어남(단단하고 잘 늘어나지 않음) • 공기에 의해 천천히 냉각되기 때문에 투명도가 떨어짐 • 표면이 거칠어 인쇄(바코드 등)에 불리 • 두께 편차가 큰 편이며, 결정화도 제어가 어려움 • 소규모 생산에 적합하고, 생산 설비가 저렴 • 래핑 필름(wrapping film) 등의 제조에 많이 사용	• 부드럽고(soft) 잘 늘어남 • 냉각 롤을 사용할 수 있어 투명도가 매우 우수함 • 광택도가 좋고 표면이 매끄러워 인쇄에 유리 • 두께 편차가 적으며, 결정화도 제어에 유리함 • 생산 설비가 비쌈 • 얇은 두께의 다층 필름 라미네이션 용도로 많이 사용

2) 소재에 따른 무연신 필름의 종류

(1) 폴리에틸렌 필름

폴리에틸렌polyethylene, PE은 밀도 차이에 의해 저밀도 PElow density PE, LDPE, 중밀도 PEmiddle density PE, MDPE, 고밀도 PEhigh density PE, HDPE로 분류한다. 고압법으로 제조되는 LDPE는 그림 7-7 (a)에 나타나듯이 긴 사슬 분기가 많은 구조를 가지기 때문에 결정화가 저해되어 밀도가 낮다. HDPE는 그림 7-7 (c)와 같이 곧은 사슬 모양이며 분기는 짧은 사슬로 적기 때문에 결정화도는 높다. 한편, α-올레핀과의 공중합에 의해 만들어지는 선상 저밀도 PElinear low density PE, LLDPE은 그림 7-7 (b)에 나타나듯이 고압법 PE와 달리 저밀도이면서 분자 구조는 선상이다. α-올레핀의 종류와 수를 제어함으로써 고압법 LDPE와 HDPE의 중간적 구조의 여러 특성을 갖는 LLDPE를 얻을 수 있다. 필름 등의 성형품에서는 단위 격자의 결정이 형성되지만, 짧은 사슬 분기의 메틸기가 어느 정도 이 결정 격자 내에 삽입되어 결정 격자를 줄인다. 그러나, 부틸기(C4) 이상의 분지는 결정 격자 내에 삽입되기 어렵다.

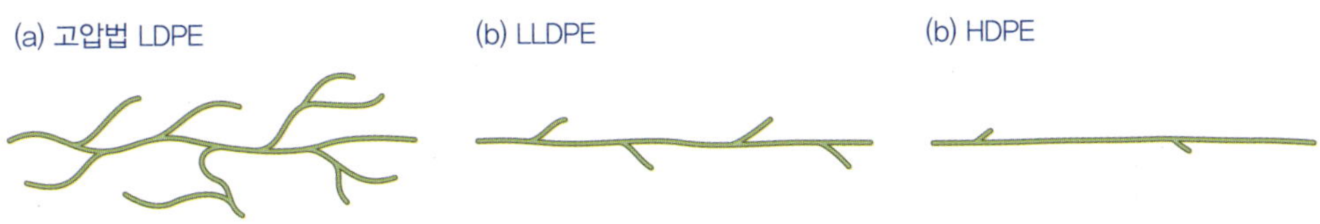

그림 7-7 **종류에 따른 PE의 분자 형태**

표 7-3 밀도에 따른 폴리에틸렌의 구분과 용도

명칭	밀도(g/cm³)	응용
저밀도 폴리프로필렌(Low Density Polyethylene, LDPE)	0.91~0.92	필름, 튜브, 연질 캡
선상 저밀도 폴리프로필렌(Linear Low Density Polyethylene, LLDPE)	0.92	필름
중밀도 폴리프로필렌(Middle Density Polyethylene, MDPE)	0.93 내외	-
고밀도 폴리프로필렌(High Density Polyethylene, HDPE)	0.94~0.96	필름, 용기, 캡

PE의 녹는점은 결정의 불완전성 정도에 따라 다르지만 LDPE는 100~110℃, LLDPE는 120~124℃, HDPE는 120~130℃ 정도이다. 일반적으로 PE 필름은 PP 필름보다 투명하고 내열성이 떨어지지만 내충격성은 우수하다. 특히 C6이나 C8 등 고급 α-올레핀

α-olefin을 공중합 성분으로 한 LLDPE의 내충격성은 뛰어나다. 이것은 분자가 용융 상태로부터 냉각되어 결정화가 진행되는 과정에서 라멜라lamella 결정을 연결하는 결합분자Tie-molecule가 형성되기 쉽기 때문이다.

LLDPE의 종류는 LLDPE의 분지를 구성하는 구성 요소에 따라 나누어지며, 분지를 구성하는 α-올레핀은 부텐-1butene-1(CH_2=CH-CH_2-CH_3), 헥센-1hexene-1,〔CH_2=CH-$(CH_2)_3$-CH_3〕, 4-메틸펜텐4-methylpentene〔CH_2=CH-CH_2-CH-$(CH_3)_2$〕, 옥탄-1octane-1〔CH_2=CH-$(CH_2)_5$-CH_3〕 등이 있다. 분지의 탄소 수carbon number에 따라 약어로 C4, C6, C8의 LLDPE로 불린다.

LDPE 필름은 유연하고 부드러운 특성을 가지므로 많은 제품의 외포 또는 가벼운 식품의 포장재로 많이 쓰이고 있다. 하지만 강도가 약하기 때문에 액체 식품 패키징이나

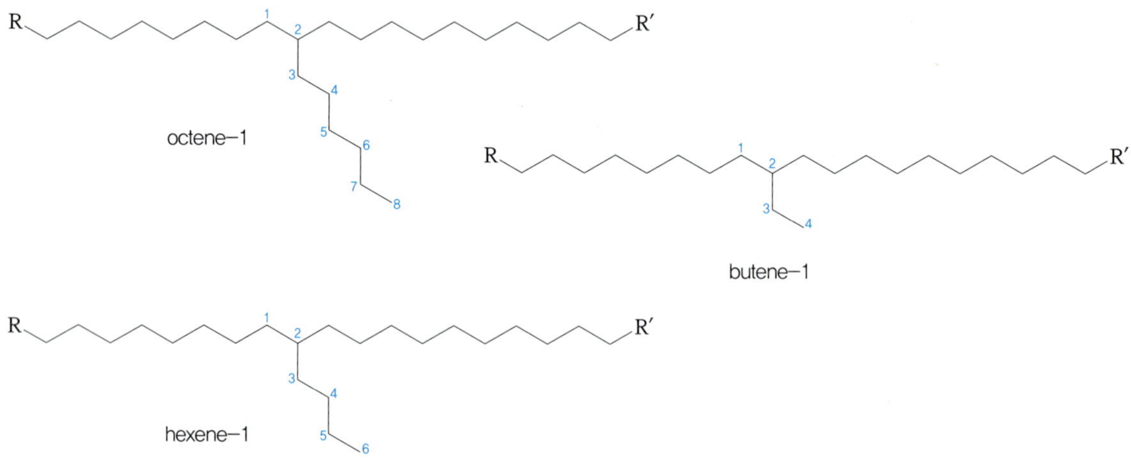

그림 7-8 분지의 탄소 수에 따른 LLDPE의 구분

고압법에 의한 LDPE의 제조

LDPE는 1930년대 영국의 ICI에 의해 고압공정(high pressure process)으로 처음 제조되었다. 그들은 에틸렌 가스를 저농도의 산소 조건하에서 높은 압력으로 가열하면 백색 고체로 전환될 수 있다는 것을 발견하였다.

$$\xrightarrow[< 10 \text{ ppm oxygen}]{\text{ethylene} +} \boxed{\begin{matrix} 1{,}000 \sim 3{,}000 \text{ bar} \\ 80 \sim 300^\circ\text{C} \end{matrix}} \longrightarrow \text{polyethylene}$$

만들어지는 분자들은 무작위적으로 넓은 범위의 분자량을 갖고 있으며, 반응 조건을 조절하여 분자량 및 분자량 분포를 조절할 수 있다. 분자들은 매우 가지가 많은 형태를 띠게 된다(at intervals of 20~50 carbons).

표 7-4 LLDPE의 종류에 따른 물성 비교

필름 특성	LLDPE		LDPE
	C4	C6, C8	
투명성	○	○~△	○
열접착 강도	○~△	◎	△
강성	◎	◎	○
불순물 밀봉성	○	◎	△
충격 강도	○	◎	△
천공 강도	○	○	△
내핀홀성	○	◎	△
내응력균열성	○	◎	△
내열성	○	○	○~△

* ◎ : 아주 좋음 ○ : 좋음 △ : 좋지도 나쁘지도 않음 × : 나쁨

무거운 제품의 패키징에는 잘 사용하지 않는다.

LLDPE 필름은 필름 포장재로, 그리고 열 접착 필름으로 기계적 강도가 매우 우수하기 때문에 다층 필름의 라미네이션 용도로 폭넓게 사용된다. 또한 저온 내충격성이 우수하여 냉장식품, 냉동식품 및 레토르트 처리를 하지 않는 액상 식품에도 쓰인다.

HDPE 필름은 빳빳하고 강인하며 잘 늘어나지 않는 특성으로 무연신 필름으로서는 가장 인쇄에 적합하다. 그러나 열 접착 특성이 그리 좋지 않아서 제한적으로 사용된다. 정사면체 형태의 우유 포장에 사용된다.

(2) 폴리프로필렌 필름

폴리프로필렌polypropylene, PP은 단량체monomer를 지글러-나타Ziegler-Natta 촉매와 접촉시켜 상온~80℃, 3~10 kg/cm^{2}에서 중합하여 얻으며, PE와는 다음과 같은 물성 차이를 보인다.

- PE보다 투명하다.
- HDPE보다 밀도가 낮다(0.9 g/cm^3).
- PE보다 내열성〔녹는점 : PP(165℃), LDPE(105℃), HDPE(130℃)〕이 있다.
- PE보다 저온 내충격성이 나쁘다.
- PE보다 잘 부서진다.

폴리프로필렌은 프로필렌이 직선상에 결합한 고분자로, PE과 달리 분자 사슬에 1개 간격으로 메틸기 사슬이 붙어 있다. 이 곁사슬의 입체 배치가 PP의 성질에 큰 영향을 미친다. 현재 공업적으로 생산되고 있는 PP은 결정성이 높고 역학적 성질이 뛰어난 이소택틱 폴리프로필렌isotactic polypropylene, itPP이다.

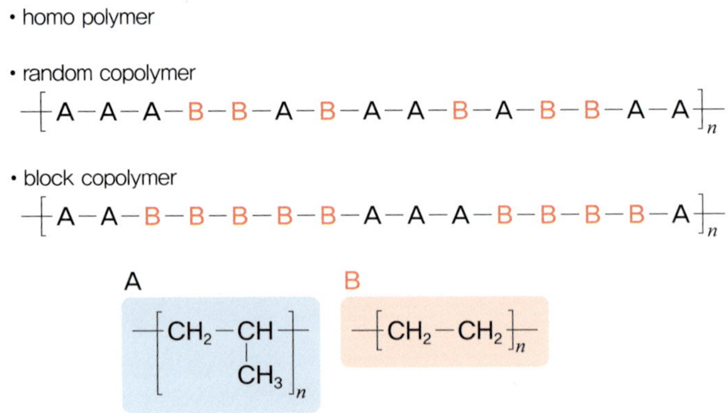

그림 7-9 단량체 배열에 따른 PP의 종류

PP는 유리 전이온도T_g가 -4℃ 부근이며, PP 필름은 겨울철에 종종 파손이 발생한다. 이러한 저온에서의 내충격성을 개량하기 위해 에틸렌 등과 공중합화가 이루어졌으며, 호모폴리머homopolymer, 랜덤 공중합체random copolymer, 블록 공중합체block copolymer의 3가지 종류가 있다(그림 7-9 참조). 블록 공중합체는 내충격성, 내열성이 뛰어나 많이 사용하고 있지만, 특유의 불균일성 때문에 필름 제막 공정에서 피시아이fish eye 등이 잘 발생한다. 따라서 필름용 블록 공중합체 PP은 고분자 영역이 균일하게 제어된 수지를 사용해야 한다. 레토르트 파우치에 사용되는 PP 필름은 고도의 내충격성이 요구되기 때문에 내충격성이 좋은 블록 공중합체 필름을 사용하고 있다. 반면 국수나 과자 포장

PP 종류에 따른 주요 물성 비교

- 인장 강도 : 호모폴리머(Homopolymer) > 블록 공중합체(Block copolymer) > 랜덤 공중합체(Random copolymer)
- 내충격성 : Block copolymer > Random copolymer > Homopolymer
- 투명성 : Random copolymer > Homopolymer > Block copolymer
- 광택 : Homopolymer > Random copolymer > Block copolymer
- 표면 경도 : Homopolymer > Block copolymer > Random copolymer

재와 같이 투명성이 요구되는 경우에는 호머폴리머를 쓴다.

(3) 에틸렌비닐 아세테이트 필름

에틸렌비닐 아세테이트ethylene vinyl acetate, EVA와 LLDPE은 둘 다 에틸렌을 기반으로 하는 공중합체이지만, EVA는 에틸렌과 비닐 아세테이트VA($CH_3COOH=CH_2$)의 공중합체이고 LLDPE은 에틸렌과 α-올레핀[예를 들어 부텐-1($CH_2=CH-CH_2-CH_3$)]의 공중합체라는 구조적 차이가 있다.

EVA 수지의 성질은 VA의 함량에 따라 좌우되나 LLDPE 수지의 성질은 α-올레핀의 유형과 그 함량에 의해 좌우된다(표 7-5).

표 7-5 실런트(sealant)로서의 EVA와 LLDPE 필름의 물성 비교

필름 특성		EVA		LLDPE	
		VA 6%	VA 10%	C4	C6, C8
열 접착성	열 접착 강도	○	○	◎	◎
	저온 열 접착성	○	◎	△	○
	핫 택(Hot Tack)성	△	×	◎	◎
내열성(Boiling)		△	×	○	○
천공 강도		○	○	◎	◎
투명성		△	△	○	○
이미, 이취		△	×	○	○
내압 강도		×	×	○	◎
Stiffness		△	△	◎	◎

* ◎ : 아주 좋음 ○ : 좋음 △ : 좋지도 나쁘지도 않음 × : 나쁨

EVA는 LLDPE보다 저온에서 열 접착성이 우수하고 부드럽다는 특징이 있어서 포장 기계를 고속으로 운전해야 하는 경우 또는 부드러운 재질로 설계할 경우에 사용할 수 있으나, 그 밖의 물성은 오히려 LLDPE 쪽에 장점이 더 많다. 특히 옥탄계 LLDPE은 저온 열 접착성도 우수하기 때문에 냉면 육수 등 고속 액체 식품의 패키징 용도로만 제한적으로 사용되고 있다. 이외의 용도로는 광범위한 열 접착 특성으로 여러 가지 재질의 용기 뚜껑으로 사용되는 리드 필름의 EPLEasy Peel-able Layer로 사용이 되기도 한다.

(4) 산 공중합체

산 공중합체acid copolymer는 에틸렌-아크릴산ethylene-acrylic acid, EAA 공중합체와 에틸렌-메틸아크릴산ethylene-methylacrylic acid, EMAA 공중합체 등이 있다. EAA, EMAA는 카복실산carboxylic acid 기를 갖고 있기 때문에 보통 산 공중합체라고 하며, 상업적으로는 4~12%의 산 함량을 가진 중합체가 사용된다.

표 7-6 산 공중합체의 종류와 기본 물성

종 류	코모노머(Co-Monomer)	산 함량(%)	녹는점(MP, ℃)	밀도
EAA	CH_2=CHCOOH	4~9	103~107	0.924~0.940
EMAA	CH_2=C(CH_3)COOH	4~12	94~98	0.93~0.94

국내에는 듀폰Dupont의 'Nucrel'로 잘 알려진 이 중합체는 압출, 사출성형injection molding, 블로 필름blow film, 접착제adhesives, 그리고 실런트sealant(열 접착 필름)로 사용된다. 저온에서의 열 접착 특성이 우수하여 일회용 케첩이나 소스 포장의 내면 실런트로 사용된다. EAA와 EMAA 모두 산(-COOH)에 의하여 낮은 녹는점과 함께 저온에서 열 접착이 가능하며, 금속(알루미늄 포일 등)과의 접착력이 매우 우수하여 별도의 AC 처리 없이 압출할 수 있다는 장점이 있다. 또한 이들의 수소 결합(그림 7-10)으로 인하여 용융 점도가 크며, 따라서 핫 택Hot Tack성이 우수하다.

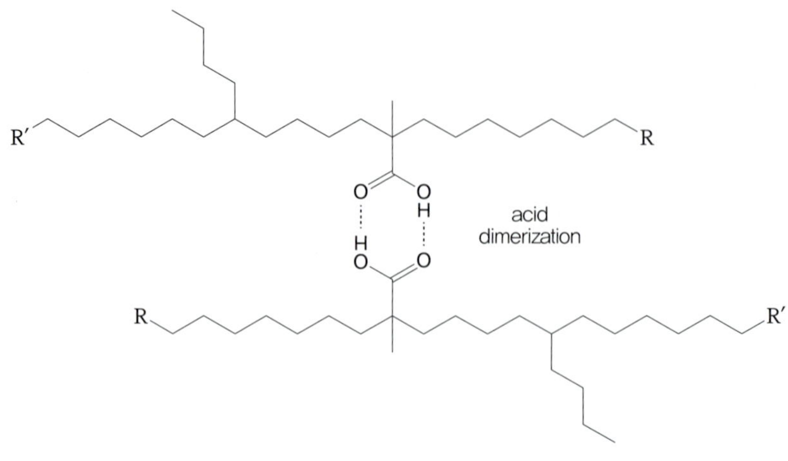

그림 7-10 EAA와 EMAA의 기본적인 구조와 분자 간 수소결합

EAA와 EMAA 필름의 물성은 각각 산의 함량이 얼마나 되느냐에 의해, 그리고 각각의 수지가 갖고 있는 용융 흐름지수melt index, MI에 의해 좌우된다. 산의 함량이 증가하면 녹는점melting point과 internal haze가 감소하며, 용융 인장 강도melt tensile strength와 핫 택Hot Tack성, 불순물 씰성, 접착성(알루미늄 포일 등과의) 등이 증가한다. 용융 흐름지수MI가 증가하면 인장 강도와 내응력 저항성stress crack resistance은 물론이고, 표면의 습윤성wettability이 증가하며, 압출 코팅 수지의 neck-in 현상이 감소하게 된다.

표 7-7 산의 함량과 MI에 따른 산 공중합체의 접착성 비교

필름 \ 물성	Acid wt%	MI(dg/min)	Hot Tack성	초기 열 접착 온도	포일/나일론 접착성
EAA	7	7	○	Low	○~◎
	9	10	○~◎	Low	◎
EMAA	4	7	△	Medium	△
	4	3	△	Medium	△
	8.7	10	○	Low	○~◎
	12	13.5	○~◎	Very Low	◎
LDPE			×	High	×
LLDPE			○	Very High	×
m-LLDPE (Low monomer)			○	Med~High	×
m-LLDPE (High monomer)			○~◎	Low	×

* ◎ : 아주 좋음　○ : 좋음　△ : 좋지도 나쁘지도 않음　× : 나쁨

EAA와 EMAA의 차이점을 비교하면 EAA는 같은 산 mole% 수준의 EMAA보다 알루미늄 포일에 더 잘 접착하는 성질이 있으며, 열 접착면에 오일 등이 존재하더라도 접착이 잘 되는 편이다. EMAA는 압출이 EAA보다 비교적 잘되고, 퍼징purging도 잘되는 편이며 이취odor도 적은 편이다(일반적으로 EMAA는 압출 가공이 용이한 편이며, EAA는 알루미늄 포일 접착 능력이 좋고, 기름이나 액상 식품의 실런트로 적합).

용융 흐름지수Melt Index, MI

용융 흐름지수(MI)는 ASTM D 1238에 의한 정의를 살펴보면 수지의 흐름성 척도로, 일정 온도와 하중에서 규정된 오르피스(orifice)을 통해 10분 동안 압출된 수지의 중량(g)이다. MI가 증가되면 유동성이 증가하며, 이는 중합체의 분자량이 감소한다는 의미이다.

핫 택Hot tack성

열 간 박리 강도라고도 한다. 열 접착 시 씰 바(seal bar)의 인력에 의해 유발되는 열 접착 부위의 박리(그림 참조)에 대한 저항성을 말한다.

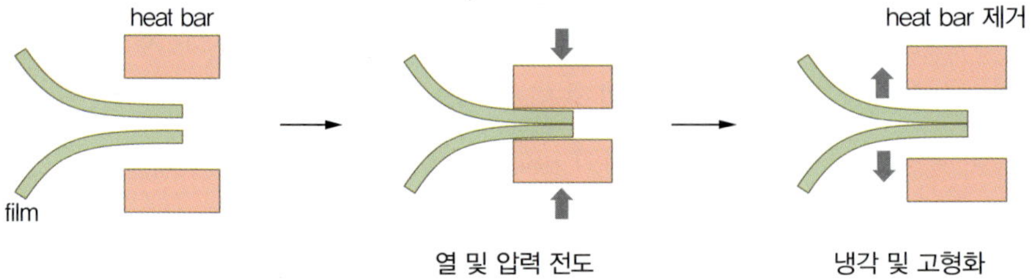

(5) Ionomer

아이오노머ionomer는 'Surlyn'이라는 듀폰사의 상품명으로 더 잘 알려져 있다. EMAA 등을 기반으로 이온 가교를 시켜 특별한 물성을 부여한 필름으로, 가교를 구성하는 금속이온의 종류, 함량, MI에 따라 많은 물성 차이를 나타낸다. 아이오노머는 불순물 씰성(특히 분체 식품), 핫 택성, 저온 밀봉성, 각종 필름과의 접착성, 내스트레스성 및 내핀 홀성 등 많은 장점을 가지고 있다. 아이오노머에는 가교에 사용되는 이온에 따라 Zn^{2+}와 Na^{+}계 그리고 Mg^{2+}, Li^{+}, K^{+}이 있는데, 이 중 Zn^{2+}와 Na^{+}계 아이오노머가 식품 패키징 용도로 사용된다. 주로 필름보다는 압출 코팅으로 많이 사용한다.

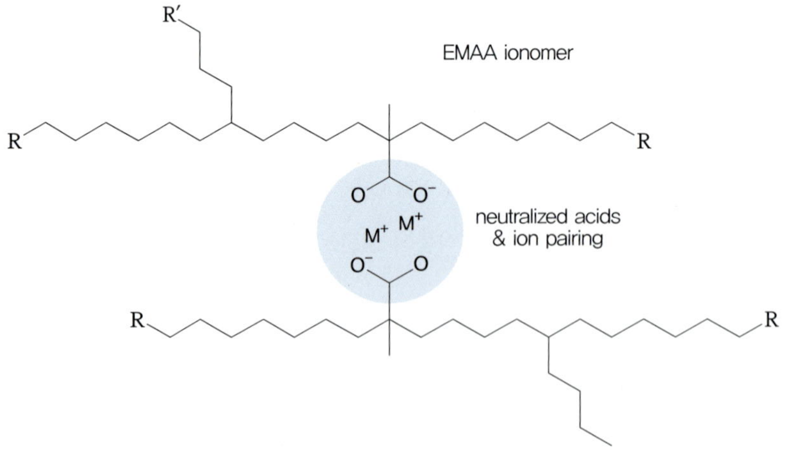

그림 7-11 **아이오노머(Ionomer)의 기본적인 이온 결합 구조**

구조에 있어서 아이오노머는 EMAA 분자의 -COOH의 말단에 금속이온이 치환된 형태로, 인접한 다른 분자와 이온 결합을 하고 있다. 금속이온은 Zn(아연), Na(나트륨, 소듐) 등이 사용된다.

액상 및 분체 식품에 각각 적합한 무연신 필름

내용물이 액상일 경우에 LLDPE과 EAA가 가장 우선적으로 고려되고, 분말일 경우는 아이오노머와 EMAA를 우선적으로 고려한다. 내용물이 포장재를 뚫을 수 있게 단단하고 뾰족하거나, 또는 액상이거나 부드러워 구겨지기 쉬운 경우는 다음 사항을 고려한다.

필름의 종류에 따른 핀 홀 강도

구분	LDPE	CPP	LLDPE	EAA	EMAA	Ionomer
찔림 핀 홀 강도	×	○	○	○	○	◎
구겨짐 핀 홀 강도	×	◎	◎	◎	○	○

* ◎ : 아주 좋음　○ : 좋음　× : 나쁨

유통 온도가 얼마나 되는지도 선택의 요소가 될 수 있다. 액상 식품의 경우 낙하 충격 강도가 필요한데, 필름에 따라서는 저온에서 급격하게 충격 강도가 저하되는 필름이 있다(CPP 등). 따라서 해당 제품의 유통 조건을 잘 살펴봐야 한다.

유통 온도에 따른 필름의 충격 강도 비교

유통 온도	LDPE	CPP	LLDPE	EAA	EMAA	Ionomer
0℃	◎	△~×	◎	◎	◎	◎
-20℃	○	×	◎	◎	◎	◎

* ◎ : 아주 좋음　○ : 좋음　△ : 좋지도 나쁘지도 않음　× : 나쁨

고속 생산이 필요한 일회용 소스 등의 경우 열 접착 불량을 줄이고 저온 열 접착을 하기 위하여 EAA, EMAA가 고려될 수 있다.

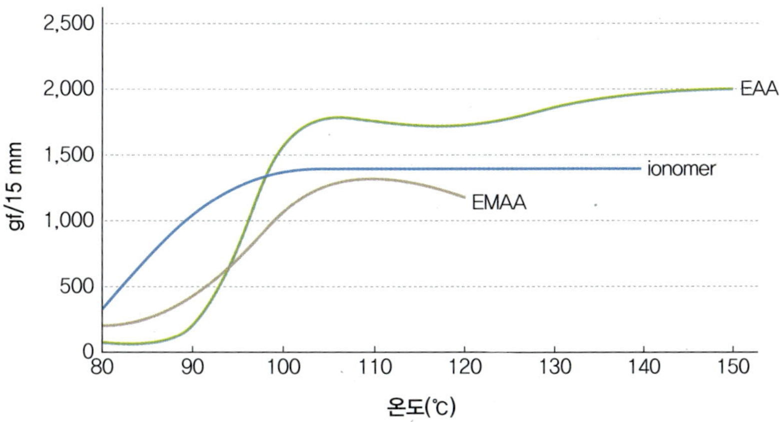

필름 종류에 따른 열 접착 온도와 열 접착 강도

아이오노머의 물성은 금속이온의 종류와 함량에 따라 달라지는데, 금속 양이온을 많이 첨가할수록 수지의 녹는점이 감소하며, 흡습성(수분 흡수 욕구)은 증가한다. 또한 특정 양이온과의 이온 결합이 가지고 있는 고유의 특성이 증가한다.

(6) 알루미늄 증착 CPP 필름

알루미늄을 고진공 상태에서 가열하면 알루미늄은 액체로 용융하는 것이 아니라 기화evaporation하며, 여기에 전기장을 걸면 기체 상태의 알루미늄은 음극을 향해 이동한다. 이러한 원리를 이용하여 기화된 알루미늄을 CPP 필름 표면에 물리적으로 코팅한 필름을 알루미늄 증착 CPP 필름vacuum metalized CPP film, VM-CPP film이라고 한다.

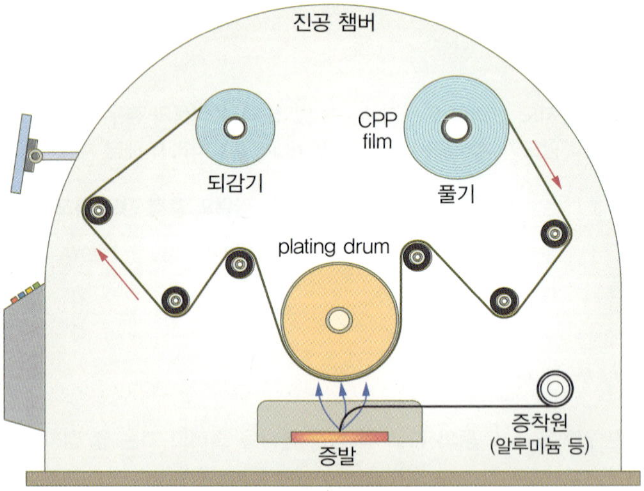

그림 7-12 **VM-CPP 필름의 제조공정**

증착 과정은 물리적으로 알루미늄 원자들이 필름에 부착되는 과정으로, 증착막과의 층간 접착력은 약한 편이다. 따라서 바람직한 증착층과의 접착 강도를 얻기 위해서는 반드시 적절한 프라이머primer 처리가 필요하다. 알루미늄 증착 CPP 필름은 알루미늄 포일과 같은 금속 광택을 가지면서도 필름처럼 유연성이 있는데 이는 알루미늄의 증착막 두께가 불과 수십 nm에 불과하기 때문이다. 또한 알루미늄 포일보다 저렴하다는 장점도 있다. 알루미늄이 증착된 VM-CPP 필름은 효과적으로 자외선과 가시광선을 차단함과 동시에 방습성도 뛰어나다. 따라서 건조식품, 라면 등의 포장에 많이 활용된다.

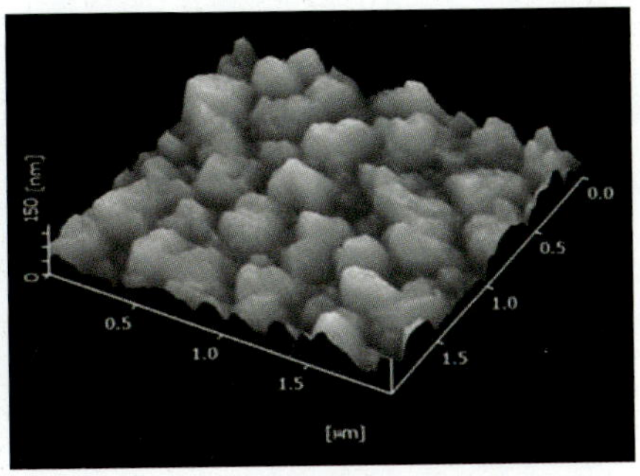

10.4 nm　　32.0 nm

그림 7-13 표면 평균 제곱의 거칠기가 다른 고분자 필름에 증착된 알루미늄의 AFM

알루미늄 증착 필름은 기재 필름의 재질에 따라 기체 차단성에 차이가 있다. 일반적으로 VM-CPP 필름보다는 VM-PET 필름이 기체 차단성이 더 뛰어나다.

표 7-8 알루미늄 증착 필름의 산소 및 수증기 차단성

종류	두께(μm)	구분	OTR (cc/m²·day·atm)	WVTR (g/m²·day)
VM-CPP	30	일반	30	1
	30	고밀도	10	0.5
VM-OPP	20	일반	20	0.5
VM-PET	12	일반	1	1

* 시험 조건 : OTR(20°C, 건조), WVTR(40°C, 90%RH), OTR(산소 전달률, oxygen transmission rate), WVTR(수증기 투과율, water vapor transmission rate)

알루미늄 증착 CPP 필름VM-CPP film의 장점과 단점을 정리하면 다음과 같다.

① 장점

- 증착 공정이 비교적 간단하다.
- 투명 증착(SiOx, AlOx 증착)에 비해 비용이 저렴하다.
- 기체의 종류와 관계없이 가스 차단성을 갖는다.
- 방습성이 우수하여 과자나 국수, 라면 등의 포장재로 사용된다.
- 금속 광택이 뛰어나 인쇄 효과가 좋다.

② **단점**

- EVOH나 투명 증착 필름에 비해 가스 차단성이 떨어진다.
- 물리적 응력에 의해 가스 차단성이 저하된다.
- 내열성이 부족하다.
- 전자레인지에 사용할 수 없다.
- 산에 매우 약하므로 특히 산성 내용물에 유의해야 한다.

그림 7-14 **알루미늄 증착 CPP 필름의 적용 예시**

3) 압출 코팅에 의한 필름의 제조

압출 코팅extrusion-coating이란 수지를 녹여 기재가 되는 필름 위에 T-다이로 압출함으로써 기재 필름 위에 필름을 코팅하는 방법이며, 직접 코팅direct coating(예를 들면 OPP/LDPE), 다층 압출 코팅multilayer extrusion coating〔탠덤 코팅tandem coating(PET/LDPE/실런트 필름)〕, AC 처리 후 표면 코팅coating on A.C. treatment surface of substrate의 세 가지로 나눌 수 있다.

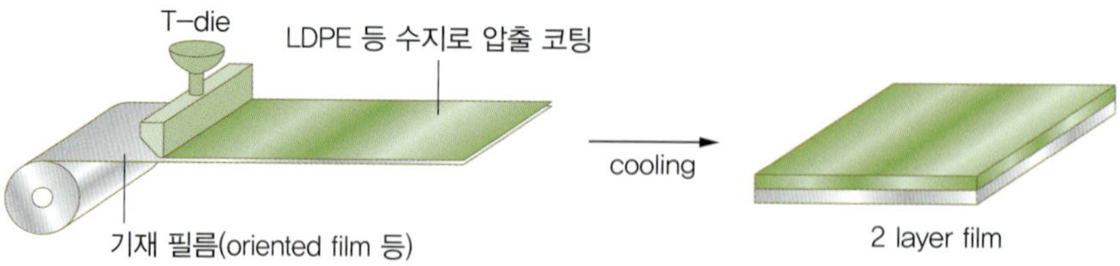

그림 7-15 **압출 코팅의 모식도**

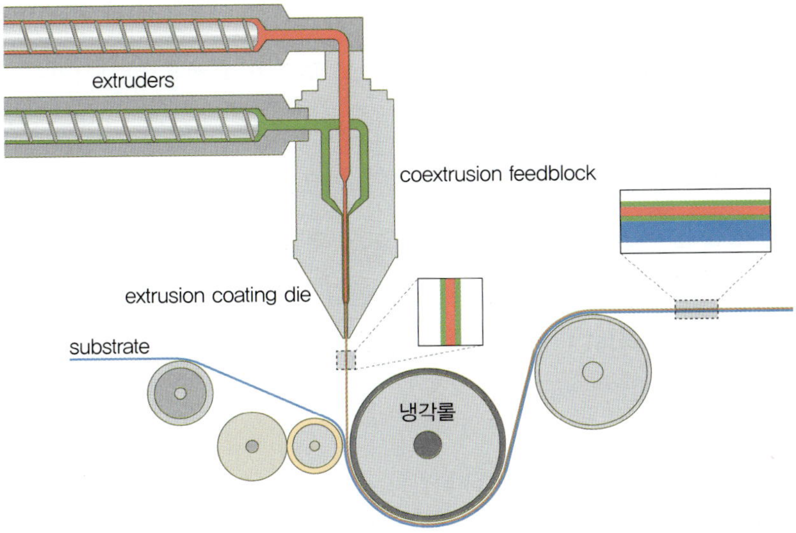

그림 7-16 **다층 압출 코팅의 모식도**

적절한 압출 코팅을 위해서는 수지의 물성(특히 MI), 압출 온도와 속도가 무엇보다 중요하다. 이 조건을 적절히 맞추어야 균일한 두께의 코팅 필름층을 얻을 수 있다.

'Neck-in'이란?

T-die에서 압출한 필름의 폭이 좁아지는 현상으로, 압출된 수지의 양쪽 끝이 먼저 고화되면서 수축이 일어나는 데에서 기인한다. 그 결과 필름의 양쪽 끝이 약간 두꺼워진다.

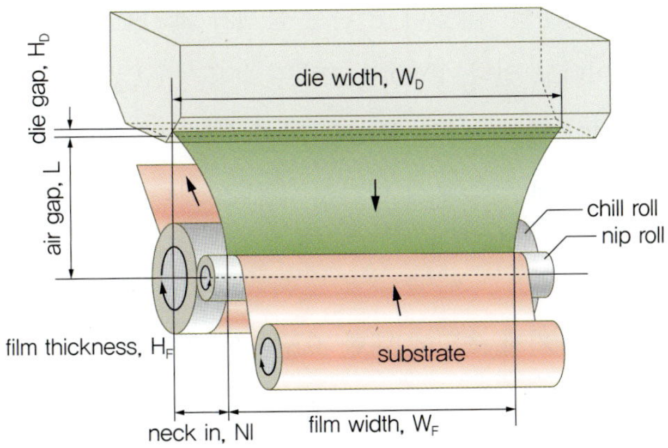

압출 코팅에서 Neck-in 현상과 각부 명칭

4) 필름의 코팅 방법

코팅은 열 접착성, 가스 차단성 등 기재 필름의 부족한 물성을 향상시키기 위해 플라스틱 필름의 표면에 적용된다. 코팅 방법은 코팅액이 수성인지, 또는 용제를 사용하는지에 따라 각기 다른 방법이 적용될 수 있다. 전통적으로 필름에 적용하는 가장 일반적인 방법은 에칭된 롤을 사용하는 것이다. 이 방법은 최대 6 g/m²까지의 도포량으로 일관되고 정확하게 코팅할 수 있다. 최근의 동향은 환경적 이유로 용제형보다는 수성 코팅이 증가하고 있다. 코팅은 일반적으로 기재 필름 위에 적절한 프라이머 처리가 필요하다.

(1) 아크릴 코팅

아크릴 코팅acrylic coatings은 플라스틱 필름, 주로 PET나 OPP 필름에 적용된다. 열 접착 기능을 부여하는 것 외에 투명성 강화, 광택을 부여하기 위해서 사용하기도 한다.

(2) 폴리염화비닐리덴 코팅

폴리염화비닐리덴 코팅polyvinylidene chloride coatings, PVDC coatings은 필름에 열 접착성과 방습성, 기체 차단성을 부여하기 위하여 사용되어 왔다. 이러한 장점에도 불구하고 PVDC는 소각 시 염소와 다이옥신을 발생시킬 수 있다는 환경 문제로 인하여 사용이 줄고 있다.

(3) 폴리비닐알코올 코팅

폴리비닐알코올 코팅polyvinyl alcohol coatings, PVOH coatings은 염소계 화합물을 소각할 때 다이옥신이 생성될 수 있다는 환경 문제가 제기된 PVDC 코팅의 대체 방법으로 최근 사용이 늘어나고 있다. PVOH 코팅은 수용성 코팅이며 얇은 코팅 두께에도 불구하고 기체 차단성이 뛰어나다는 특징을 가진다. 다만, 습기에 취약한 것이 단점이다. 65% RH 이상으로 증가하면 수분에 민감하여 가스 차단성을 잃게 된다.

(4) 저온 실링 코팅

보다 빠른 포장 기계 속도에 대한 요구를 충족시키기 위해서는 더 낮은 온도에서 열 접착을 할 수 있으며, 밀봉하여 더 넓은 열 접착 온도 범위를 갖는 OPP용 저온 실링 코팅low-temperature sealing coatings, LTSCs이 필요하다. 에멀션 형태로 적용된 아이오노머 수지를 기본으로 하는 이 코팅제는 저온에서의 열 접착성이 우수하여 아크릴 및 PVDC

코팅의 대체제로 사용된다.

3. 이축연신 필름

1) 이축연신 방법

이축연신은 식품 포장재에 사용되는 필름을 만드는 기술 중의 하나로 이 방법을 통해 더 강한 필름을 만들 수 있다. 연신stretching과 같은 의미의 용어로 배향orientation을 사용하기도 한다. 분자 수준에서 배향은 필름 내에 고분자 사슬을 어떤 특정한 방향으로 배열하는 것이다. 고분자를 한 방향으로 잡아당기는 힘에 의해 분자 배향이 일어나고, 분자는 용융 상태에서 급냉quenching하면 그 상태로 얼게 된다. 배향의 정도는 X레이, 강신도 측정 등의 방법으로 알아낼 수 있다. 이축연신 공정은 종횡의 두 방향으로 진행한다. 기계 방향machine direction, MD은 필름이 기계의 처음부터 끝까지 따라가는 종 방향을 의미한다. 횡방향transverse direction, TD은 기계 방향과 직각, 즉 수직의 방향으로 폭 방향을 말한다.

이축연신에는 축차연신sequential stretching과 동시연신simultaneous stretching의 2가지 방법이 있다. 축차연신에서는 먼저 기계 방향으로 배향하는데 이때 고분자의 결정 구조가 변경된다. 기계 방향 후에 필름을 횡 방향으로 연신하는데 첫 번째 연신 과정에서 결정화가 일어나기 때문에 횡 방향 연신의 온도는 기계 방향 연신에서보다 높다. 일반적으로 두 과정에서의 연신 비율의 차이에 따라 두 방향의 물성에 차이가 생긴다. 반면에 동시연신에서는 한 스텝으로 동시에 필름을 연신시킨다. 통상 기계 방향과 횡 방향의 연비 비율이 같다. 결과적으로 이렇게 제조된 필름의 양방향 물성은 축차연신 필름과는 달리 같다. 상업적으로 이축연신 필름Biaxial stretching film은 더블-버블double bubble 방법과 텐터tenter 방법이 있다.

(1) 더블-버블법

더블-버블법에서는 압출기에서 원형 다이circular die에 의해 얇은 고분자 튜브가 만들어진다. 공기 압력하에서 이 튜브는 횡 방향TD의 연신이 일어나고, 동시에 튜브를 잡아당기는 속도를 조절하여 기계 방향MD으로 배향할 수 있다. 이 방법은 텐터 방법에 비해 배향의 균형 및 수축에 잘 견디는 특성이 있다. 통상 필름 두께는 15~250 μm이며,

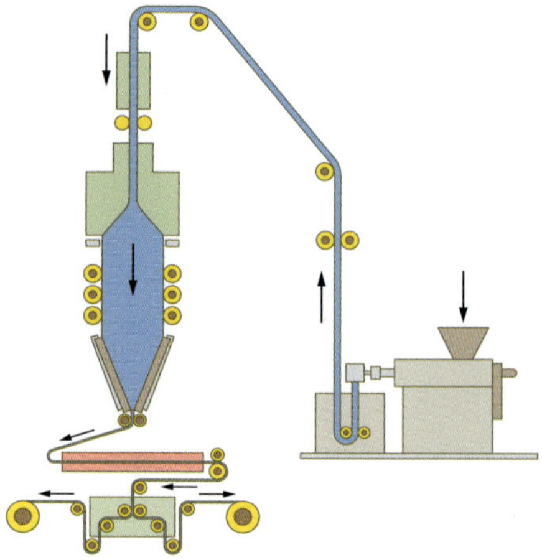

그림 7-17 더블-버블법에 의한 이축연신 필름의 제조

기계 방향의 배향비가 커서 MD 방향의 높은 강도와 낮은 신도를 보인다.

팽창 공기압을 조정하여 연신 또는 배향이 다른 필름을 만들 수 있다. 버블이 접히고 난 필름은 필름의 수축을 막기 위해 열처리 또는 열고정을 한다. 또한 코로나corona 처리와 같은 후처리를 하는데, 이는 인쇄나 적층lamination 등의 후공정을 용이하게 하기 위해 필름 표면에 화학적 기능을 주는 과정이다. 이 방법에 가장 많이 적용되는 고분자는 PP으로 최소한 7배 배향된 필름을 얻을 수 있으며, PA도 많이 사용되나 배향 비율은 3~4배 정도이다. HDPE의 경우에는 PP보다 연신 비율이 낮다.

(2) 텐터법

텐터법에서 고분자는 먼저 압출기에 의한 압출과 냉각롤chilled chrome roller에 의해 시트sheet가 되고, 고분자 물질이 압출되는 속도보다 빠르게 움직이는 종 방향 롤러 유닛roller unit에서 연신이 일어난다. 일반적으로 기계 방향에서 연신 비율은 최소 5배인데 사용되는 고분자의 종류 및 연신온도에 따라 최대 연신 배율이 정해진다. 이렇게 종 방향으로 배향된 필름은 곧바로 횡 방향 배향을 위하여 오븐인 텐터로 들어간다. 텐터 내에서 움직이는 체인에 붙어 있는 집게가 필름 양쪽 끝을 잡고 횡 방향으로 움직이면서 연신이 일어난다. 연신 비율은 고분자에 따라 다르나 10~12배 정도이다. 기계의 작업 속도, 연신온도 등에 따라 결정화도, 결정 구조, 배향 정도가 결정되며, 상업적으로는 통상 작업 속도는 300 m/min이고 텐터의 폭은 10 m이다.

텐터법 생산 라인은 압출기와 롤러로 구성된 MD 배향 장치, TD 배향을 위한 오븐, 후열 처리 및 감는 장치로 구성되어 있다. MD로 배향하면 필름의 두께가 줄어드는데 보통 3배 연신에 두께가 3배 줄어든다. TD 오븐은 예열, 연신, 열 고정 또는 열처리의 3부분으로 구성되어 있다. 오븐의 길이는 생산 속도에 따라 다르며 속도가 빠를수록 필요한 온도를 맞추기 위해 더 긴 오븐이 필요하다. 일반적인 PP의 연신 비율인 10배에 비해 PET의 연신 비율은 3~4배이다. 텐터를 나온 필름은 절단기slitter를 거치는데 이때 양끝의 집게가 집은 부분을 잘라내며, 잘라낸 양끝 필름 부위는 재활용한다.

- 압출 필름 냉각 : 압출기extruder를 통해 압출된 필름은 곧바로 냉각 롤에서 냉각되어 무결정형의 상태로 필름을 형성하게 되는데, 이것은 결정화 및 구결정spherulite 생성을 제한하여 광학 성질이 우수한 필름을 얻기 위함이다(그림 7-18의 앞부분).

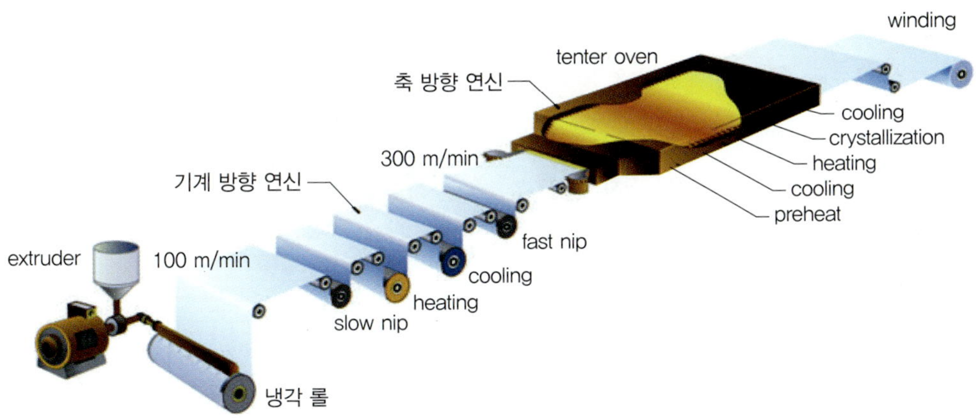

그림 7-18 **텐터 방식 이축연신 공정도**(이축연신 PET 필름)

- 고분자 녹는점 아래 온도로 재가열 : 고분자가 연신하기 위해 유동성을 가져야 하나 배향된 고분자 사슬이 무작위 상태로 돌아가서는 안 되기 때문에 적절한 온도로 필름을 유지시켜야 한다.
- 연신에 의한 배향 : 냉각된 압출 필름을 MD(그림 7-19)와 TD(그림 7-20)로 연신하여, 고분자를 배향시킨다.
- 필름 안팎을 공기로 빠르게 냉각 : 연신에 의해 만들어진 배향을 냉각하여 고정시킨다.

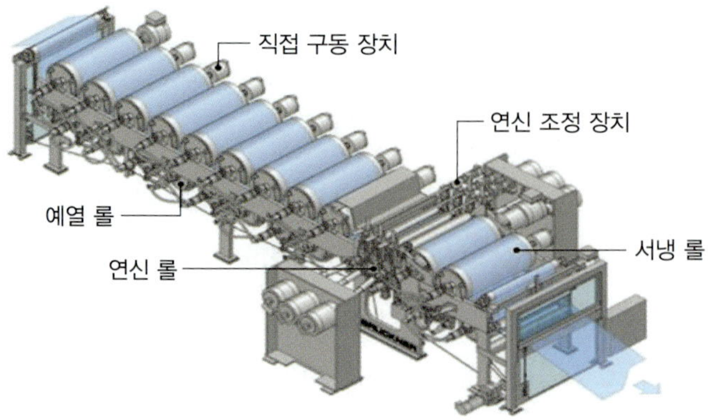

그림 7-19 **기계 방향(MD) 배향 장치**

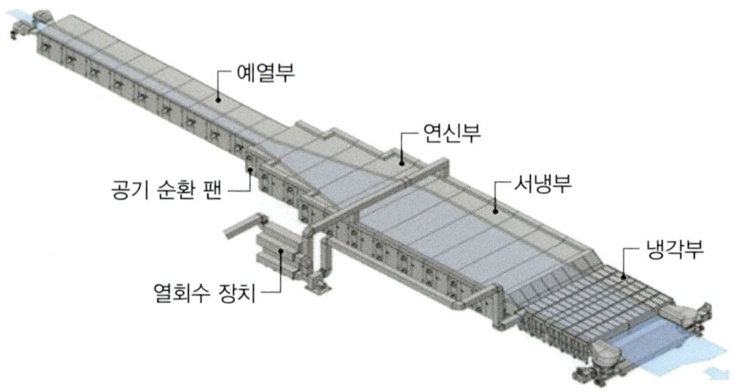

그림 7-20 **축 방향(TD) 배향**

- 팽팽하게 잡은 상태에서 열고정 : 냉각 과정에서 발생하는 남아 있는 응력을 상쇄하여 필름이 수축되지 않도록 한다.

이축연신 필름을 제조하는 데는 더블-버블 방법보다 텐터법을 많이 사용한다. 이축연신 폴리프로필렌biaxially oriented polypropylene, BOPP의 경우 전 세계 생산량의 약 85~90%를 텐터법으로 생산하고 있다. 텐터법은 생산 효율이 높고 생산된 필름의 폭이 넓기 때문이다. 다만, 다양한 두께의 필름을 만들기가 어렵다는 한계가 있다. 최근에는 상업적으로 오븐에서 MD 연신과 TD 연신을 동시에 하는 방법도 쓰인다.

2) 이축연신 필름의 특징 및 종류

이축연신 필름에 사용되는 고분자로 PP, PE, PET, PA, PS 및 PLA 고분자가 있으며, 이 중 가장 많이 제조되는 고분자는 PP이다. BOPP은 생산성이 좋고 강도가 높으며 광택과 투명도가 좋다. 광범위한 온도 범위에서 내천공성puncture resistance, 내굴곡균열Flex-crack resistance을 가지며, 수증기가 잘 투과되지 않고 기름에 강한 특징으로 스낵 등과 같은 식품 포장재로 널리 사용된다. 다만, 산소 투과성이 높다는 단점이 있어서 EVOH와 같은 고분자를 공압출co-extrusion하거나 폴리염화비닐리덴PVDC과 같은 고분자를 코팅하거나, 또는 진공에서 실리콘 산화물SiOx이나 알루미늄 산화물AlOx과 같은 물질을 증착하여 산소 투과성이 개선된 필름을 얻을 수 있다. 알루미늄 같은 금속을 증착하는 경우 산소 투과도는 개선되지만 투명성이 크게 떨어지는 단점이 있는데, SiOx나 AlOx 증착 필름의 경우는 산소 투과도를 개선시키면서 투명성도 유지하게 된다.

PE, PET, PA, PS 및 PLA 고분자를 사용하여 제조한 이축연신 필름도 향상된 물성을 보이며, 물성을 보완하기 위하여 다른 고분자 코팅, SiOx나 AlOx 증착 등의 기술을 같은 방법으로 활용한다.

표 7-9 PET 필름과 알루미늄 포일의 차단성 비교

필름의 종류	수분(g/m² · day)	산소(mL/m² · day)	자외선(%투과율)
이축연신 PET 필름(12.7 ㎛)	31	465	91
VM-PET 필름(12.7 ㎛)	0.8	1.2	5
알루미늄 포일(6 ㎛)	0	0	0

(1) 이축연신 필름의 종류와 특성

① 이축연신 PET 필름

PET 필름polyethylene terephthalate film, PET film은 무연신 상태로는 사용하지 않고 반드시 연신된 상태로만 사용된다.

PET 필름의 가장 큰 특징은 기계적 강도가 우수하고 치수 안정성이 뛰어나다는 것으로, 이러한 강성은 인쇄 및 적층 등의 가공공정에서 PET 필름의 피치pitch 불량을 줄일 수 있고 속도를 올릴 수 있게 한다. 이축연신된 PET 필름은 내열성이 우수하여 사용 온도 범위가 -60~150℃로 매우 광범위하다. 따라서 레토르트 처리 또는 높은 열 접착 온도가 요구될 때 사용한다. 산소나 수증기에 대한 차단성은 EVOH 같은 차단성 필름보다는 다소 떨어지는 경향이 있으나, 식품의 향미 성분과 유기물질 등에 대한 차단성이 우수하여 보향성이 있다.

PET 필름은 표면의 극성이 좋아 인쇄 및 라미네이션, 코팅 가공에서 밀착력이 우수하며, 알루미늄 포일 같은 금속과의 접착력이 우수하여 증착 가공에도 유리하다.

② OPP 필름

연신폴리프로필렌oriented polypropylene 필름은 비중이 0.90~0.91로 가볍고 무미, 무취, 무독의 안정성을 가지며, 가공이 용이하여 경제성이 있는 필름이다. OPP 필름의 가장 큰 특징은 방습성으로 건조식품, 특히 라면이나 과자 등에 널리 사용하는 포장용 필름이다. 기계적인 강도는 PET 필름에 비해 다소 떨어지기는 하지만 투명도, 광택도는 우수한 편이다. PET 필름에 비해 표면의 극성이 좋지 않아 인쇄나 라미네이션 가공 시 코로나 처리가 필수이며, 정전기가 심한 편이므로 대전 방지 처리가 필요하다. 내열성은 PET 필름보다 부족하여 후살균이나 레토르트에는 적합하지 않다.

③ 이축연신 나일론 필름

이축연신 나일론 필름biaxially oriented nylon film이 다른 연신 필름과 구별되는 중요한 특징은 강인성이다. 질기고 충격에 강하며 내열성이 우수하다. 특히 저온에서의 기계적 강도가 우수하여 열처리가 필요한 식품과 냉동 및 냉장 식품의 패키징에 일반적으로 많이 사용된다.

액상 식품과 같이 유동적이고 중량이 비교적 큰 독립 포장 형태는 충격이나 구겨짐 등의 응력에 취약할 뿐 아니라 이러한 식품들은 살균을 필요로 하는 경우가 많아 핀홀 저항성도 필요하다. 나일론 필름은 동일한 두께의 다른 연신 필름들에 비해 천공이나 긁힘, 구겨짐 등에 의한 핀 홀에 저항하는 특성이 강하다(그림 7-21). 또한 광범위한 온도 범위에서 기계적 강도가 강하여 냉장 및 냉동 식품은 물론이고 액상 식품의 포장재로도 많이 사용된다.

나일론 필름은 화학적 특징상 친수성이다. 따라서 기름과 유기용매 등의 차단성이 매우 우수하여 기름 함량이 높은 식품 등에 적용할 수 있다. 그러나 산에는 약하다. 나일론 필름은 비교적 산소 차단성이 있는 편(건조, 20℃에서 80 cc/m^2·day·atm 내외)으로,

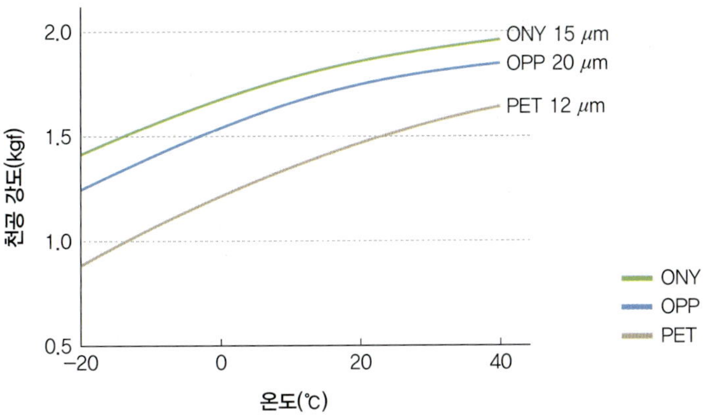

그림 7-21 **온도에 따른 연신 필름별 천공 강도 비교**(펀치곡률 반지름 : 0.35 mm, 속도 : 50 mm/min)

유통기한이 짧으면서 산소 차단성이 필요한 식품에 가장 경제적인 구성이 될 수 있다. 그러나 차단성barrier의 습도 의존성이 큰 편이며, 식품 보존에 필요한 산소 차단 능력이 부족하므로 상온에서 긴 유통기한이 요구되거나 산화에 민감한 식품 등에는 별도의 산소 차단성 필름을 추가해야 한다. 친수성이 특징이므로 방습성이 매우 떨어지며 수분을 흡착하여 물성이 저하된다. 또한 레토르트나 후살균 시 열수에 의한 수축이 문제가 된다. 가격적 측면에서도 PET나 OPP 필름보다 비싸다. 적용 사례로는 핀 홀 강도를 요구하는 즉석밥이나 젤리의 리드 필름에 사용되며, 냉동만두와 같은 냉동 제품, 300 g 이상의 레토르트 식품, 냉면 육수 등의 포장에 쓰인다.

(2) 각 이축연신 필름들의 사용 온도 범위

식품의 패키징에 있어서 가열 살균 또는 저장 조건에 따른 온도의 범위는 포장되는 식품의 종류에 따라 달라진다. 따라서 식품의 충전 → 밀봉 → 포장 → 저장 → 유통의 각 단계에서 요구되는 온도의 범위를 모두 만족할 수 있는 필름을 선택해야만 한다.

- 높은 온도 : 레토르트 처리는 가장 높은 내열성 수준이 필요함(PET 필름).
  - 초고온 살균 레토르트ultra high temperature retort : 150℃, 2분
  - 고온 살균 레토르트high temperature retort : 135℃, 8분
  - 레토르트retort : 121℃, 30분
- 낮은 온도 : 냉동식품은 −18℃ 또는 그 이하의 수준이 요구됨(나일론 필름).

이축연신 필름은 온도가 높이 올라감에 따라 배향된 분자 배열이 무정형으로 돌아가려는 성질이 있어서 수축이 일어난다. 하지만 이축연신 PET 필름과 나일론 필름의 경우에는 통상적인 사용 온도 범위에서 수축이 거의 일어나지 않는다.

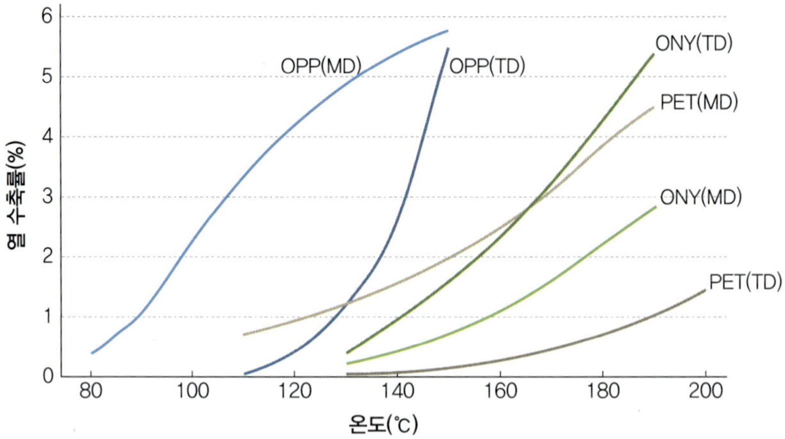

그림 7-22 **온도에 따른 각 필름의 수축률(%)**

이축연신 필름의 방향성

필름이 풀리는 방향을 기계 방향(machine direction, MD)이라 하며, 이 방향과 직각 방향을 횡 방향(transverse direction, TD)이라 한다.

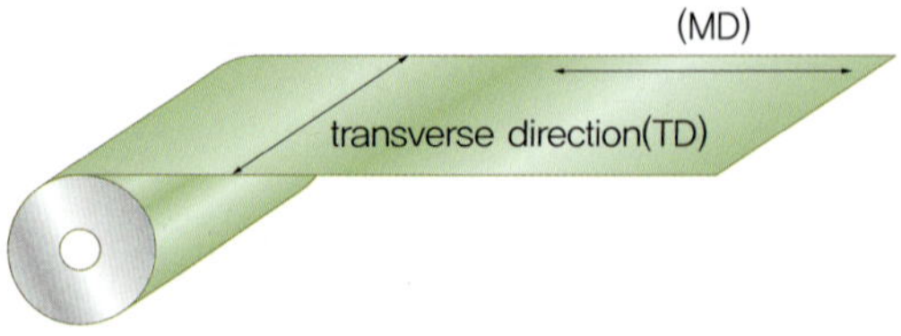

1. 인플레이션법에 의한 필름의 성형에서 에어 링(air ring)은 어떤 역할을 하는지 답하시오.

2. 블로 필름(blown film)과 비교하였을 때, 캐스팅 필름(casting film)의 장점을 설명하시오.

3. 폴리에틸렌(PE) 필름 중 기계적 강도가 매우 우수하기 때문에 다층 필름의 라미네이션 용도로 폭넓게 많이 사용되는 필름을 답하시오.

4. 폴리프로필렌(PP) 필름이 PE 필름보다 우수한 장점을 설명하시오.

5. 폴리에틸렌(PE) 필름과 비교하였을 때, 폴리프로필렌(PP) 필름의 가장 중요한 단점을 말하시오.

6. 에틸렌비닐 아세테이트(ethylene vinyl acetate, EVA) 필름은 비닐 아세테이트(VA)의 함량에 따라 달라지는데, 비닐 아세테이트(VA)의 함량이 높아질수록 저온 열 접착성이 어떻게 되는지 답하시오.

7. 열 접착 시 씰 바(seal bar)의 인력에 의해 유발되는 열 접착 부위의 박리에 대한 저항성으로, 열 간 박리 강도라고도 하는 이 성질을 답하시오.

8. EMAA를 기반으로 하여 이온 가교를 시켜 특별한 물성을 부여한 플라스틱 필름으로, 불순물 씰성(특히 분체 식품), Hot tack 열 접촉성, 저온 밀봉성 등이 좋은 플라스틱 필름을 답하시오.

9. 알루미늄을 고진공 상태에서 기화시켜 증착한 VM-CPP 필름의 주요 장점과 그 용도를 서술하시오.

10. PET 필름 이축연신 공정의 두 가지 방법을 답하시오.

11. 텐터법에서는 MD와 TD 중 어느 방향이 먼저 연신되는지를 답하시오.

12. 이축연신 필름 중 내열성과 치수 안전성이 우수하여 레토르트 포장에 많이 활용되는 필름을 답하시오.

13. 이축연신 필름 중 비중이 0.90~0.91로 가볍고 무미, 무취, 무독의 안정성을 가지며, 경제성이 있는 필름으로 방습성이 우수한 필름을 답하시오.

14. 이축연신 필름 중 저온에서 기계적 강도가 우수하여 열처리가 필요한 식품과 냉동 및 냉장 식품의 패키징에 많이 사용하는 필름을 답하시오.

1. 에어 링의 역할은 내부에 일정한 압력으로 공기를 송풍하여 압출된 수지의 버블(bubble) 형성을 돕고, 버블 외부에 공기 흐름을 만들어 필름 표면의 냉각을 조절함과 동시에 제막되는 필름 두께를 조절하는 데 있다.
2. 부드럽고 잘 늘어나며 냉각 롤을 사용할 수 있어 투명도가 매우 우수하다. 광택도가 좋고 표면이 매끄러워 인쇄에 유리하며, 두께 편차가 적고 결정화도 제어에 유리하다.
3. LLDPE 필름
4. PE 필름보다 투명하며, 내열성이 우수하다.
5. PE 필름보다 저온 내충격성이 나쁘다.
6. 비닐 아세테이트(VA)의 함량이 높아질수록 저온에서의 열 접착성이 좋아진다.
7. 핫 택(Hot tack)성
8. 아이오노머(ionomer) 필름
9. 효과적으로 자외선과 가시광선을 차단함과 동시에 방습성이 뛰어나다. 따라서 건조식품, 라면 등의 포장에 많이 활용된다.
10. 축차연신(sequential stretching)과 동시연신(simultaneous stretching)
11. 기계 방향(Machine Direction, MD)
12. 이축연신 PET 필름
13. OPP 필름
14. 이축연신 나일론 필름

참고문헌

A.M. Adam, C.P. Buckley and D.P. Jories. 2000. *Polymer*, 41, 771.

A. Ajji, J. Guevremont, K.C. Cole and M.M. Dumoulin. 1996. *Polymer*, 37, 3707.

C. Gerlach, C.P. Buckley and D.P. Jones. 1998. *Trans. IChemE.*, 76 Part A, 38.

D.J. Blundell, et al. 2000. *Polymer*, 41, 7793., 2000

D.J. Blundell, et al. 1999. *Polym. Bull.*, 42, 357.

D.J. Blundell and R. Pendlebury. 1991. The Status of X-Ray Characterisation of Crystal Orientation in Polyester Film, ICI Company Research Report, IC 12763.

F. Pilati, M. Toselli, M. Messori, C. Manzoni, A. Turturro and E.G. Gattiglia. 1997. *Polymer*, 38, 4469.

J.B. Faisant de Champchesnel, D.L. Bower, L.M. Ward and J.F. Tassin. 1993. *Polymer*, 34, 3763.

J.F. Tassin, M. Vigny and D. Veyrat. 1999. Macromolek. *Chem. Macromol. Symp.*, 147, 209.

K. Iwakura, Y.D. Wang and M. Cakmak. 1992. *Intern. Polym. Processing* VII, 4,327.

M.C. Tobin, J. Polym. 1976. *Sci. Polym. Phys.* Ed., 14, 2253.

P.J. Mills. 1997. *Structure and Properties of Oriented Polymers* (ed. I. M. Ward), 2nd Edition, Chapman & Hall, London, chapter 9.

麿秀晴. 1997. 食品包装用複合フィルム便覧, 日本食品出版.

東洋紡パッケージング・プラン・サービス. 1994. 包材構成100 問100 答, 東洋紡PPS.

CHAPTER 08

생물고분자 패키징 필름

Biopolymer Packaging film

BIOPOLYMER PACKAGING FILM

1. 생물고분자의 분류 및 생물고분자 필름의 역사

최근 플라스틱 패키징 필름에 의한 환경오염 문제가 대두되면서 천연 생물고분자의 분해성 패키징 필름 개발에 대한 관심이 높아지고 있다. 천연 생물고분자로 만든 생분해성 패키징 필름은 가수분해가 쉽게 일어나는 것으로 알려져 있다. 천연 생물고분자를 생분해성 패키징 필름으로 개발할 경우 석유화학 합성수지 포장지에 비해 가격 경쟁은 떨어지나, 폐기 처분된 패키징 필름의 완전 분해로 환경오염을 최소화할 수 있다는 것이 장점으로 부각된다. 생분해성 패키징 필름은 제조 방법 및 원료에 따라 합성 생물고분자 필름, 전분 첨가 플라스틱 분해성 필름, 미생물 생산 생물고분자 필름 및 천연 생물고분자 필름 등으로 나눌 수 있다.

합성 생물고분자 필름의 원료로는 폴리카프로락톤polycaprolactones, PCL, 폴리글리콜레이트polyglycolates, 폴리락테이트polylactates 등이 제시되고 있으나, 녹는점이 낮고 가격이 비싼 것이 단점이다. 전분 첨가 플라스틱 분해성 필름은 폴리에틸렌과 전분을 최고 70% 수준까지 결합시킨 필름이다. 미생물이 생산하는 고분자biopolymer는 ***Alcaligenes***, ***Azotobacter***, ***Pseudomonas*** 등 100여 종의 미생물에 의해 생산된 poly-hydroxy-alkanoatePHA, poly-β-hydroxybutyratePHB, poly-3-hydroxybutyrate-3-hydroxyvaleratePHBV, poly-L-lactidePLLA 등이 있으며 일부는 상용화 단계에 접어들었으나 대부분은 시제품 제조 수준에 머물러 있다. 천연 생물고분자를 이용한 생고분자 패키징 필름 연구에는 단백질, 탄수화물, 지질 등의 물질이 이용되고 있다.

일반적으로 생물고분자 필름과 코팅은 식품이 가스, 수증기 및 용액에 민감하게 반응하는 것을 막기 위해 사용되어 왔다. 보통 싸거나wrapping, 담그거나immersing, 솔질하거나brushing 분무하는spraying 방법으로 식품 표면에 생성된 얇은 막을 말하며, 식품 주변 환경(수분, 가스 등)으로부터 식품을 보호하고 저장하는 데 이용되어 왔다.

생물고분자 필름은 이미 12세기 중국에서 신선한 오렌지와 레몬을 왁스로 코팅하기 시작하면서 활용되어 왔다. 16세기에는 식품에 기름옷을 입히는 라딩larding이 있었으며(Harvard and Harmony, 1869), 1985년 모리스Morris와 파커Parke는 육류나 다른 식품들을 코팅하는 데 젤라틴 필름의 사용을 제안하였다. 1930년대에는 감귤류의 수분 손실을 지연시키기 위해 파라핀 왁스가 상업적으로 이용되었다. 1950년대 초기에 카나우바 왁스carnauba wax(브라질 말초 야자로 만든 밀랍) 수중유적형Oil in water 유상액이 신선한 과일과 채소 코팅을 위해 개발되었다.

최근에는 다당류, 지질, 단백질 물질로부터 생물고분자 필름의 생산과 이들 필름의 특성 및 이용성에 관한 연구가 활발하게 이루어지고 있다. 생물고분자 필름과 코팅은 오래전부터 제약, 사진 필름, 식품 등의 피막 형성제로 이용되어 왔으며, 최근 분해성 필름 포장지로 이용하는 것에 대한 연구가 새롭게 조명받고 있다.

2. 생물고분자 필름의 원료 및 특징

일반적으로 생물고분자 필름의 원료로는 단백질, 다당류, 지질이 있다. 필름 형성을 위해 연구된 단백질로는 콜라겐collagen, 젤라틴gelatin, 케라틴keratin, 제인zein, 밀의 글루텐gluten, 분리대두 단백soy protein isolate, 땅콩 단백질peanut protein, 카세인casein, 유청 단백질whey protein이 있다. 다당류로는 셀룰로오스 유도체, 알긴산 염류alginates, 펙틴pectin, 카라기닌carrageenan, 전분 유도체들이 있다. 지질을 원료로 한 코팅 물질에는 acetylated glycerides, 지방산과 밀랍, 파라핀 왁스, 카나우바 왁스carnauba wax, 쌀겨 왁스, 칸데릴라 왁스candelilla wax 등 다양한 왁스가 있다. 상업적으로 옥수수 단백질corn zein 용액은 견과류의 살과 당과류를 코팅하는 데 이용(Aikonis, 1979; Andres, 1984)되고, 콜라겐으로 만들어진 소시지 외피는 도살된 동물의 내장을 이용하던 전통적인 천연 외피 대신 사용되었다(Hood, 1987; Rust, 1987). 왁스는 신선한 과일과 채소들이 세

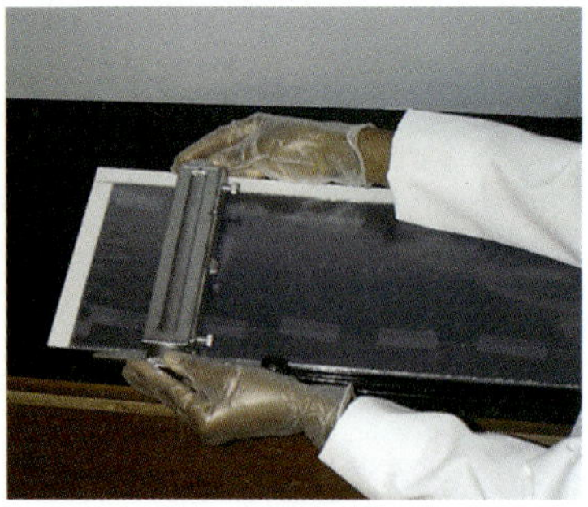 

그림 8-1 생물고분자 패키징 필름의 제조와 그 형태

척에서 포장되는 동안에 제거되는 천연 왁스코팅 물질을 대신한다.

Krochta(1992)와 Park(1994) 등의 조사에 따르면 단백질과 다당류로 만든 필름은 산소와 이산화탄소 차단에 매우 효과적인 반면, 수증기에 대한 저항은 필름의 친수성 때문에 제한된다. 그에 비해 지방 필름은 수분에는 내성이 있지만 기계적 물성은 단백질과 다당류 필름에 비해 열등하였다. 그래서 각 필름들이 가지는 장점을 결합함으로써 다양한 구성 성분을 가진 필름을 만들었다.

3. 생물고분자 필름의 장점

기존의 석유화학물로부터 얻는 고분자 패키징 필름polymeric packaging film에 비해 생물고분자 필름이 갖는 장점은 다음과 같다.

- 식품 패키징 필름으로 사용할 수 있으며 버린 후 쉽게 분해되므로 환경오염을 줄일 수 있다.
- 식품 패키징 필름에 향, 색, 맛 등의 다양한 요소들을 첨가하여 포장되는 식품의 다양한 특성을 강화시킬 수 있다.
- 생물고분자의 일종인 가식성 필름은 식품에 영양적 가치를 보충할 수 있는데, 특히 단백질로 만든 필름의 경우 단백질 보충제로 사용할 수 있다.
- 생물고분자의 일종인 가식성 코팅 필름은 완두콩, 강낭콩, 견과류, 딸기 등과 같이 개별 포장할 수 없는 특별한 식품들을 개별 코팅하는 데 사용할 수 있다.
- 차단성 생물고분자 필름은 미생물의 침투를 막고 산화방지제의 역할을 할 수 있다.

또한 보존하려는 성분의 외부에서 내부까지의 확산 속도를 제어할 수 있다.

- 생물고분자의 일종인 가식성 필름은 구성 요소가 다른 층 사이의 접촉면에 응용할 수 있다. 예를 들어 피자, 파이, 캔디의 상호 구성 요소 간 성분 이동으로 품질이 저하되는 것을 막을 수 있다.
- 생물고분자 필름은 식품의 내부에 향이나 발효제를 첨가하고 방출하는 것을 효율적으로 조절하기 위하여 마이크로캡슐화 벽microencapsulation wall 물질로 사용할 수 있다.

4. 생물고분자 필름의 기계적 물성

현재 흔히 이용되고 있는 생물고분자 필름의 기계적 물성(인장 강도 및 늘어남 성질)을 표 8-1에 나타내었다. 표 8-1에서 보는 바와 같이 메틸셀룰로오스methyl cellulose 필름의 인장 강도는 범용성 플라스틱 필름인 LDPElow density polyethylene보다 높고, 늘어남 성질은 LDPE보다 훨씬 낮다. 히드록시프로필셀룰로오스hydroxypropyl cellulose 필름의 인장 강도와 늘어남 성질은 LDPE과 비교될 정도의 특성을 갖는다. 옥수수의 제인과 밀의 글루텐 같은 곡류 단백질로 제조된 생물고분자 필름들은, 사용한 가소제의 농도에 따라 인장 강도가 크게 영향을 받는다. 특히 옥수수 단백질 필름의 늘어남 성질은 가소제의 농도와 종류에 크게 영향을 받는 것으로 알려져 있다(Park, 1994). 대두 단백 필름과 밀 단백질 필름은 비교적 인장 강도가 낮은 반면에 상대적으로 늘어남 성질은 큰 값

표 8-1 생물고분자의 기계적 물성

필름	인장 강도(Tensile strength, MPa)	신장률(Elongation, %)
Corn zein[1)]	8~36	3~94
Wheat gluten[1)]	4~15	3~142
Soy protein[1)]	3~4.5	140~240
Methyl cellulose[2)]	56~66	11~26
Hydroxypropyl cellulose[2)]	15~29	33~204
LDPE[3)]	13~28	100~965

1) Park et al. 1994.
2) Park et al. 1993.
3) Modern plastic encyclopedia. 1987

을 나타내고 있다.

이와 같이 생물고분자 필름의 기계적 물성은 사용 원료에 따라 크게 영향을 받으며, 화학 수식chemical modification에 의한 기계적 물성의 변화는 크게 기대할 수 없으므로 포장할 상품의 종류에 적합한 생물고분자를 발굴하여 필름으로 제작하여 사용함이 바람직하다. 또한 복합 필름(예를 들어 적층 필름laminated film)의 제작을 통해 기계적 물성과 가스 투과성 조절 능력이 우수한 필름의 제작이 매우 바람직하다.

5. 생물고분자 필름의 가스 투과도

생물고분자 필름과 플라스틱 필름의 수증기 투과도는 표 8-2에서 나타내었다. 일반적으로 플라스틱 필름(PE, PP)들은 분해성 필름인 PVApolyvinyl alcohol이나 생물고분자 필름인 옥수수 단백질 필름보다 수증기 투과도가 낮은 것으로 나타났다. 일반적으로 PEpolyethylene과 PPpolypropylene 필름들은 수증기 차단water vapor barrier용으로 많이 사용되고 있으며, 실제로 수분 함량이 높은 식품 포장에 이용되고 있다. PP 필름의 수

표 8-2 필름별 수증기 투과도

필름		두께(Thickness) (mm)	투과도(Permeability) ($ng \cdot m/m^2 \cdot s \cdot Pa$)[1]
생물고분자 필름[2]	Corn zein	0.12~0.33	0.116±0.019
	Wheat gluten	0.38~0.42	0.616±0.013
	MC (L)	0.04~0.07	0.092±0.003
	HPC (L)	0.05	0.110±0.004
	HPC/Lipid	0.15	0.082±0.003
그 외 필름[3]	LDPE[4]	-	0.00055
	PE[4]	-	0.0000553
	PVC[4]	-	0.00071
	C18-C16 HPMC[5]	0.04	0.004
	C18-C16 MC/HPMC[5]	0.02	0.003

1) 투과도 단위에서 n : nano (10^{-9})
2) Park et al. (1994) : MC(methyl cellulose), HPC(hydroxypropyl cellulose), HPMC(hydroxypropyl methylcellulose)
3) Kester and Fennema (1989) : 전체 25°C에서 측정
4) RH 차이 (100 to 90~0%)
5) RH 차이 (97~0%)

증기 차단도는 5.53×10^{-14} g·m/m²·s·Pa로 가장 높게 나타났다. PP 필름은 현재 식품 포장재 중에서 제과 등의 포장에 많이 사용되고 있다. PVA 필름은 고분자 중 친수성 알코올 기를 갖고 있는 수증기 투과도가 높은 필름이다. 반면 PVA 필름은 산소 투과도가 PE이나 PP 필름보다 50배 정도 낮아 현재 3~4겹 필름 사이에 적층시켜서 전체 복합 필름의 산소 투과도를 낮추는 데 일반적으로 사용되고 있다. PVA 필름은 0℃의 물에서도 20~30초면 흔적 없이 녹기 때문에 현재 여러 나라에서 개발 중인 분해성 생물고분자 필름 소재로 광범위하게 사용되고 있다.

옥수수 단백질 필름의 수증기 투과도는 $12\sim41 \times 10^{-11}$ g·m/m²·s·Pa로 비교적 높게 나타났다. 생물고분자 필름은 고분자 소재를 식품원으로 하기 때문에 일반적으로 소수성 성질보다는 친수성 성질이 우세하다. 그 외의 식품 소재 고분자 필름 중에는 밀 단백질, 우유 단백질, 콩 단백질 등이 있으나 이 필름들은 수증기 투과도가 옥수수 단백질 필름보다 2~10배 정도 높다. 옥수수 단백질 필름은 물에 녹지 않고 알코올에 잘 녹는 소수성 단백질 필름이다. 미국 클렘슨Clemson 대학에서는 이 옥수수 단백질 필름에 지방산(C16-C18)을 적층하여 수증기 투과도를 낮추기 위한 실험이 진행되고 있으며, 현재 PE 필름에 비해 수증기 투과도가 약간 낮은 정도의 복합 필름까지 개발되었다.

수증기 투과도가 높은 필름은 특정한 식품 패키징에 긍정적으로 사용되는 경우가 있다. 과채류를 플라스틱 필름으로 포장했을 때 식품에서 발생한 수증기가 플라스틱 필름 표면에 응축됨으로써 미생물학적 피해를 초래하기도 한다. 그러므로 필름은 적절한 수증기 투과도가 유지되는 것이 바람직하다. 한편, 필름의 매우 높은 수증기 투과도는 과일을 저장하는 동안 수분을 많이 손실시키므로 바람직하지 않다. Park(1994) 등은 토마토에 옥수수 단백질 필름을 입히고 관찰하여, 필름을 과다하게 코팅하였을 때를 제외하고는 포장 내의 수증기 응축 없이도 무게 감소를 줄이는 데 바람직한 조건을 찾아냈다.

생물고분자 필름과 플라스틱 필름의 가스 투과도를 표 8-3에 나타내었다. 일반적으로 생물고분자 필름의 산소 투과도는 통상 사용되고 있는 플라스틱 필름보다 낮은데, 이는 생물고분자 필름들의 가스 조절 능력이 이들 플라스틱 필름에 비해 우수함을 의미한다. 생물고분자 필름의 이산화탄소 투과도는 산소 투과도와 비슷한 경향을 나타내고 있으며, CO_2/O_2 투과도의 비는 기존의 플라스틱 필름보다 일반적으로 높게 나타났

표 8-3 필름별 산소 및 이산화탄소 투과율

필름		두께(Thickness) (mm)	투과도 ($fL \cdot m/m^2 \cdot s \cdot Pa$)[1]		투과율 (Permeability Ratio)
			O_2	CO_2	(CO_2/O_2)
생물고분자 필름[2]	Corn zein	0.12~0.31	0.36±0.16	2.67±0.16	7.5
	Wheat gluten	0.23~0.42	0.20±0.09	2.13±1.43	9.5
	MC (L)	0.04~0.07	2.17±0.45	69.00±19.33	31.6
	HPC (L)	0.05	3.57±0.03	143.99±3.76	40.6
	HPC/Lipid	0.15	3.44±0.06	81.75±4.58	23.7
그 외 필름[3]	LDPE	-	22.50	121.40	5.4
	PE	-	8.30	26.10	3.1
	PVC	-	0.09~17.99	1.35~26.98	-
	PET	-	0.13~0.30	0.67~1.12	-

1) 투과도 단위에서 f : femto(10^{-15})
2) Park et al. (1994) : MC(Methyl cellulose), HPC(hydroxypropyl cellulose), HPMC(hydroxypropylmethyl cellulose)
3) Modern plastic encyclopedia (1987)

다. CO_2/O_2 투과도의 비가 높다는 것은 포장지 내의 산소 농도를 더 낮게 유지할 수 있다는 것을 의미한다. 이러한 CO_2/O_2 투과도의 비는 여러 종류의 식품 포장재에서 중요한 지표로 사용되고 있다.

6. 생물고분자 필름의 온도 의존성 및 활성화 에너지

활성화 에너지는 필름의 온도 의존성을 대변하며 여러 종류의 필름의 활성화 에너지는 표 8-4에서 보듯이 1.4~8.3 Kcal/mole로 높게 나타났다. 옥수수 단백질 필름의 수증기 투과도에 대한 활성화 에너지는 1.42 Kcal/mole로 가장 낮게 나타났다. 일반적으

표 8-4 필름별 활성화 에너지값

필름	활성화 에너지값 Ea(kcal/mole)
Corn zein	1.42
PVA	6.07
PE	4.95
PP	8.32

로 필름 수증기 투과도의 Ea값은 낮을수록 바람직하다. 왜냐하면 높은 Ea값은 그만큼 온도가 높게 변화할수록 수증기 투과도가 영향을 많이 받기 때문이다.

Gennadios(1993) 등이 발표한 옥수수 단백질 필름의 산소 투과도의 활성화 에너지는 11 Kcal/mole로 수증기 투과 시의 활성화 에너지 1.42 Kcal/mole보다 높게 나타났다. 이것은 온도가 올라갈 때 수증기 투과도보다 산소 투과도가 더 많은 영향을 받는다는 의미이다. 케스터Kester와 펜네나Fennena는 셀룰로오스 필름을 제조한 다음 이 필름에 왁스로 코팅했을 때 수증기 활성화 에너지가 높아진다는 것을 확인하였다. 이것은 필름 성분 중 왁스가 활성화 에너지를 크게 하는 데 기여하였기 때문이다.

1. 생분해성 포장지를 분류하시오.

2. 생물고분자 필름의 장점을 설명하시오.

연습문제 풀이와 정답

1. 생분해성 포장지는 제조 방법 및 원료에 따라 합성 생물고분자 필름, 전분 첨가 플라스틱 분해성 필름, 미생물 생산 생물고분자 포장지 및 천연 생물고분자 포장지 등으로 나눌 수 있다.
2. 기존의 석유화학물로부터 얻는 고분자 패키징 필름(polymeric packaging film)에 비해 생물고분자 필름이 갖는 장점은 다음과 같다.
   - 식품 패키징 필름으로 사용할 수 있으며 버린 후 쉽게 분해되므로 환경오염을 줄일 수 있고, 식품 패키징에 향, 색, 맛 등의 다양한 요소들을 첨가하여 조직적인 특성을 강화시킬 수 있다. 가식성 필름은 식품에 영양적 가치를 보충할 수 있는데, 특히 단백질로 만든 필름의 경우 단백질 보충제로 사용할 수 있다. 또한 가식성 코팅 필름은 완두콩, 강낭콩, 견과류, 딸기 등과 같이 개별 포장할 수 없는 특별한 식품들을 개별 코팅하는 데 사용할 수 있다.
   - 차단성 생물고분자 필름은 미생물의 침투를 막고 산화방지제의 역할을 할 수 있다. 또한 보존하려는 성분의 외부에서 내부까지의 확산 속도를 제어할 수 있다. 가식성 필름은 구성 요소가 다른 층 사이의 접촉면에 응용할 수 있다. 생물고분자 필름은 식품의 내부에 향이나 발효제를 첨가하고 방출하는 것을 효율적으로 조절하기 위하여 마이크로캡슐화 벽(microencapsulation wall) 물질로 사용할 수 있다.

참고문헌

A. Gennadios, C.L. Weller and R.F. Testin. 1993(a). Modification of physical and barrier properties of edible wheat gluten-based films. *Cereal Chem.*, 70, 426-429.

A. Gennadios, C.L. Weller and R.F. Testin. 1993(b). Temperature effect on oxygen permeability of edible protein-based films. *J. Food Sci.*, 58, 212-219.

B. Pascat. 1986. Study of some factors affecting permeability. In *Food Packaging and Preservation. Theory and Practice*, ed. M. Mathlouthi. Elsevier Applied Science, London, pp. 6-24.

D.C. Rico-Pena and J.A. Torres. 1990. Edible methylcellulose-based films as moisture impermeable barriers in sundae ice cream cones. *J. Food Sci.*, 55, 1468-1469.

G.S. Banker, A.Y. Gore and J. Swarbrick. 1966. Water vapor transmission properties of free polymer films. *J. Pharm. Pharmac.*, 18, 457-466.

H.B. Cosler. 1958. Prevention of staleness, rancidity in nut meats and peanuts. *The Peanut J. and Nut World*, 37, 10-15.

H.G. Schwartzberg. 1986. Modeling of gas vapour transport through hydrophilic films. In *Food Packaging and Preservation. Theory and Practice*, ed. M. Mathlouthi. Elsevier Applied Science, London, pp. 115-35.

H.J. Park, C.L. Weller, P.J. Vergano and R.F. Testin. 1993. Permeability and mechanical properties of cellulose-based edible films. *J. Food Sci.*, 58, 1361-1364, 1370.

J.J. Kester and O. Fennema. 1989. An edible film of lipids and cellulose ethers: barrier properties to moisture vapor transmission and structural evaluation. *J. Food Sci.*, 54, 1383-1389.

K.L. Nelson and O. Fennema. 1991. Methylcellulose films to prevent lipid migration in confectionery products. *J. Food Sci.*, 56,504-509.

Modern Plastic Encyclopedia. 1987. McGraw-Hill Inc., Heightstown, NJ, pp. 547-551.

N. Gontard, S. Guilbert and J. Cuq. 1993. Water and glycerol as plasticizers affect mechanical and water vapor barrier properties of an edible wheat gluten film. *J. Food Sci.*, 58, 206-211.

N.C. Brake and O.R. Fennema. 1993. Edible coatings to inhibit lipid migration in a confectionery product. *J. Food Sci.*, 58. 1422-1425.

R.E. Hardenburg. '*Wax and Related Coatings for Horticultural Products*' in A Bibliography. Agricultural Research Service Bulletin 51±55, United States Department of Agriculture, Washington, DC.

S.G. Gilbert and D. Pegaz. 1969. *Finding a new way to measure gas permeability*. Package Engr., 14, 66-69.

S.L. Kamper and O. Fennema. 1984. Water vapor permeability of an edible, fatty acid, bilayer film. *J. Food Sci.*, 49, 1482-1485.

T.H. McHugh, R. Avena-Bustillos and J.M. Krochta. 1993. Hydrophilic edible films: modified procedure for water vapor permeability and explanation of thickness effects. *J. Food Sci.*, 58,899-903.

T.P. Aydt, C.L. Weller and R.F. Testin. 1991. Mechanical properties of edible corn and wheat protein films. *Trans. ASAE*, 34, 207-211.

CHAPTER 09

포장재의 기체 투과 이론

Gas Permeation Theory

GAS PERMEATION THEORY

1. 기체 및 수증기 투과도

1) 정의

외부로부터 유입되는 기체나 수증기로부터 식품을 보호하는 것은 밀봉 부위와 마개를 포함하는 포장의 내구성과 포장재 자체의 투과도이다. 기체와 수증기는 포장재의 거대 또는 미세공극 또는 핀 홀pinholes을 통하여 포장재를 투과하거나, 또는 능동확산activated diffusion으로 알려져 있는 분자적 메커니즘의 확산에 의해 포장재를 투과한다. 능동확산에서 기체는 포장재의 한 표면에 용해되고, 포장재 양쪽의 농도 차이에 의해 포장재 내에서 확산되어 이동하며, 결국 포장재의 다른 면에서 다시 증발하여 기체가 포장재를 투과한다. 물질 전달을 표현하는 평형식과 속도식 이론들은 건조 및 냉동 건조 이론에 잘 적용되었으며, 이것은 여기에서도 잘 적용된다. 특히 외부에서 포장 내부의 한 방향으로 기체가 이동하는 경우에 이 확산법칙을 적용하면 다음과 같다.

$$J = -DA\frac{dC}{dX} \qquad \text{(식 9.1)}$$

J : 기체의 플럭스(예 : mol/s) A : 면적(cm^2) D : 막에서 기체에 대한 확산 계수(cm^2/s)
C : 막에서의 기체 농도(mol/cm^3) X : 흐름의 방향으로 측정한 membrane의 거리(cm)

만약 D가 일정하고 정상 상태에서 그림 9-1에 나타낸 바와 같이 상기의 식은 다음과 같이 된다.

$$J = DA\frac{C_1 - C_2}{\Delta X} \quad \text{(식 9.2)}$$

그러나 C_1과 C_2는 포장재 내에서 측정하기 어려우므로 이 경우 헨리 법칙Henry's law($C=S \cdot P$)을 적용한다. 이때 S는 용해도(mol/cm³/atm), P는 기체의 부분압(atm)이다. 헨리 법칙을 앞의 식에 결합하면 다음의 식을 얻을 수 있다.

$$J = DSA\frac{P_1 - P_2}{\Delta X} \quad \text{(식 9.3)}$$

D·S값을 P라 하며 이는 투과도 계수로 알려져 있으며, 투과도 계수(P)는 다음과 같은 값들로 정의할 수 있다.

$$P = \frac{\text{gas(g) 또는 water vapor(L)} \times \text{thickness}(\text{m}^2)}{\text{area}(\text{m}^2) \times \text{time(s)} \times \text{pressure difference}(\text{p}_\text{a})} \quad \text{(식 9.4)}$$

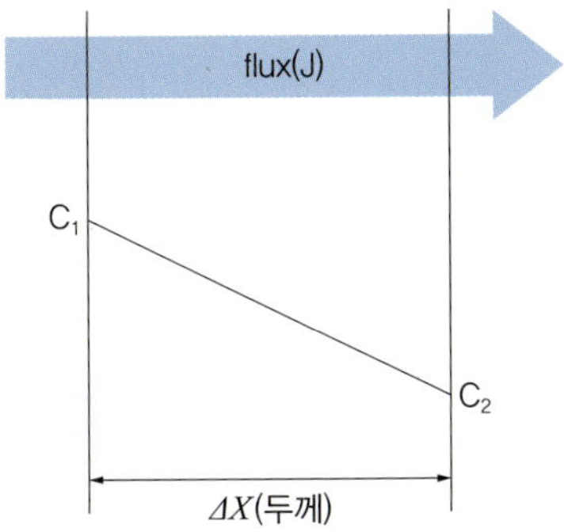

$$J = A \cdot D\frac{C_1 - C_2}{\Delta X} = A \cdot D \cdot S\frac{\Delta P}{\Delta X} = A \cdot P\frac{\Delta P}{\Delta X}$$

그림 9-1 정상 상태(steady state)에서 포장 필름을 통한 확산의 도식

투과도 계수에 사용되는 단위는 한 가지만이 아니다. 산업체에서는 위에서 정의한 투과도 계수permeability뿐만 아니라 두께의 단위를 보정하지 않은 퍼미언스 계수permeance 또는 투과도transmission rate를 사용하고 있다. 특히 수증기의 퍼미언스 계수는 종종 압력의 단위나 두께의 단위도 보정하지 않고 발표되기도 하는데, 이러한 값에는 항상 두께, 습도, 그리고 온도를 명시하여 발표해야 한다. 이러한 단위가 실제로 포장 기술산업에 광범위하게 사용되는 수증기 투과도water vapor transmission rate, WVT이며,

보통 특정 두께와 온도, 그리고 포장재 한 면의 상대습도는 약 0%이고 다른 면의 상대습도가 95%일 때, 하루에 100 in^{2}의 포장재 면적을 투과하는 수분의 양으로 정의된다. 일반적으로 국제 학술지에 논문을 게재할 때에는 SI 단위system of international units인 투과능permeability으로 표시할 것을 요구한다.

표 9-1 **투과도와 투과도 계수의 차이**

투과도 표시	단위	두께(m)
투과도 (Transmission rate, TR)	$\frac{\text{gas(g) 또는 water vapor(L)}}{\text{area(m}^2\text{)} \times \text{times(s)}}$	두께 반드시 표시
투과도 계수 (Permeability, *P*)	$\frac{\text{gas(g) 또는 water vapor(L)}}{\text{area(m}^2\text{)} \times \text{times(s)}} \times \frac{\text{두께(m)}}{\text{pressure difference(Pa)}}$	단위 두께가 포함된 투과도 계수

2) 투과도 측정

투과도를 측정 방법은 매우 다양하여 여기서 모두 설명할 수는 없지만, 압력증가법과 농도증가법의 두 가지 측정 방법이 중요하여 다루기로 한다. 특히 최근에는 주로 농도증가법이 사용되고 있다.

(1) 압력증가법

포장재를 투과도 측정 셀의 고압부과 저압부 사이에 장착하고 양쪽의 공기를 제거하여 포장재의 공기를 제거한다. 그 후 이미 압력P_H을 알고 있는 고압의 시험 기체를 고압부에 한꺼번에 주입시켜 압력을 P_H로 일정하게 유지시키면서 저압부의 압력P_L을 시간의 함수로 측정하면 투과도를 측정할 수 있다. 이때 P_H가 P_L보다 상당히 큰 상태로 지속된다면 ΔP가 일정하다고 할 수 있으며, 이때의 투과도 계수는 앞의 식으로 계산할 수 있다.

(2) 농도증가법

양쪽 부위의 전체 압력은 서로 같지만 한쪽 면은 시험 기체만을 지속적으로 흘려주는 데 반해 다른 한 면은 불활성 기체를 지속적으로 흘려주어 포장재 양면에는 시험 기체의 부분압 차이가 발생하므로 시험 기체가 확산에 의해 포장재를 투과한다. 기체 크로마토그래피를 이용한 농도증가법으로 산소나 이산화탄소의 기체 투과도를 측정하

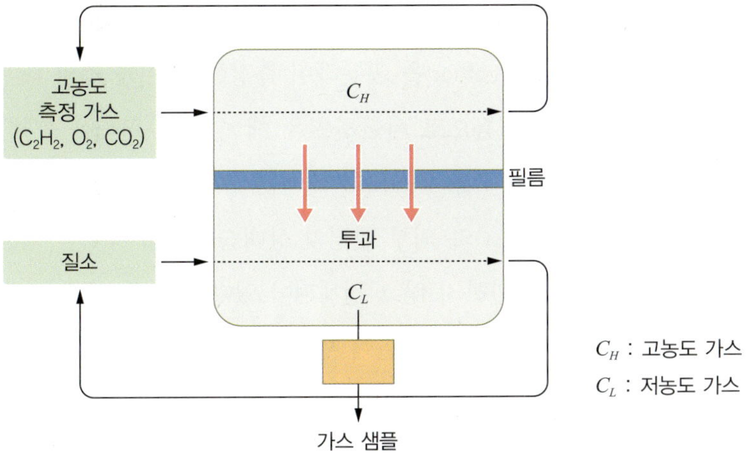

그림 9-2 **농도증가법을 이용한 투과도 측정 시스템**

기 위한 실험적 장치를 그림 9-2에 나타내었다. 근래의 기체 투과도 측정 기기들에서는 산소 전극을 사용하여 산소 투과를 지속적으로 직접 계측하는 방식을 채택하고 있다.

Water vapor permeability WVP는 일반적으로 중량법으로 측정한다. 낮은 수증기압을 유지시켜 주는 건조제를 그림 9-3과 같이 컵에 넣고 필름 시료로 밀봉한다. 이 측정 컵들을 항온 항습기에 넣어 두면 측정컵 내부는 건조한 상태이므로 수증기가 수분 투과도 측정컵의 필름을 통해 컵 내부로 투과하게 되고, 컵 내부의 건조제는 필름을 투과한 수증기와 결합하여 컵의 무게가 증가하게 된다. 이때 증가하는 컵의 무게는 필름층을 통과한 수증기의 양과 동일하며, 컵의 경시적 무게 변화를 측정하면 필름 시료의 수분 투과도를 계산할 수 있다.

그림 9-3 **중량법으로 수증기 투과도를 측정할 때 사용된 컵**

(3) 수증기 투과도 보정측정법

WVP는 일반적으로 컵 법cup method을 이용하여 측정한다. 이는 컵의 내부에 포화염 용액 또는 증류수를 채운 후 필름으로 차단하였을 때 수분이 필름을 통해 얼마나 이동하는지를 측정하는 방식이다. Cup method 내에는 그림 9-4처럼 컵 내부의 포화염 용액 또는 증류수의 상대습도(P_{w0})와 외부 환경의 상대습도(P_{w3}) 차이를 이용하여 측정하므로, 컵 내부의 공기층이 순환하지 않고 정체되어 있다는 것을 전제로 한다. 그러나 실제 환경에서는 컵 내부에서 공기의 순환이 발생하여 컵 내부의 상대습도(P_{w0})와 필름 경계면의 상대습도(P_{w1})에는 차이가 발생하게 된다. 또한 컵의 외부에서도 마찬가지로 외부 환경의 상대습도(P_{w3})와 필름 경계면의 상대습도(P_{w2})에 차이가 생기게 된다. 이를 고려하여 $P_{w0}-P_{w3}$ 대신 $P_{w1}-P_{w2}$를 사용하여 계산하는 방법이 도출되었으며, 이러한 수증기 투과도 보정측정법corrective measurement을 WVPcWater Vapor Permeability correction, WVP correction라고 한다.

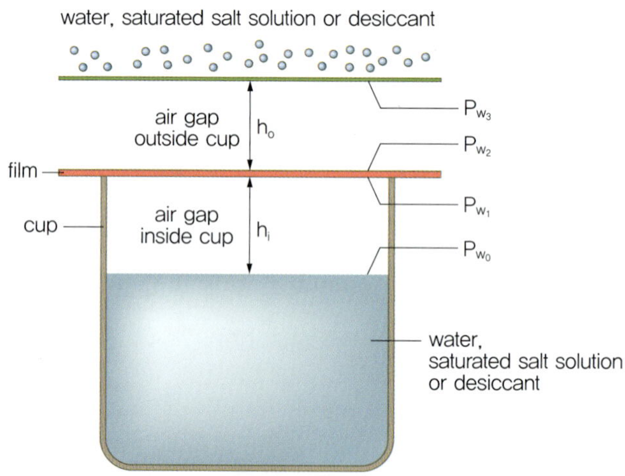

그림 9-4 **수증기 투과도 컵 내부의 수증기압**

대표적인 보정법은 McHugh et al.(1993)이 대표적이며, 이 책에서도 설명하고자 한다. 대부분 『Science Citation Index(SCI)』 논문에서는 필름의 측정된 수증기 투과도Water Vapor Permeability measurement, $WVTR_m$로부터 위의 보정법을 반듯이 사용해야 한다. 특히 탄수화물, 단백질 등 친수성 분자가 많이 함유된 생물고분자 필름에서는 흡습된 물분자가 가소제의 역할을 하게 되어, 확산의 활성화 에너지를 감소시키고 필름의 구조를 느슨하게 하여 투습 속도를 빠르게 하므로 WVPc 보정 과정이 특히 중요하다.

(4) 수증기 투과도 보정측정법 관련 식의 유도

① $Area(A)\ of\ cup = (\frac{\pi}{4})d^2$

② $WVTR_m = \frac{Slope}{Area} = \frac{Q}{At}$

③ $P_{w_1} = P_t - (P_t - P_{w_0})\exp(\frac{N_w \times h_i}{c \times D})$

㉠ N_w : $WVTR_m\ (g/m^2 \cdot day) \times \frac{g \cdot mol}{18\ g} \times \frac{1}{\frac{10^4 \cdot cm^2}{1\ m^2} \times \frac{86{,}400\ sec}{1\ day}}$

$= WVTR_m\ (g \cdot mol/cm^2 \cdot s)$

㉡ $h_i = H - \frac{V}{A}\ (cm)$

㉢ $\frac{n}{V} = \frac{P_t}{RT}$

㉣ $D = C \times \frac{T(Kalvin)}{273 + ℃}\ \frac{T(Kalvin)}{(273 + ℃)^{1.8}}\ (cm^2/s)$

여기서 C는 상수constant

④ $P_{w_2} = P_t - (P_t - P_{w_3})\ \exp(\frac{N_w \times h_o}{c \times D})\ (Pa)$

if $h_o = 0 \rightarrow P_{w_2} = P_{w_3}$

⑤ $P_{w_3} = P_{w_i} \times \frac{RH}{100}\ (Pa)$

⑥ $P_m = WVTR_m \times \frac{thickness}{P_{w_0} - P_{w_2}}\ (g \cdot m/m^2 \cdot s \cdot Pa)$

⑦ $P_c = WVTR_m \times \frac{thickness}{P_{w_1} - P_{w_2}}\ (g \cdot m/m^2 \cdot s \cdot Pa)$

cf) $WVTR = \frac{Q}{A \cdot t}$, $WVP = \frac{Q \cdot X}{A \cdot t \cdot \Delta P} = WVTR\frac{X}{\Delta P}$

예시 문제

측정컵 방법을 이용하여 필름의 수증기 투과도와 투과도 계수를 측정하고자 한다.

컵의 조건

- 두께 500 μm, 면적 0.05 m^2, 온도 30℃
- 상대습도 : 안쪽은 RH 100% (물), 바깥쪽은 RH 30%

표 1 포화수증기압과 포화수증기 밀도

온도(℃)	온도(℉)	포화수증기 압(mmHg)	포화수증기 밀도(gm/m^3)	온도(℃)	온도(℉)	포화수증기 압(mmHg)	포화수증기 밀도(gm/m^3)
-10	14	2.15	2.36	40	104	55.3	51.1
0	32	4.58	4.85	60	140	149.4	130.5
5	41	6.54	6.8	80	176	355.1	293.8
10	50	9.21	9.4	95	203	634	505
11	51.8	9.84	10.01	96	205	658	523
12	53.6	10.52	10.66	97	207	682	541
13	55.4	11.23	11.35	98	208	707	560
14	57.2	11.99	12.07	99	210	733	579
15	59	12.79	12.83	100	212	760	598
20	68	17.54	17.3	101	214	788	618
25	77	23.76	23	110	230	1074.6	…
30	86	31.8	30.4	120	248	1489	…
37	98.6	47.07	44	200	392	11659	7840

30℃ 포화수증기압 31.8 mmHg

31.8 × 0.7 = 22.26 mmHg

표 2 시간에 따른 컵에 무게 변화

시간(hr)	시간별 컵의 무게(g)	컵의 변화된 무게(g)
0	107.383	0
2	107.213	0.17
4	107.084	0.299
6	106.927	0.456
8	106.783	0.6
10	106.642	0.741
12	106.500	0.883

① **수증기 투과도**

우선 시간별 컵의 변화된 무게를 그래프로 그려서 기울기를 구하면

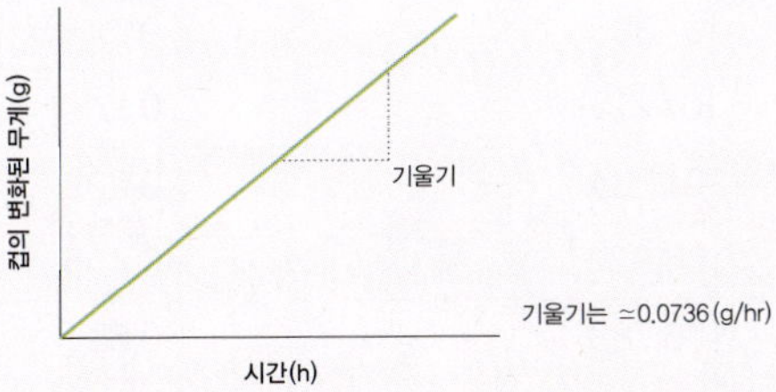

기울기는 ≃0.0736 (g/hr)

$$\text{수증기 투과도} = \frac{\text{기울기(g/hr)}}{\text{필름의 면적}(m^2)} = \frac{0.0736(g/hr)}{0.05(m^2)} = 1.472(g/hr\cdot m^2) = 35.328\ g/day\cdot m^2$$

② **수증기 투과도 계수**

$$\text{수증기 투과도 계수} = \frac{\text{수증기 투과도} \times \text{필름 두께}}{\text{압력차}}$$

$$\text{수증기 투과도 계수} = \frac{35.328(g/day\cdot m^2) \times 0.0005\ m}{22.26\ mmHg \times \dfrac{133.322\ Pa}{1\ mmHg}} \times \frac{1\ day}{86{,}400\ sec}$$

$$= 6.889 \times 10^{-11}\ g\cdot m/m^2\cdot s\cdot Pa$$

수정 방정식을 이용한 풀이

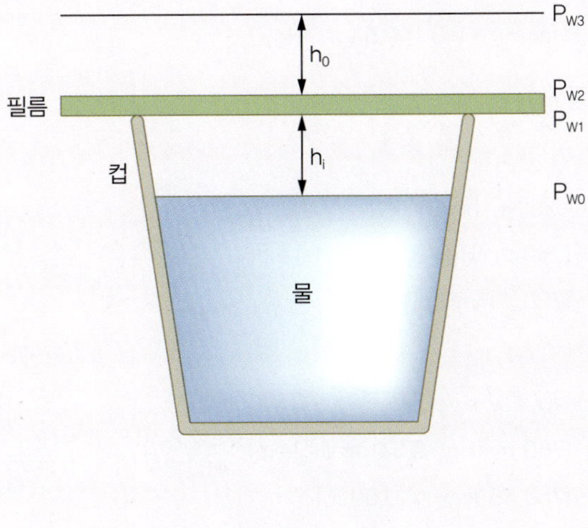

㉠ 기울기 : g/hr

시간(hr)	시간별 컵의 무게(g)	컵의 변화된 무게(g)
0	107.383	0
2	107.213	0.17
4	107.084	0.299
6	106.927	0.456
8	106.783	0.6
10	106.642	0.741
12	106.500	0.883

이므로, 기울기 $\simeq$ 0.0736 (g/hr)

㉡ $WVTR_m = \frac{\text{slope (g/hr)}}{\text{area (m}^2)} = \frac{0.0736 \text{ g/hr}}{0.05 \text{ m}^2} = 1.472 \text{ (g/hr} \cdot \text{m}^2)$

$= 35.328 \text{ g/day} \cdot \text{m}^2$

㉢ $Nw = (6.43 \times 10^{-11}) \times 35.328 \text{ g/day} \cdot \text{m}^2$

$\simeq 2.2716 \times 10^{-9} \text{ (gmol/cm}^2 \cdot \text{s)}$

㉣ $c\frac{n}{V}$ 구하기 $= \frac{P}{RT} = \frac{1 \text{ atm}}{(0.08206 \times 10^3)(\text{cm}^3 \cdot \text{atm/K} \cdot \text{gmol}) \times 393\text{K}}$

$\simeq 4.0218 \times 10^{-5} \text{ gmol/cm}^3$

㉤ D 구하기 $= 0.26(303/298)^{1.8} \simeq 0.2679 \text{ (cm}^2\text{/s)}$

㉥ $h_0 = h_i = 2$ cm

㉦ P_{W3}, P_{W0} 구하기

$P_{W3} = P\frac{RH_1}{100} = 31.8 \text{ mmHg} \times 0.3 = 9.54 \text{ mmHg}$

$P_{W0} = P\frac{RH_2}{100} = 31.8 \text{ mmHg} \times 1 = 31.8 \text{ mmHg}$

㉧ P_{W1}, P_{W2} 구하기

$P_{W1} = P_T - (P_T - P_{W0})\exp(N_W \cdot h_i/cD)$

$= 760 \text{ mmHg} - (760 \text{ mmHg} - 31.8 \text{ mmHg})\exp(\frac{2.2716 \times 10^{-9} \times 2}{4.0218 \times 10^{-5} \times 0.2679})$

$= 760 \text{ mmHg} - (728.2 \text{ mmHg})(1.004)$

$\simeq 31.4929 \text{ mmHg}$

$P_{W2} = P_T - (P_T - P_W)\exp(-N_W \cdot h_0/cD)$

$= 760 \text{ mmHg} - (760 \text{ mmHg} - 9.54 \text{ mmHg})\exp(-\frac{2.2716 \times 10^{-9} \times 2}{4.0218 \times 10^{-5} \times 0.2679})$

$= 760 \text{ mmHg} - (750.46 \text{ mmHg})(0.9996)$

$= 760 \text{ mmHg} - 750.1436 \text{ mmHg}(0.9996)$

$\simeq 9.856 \text{ mmHg}$

ⓙ $WVP_m = \frac{WVTR_m \times L}{\Delta P_a}$

$$= \frac{35.328(g/day \cdot m^2) \times 0.0005\ m}{22.26\ mmHg} \times \frac{1\ day}{86400\ sec} \times \frac{1\ mmHg}{133.322\ Pa}$$

$$\simeq 6.8889 \times 10^{-11}(g \cdot m/m^2 \cdot s \cdot Pa)$$

ⓚ $WVTR_c = WVTR_m[(P_{W0} - P_{W3})/(P_{W1}) - (P_{W2})]$

$$= 35.325(g/day \cdot m^2)[(31.8\ mmHg - 9.54\ mmHg)/(31.4929\ mmHg - 9.856\ mmHg)]$$

$$= 36.3454\ g/day \cdot m^2$$

ⓛ $WVP_c = WVTR_m \times \frac{L}{\Delta P_r}$

$$= WVTR_c \times \frac{L}{\Delta P_a}$$

$$= 36.3454(g/day \cdot m^2) \times \frac{0.0005\ m}{22.26\ mmHg} \times \frac{1\ day}{86400\ sec} \times \frac{1\ mmHg}{133.322\ Pa}$$

$$\simeq 7.0873 \times 10^{-11}(g \cdot m/m^2 \cdot s \cdot Pa)$$

3) 가스에 대한 포장재의 투과도

끓는점이 낮은 산소, 질소, 수소, 이산화탄소 등의 기체들은 고정 가스fixed gas로 알려져 있는데 이들은 포장재를 통한 투과도와 관련해서는 서로 비슷하게 이상적 거동을 하고 있다는 공통점이 있다. 상온에서 여러 일반 플라스틱 및 생물고분자 포장재들의 질소, 이산화탄소, 산소에 대한 투과도와 포장재들에 대한 전형적인 CO_2/O_2 투과 비율을 표 9-2에 나타내었다. 이러한 값들로부터 다음과 같은 것들을 설명할 수 있다. 첫째, 어떠한 기체에 대해서도 투과도가 크게 차이 나는 포장 재료들이 존재한다. 염화비닐리덴 수지polyvinylidene chloride, PVDC; Saran는 실리콘 고무보다 산소 투과도가 10만 배 낮다. 둘째, 같은 포장 재질을 서로 다른 물질이 투과하는 데에는 규칙성이 존재한다. 일반적으로 이산화탄소는 산소보다 투과도가 4~6배 높으며 산소는 질소보다 4~6배 투과가 잘 된다. 질소, 이산화탄소, 산소의 세 가지 기체들 중에서 이산화탄소가 가장 크므로 확산 계수D는 가장 낮지만 고분자에서 이산화탄소의 용해도S는 다른 기체들보다 훨씬 더 크기 때문에 이산화탄소의 투과도P가 가장 높게 나타난다.

고정 가스들은 다음과 같은 이상적인 거동을 보인다. 투과도 계수permeability는 농도의 영향을 받지 않으며, 투과도는 온도에 따라 변화하며 이때 온도와 투과도의 관계는 아레니우스Arrhenisu식으로 나타낼 수 있다.

표 9-2 대표적인 플라스틱 필름의 투과도

필름		두께(mm)	투과도 계수[1]			투과도 CO_2/O_2
			산소(O_2)	이산화탄소 (CO_2)	질소(N_2)	
플라스틱 필름[2]	저밀도 폴리에틸렌	-	31.30	109.55	8.11	3.5
	고밀도 폴리에틸렌	-	8.34	26.04	1.94	3.1
	PVDC	-	0.04~0.05	0.17~0.54	0.0054~0.0072	4.9
	나일론 6	-	0.12	0.45~0.54	0.04	4.1
	PET	-	0.13~0.27	0.67~1.12	0.03~1.80	4.5
	아세트산셀룰로오스	-	5.26~6.75	38.68~44.97	1.35~1.80	7.0
	실리콘 고무	-	2248.56	13491.38	2023.65	6.0
	폴리프로필렌	-	6.75~10.79	22.49~35.98	1.08~2.16	3.3
	폴리스틸렌	-	11.24~15.74	31.48~51.72	2.25~2.70	3.1
	에틸렌비닐알코올 공중합체	-	0.0011(20°C)	0.0091	0.00036	-
생물고분자 필름[3]	옥수수단백질	0.12~0.31	0.36±0.16	2.67±1.09	-	7.5
	밀 글루텐	0.23~0.42	0.22±0.09	2.13±1.43	-	9.5
	MC(L)	0.04~0.07	2.17±0.45	69.00±19.33	-	31.6
	HPC(L)	0.05	3.57±0.03	143.99±3.76	-	40.6
	HPC/지방	0.15	3.44±0.06	81.75±4.58	-	23.7
문헌상 생물고분자 필름 종류	Cozeen[4]	0.09	0.89	5.25	-	5.9
	밀 글루텐[4]	0.14	0.09	0.03	-	0.3
	옥수수 단백질[5]	0.08	0.16	-	-	-
	밀 글루텐[5]	0.15	0.08	-	-	-

1) 투과도 단위 (fL·m/m²·s·Pa)에서 f = femto(10^{-15})
2) Rosalind Juran (Ed.). 1987. Modern plastic encyclopedia (pp. 691-695). New York: McGraw_Hill Inc.
3) Park et al. 1994. MC(메틸셀룰로오스), HPC(히드록시프로필셀룰로오스), HPMC(히드록시프로필메틸셀룰로오스)
3) H.J. Park, M.S. Chinnan. 1995. J. Food Engr 25: 497-507.
4) Aydt et al. 1991. 산소투과도 측정 온도와 습도 37.8°C and 0% RH; 이산화탄소 투과도 온도와 습도, 22.8°C and 0% RH.
5) Gennadios et al. 1993. data for 25°C and 0% RH.

$$B = B_0 \cdot e^{-E_a/RT} \quad \text{(식 9.5)}$$

E_a : 투과를 위한 활성화 에너지(kcal/mol) B_0 : 상수

일부 포장재에서 산소와 이산화탄소가 투과되는 데 필요한 E_a의 값을 표 9-3에 나타내었으며, 절대온도의 역수가 변화함에 따라 투과도가 어떻게 변화하는지는 그림 9-5에 도시하였다. 일부 포장재에서는 투과도-온도 곡선에서 불연속적인 부분이 뚜렷하게 존재하는데, 임계온도(또는 임계온도 범위) 이상의 온도에서 포장재는 훨씬 더 투과되기

쉬워진다. 이러한 현상은 온도 T_g에서 유리 전이glass transition가 일어나기 때문에 발생한다. 예를 들어 PVA의 경우는 30℃ 부근에서, 그리고 PS는 80℃ 부근에서 유리 전이온도를 보이는데, 유리 전이온도T_g 아래에서 물질은 유리질glassy이 되고, 유리 전이온도보다 높은 온도에서는 고무질rubbery이 된다.

표 9-3 기체 투과의 활성화 에너지

필름	산소 활성화 에너지(kJ/mol)	이산화탄소 활성화 에너지(kJ/mol)
저밀도 폴리에틸렌(LDPE)	30	33
고밀도 폴리에틸렌(HDPLE)	35	35
폴리에틸렌 테레프탈레이트(PET)	27	25
폴리아미드	41	38
천연 고무	41	38
폴리염화비닐리덴(Saran)	58	50
천공 필름	4	4

*Rosalind Juran (Ed.). 1987. Modern plastic encyclopedia (pp. 691-695). New York: McGraw_Hill Inc.

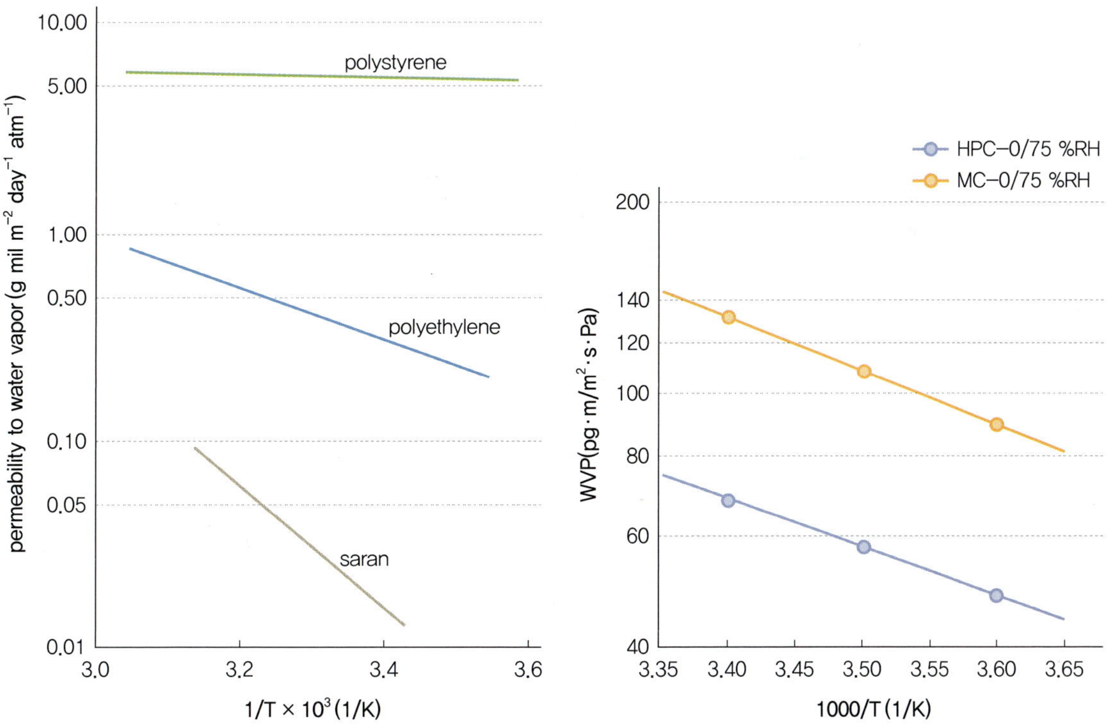

그림 9-5 절대온도에 대한 투과도 의존성

예시 문제

문제 **a) 100 K에서 110 K로, b) 200 K에서 210 K로, 그리고 c) 300 K에서 310 K으로 각각 온도가 10 K 오를 때 산소 투과도가 두 배로 되는 반응의 활성화 에너지 E_a를 구하시오.**

풀이 $R = 1.987$ cal/K·mol

10 K의 온도 간격에서 *Ea*가 거의 변하지 않는다면, 수정 방정식을 이용하는 것이 편리하다.

$$R \cdot \ln\left(\frac{k_2}{k_1}\right) = -E_a\left(\frac{1}{T_2} - \frac{1}{T_1}\right)$$

$$R \cdot \ln\left(\frac{k_2}{k_1}\right) = E_a\left(\frac{1}{T_1} - \frac{1}{T_2}\right) = E_a\left(\frac{T_2 - T_1}{T_2 T_1}\right)$$

$$E_a = \left\{R \cdot \ln\left(\frac{k_2}{k_1}\right)\right\} = \left(\frac{T_2 T_1}{T_2 - T_1}\right)$$

10 K 올라갈 때 반응 속도가 두 배로 되려면 위의 식은 다음과 같이 된다.

$$E_a = \left(\frac{R \cdot \ln 2}{10}\right) T_2 T_1 = 0.138 T_2 T_1$$

a) T1이 100°K일 때,

$$E_a = (0.138)(110)(100) = 1.5 \text{ kcal}$$

b) T1이 200°K일 때,

$$E_a = (0.138)(210)(200) = 5.9 \text{ kcal}$$

c) T1이 300°K일 때,

$$E_a = (0.138)(310)(300) = 13.0 \text{ kcal}$$

이 계산 결과에 의하면, 온도가 10도 오를 때 반응 속도는 2배로 된다는 법칙이 근사적인 법칙이라는 것을 분명하게 알 수 있다.

여기에서 고분자 포장 재질의 구조와 형태에 대한 논의가 필요하다. 고체상의 고분자들은 결정성이거나 비결정 또는 반결정성인 상태로 존재할 수 있으며, 포장 재질은 반결정성이거나 비결정 상태로 존재한다. 반결정성 물질의 일부 영역에서는 고분자 사슬이 질서 정연하게 응집되어 있는데 이를 결정crystallite이라 하며, 이러한 결정들에서는 기체나 수증기가 투과할 수 없다. 비결정성 물질의 나머지 영역에서는 고분자 사슬들이 무질서하게 배열되어 있는 비결정 영역을 이루고 있다. 비결정 고분자에서 고분자 사슬들은 완전히 무질서한 상태로만 존재하고 있다. 유리 전이온도T_g보다 낮은 온도에서는 무질서하게 배열된 고분자 사슬들의 움직임이 거의 없어서 고분자 사슬들 사이에 존재하는 구멍이나 공극 및 기타 빈 공간이 고정된 상태로 있다. 유리 전이온도 이상의 온도에서는 고분자 사슬들의 움직임이 훨씬 자유로워지고 그 사이의 빈 공간들은 끊임없이 모양이나 위치가 변하게 된다. 이러한 변화들은 특히 큰 분자들이 포장재를 통하여 확산되는 능력에 중요한 영향을 미친다.

고분자 필름들의 기체를 투과시키는 능력 차이는 고분자의 결정성 차이에 일부 기인하기도 하고, 고분자 사슬의 종류에 따른 이동성 차이와, 고분자 사슬의 작용기가 기체나 수증기들이 고분자 필름의 비결정성 영역에서 용해되는 정도에 미치는 수준 등에 의해 그 차이가 나타나는데, 이때 고분자의 결정성 영역에서는 흡수가 일어나지 않는다고 간주한다. 고분자의 결정성 부분의 함량은 투과도를 결정하는 데 있어서 가장 중요하다. 이론적으로 고분자의 투과도는 고분자에서 비결정성 영역이 차지하는 부피 비율의 제곱에 비례하여 직선적으로 증가한다. 그러나 이러한 관계는 수소와 같은 작은 분자들에만 잘 적용되고, 육플루오르화 황sulfur hexafluoride과 같은 큰 분자들의 경우 상당한 편차를 보인다. 이는 결정성 영역이 존재하게 되면 비결정성 영역의 고분자들의 이동성을 제한하는 영향을 미치게 되는데, 특히 이는 큰 분자들의 흐름을 방해하기 때문이다.

고분자들의 투과도는 또한 천연 고무에 가교 결합을 일으키는 경화 처리vulcanizing처럼 고분자들 간의 가교 결합을 통해 변형될 수 있다. 가교 결합은 고분자들의 이동을 제한하고 투과도를 감소시키지만 고분자의 결정성은 손상시키지 않는다. 필름을 연신하여 고분자 사슬의 배향을 강화시키면 필름의 결정화가 증가하고 투과도는 감소한다. 필름은 수증기와 같은 극성인 기체가 친수성 고분자를 통해 확산될 때나, 용매와 향기성분 등 낮은 끓는점을 가지는 유기화합물이 어떤 고분자를 통해 확산될 때, 필름의 확산 계수 D는 농도와 무관하며 log B는 1/T에 비례한다는 이상적인 거동을 하지 않는다. 기체 투과도에 물의 효과는 식품 포장에 있어서 특히 중요하다.

필름의 산소 투과도는 대개 높은 상대습도 조건에서 급격하게 증가하는데 이는 필름이 수분을 흡수함에 따라 팽윤이 일어나기 때문이다. 그림 9-6은 에틸렌비닐알코올EVOH 필름을 통해 수분이 투과될 때, 필름의 수증기압이 높은 쪽의 수분활성도에 따라 필름의 산소 투과도가 급격히 증가하는 모습을 보여 준다.

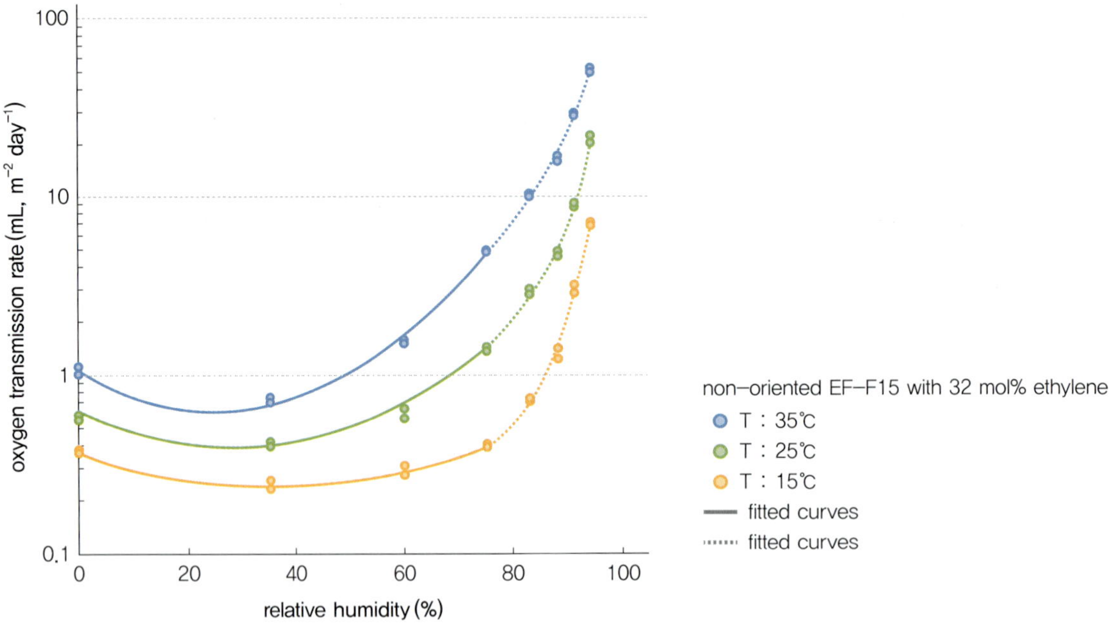

그림 9-6 EVOH 필름의 산소 투과도

4) 수분 투과도

친수성 고분자에서 수증기 투과도는 이상적인 투과 양상과 편차를 보인다. 투과도 계수는 온도뿐만 아니라 수분 농도에 따라 변화하며, 온도 의존성은 (식 9.5)와 같이 그리 간단하지만은 않다. 수분 투과도 결과들은 대부분 온도 100 °F이며 수증기압이 높은 쪽의 상대습도가 95%인 조건에서 측정하여 얻었는데, 이들 결과의 일부를 표 9-4에 나타내었다.

필름의 수증기 투과도는 대개 높은 상대습도 조건에서 급격하게 증가하는데 이는 필름이 수분을 흡수함에 따라 팽윤이 일어나기 때문이다. 표 9-5는 수증기압이 높은 쪽의 상대습도는 100%로 일정하며 수증기압이 낮은 쪽의 상대습도가 변화할 때의 수증기 투과도 변화를 보여 주고 있다.

나일론, 셀룰로오스, 폴리비닐알코올PVOH, 생물고분자로 제조한 가식성 필름 등 수증기 투과도가 습도의 영향을 받는 포장재들의 수증기 투과도를 계산하기 위해서는 적절한 수학식으로 수증기 투과도와 상대습도의 관계를 규정해야만 그 계산이 가능하다. 온도는 투과도에 영향을 주는 또 다른 요소이다. 극성 고분자 필름을 통해 수분이 투

표 9-4 생물고분자 필름의 수증기 투과율

필름		두께(mm)	투과도 계수[1]
생물고분자 필름[2]	옥수수 단백질	0.12~0.31	0.116±0.019
	밀 글루텐	0.38~0.42	0.616±0.013
	MC(L)	0.04~0.07	0.092±0.003
	HPC(L)	0.05	0.110±0.004
	HPC/지방	0.15	0.082±0.003
문헌상 생물고분자 필름 종류	Cozeen[3]	0.09	0.407
	밀 글루텐 A[3]	0.14	1.254
	밀 글루텐 B[3]	0.05	0.136
기타 필름[5]	저밀도 폴리에틸렌[6]	-	0.00055
	폴리비닐 공중합체[6]	-	0.00071
	C18-C16 HPMC[7]	0.04	0.004
	C18-C16 MC/HPMC[7]	0.02	0.003

1) 단위 ($ng \cdot m/m^2 \cdot s \cdot Pa$)에서 n = nano($10^{-9}$)
2) MC : 메틸셀룰로오스, HPC : 히드록시프로필셀룰로오스, HPMC : 히드록시프로필메틸셀룰로오스; Park, H.J., Chinnan, M.S. J. 1995. Food Engr 25: 497-507.
3) Aydt *et al.* 1991.; 측정 온도와 습도 차이 25℃ and 100% RH; Gennadios *et al.* 1993.; 측정온도와 습도 차이 25℃와 100% RH.
4) Gontard, N., Guilbert, S. & Cuq, J. 1993. *J. Food Sci.*, 58, 206-211. 측정 온도와 습도 차이 25℃와 100% RH
5) Kester & Fennema. 1989.; 모든 측정온도 25℃
6) 측정 습도 차이 100, 90% RH
7) 측정 습도 차이 97%

표 9-5 고압력 측면의 상대습도가 100%이고 다른 측면의 상대습도는 다양할 때 수증기에 대한 몇몇 필름의 투과도

물질	수증기 투과도 ($ng \cdot m/m^2 \cdot s \cdot Pa$)[1]		
	31%	56%	80%
폴리에틸렌	0.00040	0.00042	0.00037
폴리비닐알코올	0.1069	0.1477	0.2139
아세트산셀룰로오스	0.0860	0.1069	0.1610
나일론	0.0161	0.0267	0.0463

1) 투과도 단위에서 n은 나노(10^{-9}) 약기
자료 : Form Hauser and McLaren, 1948

과되는 경우 (식 5.4)는 단지 좁은 온도 범위에서만 적용될 수 있다.

5) 습윤 기체의 투과도

높은 습도에 친수성 필름을 노출시키면 수분이 흡습되고 팽윤되어 고분자 사슬의 이동성을 크게 증가시킨다. 물은 가소제나 비교적 휘발성이 낮은 용매와 비슷한 효과를 가지므로 고분자 사슬의 유연성을 증진시키고 모든 기체에 대해 투과성을 증가시키는 경향이 있다. 특히 건조한 조건에서 기체 투과에 대한 뛰어난 차단성을 보이는 필름에서는 습윤공기에 의한 투과도의 증가 현상이 현저하게 나타난다.

셀로판cellophane의 투과도는 습도에 의해 결정되며, 셀로판이 건조하게 유지되거나 또는 폴리에틸렌층을 이용하여 높은 습도로부터 셀로판을 보호한다면 이는 이산화탄소의 투과에 대한 훌륭한 차단성을 지니게 될 것이다. 투과도가 포장 재질의 수분 함량의 영향을 받는다는 것은 투과도가 포장재 주위의 상대습도에 영향을 받는다는 것을 의미하며, 이와 같은 성질은 생분해성 필름 및 가식성 필름과 같은 친수성 생물고분자 필름에서 특히 중요하다. 예를 들어 90% 상대습도에서 밀 글루텐 필름의 산소 투과도는 0% 상대습도에서보다 25배 더 높다. 비슷한 상대습도 조건에서 키토산 필름의 산소 투과도는 500배 증가하고 이산화탄소 투과도는 150배 증가한다. 대부분의 가식성 고분자 필름의 수증기 투과도도 이와 유사한 결과를 보인다.

표 9-6 습도가 필름의 투과도에 미치는 영향

필름		두께(mm)	상대습도의 차이(%)	투과도 계수[1]
셀룰로오스 필름[2]	HPC	0.08	75 33	68.5±2.7 51.6±4.4
	MC	0.11	75 33	154.4±4.1 113.5±5.7
문헌상 셀룰로오스 필름	C18-C16 HPMC[3]	0.04	97	4~22
	C18-C16 MC/HPMC[3]	0.02	97	3~16
	HPMC[4]	0.01~0.04	85	15~200
문헌상 기타 필름	PE[3]	-	100~90	0~7
	PVC[3]	-	100~90	0.6

1) 단위 (pg·m/m²·s·Pa)에서 p = pico(10^{-12})

2) MC : 메틸셀룰로오스, HPC : 히드록시프로필셀룰로오스, HPMC : 히드록시프로필메틸셀룰로오스; Park, H.J., Chinnan, M.S. 1995. *J. Food Engr* 25: 497-507.

3) "Kester & Fennema. 1989.; C18 스테알산(stearic acid), C16 팔미틱산(palmitic acid), PE(저밀도 폴리에틸렌), PVC(폴리염화비닐)

4) Hagenmaier and Shaw. 1990.

기체와 수증기 투과도가 증가하는 것은 물이 고분자들에 대해 가소제로 작용하였기 때문이다. 물이 가소제로 작용함에 따라 필름에서 일어나는 중요한 결과는 유리 전이 온도T_g가 감소하는 것이다. 서로 다른 상대습도에서 평형시킨 쌀 전분과 감자 전분 필름의 경우, 필름들은 6~19% 범위의 수분 함량을 나타내었는데 이러한 수분 함량의 차이는 T_g에 상당한 영향을 미칠 수 있다. 감자 전분의 경우 6.6%의 수분 함량에서 T_g값이 410 K이었는데, 수분 함량이 15.6%로 높아지면 T_g값은 324 K로, 수분 함량이 19%로 높아짐에 따라 T_g값은 314 K로 감소하였다. 이와 상응하는 쌀 전분의 값은 6.5%의 수분 함량에서 T_g값이 393 K이었는데, 수분 함량이 15.2%로 높아지면 T_g값은 327 K로, 수분 함량이 18.6%로 높아짐에 따라 T_g값은 308 K로 감소하였다.

비결정 고분자에서 여러 기체의 확산 계수들은 그림 9-7에서와 같이 온도의 영향을 받으며 아레니우스식을 따르지만, 확산과 관련한 활성화 에너지(E_a, KJ/mol)는 T_g값에 따라 달라진다. 투과도 계수가 확산 계수D와 용해도S의 곱으로 표시되므로 투과에 대한 활성화 에너지 또한 T_g에서 불연속점을 갖는다.

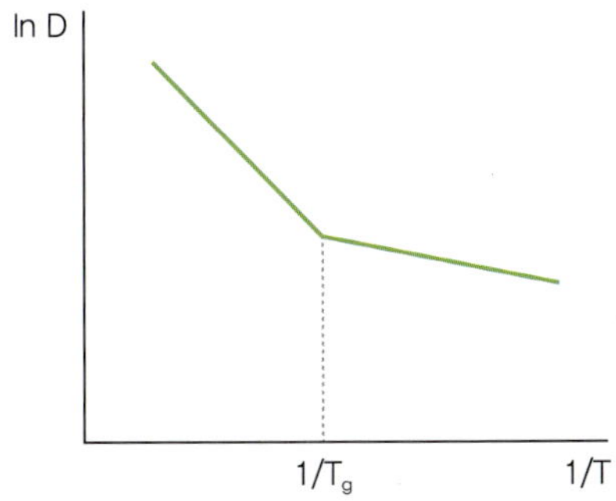

그림 9-7 **비결정 고분자에서 온도에 따른 기체 확산의 변화**

친수성 고분자 필름들과는 반대로 지질 필름은 높은 습도에서도 팽윤되지 않으며, 투과도가 외부의 상대습도에 의해 큰 영향을 받지 않는다. 초콜릿 코팅은 수증기 투과에 대한 매우 좋은 차단막이다. 지질 코팅의 차단 성질은 특정 온도를 기준으로 급격한 변화를 보여 주는데 이는 녹는 것 때문이지 유리 전이 때문은 아니다. 친수성과 소수성 물질로 만들어진 복합 필름의 수증기 투과도는 복잡하게 수분 함량의 영향을 받으며, 이 수분 함량은 복합 필름의 기하학적 구조에 따라 달라진다.

적층 포장재를 사용한 연포장 파우치를 열처리하여 살균할 때에는 필름의 기하학적 구조와 수분에 대한 민감도가 복합적으로 작용하여 문제가 발생한다. 열처리 식품의 안정성에 필요한 주요 요인 중 하나는 식품을 대기 중의 산소로부터 보호하는 것이다. 육류 통조림이나 유아식, 채소 통조림에서는 최대 산소 유입량을 1~5 ppm 수준으로 유지하는 산소 차단 포장을 해야 한다고 보고하고 있으며, 이는 다른 건조식품(5~15 ppm)이나 유지(50~200 ppm)의 허용산소 유입량 기준보다 더 엄격한 수준이다. 레토르트 공정에 적합한 가장 효과적인 산소 차단재는 에틸렌비닐알코올EVOH이다. 이를 사용하는 데 있어서 문제는 EVOH 필름이 친수성이므로 높은 상대습도에서는 수분 함량이 증가한다는 것이다. 예를 들어 25℃에서 10% 수분 함량인 필름이 레토르트 살균에 사용되는 온도 범위인 120℃에서는 수분 함량이 30%로 증가하게 된다. 포장재의 수분 함량이 증가함에 따라 필름의 산소 투과도가 급격히 증가한다. 수분 함량 5%인 필름의 수증기 투과도는 건조한 필름의 10배이며, 10%의 수분 함량에서는 100배로 증가하고, 20% 또는 그 이상에서는 건조한 상태에서의 투과성보다 1,000배로 증가한다. 스팀 살균을 하는 동안 포장재에 흡수된 물은 저장하는 포장재의 투과도를 증가시키게 되는데, 이는 레토르트 기기에서 꺼낸 후 포장재에서의 탈습과 냉각이 늦기 때문이다. EVOH를 기반으로 한 다층 용기에 대한 연구 결과, 115℃에서 스팀으로 살균하는 공정에서 산소 투과도는 25배 정도 증가하였다고 보고하였다. 더욱이 살균공정 이후 냉각하여 저장하는데, 주위 온도에서의 투과도는 레토르트 이전의 값보다 10배 더 큰 값을 보였다. 또한 일시적으로 높은 투과도를 지니는 단계 동안에 포장재로 유입된 산소는 산화에 취약한 식품 성분들을 산화시키고 이어서 일어나는 일련의 산화 작용을 유발하는 기폭제가 된다.

이러한 문제의 해결책은 다층 구조를 만드는 것으로 산소 차단 포장재(EVOH)층을 우수한 수분 차단제층 및 기계적 성질이 우수한 필름층과 다층 필름을 만들어 보호한다. 이와 같은 적층 필름laminates의 두 가지 예를 제시하였다.

Polypropylene/EVOH/Polypropylene

Polypropylene/EVOH/Polycarbonate

위와 같은 두 개의 라미네이트 필름의 배열 중 폴리프로필렌은 식품에 인접한 층이다.

6) 다층 포장재의 투과도

직렬로 배열된 여러 층의 포장재를 통한 기체나 수증기 플럭스flux에는 다음과 같은 관계가 성립된다(정상 상태라 가정. 그림 9-8에서 나타내는 가상의 3개 층으로 구성된 물질을 참조).

$$J_1 = J_2 = J_n \tag{식 9.6}$$

$$J_1 = \frac{B_1 A_1}{\Delta X_1}(p_1 - p_2) \tag{식 9.7 a}$$

$$J_2 = \frac{B_2 A_2}{\Delta X_2}(p_2 - p_3) \tag{식 9.7 b}$$

$$J_3 = \frac{B_3 A_3}{\Delta X_3}(p_3 - p_4) \tag{식 9.7 c}$$

$$J_T = \frac{B_T A_T}{\Delta X_T}(p_1 - p_4) \tag{식 9.8}$$

(식 9.14)를 얻기 위해서는 다음의 조건들이 만족되어야 한다.

$$A_1 = A_2 = A_3 = A_T \tag{식 9.9}$$

$$\frac{\Delta X_T}{B_T} = \frac{\Delta X_1}{B_1} + \frac{\Delta X_2}{B_2} + \frac{\Delta X_3}{B_3} \tag{식 9.10}$$

$$B_T = \frac{\Delta X_T}{\Delta X_1 / B_1 + \Delta X_2 / B_2 + \Delta X_3 / B_3} \tag{식 9.11}$$

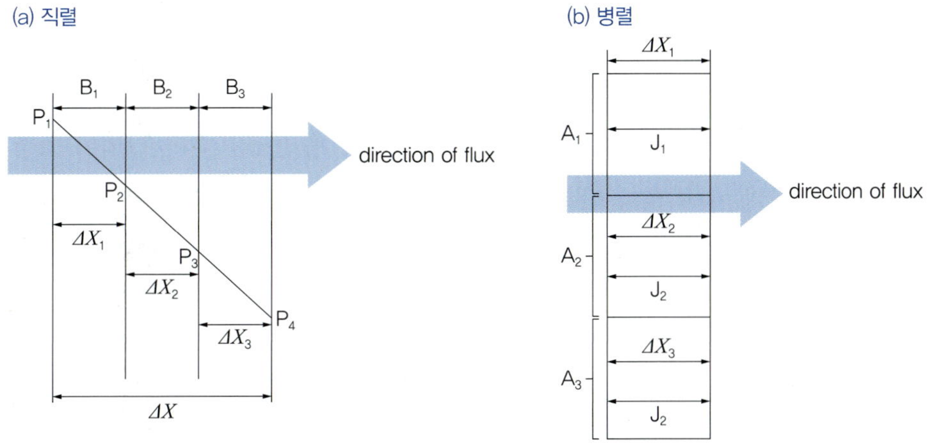

그림 9-8 **다층 필름이 직렬과 병렬로 된 경우의 투과도**

만약 모든 투과도 계수가 농도의 영향을 받지 않는다면 (식 9.11)은 어떤 다층 물질의 투과도 계수를 계산하는 데 사용될 수 있다. 물론 각각의 두께와 투과도를 알고 있어야 한다. 친수성이 높은 필름들이 높은 상대습도에 노출되어 있는 경우에는 (식 9.11)이 쓸모가 없다. 필름이나 종이의 투과도가 높은 경우 종종 차단성을 개선할 목적으로 코팅을 하며, 이때 보통 코팅 물질의 투과도는 (식 9.11)을 사용하여 계산할 수 없는데, 이는 코팅의 투과도가 종종 코팅 두께의 함수로 나타내기 때문이다. 더 나아가 코팅된 물질은 투과도가 수증기 농도에 따라 변하는 경우도 있다. 그러나 이러한 복합 물질을 통과하는 수증기의 투과도는 좀 더 복잡한 수학적 기술을 사용하여 계산할 수 있다.

병렬로 배열된 필름들에 대한 위의 관계는 평평한 포장재에 대해서만 적용될 수 있다. 통과하는 포장재의 모양이 원통형, 구형이나 다른 모양일 경우에는 반드시 흐름에 대한 단면적 변화를 고려해야 한다. 위의 조건하에서 투과가 일어나는 포장재의 형태별로 투과가 일어나는 단면적을 계산하거나 변화하는 단면적값의 평균값을 근사치(평균 이동 면적)로 구한다. 여러 개의 포장재가 병렬로 배열되어 있는 경우 동일한 두께에서 다음의 식이 성립된다(그림 9-8).

$$J_T = J_1 + J_2 + J_3 \qquad \text{(식 9.12)}$$

$$B_T A_T = B_1 A_1 + B_2 A_2 + B_n A_n \qquad \text{(식 9.13)}$$

$$B_T = \frac{\sum B_1 A_1}{A_T} \qquad \text{(식 9.14)}$$

필름의 투과도를 낮추고자 필름 내에 장애물obstacles을 넣은 경우 일어날 수 있는 투과 경로를 그림 9-9에 개략적으로 그렸는데, 이러한 필름을 직렬로 배열한 다층 필름과 비교하고 있다. 미세한 운모판이나 나노클레이와 같은 충전제를 섞는 방법이 포장재의 차단성을 향상시키는 데 널리 이용되어 왔다. EVOH나 PP 필름 내부에 나노클레이를 사용하면 산소 차단성을 2~3배 증가시킬 수 있다. 키토산 필름에 나노클레이의 일종인 5% w/w 몬모릴로나이트montmorillonite, MMT를 첨가한 결과 인장 강도, 산소/수증기 투과도가 감소하였다. 차단성이 우수한 필름을 제조하는 방법으로 친수성 고분자와 지질의 복합 차단막을 제조하는 방법이 그 한 예이다. 이것은 두 가지의 성분을 함유하는 층을 만들거나 또는 복합 필름 내에 지질 성분을 에멀션 형태로 만들어 이를 차단막으

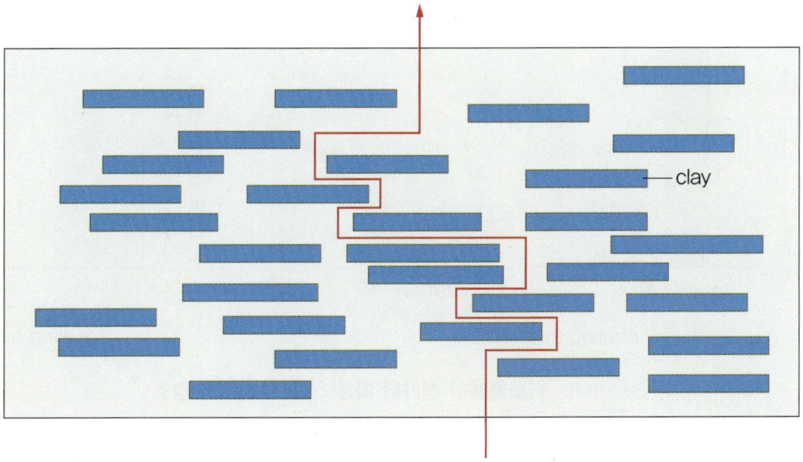

그림 9-9 장애물이 존재하는 상태에서 투과 경로

로 이용함으로써 차단재가 분산된 복합 필름을 제조할 수 있다.

방해물이 필름 내에 분산되어 있는 복합 필름과 직렬의 다층 필름을 투과하는 물질의 경로를 조사해 보면 직렬의 다층 필름의 차단 성질이 더 우수한 것으로 알려져 있다. 친수성 고분자와 왁스로부터 이중층 필름과 에멀션 형성 필름을 만들고 이들의 수분 차단막으로서의 효과에 대하여 연구한 결과, 왁스를 이중층 필름의 제조에 사용하였을 때 글루텐 필름의 수분 투과도는 200배 감소되었지만 글루텐-왁스의 에멀션을 사용하여 차단성 필름을 제조한 경우는 투과도가 5배 만큼만 감소되었다. 이와 유사하게 메틸셀룰로오스-왁스methyl cellulose-wax 형태에서 이중층을 제조한 경우가 에멀션 필름을 제조한 경우보다 30배 더 효과적이었다.

장애물이 있는 시스템의 투과도를 설명하기 위해 수많은 수학적 모델이 제시되었다. 투과도가 감소하는 것은 적어도 다음의 2가지 요인 때문이다. 하나는 확산하는 분자의 이동 경로 길이가 증가하기 때문이다. 이는 차단막 중 장애물이 차지하는 체적비나 또는 장애물의 모양으로 나타나는 경로의 굴곡 정도에 영향을 받는다. 또 하나는 장애물의 존재 때문에 고분자 연속상의 구조가 변화하기 때문이다. 이것은 특히 팽창할 수 있는 고분자에서 중요하며, 이 경우 장애물은 고분자들이 팽창하여 투과도를 감소시키게 된다.

그림 9-10은 나노클레이 첨가에 따른 산소 투과도의 감소를 보여 주고 있다. PLA 필

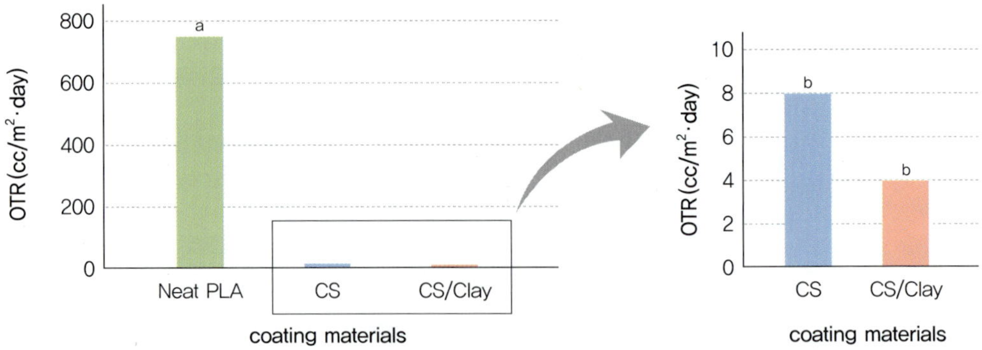

그림 9-10 나노클레이 첨가에 따른 산소 투과도의 감소

름의 산소 투과도는 736 cc/m^2 day(PLA 필름 20 μm)이었으나, 키토산이 코팅된 PLA 필름의 산소 투과도는 8 cc/m^2 day(PLA 필름 두께 20 μm, 키토산 코팅 두께 2 μm)로 낮아졌으며, 나노클레이가 함유된 키토산으로 코팅된 PLA 필름의 산소 투과도는 4 cc/m^2 day (PLA 필름 20 μm, 키토산 코팅 두께 2 μm)로 더 낮아졌다.

1. 투과도의 정의를 말하시오.

2. 투과도와 투과도 계수의 차이를 설명하시오.

3. E_a의 정의와 구하는 방법을 답하시오.

4. T_g의 정의를 설명하시오

5. 나노클레이와 투과도의 상관관계를 설명하시오.

연습 문제

풀이와 정답

1. $P = \frac{\text{gas(g) 또는 water vapor(L)} \times \text{thickness(m}^2\text{)}}{\text{area(m}^2\text{)} \times \text{time(s)} \times \text{pressure difference(p}_a\text{)}}$

2.

투과도 표시	단위	두께(m)
투과도(Transmission rate, TR)	$\frac{\text{gas(g) 또는 water vapor(L)}}{\text{area(m}^2\text{)} \times \text{time(s)}}$	두께 반드시 표시
투과도 계수(Permeablity, P)	$\frac{\text{gas(g) 또는 water vapor(L)}}{\text{area(m}^2\text{)} \times \text{time(s)}} \times \frac{\text{두께(m)}}{\text{pressure difference(Pa)}}$	단위 두께가 포함된 투과도 계수

3. 가스 투과를 발생시키기 위한 에너지를 활성화 에너지(kcal/mol)라고 하며 아레니우스(Arrhenius)식으로 계산한다(예시 참조).
4. T_g는 유리 전이온도라고 하며 온도 T_g에서 유리 전이(glass transition)가 일어나기 때문에 발생한다. 예를 들어 PVA의 경우는 30℃ 부근에서, 그리고 PS는 80℃ 부근에서 유리 전이온도를 보이는데, 유리 전이온도(T_g) 아래에서 물질은 유리질(glassy)이 되고, 유리 전이온도보다 높은 온도에서는 고무질(rubbery)이 된다.
5. 필름의 투과도를 낮추고자 필름 내에 나노클레이를 넣은 경우 투과 경로가 증가되어 투과도가 감소하게 된다. 미세한 운모판이나 나노클레이와 같은 충전제를 섞는 방법이 포장재의 차단성을 향상시키는 데 널리 이용되어 왔다. EVOH나 PP 필름 내부에 나노클레이를 사용하면 산소 차단성을 2~3배 증가시킬 수 있다.

참고문헌

A. Gennadios, C.L. Weller and R.F. Testin. 1993(a). Modification of physical and barrier properties of edible wheat gluten-based films. *Cereal Chem.*, 70, 426-429.

A. Gennadios, C.L. Weller and R.F. Testin. 1993(b) Temperature effect on oxygen permeability of edible protein-based films. *J. Food Sci.*, 58, 212-219.

G.S. Banker, A.Y. Gore and J. Swarbrick. 1966. Water vapor transmission properties of free polymer films. *J. Pharm. Pharmac.*, 18,457-466.

H.B. Cosler. 1958. Prevention of staleness, rancidity in nut meats and peanuts. *The Peanut J. and Nut World*, 37, 10-15.

H.J. Park and M.S. Chinnan. 1995. 'Gas & Water Vapor Barrier Properties of Edible Film from Proteins and Cellulosic Materials' in *J. Food Engineering* 25, 497-507.

J.H. Park, C.L. Weller, P.J. Vergano and R.F. Testin. 1993. Permeability and mechanical properties of cellulose-based edible films. *J. Food Sci.*, 58, 1361-1364, 1370.

J.J. Kester and O. Fennema. 1989. An edible film of lipids and cellulose ethers: barrier properties to moisture vapor transmission and structural evaluation. *J. Food Sci.*, 54, 1383-1389.

Modern Plastic Encyclopedia. 1987. McGraw-Hill Inc., Heightstown, NJ, pp. 547-551.

N. Gontard, S. Guilbert and J. Cuq. 1993. Water and glycerol as plasticizers affect mechanical and water vapor barrier properties of an edible wheat gluten film. *J. Food Sci.*, 58, 206-211.

N.C. Brake and O.R. Fennema. 1993. Edible coatings to inhibit lipid migration in a confectionery product. *J. Food Sci.*, 58. 1422-1425.

R.E. Hardenburg. '*Wax and Related Coatings for Horticultural Products*' in A Bibliography. Agricultural Research Service Bulletin 51±55, United States Department of Agriculture, Washington, DC

S.G. Gilbert and D. Pegaz. 1969. Finding a new way to measure gas permeability. *Package Engr.*, 14, 66-69.

S.L. Kamper and O. Fennema. 1984. Water vapor permeability of an edible, fatty acid, bilayer film. *J. Food Sci.*, 49, 1482-1485.

T.H. McHugh, R. Avena-Bustillos and J.M. Krochta. 1993. Hydrophilic edible films: modified procedure for water vapor permeability and explanation of thickness effects. *J. Food Sci.*, 58, 899-903.

T.P. Aydt, C.L. Weller and Testin, R. F. 1991. Mechanical properties of edible corn and wheat protein films. *Trans. ASAE*, 34,207-211.

CHAPTER 10

블로 성형

Direct Blow Molding

DIRECT BLOW MOLDING

1. 블로 성형의 역사

블로 성형blow molding은 유리병 성형 원리와 같으며, 기록상으로는 1851년 천연 고분자 수지인 구타페르카Gutta percha의 블로 성형 기술이 개발되었고, 1880년대에는 카펜터Carpenter 셀룰로오스의 블로 성형 기술이 개발되었다. 근대 블로 성형법은 1930년대 중공성형품 가공공정 개발회사로 PLAX사가 설립되었다. 상업적으로 사용하기 시작한 것은 미국에서는 1940년대, 일본에서는 1950년대 경이다.

1950년대에 블로 성형이 활발하게 이루어진 것은 폴리에틸렌PE의 출현에 힘입었다. 블로 성형에는 각종 열가소성 플라스틱thermoplastics으로 PEpolyethylene, PPpolypropylene, PETpolyethylene terephthalate, PVCpolyvinyl chloride, PSpolystyrene 등이 사용되고 있다. 또한, 2대 이상의 압출기를 사용하여 용융 압출된 수지를 블로 성형하는 다층화 기술이 1950년대 초반에 일본에서 처음으로 시도된 이후 빠른 속도로 필름, 시트, 보틀 등의 블로 성형 분야로 확산되었다.

2. 블로 성형 원리 및 특징

블로 성형은 열가소성 재료를 압출 또는 사출에 의해 파이프 형태로 예비 성형(패리슨)한 후 금형에 넣어 패리슨parison 내부로 공기를 불어넣어 부풀게 하여 금형 캐비티cavity 면에 붙여 냉각, 고화하는 방법이다. 좀 더 상세하게 중공성형 공정을 설명하면 다음과 같다.

- 수지 원료를 압출기에 공급한다.
- 압출기 내에서 가열되어 용융된 수지는 스크루에 의하여 혼련되면서 다이 헤드die head로 보내진다.
- 일반적으로는 원형의 다이 헤드 출구에서 원통형의 패리슨이 압출된다.
- 다이 헤드 밖에는 여러 개의 금형이(일반적으로 2개의 금형으로 분할) 형체 장치에 부착되어 기다리고 있다. 분할된 좌우 금형의 내면에는 성형 제품의 형상에 따른 캐

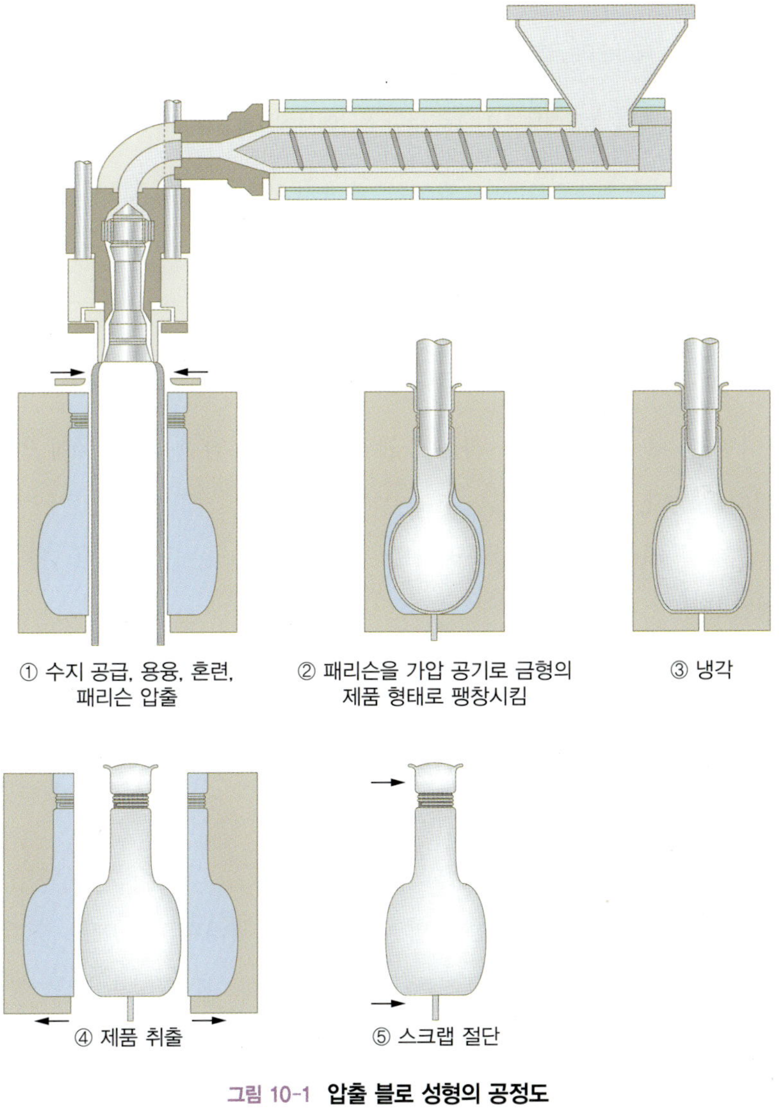

그림 10-1 압출 블로 성형의 공정도

블로 성형 관련 용어

① 압출 블로 성형 제품의 3가지 선(line)

- 수지 접착선(weld line) : 다이 내부에서 중공 모양(파이프 형태의 패리슨)을 형성하기 위하여 수지가 분류된 뒤에 합류되면서 생긴 선. 성형 제품에서 원주상의 편육(두께 불균일)으로 나타냄.
- 분할된 금형 닫힘선(parting line) : 금형이 맞닿는 선으로, 성형 제품의 외면에 일반적으로 대칭으로 얇고 볼록하게 생긴 선.
- 금형에 의한 수지 절단선(pinch-off line) : 패리슨이 금형에 끼워진 후 금형에 의해 잘려진 선. 일반적으로 잘려진 부분은 스크랩(scrap)으로 처리되며, 성형품에 충격을 가할 경우 가장 취약한 부분이 될 수 있음.

② 패리슨(parison) : 압출 예비 성형품으로, 압출 블로 성형 시 다이 내에서 외부로 흘러나오는 압출 수지. 일반적으로 파이프 형태를 띰.

③ 프리폼(preform) : 사출 예비 성형품으로, 사출 또는 사출 연신 블로 성형에서의 사출 성형물. 완제품으로 블로 성형이 되기 전의 상태.

④ 플래시(flash), 버(burr), 스크랩(scrap) : 패리슨이 금형에 의해 잘려지고 남은 부분. 완제품 외 자투리 부분으로, 보통 재활용함.

⑤ 부풀림비(die swell ratio) : 용융 수지는 보통 점탄성을 가지므로 다이 선단에서 외부로 패리슨이 압출될 때 다이 직경보다 패리슨 직경이 커지는데, 이때 패리슨 직경/다이 직경의 비율을 die swell ratio라고 함.

⑥ 처짐성(draw down) : 용융 수지가 패리슨 상태로 다이에서 흘러나온 후 수지 자체의 무게에 의하여 패리슨이 처지는 것. 일반적으로 draw down이 클수록 제품 성형이 곤란함.

⑦ 공동(cavity) : 금형 내에 제품 형상으로 파여진 부분. 금형을 닫으면 빈 공간이 형성됨.

비티cavity가 파져 있다.

- 패리슨이 다이 출구에서 성형 제품에 알맞은 길이로 압출, 열린 금형 안으로 패리슨을 끼워 넣는다.
- 금형에 끼워진 패리슨 내에 압축공기를 불어넣어 패리슨을 금형의 캐비티 형상으로 성형한다.
- 금형 내에서 블로 성형된 제품은 금형 내 냉각 장치에 의해 상온 가까이 식어서 고화되면 금형을 열고 제품을 꺼내는 것으로 성형이 완료된다.

3. 블로 성형 방법

블로 성형법에는 패리슨의 상태, 성형 방식에 따라 크게 3가지로 나눌 수 있다. 압출 블로 성형extrusion blow molding, EBM 또는 direct blow molding, DBM, 사출 블로 성형injection blow molding, IBM, 연신 블로 성형strech blow molding, SBM이 그것이다.

1) 압출 블로 성형

압출 블로 성형EBM은 용융된 수지를 다이를 통해서 튜브 상태의 패리슨을 압출하는 방식으로, 가장 널리 사용하는 방식이다. 패리슨 압출 방법으로는 스크루식, 램식, 어큐뮬레이터식, 스크루 인 라인식 등이 있다.

- 스크루식screw type : 스크루 회전에 의해서 수지를 용융시키면서 압출하는 방식으로, 가장 일반적으로 사용된다.
- 램식ram type : 램의 왕복에 의해 수지를 가열통 내에 공급하는 것과 함께 가열통 내에서 용융된 수지를 간헐적으로 압출하는 방식이다. 용융 수지의 균일성이 떨어지기 때문에 거의 적용되지 않는다.
- 어큐뮬레이터식accumulator type : 스크루 회전에 의해 용융된 수지를 일단 램 실린더에 축적한 뒤, 램에 의해서 한번에 압출하는 방식이다. 대형 용기에 주로 사용되며, 스크루를 연속 회전할 수 있고, 고속으로 압출되기 때문에 패리슨 처짐 및 온도의 불균일이 적다. 또한, 금형이 열려 있는 시간을 최소화할 수 있으므로 생산성

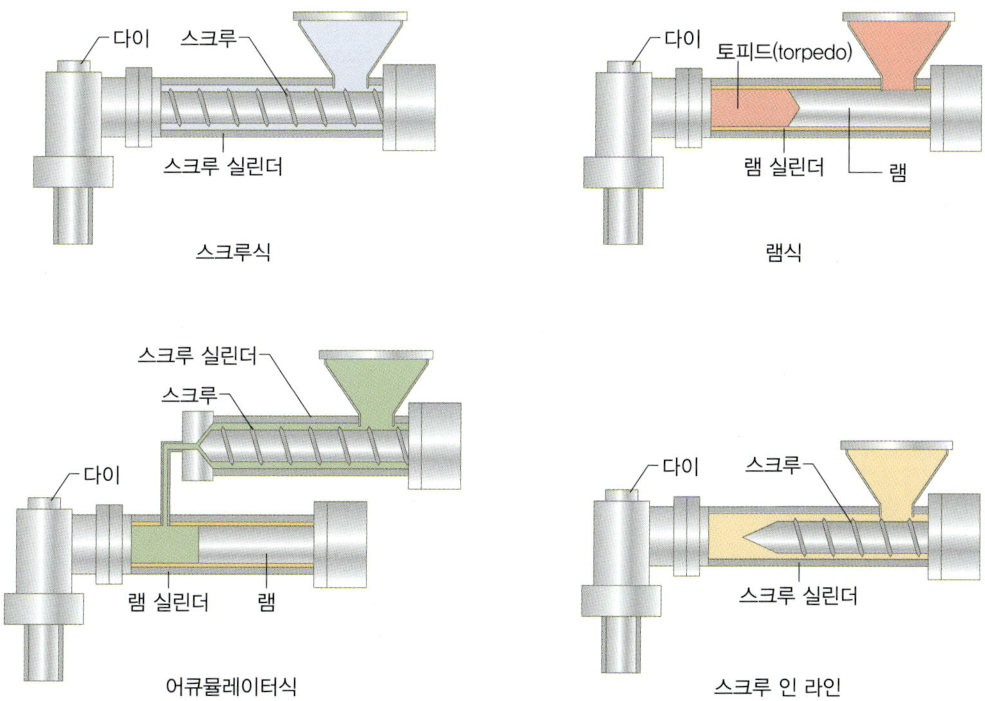

그림 10-2 **패리슨 압출 방식에 의한 분류**

을 향상시킬 수 있다.

- 스크루 인 라인식srew in line type : 어큐뮬레이터식과 기능은 같다. 스크루 앞부분의 실린더가 어큐뮬레이터 역할을 하며, 스크루가 램으로 작동한다. 어큐뮬레이터식의 장점을 가지면서 좀 더 균일한 두께의 패리슨을 얻을 수 있다.

스크루를 연속으로 회전시키면서 생산 능률을 높이기 위해서는 압출된 패리슨이 다음에 압출되는 패리슨을 방해하지 않도록 하는 압출 블로 성형 방식이 있다.

(1) 교환 압출식

2개 이상의 다이 헤드를 이용해 밸브valve를 조작하여 상호 또는 차례로 압출되도록 하는 방식이다. 한쪽 패리슨이 압출되고 있을 때 다른 쪽에서는 블로 성형 및 냉각이 이루어지고, 다음 사이클cycle에서는 밸브가 교체되는 동작이 번갈아 실시된다. 금형의 이동 없이 스크루를 연속 회전할 수 있어서 PE 등에 많이 사용된다. 단점으로는 수지 흐름이 복잡하고 수지의 체류가 일어나기 때문에 열 안정성이 나쁜 수지에는 적당치 못하다.

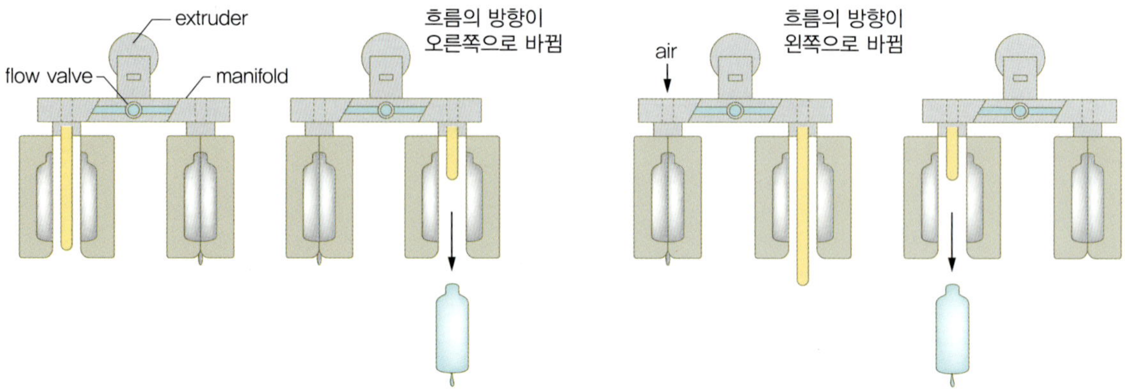

그림 10-3 **교환 압출식 블로 성형**

(2) 패리슨 이동식

다이 헤드를 통해 패리슨이 압출되면 곧바로 그리퍼gripper로 잡으면서 동시에 절단한다. 절단된 패리슨은 그리퍼로 잡힌 채 금형으로 운반되므로 패리슨의 연속 압출이 가능하다. 패리슨의 이동은 아래 방향, 횡 방향 또는 경사 방향으로 이루어진다.

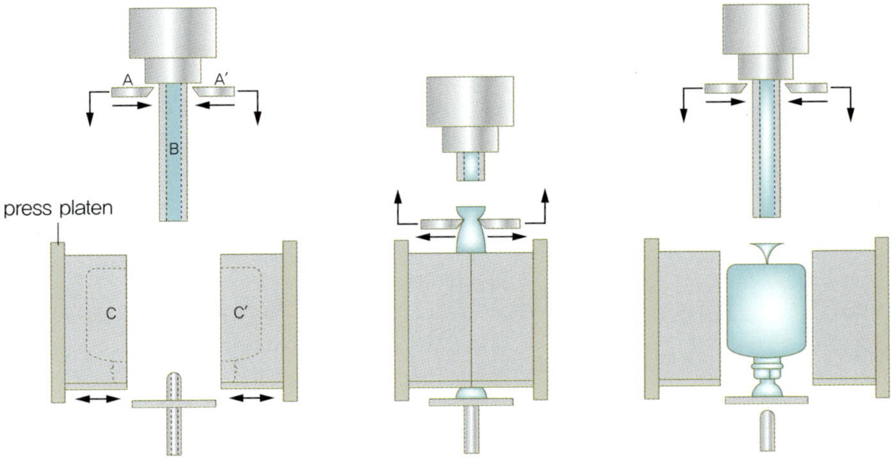

그림 10-4 **패리슨 이동식 블로 성형**

(3) 금형 이동식

금형이 패리슨 위치까지 이동하여 패리슨을 물고 절단해서 성형 위치로 되돌아오는 방식이다. 금형의 수와 이동 방식에 따라 종류가 많다. 패리슨 이동식과 마찬가지로 연속 압출이 가능하다. 압출 수지의 체류가 없고, 일정 위치에서 패리슨의 안정적인 압출이 가능하기 때문에 많이 사용하는 방식이다.

(4) 로터리식

로터리식rotary type은 금형 이동식 등 앞서 설명한 어떤 방식보다 더욱 많은 금형을 사용해서 생산성을 올릴 수 있으며, 스테이션station 수를 성형 제품의 크기와 로터리 테

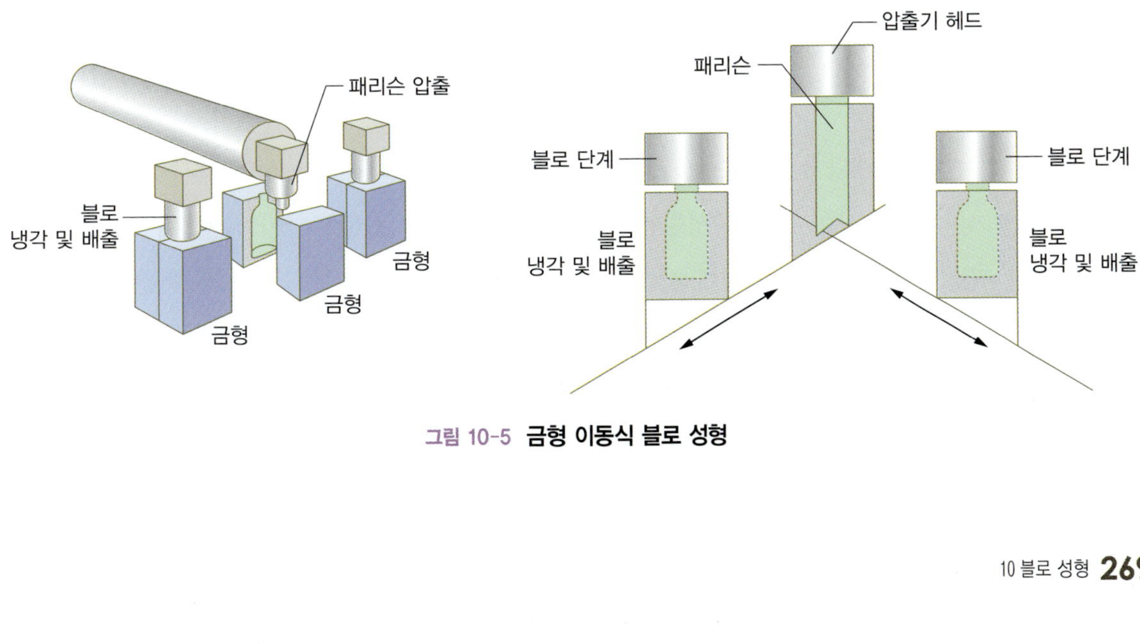

그림 10-5 **금형 이동식 블로 성형**

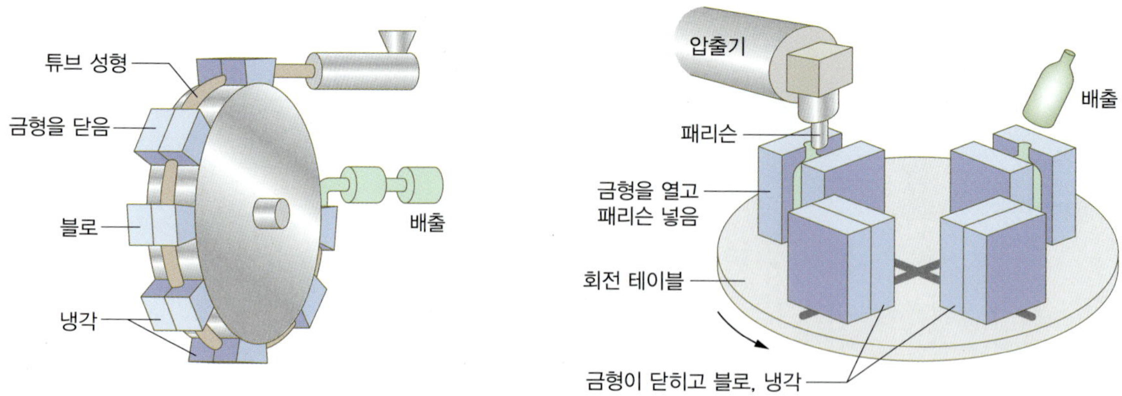

그림 10-6 **로터리식 블로 성형**

이블table의 휠wheel 지름에 따라 조절이 가능하다. 로터리 테이블의 수직 또는 수평 등의 형체 방향에 따라 많은 형태가 있다.

2) 사출 블로 성형

사출 블로 성형injection blow molding, IBM은 사출 성형법에 의해 프리폼preform을 성형한 다음 블로 금형으로 프리폼(예비 성형품)을 둘러싸서 성형하는 방법이다. IBM 공정은 기본적으로 다음과 같은 3단계로 구성된다.

- 1단계(예비 성형품 사출) : 왕복 스크루 압출기를 통하여 수지가 사출, 프리폼이 형성되어 블로 성형이 가능한 온도까지 냉각된다.
- 2단계(블로 성형) : 프리폼이 넥 코어 로드neck core rod에 끼워진 상태로 블로 단계로 이동하여 넥 코어 로드를 통해 공기가 주입되어 블로 성형 및 냉각된다.
- 3단계(사출) : 완성된 제품이 사출ejection된다.

앞의 1~3단계에 1공정이 추가된 4단계 IBM도 있다. 예비 성형품 사출 단계와 블로 성형 단계 사이에 예비 성형품의 온도를 조절하는 단계가 삽입되는 경우로, 블로 성형 단계와 사출 단계 사이에 핫스탬핑hot stamping 또는 레이블링labeling과 같은 2차 공정을 삽입하는 경우, 사출 단계와 예비 성형품 사출 단계 사이에 성형품이 사출되지 않는 경우를 막기 위한 공정을 삽입하는 경우도 있다. 사이클 시간cytcle time은 수지가 사출되어 예비 성형품을 형성하는 시간과 수지가 압출기 내에서 계량되는 시간으로 결정된

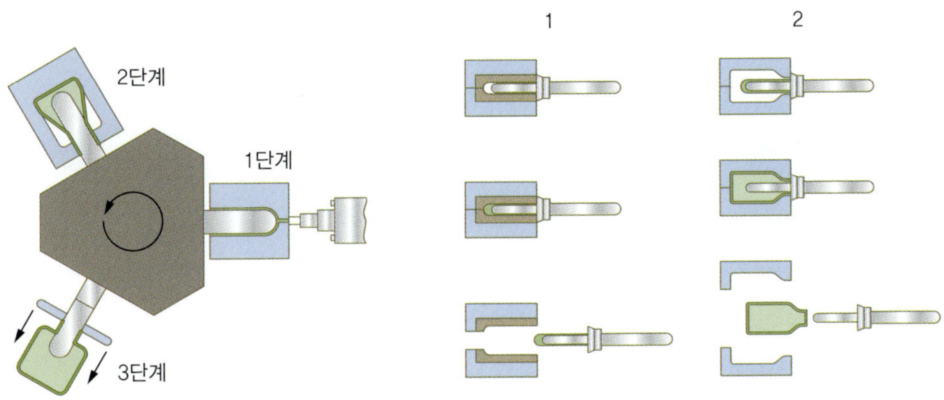

그림 10-7 기본적인 사출 블로 성형

다. 제품의 질을 결정하는 예비 성형품 형성에 영향을 미치는 인자는 사출 속도injection speed, 사출압injection pressure, 보압hold pressure, 예비 성형품의 온도 조절, 시간의 연속과 여러 가지 인자들의 균형 등이 있다. IBM은 오차가 극히 적은 목이 긴 용기, 주둥이가 큰 용기, 손잡이가 있는 용기, 복잡한 형상의 용기 성형에 사용된다. 성형품의 두께가 균일하고 절단 작업 및 스크랩scrap 발생이 없다.

한 단계에서 다른 단계로 코어 로드가 넘어갈 때 여러 가지 방법에 따라 유용한 기계들이 많다. 이 중에서 셔틀식shuttle type, 투 패리슨 로터리식two parison rotary type, 축 이동식axial movement type, 3단계 이상의 로터리식 등이 일반적인 IBM의 클램핑 단위clamping units로 사용된다.

사출 블로 성형의 장점을 정리하면 다음과 같다.

- 정밀하고 견고한 넥neck 부분을 얻을 수 있다.
- 버burr가 나오지 않기 때문에 뒷마무리 공정이 필요 없고 위생적이다.
- 예비 성형품의 두께는 코어/캐비티 금형의 간격과 길이에 의해 적당하고 정밀한 프리폼을 얻을 수 있기 때문에 중량, 부피, 두께의 불균일이 적은 성형품을 얻을 수 있다.
- 한 사이클에서 여러 개의 성형품을 얻을 수 있어 생산성이 높다.

이에 비해 IBM의 결점은 다음과 같다.

- 성형기, 금형 등의 설비비가 비싸다.

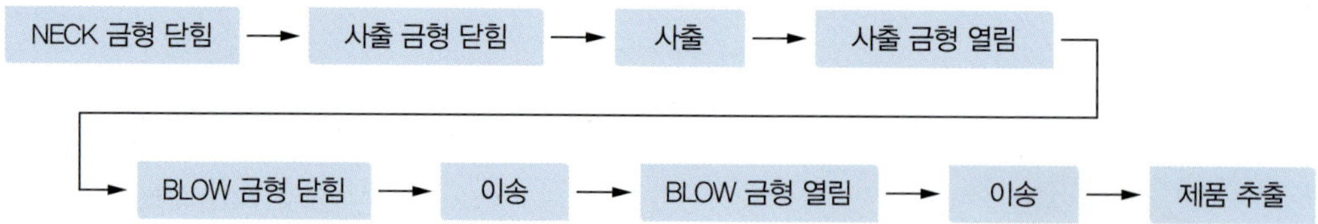

그림 10-8 **사출 블로 성형의 사이클**

- 정밀한 금형 및 예비 성형품 설계 기술이 필요하다.
- 세밀하거나 깊고 큰 형태의 제품 생산은 어렵다.

3) 연신 블로 성형

연신 블로 성형stretch blow molding, SBM은 사출이나 압출로 패리슨을 성형하여, 블로잉할 수 있는 온도까지 식히거나 재가열하여 길이 방향으로 외부의 그리퍼나 내부의 연신 로드stretch rod를 사용하여 늘리고 압축 공기에 의해 방사상radial으로 팽창시키는 방법이다. SBM은 이축 연신 블로 성형biaxial orientation blow molding이라고도 하는데, 1970년대 후반 PET를 사용하여 고속, 고생산성, 고용량의 2 L 탄산음료 용기 성형에 사용되기 시작하였다.

이축 연신을 하게 되면 분자가 두 평면에 배열되므로 강도가 증가하고, 특히 차단성barrier이 향상된다. 이외에도 투명성 향상, 충격 강도 증가, 표면 거칠기 감소 등의 효과가 있다. 성형품의 물성 증가는 방사상으로의 블로 비율 증대에 의존한다. 표 10-1과 10-2는 연신에 따른 PP(폴리프로피렌) 수지의 물성 변화를 나타내고 있다.

SBM 공정은 두께 조절이 정확하고 무게도 줄일 수 있으므로 재료비가 절약된다. 연신을 위한 예비 성형품의 재가열 비용은 다른 성형공정에서의 목이나 바닥 부분의 스

표 10-1 **폴리프로필렌의 인장 강도에 대한 연신의 효과**

특성	연신(%)				
	없음	200	400	600	900
인장 강도(Tensile Strength, MPa)	38.6	57.9	96.6	151.7	158.6
(psi)	5,600	8,400	14,000	22,000	23,000
연신율(Elongation at break, %)	500	250	115	40	40

표 10-2 PP의 연신 종류에 따른 물성

특성		주조물 (As Cast)	일축 연신 (Uniaxial Orientation)	균형 연신 (Balanced Orientation)
인장 강도	MD (MPa)	39.3	55.2	179.3
	(psi)	5,700	8,000	26,000
	TD (psi)	3,200	40,000	22,000
	(MPa)	22.1	275.9	151.7
탄성 계수	MD (MPa)	662.1	1,034.5	2,344.8
	(psi)	96,000	150,000	340,000
	TD (psi)	98,000	400,000	330,000
	(MPa)	675.9	2,758.6	2,275.9
연신율 (%)	MD	425	300	80
	TD	300	40	65

크랩 제거 비용과 상쇄될 수 있다. SBM은 PET, PVC, PS, 아크릴로니트릴acrylonitrile, PP, 아세탈계acetal 등의 여러 가지 열가소성 수지 가공이 가능하다. 넓은 의미에서 열가소성 수지에 속하는 무정형 물질은 PP 등 일부 결정 형태의 수지보다 연신 블로가 쉽다. PP의 경우 결정화가 너무 빠르면 성형품은 연신공정 중에 사실상 크랙crack이 발생하게 된다.

표 10-3 수지에 따른 연신 중공 성형의 온도 특성

물질	융해물		연신		연신율	연신 온도	
	(℃)	(℉)	(℃)	(℉)		(℃)	(℉)
PET	280	536	107	225	16/1	88~116	190~240
PVC	180	356	120	248	7/1	99~116	210~240
PAN	210	410	120	248	9/1	104~127	220~260
PP	240	464	160	320	6/1	121~138	250~280

SBM 공정은 싱글 스테이지법(one-stage process, 핫-패리슨법)과 투 스테이지법(two-stage process, 콜드-패리슨법) 2가지로 분류할 수 있다. 싱글 스테이지법은 하나의 기계가 필요하고, 투 스테이지법은 예비 성형품을 만들기 위해 압출기 또는 사출기가 필요하며 성형 제품을 완성하기 위한 재가열 중공 성형기reheat blow machine도 필요하다. 싱글 스테

이지법은 압출 또는 사출로 형성된 예비 성형품을 적당한 연신 온도가 될 때까지 식혀서 연신 블로하는 방법으로 다품종 소량 생산에 적합하다. 장점은 초기 설비 투자비가 적게 들고 열 흐름이 가장 적으며 공정이 연속적이기 때문에 블로 성형품에 손상을 줄 가능성이 적다. 투 스테이지법은 압출 또는 사출에 의해 예비 성형품을 만든 후에 다시 오븐으로 이동시킨 다음 적당한 연신 온도가 되도록 재가열하여 블로하는 방법으로 소품종 다량 생산에 적합하다. 장점은 프리폼 성형과 블로 성형을 최적화할 수 있으며, 프리폼의 저장 및 집중 생산이 가능하다.

또한 SBM을 압출 연신 블로 성형extrusion stretch blow molding, ESBM과 사출 연신 블로

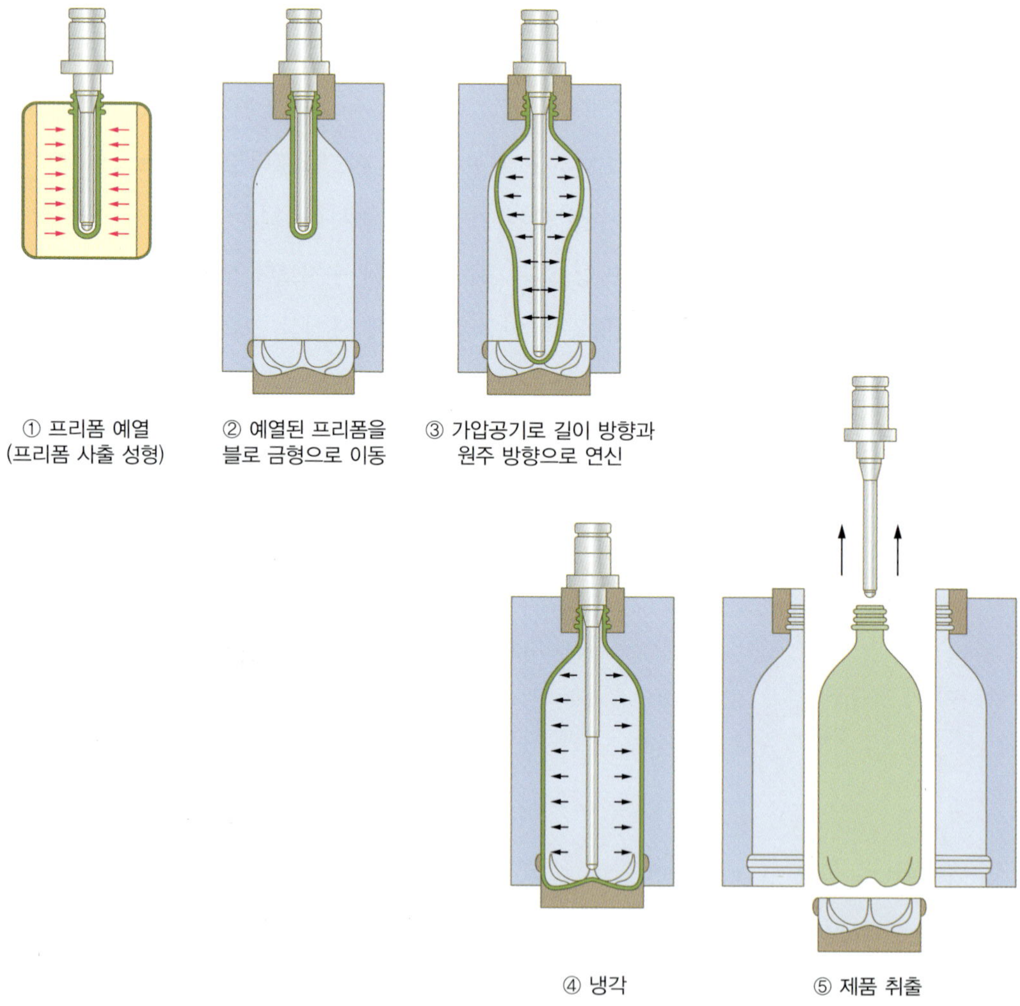

그림 10-9 **사출 연신 블로 성형(ISBM)의 공정도**

성형injection stretch blow molding, ISBM으로 나누기도 한다. 대표적인 ISBM으로 PET 성형이 있다.

4. 블로 성형 장치

블로 성형 장치에는 크게 압출 장치, 다이/헤드, 형체 장치, 블로 장치, 금형 등이 있으며, 부속 장치로는 패리슨 두께 조절기, 스크랩 자동 제거기, 수지 자동 이송 장치 등이 있다.

1) 압출 장치

(1) 압출기

압출기extruder는 가열된 실린더 내부로 스크루 회전에 의해 공급되는 수지를 이동시키면서 용융, 혼련시켜 다이 헤드로 보내는 장치이다. 압출기에는 연속적인 형태와 왕복적인 형태가 있는데, 사출 성형기는 왕복 형태reciprocating type를 사용하고 중공 성형 또는 기타 압출 성형에는 연속 형태continuous type를 사용한다.

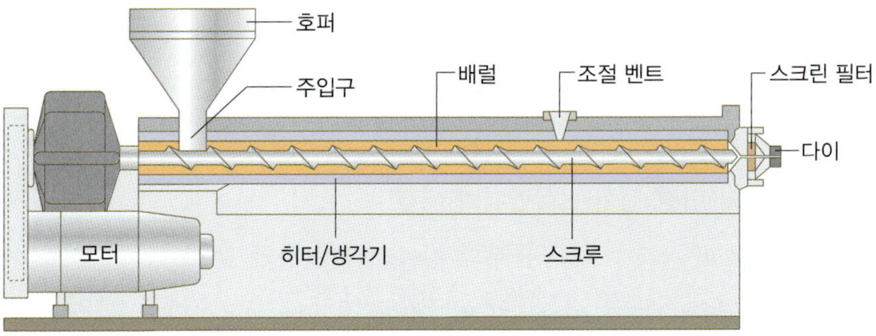

그림 10-10 **연속 형태의 압출기**

(2) 스크루

압출기 스크루screw는 공급부feed section, 압축부compression section, 혼련부metering section의 3부분으로 나뉜다. 공급부는 펠릿pellet 상태의 수지가 회전하고 있는 스크루의 깊은 채널channels로 투입되어 히터에 의해 가열된 실린더 쪽으로 공급되는 부분이다.

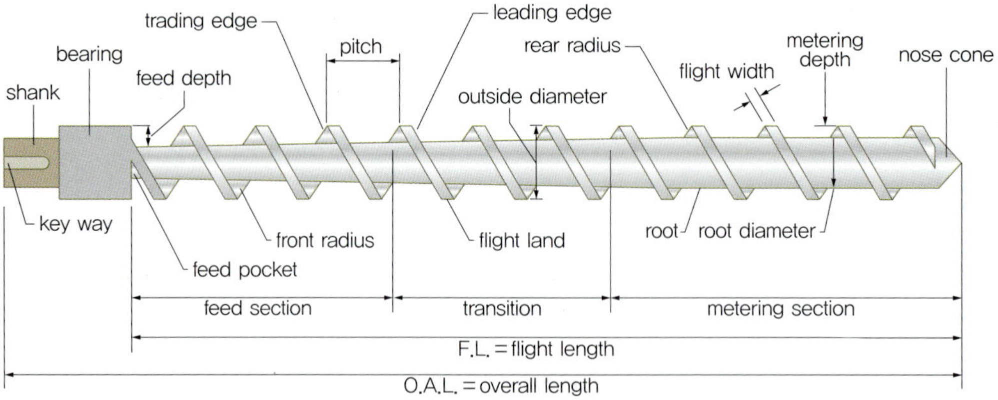

그림 10-11 전형적인 블로 성형용 스크루

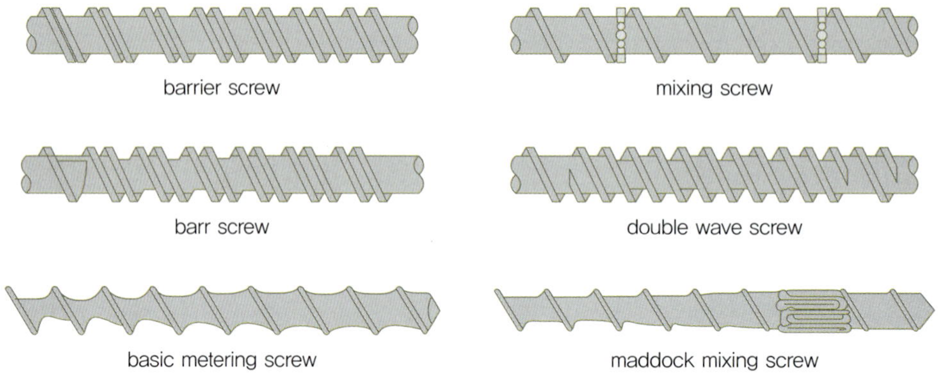

그림 10-12 여러 가지 스크루 형상

- L/D = [스크루의 비행 길이] / [실린더의 내경]
- 압축비compression ratio, CR = (공급부의 깊이) / (혼련부의 깊이)
- 폴리에틸렌의 경우 L/D는 20~30, CR는 3~4 정도가 적당하다.

2) 다이/헤드

다이die는 용융된 수지의 흐름에 따라 중앙 흐름 다이center fed die와 측면 흐름 다이side fed die로 나뉜다. 또한 다이 내부의 코어 형태에 따라 수렴형converging type과 발산형diverging type, 밸브형valve type으로 나눌 수 있다(그림 10-13~그림 10-17).

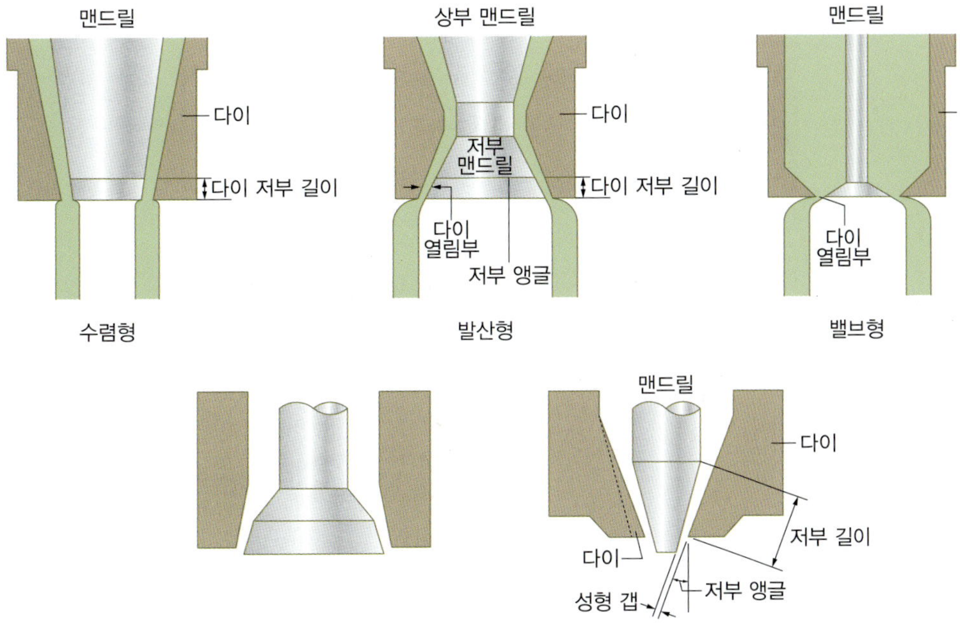

그림 10-13 기본적인 다이 선단부 종류 및 명칭

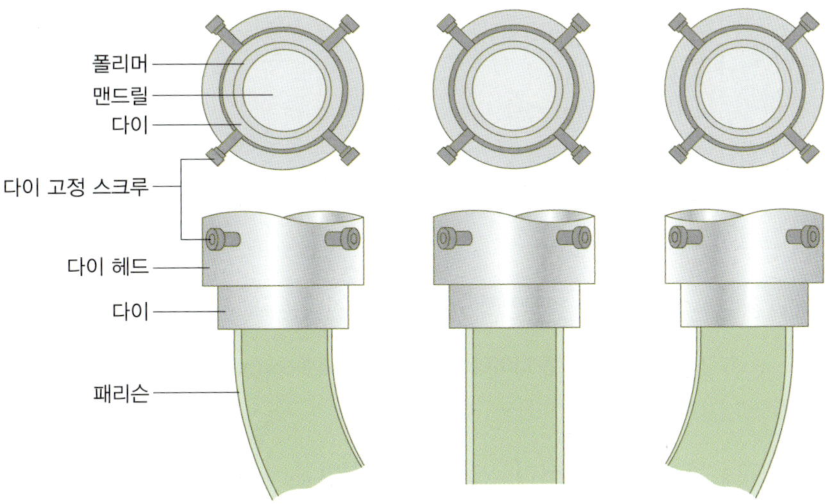

그림 10-14 다이 선단의 살 두께 조정 볼트와 압출 패리슨 형태

3) 형체 장치

블로 성형 형체 장치는 사출 성형기에 비하여 형체력이 굉장히 작고, 양쪽의 금형이 움직여 닫히고 열리는 것이 특징이다. 정치식과 금형 이동식으로 분류되며, 금형 이동

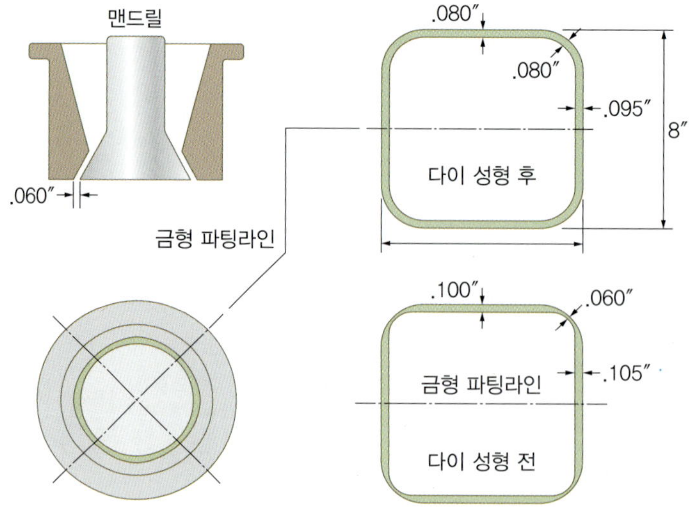

그림 10-15 다이 선단부 형상과 성형품의 살 두께 분포

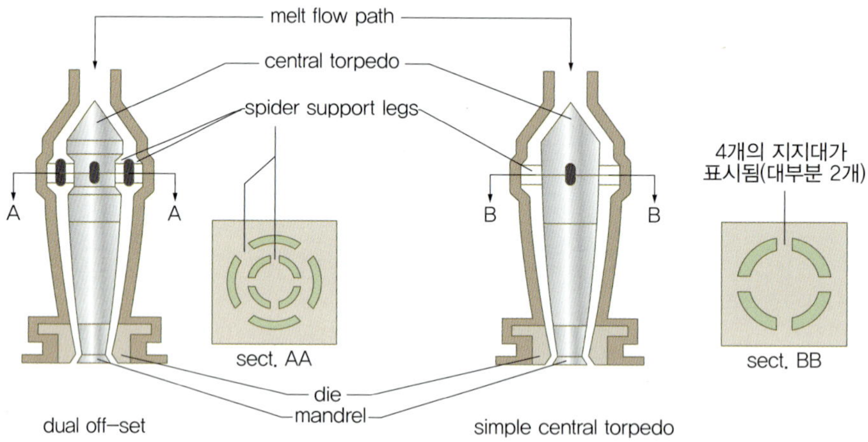

그림 10-16 중앙 흐름 다이의 단면(왼쪽 : 2-Ring/8-Spider, 오른쪽 : 4-Spider)

식은 다시 왕복운동 타입과 로터리식으로 나뉘어진다.

형체력의 발생원에 따라 유압 실린더 직압식과 유압, 공압 실린더의 힘을 링크 기구를 통하여 증대시켜 전달하는 토글식toggle type 및 캠식cam type이 있으며, 최근에는 정밀한 제어 및 소음 감소, 오염 등 작업장 환경 개선이 가능한 전동식 형체 장치를 많이 사용하고 있다.

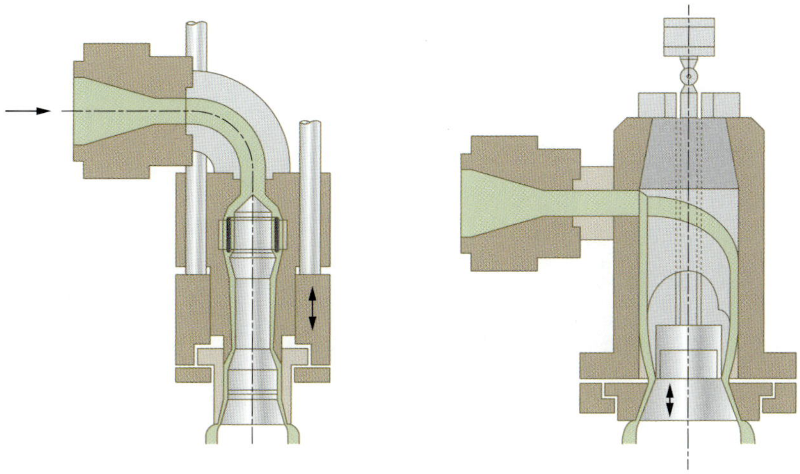

그림 10-17 **압출 블로 성형기의 다이 형태**

4) 블로 장치

블로 성형의 블로 장치는 상취, 하취, 횡취 등 3가지 방법이 있다. 상취법은 보통 맨드릴mandrel 내에서 이루어지며 패리슨을 금형에 끼우고, 이동한 위치에서 블로 핀을 박아 넣는 방법이 많이 사용되고 있다. 하취법은 패리슨 아래로부터 노즐을 넣어 금형을 닫고 나서 공기를 불어넣는다. 횡취법은 옆에서 패리슨을 찌르는 방식으로, 예리한 바늘을 사용하여 공기를 불어넣는 방식이다(그림 10-18).

5) 금형

블로 성형용 금형mold 재료로는 주로 연강을 사용하는데 알루미늄 합금, 아연 합금 등도 사용한다. 성형 사이클 시간을 줄이기 위해 열전도도가 높은 재료를 사용하고, 핀치-오프pinch-off 등 절단부는 높은 경도의 재료가 필요하므로 보통 열처리하여 사용하고 있다. 냉각수 유로는 병의 두꺼운 부분(Neck & Bottom 부분)과 금형 닫힘선parting line 부분을 고려하여 성형 면 전체의 온도가 균일하게 냉각되도록 설계, 제작해야 한다. 핀치-오프 부분 형상의 Land부 길이는 약 0.5~3 mm 정도가 좋고 약 15° 정도의 각을 가지도록 한다.

블로 성형 시에 금형 캐비티 내의 공기를 배출시키기 위해 금형 닫힘 면에 공기구멍

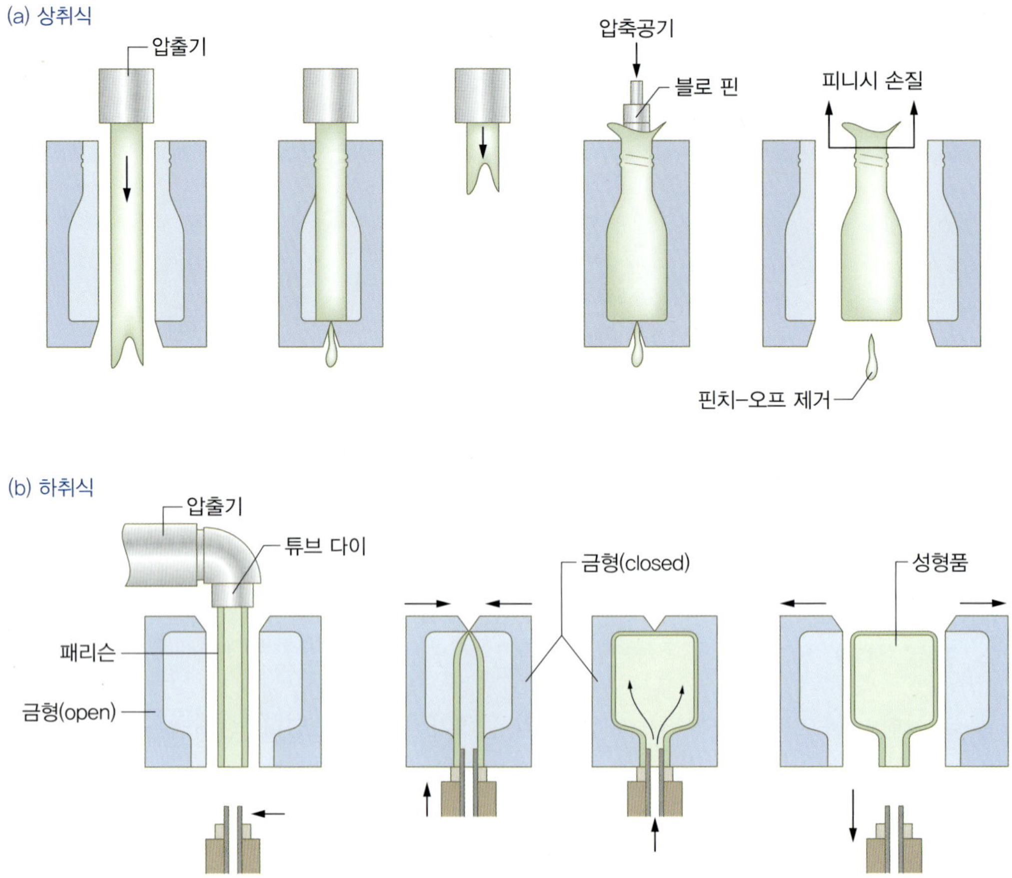

그림 10-18 **블로 성형 블로 장치**

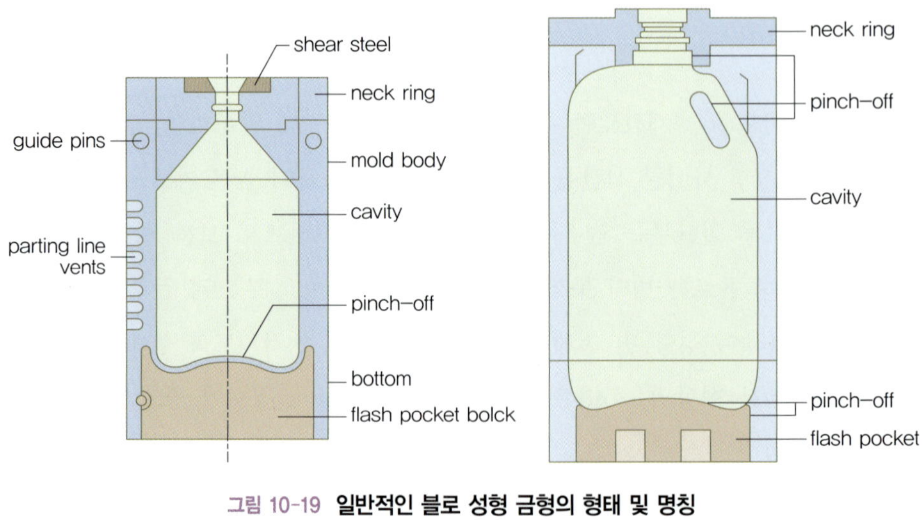

그림 10-19 **일반적인 블로 성형 금형의 형태 및 명칭**

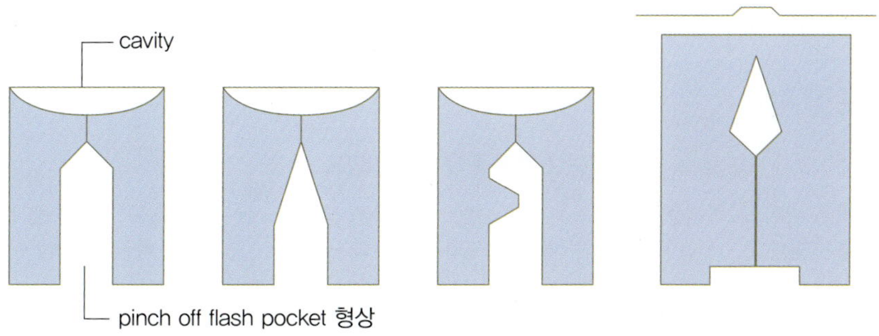

그림 10-20 여러 형태의 Pinch-off flash pocket의 형상

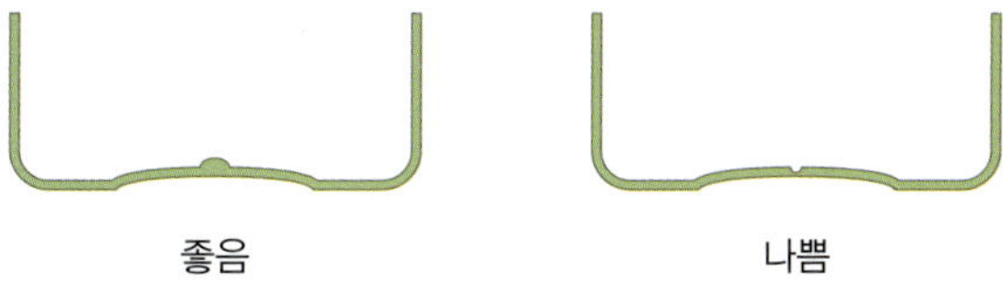

그림 10-21 핀치-오프 부분의 접착선(weld line)

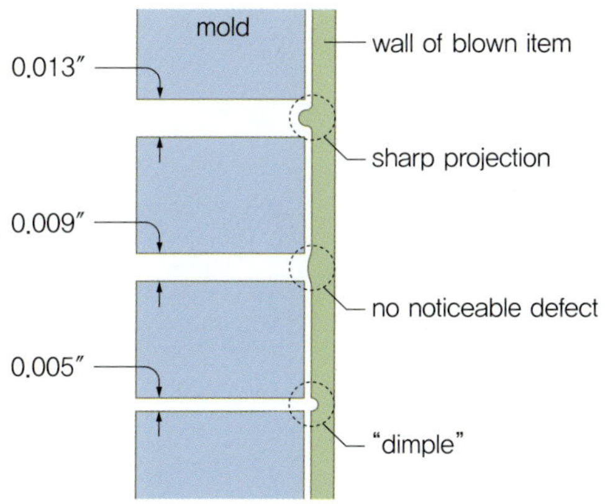

그림 10-22 금형의 공기 배출부 형상

air-vent을 설치하거나, 또는 공동 내에 작은 공기구멍을 설치하기도 한다(그림 10-19~그림 10-22).

5. 블로 성형의 불량 원인 및 대책

1) 블로 성형 조건과 품질 관계

표 10-4 블로 성형 조건과 품질 관계 일람표

항목 (성형 조건)			패리슨 온도 낮다 ↔ 높다	금형 온도 낮다 ↔ 높다	냉각 시간 짧다 ↔ 길다	취입 공기압 낮다 ↔ 높다	압출 속도 느리다 ↔ 빠르다	제품 살 두께 얇다 ↔ 두껍다
가공성 (흐름성)		양호 ↕ 불량	↗					
최소 냉각 시간		길다 ↕ 짧다	↙	↙	↙	↘	↘	↙
패리슨의 처짐		크다 ↕ 작다	↙				↘	
성형 수축		크다 ↕ 작다	↙	↙	↘	↘		↙
성형품 중량		크다 ↕ 작다					↗	
성형품의 외관	광택	많다 ↕ 적다	↗	↗				
	Spider Marker	양호 ↕ 불량	↖					
	접착선	양호 ↕ 불량		↖				↖
	닫힘 선	양호 ↕ 불량		↗		↗		↗
	표면 거침	양호 ↕ 불량	↗				↖	
	곰보 자국	적다 ↕ 많다	↖	↗		↗		

2) 블로 성형의 불량 원인 및 대책

표 10-5 블로 성형 불량의 원인 및 대책

불량 내용	원인	대책
성형이 안 됨 (Blowing이 안 됨)	금형의 핀치-오프 부분의 절단부가 날카로운 경우	금형 핀치-오프 부분의 절단부 폭을 넓게 함
	금형의 핀치-오프 부분의 절단부가 너무 넓은 경우	금형 핀치-오프 부분의 절단부 폭을 좁게 함
	형체력(금형 닫히는 힘)이 너무 낮은 경우	형체력을 상승 조정함
	금형 핀치-오프 부분이 너무 뜨거운 경우	금형 내 냉각 유로 막힘 등 냉각수 흐름을 확인
		패리슨 온도 확인
		블로 시간 등 사이클 시간 확인
	블로 비율(Blow-up Ratio)이 너무 큰 경우	DIE 선단의 쉘 내경을 늘려 패리슨 외경을 크게 함
	블로 시간이 너무 빠른 경우	금형이 닫힌 후에 공기가 주입되도록 블로 시간을 조절
	블로 압력이 너무 높은 경우	주입 공기압을 적당하게 조절함(3~10 kg · f/cm^{2}이 적정)
	패리슨 길이가 너무 짧을 경우	패리슨 길이를 적당하게 조절(스크루 R.P.M 올림)
	수지 MELT 응력이 너무 작은 경우	MELT 응력이 높은 수지 사용(현 수지 제품보다 MI가 낮은 제품 사용)
	패리슨 온도 너무 낮은 경우	패리슨 온도를 높임(압출기 및 다이 헤드부 설정 온도 상승시킴)
	수지 내의 수분 함유	수지 내의 수분 체크 후 건조 실시
	압출기 공급부 온도가 너무 낮은 경우	압출기 공급부 온도를 높임
	호퍼 내 수지의 미세한 먼지 등 혼입	수지에 혼입된 먼지 제거
성형품에 기포 발생 (Bubbles)	차가운 수지가 따뜻한 공기에 노출될 때 생기는 결로에 의한 수지 내 수분 함유	결로가 발생하지 않도록 보관하며, 수분이 함유된 수지를 적당히 건조시켜 사용
	압출기 공급부 목(Neck)의 냉각수 온도가 너무 낮거나 하여 압출기 공급부 배럴(Barrel) 내 결로로 발생한 수분이 스크루를 천천히 돌릴 때 용융 수지 내로 들어감	목(Neck)의 냉각수 온도를 적당히 조절함
	압출기와 헤드부 연결 파이프에 틈새가 생겨 공기가 들어가는 경우	틈새가 발생하지 않도록 정교하게 연결하여 용융 수지의 배압을 높임
	오염으로 인한 이물 혼입	오염의 근원을 없앰(주위 환경 청결 유지)
구부 누수 (캐핑 후 용기 구부로 누출)	용기 구부 성형 부품의 손상(Blow Pin 및 각종 절단기 등)	용기 구부 성형 부품 교체
	용기 구부 성형 부품 치수 차이(부품 설계 및 가공 불량)	정확한 치수로 가공하여 교체
	Blow Pin 중심이 맞지 않음	각 Blow Pin의 중심을 조정하여 맞춤
	양쪽의 금형이 닫혔을 때 어긋나 있음	마모된 금형 가이드 핀 & bush를 교체
	용기 밀봉부 뚜껑 치수 불량	정확한 치수를 가진 뚜껑 사용
	용기 구부 안쪽에 세로로 주름 발생	Blow Pin 외경 부분의 손상 제거 및 Preblow 압력을 조절
	캐핑 토크(Capping Torque)가 너무 낮은 경우	캐핑 토크(Capping Torque)를 적당하게 조절함
미용융 및 물결 무늬 발생	배압(Back Pressure) 부족 및 수지 압력 불균일	용융 수지 유로 점검 및 조정(수지 정체 구간 제거 등 유로 재설계)

(계속)

불량 내용	원인	대책
미용융 및 물결 무늬 발생	배압(Back Pressure) 부족 및 수지 압력 불균일	용융 수지 유로 내 이물 제거용 스크린 팩(Screen Pack)을 고운 메시(mesh)로 교체
	흐름성 차이가 큰 수지(수지 물성값 MI 차이가 큼)를 혼합하여 사용	혼련이 잘 안 되는 수지를 혼합하여 사용하지 말 것
	용융 수지 온도가 너무 낮은 경우	수지 온도를 높임
	블로 시간이 너무 짧은 경우	블로 시간을 늘림
더럽거나 줄무늬 있는 부분	오염	압출기 및 DIE 등 용융 수지의 유로 청소, 호퍼 청소 등 주위 환경 청결 유지로 오염의 근원을 없앰
플래시(Flash)가 너무 큼	패리슨 직경이 너무 큰 경우	DIE TIP 등 툴링(Tooling) 장치를 조정함
	금형 플래시 포켓(Flash Pockets)이 너무 얕은 경우	금형 플래시 포켓을 적정하게 넓힘
	금형 닫힘이 적당치 않은 경우	양쪽 금형 사이에 이물 끼임 등 제거, 금형 체결부 및 형체 장치를 점검
성형품 후수축이 심함	성형품이 너무 뜨겁게 나올 경우	용융 수지 온도, 금형 냉각수 온도를 낮춤
		블로 시간을 길게 하여 냉각 시간을 늘림
	금형 냉각이 부족한 경우	금형 냉각수 유로를 깨끗이 청소함
금형 닫힘 선에 작은 구멍이나 Slit이 생김	수지 온도가 너무 낮은 경우	패리슨 온도를 높임
	금형 닫힘 속도가 너무 빠른 경우	금형 닫힘 속도를 늦춤
	금형 핀치-오프 Land가 너무 긴 경우	금형 핀치-오프 Land의 길이를 줄임(압출기 스크루 RPM 조절)
성형품의 무게가 부적절함	인-다이 맨드릴(Stick) 높거나 낮은 경우(용융 수지 유로 틈 간격이 맞지 않음)	무게 맞도록 Stick 높이를 조절하여 유로의 틈 간격을 맞춤
	압출기 스크루 회전 속도가 너무 높거나 낮은 경우	압출 속도를 조절함
	블로 핀(Blow Pin)이 너무 높거나 낮게 설정된 경우	스트리퍼판(Stripper Plate)을 조절함
손잡이 부분이 성형 안 됨	양쪽 금형이 정렬이 안 된 경우	손잡이 부분이 성형되도록 금형을 정렬함
	패리슨이 휘는 경우	Die 선단의 편육 조절 볼트를 조정하여 패리슨을 수직으로 함
	패리슨이 실 같이 늘어지는 경우	수지 온도를 낮춤
	패리슨 부풀림비(Die Swell Ratio)가 작은 경우	수지 온도를 낮춤
		압출 수지 압력을 높임
제품의 용량이 너무 작음	제품 중량이 너무 높은 경우	제품 중량을 줄임
	금형이 너무 뜨거운 경우	금형 냉각수 온도를 낮춤
	블로 사이클 시간이 너무 짧은 경우	블로 시간을 늘림
	금형 용량 설계가 잘못된 경우	금형을 다시 설계함
	블로 공기 압력이 너무 낮은 경우	블로 공기 압력을 높임
	패리슨 온도가 너무 높은 경우	수지 온도를 낮춤
제품 용량이 너무 큼	제품 중량이 너무 낮은 경우	제품 중량을 늘림
	금형이 너무 차가운 경우	금형 냉각수 온도를 높임
	블로 사이클 시간이 너무 긴 경우	블로 시간을 줄임

(계속)

불량 내용	원인	대책
제품 용량이 너무 큼	금형 용량 설계가 잘못된 경우	금형을 다시 설계함
	블로 공기 압력이 너무 높은 경우	블로 공기 압력을 줄임
세부적 부분의 미성형	블로 공기 압력이 낮은 경우	블로 공기 압력을 높임
	금형 공기구멍 부분이 잘못된 경우	금형 공기구멍 부분 설계값 확인 및 청소
하부 버(Tail Flash)가 일정치 않음	다이 헤드 선단의 틈새가 너무 넓음	틈새를 조정하여 Tail의 길이가 일정해지도록 조정
	제품 중량이 일정치 않은 경우	제품 중량 편차 하향 관리
	다이 헤드 가열 온도가 일정치 않은 경우	가열기 점검하여 일정한 온도 유지
금형 닫힘 선이 엷음	금형이 완전히 안 닫힌 경우	금형 닫힘 면을 깨끗이 함
		체결력을 상승 조정함
		블로 핀이 너무 내려오지 않도록 하강 거리를 맞춤
		블로 공기 압력을 줄임
제품 표면이 나쁨 (거침, 요철, 황변 등)	금형 구멍 면이 나쁜 경우	금형 구멍 면을 매끄럽게 처리함(Sanding 작업 실시)
	금형 공기구멍이 부적절한 경우	금형 닫힘 선과 구멍 면의 공기구멍 위치, 크기 조정 및 막힘 청소
	블로 공기 압력 또는 블로 공기 속도가 낮은 경우	블로 공기 압력을 높임
		블로 핀의 공기 유로를 조정하여 충분한 공기가 공급되도록 함
		블로 공기 배관의 막힘 또는 꺾임 등을 확인해 제거함
	블로 핀 주위로 공기가 빠지는 경우	제품의 변형이나 냉각에 영향이 없을 만큼 공기 누수 방지
		블로 핀 또는 링 커터(Ring Cutter)를 점검하고 필요하면 교체함
	패리슨 온도가 너무 낮은 경우	압출기 & 다이 헤드 설정 온도를 조정하여 패리슨 온도를 올림
	패리슨 온도가 너무 낮은 경우	MI(용융 지수)가 높은 수지로 바꿈
		압출 속도를 증가시킴
	금형 구멍 면에 결로가 생기는 경우	작업 현장 온도 및 습도와 관련하여 금형온도가 너무 낮은지 확인
		금형 냉각수 유량을 줄임
제품으로부터 하부 버(Tail Flash)가 안 떨어짐	패리슨 길이가 너무 짧은 경우	수지 압출 속도를 올려 패리슨 길이를 길게 함
	금형의 하부 버 포켓이 너무 깊은 경우	금형 버 포켓의 깊이를 낮춤
제품으로부터 상부 버(Top Flash)가 안 떨어짐	블로 핀의 링 커터 상태가 둔한 경우	커팅이 잘되도록 링 커터를 교체함
	블로 핀의 링 커터와 금형의 다이 절단판 사이의 접촉이 불충분한 경우	블로 핀의 하강 위치를 약간 밑으로 내림
		블로 핀의 내리찍는 힘을 증가시킴
제품 살 두께 내에 미용융 펠릿이 있음	수지의 용융 상태가 균일하지 않은 경우(압출기 스크루에서의 용융 불충분)	압출 장치를 조정하여 배압력을 증가시킴
		압출 수지에 적합한 스크루 사양 선정
	수지 온도가 너무 낮은 경우	압출기 가열기 설정 온도를 높임

(계속)

불량 내용	원인	대책
제품의 종 방향(세로) 줄무늬	다이 헤드 부분에 수지 탄화물 또는 이물이 흡착된 경우	용융 수지 유로(파이프 및 Die Head Sleeve 틈)를 분해 청소함
		Purging제를 이용하여 수지 유로를 고·저압으로 배출시킴
	용융 수지 유로에 손상을 입은 경우	손상된 유로 부분을 교체함
Die 선단에서 패리슨 두께가 너무 얇음	Draw-Down이 심한 경우(압출 속도가 너무 낮음, 수지 온도가 너무 높음)	압출 속도를 증가시킴
		수지 온도를 낮춤
제품의 가장자리가 두꺼움(편육 현상)	금형 중심과 패리슨 중심이 맞지 않는 경우	패리슨 헤드 및 금형의 위치를 조정하여 중심을 맞춤
	패리슨 외경이 맞지 않는 경우	In&Out Dies(패리슨 토출부)의 치수를 조정하여 패리슨 외경을 맞춤
	블로되기 전에 패리슨이 금형 구멍 면에 닿는 경우	금형이 닫히는 동안 구멍 면에 닿지 않도록 금형에 패리슨 고정 막대를 추가
제품 변형(뒤틀림, 휨, 타원 및 볼록 현상 등)	금형 냉각이 불충분한 경우	금형 냉각수 유량을 늘림
		금형 냉각수 온도를 낮춤
		냉각을 충분히 하기 위해 블로 사이클 시간을 늘림
	패리슨 온도가 너무 높은 경우	압출기 설정 온도를 조정하여 수지 온도를 내림
	냉각수 유로가 막힌 경우	냉각수 유로 세관을 청소하여 뚫어 줌
	사이클 시간이 짧은 경우	블로 사이클 시간을 늘려 금형 내에서 충분히 냉각시킴

6. 블로 성형 용기의 응용

블로 성형 제품은 병, 튜브, 필름 등 여러 분야의 제품에 응용되고 있다. 또한 다양한 성형법으로 여러 가지 열가소성 수지에 적용되고 있다. 여기에서는 대표적 범용 수지인 PE 및 PP를 사용한 블로 성형품의 응용 분야를 요약하기로 한다.

1) 폴리에틸렌

폴리에틸렌PE은 위생 안정성, 수분 차단성, 경량, 스퀴즈squeeze성, 내한성, 외관 미려, 용이한 성형성 등의 특징이 있다. 반면에 용제, 가스, 향료 등의 투과성이 크고 강성이 떨어진다는 단점이 있다. 이러한 PE의 장점을 살려 적용할 뿐만 아니라 장점은 강화하고 단점을 보완한 다층화 성형 기술이 확대되어 그 응용 분야가 광범위하게 확대되고 있다.

PE 수지의 종류별 특성과 그 성형품의 응용 분야를 간략히 정리하면 다음과 같다.

저밀도 폴리에틸렌LDPE은 특히 유연하고 투명성이 우수하기 때문에 스퀴즈 용기로 사용하는 경우가 많으며, 위생 안정성이 우수하므로 각종 식품 패키징 용기로 널리 사용되고 있다. 물론, LDPE의 결점인 내환경응력균열성(ESCR성) 및 산소 등 가스 차단성이 떨어지는 것은 에틸렌 비닐알코올공중합체EVOH 수지 등과의 다층화로 케첩, 마요네즈뿐만 아니라 각종 소스와 드레싱 등 점성이 있는 식품의 용기로 사용하는 등 응용 분야가 광범위하게 확대되고 있다.

그림 10-23 **LDPE 특징을 살린 성형 용기**

고밀도 폴리에틸렌HDPE은 LDPE와 비교하여 밀도가 높으므로 강성 및 ESCR성이 좀 더 우수하다. 따라서 식용유 등 식품 용기뿐만 아니라 샴푸 등 세제 및 농약 액제 등 액상의 내용물 포장 용기로 널리 사용되고 있다. HDPE 수지의 결점인 내유기용제성 등을 보완하기 위해 EVOH 등 기능성 수지와의 다층화 기술로 자동차 가솔린 탱크 및 농약 유제 등 화학 용기로도 쓰이는 등 응용 분야가 확대되고 있다.

그림 10-24 **HDPE 특징을 살린 성형 용기**

2) 폴리프로필렌

일반적으로 폴리프로필렌PP의 블로 성형품이 사용되고 있는 응용 분야와 성형품의 특성 및 적용 수지의 종류를 표 10-6에 나타내었다.

표 10-6 폴리프로필렌 종류별 블로 성형품의 특징 및 응용 분야

응용 분야	내용물	수지 종류			특징	비고
		호모	랜덤	블록		
식품 용기	식용유		○		투명성, 위생 안전성	다층, 단층
	벌꿀	○			투명성	
	조미료(후추 등)	○			내수증기 투과성	
음료수	냉수통	○	○	○	투명성	
	물통			○	(레벨을 알 수 있음)	
버섯 배양병	팽나무버섯	○			내열성 115℃ 멸균	
	송이버섯, 표고버섯				투명성	
의약품 & 화장품	수액병	○	○		내열성(멸균), 투명성	
	눈약	○	○		위생 안전성, 투명성	연신 블로
	각종 투약 병	○	○		내수증기성	병원용이 많음
	바르는 약		○		상동	
	화장품(정발제, 린스)	○	○		상동	
가정용품 & 잡화	세제, 샴푸		○	○	HDPE 대체, 투명성	
	목욕도구			○	내열성	
	분무기		○		투명성	
	완구	○	○	○	위생 안전성	
공업부품 & 자동차	리저버 탱크			○	내충격성, 내열성	
	호스				내열성, 강성 균형	연질PP
	전기용품		○	○	수위 읽기	
	탱크(냉장고, 제습기)					
	크리너파이프	○			강 성	
	약품 용기			○	내약품성	
	공구 케이스	○		○	힌지 특성	2중벽 블로

(1) 식품 및 청량음료 용기

95℃ 이상의 고온 열 충전이 가능하며 투명성, 식품 위생성이 우수하므로 식품 용기로는 PP가 가장 적합하다고 할 수 있다. 또한, EVOH 등 가스 차단성 수지와의 다층화를 통하여 주스, 식혜 등 레토르트 살균 음료 및 소스 등 보존성을 필요로 하는 용기에 사용되고 있다(그림 10-25).

그림 10-25 PP 블로 성형품의 식품 및 음료 용기 응용

(2) 세제 용기

투명성, 강성, 내스트레스 크래킹성이 우수하여 HDPE 용기를 대체하여 적용되고 있다. 또한 사출 연신 블로 성형에 의해 투명성을 가진 용기도 생산되어 적용하고 있다(그림 10-26).

그림 10-26 PP 사출 연신 블로 성형품의 세제 용기 응용

(3) 의약품 용기

의약품 용기로는 투약 병, 눈약 용기, 수액 용기 등 응용 분야가 확대되고 있으며, 특히 수액 용기는 멸균 처리 제품으로 유사한 응용 분야로의 확대가 기대된다(그림 10-27).

(4) 공업 용도

PP의 내열성과 내충격성이 우수한 특징을 살려서 자동차 리저버 탱크, 냉장고, 가습기 등 전기용품용 탱크 용기 등 이형 블로 성형품 및 약품 용기 등에 적용되고 있다.

그림 10-27 **PP 블로 성형품의 의약품 용기 응용**

3) 폴리에틸렌 테레프탈레이트

폴리에틸렌 테레프탈레이트PET의 투명성과 광택의 우수성이 유리병과 유사하면서도 가볍고 충격에 대한 견고성 때문에 식품 패키징 및 음료 용기 등 사출 연신 블로 성형품으로 널리 확산되었다. PET는 직접 블로direct blow 등 성형법의 진화뿐만 아니라 수지 자체의 리포밍reforming으로 다양한 단계로 개발되어, 우수한 특성을 가진 PET 성형품은 식품, 화장품, 의약품 등 많은 분야에서 다양하게 적용되고 있다.

4) 다층

다층multilayer 블로 성형 용기는 각각 다른 기능을 가진 플라스틱 재료를 조합하여 2개 이상의 층으로 동시 압출된 다층 패리슨을 블로 성형한 용기이다. 포장재의 기본인 내용물 보존 성능을 극대화하기 위하여 산소 차단 등 가스 차단성을 필요로 하는 식품

그림 10-28 **다층 블로 성형품의 식품 용기로 응용**

그림 10-29 **다층 블로 성형품의 농약 용기 응용**

패키징뿐만 아니라, 유기 용제 등 내화학성을 요구하는 농약 용기, 자동차 가솔린 탱크 등 공업용 포장 및 보향성이 필요한 치약 등 생활용품, 화장품 포장 용기 등 다양한 분야에서 사용되고 있다.

참고문헌

강호석. 1991. **블로우성형기술**. 코플래드.

㈜호남석유화학. 2011. Polymer school 교재.

Donald V. Rosato, Dominick V. Rosato. 1989. *Bloq Molding Handbook*, Hanser Publishers.

Tim A. Osswald, Georg Menges. 1995. *Materials Science of Polymers for Engineers*, Hanser Publishers.

CHAPTER 11

PET병 성형

PET bottle
- Injection
Stretch Blow
Molding

PET BOTTLE - INJECTION STRETCH BLOW MOLDING

1. 서론

폴리에틸렌 테레프탈레이트polyethylene terephthalate, PET는 투명하고 기계적 강도가 우수하며 생산성이 좋다는 것 외에도 많은 장점을 가지고 있기 때문에 식품 패키징에 널리 사용되는 플라스틱 소재이다. 특히 PET는 음료 등 액상 식품의 포장재로 널리 사용되고 있으며, 사출 연신 블로 성형injection stretch blow molding, ISBM이라 불리는 사출과 블로의 연속 공정으로 생산되고 있다. 이것은 PET가 가지고 있는 열적 특성과 관련이 있다.

PET는 올레핀olefin계 플라스틱과는 달리 유리 전이온도T_g 이상의 온도가 되면 급격히 가소성을 가지게 되며, 다시 유리 전이온도T_g 이하로 떨어지면 가소성을 잃게 된다. 따라서 녹는점melting point, mp 근처의 온도에서 성형을 하는 다른 열가소성 플라스틱과는 달리 비교적 낮은 범위에서 성형이 가능하다. 대부분의 PET병이 사출에서 얻은 프리폼preform을 다시 블로잉blowing하여 성형하는 이유가 여기에 있다.

2. PET병의 역사

유리 용기는 블로 성형공정에 의해 수세기 동안 제조되었다. 블로 성형이란 가소성이 부여된 프리폼을 금형 안에 넣고 내부에 기체 등 유체 압력을 가하여 금형에 밀착시킬 수 있도록 팽창시켜 성형품을 제조하는 방법이라 정의할 수 있다. 열가소성 플라스틱은 유리와 유사한 특성을 가지기 때문에 이와 같은 방식으로 중공 성형될 수 있다.

'압출 블로extrusion blow' 또는 '다이렉트 블로direct blow'로 불리는 블로 성형 방법은 용어가 암시하듯이 플라스틱 소재를 압출하여 얻은 개방형 튜브 상태 그대로 금형에 넣어 성형을 한다. 압출된 튜브가 블로 금형blow mold에 들어가 금형이 닫힐 때, 플라스틱 재료가 열 접착될 수 있을 만큼 높은 온도의 가압 공기를 금형에 불어넣어 팽창을 시키고, 닫힌 끝이 있는 성형품을 만든다. 이 공정은 고밀도 폴리에틸렌HDPE, 폴리프로필렌PP 및 폴리염화비닐PVC 병 제조에 매우 널리 사용되어 왔다.

PET병은 다이렉트 블로와 달리 압출하여 성형하지 않고, 사출된 프리폼을 만들어 이를 다시 블로잉한다는 점이 다르다. PET병의 개발은 탄산음료 시장에서 유리병보다 더 큰 용기에 담은 가정용 병 제품을 생산해 줄 것을 요구하는 소비자들의 요청에서 비롯되었다. 1970년대까지는 거의 모든 탄산음료carbonated soft drinks, CSD가 금속 캔 또는 유리병에 포장되었다. 1 L 이상의 용량을 갖는 가정용 유리병을 도입하려는 시도가 있었지만 제품이 너무 무겁고 파손의 위험이 있어 시장에서 오래가지 못하였다. 1 L 용량의 유리병 콜라는 우리나라에서도 잠시 판매가 되었다.

시장에서의 요구는 비용이 저렴하고 효율적이며 가벼운 가정용 크기의 탄산음료CSD 용기이었다. 이러한 용기를 만들기에 PE나 PP는 이산화탄소CO_2 차단성이 부족하고 탄산음료의 내압을 견딜 수 있을 만큼 인장 강도tensile strength도 강하지 않았다. 탄산음료는 용해된 이산화탄소 가스가 용기 벽에 가하는 압력이 매우 크고, 특히 주변 온도가 올라갈수록 압력이 커지기 때문에 높은 수준의 인장 강도가 필요하다. 단단한 유리병은 변형 없이 이러한 팽창력을 견디지만 HDPE나 PP로 만든 병은 이런 수준의 압력을 견디지 못한다. PET가 탄산음료 용기로 채택된 이유는 매우 강인한, 그리고 이산화탄소 차단성이 높은 특성을 가지고 있기 때문이다.

PET는 분자의 이동이 가능할 만큼 충분히 온도가 올라가도(단, 녹는점 이하에서) 사슬 모양의 분자가 끊어지는 대신 배향성orientation을 갖게 된다. 직각의 두 방향으로 연신되었을 때를 이축연신biaxial orientation이라고 한다. 연신된 PET의 분자 사슬은 연신 방향으로 일정하게, 그리고 짜임새 있게 정렬된 상태로 배열된다. 이러한 분자들의 정렬은 개개의 분자가 마치 하나인 것처럼 작용하기 때문에, 외부로부터의 응력에 보다 강하고 하중에 충분히 저항할 수 있는 힘을 부여한다. 배향된 PET의 인장 강도는 배향되지 않은 PET에 비해 인장 강도, 충격 강도, 가스 차단성 및 내약품성이 향상되므로 동일한 두께와 중량이라도 더 강한 PET병을 만들 수 있다. PET병의 ISBM이 상업화되기 이전의 플라스틱병은 PE, PP 등의 플라스틱을 압출하여 성형하는 다이렉트 블로 방식으로 만들어졌다. 이 수지들은 PET보다 녹는점이 낮고 내화학성이 있어 다양한 용도로 사용되었지만, 투명하지 않고 생산 속도가 느린 단점이 있었다. 제2차 세계대전 이후 산업화가 급속히 진행되면서 식품산업도 발달하게 되었으며, 시장의 요구로 유리병을 대체할 수 있는 포장재가 필요하게 되었다.

PET병의 상용화는 1970년대에 시작되었다. 처음 PET병이 개발될 때는 사출공정과 블로 공정을 통합한 싱글 스테이지single-stage 시스템과, 사출공정과 블로 공정을 분리한 투 스테이지two-stage 시스템으로 나뉘어 개발되었다. 싱글 스테이지 시스템은 사출된 프리폼의 잠열을 이용하여 블로하는 방식으로 열에너지의 소모가 적고, 통상적으로 8개 이하의 금형을 사용하기 때문에 금형 비용이 적게 들며 비교적 생산량이 적을 때 적합한 설비였다. 반면 투 스테이지 시스템은 로터리 블로잉rotary blowing 설비와 같이 속도가 빠른 블로잉 기계를 사용할 수 있으므로 생산량이 많은 경우에 사용되었다. 싱글 스테이지 시스템은 일본 회사인 니세이Nissei와 아오키Aoki가 선도적 역할을 하였으며, 투 스테이지 시스템에서는 신시내티 밀라크론Cincinatti Milacron, 크루프Krupp Corpoplast, 시델Sidel과 같은 회사들이 선도하였다. 현재는 많은 회사가 합병되어 이러한 이름은 사라지게 되었다.

1) 초기 싱글 스테이지 ISBM

일본의 대형 사출성형기 제조사인 니세이 플라스틱 공업의 카타시Katashi Aoki 회장은 PP의 이축연신 공정을 연구하던 중 시작품 성형 기계가 PET병을 생산하는 데 더 적합할 수 있다는 사실을 깨닫고, 1975년 12월에 새로운 연신배향 PET병을 제조하기 위한 싱글 스테이지 성형기(ABS-150)를 개발하였으며, 이 설비는 향후 싱글 스테이지 ISBM 설비의 기본 모델이 되었다. 이 고전적인 모델은 동일한 성형설비로 다양한 형태의 PET병을 효율적으로 제조할 수 있다는 점에서 큰 장점이 있었으며, 초기의 모델부터 8개 이하의 금형을 사용하여 왔다.

2) 초기 투 스테이지 ISBM

초기 개발 단계에서 PET 프리폼은 다이렉트 블로 공정과 매우 유사한 방법으로 튜브를 연속적으로 성형하여 만들어졌다. 프리폼을 만들기 위해 크루프사는 연속적으로 압출된 PET 튜브를 취하여, 한쪽 끝을 가열하여 막은 다음 프리폼을 만드는 프리폼 성형기(MI20)를 개발하였으며, 이 장치를 이용하여 1975년부터 PET병을 생산하기 시작하였다.

이 공정은 8 및 16 캐비티 금형의 초기 사출성형 공정보다 빠른 생산 속도를 보였으며, 압출공정의 특성상 다층 성형이 가능하다는 장점이 있었다. M120 설비는 스웨덴의 PLM, 미국의 오웬-일리노이스Owens Illinois 및 일본의 동양제관과 같은 회사에서 사용되었다. 하지만 금형의 수가 32개 이상으로 늘어남에 따라 사출성형이 더 생산성이 좋아지게 되었고, 이 초기 형태의 모델은 사출기에 의해 추월당하게 된다. 또한 사출성형으로 생산된 프리폼은 병 목Neck finish 부분을 다양하고 정밀한 형태로 성형할 수 있으므로 이후에 생산된 PET병은 대부분 ISBM에 의한 성형으로 바뀌게 된다.

크루프사는 시간당 약 4,000개의 병을 생산할 수 있도록 6개의 블로 몰드를 갖춘 투 스테이지 성형 기계 B40를 개발하였다. 그리고 이후의 설비는 금형 및 냉각 기술의 개발로 시간당 6,000개 이상의 속도를 낼 수 있게 되었다. B40은 초기 투 스테이지 병 제조회사의 주역이 되었다.

그림 11-1 **크루프사의 B40 성형설비와 최초의 PET병(1975)**

3) 통합된 투 스테이지 ISBM

미국에서는 반 도어Van Doorn라는 회사가 통합된 투 스테이지단계 ISBM 방식을 개발하였다. 프리폼은 종래의 사출성형 공정으로 만들어졌으며, 요구되는 출력에 맞추어 금형의 수를 최적화한 형태였다. 이 프리폼들은 필요한 출력에 맞게 최적화된 숫자의 블로 금형을 갖는 별도의 블로잉 성형설비로 옮겨져 성형이 이루어졌다. 이것은 PET병 제조에 대한 최초의 통합된 투 스테이지단계 ISBM 시스템이었다. 하지만 일본의 ASB 니세이와 같은 설비 제조자는 싱글 스테이지단계 ISBM 방식을 채택하였다. 이 장비는 사출성형의 금형 수와 같은 수의 블로 금형을 사용하며, 사출성형 후 프리폼에 남아 있는 잠열을 블로 성형에 이용하는 방식으로, 후에 성형 품질을 위해 예열 라인을 추가하였다. 니세이와 아오키 방식의 설비는 매우 간단한 구조를 갖는 접근 방식이었으며, 표면에 탁월한 광택을 갖는 PET병을 성형할 수 있었고 상대적으로 적은 에너지 소모와 적당한 생산량을 갖는 설비였다.

4) 열고정

PET병의 열고정heat set은 듀퐁의 와이어스Wyeth, 로즈비어Roseveare 특허와 글란즈스토프Glanzstoff의 시겔Siggel 등의 특허에서 볼 수 있다. 와이어스의 특허는 PET 스트레치 블로 성형의 기본 양상, 바람직한 공정 조건 및 병 특성의 일반적인 범위를 갖는 이축배향 PET병 제조 방법 및 장치를 기재하고 있다. 이 특허의 청구 항에는 음료의 고온 충전과 저온 살균 과정에서 고온과 고압을 견딜 수 있는 병에 대한 사용상의 이점에 대해 논의하고 있지만, 결정화에 대한 주장은 없다. 열고정은 140~220℃에서 단시간에 완료할 수 있으며, 완성된 병의 결정성을 30% 이상 50%까지 증가시키기에 충분하다.

1970년대에는 AS Haustrup Plastic에 의해 열고정 기술에 대한 중요한 특허가 출원되었다. 가열된 금형의 온도가 140℃ 이상으로 유지되는 동안 블로잉된 PET병이 가열된 금형으로 옮겨져 다시 열고정을 수행하는 방법을 설명하고 있다. ICI의 칼린스Collins는 130~220℃로 유지되는 가열된 금형에서 PET를 스트레치 블로 성형하고, 금형에 압력을 유지하면서 용기를 냉각하는 방법으로 열고정을 수행하는 방법을 제안하였다.

특허들을 보면 열고정은 많은 방법으로 응용되거나 적용될 수 있음을 알 수 있다. 또한 열고정은 병의 측벽, 목 및 밑면에까지 확장할 수 있다. 보통 70~250℃의 금형 온도가 요구되며, 최대 8분의 결정화 시간이 필요하다.

부분적으로 가열된 금형을 병 및 목의 특정 부분만을 가열하여 결정화하는 데 사용할 수 있으며, 오일 또는 물을 이용하여 금형의 온도를 제어하고 유지할 수 있다. 병의 성형은 고온 압축 공기로 블로잉할 수 있으며, 가열 막대rod를 사용하여 늘릴 수 있다. 성형된 병은 금형의 내부 또는 외부로부터 냉각될 수 있고 냉각되는 동안 일정한 압력으로 유지된다.

열고정은 PET병의 결정성을 25~60%까지 증가시킬 수 있으며, 이와 같은 방법으로 PET병은 고온 충전 및 냉각 시 열에 의한 변형에 견딜 수 있도록 설계될 수 있다.

5) PET병 주요 부위의 명칭

PET병의 주요 부위 명칭을 그림 11-2에 나타내었다. 주입구 부분의 나사산이 들어가는 부분을 '네크 피니시neck finish'라고 하고, 그 아래 부분을 '몸body', 또는 특별히 PET병의 두께를 감안하여 '벽wall'이라 부른다. 라벨이 붙는 위치의 평평하게 처리된 부분을 '패널panel'이라 하고, 원통형 병에서 병의 측면에 들어간 오목한 링을 '리브rib'라고 한다. 병목은 프리폼의 사출성형 시 만들어지는 부분으로, 뚜껑이 결합되는 부위이다. 여기에 나사산을 성형하면 스크루 캡을 사용할 수 있어 재밀봉이 가능해진다.

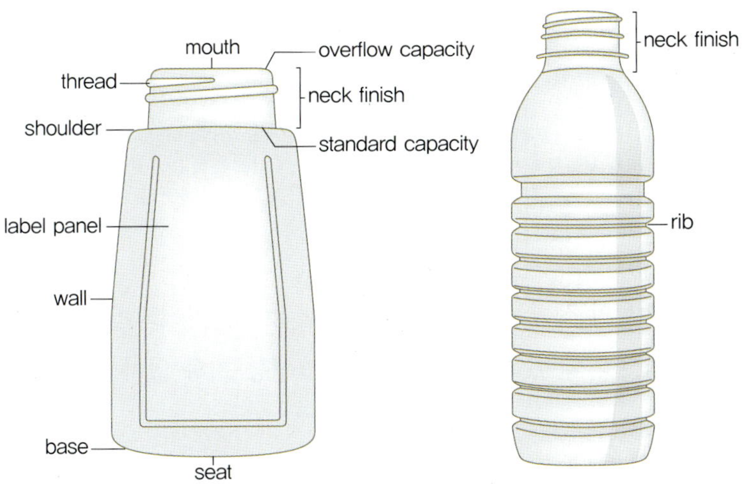

그림 11-2 PET병의 각 부위별 주요 명칭

3. 싱글 스테이지 사출 연신 블로 성형

1) 개요

종래의 압출 블로 성형 기술은 이축 배향된 PET 용기를 제조하는 데 부적합하였다. 이는 부분적으로 용융된 상태에서의 PET의 낮은 응집력 때문이기도 하였지만, 더 큰 문제는 PET의 이축 배향은 압출된 PET 튜브의 끝을 열 접착하는 데 필요한 온도보다 훨씬 낮고 좁은 온도 영역에서만 수행될 수 있다는 것이었다. 따라서 이러한 문제를 극복하기 위해 2단계로 구성된 사출 연신 블로 성형injection stretch blow molding 공정이 개발되었다. 첫 번째 단계에서는 테스트 튜브와 같은 '프리폼'을 사출성형하고, 두 번째 단계에서는 가열된 프리폼은 더 큰 블로 몰드 안에서 팽창되어 병을 형성하게 된다. 이 두 가지 단계는 두 개의 독립적인 시스템으로 구성될 수도 있고, 싱글 스테이지 시스템으로 알려진 하나의 시스템으로 통합될 수도 있다. 싱글 스테이지 및 투 스테이지 시스템의 주요 특징을 표 11-1에 나타내었다.

표 11-1 싱글 스테이지 및 투 스테이지 시스템의 주요 특징

항목	싱글 스테이지(Single Stage) ISBM	투 스테이지(Two stage) ISBM
생산 비용	사출성형의 잔류 열을 이용, 에너지 소모가 적고 비용이 저렴	에너지 효율이 나쁘고, 비용이 비쌈
생산 속도	생산 속도가 느림	생산 속도가 빠름
성형 품질	보통	좀 더 균일한 가열이 가능해 품질이 우수
내열성	내열 PET 생산 불가	내열 PET 생산 가능
금형	4~8개의 캐비티(사출과 blow part Cavities가 같음) → 금형 비가 저렴	8개의 캐비티 이상(사출과 blow part Cavities가 다름) → 사출 금형 비가 비쌈

사출 연신 블로 성형의 성형공정은 다음과 같은 장점을 가지고 있다.

- 이축 배향은 최적의 재료 특성을 제공하므로 성능 저하 없이 병을 더 가볍게 만들 수 있다.
- 사출성형 단계에서는 추가적인 마무리 작업이 필요 없으며, 즉각적인 충전이 가능한 고정밀 neck finish를 제공한다.
- 각 공정에서 스크랩이 생성되지 않는다.

연신의 장점을 실현하기 위해 블로잉은 사출공정보다 낮은 온도로 수행되어야 하기 때문에, 손잡이가 있는 PET병을 만들 수 없으며 손잡이는 별도로 부착하게 된다.

최초의 통합된 싱글 스테이지 사출 연신 블로 성형single-stage injection stretch blow molding설비는 일본의 사출성형기의 제조 업체인 니세이 플라스틱 공업의 카타시 회장에 의해 1975년 12월에 처음 상용화되었다(ASB-150). 이 모델을 설계한 아오키 사장의 이름을 따서 붙여진 명칭인 '아오키 연신 블로Aoki stretch blow'의 형태로 만들어진 기계들을 고전적인 싱글 스테이지 ISBM 설비라고 한다. 이 고전적인 싱글 스테이지 ISBM 설비의 가장 큰 특징은 사출 금형을 고정하는 수직 프레스와 그 아래에 립 캐비티의 전체 세트가 설치된 삼각형의 회전 테이블이다.

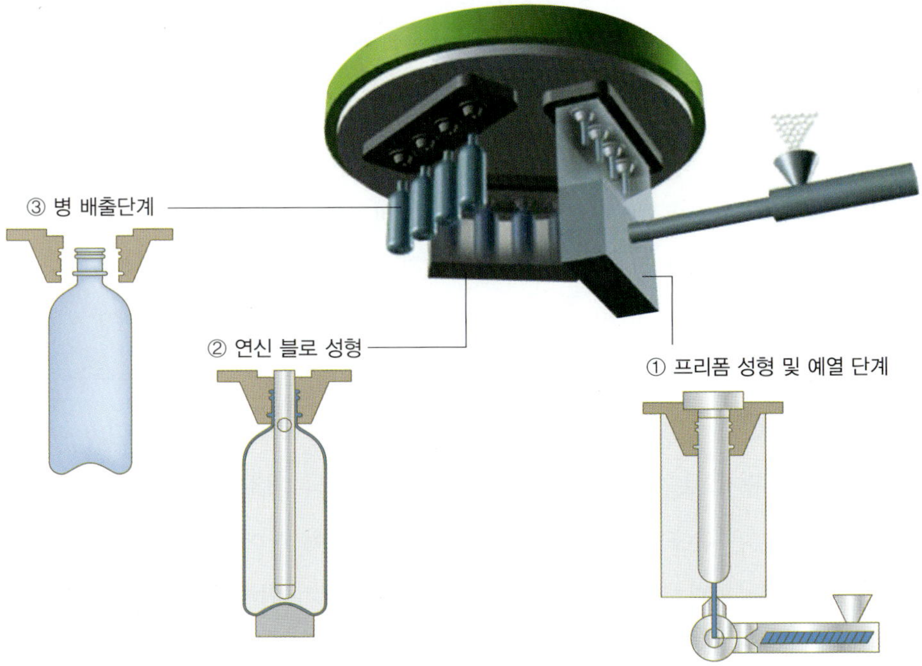

그림 11-3 고전적인 싱글 스테이지 ISBM 모델

자료 : http://www.aokitech.co.jp/

2) PET 수지의 건조

PET는 PE, PP와 같은 폴리올레핀polyolefin 수지와 달리 대기로부터 수분을 흡수한다. 따라서 PET 수지는 공정에 들어가기 전에 수지의 수분 함량을 40 ppmparts per million 미만으로 줄여야 한다. PET는 고온의 조건에서 물에 의해 가수분해될 수 있으며, PET의 녹는점보다 높은 온도에서 수지 내에 존재하는 수분은 PET 분자를 빠르게 가수분해하여 분자량을 감소시키고 물성을 감소시킬 수 있다. 선행 연구에 따르면 0.76 IVintrinsic viscosity(고유 점도)의 PET가 용융되면 PET에 남아 있는 수분 16 ppm당 IV 손실 0.01이 발생한다. 따라서 PET 펠릿pellet 내에 40 ppm(wt)의 물이 존재한다면 IV는 약 0.03만큼 감소하게 된다.

PET의 건조는 흡습의 과정과 반대로 생각하면 된다. 흡습에서 수분은 펠릿의 중심 쪽으로 확산되고, 반대로 건조 과정에서 수분은 펠릿의 외부로 확산된다. 따라서 촉촉한 펠릿을 극도의 건조한 상태에 놓고 가열하여 펠릿 중심의 수분을 외부로 확산시킬 수 있다. 하지만 최대 건조온도 및 PET가 건조될 수 있는 시간에는 한계가 있다.

첫째, 가수분해는 온도에 따라 달라진다. 온도가 높을수록 가수분해가 촉진된다.

둘째, 건조 시간이 지나치게 길면 산화 분해(특히 고온에서)가 발생하여 프리폼 성형 후 프리폼이 노란색 색조를 띨 수 있다.

일반적으로 PET 펠릿은 150~160℃의 온도에서 4시간 정도, 제습 건조기에서 건조된다. 이 온도는 PET의 유리 전이온도T_g보다 상당히 높은 편이고, 결정화되지 않은 PET는 부드럽고 끈끈한 상태이다. 따라서 제습 호퍼-드라이어 내부에 배치된 PET 펠릿은 결정질이 필수적이다. 또한 성형이 중단되면 건조기 설정 온도를 120℃로 낮추는 것이 중요하다. 그렇지 않으면 펠릿의 체류 시간이 초과되어 PET가 열화될 수 있다.

공기 정화기의 유지 보수 또한 중요하며, 정기적인 필터 청소가 필수적이다. 또 습기가 많은 상태와 높은 온도에서 공기가 순환되면 함수량이 늘어나 습기 제거 특성이 저하되므로 건조기를 통과하기 전에 순환 공기를 냉각시키기 위해 PET 건조기에 열 교환기가 장착된다. 공장 내부가 계절에 상관없이 적절한 습도와 온도로 항상 유지되는 것이 아니므로, 건조기의 작동 상태는 수시로 모니터링하여 건조기의 운전 조건을 조정하는 것이 좋은 품질의 성형품을 얻는 첫 번째 노력이 된다.

3) PET의 소성

건조된 PET 펠릿은 사출성형기의 회전 스크루에 공급되어 압축되고 용융된다. 펠릿은 중력에 의해 호퍼로부터 가열된 배럴barrel(가열된 챔버)로 공급되며, 스크루형 플런저

screw-type plunger에 의해 서서히 앞으로 밀려 나가면서 열에 의해 용융된다. 용융된 플라스틱은 노즐을 통과하여 금형으로 들어가게 된다. 금형은 일정한 온도로 유지되므로 플라스틱은 금형 안에 들어가자마자 냉각된다. 이렇게 용융된 PET의 온도는 약 290℃이다.

4) 프리폼의 사출성형

용융된 PET는 핫러너 시스템hot runner system을 통해 금형 내로 주입되며, 금형은 상온에서 유지되기 때문에 빨리 냉각된다. PET는 녹는점 이하의 뜨거운 상태로 유지되면 결정화되어 백색 결정을 매우 빨리 형성하므로 투명한 무정형amorphous의 프리폼을 얻기 위해 사출 금형(프리폼 금형)을 약 10~15℃로 냉각시켜 급속 냉각을 촉진한다. 하지만 이 온도까지 냉각되면 성형이 어렵기 때문에 결정화 온도 영역을 통과하면 사출 금형이 개방되고, 성형에 충분한 연성을 갖는 온도로 유지되면서 블로 금형으로 옮겨지게 된다.

5) 프리폼 온도의 최적화

프리폼 온도는 컨디셔닝 스테이션conditioning station에서 블로잉을 위한 적절한 수준의 온도(95~120℃)로 조정된다. 금형의 수가 많지 않을 때는 아오키 설비의 기본 모델인 프리폼 성형(사출) → 블로 성형 → 성형품 배출의 3단계 공정(그림 11-3 참조)으로 충분하지만, 금형의 수가 늘어나게 되면 프리폼 성형 후 블로잉까지 프리폼 온도를 균일하게 적정 성형온도로 유지하기 위한 장치가 필요하게 된다.

이러한 이유로 예열단계인 컨디셔닝 스테이션이 추가되게 된다. 아직도 아오키 모델은 3단계 공정이지만, 니세이Nissei ASB Machine CO., LTD.의 모델은 예열공정이 추가된 4단계 공정을 채택하고 있다. 그림 11-4와 같이 니세이의 싱글 스테이지 ISBM 모델은 프리폼 성형injection station → 컨디셔닝 스테이션conditioning station → 연신 블로 성형stretch blow molding station → 성형품 배출의 4단계 공정을 거친다. PET병의 강도와 투명성을 동시에 확보하기 위해서는 블로잉하기 전 프리폼의 온도를 균일하게 유지해야 한다.

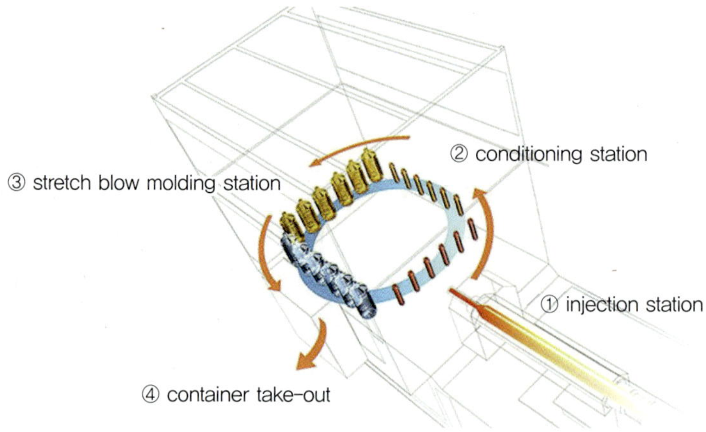

그림 11-4 **니세이 ASB의 싱글 스테이지 ISBM 기본 모델**

자료 : http://www.nisseiasb.co.jp

5) 연신 블로 성형

블로잉 단계에서 뜨거운 프리폼은 병 모양의 금형으로 둘러싸이게 된다. 프리폼의 목부를 통해 삽입된 스트레치 로드stretch rod, core rod(그림 11-5)는 프리폼을 금형 바닥까지 급속히 팽창시키면서, 동시에 고압 공기를 불어넣어 풍선과 같이 프리폼을 팽창시킨다. 팽창하는 PET 버블이 블로 금형의 냉각된 금속 표면에 닿으면, 목 부위는 정밀하게 사출성형되어 단단하게 사출성형된 neck finish를 갖고 body부는 투명하고 얇은 PET 병이 만들어지게 된다. 블로잉 단계에서 동시 연신simultaneous stretching은 PET병의 이축연신을 구현하여 물리적 강도가 좋은 성형품을 만들 수 있다. 또한 균일한 벽 두께를 갖는 병이 만들어진다.

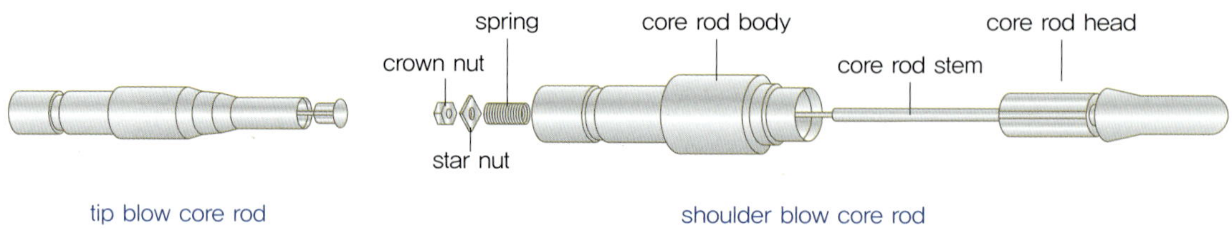

그림 11-5 **스트레치 로드**(stretch rod, core rod)

6) 컨테이너 배출

송풍 공기가 배출된 후 블로 금형이 열리며 가볍고 투명한 PET병이 성형되어 기계에서 배출된다.

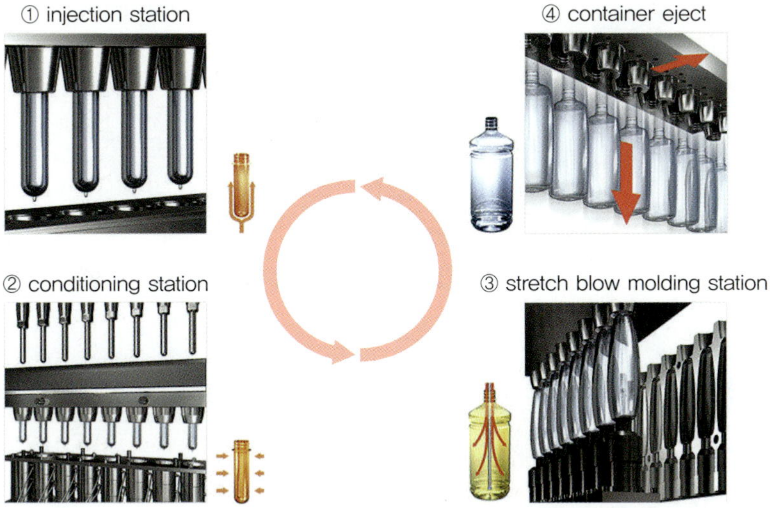

그림 11-6 니세이 ASB 싱글 스테이지 시스템의 4단계 성형 과정

자료 : http://www.nisseiasb.co.jp

4. 싱글 스테이지 ISBM 설비

1) 싱글 스테이지 설비의 구성

고전적인 싱글 스테이지 설비의 디자인은 동일한 기본 모델을 응용하여 다양한 모양과 크기의 병을 제조할 수 있다. 이 기계는 다음과 같은 기본 구성 요소로 구성된다(그림 11-7).

① 원동기, 일반적으로 하나 이상의 유압 펌프를 구동하는 전기 모터.

② 전기적으로 가열된 실린더 또는 '배럴barrel' 내부의 왕복 사출 스크루로 구성된 사출 유닛.

③ 사출 금형을 열고 닫아 클램프력을 가하는 수직 수압식 프레스.

④ 하나의 스테이션에서 다른 스테이션으로 프리폼을 운반하기 위한 전기 구동식 또는 유압식 로터리 테이블 장치.

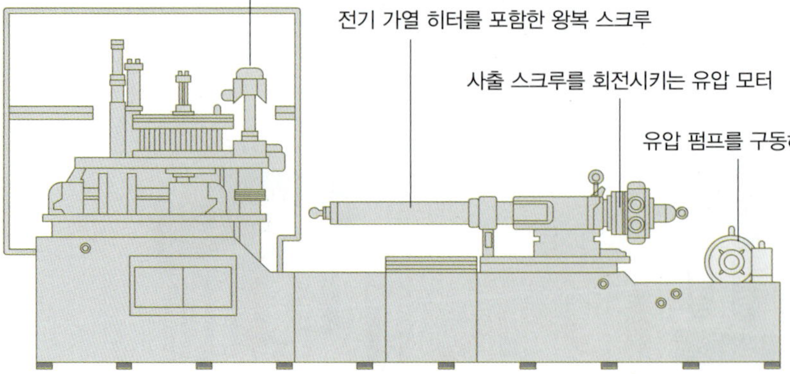

그림 11-7 싱글 스테이지 설비의 개략도

⑤ 컨디셔닝 스테이션 : 사출 금형에서 성형된 프리폼을 블로잉 스테이션으로 이동시키기 전에 적절한 온도로 유지시키는 데 사용된다.

고전적인 싱글 스테이지 설비는 디자인에 따라 3개 또는 4개의 스테이션을 가질 수 있다. 기본적인 3개의 스테이션에 별도의 컨디셔닝 스테이션이 추가되면, 4개의 스테이션이 되는데 이것이 아오키 모델과 니세이 ASB 모델의 차이점이다.

2) 싱글 스테이지 설비의 세부 단위공정

(1) 사출 금형 및 핫러너

PET병의 프리폼을 성형하는 사출 금형은 통상적인 사출 금형과 크게 다르지 않다. 금형 내부에 PET 수지를 주입하여 사출성형품을 만드는 부품들의 집합체이며, 다음과 같은 부품들로 구성된다(그림 11-8).

- 캐비티(cavity) : 프리폼의 외부 형태를 만들어 준다.
- 코어(core) : 프리폼의 내부 형태를 만들어 준다.
- 립 캐비티(lip cavity) : 프리폼의 목 부분을 만들어 준다.

성형 시 각 코어와 캐비티는 PET의 결정화를 최소화하기 위해 빠르게 냉각된다(수냉

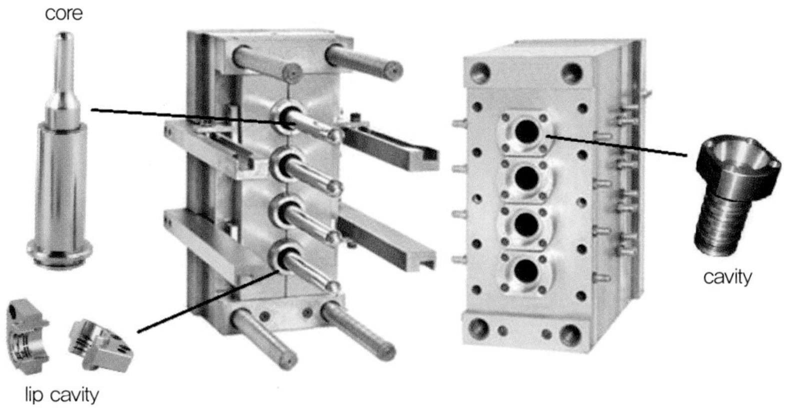

그림 11-8 **프리폼(preform) 사출 금형의 구성 요소**

식의 경우 금형 내부의 통로를 통해 10~15℃ 온도의 물을 순환시킴). 용융된 PET의 온도는 약 290℃로 금형으로 들어가게 되며, 최대 결정화 온도 이하(160℃ 이하)로 빨리 냉각시키는 것이 병의 투명도를 결정하는 요소가 된다.

핫러너 시스템은 캐비티와 연결된 금형의 통로로, 용융된 PET 수지가 캐비티로 적절한 온도와 속도로 유입될 수 있도록 제어한다. 절연된 핫러너는 내부의 용융된 PET 수지가 항상 용융 상태로 유지될 수 있도록 배럴의 온도와 같은 고온으로 유지된다. 핫러너 시스템을 통과한 용융된 수지는 금형으로 들어가자마자 급속히 냉각되기 때문에, 용융된 수지가 적절한 속도와 온도로 핫러너 시스템에 의해 제어되어야 최적의 성형 조건을 만들 수 있다. 이는 프리폼의 균일한 투명성, 프리폼 끝의 게이트 흔적, 성형 시간, 프리폼의 아세트알데히드acetaldehyde, AA 수준에 영향을 미치는 요인이 된다.

PET가 사출 금형에 들어가자마자 냉각하기 시작하므로 각 캐비티로 PET의 균일한 흐름이 필수적이다. 예를 들어 용융된 수지가 빨리 채워진 캐비티의 프리폼은 천천히 채워진 캐비티의 프리폼에 비해 온도가 낮다.

(2) 프리폼 품질에 영향을 미치는 공정 조건

프리폼의 사출성형 공정은 다음과 같은 단계로 나눌 수 있다. PET 수지의 가소화 단계에서는 PET 수지가 스크루 내에서 용융되고, 사출단계에서는 압력이 가해져 스크루가 앞으로 밀려난다. 이 과정에서 용융된 PET를 (핫러너를 통해) 캐비티의 꼭지 부분의 '게이트'로 강제로 밀어낸다. 사출은 캐비티가 용융된 PET로 가득차게 되면 끝난다. 사

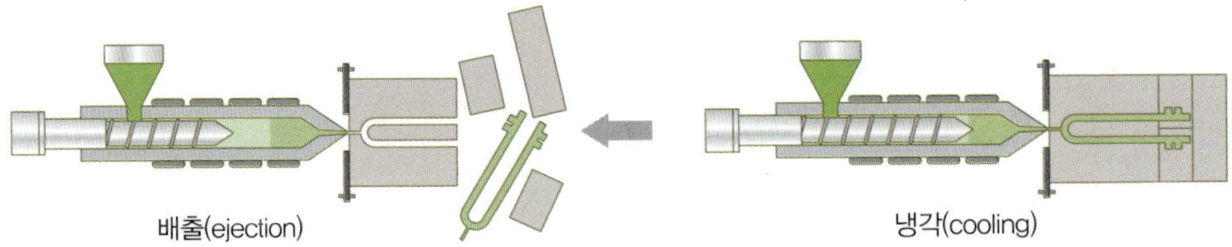

그림 11-9 프리폼의 사출 행정 단계(two stage 공정의 경우)

출 행정이 끝나면 캐비티 내의 용융된 PET는 냉각되어 응고를 시작하고, 이때 캐비티는 사출될 때보다 낮은 압력으로 유지된다. 냉각이 끝나면 프리폼은 배출된다(그림 11-9).

그림 11-9에 나타낸 사출 행정은 투 스테이지의 경우이며, 싱글 스테이지 공정의 경우는 프리폼이 배출되지 않고 립 캐비티에 물려 블로 공정으로 전달된다.

(3) 냉각 시간

게이트가 냉각된 후 금형이 닫힌 상태에서 캐비티 내부의 PET가 더 냉각된다. 프리폼의 내부가 결정화되지 않고 충분히 냉각될 때까지 프리폼은 캐비티 안에 있어야 한다. 일반적으로 싱글 스테이지 공정에서 프리폼은 캐비티에서 제거될 때 120℃ 이상의 온도를 갖는다. 프리폼의 온도에 영향을 미치는 주요 요소는 다음과 같다.

- 용융온도melt temperature : 용융온도가 낮으면 PET 수지는 금형 내에서 빠르게 경화가 일어나며, 주어진 시간 내에 캐비티를 채우기 위해 더 높은 압력이 필요하게 된다. 고온의 용융물은 금형 내부를 더 쉽게 흐를 수 있지만, 균일한 냉각이 어려워 싱크 마크sink mark가 발생할 수 있다. 싱크 마크는 캐비티 내에서 불균일한 냉각으로 발생하며 프리폼 표면에 살짝 들어간 흔적을 남기게 된다. 가장 적절한 용융온도는 금형 내부로 용융된 PET 수지의 흐름이 원활한 수준에서 최대한 낮은 온도로 유지되는 것이다.
- 스크루의 속도screw speed, rpm : 재료의 과도한 전단을 피하기 위해 스크루 속도는

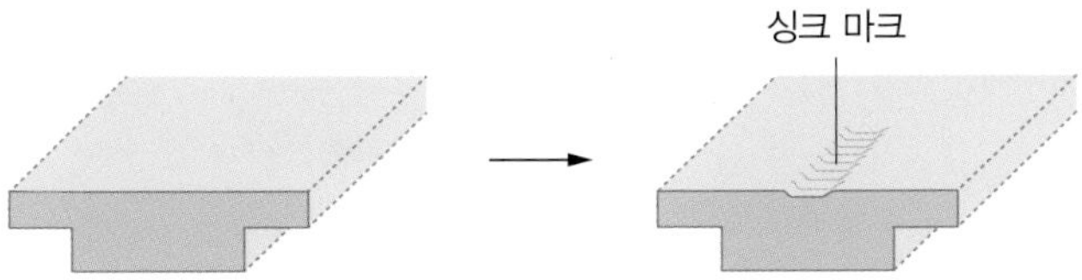

그림 11-10 **싱크 마크(sink mark)의 형상**

가능한 낮게 유지되어야 한다. 온도의 유지 또한 중요하다. 과열이 되면 PET가 분해되고 아세트알데히드가 과도하게 생성된다.

- 사출 속도injection speed : 적절한 사출 속도는 병마다 다르며 프리폼 길이와 벽 두께에 따라 다르다. 프리폼이 균일한 온도 기울기를 갖도록 하기 위해서는 사출 속도는 일반적으로 빠르고 균일하게 유지되는 것이 좋다. 사출 속도가 낮으면 프리폼 온도가 길이에 따라 달라지며, 특히 프리폼의 끝부분(게이트 바로 옆)이 neck 부위보다 더 뜨거워 결정화되기 쉽다.

(4) 컨디셔닝 스테이션

니세이 ASB 모델에서 생산된 고전적인 싱글 스테이지 기계는 프리폼 온도의 정밀 제어에 사용되는 온도 컨트롤 스테이션이 추가되어 있다. 이는 캐비티의 수가 많은 경우 좀 더 균일한 성형 품질을 얻는 것이 목적이다. 프리폼 온도가 너무 높으면 원하는 만큼 배향이 일어나지 않으며, 결정의 성장으로 인해 병이 외관상 흐릿해질 수도 있다. 프리폼 온도가 너무 낮으면 PET 소재의 내부 층이 분리되어 '진줏빛pearlescent'이 나타나게 된다. 또는 블로잉 과정에서 팽창하는 프리폼이 금형 내에서 파열될 수도 있다.

프리폼에서 온도가 높은 부분은 쉽게 늘어나고 낮은 부분은 잘 늘어나지 않는다. 따라서 블로잉 과정에서 프리폼의 균일한 연신 배향을 위해서는 프리폼의 길이에 따라 정확한 온도 프로파일을 작성하여 설계에 반영해야 한다.

(5) 블로잉 스테이션

블로잉 스테이션blowing station에서는 아직 뜨거운 프리폼을 알루미늄으로 만든 블로 금형에 넣고 블로잉한다. 압출 블로 성형공정direct blow과 비교하면 연신 블로 시 PET의 온도가 더 낮기 때문에 블로 금형의 냉각도 덜 필요하다. 코어 로드core rod는 프리폼 게이트를 성형할 때 정확히 블로 금형 바닥 중앙에 위치하게 한다.

(a) 니세이 ASB 기계의 컨디셔닝 스테이션에서 프리폼 온도를 미세하게 조정하는 데 사용할 수 있는 세 가지 섹션 전기 가열 'pot'의 도식적 표현

(b) 프리폼과 병 각부의 명칭

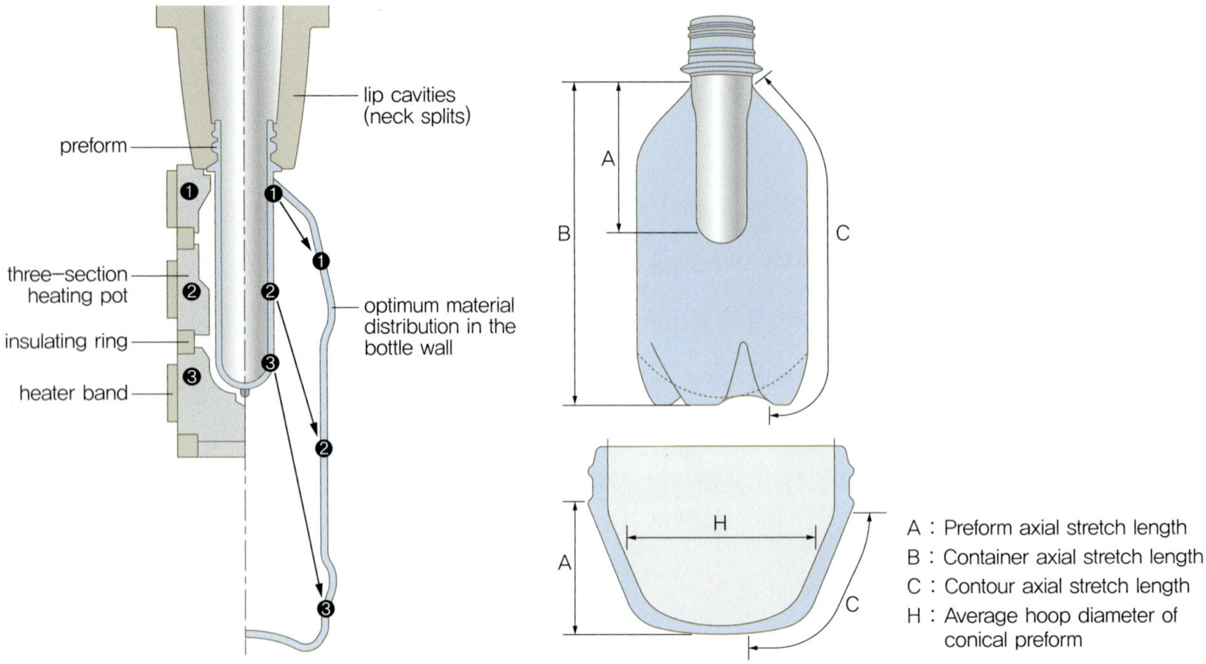

그림 11-11 **프리폼과 블로 성형품의 각부 명칭**

압축공기에 의한 블로잉은 2단계로 이루어지는데 1차 및 2차 타격이 개시될 때 연신 및 송풍 시퀀스의 정확한 시간이 중요하다. 프리폼의 온도 제어뿐만 아니라 압축공기의 송풍 시간을 조절함으로써 PET병의 부위별 두께 분포를 원하는 대로 조절할 수 있다. 예를 들어 용기 하반부의 PET 두께를 두껍게 하려면, 압축공기의 1차 분출 시작을 늦추고 프리폼을 바닥으로 끌어당길 때 더 많은 시간을 안배하여 구현할 수 있다. 이렇게 하면 PET병의 상반부 두께는 늘어나서 얇아지지만 바닥의 두께는 두꺼워진다(프리폼이 블로 금형에 닿았을 때는 PET가 냉각, 경화되어 더 이상 연신이 불가능해짐).

5. 통합 투 스테이지 기계

고전적인 싱글 스테이지 기계는 각각의 프리폼 사출 금형과 동일한 수의 블로 금형을 갖는다. 하지만 연신 블로 공정이 프리폼 사출성형단계보다 통상적으로 3~4배 빠르기

때문에 시간 낭비가 생기게 된다. 따라서 대량생산할 경우에는 PET병 제조공정의 두 단계를 분리하여 각각 전용 기계로 성형하는 것이 효율적이다. 따라서 프리폼을 만들기 위해 많은 수의 금형이 있는 사출성형기와 이보다 작은 수의 블로 금형을 갖는 '재가열' 연신 블로 성형기를 사용하는 시스템이 도입되었다. 이것을 투 스테이지 공정이라고 한다.

소량 생산에 대처하기 위해 싱글 스테이지 공정과 투 스테이지 공정의 장점을 결합한 '통합 투 스테이지integrated two-stage'라고 하는 새로운 유형의 싱글 스테이지 공정도 개발되었다. 이때 사용하는 기계는 프리폼 사출공정의 스피드와 블로잉 공정의 스피드를 맞추기 위해 기존의 싱글 스테이지 기계와는 달리 3~4개의 프리폼 금형과 하나의 블로 금형을 조합하여 운전하는 기계이다. 성형 후 프리폼은 먼저 약간 냉각된 후 적외선 램프infrared quartz lamps를 사용하여 송풍 전에 순차적으로 재가열된다. 이와 같은 방법으로 모든 프리폼은 블로잉 금형에 들어가기 전에 정확히 동일한 최적의 온도를 달성함으로써 연속적인 프리폼 성형과 블로잉 사이의 시간적 불균형을 극복하고 블로잉되는 온도를 일관성 있게 유지할 수 있다.

통합 투 스테이지 방식의 큰 특징은 캐비티당 생산 효율이 좋고 적은 수의 금형으로 구성할 수 있다는 점이다. 따라서 소량 생산에 부담이 되는 금형비를 절약할 수 있다.

- 금형 부품, 특히 블로 몰드 및 립 캐비티의 수를 줄일 수 있다.
- 보다 작은 사출 금형 및 핫러너 시스템.

결과적으로 작동 시스템과 기계도 소형화할 수 있으며, 적외선 램프를 사용한 프리폼 온도 조절은 빠르고 정확하다. 다만 이 유형의 기계는 크기가 작은 병의 생산을 위해 특별히 설계된 것으로, 큰 병이나 광구형 병 등 다양한 디자인의 병 생산에는 적용하기 어려운 점이 통합 투 스테이지 방식의 한 가지 단점이다.

6. 투 스테이지 사출 연신 블로 성형

1) 개요

투 스테이지 공정은 분리된 두 단계로 PET병을 생산하는 것으로 특징 지워진다. 첫 번째 단계는 프리폼을 사출성형하는 것이고, 두 번째 단계는 재가열한 다음 용기를 블로 성형하는 것이다. 투 스테이지 공정에서 프리폼은 사출성형 후 주변 온도로 냉각된다. 이것은 별도로 구분된 블로잉 공정에 들어가기 전, 최적의 연신 블로 성형온도로 재가열되어 병으로 성형된다. 지금까지 PET 수지의 투 스테이지 ISBM 성형 기술은 주로 대량생산에 사용되어 왔다. 이 기술은 사용자에게 많은 이득을 제공하여 시장에서 막대한 성공을 거두었으며, 다양한 액체 식품 포장 분야에서 탁월한 기술과 상업적 이점을 입증하였다.

투 스테이지 공정은 생산성뿐만 아니라 성형 품질도 탁월하다. 완전히 냉각된 프리폼을 다시 균일하게 재가열함으로써 가열되는 프리폼의 온도 분포가 균일한 상태에서 블로잉할 수가 있다. 또한 PET병에 내열성을 부여할 수 있다. 재가열 과정에서 프리폼의 목 부위를 결정화할 수 있을 뿐만 아니라 몸통 부분의 열고정도 가능하다. 이러한 공정으로 생산된 내열병은 고온 충전에 적합하여 주스나 차와 같이 미생물에 민감한 음료의 병으로 사용되어 왔다. 내열병을 생산하는 투 스테이지 공정에는 목 부위의 결정화 공정(그림 11-12의 ②)과 열고정(그림 11-12의 ③의 c) 공정이 추가된다.

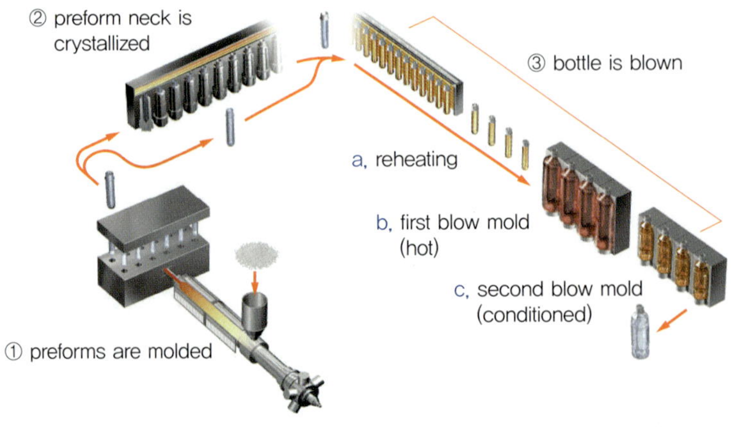

그림 11-12 투 스테이지 ISBM 시스템(내열병)

자료 : http://www.nisseiasb.co.jp

2) 프리폼 성형

프리폼 성형공정을 거치며 PET는 적절하게 건조하고 용융온도로 가소화되어 멀티 캐비티 사출 금형으로 주입된다. 현재의 프리폼 사출기는 별도의 캐비티 냉각 장치가 도입되어 행정 시간cycling time이 향상되었다. 사출 금형은 48개에서 96개의 캐비티가 주로 많이 사용되며, 그 이상의 캐비티를 사용하는 경우도 있다. 행정 시간은 자본 투자 비율당 산출량output per capital invested ratio, OCR을 최대로 끌어내는 수준에서 결정된다.

프리폼 성형 시스템의 생산 능력은 꾸준히 상승하고 있다. 캐비티의 수가 증가했을 뿐 아니라 시스템의 생산성도 크게 향상되었다. 2 L 탄산음료의 프리폼 성형에 소요되는 행정 시간은 초기에는 25~30초이었지만 현재는 불과 절반 수준으로 줄어들었다. 냉각 시간에 따르는 병 두께 분포의 제한은 여전히 PET 생산 초기와 거의 동일하지만, 프리폼의 금형 설계 기술 발달로 프리폼의 무게를 줄일 수 있었기 때문이다. 프리폼 사출 성형 설계 기술은 현재도 발전을 거듭하고 있으며, 장치의 개선도 꾸준히 이루어지고 있다.

3) 용기의 연신 블로 성형

블로 성형 단계로 들어가기 전 프리폼은 연신 블로 성형에 적합한 온도로 재가열re-heating된다. 그런 다음 블로잉 금형에 넣어져 블로잉된다. 스트레칭은 송풍단계 이전에 발생하지만, 두 공정의 타이밍은 그 순서가 중첩될 수 있다. 연신은 PET병의 축 방향 두께 분포를 미리 결정한다. 블로잉은 주로 연신과 블로잉이 동시에 이루어지는 동안 원주 크기에 영향을 미친다. 연신(축 방향)과 블로잉(방사형 스트레치)의 조합으로 PET병에 고도의 배향성을 유도하게 된다. 축 방향 및 반경 방향으로 연신이 일어나기 때문에 연신공정은 이축연신이라 불린다. 이축연신은 PET병의 강도를 향상시키므로 강도가 높고 가스 차단성이 우수한 경량의 용기를 생산할 수 있게 한다.

프리폼의 가열은 고온의 적외선 오븐 시스템을 통해 이루어지며, 가열되는 온도 범위는 보통 90~110℃이다. 프리폼을 균일하게 가열하는 기술의 핵심은 오븐에서의 시간이 아니라 열의 침투 및 온도 프로파일링temperature profiling을 잘 하는 것이다. 이것은 램프의 위치, 가열 사이의 타이밍과 열의 평형에 의해 달성할 수 있다.

블로 금형은 용기의 형상을 만드는 역할뿐만 아니라 안정된 온도로 용기를 냉각시키는 역할도 한다. 냉각단계에서 고압을 가하면 금형의 차가운 표면과 접촉하는 PET병의 최종 성형, 윤곽 단조 및 PET병의 냉각이 이루어진다. 일반적인 PET병은 한 번의 블로 공정을 갖지만, 내열병 성형에서는 두 가지 블로 금형을 사용한다. 첫 번째 블로 금형(그림 11-12 ③의 b 참조)에서 금형은 175℃ 이상 가열되며, 설계한 용기 크기보다 약 20% 더 크다. 왜냐하면 블로잉이 완료된 후 가압된 공기는 용기로부터 배출되지만, 블로 금형은 닫힌 채로 조금 더 유지되기 때문이다. 이 과정에서 고온으로 인한 PET병에 부분적인 결정화가 일어나고 용기는 수축된다. 첫 번째 블로잉 공정이 끝난 후 수축되고 부분적으로 결정화된 PET병은 두 번째 블로 금형으로 이송되어 최종 형상으로 성형된다. 이 두 번째 금형은 약 100℃로 유지된다. 두 번째 블로 금형 내에서 최종적으로 성형된 용기는 결정화도가 더 증가하게 된다. 이렇게 성형된 용기는 87℃까지 고온 충전될 수 있으며, 충전 후 저온 살균에도 견딜 수 있다.

4) Neck 결정화

Neck 결정화neck crystallization는 PET병에 내열성을 부여하기 위해 수행하는 가장 기본적인 작업이다. PET는 유리 전이온도T_g가 약 60~70℃ 이상이 되면 급격한 열역학적 물성 변화가 일어나며, 이 온도에서 PET병은 변형되고 뒤틀리며 수축한다. 가장 큰 문제는 주입구 부분에 있다. 주입구 부분은 마개에 의해 밀봉되어 있는데, 약간의 치수 변화가 있더라도 PET병 안에 담겨 있는 액체가 샐 수 있기 때문이다.

이러한 이유로 고온 충전을 필요로 하는 내열병은 블로잉하기 전에 미리 neck 부위를 결정화한다. Neck 결정화는 PET의 결정화 온도로 neck 부위만 고르게 가열함으로써 이루어지며, 이때 결정화가 일어난 neck 부위는 흰색으로 변한다. 결정화가 완료된 neck 부위는 통상의 고온 충전온도나 살균온도에서 변형이 일어나지 않는다.

5) 열고정

투 스테이지 내열병 생산공정으로 제조된 내열 PET 용기는 표준 범위인 82~85℃에서 최대 87℃까지 충전이 가능하다. 충전 시간은 1분을 초과해서는 안되며, 보통 20~30초 사이에 용기를 뚜껑으로 밀봉하여 냉각 터널로 이동한다. 이러한 조건을 PET병이 견딜 수 있게 하는 것은 '열고정heat set'공정이며, 앞서 서술한 두 번째 블로 금형에 의해 성취될 수 있다. 적절한 열고정공정을 위해 포장 및 프로세스 설계의 추가사항이 고려되어야 한다.

- 열 노출 시 방출될 수 있는 잔류 응력의 양을 제한하기 위해 첫 번째 블로잉 단계에서 두 번째 블로잉의 완성품 병까지 스트레치 비율의 감소.
- 안정성을 확보하기 위해 프리폼의 취약 부위에 두께 보완 설계.

또한 블로잉 시 PET병의 몸통 부분은 가열되는 반면, neck와 bottom은 이러한 영역에서 필요한 모양을 제공할 수 있을 정도로 충분히 차갑게 유지되어야 한다. 열고정은 100~160℃의 온도 범위에서 달성할 수 있다. 용기를 금형 표면에서 분리하기 전에 냉각시키는 것이 필요하다. 고온 충전을 위한 용기 몸통부의 바람직한 결정화도는 40% 이하이다. 이보다 높으면 PET병의 투명도가 떨어지게 되며, 이보다 낮을수록 내열성은 떨어지게 된다. 금형은 오일을 사용하거나 주형에 설치된 전기 가열 장치를 통해 가열된다. 현재 이 두 가지 기술은 모두 사용된다. 높은 온도의 금형 안에 PET병을 방치하는 것은 용기의 모양 유지를 위해서 바람직하지 않다. 따라서 냉각공기는 금형을 열기 직전에 용기 내부에 코어 로드와 함께 주입되며, 금형에서 배출된 후에는 용기 내부에 잔류 압력을 남긴다. 금형에서 배출 후 용기의 모양은 내부 압력을 통해 유지된다.

슈퍼 열고정super heat-set은 40% 이상의 결정 수준을 초과하는 데 적용되며, 이 공정을 마친 PET는 용기의 측면 벽에 높은 결정 구조를 형성한다. 이것은 피크 결정온도(160~170℃) 이상의 온도에서 블로 성형의 매우 긴 사이클을 통해 달성된다. 이러한 처리 후 용기를 냉각시키는 것은 매우 중요하므로 급냉시킬 수 있는 기술이 조합되어 있다. 상업적으로는 설비의 기술적 복잡성과 비용 문제로 제한이 많다.

7. 프리폼 및 용기 디자인

1) 연신 블로 성형 재료로서 PET의 기술적 기초

PET는 방향족 고리와 에스터가 교대로 존재하는 반결정성 열가소성 폴리에스테르이다. PET는 디메틸테레프탈레이트DMT 또는 테레프탈산TPA + 에틸렌글리콜EG의 방법으로 중합된다. 산업적으로는 TPA계의 사용이 보다 널리 퍼져 있다. 중합반응은 전형적으로 안티몬, 게르마늄 및 티타늄과 같은 촉매에 의해 수행된다. 병에 사용되는 PET의 개발은 연신 블로 성형기에서 프리폼의 재가열 동안 더 나은 열의 흡수에 중점을 두고 있다. PET의 분자 사슬 길이는 재료의 분자량을 결정하고 특성 및 사용법을 결정하는 요소이며, 보통 고유 점도IV에 의해 평가된다. 고유 점도는 PET의 분자량을 평가하는 실용적인 척도이며, 고유 점도가 높을수록 분자량이 크다. 표 11-2에 PET의 고유 점도에 따른 용도를 나타내었다.

표 11-2 **PET의 고유 점도(IV; g/cm³)와 용도**

	0.40~0.60	0.70~0.78	0.74~0.80	0.76~0.85	0.85~1.05
등급(Grade)	섬유	병	병	병	압출
고분자 형태		Homopolymer	Light copolymer	copolymer	
용도		생수, 화장품병, 기타	생수, 탄산음료, 열고정	고온 충전	

실온에서 PET의 밀도는 결정화도의 척도이다(그림 11-13). 온도에 따른 PET의 열적 특성은 시차주사열량측정법differential scanning calorimetry, DSC에 의해 설명될 수 있으며(그림 11-14), 열역학적으로 4개의 특징적인 영역으로 구분된다.

- 유리 상태glassy state : ＜70℃
- 열탄성 상태thermo-elastic/rubbery state : 85~120℃
- 결정화 영역crystallization range : 120~200℃
- 융점(녹는점)melting point : ＞255℃

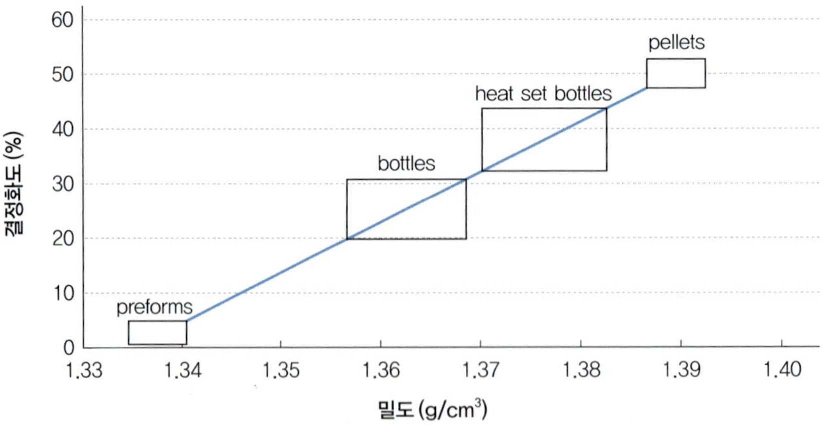

그림 11-13 **프리폼, PET병, 내열병, 수지의 결정화도 비교 예시**

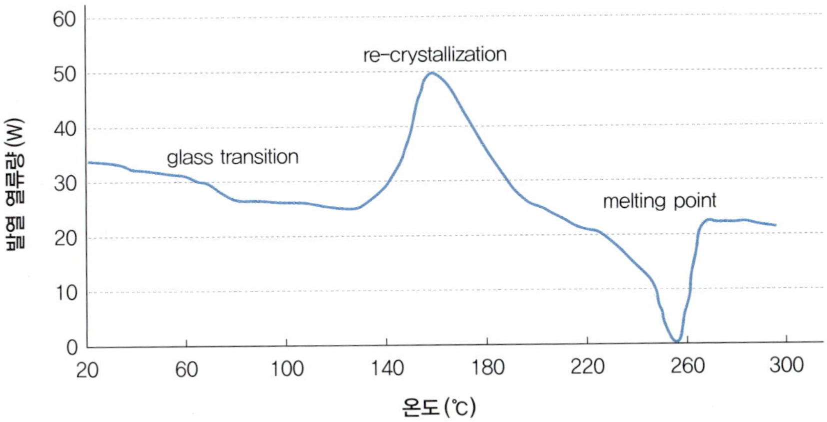

그림 11-14 **PET의 시차주사열량측정법(DSC) 곡선**

PET 용기 및 관련 가공 조건에 대한 이해는 이러한 온도 범위 내에서 PET의 열역학적 특징의 영향이라는 것을 이해하는 것이 중요하다.

유리 전이온도와 용융온도가 가장 뚜렷한 변화를 보이는 반면에, 각각의 영역 사이 전환은 그다지 명확하게 나타나지 않는다. 일반적으로 PET병은 유리 전이온도(60~70℃)보다 낮은 약 40℃ 이하에서는 변형 없이 사용할 수 있다. 유리 전이온도보다 높은 온도에서 PET병은 열적으로 유도된 결정성 없이 변형될 수 있다. Thermo-elastic/rubbery state의 온도 범위는 연신 블로 성형공정에 중요하며, PET병이 균일한 두께로 연신될 수 있도록 해준다. 연신 과정은 변형 경화strain hardening를 유발하여 재료의 각 부분을 초기 재료 강도 이상으로 강화시키는 역할을 한다.

이축연신 배향은 축 방향 연신공정 및 송풍에 의한 원주 방향 팽창의 결과이다. Thermo-elastic/rubbery state에서 유도된 응력은 유리 전이온도 이하로 PET를 냉각시키는 동안 PET 내 분자의 구조화된 정렬을 일으키고, 그로 인한 독특한 특성을 부여한다. 이러한 정렬 효과를 연신orientation이라고 한다. 연신은 부분적으로 가역적이며, 열 결정화와 유사하게 밀도 증가를 촉진한다. 기계적으로 유도된 배향은 결정화가 되었을 때와 유사한 수준의 밀도 수준을 달성한다. 하지만 기계적으로 유도된 배향화와 열에 의한 결정화는 달성하기 위한 공정이 상이할 뿐만 아니라 특성도 상당히 다르다. PET에서의 결정화는 PET의 Thermo-elastic/rubbery state의 온도보다 높은 범위의 고온에 노출된 결과이다. 결정화는 온도와 시간의 영향이며, PET의 분자량에 따라도 상당히 다를 수 있다. 최대 결정화 속도는 일반적으로 약 160℃에서 나타난다. 결정화 공정은 핵 형성점nucleating point이라고 하는 PET 내의 입자 주변에서 시작된다. 결정화는 이 지점들로부터 확장되어 작은 결정들 또는 몇몇 큰 결정들이 성장해 나아가며 진행된다. 결정화를 가속화하기 위해서 핵제nucleating agent를 첨가하기도 한다. 용융온도보다 높은 영역에서 PET는 용융 강도가 낮기 때문에 쉽게 흐를 수 있다. 분자 사슬의 열화는 약 300℃에서 시작되는 반면, 350℃ 이상의 온도에서는 완전히 열화된다. 따라서 PET의 가공온도는 300℃를 넘지 않도록 해야 한다. PET는 열(온도 및 시간) 및 전단shear에 노출되어 용융 상태에서 아세트알데히드AA를 생성한다. AA는 분자 사슬의 열분해 과정의 일부로 생성되는 가스이며 인체에 독성이 있다. 생성된 AA는 PET병 내에 생성되어 존재하다가 시간이 경과함에 따라 밖으로 전이migrating되어 나온다. 따라서 AA 함량이 높은 프리폼으로 만들어진 용기는 내용물에 악취와 독성을 유발할 수 있다.

PET 수지의 용융 작업 시 온도와 시간을 잘 체크하는 것은 물론이고, PET 수지, 프리폼 및 병 보관 시 관리에 유의해야 한다. 권장 보관 조건은 20℃, 상대습도RH 60% 이하이다. 3개월 이상된 프리폼은 노화될 수 있어 PET병 품질에 영향을 미칠 수 있지만, 보관 조건에 따라 이 기간은 더 짧아질 수 있다.

2) 프리폼 디자인

배향을 통해 최대의 강도 향상을 얻으려면 PET를 적절한 온도에서 '자연스러운 신축률'에 따라 늘려야 한다. 따라서 원하는 디자인의 PET병을 만들기 위해서는 각 부위의 연신율을 고려하여 적절한 프리폼 디자인preform design을 선택해야 한다. 그림 11-15에 프리폼 디자인의 예를 나타내었으며, 프리폼 디자인은 다음에 나열하는 요소들에 의해 결정된다.

(1) Neck finish

프리폼의 내부 지름이 neck 부위의 개구부보다 클 수 없으므로 neck finish는 프리폼의 최대 내부 지름maximum internal diameter을 결정한다. 즉, neck finish 지름보다 내부 지름이 크면 안 된다. 최소 내부 예비형성 지름Minimum internal preform diameter은 냉각을 고려하여 너무 작지 않도록 한다(프리폼이 두꺼우면 냉각이 어려움). 매우 작은 neck

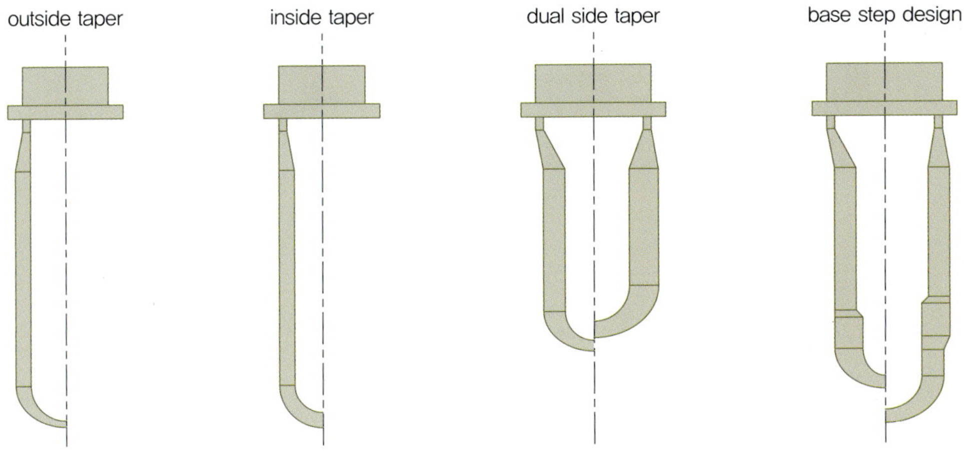

그림 11-15 기본적인 프리폼 디자인의 예시

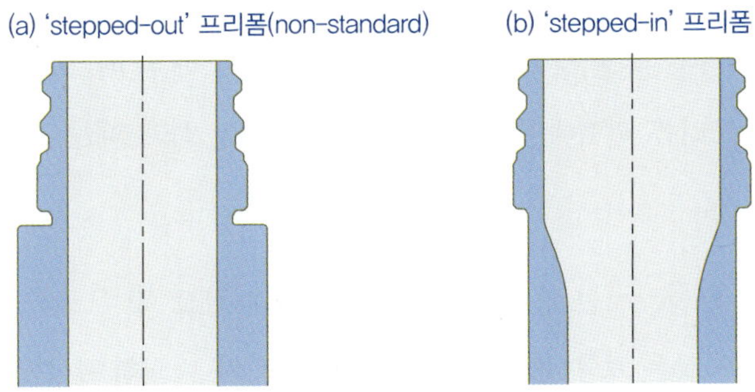

그림 11-16 Neck finish 형태

이 있는 프리폼에서는 기존의 '계단식' 설계(그림 11-16)보다는 원하는 무게를 얻기 위해 특수한 형태의 '스텝 아웃stepped-out' 프리폼 설계가 필요할 수 있다.

Neck finish의 형태는 어떻게 PET병을 밀봉할 것인가에 따라서도 달라진다. 마개의 밀봉 방식이 스크루인지, 또는 자동 캐핑capping인지에 따라 다르다.

'PCOplastic closures only'라고 불리는 마감 형태를 그림 11-17에 나타내었다. 이 neck finish 형태는 원가 절감과 캐핑 속도를 빠르게 하기 위해 고안된 형태로, 플라스틱 뚜껑에만 쓸 수 있기 때문에 이와 같은 명칭이 붙여졌다.

프리폼 설계에서 가장 어려운 부분 중 하나는 목과 프리폼 몸체 사이의 경계면이다. 이 영역이 얼마나 두껍고 얇은지를 결정하기 위한 원칙은 없으며, 일반적으로 이전의 성공적인 프리폼 디자인에 기초하여 설계한다. 이상적인 프리폼은 균일한 벽 두께를 가지

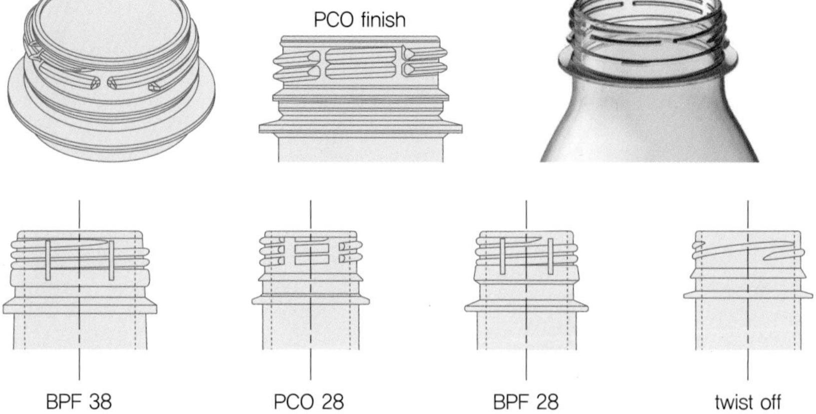

그림 11-17 **뚜껑의 종류에 따른 neck finish의 형태**

며, 얇은 부분과 두꺼운 부분 사이에 필요한 모든 전환이 매우 매끄럽다. 프리폼 벽 두께의 급격한 변화는 프리폼 전체에 열이 고르게 유지되어야 하기 때문에 피해야 한다.

(2) 프리폼 중량

프리폼 무게preform weight는 용기 벽의 두께와 병의 강도 및 '느낌'을 결정한다. 적당한 무게를 설정하는 것은 보통 동일 용량의 기존 용기와 비교하여 결정할 수 있으나 새로운 용기 디자인에는 CAD 시스템을 사용하여 병의 표면적을 계산하고 그 면적의 PET 병에 필요한 평균 벽 두께를 대입하여 계산할 수 있다. 대략적인 무게는 PET의 부피에 밀도를 곱하여 결정할 수 있다. 계산은 다음과 같이 할 수 있다.

$$\text{표면적} \times \text{평균 두께} \times \text{밀도} \times \text{분배 효율} = \text{프리폼 중량}$$

예제 1. 다음과 같은 조건일 때, 1 L PET병의 프리폼 중량을 구하시오.

- Container wall thickness(x) = 0.3 mm
- Surface area(A) = 665 cm^2
- Density of the material(p) = 1.335 g/cm^3
- Material Distribution efficiency(분배 효율, %MDE) = 93%
- Neck finish weight = 3.8g

(풀이) A(cm^2) · x(cm) · p(g/cm^3)/(%MDE) = 중량(g)

665(cm^2) · 0.3(mm) · 1.335(g/cm^3) · (1 cm/10 mm)/93% = 28.6(g)

28.6 grams + 3.8 grams for the finish = ***32.4 grams***

PET병의 부위별 밀도(계산에 활용)

구분	밀도(density, g/cm²)
무정형 PET(preform neck)	1.334
Oriented and semi-crystalline(Body부 평균치)	1.368

PET의 중량이 무거운 것이 좋은 것은 아니다. 프리폼 중량이 너무 무거우면 연신율이 떨어지고, 균일하게 연신된 병을 만드는 것이 어려워지며 사이클도 길어진다. 또한 원가도 그만큼 올라간다. 따라서 적절한 프리폼 중량을 결정하는 것이 필수적이다. 프리폼의 중량은 PET병 종류에 따라서도 달라진다. 일반 PET병 < 탄산음료병 < 내열병의 순으로 프리폼의 중량이 무겁다(그림 11-18).

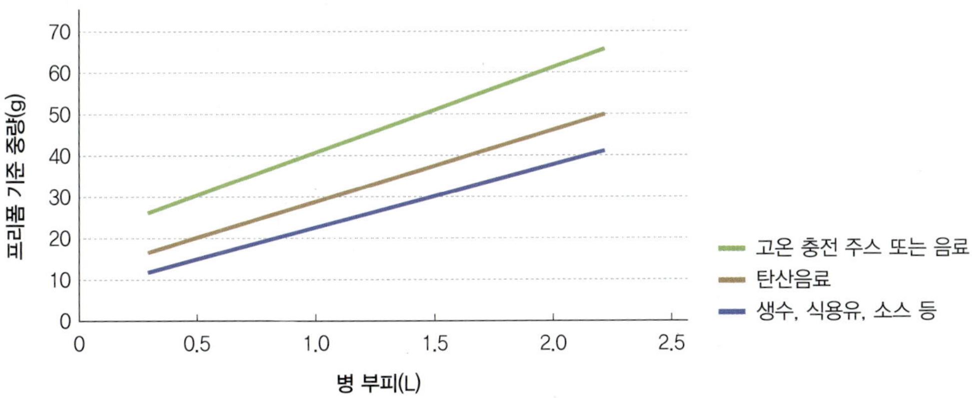

그림 11-18 **PET병의 종류와 용량에 따른 프리폼의 중량**

(3) 사이클 시간과 프리폼 벽 두께

넓은 범위 내에서 특정 프리폼을 성형하거나 특정 병을 블로잉하는 데 필요한 시간은 두 가지 변수에 의해 결정된다. 그것은 프리폼 벽 두께와 PET의 무게이다. 두꺼운 벽의 프리폼은 긴 사출 시간과 냉각 시간을 필요로 하기 때문에 빠른 사이클 시간cycle time이 요구된다면 프리폼의 벽 두께preform wall thickness를 얇게 해야 한다. 그러나 프리폼 벽이 너무 얇으면 용융물이 사출 금형으로 들어가는 도중에 굳어져 프리폼을 제조할 수 없게 된다. 동일한 크기의 PET병을 만드는 프리폼의 벽의 두께는 프리폼의 중량에 의해 결정된다.

(4) 연신 비율

PET병의 물리적 성질, 예를 들어 용기의 강도는 정확한 연신 배향의 수준에 달려 있다. 따라서 프리폼의 치수는 병 치수와 밀접하게 관련이 있다. 병이 클수록 프리폼이 커지게 된다. 또한 PET병이 원형인지, 사각형인지 병의 형태에 따라서도 영향을 받는다. 대부분의 경우, 빠른 사이클이 필요할 때는 우선 얇은 벽이 필요하기 때문에 '이상적인' 연신 비율stretch ratios을 사용할 수 없다. 이는 주어진 무게에 대해 일반적으로 더 긴 프리폼을 의미한다.

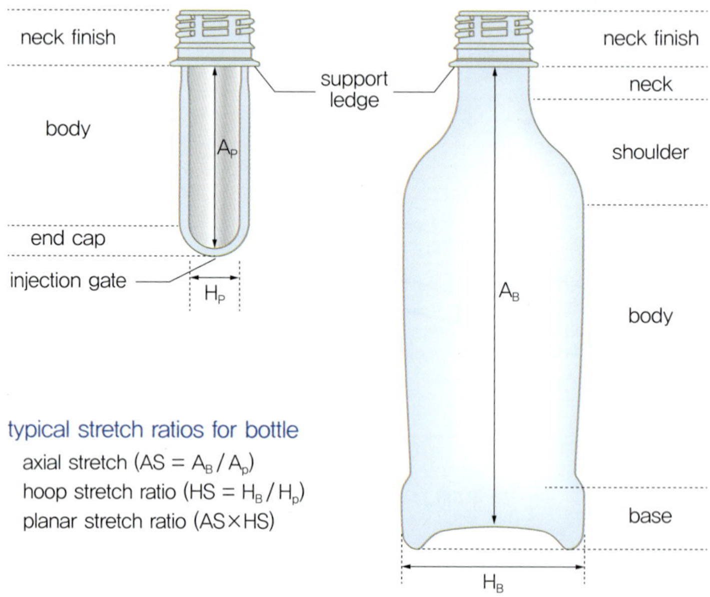

그림 11-19 **프리폼과 PET병의 주요 연신 비율 측정 기준**

3) PET병의 디자인

PET병을 설계할 때에는 소비자를 만족시킬 수 있는 디자인을, PET병으로서 적절한 강도와 기능성을 갖는 범위 내에서 디자인해야 한다. 기본 디자인 시안은 시장 조사, 포커스 그룹, 유용성 분석을 통한 자료 수집 등을 통해 마련한다. 예를 들어 타깃으로 하는 소비자 집단에서 뚜껑을 열어도 강도가 유지되어야 하는 용기가 필요할 경우, 이것을 콘셉트로 PET병의 강도가 내압에 의존하지 않도록 설계해야 한다. 필요한 사양은 내용물의 특성, 생산 또는 유통 형태, 소비자의 요구 등에 따라 결정되어야 한다. 예를 들어 유통 과정에서 많은 하중이 필요한 경우 이것을 기본적으로 만족시킬 수 있는 강한 하중에 저항할 수 있는 디자인을 선택해야 한다. PET병의 디자인은 처음 설정된 디자인 시안에 따라 설계되어야 하며, 가급적 디자인 시안에 맞추어 규격이 많이 벗어나지 않도록 한다. 디자인 설계가 완료되면 반드시 완성된 디자인에 대한 검증작업을 해야 한다. 실제 사용 및 환경을 모방한 테스트를 실시하고, 그러한 조건에서 사양을 충족시키는 설계를 해야 한다.

PET병의 디자인 설계는 3차원 컴퓨터3D CAD 시스템을 통해 가장 잘 수행할 수 있으며, 간단한 시뮬레이션도 수행할 수 있다. 설계된 3D 도면을 3D 프린터에 연결, 솔리드 형태로 출력하여 소비자 조사 등에 활용할 수 있으며, 설계된 두께와 사양이 적정한지를 계산하여 판단할 수 있다.

(1) 리브

리브Rib는 초기 모델에서 용기의 강도를 높이기 위해 도입되었다. 리브는 병의 수직 압축 강도를 개선시킬 뿐만 아니라 후프 응력hoop stress을 변화시킨다. 리브는 병의 두께를 증가시키지 않고 강도를 향상시키는 수단으로 주로 사용된다.

리브의 사용 목적을 정리하면 다음과 같다.

- 수직 압축 강도 향상.
- 음압에 대한 저항.
- 비틀림 방지.
- 차별화된 디자인과 사용 편의성.
- 친환경적 포장(경량화, 압축 폐기 용이).

리브는 병의 몸통에 영향을 미치는 힘의 방향을 바꾸어 분산시키는 효과가 있다. 병에 리브를 추가하면 병 표면에 많은 곡선이 생긴다. 이들에 의하여 병 표면과 수직 방향 대신 외력의 방향은 많은 방향으로 교란이 일어난다.

여기에서 리브의 특징을 정리해 보면,

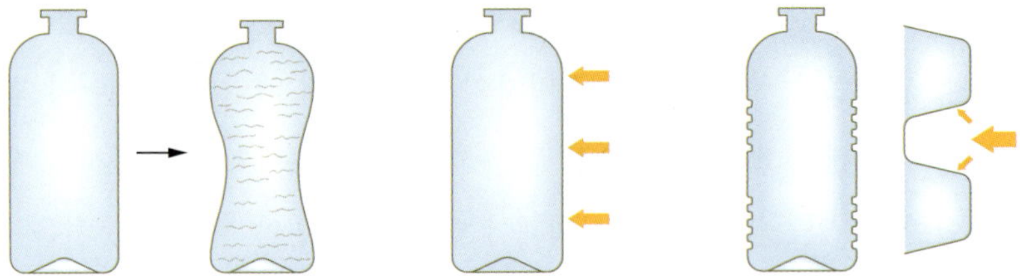

그림 11-20 **PET병을 변형시키는 힘과 리브(Rib)의 외력 분산 효과**

- 리브의 깊이가 깊을수록 외부의 힘에 대한 저항은 증가한다.
- 리브의 형태, 깊이와 방향의 종류가 늘어날수록 힘의 분산 효과는 더 커진다.
- 불연속적 리브discontinuous ribs는 연속적인 리브continuous ribs보다 내부 및 외부 압력에 의한 변형에 대한 내성이 더 높다.
- 불연속적 리브는 리브의 크기가 감소하고 개수가 증가할수록 강도는 더 좋아진다.
- 힘에 대한 복원력과 신축성은 고리 형태의 리브가 작고 많이 배열될수록 좋아진다.

이러한 특징들로 리브는 초기의 반복되는 원형의 고리 형태에서 현재는 다양한 모양으로 진화하고 있다(그림 11-21).

(2) 패널

리브는 반복되는 무늬 때문에 PET병 디자인이 유리병 같이 보이게 하기 어렵다. 그래서 리브를 라벨 등으로 가리는 경우가 많았다. 이것 역시 디자인에는 제약을 줄 수밖에 없으므로 유리병과 같은 디자인을 선택할 경우 리브를 포기해야 하였다. 하지만 내용물에 따라서는 유통 중 용기의 변형을 막기 어려운 경우가 있었다. 대표적인 경우가 식용유이다. 식용유는 온도에 따라 부피 변화가 심하고, 유통 중 헤드 스페이스에 있는 공기가 기름에 녹아 음압이 걸린다. 하중에 대한 저항이 크게 필요하지 않은 경우에, 음압에 의한 용기의 변형을 막는 방법으로 패널panel을 사용되게 되었다. 패널은 고온 충전하여 냉각 시 음압이 걸리는 경우나, 식용유와 같이 계절과 유통기간 경과에 따라 음압이 걸리는 경우에 적용되며, 패널 부위만 안으로 들어가기 때문에 용기의 변형이 눈에 띄지 않는다. 패널이 적용된 부위는 라벨 등으로 가리는 경우가 많다.

그림 11-21 다양한 형태의 리브

자료 : Finlay et al., 2001; Hanan & Peykoff, 2013

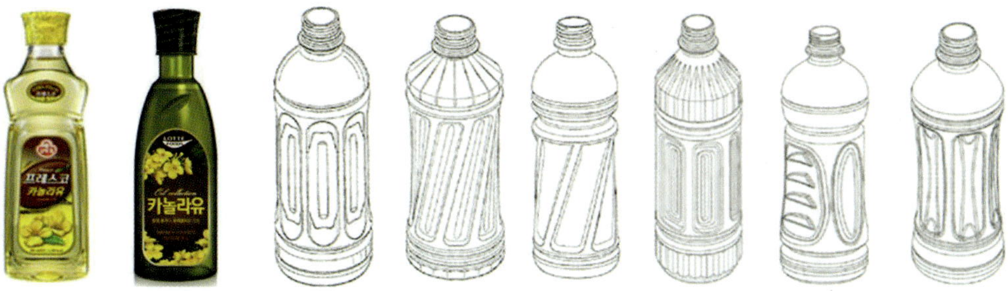

그림 11-22 다양한 형태의 패널(panel) 사례

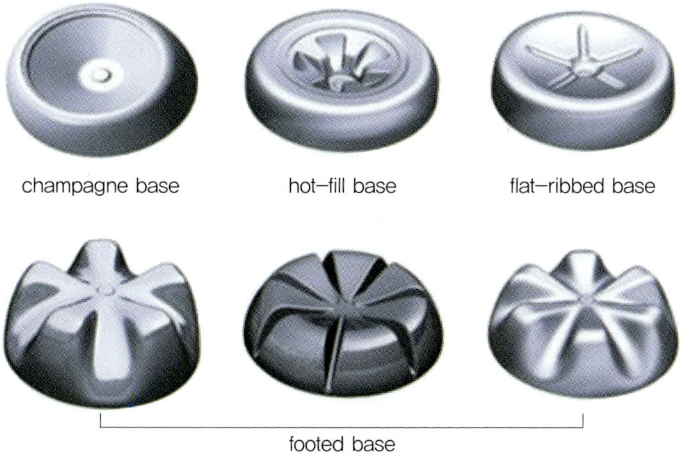

그림 11-23 PET병의 종류에 따른 베이스(base)의 형태

(3) 베이스의 형태

베이스base의 형태는 그림 11-23과 같이 PET병의 종류에 따라 다양하다. 어떤 베이스를 선택하느냐는 용도에 따라 달라질 수 있다.

1. PET병에서 주입구 부분의 나사산이 들어가는 부분의 명칭을 말하시오.

2. 싱글 스테이지(single Stage)와 투 스테이지(two stage) ISBM 중 사출성형의 잔류 열을 이용하여 에너지 소모가 적고 비용이 저렴하며, 소량의 생산에 적합한 ISBM 방법을 말하시오.

3. 싱글 스테이지(single Stage)와 투 스테이지(two stage) ISBM 중 내열 PET병의 성형이 가능한 방식을 말하시오.

4. 고전적인 Single-stage ISBM 모델에서 3가지 공정단계를 쓰시오.

5. 니세이(Nissei ASB Machine CO., LTD.)의 Single-stage ISBM 모델에서 4가지 공정단계를 쓰시오.

6. PET병 성형 전 수지가 충분히 건조되어야 하는 이유를 설명하시오.

7. PET병의 블로잉 단계에서 고압 공기와 함께 PET병을 팽창시키기 위한 수단으로 사용되는 기구를 답하시오.

8. 프리폼(preform) 의 사출 행정 4단계를 쓰시오.

9. 내열 PET병에서 Neck 부위를 결정화시키는 이유를 설명하시오.

10. 투 스테이지 내열병 생산공정으로 제조된 내열 PET 용기는 레토르트 살균(120℃)을 할 수 있는지를 답하시오.

11. PET는 열(온도 및 시간) 및 전단(shear)에 노출되어 용융 상태에서 아세트알데히드(AA)를 생성하는데, 이것이 문제가 되는 이유를 답하시오.

12. 용량이 같다고 할 경우 탄산음료병, 내열병, 일반 PET병의 프리폼 무게가 무거운 순서대로 나열하시오.

13. 리브(Rib)의 사용 목적(기능)을 서술하시오.

14. PET병에서 패널(panel)의 역할을 설명하시오.

연습 문제

풀이와 정답

1. 네크 피니시(neck finish)
2. 싱글 스테이지(single Stage) ISBM
3. 투 스테이지(two stage) ISBM
4. 프리폼 성형 및 예열 단계 → 연신 블로 성형단계 → 병 배출단계
5. 프리폼 성형 → 컨디셔닝 스테이션 → 연신 블로 성형 → 성형품 배출
6. PET는 PE, PP와 같은 폴리올레핀(polyolefin) 수지와 달리 대기로부터 수분을 흡수한다. PET는 고온의 조건에서 물에 의해 가수분해될 수 있으며, PET의 녹는점보다 높은 온도에서 수지 내에 존재하는 수분은 PET 분자를 빠르게 가수분해하여 분자량을 감소시키고 물성을 감소시킬 수 있기 때문이다.
7. 스트레치 로드(stretch rod, core rod)
8. 가소화 → 사출 → 냉각 → 배출
9. 주입구 부분은 마개에 의해 밀봉되어 있는데, 약간의 치수 변화가 있더라도 PET병 안에 담겨 있는 액체가 샐 수 있기 때문에 치수 안정성을 위해 결정화한다.
10. 레토르트 살균은 불가능하며, 표준 범위인 82~85℃에서의 고온 충전만 가능하다.
11. 아세트알데히드(AA)는 분자 사슬의 열분해 과정의 일부로 생성되는 가스이며 인체에 독성이 있다. 생성된 AA는 PET병 내에 생성되어 존재하다가 시간이 경과함에 따라 밖으로 전이(migrating)되어 나온다. 따라서 AA 함량이 높은 프리폼으로 만들어진 용기는 내용물에 악취와 독성을 유발할 수 있다.
12. 일반 PET병 < 탄산음료병 < 내열병의 순으로 프리폼의 중량이 무겁다.
13. 수직 압축 강도 향상, 음압에 대한 저항, 비틀림 방지, 차별화된 디자인과 사용 편의성, 친환경적 포장(경량화, 압축 폐기 용이) 등.
14. 하중에 대한 저항이 크게 필요하지 않은 경우, 음압에 의한 용기의 변형을 막는 방법으로 사용된다.

참고 문헌

B. Blakeborough. 2002. *One-stage injection stretch blow moulding*. Sheffield Academic Press.

Finlay, J. Patrick *et al.* 2006. *Container with structural ribs*. U.S. Patent No 7,032,770.

M. Koch. 2002. *Two-stage injection stretch blow moulding*. Sheffield Academic Press.

M. Wortley. 2002. *Injection blow moulding*. Sheffield Academic Press.

Peikoff, A. Dimitri; Hannan, J. Clarke. 2013. *Plastic container having sidewall ribs with varying depth*. U.S. Patent No 8,556,098.

菊地淳. 2004. 成形加工 16 (6), 370.

菊地淳. 2006. プラスチックスエージ, 52(3), 85.

Aoki Technical Laboratory Inc. https://www.aokitech.co.jp/

Husky Injection Molding Systems Ltd. https://www.husky.ca/

Nissei ASB Machine Co., Ltd. https://www.nisseiasb.co.jp/

CHAPTER 12

열성형

Thermoforming

THERMOFORMING

1. 열성형의 개요

1) 열성형의 정의

열성형thermoforming은 플라스틱 시트를 가공이 가능한 성형온도로 가열하고 금형의 다양한 모양에 따라 성형한 후 냉각공정을 거쳐 사용할 수 있는 제품을 만드는 제조공정으로 정의된다.

2) 열성형의 역사

플라스틱을 성형하는 방법 중 가장 오래된 것의 하나로 간주되는 열성형 기술은, 현대 플라스틱 가공의 아버지라 불리는 하이엇John Wesley Hyatt이 셀룰로이드를 시트, 막대 상태로 금형 틀 내에서 열을 가해 처음으로 열성형에 성공하고 이를 1870년 특허를 낸 것이 그 효시이다(Mayfield Plastic Inc., 2012). 이후 미국에서 병, 얼음통 등을 개발하였고, 유럽에서는 필립스사가 PVC를 사용해 냉장고 내장재를 개발하였다. 1936년 헬빅H.E. Helwig은 그림 12-1과 같이 아크릴 수지로 핫 오일hot oil을 이용한 열성형 기술에 관한 특허를 출원하였다. 오늘날과 같이 얇은 시트를 끼우는 자동 열성형 기술은 1938년에 Klaus B. Strauch사가 개발하였으며, 1954년에는 이러한 열성형 기술을 적용한 스킨 포장이 개발되었다. 1970년대 이후에는 보다 더 정밀하고 다양한 열성형 기술이 개발되어 자동차 부품과 전자 제품에 널리 보급되기 시작하였다. 1980년대 이후 MA 포장

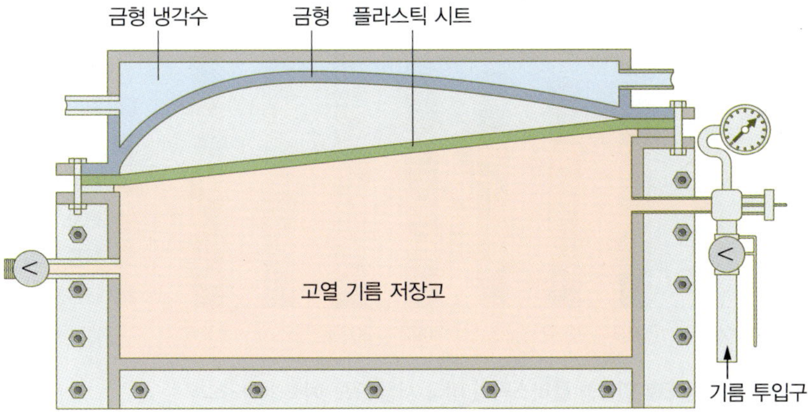

그림 12-1 **아크릴 수지로 성형하는 방법에 대한 롬앤드하스사**(Rohm and Hass)**의 특허**(11-27-1936)

기술을 적용한 form-fill-seal 자동 열성형 기술이 개발되어 콜드체인 시장 확대와 더불어 계속 성장할 것으로 생각된다.

3) 열성형 포장 시장

열성형은 사출성형, 블로 성형, 회전성형 및 다른 형태의 가공 플라스틱과 그 제조 방법이 다르다. 얇은 두께의 시트 또는 필름의 열성형은 일회용 컵, 각종 식품 포장 트레이와 뚜껑 그리고 쟁반, 물병 등 식품 용도와 의약품용 블리스터 팩blister pack 및 수술 키트용 트레이 및 일반 소매업을 위한 EPSexpandable polystyrene 등 포장재로 제조되고 있다. 두꺼운 시트의 열성형은 자동차용으로 도어, 차량 베드, 엔진탱크 및 대시 패널에 쓰이고, 전자 제품 용도로는 냉장고 라이너, TV 디스플레이, 반도체 부품용 트레이로 쓰인다. 이외에도 자동차 엔진, 선박 부품 등 고중량물의 운송 및 보관 용도로 플라스틱 팔레트나 컨테이너에 적용되고 있다.

열성형 포장재는 전체 플라스틱 가공 기술 중 사출성형과 함께 가장 대표적인 플라스틱 가공 기술의 하나로, 식품 포장 용도로 가장 널리 쓰이고 있다. 세계 열성형 포장시장의 규모는 2015년도 322억 6,000만 달러에서 연평균 5.61% 성장하여 2021년에는 445억 5,000만 달러로 성장할 것으로 예측하고 있다(Marketsandmarkets, 2016). 그림 12-2는 그랜드 뷰 리서치사Grand View Research의 자료로, 열성형용 플라스틱의 미국 시장 규모를 나타내고 있는데 식품 포장 분야가 50% 수준을 차지하고 있음을 보여 준다.

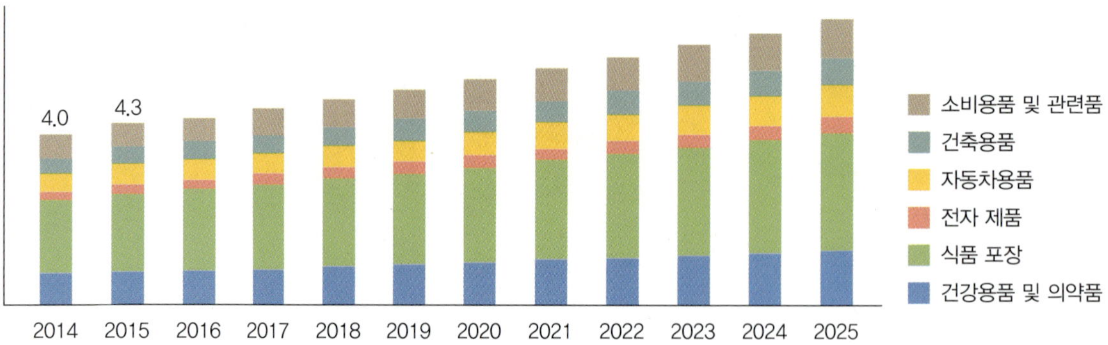

그림 12-2 **용도별 열성형 플라스틱의 미국 시장 규모 예측**(2014~2025)

4) 국내 식품용 열성형 포장 개발 사례

국내에서는 1956년 일본으로부터 진공성형 기술을 도입해 1960~1970년대에 폴리프로필렌PP, 폴리에틸렌PE, EPS 시트를 제작하여 다양한 식품 포장 용기를 출시하였다. 압공성형 기술은 1980년 중반 독일에서 요구르트 컵 용도로 도입하였으며, 진공 기술의 장점인 내열성과 단점인 두께의 불균일을 개선한 압진공 설비 역시 독일로부터 도입하여 1989년 EVOHethylene vinyl alcohol를 한 층으로 구성한 장기 보존 가능한 고차단성 열성형 용기를 레토르트 식품 용도로 출시하였다. 무균 포장 기술을 이용한 즉석밥 용기는, 1996년에 생산성을 좀 더 개량한 압진공 설비를 일본에서 들여와 출시하였다. 즉석밥 용기는 6개월 이상 장기 보존은 물론이고 전자레인지에도 사용할 수 있도록 고안하였으며, 고온 가압 조건을 견디면서도 개봉 시에는 쉽게 열 수 있도록 고안된 기술을 적용하고 있다. 1997년에는 EVOH와 내열도를 보강한 폴리스티렌 복합 수지를 적층한 고차단성 다층 시트에 압공 설비의 단점인 절단면에 EVOH층이 노출되어 보존성을 저하시키는 문제를 해결한 커피용 컵 용기를 출시하였다. 컵 커피는 기존의 금속 캔의 문제점인 환경호르몬 문제를 개선하였으며, 공정 중 40~50%에 이르는 스크랩을 전량 재활용하기 위해 EVOH 리사이클링 기술도 일본의 쿠라레이사와 공동으로 개발하였다.

이후 2000년대 초반에는 투명crystal clear 열성형 기술을 개발하여 과일 젤리류 같은 디저트 식품에 적용하는 등 꾸준히 새로운 열성형 기술을 개발함으로써 시장이 확대되고 있는 식품 포장 기술 분야 발전에 부응하고 있다. 그림 12-3은 압진공성형 기술을 이용한 용기를 무균밥, 두부, 레토르트 죽류 등에 적용한 사례이고, 그림 12-4는 압공성형

그림 12-3 압진공성형 기술을 적용한 용기(위)와 압진공성형 라인(아래)

자료 : ASANO-LAB(http://www.asano-lab.co.jp/)

그림 12-4 압공성형 기술로 제작한 용기(위)와 압공성형 라인(아래)

자료 : ILLIG(http://www.illig.de/)

그림 12-5 FFS 설비로 포장된 식품(왼쪽)과 FFS 라인(오른쪽)

자료 : MULTIVAC(https://multivac.com/en/)

기술로 두께가 균일하고 투명한 용기를 생산하여 과일 젤리, 요구르트에 적용한 사례이다. 그림 12-5는 얇은 시트나 필름을 열성형하는 FFSform-fill-seal 설비 덕분에 햄, 소시지의 육가공품, 돼지고기나 쇠고기의 생육류가 최근 스킨 포장 형태로 출시된 것이다.

2. 열성형 기술

1) 열성형 공법

(1) 고체상 압공성형

열성형 공법에는 그림 12-6과 같은 고체상 압공성형solid phase pressure forming, SPPF과 용융상 진공성형 방식이 있다. 고체상 압공성형은 플라스틱 시트가 녹는점에 도달하기 전에 용기를 일축으로 연신하여 성형하는 방식으로, 용융상 진공성형 방식에 비해 큰 힘이 요구된다. 이 때문에 높은 공기 압력(5 bar 이상), 큰 형체력, 고강도 재질로 된 금형이 필요하며, 대량생산을 해야 할 경우에는 대형 성형기와 금형이 필요하다. 금형 가격도 사출성형 금형보다는 약간 저렴하나 용융상 진공성형에 비해서는 5~10배 정도 비싸고 자동화가 가능해 종합적으로는 경제성이 있다. 또한 용기의 투명성haze, 물리적 강성modulus, 그리고 상부하중top-load 기능을 향상시키므로 균일한 두께와 깊이가 깊은deep draw 컵에 널리 적용되고 있다.

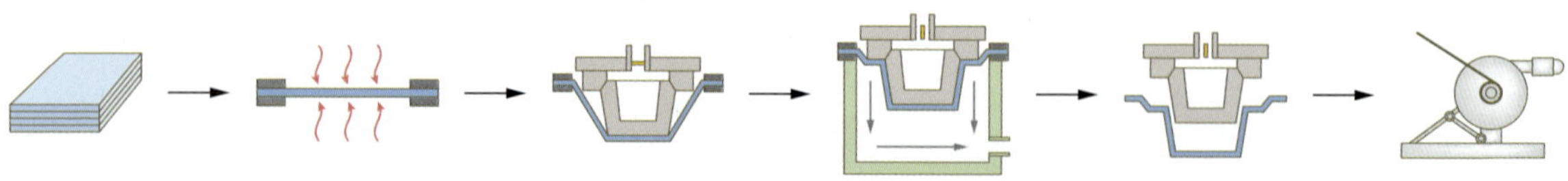

그림 12-6 고체상 압공성형(SPPF) 공정

그림 12-7에서 보듯이 PP의 경우는 165℃에서 용융되기 때문에 급격한 변화를 보이며, 140℃ 전후의 고체상 성형 영역에서는 성형을 위해 큰 힘이 요구된다. 투명성이 필요한 젤리나 된장과 같은 장류 등에 널리 사용되고 있다. 이에 비해 요구르트 같은 디저트 식품 포장의 경우 사용되는 PS는 녹는점이 없는 비결정성 수지로, 고체상 성형 영역에서도 성형이 용이해 두께 분배가 균일한 제품을 얻을 수 있다.

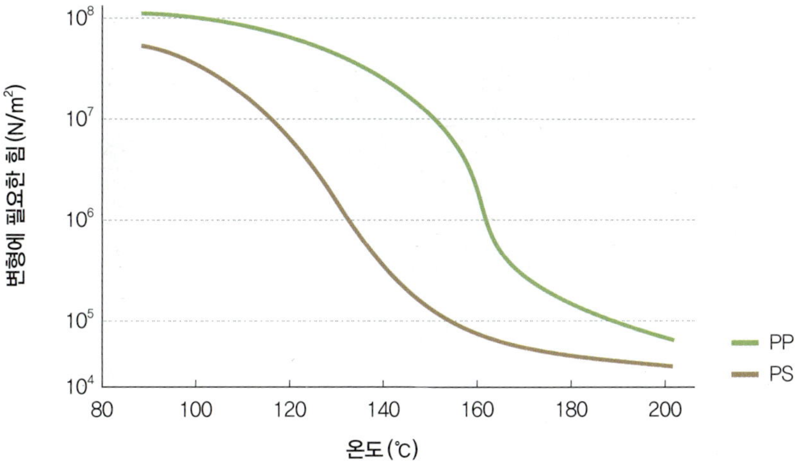

그림 12-7 **고체상 압공성형(SPPF) 공정**

(2) 용융상 성형

단팥죽, 삼계탕과 같이 레토르트 살균을 필요로 식품 포장의 경우, 121℃ 이상에서 1시간 이상 살균하는 고온 가압의 조건에도 열적 변형 없이 견뎌야 한다. 따라서 잔류 응력이 적은 용기를 만들어야 하므로 녹는점 이상에서 적은 힘에도 성형되는 용융상 성형 방식melt phase forming, MPF이 요구된다. 기존에는 금형비 등 가격이 저렴한 진공성형을 주로 사용하여 왔으나 두께 편차가 심한 단점이 있어서, 최근에는 2 bar 수준의 미압공성형을 겸한 압진공성형 방식이 도입되었으며 이를 상당 부분 개선하여 두부 등의 용기에 적용하고 있다. 그림 12-8은 용융상 성형의 대표적인 공정을 나타내고 있다. 최근에는 두께 분배를 좀 더 개선하기 위해 급속 가열 장치나 압공 방식을 강화한 용기를 무균밥 등에 적용하고 있다.

미국과 유럽에서는 2000년대에 들어 '런치 버킷Lunch Backet'이란 이름으로 그림 12-9와 같은 열성형 제품이 개발되어 미국을 중심으로 확대되고 있으며, 최근 국내에도 수

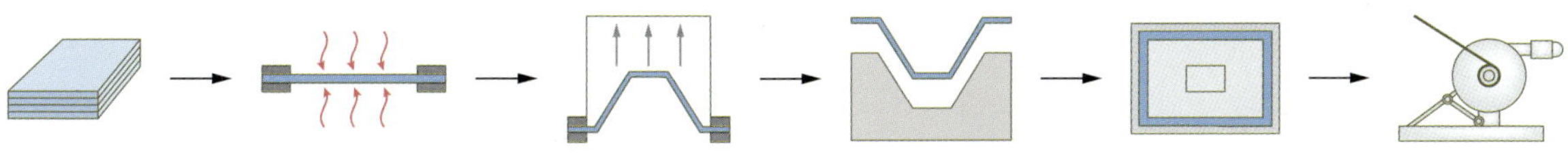

그림 12-8 **용융상 진공성형(MPF)의 공정**

그림 12-9 회전 열성형법에 의해 제조된 도시락 제품의 예시

입되었다. 알루미늄 캔에 봉합할 수 있도록 구부를 더욱 정밀하게 성형할 수 있는 회전 열성형법rotary thermo-forming이 소개되었다(호남석유화학, 1995).

이러한 용융상 성형은 그림 12-10에서 보듯이 열 변형 및 수축률이 적어 치수 안정성을 가질 수 있으므로 레토르트나 무균 포장 밥과 같은 식품 포장군에 널리 쓰이고 있다.

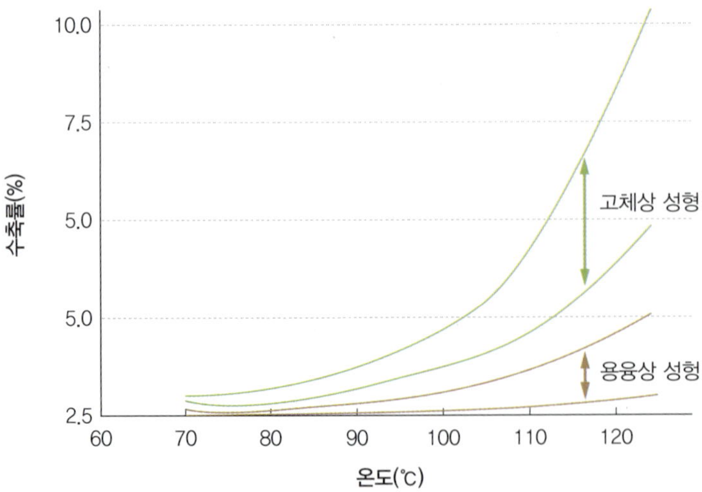

그림 12-10 열성형법 공법별 성형온도에 따른 수축률의 변화

2) 열성형기의 주요 장치

열성형의 기본적인 공정은 그림 12-11과 같이 플라스틱 시트나 필름을 풀어 주는 장치film unreel, 생산 속도를 올리기 위해 시트를 사전에 예열하는 장치pre heating, 시트를 성형온도까지 가열해 주는 가열부oven plate와 heating zone와 열성형을 위해 시트를 잡아 운송하는 클램핑clamping, 그리고 성형이 이루어지는 금형부mold, plug, 냉각부cooling line와 진공부vacuum line 또는 고압 급기부pressure line로 이루어져 있다. 그리고 절단부trimming 또는 cutting와 적재부stacking 및 폐기된 시트를 재감기하는 장치scrap rewinding로 구성되어 있다. 다만, 성형되는 제품에 따라 예열부가 없을 수도 있으며, 압공성형의 경우 성형부molding와 절단부가 금형 내에 통합되어 있기도 한다.

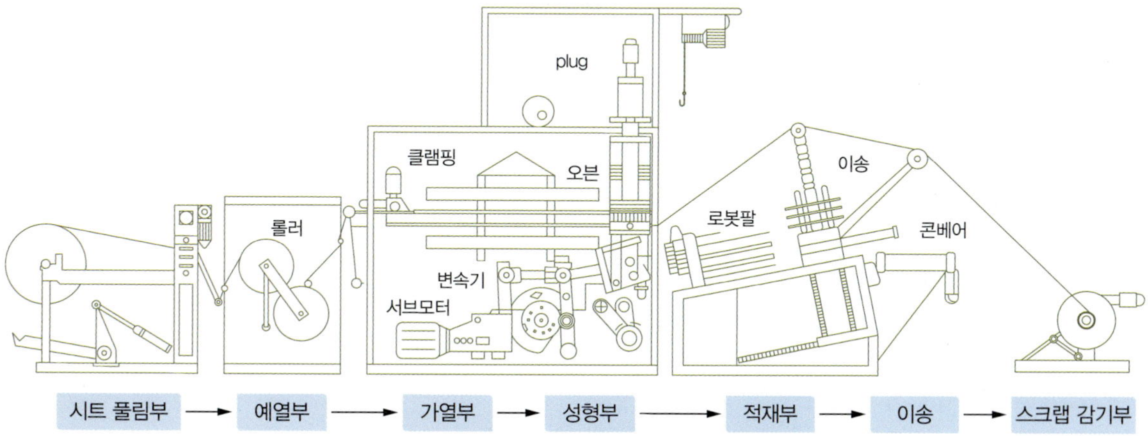

그림 12-11 **SPPF 성형기의 장치부 개략도**

3) 열성형 공법의 장단점 비교

열성형 공법별 장단점을 표 12-1에 나타내었다. 열성형과 함께 가장 널리 사용되는 사출성형에 비해 제품 개발에 소요되는 개발비가 저렴하고 기간이 짧게 들며, 얇은 두께와 함께 다양한 소재와 사용 용도에 적합하도록 다층화할 수 있는 장점이 있어서 전반적으로 다품종 소량 생산 방식에 유용하다. 다만, 사출성형에 비해 두께 정밀도와 스크랩 발생이 많아 식품 포장재 개발 시에는 이를 감안해야 한다.

표 12-1 열성형 공법의 장단점 비교

	진공성형(MF)	압공성형(SPPF)
장점	• 결정화 증가로 내열성, 강성 증가 • 저렴한 설비 및 금형비로 다품종 소량 생산에 적합 • 사출에 비해 다양한 소재 선택 및 디자인 변경 용이 • 얇은 두께의 용기 성형이 가능	• 고체상 열성형으로 투명성 증가 • 용기의 정밀 두께 보강이 가능 • 자동화 및 생력화 가능하고 대량생산에 적합 • 얇고 균일한 두께의 용기 성형 가능
단점	• 정밀한 두께 조정이 어려움 • 다량의 스크랩이 발생 • 결정화도 증가로 투명성 저하	• 고가의 설비 및 금형 비용 • 다량의 스크랩 발생 • 콜드 결정화로 내열도 저하

4) 열성형 플라스틱 소재

열성형 플라스틱 소재는 열가소성 소재 기반으로 아래와 같이 범용 플라스틱(Hanser, 2005)과 기능성을 부여한 엔지니어링 플라스틱이 적용되고 있다(산업정보센터, 2002).

(1) 폴리프로필렌

폴리프로필렌polypropylene, PP은 일반적 성질을 가진 호모 PP와 비결정성이 높아 투명성이 높은 랜덤 PP, 그리고 충격 강도를 보강한 블록 PP로 구성되어 있다.

① 일반 물성

- PE보다 기계적 강도는 우수하나 충격 강도는 불리하다.
- 낮은 수분 투과도에 비해 가스 투과도는 높다.
- 녹는점이 165℃(호모 폴리프로필렌)로 높다.

② 화학적 안정성

- 알코올, 약 유기산 또는 알칼리 용액에 대한 저항성이 높다.
- 산화제에 약하며 휘발류와 벤젠에 팽창한다.

③ 타 소재 적응성

- PP/EVOH/PP, PP/PVDC/PP, PP/EVA, PA/PP 등 다층 필름이나 시트에 적합하다.

④ 적용

- 대부분의 식품 포장재에 적용할 수 있으며, 특히 고온(125℃) 살균 제품에 유용하다.

⑤ 열성형 조건

- 높은 열팽창성heat-expansion으로 시트 처짐sagging 현상이 있을 수 있어 예열 장치

가 필요하다.

(2) 고밀도 폴리에틸렌

열성형을 위해 주로 고밀도 폴리에틸렌high density polyethylene, HDPE이 사용되며, LDPElow density PE나 LLDPElinear low density PE는 주로 필름이나 코팅재로 사용된다.

① 일반 물성

- 결정화crystallinity 정도에 따라 기계적, 화학적 강도가 변하고 치수 변화도 커진다.
- 낮은 수분 투과도에 비해 가스 투과도는 높다.

② 화학적 안정성

- 산, 알칼리, 휘발유, 오일, 알코올과 대부분의 유기용매에 저항성이 높다.
- 강산화제, UV에 약한 성질을 가진다.

③ 타 소재 적응성

- PS/PE, PS/EVOH/PE, PS/PE/PS의 다층 필름이나 시트로 제작한다.

④ 적용

- 식품 포장, 생활용품 포장에 사용한다.

⑤ 열성형 조건

- 결정화도가 높아 처짐 현상은 없으나 높은 온도에서 열성형이 필요하여 예열 장치부가 필요하다.
- HDPE는 절단성이 좋으나 다른 PE는 어려워 절단 날의 정밀도가 요구된다.

(3) 폴리스틸렌

① 일반 물성

- 개질되지 않은 범용 폴리스틸렌general purpose PS은 매우 높은 투명성과 광택성을 가지나 깨지기 쉽다.
- SBstyrene butadiene와 같은 고무 성분을 넣어 만든 고충격 폴리스텔렌high impact PS은 불투명하나, BASF의 Styrolux나 필립스 정유회사의 K-resin과 같이 특수한 개질제를 넣어 고충격성을 가지면서 투명하게 만든 수지도 있다.

② 화학적 안정성

- 투과도와 가스 투과도가 낮다.
- 수분, 알칼리, 알코올 및 유기산에 대한 저항성이 있다.
- 유기 솔벤트, 케톤, 벤졸에 취약하며, HIPS는 특히 UV에 약하다.

③ 타 소재 적응

- 내유성을 개량하기 위해 PE와 접합된 HIPS/PE, 표면 광택을 부여하기 위해 GPPS general purpose PS와 접합된 GPPS/HIPS가 요구르트 용기에 적용되고 있으며, 가스 차단성을 향상시키기 위해 EVOH를 접합한 HIPS/EVOH/HIPS, 그리고 강성과 열 접착성을 보강하기 위해 PETG를 접합한 PETG/HIPS 등이 식품 포장 용도로 적용되고 있다.

④ 적용

- 요구르트 등 식품 포장, 냉장고 내장재로 사용한다.
- 발포 기술을 적용한 PSP 또는 EPS는 음식 트레이, 콜드 체인용 단열 포장재에 적용하고 있다.

⑤ 열성형 조건

- 성형성과 절단성이 모두 우수하다.

(4) 연신 폴리스티렌

연신 폴리스티렌oriented polystyrene, OPS은 다음과 같은 특징을 가진다.

① 일반 물성

- 전체적으로 PS와 성질이 유사하나 연신에 의해 광택성과 투명성이 향상되고 물리적 강도stiffness가 좋아졌다.

② 화학적 안정성

- 유기산, 밀크, 주스, 지방, 염, 설탕 등의 성분에 저항성을 갖는다.

③ 타 소재 적응

- OPS에 열 접착성을 부여한 OPS/Lacquer, 보향성과 미려한 금속성 외관을 부여하기 위해 Metalized PS와 접합한 OPS/Metalized PS 등이 생육, 반찬류 등에 적용되고 있다.

④ **적용**

- 채소, 샌드위치, 밀크, 마요네즈, 가공육 등 식품 포장재와 생활용품용 블리스터 팩 등에 사용된다.

⑤ **열성형 조건**

- 인라인in-line 열판의 막음판closed loop control 성형 장치가 필요하며, 60℃로 가열한다.
- 적정한 열성형 시 두께 편차는 ±5 % 이내이다.

(5) 무정형 폴리에틸렌 테레프탈레이트

무정형 폴리에틸렌 테레프탈레이트amorphous polyethylene terephthalate, APET의 특징은 다음과 같다.

① **일반 물성**

- 투명성이 높고, 열성형성은 우수하다.
- 수분, 가스에 대한 적절한 차단성을 가진다.

② **화학적 안정성**

- 오일, 지방, 염, 알칼리 및 산에 대한 저항성을 가진다.

③ **타 소재 적응**

- PETG/APET/PETG, APET/PE, PET/PVDC/PE, PET/EVOH/PE 구성의 다층 시트나 필름으로 만들 수 있다.

④ **적용**

- PVC 대응 각종 식품 포장재, 의료용 블리스터 팩 등으로 사용되고 있다.

⑤ **열성형 조건**

- PVC에 비해 절단 강도가 60% 정도 높다.
- 봉합성이 없어 PETG로 다층화하거나 래커lacquer 코팅을 하여 사용한다.
- 결정화 온도 영역인 120℃ 전후로 뿌옇게 변화milkily opaque한다.
- HIPS나 PVC에 비해 20~30% 정도 흡입 구멍deventing channels이 더 필요하다.

(6) 폴리에틸렌 테레프탈레이트 글리콜

폴리에틸렌 테레프탈레이트 글리콜Polyethylene Terephthalate Glycol, PETG의 특징은 다음과 같다.

① 일반 물성

- 결정화하지 않아 충격 강도는 매우 높으나 APET에 비해 물리적 강도는 낮다.
- 열 접착성heat sealing을 가진다.

② 화학적 안정성

- APET와 동일하게 오일, 지방, 염, 알칼리 및 산에 대한 저항성을 가진다.

③ 타 소재 적용

- APET에 표면 인쇄성과 열 접착성을 부여한 PETG/APET/PETG, 원가를 낮추기 위해 PS에 양면 적용한 PETG/PS/PETG와 단면 적용한 PS/PETG가 냉동식품용 트레이류에 적용되고 있으며, 내열성을 부여하기 위해 PP를 접합한 PETG/PP가 식품 포장에 적용되고 있다.

④ 적용

- 식품용 트레이 또는 뚜껑의 봉합용으로 사용한다.
- 고온 충전hot-filling 제품의 경우 82°C까지 적용할 수 있다.

⑤ 열성형 조건

- APET보다 성형성, 절단성 등의 가공성이 우수하다.

(7) 결정성 폴리에틸렌 테레프탈레이트

결정성 폴리에틸렌 테레프탈레이트crystallized polyethylene yerephthalate, CPET는 다음과 같은 특징을 가진다.

① 일반 물성

- 결정화 핵제(탈크 등)를 혼합시킨 PET로 열성형 중에 매우 빠른 속도로 결정화된다.
- 가스와 수분에 대한 높은 차단성을 보유한다.

② 화학적 안정성

- APET나 PETG와 비슷하게 오일, 지방, 염, 알칼리 및 산에 대한 저항성을 가진다.

③ **타 소재 적용**

- 오븐 등 고온에서 조리 가능한 용기를 제조하기 위해 PET를 결정화한 CPET에 열 접착성을 부여하기 위해 PETG를 접합한 CPET/PETG 또는 CPET/PE가 적용되고 있다.

④ **적용**

- 오븐용 트레이, 특히 즉석 서비스 식품ready-to-serve meal 등의 식품 포장재로 사용한다.

⑤ **열성형 조건**

- 특별한 열성형 장치가 필요하다. 특히 상판 가열은 시트 진행 방향으로 close-roof control이 필요하다.
- 그림 12-12에서 보는 바와 같이 결정화 온도는 170℃ 부근이며, 절단 등 후가공은 130℃에서 수행된다.

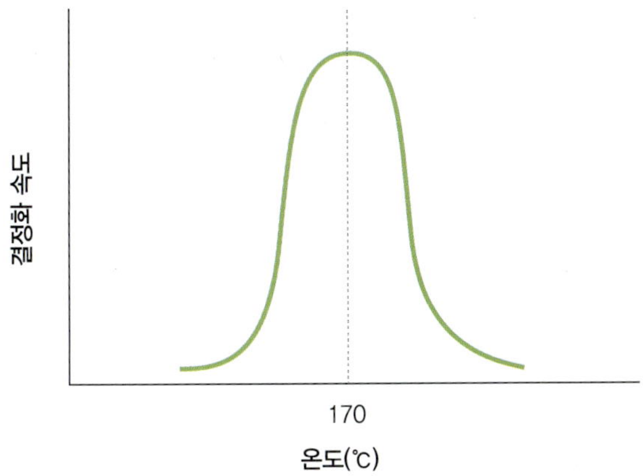

그림 12-12 **CPET의 결정화 영역**

(8) 폴리아미드

폴리아미드polyamide, PA의 특징을 정리하면 다음과 같다.

① **일반 물성**

- 다양한 등급(PA 6, PA 66, PA 11, PA 12, PA 46)으로 나뉘며, 등급에 따른 물성 차이가 크다.

• 수분에 약하나 물리적 강도는 강하고 마찰에 대한 저항성도 높다.

② **화학적 안정성**

• 오일, 지방, 알코올, 약알칼리성, 휘발유에 대한 저항성이 강하다.

• 무기산mineral acids, 글리콜, 클로로포름 등에 약하다.

③ **타 소재 적용**

• PA는 주로 이축연신한 필름으로 인쇄 적성 및 내핀홀성을 부여하기 위해 사용되며 PA/PP/EVOH/PP 또는 PET/PA/EVOH/PP의 외층 또는 중간층에 접합하여 사용된다.

④ **적용**

• 식품 포장재로는 레토르트 식품군에 복합 필름의 한 층으로 주로 적용되고 있다.

⑤ **열성형 조건**

• PA 6나 PA 66는 스웰링swelling 현상 등으로 열성형이 어렵지만, PA 12는 성형성이 뛰어나다.

(9) 에틸렌비닐알코올

① **일반 물성**

• 에틸렌비닐알코올EVOH은 뒤의 그림 12-13과 같이 플라스틱 포장 소재 중 가장 높은 가스 차단성과 향 차단성을 보이는데, 에틸렌 함량에 따라 차단성의 정도 차이는 있다. 다만, 수분이 90% 이상인 영역에서 가스 투과도가 급격히 증가하는 단점이 있다.

• 이러한 수분 차단성 저하를 개선하기 위해 EVOH는 수분 차단성이 좋은 PP나 PE 소재와 접합하여 사용한다.

• 투명하고 인쇄성이 우수하며 높은 굴곡 강도를 가진다.

② **화학적 안정성**

• 오일, 유기 용제에 대한 높은 저항성을 가진다.

③ **타 소재 적용**

• EVOH는 레토르트 식품군에 내열성을 가진 PP/EVOH/PP가 가장 널리 적용되고 있다. 또한 요구르트와 건조식품군에 PS/EVOH/PE가, 젤리 등 투명성이 요구되는 제품에 APET/EVOH/PETG 또는 PA/EVOH/PP가 사용된다.

④ **적용**

- 차단성이 매우 우수해야 하는 식품 포장재에 널리 사용된다.

⑤ **열성형 조건**

- EVOH 내의 에틸렌 함량에 따라 열성형 조건이 일부 변화되기는 하지만 전체적으로 성형성이 우수하다.

5) 고차단성 다층 포장재에 대한 이론적 고찰

고차단성 다층 포장재로 가장 널리 쓰이고 있는 에틸렌비닐알코올EVOH을 중심으로 열성형 포장재에 관하여 설명하기로 한다.

(1) 플라스틱 소재 간의 차단성 비교

고차단성 소재로 가장 널리 쓰이는 EVOH는 원천 소재인 PVOHpolyvinyl alcohol가 강한 극성polar을 지녀 수분에 매우 약하여 단독으로 사용할 수 없자 에틸렌을 32에서 44 mol%로 올려 넣어 개발하였다. 그림 12-13에서 보듯이 EVOH는 ISO 14663에서 정한 표준시험 조건인 65% RH뿐만 아니라 90% RH에서도 가장 우수한 산소 투과도를 나타내고 있다.

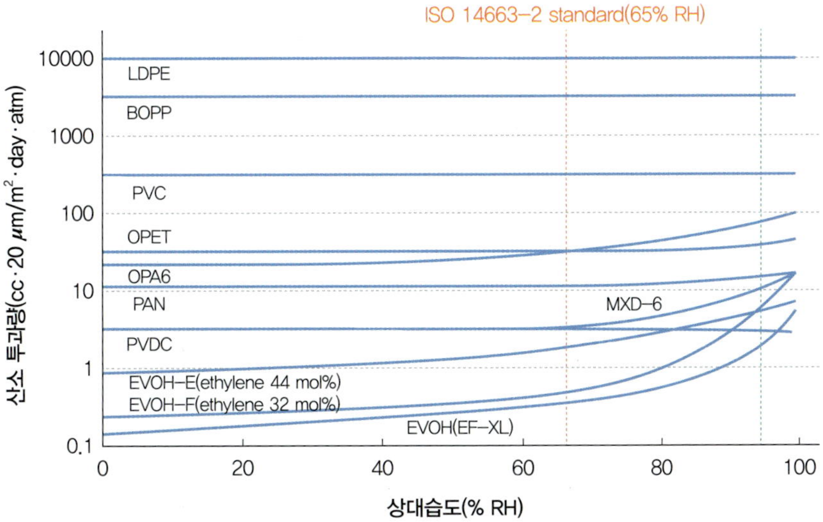

그림 12-13 타 소재와 상대습도별 산소 투과율 비교(온도 : 20℃)

자료 : Kuraray사 (http://www.evalevoh.com/en/applications/eval)

(2) EVOH 두께에 따른 산소 차단성 비교

그림 12-14는 PE/EVOH/PE의 다층 필름에 적용한 것으로 EVOH의 두께가 10 ㎛가 넘어야 1 cc/m²·day·atm 미만의 산소 투과도를 보여 준다. 포장재의 설계 시 요구되는 식품의 제품 수명에 적합한 산소 투과도를 조사하여 포장재 설계에 반영해야 한다. 통상 연신된 EVOH 필름은 12 ㎛가, 무연신 필름은 20 ㎛가 주로 쓰인다. 열성형된 용기의 EVOH 두께는 요구되는 제품 수명에 따라 통상 15~25 ㎛가 적용되고 있다.

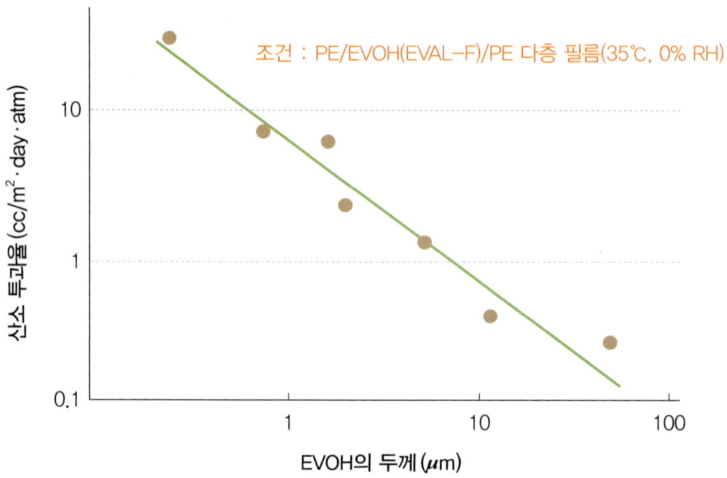

그림 12-14 **EVOH 두께 차이에 따른 산소 투과도의 차이**

(3) 식품 포장재로서 EVOH의 기능

EVOH는 보일이나 레토르트 식품과 같이 상대습도 100% RH에 이르는 살균 조건에서는, 저렴하고 수분 차단성이 우수한 PP 소재를 접합하여 시트나 병, 튜브 등 열성형 경질rigid 포장재류에 적용하고 있다. 또 PET, OPP, 나일론 등 필름과 복합화한 연질flexible 포장재에도 널리 사용하고 있다.

그림 12-15는 EVOH를 적층한 식품 포장재로서 각종 차단 기능을 나타내고 있다. 스크랩은 공정 중 발생한 폐기물을 재활용한 것으로 통상 구성비가 30~50% 적용되어 경제성과 친환경성을 함께 제공한다. 다만, 스크랩의 이물질, 탄화물 등으로 인해 성형 불량이 발생할 수 있으므로 공정 중 스크랩의 관리와 적절한 상용화제의 선택이 필요하다.

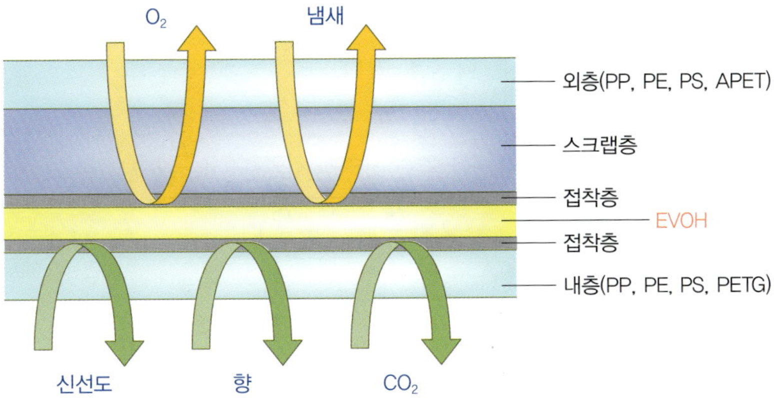

그림 12-15 **EVOH를 적층한 식품 포장재의 각종 차단성 기능**

(4) 열성형 고차단성 다층 포장재의 상대습도 변화에 따른 산소 투과도 계산

표 12-2는 레토르트 식품 포장재로 널리 쓰이는 열성형된 용기의 구성이다. 각 층의 두께와 수분 투과도water vapor transmission rate, WVTR, 용기 내외 층의 습도를 통해 중간층인 EVOH의 습도를 구하고, 각 층의 산소 투과도를 통해 총 산소 투과도를 이론적으로 계산한 예시이다.

표 12-2 **PP/접착제/EVOH/접착제/PP 용기의 구성**

층 구성	외층	외접착층	중간층	내접착층	내층
소재	PP	접착제	EVOH (32 mol %)	접착제	PP
두께(t)[1] (mm)	0.18	-	0.025	-	0.18
WVTR(v)[2] (g·mm/m²·d·atm)	0.14	-	0.75	-	0.14
습도(h) (% RH)	50 (외부 : ho)	-	? (중간 : hc)	-	100 (내부 : hi)
분압(p) (Partial Pressure)	*pa*	-	*pb*		*pc*

1) 접착제는 두께가 매우 얇고 PP 기반의 접착성 폴리머로 접하고 있는 PP에 포함됨
2) WVTR은 ASTM F1249 기준(37.8℃, 90% RH) 값

사용 조건을 23℃, 외부 50% RH, 내부 100% RH로 두고, 우선 용기 중간층(EVOH)에서의 수증기압($p3$)을 구한다. 이를 통해 중간층의 산소 투과도(P-O_2)와 내층 및 외층(PP)의 산소 투과도(PP-O_2)를 계산한 뒤 용기의 전체 산소 투과도를 계산하려고 한다.

• *p3*는 유통 중인 제품을 기준으로 할 때 평형 상태로 간주되므로 *p1*과 *p5*의 평균값이다. 따라서 *p3*의 계산식은 다음과 같다.

$$pb = \frac{pa + pc}{2} = \frac{ho \times [\frac{t3}{v3} + 2 \times \frac{t5}{v5}] + hi \times [2 \times \frac{t1}{v1} + \frac{t3}{v3}]}{2 \times [\frac{t1}{v1} + \frac{t3}{v2} + \frac{t5}{v5}]}$$

$$pb = \frac{pa + pc}{2} = \frac{50 \times [\frac{0.025}{0.75} + 2 \times \frac{0.18}{0.14}] + 100 \times [2 \times \frac{0.18}{0.14} + \frac{0.025}{0.75}]}{2 \times [\frac{0.18}{0.14} + \frac{0.025}{0.75} + \frac{0.18}{0.14}]}$$

$$= 75.0\%\ \mathrm{RH}$$

이 용기는 좌우 대칭으로 중간층 EVOH에서의 상대습도가 75% RH로 나타났다. 만약 좌우 비대칭이고 두께가 다른 경우에도 위의 식으로 계산하면 그 값을 구할 수 있다.

• 고분자의 열화 거동이 일반적인 아레니우스Arrhenius 식을 따른다고 가정하면, 30°C에서 PP의 활성화 에너지인 Ea는 47.7 KJ/mol이므로 이때 산소 투과도(PP-O_2)는 148.75 cc·mm/m^2·day·atm이다. 따라서 23°C에서 산소 투과도를 계산하기 위해서 온도 의존 함수(*k*)를 구한다.

$$k = \frac{Ea}{R} = \frac{47.7\ \mathrm{KJ/mol}}{1.987\ \mathrm{cal/K \cdot mol}} = \frac{47.7 \times 10^3\ \mathrm{J/mol/4.184\ J}}{1.987\ \mathrm{cal/K \cdot mol}} = 5,738$$

$$\frac{1}{T1} - \frac{1}{T2} = \frac{1}{30 + 273} - \frac{1}{23 + 273} = -7.8\mathrm{E} - 05\ \mathrm{K}^{-1}$$

이므로

$$f = \exp \frac{Ea}{R}[\frac{1}{T1} - \frac{1}{T2}] = \exp(5,738 \times -7.8\ \mathrm{E} - 05) = 0.64$$

$$\mathrm{PP} - \mathrm{O_2}(23°\mathrm{C}) = \mathrm{PP} - \mathrm{O_2}(30°\mathrm{C}) \times f = 9.51\ \mathrm{E} + 01\ \mathrm{cc \cdot mm/m^2 \cdot day \cdot atm}$$

여기에서 R은 기체상수, T는 절대온도(K)를 의미한다.

• PP의 경우는 비친수성 수지non-hydrophilic polymer로 어떤 수분 조건에서도 동일한

산소 투과도를 가진다. 이에 비해 EVOH는 OH^-의 강한 극성 그룹을 갖는 친수성 수지로 해당 습도에 따라 산소 투과도의 값을 구해야 한다. 또한 EVOH는 성형형 용기인 경우 무연신 EVOH로, 앞의 그림 12-13에서 보듯이 EVOH-F(32 mol%)를 적용한 경우 이 그래프를 기준으로 23℃, 75% RH에서 EVOH의 산소 투과도를 계산하면 된다. 이 그래프(WVTR 50~100% RH 구간)의 식을 구하면 다음과 같다.

$$\ln Y = \frac{-396.15 + 9.9697 \cdot RH - 0.06062 \cdot RH^2 - (-119,690 + 3,232.1 \cdot RH - 19,845 \cdot RH^2)}{T}$$

$$= 0.13$$

따라서 Y=1.13 E−03 cc·mm/m²·day·atm

PP/접착제/EVOH/접착제/PP 대칭 구조를 가진 용기 각각의 산소 투과도(예를 들어 23℃, 75% RH)를 다음과 같이 얻은 경우, 포장재의 총 산소 투과도를 계산할 수 있다.

구성층	소재	두께 (mm)	PO_2(cc·mm/m²·d·atm)
외층+접착층	PP	0.18	9.51 E+01
중간층	EVOH(32 mol %)	0.025	1.13 E-03
내층+접착층	PP	0.18	9.51 E+01

• 총 산소 투과도 계산

$$Pt = \frac{Lt}{\Sigma \frac{Li}{Pi}} = \frac{1.8\,E-01 + 2.5\,E-02 + 1.8\,E-01}{\frac{1.8\,E-01}{9.51\,E+01} + \frac{2.5\,E-02}{1.13\,E-0.3} + \frac{1.8\,E-01}{9.51\,E+01}}$$

$$= 1.74\,E-02\ cc \cdot mm/m^2 \cdot d \cdot atm$$

따라서 위의 표와 같이 총 두께가 0.385 mm인 좌우 대칭 구조를 가진 용기의 전체 산소 투과도는 0.0174 cc·mm/m²·d·atm임을 알 수 있다.

6) 열성형 용기의 벽 두께 설계

(1) 사각 용기의 경우

그림 12-16에 나타낸 것과 같은 사각 용기(예를 들어 두부 등)의 벽 두께를 이론적으로

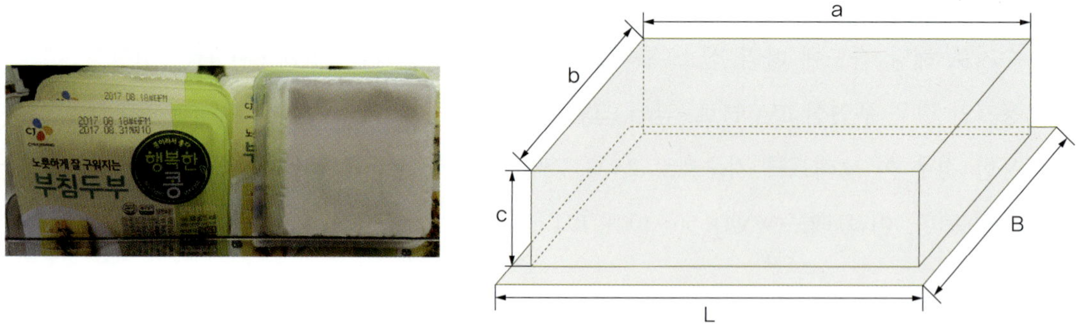

그림 12-16 **사각 용기의 두께 설계**

계산하여 제품 개발에 적용하고 있다.

- 성형부 전제

$$V1 = V2$$
$$F1 \times S1 = F2 \times S2$$

$$\text{따라서} \quad S2 = \frac{F1}{F2} \times S1$$

V1 : 플랜지Flange 없는 재료의 부피　V2 : 성형부의 부피　F1 : 플랜지 없는 재료의 면적
F2 : 성형부의 면적　S1 : 재료의 두께　S2 : 성형부의 벽 두께

- 사각 용기의 설계 치수는 다음과 같다.

a = 80 mm, b = 50 mm, c = 40 mm, L = 88 mm, B = 58 mm

$$F1 = L \times B = 5{,}104 \text{ mm}^2$$
$$F2 = L \times B = 2 \times (b \times c) + 2 \times (a \times c) = 15{,}504 \text{ mm}^2$$
$$\text{따라서} \quad \frac{F1}{F2} = 0.3293 \qquad \frac{F2}{F1} = 3.0376$$

시트의 두께인 S1 = 4 mm인 경우,

$$S2 = \frac{F1}{F2} \times S1 = 0.3292 \times 4 = 1.32 \text{ mm}$$

따라서 제품의 평균 벽 두께를 기준으로 수분 및 가스 차단성을 계산하여 설계

기준치를 결정한다.

한편, S2는 평균 벽 두께로 성형한 후 두께 편차를 감안하면 통상±30%로 계산한다.

$$S2-\text{act}=S2\pm30\%=1.3\pm0.4\text{ mm}$$

따라서 실제 제품의 벽 두께는 0.9 mm에서 1.7 mm로 예측되며, 이를 전제로 적재성과 최소 두께를 예측하여 강도 설계를 해야 한다.

3. 압출성형 기술

열성형 기술은 크게 사출성형과 압출성형 기술로 나뉜다. 압출성형은 열가소성 수지를 호퍼에 넣고 압출기extruder 내에서 가열 용융시켜 다이die를 통해 연속적으로 압출하는 방식이며, 시트sheet, 필름film 및 파이프 형태로 성형된다. 이렇게 제조된 시트나 필름은 금형을 통해 컵, 트레이, 병, 통 그리고 튜브 등 다양한 형태의 가공품으로 만들어진다. 앞에서 언급한 고체상 압공성형과 용융상 성형도 이러한 후가공 열성형 기술 중의 하나이다. 여기에서는 시트나 필름 생산에 주로 사용되는 T 다이와 인플레이션 기술을 중심으로 설명하려고 한다. 통상 1인치(2.54 mm)를 기준으로 하여 이보다 두꺼우면 시트, 얇은 경우 필름이라 부른다.

1) 압출성형 공법

(1) T-다이법

그림 12-17에 시트용 압출성형 장치와 공정을 나타내었다. 주요 공정은 원료를 이송하고 투입하는 수지 투입부, 스크루screw, 배럴barrel, 가열 장치heater, 스크린screen 교환기, 그리고 구동 모터로 구성된 압출부, 피드 블록과 기어 펌프 장치를 통해 다층화를 구성하는 다층 구성부, T다이와 롤러를 통해 시트 성형이 이루어지는 롤 시스택roll stack부, 냉각 및 이송이 이루어지는 피딩feeding부, 자동 두께 측정과 슬리팅slitting이 이루어지는 슬리터slitter부, 시트를 감아 주는 와인딩winding부로 구성되어 있다. 식품용 form-fill-seal 시트나 디스플레이 등 전자 제품 같은 정교한 제품을 생산할 때에는 두

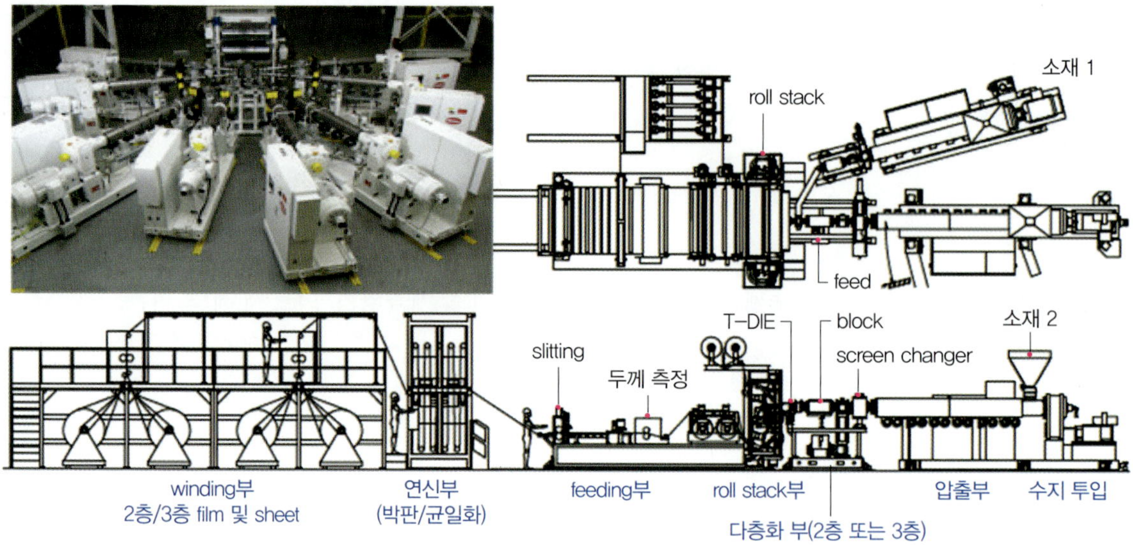

그림 12-17 T-다이에 의한 시트의 압출성형 공정도

자료 : https://www.welex.com/(사진)

께 균일화를 위한 연신부가 부가되기도 한다. 필름의 경우는 텐터를 이용해 이축으로 여러 배 연신시킨 O-PP, O-PET, O-NYLON 필름이 제조되며, 연신에 의한 투명성, 물리적 강도, 두께 분배의 개선 등으로 그라비아인쇄를 할 수 있어서 식품 포장재로 널리 쓰이고 있다.

(2) 인플레이션법

인플레이션inflation법의 원료 투입부와 압출부는 T-다이법과 동일한 시스템으로 구성되어 있다. T-다이법과는 다르게 원형의 에어링air ring부를 통해 그림 12-18과 같이 원통형 필름 내에 공기를 넣어 팽창시키면서 냉각시키는 버블bubble부와 냉각부를 거쳐, 취출부를 통해 공기를 제거하고 정렬하여 감기 장치부에서 최종 제품인 블로운blown 필름이 만들어진다. 통상 PE 제품은 상향식 버블 장치를, PP와 같이 용융 팽창력melt tension이 약한 것은 하향식 버블 장치로 제작된다.

2) 다층 압출에 대한 기술적 고찰

사출성형 기술에 비해 압출성형 기술에 대한 이론적 고찰은 다소 부족한 편이다. 특

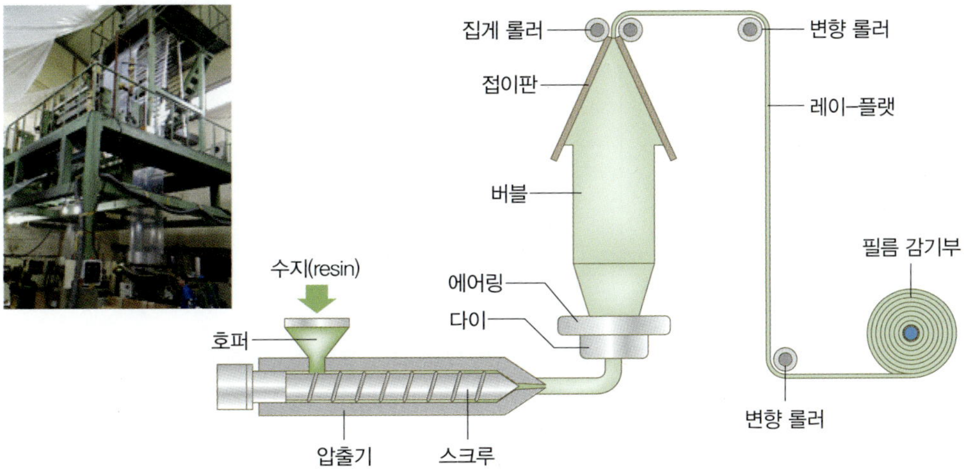

그림 12-18 에어링에 의한 인플레이션 압출성형 공정도

히 다층 압출 기술은 상당한 기술적 노하우가 필요한데, 그중 생산성과 품질에 영향을 미치는 부분에 대하여 간단히 언급하기로 한다.

(1) 평행하게 압출되는 2층류의 경계면에서 유동 해석

그림 12-19는 점도가 달라 유동 특성이 서로 다른 2종류의 용융 수지 A층(점도는 v1), B층(점도는 v2)이 다이 내를 흐를 때 유속 분포 곡선을 나타낸다. 다이를 통과하는 A층과 B층의 유량 Q1과 Q2는 다음의 식과 같이 나타낼 수 있다.

$$Q1 = \frac{W}{2} \times \frac{1}{v1}[\frac{dp}{dz}] \times [-f1 \times h\frac{2}{1} + \frac{h}{3}] = \frac{w}{2} \times \frac{1}{v1}[\frac{dp}{dz}] \cdot x \cdot H^3 \quad \text{(식 12.1)}$$

$$Q2 = \frac{W}{2} \times \frac{1}{v1}[\frac{dp}{dz}] \times [-f1 \times h\frac{2}{1} + \frac{h}{3}] = \frac{w}{2} \times \frac{1}{v1}[\frac{dp}{dz}] \cdot y \cdot H^3 \quad \text{(식 12.2)}$$

w : 다이 내의 유동 폭　　h : 다이 내의 간격

B층도 다이 내를 유동할 때의 유속 분포 곡선을 그림 12-19에 나타내었다. 여기서 $f1$, $f2$는

$$f1 = \frac{v2 \cdot h + v1 \cdot h + 2v1 \cdot h1 \cdot h2}{2(h1 \cdot v2 + h2 \cdot v1)}$$

$$f2 = \frac{v2 \cdot h + v1 \cdot h + 2v1 \cdot h1 \cdot h2}{2(h1 \cdot v2 + h2 \cdot v1)}$$

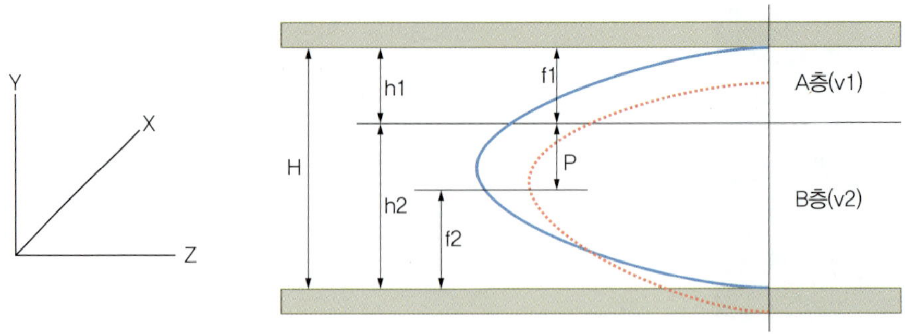

그림 12-19 유동(레올로지) 특성이 다른 2가지 용융 수지의 거동
자료 : 한국플라스틱 컨설팅, 1991

$f1+f2=\mathrm{H}$이므로,

$$X=\frac{p^2+\varphi(1-p)^2+2\varphi\cdot p\cdot(1-p)}{2[p+(1-p)\cdot\varphi]}\times p^2+\frac{p^2}{3} \quad \text{(식 12.3)}$$

$$Y=\frac{p^2+\varphi(1-p)^2+2\cdot p\cdot(1-p)}{2[p+(1-p)\cdot\varphi]}\times(1-p^2)+\frac{(1-p)^3}{3} \quad \text{(식 12.4)}$$

$\mathrm{V1/V2}=\varphi \quad \mathrm{h1}=p\mathrm{H} \quad \mathrm{h2}=(1-\mathrm{p})\cdot\mathrm{H}$

A층의 두께 h1과 B층의 두께 h2는 A층의 수지를 공급하는 A 압출기의 유량 Q1, B층의 수지를 공급하는 B 압출기의 유량 Q2에 비례하지는 않는다. 이와 같이 다층 압출에서 각 층의 두께는 각 층의 점도 비율(φ)이나 유동 경로 길이의 차이(dp/dz) 값에 따라 달라진다. 이 해석에서 나타낸 두께 비율은 합류점에서 떨어져 상당히 하류의 평형 상태에서 얻은 값으로, 합류점 직후에서는 이미 설명한 탄성 변형의 회복에 의하여 과도하게 큰 두께 변화를 볼 수 있다. A층과 B층 두께의 비율을 결정하는 p의 값을 구하려면 Q1, Q2를 우선 정하고 (식 12.1), (식 12.3)에 의해 p와 dp/dz의 관계를 나타내는 곡선을 구하여 양 곡선의 교점에서 p와 dp/dz를 동시에 구하면 된다.

(2) 다층 압출에서 점도가 높은 수지와 낮은 수지의 공존율 비교

그림 12-20은 저밀도 폴리에틸렌LDPE에서 점도가 서로 다른 3종류의 수지가 같은 온도(190℃)에서 나타내는 전단율의 차이를 보여 준다. 이와 같이 다층 압출 중 점도가 높은 수지와 낮은 수지가 공존할 때 상대 위치를 고찰하여 다층을 이루는 다른 수지와

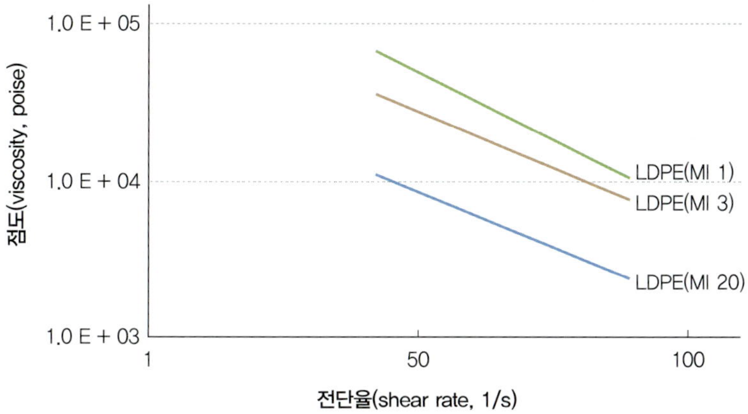

그림 12-20 점도가 서로 다른 3종류 LDPE의 전단률(shear rate) 비교

비교해야 한다(기전연구사, 1992).

점도가 서로 다른 수지가 경계를 이루어 유동할 경우 점도가 높은 수지는 중앙으로 뭉치려 하고, 점도가 낮은 수지는 가장자리로 퍼지려 한다. 따라서 그림 12-21과 같이 그 경계면에서 흐름 현상이 달라지며, 층간 불안정 현상으로 인해 경계면에서 파상의 주름이 발생할 수 있다. 따라서 수지 간 경계면에서 발생한 전단응력을 적절히 관리하여 각 층의 두께와 경계면이 균일한 다층 시트를 제작하는 것이 대단히 중요하다.

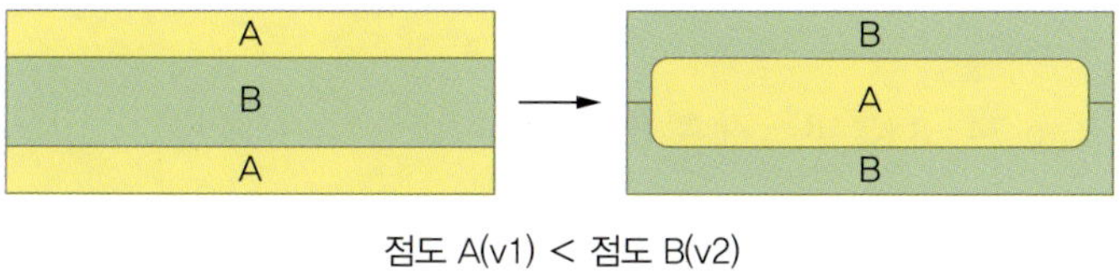

그림 12-21 압출 중 3층 시트의 상계면 변형

1. 아래 다층 구조에서 총 산소 투과도 계수를 구하시오. (단, P는 cc · mm/100 mm² · d · atm, 두께는 mm)

구분	수지 종류	두께	투과도
1층	PE	1.8	150
2층	Nylon	1.0	2.6
3층	PVC	1.2	18.0
4층	PP	2.0	150

2. 온도가 45°C에서 4°C로 바뀌었을 때 Ep = 13.4 kcal/mol을 갖는 폴리머 투과도의 변화 값을 구하시오.

3. 25°C에서 무정형 PET의 산소 투과도(P1)가 14 cc · mm/d · 100 mm² · atm이라고 한다면, 50°C에서의 산소 투과도(P2)를 구하시오(단, Ep = 38 KJ/mol).

연습 문제

풀이와 정답

1. $P_T = \dfrac{l_T}{\sum_{i=1}^{n} \dfrac{l_i}{P_i}}$ 에서,

$$l_T = 1.8 + 1.0 + 1.2 + 2.0 = 6.0 \text{ mm}$$

$$\frac{l_T}{P_T} = \frac{l1}{P1} + \frac{l2}{P2} + \frac{l3}{P3} + \frac{l4}{P4} = \frac{1.8}{150} + \frac{1.0}{2.6} + \frac{1.2}{18.0} + \frac{2.0}{150} = 0.477 \frac{100 \text{ mm}^2 \cdot d \cdot \text{atm}}{\text{cc}}$$

$$P_T = \frac{6.0 \text{ mm} \cdot \text{cc}}{0.477 \times 100 \text{ mm}^2 \cdot d \cdot \text{atm}} = 12.6 \times \frac{\text{cc} \cdot \text{mm}}{100 \text{ mm}^2 \cdot d \cdot \text{atm}}$$

2. $\dfrac{E_p}{R} = \dfrac{13,400}{1.987} = 6,743.8 \text{ K}$ (R은 가스 상수값으로 1.987 cal/mol K)

$T1 = 273.2 + 45 = 318.2 \text{ K}, \quad T2 = 273.2 + 4 = 277.2 \text{ K}$ (켈빈온도를 273.2로 계산할 경우)

$$f = e^{6,743.8(\frac{1}{318.2} - \frac{1}{277.2})} = e^{-3.1347} = 0.044$$

3. $25°\text{C} = 25 + 273 = 298 \text{ K}$

$$\frac{E_p}{R} = \frac{38.0 \text{ KJ/mol}}{8.314 \text{ J/mol K}} = 4,570.6 \text{ K}$$

$$\frac{1}{T1} - \frac{1}{T2} = \frac{1}{25 + 273} - \frac{1}{50 + 273} = 0.0002597 \text{ K}^{-1}$$

$$e^{\frac{E_p}{R}[\frac{1}{T1} - \frac{1}{T2}]} = e^{4570.6(0.0002597)} = e^{1.18699} = 3.28$$

$$P2 = P1 \times 3.28 = 14 \times 3.28 = 45.9 \text{ cc} \cdot \text{mm} / d \cdot 100 \text{ mm}^2 \cdot \text{atm}$$

참고문헌

강소천. 1992. **레올로지 입문**. 기전연구사.

산업정보센터. 2002. **플라스틱 기능성재료 및 가공 공식가이드**.

한국플라스틱 컨설팅그룹. 1991. **압출성형의 기초와 실제**.

호남석유화학. 1995. **SHEET 성형 소개**.

Hanser. 2005. *Plastic Packaging*.

Hanser. 2001. *Thermoforming-A practical Guide*.

Hanser. 1986. *Polymer Extrusion*.

Marketsandmarkets. 2016. *Thermoform Packaging Market*.

Mayfield Plastic Inc.. 2012. *A History of Thermoforming*.

Wikipedia

http://www.asano-lab.co.jp/

http://www.evalevoh.com/en/applications/eval

https://www.welex.com/

CHAPTER 13

포장 설계와 디자인

Package Construction & Design

PACKAGE CONSTRUCTION & DESIGN

1. 연포장재의 설계

식품 패키징에 사용하는 포장 재료로 종이, 유리, 금속, 플라스틱 등 다양한 재료가 쓰이고 있으며, 식품의 포장공정과 각각의 재료 특성을 확인하여 적정한 재료를 선택해야 한다. 과거에는 금속, 유리 등이 식품의 포장 재료로 가장 많이 사용되었으나, 사용

표 13-1 **식품 패키징 재료별 특징**

구분	특징	장단점
종이	종이와 판지로 구분 • 종이 : 평량 100 g/m² 또는 두께 1 mm 이하 • 판지 : 두께 1 mm 이상	• 경제적이고 사용하기 간편, 용도가 다양함 • 강도, 내수성, 내유성, 방습성이 약해 수분이 많거나 유지가 포함된 식품의 직접 포장에는 부적합하며, 이런 결점을 개선한 가공지 형태로 사용
유리	대표적인 식품 저장 용기 • 플라스틱 포장이 일반화되기 전 액체 식품이나 분말 식품 등의 용기로 사용	• 위생성, 방습성, 방수성, 내약품성, 가스 차단성이 우수함 • 내용물을 볼 수 있고 가열 살균을 할 수 있어 장기 저장이 가능 • 온도의 급격한 변화나 충격에 의해 쉽게 파손되고 수송이나 취급이 불편하며 무게와 부피 때문에 플라스틱과 종이 용기로 많이 대체됨. 최근 환경 문제로 인해 서서히 사용률이 회복되고 있으며, 가볍고 강한 유리 용기 등의 개발이 이뤄지고 있음
금속	캔 용기 또는 연포장재의 박막 필름(알루미늄 포일)을 재료로 사용	• 가스 차단성, 내유성, 내열성, 방습성, 내한성 우수함 • 인쇄성, 열 접착성, 열성형성, 기계 적성, 투명성 등이 취약함
플라스틱	열가소성 수지와 열경화성 수지로 구분 석유, 천연가스, 석탄 등을 원료로 중합, 축합, 첨가 반응 등을 이용해 제작	• 유연성, 절연성, 투명성, 접착성, 성형성이 좋음 • 용도에 따라 다양한 강도와 내화학성을 지니며, 가공성이 뛰어나 압출, 사출, 연신 등 여러 가지 가공 방법을 통해 식품 등의 주요 포장 재료로 사용

이 불편하고 공정이 어려워서 현재는 잘 쓰이지 않고 대신 플라스틱 포장재가 가장 많이 사용되고 있다.

1) 연포장 필름의 특성

식품 패키징에 주로 사용되는 연포장재 필름으로는 OPPoriented polypropylene, PET polyethylene terephthalate, ONYoriented nylon, LLDPElinear low density polyethylene, CPP casted Polypropylene 등이 있다.

연포장재의 구성은 주로 표면부와 중간부, 내면부의 3가지로 구분되는데, 각각의 구성 부위는 다음과 같은 특징을 지니고 있다.

- 표면층 : 주로 인쇄 층으로 사용된다. 이축연신을 통해 강도와 내한성cold resistance이 좋으며 평활도가 좋은 OPP, ONY, PET 등의 이축연신 필름들이 사용된다.
- 중간층 : 주로 산소, 수분, 빛 등을 차단하여 내용물을 보호하는 역할을 한다. 필름의 차단 특성에 따라 ONY, 알루미늄 박, 알루미늄 증착 필름, 투명 증착 필름, EVOHethylene vinyl alcohol 등을 선택적으로 사용한다.
- 내면층 : 주로 실링의 용도로 이용된다. 실링 적성이 좋은 무연신 필름인 CPP, LLDPE, LDPElow density polyethylene 등과 이 재질에 다양한 첨가제를 섞어 실링 특성을 강화하여 사용한다.

그림 13-1 **필름의 주요 구성도**

포장 설계 시 요구되는 연포장재의 주요 특성 및 기능은 다음과 같다.

- 내수성 : 수분 저하에 의한 건조, 미생물 생육 방지.
- 가스 차단성 : 산소 접촉에 따른 품질 저하(산패), 미생물 생육 방지.
- 차광성 : 형광성 불빛, 자외선 보호/비타민류 파괴, 색상 변화 등 방지.
- 내산성/내유성 : 내용물 중의 침투 성분(산, 기름 등)에 의한 부식, 누출, 흡수 등 방지.
- 내한성 : 냉장/냉동 유통 조건(-30~10℃)에서의 저온 충격 강도.

- 내열성/열수축성 : 제조공정상 제품이 가온충전hot fill 또는 살균공정(열수, 레토르트)이 있을 경우와 포장 용기 그대로 요리될 경우 등 열에 의한 변화.
- 실링성 : 생산 속도/협잡물(이물) 실링성.
- 내핀홀성 : 유통 및 가공 중 핀홀 발생 방지.

여러 가지 필름의 구성을 통해 필름 간 서로 부족한 부분을 보완하거나 비슷한 특성을 가진 두 가지 필름을 함께 사용해 그 특성을 강화시키기도 한다.

(1) 연신 폴리프로필렌

폴리프로필렌은 연신oriented 여부에 따라 OPP와 CPP로 구분된다. 연신 폴리프로필렌oriented Polypropylene, OPP은 물리적 강도, 투명성, 광택성 및 인쇄 적성 등이 뛰어나며 방습성, 가스 투과성은 폴리에틸렌과 유사하다.

OPP는 특별히 극한의 물성을 요구하는 경우를 제외하고는 대부분의 요구 조건을 충족시켜서 가장 자주 쓰이는 표면 재질이다. 수분 차단성이 뛰어나므로 과자 등과 같이 수분 차단성을 필요로 하는 포장재에 적합하다. 주로 스낵, 빵, 라면 등의 식품 포장에 광범위하게 사용되며, 투명성과 표면 광택도, 기계적 강도가 우수하여 각종 유연 포장의 인쇄용으로 사용된다.

(2) 무연신 폴리프로필렌

무연신 폴리프로필렌casted polypropylene, CPP은 가격이 저렴해 과자나 랩핑용 필름 등에서 PE나 LLDPE를 대체하는 실런트로 주로 사용되고 있으며, 내열성이 우수해서 PE 압출 코팅이나 LLDPE로 해결하지 못하는 레토르트 살균 식품의 내면재로 사용된다. 실링 강도와 내핀홀성이 LLDPE보다 약해 내면 필름으로는 LLDPE가 주로 사용되고 있다.

(3) 폴리에틸렌테레프탈레이트

폴리에틸렌 테레프탈레이트polyethylene terephthalate, PET 필름은 내열성이 좋고 향 차단성이 좋아서 식품용으로 많이 사용되고 있다. 산소 및 수분의 차단성, 내열성, 투명성, 수축성 등이 우수하여 식품의 신선도 보존에 용이하나 가격이 다른 플라스틱에 비해 비싸다. 필름으로 사용 시 주로 단독으로 사용되기보다는 다른 필름과 라미네이션하여 사용하며 다음과 같은 특징을 가진다.

- 강성stiffness : 인장 강도가 좋아 인쇄, 라미네이션 등의 가공 시 발생되는 인쇄 간격 오차를 줄일 수 있다.
- 내열성 : PET의 내열온도는 약 260℃ 정도 되어 넓은 온도 범위에서 사용할 수 있다. 특히, 높은 내열성이 요구되는 레토르트 살균에 사용된다.
- 차단성 : 산소나 수분의 차단성은 다른 차단성 필름에 비해 좋지 않으나, 보향성과 유기용매 등에 강한 특성을 가진다.
- 증착 적성 : 알루미늄과 좋은 접착력을 가지며, 강도가 좋아 산소, 수분, 자외선 등을 차단하는 증착 PET로 가공되어 사용하고 있다. 그 외 다른 차단성 필름의 기재 물질로 사용된다.

표 13-2 PET 필름의 주사용 용도

특성	용도	구성	비고
내열성	레토르트 파우치	PET/AL/CP	120℃ 내열성
	사탕	PET/VM-CPP	고속 생산성
차단성	레토르트	PET/AL/NY/CPP	알루미늄 파손의 방지
	커피	PET/PE/VM-PET/PE/EVA	향, 산소 차단

(4) 연신 나일론

OPP와 PET와 같은 다른 표면 재질과 비교해 보면 연신 나일론oriented nylon, ONY은 다음과 같은 특징을 가지고 있다.

- 내핀홀성(찔림, 접힘, 마찰 등)
- 내열성, 내한성(-60~140℃)
- 내유성
- 기체 차단성

내핀홀성이 좋아 액상 제품, 냉동식품, 과자 등과 같은 포장에 주로 사용되며, 내열성이 있어 레토르트 살균 식품에도 주로 사용된다. 기체(산소) 차단성은 OPP나 PET에 비해 우수하지만 수분에 약한 단점이 있어서 레토르트 등의 살균 시는 중간층으로 사용된다.

표 13-3 **연포장 필름별 주요 특성**

재질	사용 온도 범위(℃)		가스 차단성*	
	내한온도	내열온도	산소 투과도 (cc/m²·24hr·atm)	수분 투과도 (g/m²·24hr)
OPP	-50	120	1,200~1,600	5~6
PET	-70	150	60~70	20~25
ONY	-60	140	20~30	110~160

*실험 조건 : 산소 20℃/dry, 수분 38℃, 90% RH

기체 차단성, 광택성 및 투명성이 뛰어나고 물리적 강도가 우수하여 육가공 제품이나 단무지 등의 진공 포장에 이용된다.

(5) 폴리에틸렌

폴리에틸렌poly ethylene, PE 필름은 플라스틱 연포장재 중 가장 많이 쓰이며 밀도에 따라 저밀도LDPE, 중밀도MDPE, 고밀도HDPE 폴리에틸렌 등으로 나뉜다.

- LDPE : 고압법으로 제조되며 밀도 0.910~0.925로 내충격성, 내저온 취화성, 유연성, 가공성, 필름의 투명성, 내화학성, 내수성, 전기 절연성 등이 있어서 주로 농업용 비닐 온상, 섬유 및 잡화류 포장 등에 사용된다.
- MDPE : 중압법으로 제조되며 밀도 0.926~0.940로 LDPE와 HDPE의 중간 성질을 가지고 있어 특수한 경우에 사용된다.
- HDPE : 저압법으로 제조되며 밀도 0.941~0.965로 탄성, 차단성, 포장 작업성이 우수해 주요 식품의 포장 및 운반용 플라스틱백 등에 사용된다.

LLDPE는 LDPE보다 우수한 실링 강도와 내핀홀성 및 협잡물 실링성이 좋아 액체 포장 및 식품 포장에서 요구되는 사항을 충족시켜 그 사용량이 매년 증가하고 있다. 기존에 내면 재질로 사용되는 EVAethylene vinyl acetate와 LDPE를 대체하고 있다.

(6) 폴리스티렌

폴리스티렌polystyrene, PS은 밀도가 1.04~1.05 정도로 비교적 가볍고 투명성도 양호하며 저온에서 견디는 힘이 강해 요구르트 용기 등 저온 저장 용기에 많이 쓰인다. 또한 흡습성이 없어 봉투나 상자 등의 투명창 재료로도 사용된다. 일명 '스티로폼'이라고도 부르는 발포 PSexpandable polystyrene, EPS는 완충재로 사용되며 PSPpolystyrene paper는 과자류의 속포장, 뜨거운 음식물의 보온 용기 등으로 이용된다.

(7) 폴리염화비닐

폴리염화비닐poly vinyl chloride, PVC은 일반적으로 '비닐'이라 부를 정도로 플라스틱의 대명사였으나 환경 문제로 인해 사용량이 감소되어 최근에는 거의 사용하지 않는다. 차단성, 물리적 강도, 열 접착성, 광택성, 경제성 등 거의 모든 특성이 우수하지만, 태울 때 유독 가스가 발생하고 단량체인 VCMVinyl Chloride Monomer이 미국식품의약품청FDA으로부터 발암 위험 인자라고 판정을 받아 사용이 제한되고 있다.

광택성과 차단성이 뛰어나고 저렴하여 종이, 판지, 필름 등의 표면 코팅제로 많이 사용되어 왔으나 환경법에 의해 코팅 사용이 금지되어 OPP 등으로 대체되었고, 가정용 필름이나 중량물 고정을 위한 수축 필름, 스트레치 필름용으로 많이 이용되던 것은 PP, PE 필름 등으로 대체되고 있다.

(8) 알루미늄 증착 필름

알루미늄 증착 필름aluminum vacuum metallized film은 가스, 수분, 차광성이 우수하여 차단성 포장재로 주로 사용된다. 알루미늄을 고진공(10^{-4} Torr) 상태에서 녹여 증발시켜 필름의 표면에 얇은 막을 형성하여 제조한다. 증착된 알루미늄의 두께가 600Å 이상이 되면 우수한 산소 및 수분 차단성을 갖게 되고 표면은 금속성 광택을 띤다.

만약 알루미늄의 접착 강도가 약하면 라미네이션할 때 증착 필름과 분리되면서 박리가 일어날 수 있으므로 주의해야 한다. 이를 보완하기 위해 높은 접착 강도를 가진 증착 필름들이 개발되고 있으며, 열탕 살균이 가능할 정도로 충분한 접착 강도를 가진 증착 PET 필름도 생산되고 있다.

VM-PET, VM-CPP, VM-ONY의 차단성은 알루미늄 포일보다는 떨어지지만, 온도와 습도에 크게 영향을 받지 않으며 VM-CPP는 고온, 고습에서 장기 저장할 때 알루미늄과는 접착 강도가 약해진다.

(9) 투명 증착

최근에는 차단성이 높으면서도 내용물을 보여줄 수 있는 투명한 차단성 필름의 필요성이 많아져 투명 증착 필름transparent metallized film의 사용량이 증가하고 있다. 투명 증착 필름은 주로 산화규소SiOx나 산화알루미늄Al_2O_3을 필름에 증착시켜 만드는데, 주로 실리카 증착 필름이 사용된다. 산화규소는 알루미늄(660℃)보다 녹는점(1,700℃)이 매우 높아 알루미늄 증착에 비해 생산공정이 힘들며, 주로 저항 가열, 고주파 유도 가열, 전자빔 가열, 화학적 증착 방법 등으로 생산할 수 있다.

투명 증착된 필름은 약간 갈색을 띠며 알루미늄 증착 필름과 비교했을 때 가스 차단성과 수분 차단성은 유사하나 차광성, 경제성이 떨어지는 데 비해 투명성, 내화학성, 내열성은 우수하다. 전자레인지 조리가 가능하여 레토르트 식품이나, 차단성이 좋아야 하고 내용물을 보여 주어야 하는 HMR 식품 등에 많이 이용되고 있다.

(10) 차단성 투명 필름

현재 사용되는 차단성 투명 필름barrier transparent film으로는 투명 증착 필름 외에도 PVDCpolyvinylidene chloride 증착 필름이나 EVOH, MXD-6 필름 등이 있다. PVDC 증착 필름은 일본에서 주로 사용하였으며, 국내에도 적용되었으나 현재는 잘 사용하지 않는다. EVOH 필름으로 대체되어 사용되고 있다. 일반적으로 필름의 산소 차단 특성은 온도가 증가하면 약화되기는 하지만, 특히 EVOH 필름은 고습도 조건 상태에서 산소 및 수분 차단성이 떨어져 주로 중간부 필름으로만 사용된다.

표 13-4 주요 필름의 차단 특성

필름	두께(μm)	산소 투과도[1]	수분 투과도[2]	필름	두께(μm)	산소 투과도[1]	수분 투과도[2]
OPP	20	1,500	6.3	PVC	25	160	32
CPP	30	3,333	10	EVOH	15	0.5	70
PET	12	120	46	VMPET	12	1	1
ONY	15	30	180	VMCPP	25	20	1
PE	30	5,000	18	EVA	30	8,333	33.3
AL foil	7, 9	0~1	0~1	K-OPP[3]	12	2~10	2~6
EVOH	10, 12, 15	0.3	40	K-ONY	15	3~8	5~10
MXD-6	15	4	42	VM-PET	12	1	1
PVDC	15, 25	1.0	1.0	SiOx 증착 PET	12	0.3~3.5	0.3~5

1) cc/m^2 day(20℃, 75% RH)
2) g/ m^2 day (40℃, 90% RH)
3) K- : PVDC Coated

표 13-5 필름의 용도별 사용 가능성

용도	일반 필름				증착 필름				
	Al	EVOH	PVDC	MXD-6	VM-CPP	VM-PET	VM-ONY	투명 증착 PET	K-ONY
건조식품	O	O	O	O	O	O	O	O	O
열탕 살균 식품	O	O	O	O	-	O	-	O	O
레토르트 식품	O	O	O	O	-	-	-	O	O

(11) 차광성 필름

차광성 필름은 식품이 자외선 또는 형광 빛에 의해 발생하는 품질의 변화를 막아 준다. 투명한 자외선 차단 필름은 자외선 외 가시광선도 일부 차단하지만 필름이 노란색을 띠어 잘 사용하지 않는다. 일반적으로는 파우치에 백색 바탕을 인쇄하거나 자외선 차단 잉크를 사용해 빛을 차단하기도 하지만, 빛의 투과를 효과적으로 막기 위해 빛을 차단할 수 있는 필름 자체를 사용한다.

- 알루미늄 포일aluminum foil : 알루미늄은 빛의 차단에 가장 효과적이다. 빛 차단성뿐만 아니라 산소, 수분, 기체 차단성도 우수하여 차단성을 필요로 하는 모든 포장에 사용된다.
- 증착 필름metallized film : 증착 필름도 우수한 빛 차단성 필름이지만, 알루미늄 포일과 비교하면 기체 투과도가 낮으며 빛을 약간 투과한다.
- OPP 합성지 : '화이트 펄'이라고 하며 증착 필름과 유사한 차광성을 가진다.
- 백색 바탕 인쇄 : 자외선을 효과적으로 차단하지만 증착 필름이나 OPP 합성지에 비해서는 차단성이 낮다.

2) 식품의 종류별 포장 설계

식품 패키징을 설계할 때는 각 필름이 사용되는 적합한 온도 범위와 특성을 파악해야 한다. 식품 패키징의 공정 내에서 포장재가 받는 온도 범위와 저장온도에 따라 포장되는 식품의 형태나 포장재에 제한을 받을 수 있다.

식품의 포장공정 중 가장 높은 온도에서 처리가 이루어지는 것은 레토르트 공정으로 약 120℃에서 20분 이상 진행되며, 냉동식품의 경우 포장 후 영하 18℃ 이하에서 저장

표 13-6 필름별 사용 적합 온도

종류	녹는점(℃)	사용 범위(℃)	비고
OPP	165	-50~120	
PET	264	-70~150	
ONY	215~225	-60~140	레토르트 시 120℃ 미만에서 사용
CPP	135~165	0~120	레토르트 가능
LDPE	105~115	-50~100	
LLDPE	125~130	(-20)~115	
HDPE	135~150	-50~120	

및 유통이 이루어지므로 고온에서 열수축이 일어나는 필름이나 냉동 시 깨지는 특성을 가진 필름은 사용을 제한해야 한다.

양방향으로 연신된 필름은 고온에서 안정성이 있으나 OPP 필름의 경우 120℃에서 횡 방향 수축이 증가하기 시작하고, ONY과 PET의 경우에도 각각 140℃과 160℃에서 수축이 일어날 수 있으므로 사용 온도에 유의해야 한다. PP 계열의 원료 중 CPP는 0℃ 이하 온도에서는 충격 강도가 급격히 감소하기 때문에 냉온도 조건에서 사용 시 유의해야 한다.

표 13-7 용도별 주요 필름의 구성 및 특성

구분	필름 구성	산소 투과도	수분 투과도	주요 기능
즉석 면류	OPP/CPP	1,000	3	수분 차단, 균 방지
	PET/PE	100~130	15~20	산패 방지, 곰팡이 방지
분말 주스	ONY/PE	30~35	15~20	산패 방지, 곰팡이 방지
액상 스프	K-ONY/PE	8~10	4~6	산패 방지, 곰팡이 방지
가공식품	OPP/PVDC/PE	8~10	2~3	산패 방지
건조 어분	OPP/EVOH/PE	1~3	1~3	산패 방지, 향 차단, 색 변화 방지
스낵류	OPP/PE/VM-PET/PE/CPP	1~2	1~2	산패 방지, 수분 차단, 빛 차단, 향 차단
레토르트 식품	PET/AL/CPP	0~1	0~1	산패 방지, 수분 차단

(1) 상온 유통 식품

① 분말 식품

분말 식품을 포장할 때는 정전기로 인해 가벼운 분말이 흩어지고 접착면에 달라붙어 불량을 일으킬 수 있다. 따라서 충전 시 정전기 방지가 필수이므로 충전 설비, 표면층, 접착층에 강력한 정전기 방지가 필요하다. 커피 등의 필름은 PET 필름에 정전기 방지 처리를 한 후 사용하며, 차단성이 필요할 때는 한 면에는 알루미늄이나 투명 증착 코팅을 하여 사용한다.

② 액상 식품

액상 식품은 열 처리 방식에 따라 비살균, 열탕 살균, 레토르트 포장 등으로 나뉜다. 액상 식품의 포장은 뚫림, 접힘, 핀홀, 낙하에 의한 파손 등에 대비해야 하며, 높은 온도에서 진행되는 살균 처리를 견딜 수 있는 포장재 구성도 요구된다.

- 표면 재질 : 표면층은 뚫림 저항 강도, 접힘 시 핀홀 저항, 충격 강도, 열 저항성이 가장 우선적으로 요구된다. 표면층에 주로 사용되는 재질 중에 파열에 의한 내성을 가진 ONY가 이러한 특성을 가장 잘 갖추고 있어 주로 사용된다(표 13-8).

표 13-8 주요 표면용 필름별 특성

재질	내열성		뚫림 강도	충격 강도	핀홀 강도	낙하 충격 강도
	열탕	레토르트				
OPP	O	×	△	△	O	△
PET	O	◎	△	△	×	△
ONY	O	O	O	O	◎	◎
PET + ONY	O	O	◎	◎	O	◎

* ◎ : 우수　O : 적합　△ : 보통　× : 부적합

표 13-9 주요 접착용 필름층의 내열성 및 실링 강도

재질	내열성		실링 강도
	열탕	레토르트	
LDPE	△	×	O
LLDPE	O	△	◎
EVA	△	×	O
CPP	O	O	O

* ◎ : 우수　O : 적합　△ : 보통　× : 부적합

- 접착층 : 고온, 고압에서 견딜 수 있는 강한 실링 강도와 열 저항성이 요구된다(표 13-9).

일반적인 액상 식품의 포장재를 구성할 때 중량에 따라 적정한 재질을 선택해야 하는데 500 g 이상의 내용물에는 일반적으로 PET와 ONY를 함께 구성하고, 업소용 포장의 경우에는 2 kg에도 단순히 ONY/접착층만 구성하는 경우가 있다. 열 처리 조건은 재질 구성에 따라 결정하면 된다.

액상 식품류를 소량으로 포장할 때는 내용물의 다양성과 생산 설비의 특성(실링성, 생산 속도 등)을 고려하므로 재질 선택도 다양해진다.

우선, 포장 설비의 생산 능력을 감안하여 다음과 같은 특성을 고려해야 한다.

- 저온 실링 특성 : 일반적으로 고속 충전의 경우 표면층에서 열 전달이 적게 되어도 실링되어야 하기 때문에 저온 실링 특성이 요구된다.
- 오염물 실링성 : 포장재 내부의 공기를 제거하면서 내용물이 실링 부분에 남아 있을 경우 액중 실링이 될 수 있는 실링 특성을 가져야 한다.
- 열 저항성 : 살균과 충전 시 80~95℃ 이상으로 가열되므로 이 온도에서 버틸 수 있는 열 저항성이 요구된다.
- 실링 강도 및 충격 강도 : 소량 포장은 한 개의 포장이 100~200개에 의해 눌려 압력을 받을 수 있으므로 이런 압력을 견딜 수 있는 실링 강도와 충격 강도가 요구된다.
- 핀홀 저항성 : 액상의 소량 포장은 충전 후 포장공정에서 핀홀이나 접힘이 발생하거나 개별 포장 사이에서 발생하는 접촉, 또는 운송 시의 충격 등으로부터 보호되어야 하므로 핀홀이나 접힘에 강한 필름의 사용이 요구된다.

표 13-10 주요 접착용 필름의 특성 I

특성	LDPE	LLDPE	CPP	EVA
저온 실링성	O	△	×	◎
오염물 실링성	O	O	△	◎
열 저항성	△	O	◎	×
실링 강도	O	◎	△	O

* ◎ : 우수 O : 적합 △ : 보통 × : 부적합

• 보존성 : 액상 스프 등은 살균 후에 충전되지만, 대부분의 기름류는 산소나 UV 광원에 의해 산화되기 쉬우므로 산소 차단 특성과 차광성이 필요하다.

• 내용물 저항성 : 식품에 포함된 성분에 따라 실링 강도나 접착 강도를 감소시키며, 실링 면의 파괴나 열화를 일으키고 향을 흡수할 수도 있으므로 사용 전에 재질의 적정성에 대한 확인이 필요하다. 특히 액상 스프나 알코올이 함유된 음료 포장의 경우 접착층이 열화를 일으켜 균열이 생기거나 라미네이팅 층과 접촉하여 라미네이팅 강도를 약화시킬 수 있다. LDPE, EVA와 비교해 볼 때 HDPE, CPP는 알코올과 향기 성분에 대해 뛰어난 차단성을 제공한다. LDPE와 EVA는 내용물 저항성이라는 면에서는 액상 포장에 적절하지 못하지만, 이러한 접착층은 우수한 저온 실링성과 다른 특성들이 우수하므로 포장 적정성과 내용물 저항성 두 가지 모두를 고려해 포장재를 구성해야 한다.

표 13-11 주요 접착용 필름의 특성 II

특성	LDPE	LLDPE	HDPE	EVA	EAA	Ionomer	CPP
스트레스 균열 저항성	×	◎	◎	△	◎	O	◎
내유성	△	O	O	△	◎	◎	O
알코올 저항성	△	–	O	×	O	O	O
향 차단성	△	–	O	–	◎	◎	O

* ◎ : 우수 O : 적합 △ : 보통 × : 부적합

• 스트레스 균열 저항성stress-cracking resistance : 식품 내 포함된 알코올이나 에스터류가 함유된 성분은 접착 부위에 스트레스를 가해 균열을 일으켜 파우치가 파열될 수 있다. LDPE의 경우 스트레스 균열 저항성이 가장 낮다.

• 내유성 : 대부분의 액상 스프 제품은 기름 성분을 함유하는데, 특히 매운 성분의 기름은 접착층에 침투해 접착면의 접착 강도를 낮출 수 있다. LDPE와 EVA의 내유성이 특히 낮다.

• 알코올 저항성 : HDPE와 CPP 접착층은 에탄올에 대한 차단성이 우수하다. 내용물이 에탄올을 함유할 경우 강한 알코올 저항성을 가진 접착제를 사용해야 한다.

③ **살균 식품(레토르트 식품)**

레토르트 식품은 플라스틱 필름, 금속 포일, 금속이 포함된 멀티레이어의 파우치나 용기 등에 음식을 채운 후 열에 의해 실링한 후 열과 압력으로 살균 조리된 식품이다. 100℃ 이상의 온도와 습도를 이용하여 고온 살균하는 레토르트 식품의 특성상 열 저항성, 산소 차단성, 실링 특성이 요구되며, 포장 재료는 살균, 보존성, 유통 등을 고려하여 선택해야 한다.

레토르트 식품의 포장재는 크게 다음의 두 가지로 나뉜다.

- 알루미늄Al 포장재 : 알루미늄을 사용한 포장재는 불투명하고 산소, 습기, 빛을 완전히 차단하며 높은 보존성을 확보할 수 있다.
- 투명 증착/EVOH 사용 포장재 : 포장된 식품을 외부에서 볼 수 있도록 하기 위해 알루미늄 대신 차단성이 좋은 투명 증착 필름이나 EVOH 필름을 사용한 포장재이다. 투명한 포장재는 미생물에 대한 보존성을 확보하고 있지만 산소, 수분, 빛의 차단성은 알루미늄보다 충분하지 않다.

레토르트 파우치는 주로 4층 구조의 PET/Al/ONY/CPP 또는 PET/ONY/Al/CPP로 구성할 수 있으며, ONY의 위치는 용도에 따라 다르게 적용할 수 있다.

- PET/Al/ONY/CPP : ONY는 내용물로부터 알루미늄을 보호하기 위해 사용한다. CPP의 경우 내용물과 접촉될 때 수분 차단 특성은 우수하지만, 알코올 성분이 함유된 음료나 산도가 높은 식품의 경우 CPP를 투과해 알루미늄층에 닿게 되면 부식할 수 있다. 알루미늄층의 부식은 라미네이션 강도를 낮추어 층간박리를 일으키므로 우수한 차단성을 가진 ONY를 Al과 CPP 사이에 넣어 준다. ONY는 산성 식품에 약하기 때문에 일정한 산도의 산성 첨가물을 포함한 내용물에는 내산성이 강한 PET를 ONY 대신 사용하기도 한다.
- PET/ONY/Al/CPP : ONY를 내용물로부터 보호하기 위한 구성으로 ONY는 다양한 산에 의해 종종 변색될 수 있으므로 이러한 경우 ONY는 표면층과 가까운 곳에 구성한다.

(2) 냉장 유통 식품

냉장식품의 경우 일반적으로 유통되는 제품의 온도 범위가 -5℃에서 5℃이며, 신선한 채소나 저장 기한이 짧은 식품 등이 냉장 상태로 저장되거나 유통되므로 낮은 온도에서 내한성을 가지는 필름이 사용된다. 이축연신된 OPP는 우수한 내한성을 가지지만, 무연신된 CPP는 내한성이 낮아서 냉장 포장재로 사용할 수 있도록 더 나은 저온 충격 강도를 가지는 CPP를 개발하고 있다.

CPP 필름은 냉장 포장에 사용하기도 한다. 그러나 저온 충격에 약하므로 냉동 포장에는 사용할 수 없지만 포장재 내부에 트레이를 사용하는 경우 내용물의 무게를 고려하여 CPP를 사용할 수 있다.

표 13-12 주요 접착용 필름의 내한성 비교

구분	온도	LDPE	LLDPE	HDPE	EVA	CPP	Ionomer
내한성	0℃	◎	◎	O	◎	△	◎
	-20℃	O	◎	O	◎	×	◎

* ◎ : 우수　O : 적합　△ : 보통　× : 부적합

(3) 냉동 유통 식품

냉동식품은 단지 식품이 얼어 있는 상태일 뿐만 아니라 제조공정과 포장공정에서도 온도 조건이 동일하므로 저온 충격 강도와 내핀홀성이 필요하다. 수분 증발에 의한 건조나 산소 접촉에 따른 식품의 품질 저하를 막기 위해 내수성, 내열성, 가스 차단성도 필요하다. 또한 냉동고가 형광등 불빛에 노출되거나 자외선에 노출될 때에도 보호될 수 있도록 차광성을 가져야 한다. 제조공정상 제품이 고온 충전되거나 포장된 채 조리되는 경우에는 내열성도 필요하다. 일반적으로 냉동식품의 포장은 -50~100℃까지 내한성과 내열성을 모두 갖추어야 한다.

표 13-13 일반적인 냉동식품의 포장재 구성

제품류	구성	특징
냉동만두	ONY/PE/LLDPE, PET/PE/LLDPE	내핀홀성, 내한성
볶음밥	ONY/VMPET/LLDPE	빛 차단성
냉동 감자튀김	ONY/PE/LLDPE	수분 차단성, 산소 차단성
아이스크림	OPP/PE	수분 차단성

2. 플라스틱 용기의 설계

1) 주요 플라스틱 소재 및 특성

플라스틱은 상온에서는 고체 상태이나 열과 압력을 가하면 녹아서 형상을 변화시킬 수 있다. 어떤 종류의 플라스틱은 열이나 압력을 변화시켜 반복적으로 모양을 바꿀 수 있는데 이러한 플라스틱을 열가소성 플라스틱thermoplastic이라고 한다. 열가소성 플라스틱은 화학적으로 안정하며 물리적 성질 또한 우수해서 포장재로 많이 사용된다.

플라스틱 용기를 설계하기 위해서는 플라스틱의 특성을 이해해야 한다. 주요 특성으로는 밀도, 충격 강도, 인열 강도, 투명도, 광택, 투광성, 수분 투과도, 산소 투과도 등이 있다. 식품 용기에 사용되는 주요 플라스틱 소재는 다음과 같다.

- 폴리에틸렌PE : LDPE, HDPE, LLDPE 등이 있으며 다양한 종류의 컨테이너와 필름에 사용된다.
- 폴리프로필렌PP : 다양한 종류의 컨테이너, 병, 비스킷 포장, 레토르트 필름에 사용된다.
- 폴리염화비닐PVC : 화장품, 생활용품 등의 용기에 사용되며, 식품용 용기에는 잘 사용하지 않는다.
- 폴리에틸렌테레프탈레이트PET : 가장 많이 이용되는 용기로 음료, 생수 등에 사용된다.
- 폴리스틸렌PS : 요구르트 용기, 달걀 용기 등에 이용된다.
- 아크릴로니트릴 부타디엔 스티렌acrylonitrile butadiene styrene, ABS : 강도를 필요로 하는 뚜껑 등에 사용된다.
- 폴리카보네이트polycarbonate, PC : 단체급식용 용기, 의료용 용기 등에 사용된다.
- 에틸렌비닐알코올EVOH : 차단성을 요구하는 용기의 중간층으로 사용된다.
- 폴리아미드polyamide, nylon : 차단성을 요구하는 용기에 섞어서 사용한다.

2) 플라스틱 용기의 성형

플라스틱 용기의 성형 방법은 여러 종류가 있지만 식품 용기에서 사용되는 주요 성형 방법으로는 사출성형, 블로 성형, 열성형이 있으며, 용기의 사용 목적 및 기능에 따라

올바른 성형 방법을 선택해야 한다. 플라스틱 성형품을 대량으로 생산하기 위해서 반드시 필요한 성형틀을 금형metal mold이라고 하는데 이는 금속 재료를 사용하여 만든 틀로 동일 규격의 제품을 대량으로 생산하는 데 사용된다.

플라스틱 성형품이 요구하는 주요 기능은 내용물의 보호 및 차단성(산소, 수분, 자외선 등), 사용 편의성(손잡이, 마개, 펌프), 운반 편의성(플라스틱 박스, 팰릿) 등이 있다.

(1) 사출성형

사출성형injection molding은 가장 대표적인 플라스틱 용기의 성형법으로, 가소화된 수지를 고압으로 금형 내에 주입한 후 냉각시켜 성형품을 만드는 공정이다. 정밀한 치수가 필요한 용기를 제조하는 방법으로 복잡한 형상의 플라스틱 제품을 생산할 수 있으며 사용되는 소재가 다양하고 생산 원가가 저렴하다.

사출성형품의 개발을 위해서는 생산단계별로 다음의 요소들을 고려해야 한다.

① 제품 설계

- 용기의 두께, 리브rib의 형태, 용기의 적정 강도.
- 수지의 유동성을 고려한 제품 형상 설계 및 적정 수지의 선정.
- 수지의 사용량을 줄이고 사출성형 공정 시간을 단축시키는 구조.

② 금형 설계

- 이상적인 캐비티cavity 개수와 배열 선정.
- 러너의 종류(핫, 콜드) 및 형태, 게이트의 위치 및 크기, 개수 선정.
- 성형 수축률을 결정하고 캐비티 간의 유동 균형을 위한 설계.
- 제품의 결합 라인parting line 및 가스의 배출을 고려.
- 균일한 냉각 및 최적 냉각을 위한 냉각관의 배치.
- 취출봉ejector pin 위치.
- 사출기 형체부와 노즐의 치수를 고려한 적절한 사출기 선정.

③ 금형 제작

- 금형의 재질 및 후가공 공정 고려.
- 제작된 금형의 치수 및 공차 확인.
- 사출된 제품의 치수 및 공차 확인.

④ **금형 수정**

- 설계도와 제조물의 오차 보정.
- 형상 수정.

⑤ **제품 양산**

- 작업 환경 및 주변 환경의 변화 고려.
- 불량 요소 및 변수의 최소화.

(2) 블로 성형

블로 성형blow molding이란 가소성 재료를 압출 또는 사출에 의해 튜브상으로 예비 성형한 후 금형에 넣고 내부로 공기를 불어넣어 부풀려 냉각 고화시킴으로써 제품의 내부가 비어 있는 구조를 만드는 것을 말한다. 각종 플라스틱 용기, 즉 가정 잡화용품, 화장품 용기, 약병, 산업용 대형 컨테이너, 공구함, 자동차용 연료 용기 등을 만들거나 식품에서는 대용량 식용유, 양념/소스 용기, 마요네즈 용기 등을 만드는 데 이용된다.

블로 성형은 크게 직접 블로 성형direct blow molding과 사출 블로 성형injection blow molding으로 분류된다.

① **직접 블로 성형 방식**

용융된 수지를 다이 오리피스die orifice를 통해서 튜브상으로 패리슨을 압출하는 방식

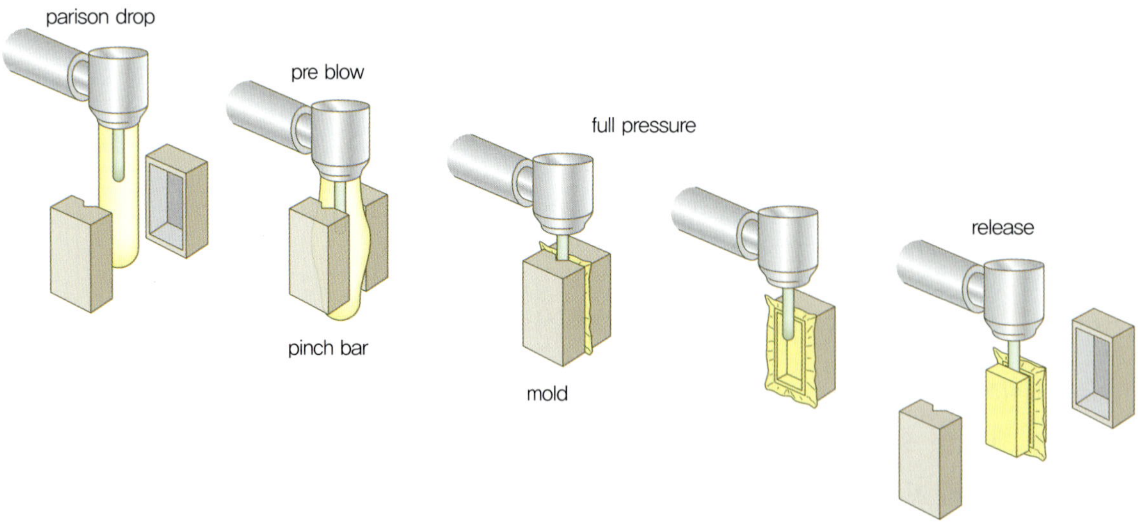

그림 13-2 직접 블로 성형의 공정

으로, 주로 사용되는 재질은 PE와 PP이며 용기의 가스 차단성을 높이기 위해 패리슨을 고차단성 수지(EVOH 또는 Nylon 66)가 포함된 다층으로 압출하기도 한다.

금형 비용이 싸고 성형 방식이 간단해 설비 가격이 낮아서 성형품 가격이 저렴하며, 패리슨 콘트롤러와 패리슨의 속도 조절 등으로 용기의 두께를 쉽게 조절할 수 있다. 또한 인 몰드 라벨 및 다층성형을 통해 차단성 확보가 가능하다. 단점으로는 목neck 부위의 정밀도가 비교적 떨어지고, 재질 및 제품 형상에 따라 용기 두께가 일정하지 않아 취약한 부분이 생길 수도 있다.

기본적인 품질 체크 사항으로는 캐비티 간 적정 중량, 네크부 성형성(누액 발생 우려), 용기의 만량과 제품 충전량, 용기의 전체적인 치수(길이, 너비, 높이) 및 미성형 부위, 편육에 따른 취약 부분 및 용기의 압축 강도, 재질에 따른 낙하 시 깨짐 여부 등을 확인해야 한다.

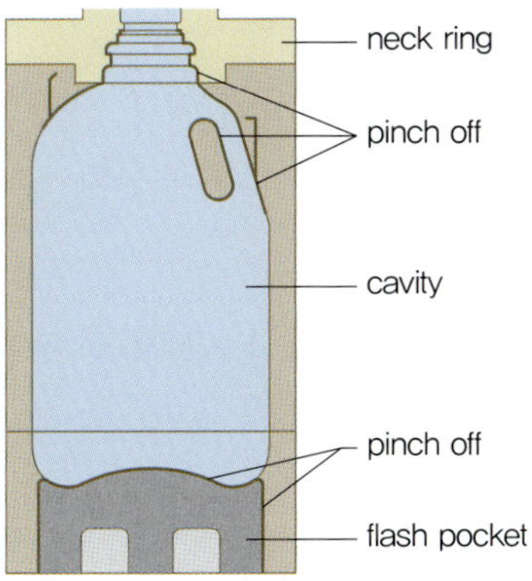

pinch off : 용기 성형 후에 제거되는 부분

그림 13-3 **직접 블로 성형용 금형의 주요 명칭**

② 사출 블로 성형 방식

사출성형법에 의해 프리폼pre-form을 성형한 뒤 이를 다시 블로 금형 안에서 성형하는 방법으로, 일반적으로 PET 재질을 이용해 투명성이 높은 용기 제품을 만드는 데 사용된다.

이 성형 방식은 직접 블로 방식에 비해 정밀하고 견고한 주입부를 성형할 수 있으며, 버BURR(파팅 라인에서의 잔여 물질)가 나오지 않기 때문에 사상등이 필요하지 않고 원료의 낭비가 없는 위생적인 생산 방식이다. 프리폼에 의해 제작되므로 치수가 정밀하고

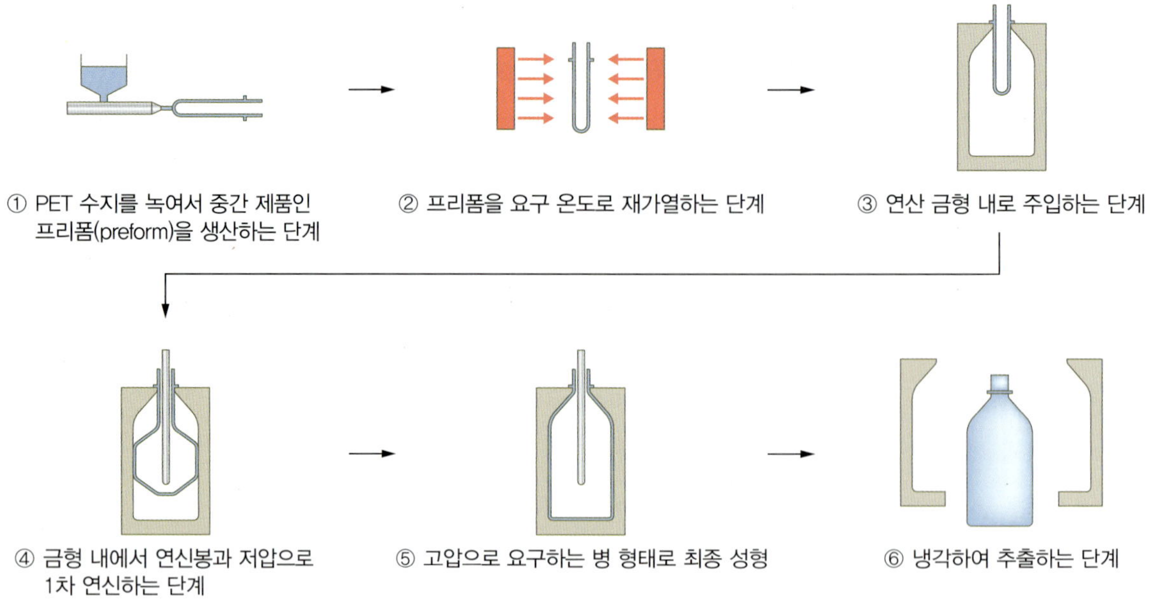

그림 13-4 **사출 블로 성형의 공정**

중량, 두께의 불균형성이 적으나 성형기, 금형hot runner 등의 설비비가 비싸고 금형 제작이나 성형 방식 등에 고도의 기술이 필요하다.

품질 체크 사항은 직접 블로 방식과 유사하다. 다만, 네크 부위의 치수 정밀도를 확인하여 뚜껑과의 일치성을 확인해야 한다.

(3) 열성형

열성형thermoforming이란 주로 압출 방식으로 제작한 플라스틱 단층 또는 다층 시트를 성형기에 공급하고 금형에 완전히 고정시킨 후 성형온도까지 가열해 진공 또는 공기압 등에 의해 성형한 후 냉각과 트리밍 공정을 거쳐 완성되는 제품을 말한다(그림 13-5).

열성형의 방법은 진공성형, 압공성형, 압진공성형 등이 있으며, 각종 트레이 및 용기, 컵 등의 제작에 적용된다.

① 압공성형

압공성형은 가열된 플라스틱 시트를 플러그가 밀어 주면서 플러그 위쪽에서 공기를 불어넣어 주어 금형 표면에 시트를 밀착시킨 후 성형과 동시에 절단trimming하는 방식이다. 외곽의 절단 치수 정밀도가 좋으며, 성형이 완성된 제품은 아래쪽에서 제품을 밀

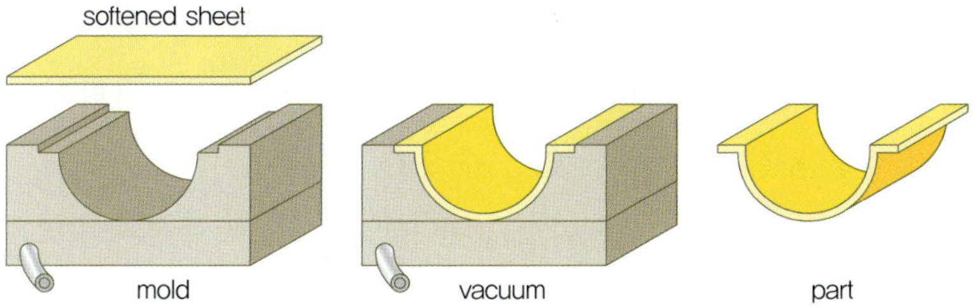

그림 13-5 **열성형의 공정**

어낸다.

압공성형은 정밀하고 편차가 적은 플랜지 부위를 가공할 수 있으며, 절단면이 깨끗하게 마무리되고, 투명한 용기를 만들 수 있는 것이 특징이다. 주로 일회용 아이스음료용 컵을 제작하는 데 이용된다. 단점으로는 금형 비용이 비싸고 열 안전성이 압진공성형에 비해 비교적 떨어진다.

기본적인 품질 체크 사항은 캐비티 간 용량 및 중량 편차, 플랜지 부위의 치수 정밀도, 용기의 최대 용량과 중량, 전체적인 두께 분포, 내한성 조건에서 용기의 파손 여부 등을 확인한다.

② 압진공성형

압진공성형은 가열된 시트를 플러그가 밀어 주면 금형 캐비티 안쪽에서 공기를 빨아들여 금형 표면에 시트를 밀착시켜 용기를 성형한 후 다음 단계에서 절단한다. 즉석밥 용기나 레토르트 용기 등 생산 조건이 가혹한 용기의 생산에 적합한 방식이다.

압진공성형은 압공성형에 비하여 열적 안정성이 좋고 캐비티 수가 많아 생산성은 우수하지만, 절단 방식이 성형 후 따로 이루어지므로 플랜지 편차가 발생할 수 있으며 캐비티 간 성형 편차가 발생한다.

기본적인 품질 체크 사항은 캐비티당 용량 및 중량, 플랜지 부위의 편차 및 치수 정밀도, 용기의 최대 용량과 제품 중량, 용기의 전체적인 두께 분포, 용기의 치수 정밀도 및 미성형 부위 등을 확인한다.

3) 금형의 설계 및 관리

금형을 설계할 때 제품의 크기 및 월 생산량, 성형기의 종류에 따라 적절한 캐비티

수를 설계해야 한다. 캐비티 수가 많으면 1회 사이클에 생산되는 수량이 많아 제품의 원가를 낮출 수 있으나, 과도한 캐비티 수는 필요로 하는 성형기의 용량이 커지거나 제품의 캐비티 간 성형 품질이 균일하지 않을 수 있다.

금형은 관리하는 방식에 따라 수명이 결정된다. 일반적으로 금형의 수명은 생산하는 쇼트 수가 많을수록 노후화되는데 사출 금형은 일반적으로 약 50만 쇼트, 사출 블로 금형은 약 200만 쇼트, 직접 블로 금형은 약 100만 쇼트, 열성형 금형은 약 200만 쇼트를 금형의 수명으로 본다. 금형의 수명을 연장하기 위해서는 보관 관리도 중요하다. 생산하지 않고 장기간 보관 시에는 금형의 청결 상태를 유지해야 한다. 따라서 금형의 관리 시 금형 관리일지를 작성함으로써 기준 쇼트 및 생산 개수를 관리해야 하며, 기준 쇼트 수를 넘어선 금형이라고 하더라도 상태를 확인하여 추가 생산이 가능한지 여부를 결정할 수 있다.

또한 금형의 수리 등을 위한 이동 여부 등도 철저히 관리하여 임의 개조 및 수리를 방지해야 하며, 장기간 사용하지 않는 자사의 금형으로 타사 제품을 생산하여 사용한다거나 적용된 기술 정보 등이 유출되는 일이 없도록 금형 자산 관리에 유의해야 한다.

3. 지류 포장 설계

1) 지기의 설계

(1) 지기의 정의

포장 용어에서 지기(종이상자)는 판지 등을 성형하는 용기의 총칭으로, 카턴carton이라고도 한다. 일반적으로 외부 포장용 골판지상자 등을 제외하고는 주로 판지를 재료로 한 상자, 트레이 등을 말한다. 넓은 의미로는 지함 이외에 종이통, 지관, 종이 폴더paper folder, 종이컵, 그리고 골판지상자까지 포함하기도 한다.

(2) 지기 설계의 특성과 이점

- 무미·무취하여 식품위생상 안전하고 위생적이다.
- 인쇄 가공 적성이 우수하며, 인쇄 효과가 좋고 미장성이 뛰어나다.
- 강성, 차광성 등 내용물의 보호성이 우수하다.
- 대량생산, 자동 포장이 용이하다.

- 엠보싱, 핫스탬핑, 코팅, 라미네이션 등 표면 가공이 용이하다.
- 각종 구조 형태를 변화시키기가 쉽고 성형이 쉽다.
- 재생, 폐기 처리가 용이하여 사회적 환경 조건에 적합하다.
- 플라스틱 등 종이 이외의 소재와 복합화하기 쉽다.
- 온도 변화와 내온도 적응성 등에 따른 폭넓은 포장 적성을 가진다.
- 비용이 저렴하다.

이러한 장점에도 불구하고 종이 소재의 결점을 정리하면 다음과 같다.

- 내수성·방습성·내유성·내약품성이 약하다.
- 열 접착heat seal성이 없으며 불투명하다.
- 가스나 액체의 차단성이 없다.
- 수분, 습도에 의하여 강도 변화가 일어난다.
- 플라스틱, 유리에 비하여 성형성에 한계가 있다.
- 지층 박리가 일어나기 쉽다.

⑶ 지류의 종류 및 재질 설계

일반적으로 지기에 쓰이는 재질은 일반지 및 특수지, 골지로 구분된다. 일반지에 주로 쓰이는 판지는 펄프와 고지의 함량에 따라 제지회사에서 부르는 명칭이 다양하나, 가장 일반적으로 사용되는 명칭은 SCsingle coated 마닐라지, 아이보리지, 로열아이보리지 등이다. 특수지는 용도에 따라 다양하게 개발된 종이를 말하며, 주로 식품 포장에서는 아트지, 크라프트지, 컵지, 은광지, 내수지, 펄지 등을 사용한다.

지류의 표기법은 종이의 종류와 평량(단위면적당 중량, g/m²)으로 표기한다. 예를 들어 SC 300/SC 300 g /SC마닐라 300, 아이보리 350, 로열아이보리 400 등이다.

일반 지함은 내용물의 중량에 따라 500 g/m² 미만 평량의 종이를 사용하며, 중량물은 고평량, 판촉물은 저평량을 사용한다. 싸바리 지함에 사용되는 내지는 800~1,200 g/m²의 하드보드지 또는 SC 마닐라지이다. 골지는 주로 강도를 필요로 하는 지함에 사용되어 중량물 지함이나 세트류 지함 등에 쓰이며, 내용물의 중량과 필요 강도에 따라 편골지(E골, B골) 또는 이중 양면 골판지(EB골, BB골, AB골)를 합지하여 사용하기도 한다.

(4) 지기의 형태

지함은 사용 용도나 외형의 구조에 따라 일부 면이 자동으로 접착된 것을 사용하거나 수동으로 조립하여 사용할 수 있는 형태로 구조를 설계한다.

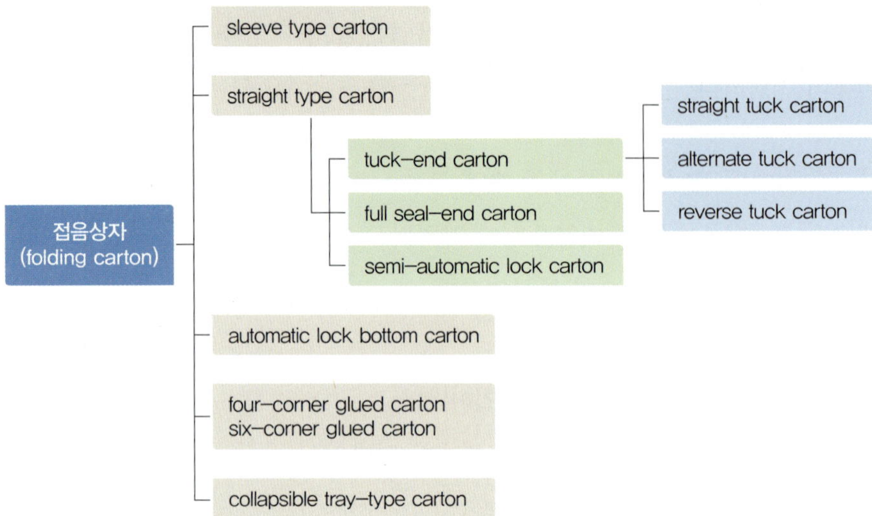

그림 13-6 **지기 형태의 분류**

(5) 지함의 외치수 설계

지함의 치수를 설계할 때는 필요한 내치수에 사용되는 지기의 두께를 더해 외치수를 계산하여 설계 치수를 계산한다. 설계 치수는 칼선 또는 접는 선을 기준으로 설계한다.

일반 단겹 지류는 길이, 너비, 높이의 내치수에 각각 2 mm씩을 더해 외치수를 설정한다. E골 지함의 경우 내치수에 각각 4 mm씩을 더해 준다. 플라스틱 손잡이 등이 있는 경우에는 높이에 여유치를 더해 준다.

2) 지대의 설계

(1) 크라프트지의 정의

침엽수를 원료로 화학 처리하여 생산되는 종이로 용도에 따라 신문용지, 골판지, 인쇄용지, 화장지 등 다양하게 나뉘지만, 그중 설탕이나 시멘트 등의 포장이나 서류봉투, 소포 포장 등에 사용되는 질긴 종이를 크라프트지kraft paper라고 한다. 크라프트지는 펄프와 고지의 함량에 따라, 펄프만 사용하여 만든 순수 크라프트지와 펄프에 고지를 30% 정도 섞어 만든 B급 크라프트지, 펄프에 고지를 40~60% 정도 섞어 만든 C급 크라프트지, 펄프만 사용하여 종이를 만든 후 탈색하여 백색을 띠게 하는 백상지 woodfree paper 등으로 구분된다. 백상지는 탈색 과정에서 섬유 조직의 손상이 일어나 일반 순수 크라프트지에 비해 강도가 떨어지는 편이나 고운 종이fine paper의 총칭으로 고급 인쇄 및 필기용지에 많이 사용된다.

(2) 지대의 종류 및 형태

① 형태별 분류

지대(종이봉투)는 주입구의 형태에 따라 다음과 같이 분류된다.

- 개구형Open Mouth Type : 지대의 하단부만 미싱이나 접착으로 마감하는 형태로, 자동 포장에 적합하여 속도가 빠르고 내용물의 누설 현상 및 변화가 없는 고급 제품에 주로 사용된다.

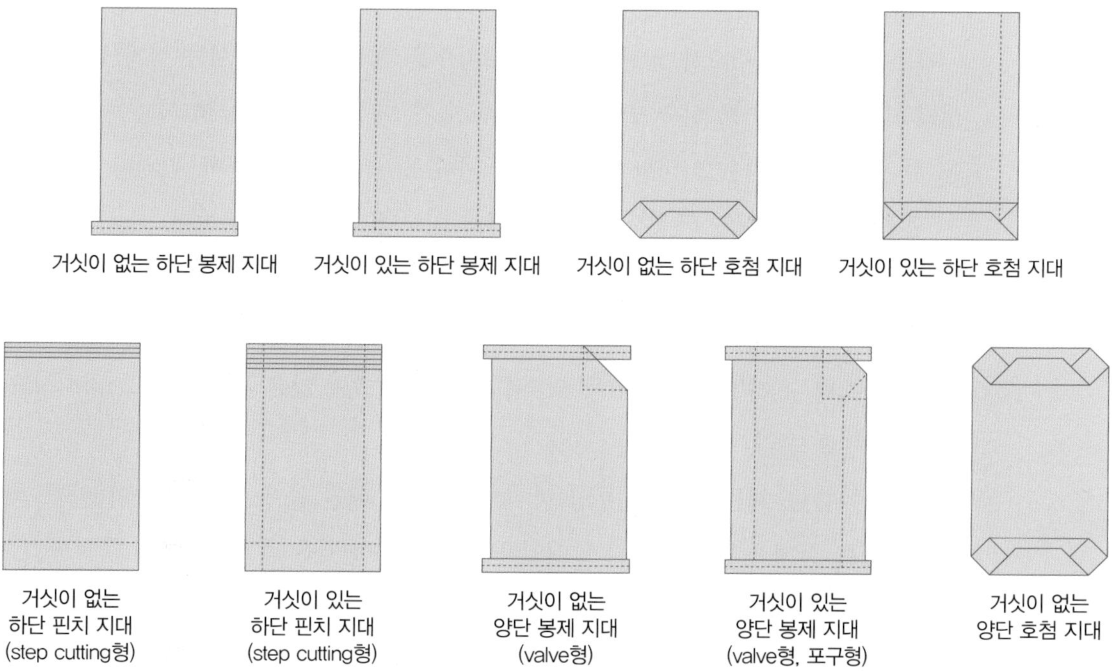

※ 거싯(gusset) : 포대의 튜브 양쪽에 절단선을 넣어 안쪽으로 집어넣는 부분

그림 13-7 **다양한 지대의 형태**

- 포구형Valve Type : 지대의 상단부와 하단부를 미싱이나 접착으로 마감한 후 지대 상단에 밸브를 가공한 형태로, 밸브의 위치에 따라 in valve, out valve로 구분한다. 주로 분말 제품에 많이 사용된다.
- 미싱 지대Sewing Bag : 가장 기본적인 구조인 봉제식 지대를 말한다.
- 핀치 지대Pinch Bag : 지대의 상단부/하단부를 핫멜트hot melt로 봉합하는 형태로, 내용물을 포장하면서 열로 핫멜트를 녹이면서 봉합한다
- 호첨 지대Block Bottom Bag : 박스 형태의 지대로 상단부/하단부가 육각형 모양으로 형성된다.

3) 골판지상자의 설계

(1) 치수 및 형태 설계

실제 제품을 생산하기에 앞서 필요한 골판지상자의 치수를 사전에 검토하고, 적재 및 유통 단계에서 안정성을 확인하고 검증해야 한다.

① 내치수 설계

제품을 담는 데 필요한 골판지상자의 내치수를 계산하기 위해서는 상자에 포장되는 개별 제품의 외치수를 실측 또는 확인한 후 오차, 배부름, 왜곡 등에 의하여 변동이 있을 수 있는 여유 치수를 더한 후 배열되는 수량을 곱해서 계산한다. 간지나 패드가 있는 경우 간지의 두께와 사용하는 개수만큼의 치수를 더해 주어야 한다.

- 지함의 경우, 지종에 따라 두께가 달라지므로 이를 확인하여 여유 치수까지 적용한다. 판지는 1~2 mm, E골 지함은 약 3 mm의 여유치를 준다.
- 플라스틱, 유리병, 튜브, 캔 등 외치수의 변화가 크지 않은 용기는 1~2 mm 정도의 여유치를 준다.
- 파우치류는 제품의 형태, 투입 방식(자동/수동), 배열 등에 따라 치수의 변동 폭이 크므로 실제 상황과 유사하게 배열한 후 외치수 전체를 측정한다.

예를 들어 E골 지함(외치수 120 × 40 × 150)을 박스 내 12입(가로 방향 6개 × 세로 방향 2개 배열) 투입 시 상자의 내치수 계산

가로 방향 내치수 = 너비 43(= 측정 치수 40 + 여유 치수 3) × 6입 = 258 mm

세로 방향 내치수 = 길이 123(= 측정 치수 120 + 여유 치수 3) × 2입 = 246 mm

② **외치수 설계**

상자는 골의 종류에 따라 내치수에 외치수 변환값을 적용하여 설계한다. 한국골판지 포장공업협동조합에서 제안하는 변환값은 표 13-14와 같다(0201형 상자).

표 13-14 **내치수와 외치수의 변환값**

골 종류 양식의 맨 아래	이론 치수		
	길이 방향	너비 방향	깊이 방향
A(C)	6	6	9
B	4	4	6
E(F)	4	4	6
AB(CB)	9	9	18
BB	9	9	18
EB	9	9	18

*C골/CB골은 국내에서 유통되지 않는 형태

③ **상자의 형태 결정**

골판지상자는 사용하는 용도에 따라 형태를 결정한다. 가장 많이 사용되는 상자의 형태는 홈판형(0201) 형태로 겉날개와 속날개의 길이가 동일하며, 자동화 공장에 적합한 형태이다.

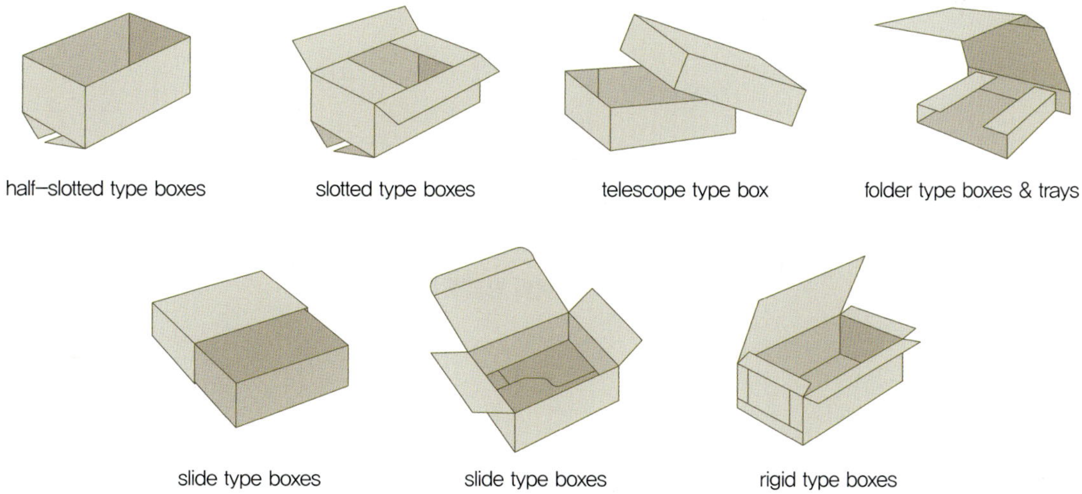

그림 13-8 **상자의 형태**

- 홈판형Slotted type boxes
- 씌운 형Telescop type boxes
- 접는 형Folder type boxes & Trays
- 미닫이형Slide type boxes
- 고정형Rigid type boxes
- 호부조립형Ready glued type boxes

(2) 상자의 포장 중량 결정

골판지상자에 포장된 제품의 중량의 총합은 일반적으로 10 kg을 넘지 않도록 한다. 물류 효율이 떨어지거나 작업자가 아닌 로봇을 활용해 상자를 적재하고 지게차 등으로 이동하는 제품의 경우를 제외하고는 상자를 적재 및 운반하는 작업자에게 무리를 줄 수 있으므로 가급적 가벼운 것이 좋다.

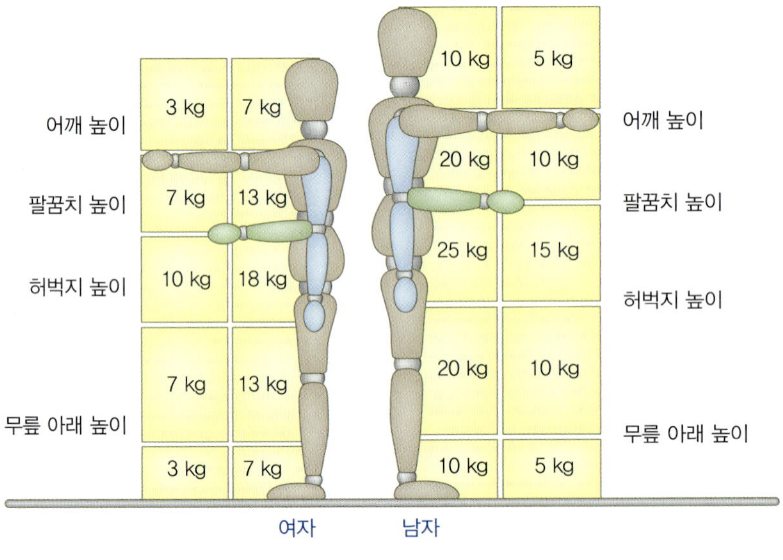

그림 13-9 **운반 방법별 적정 중량**

(3) 재질 설계

골판지상자의 재질 선정은 다음과 같은 단계로 이루어진다.

① 팰릿pallet 적재 방법 설계 : 일관 팰릿 선정, 적재 방법, 적재 단 수

② 안전 계수 기준 선정 : 내용물의 종류 및 유통 방법에 따른 안전 계수 기준 선정

③ (표준)재질 선정 및 필요 압축 강도 계산

④ 필요 압축 강도와 상자의 이론 압축 강도의 비교

① 팰릿 적재 방법의 설계

팰릿에 골판지상자를 적재할 때는 팰릿 밖으로 상자가 돌출되지 않고, 정해진 팰릿 규격 내에서 적재 효율이 높은 배열 방법을 선정해야 한다. 보통 효율적인 적재 방법은 손으로 계산하기 쉽지 않아 전문 계산 프로그램을 이용하거나 포장 모듈 치수표에 기초해 유사한 크기의 적재 방법을 선택하여 사용한다.

박스를 팰릿에 배열하는 경우 배부름bulge 현상에 의해 실제 치수는 설계 치수보다 커지는데 평면 효율을 계산할 때에는 설계 치수에 이와 같은 겉보기 치수를 고려하여 계산한다. 일반적으로 DW 박스의 경우에는 설계 치수에서 길이, 너비 방향으로 각각 10 mm, SW의 경우 8 mm를 더하여 계산한다.

최대 적재 단 수는 제품의 유통 환경(상온, 냉장, 냉동)에 따른 창고 또는 진열 단계에서 랙의 높이가 다르므로 확인하여 설정해야 한다.

② 안전 계수 기준 선정

골판지상자의 안전 계수k란 골판지상자에 포장된 제품이 적재된 상태로 유통될 때에 상자의 파손을 방지하기 위한 최소값으로 최대 적재 단 수, 투입 제품의 중량, 필요 압축 강도, 투입 제품의 중량 변수에 의한 함수관계로 적립된다. 안전 계수k는 제품 강도 및 포장 방법에 따른 자립 특성 여부로 결정되는데, 상자 내의 제품이 압축 하중에 어느 정도 영향을 받느냐에 따라 다르다. 눌려도 크게 영향을 받지 않는 캔, 유리병, 플라스틱 용기와 일부 견고한 지함류는 자립 제품에 속하고, 파우치 식품 중 내용물이 분말이나 액상 제품인 경우와 하중을 받으면 제품이 파손될 가능성이 있는 제품은 구분하여 비자립 제품으로 분류한다. 충격에 민감한 제품이나 압축하중을 받게 되면 제품의 외관에 좋지 않은 영향을 미치는 제품들도 비자립 제품군에 포함시킬 수 있다.

일반적으로 자립 제품의 경우 안전 계수는 2.0~3.0 수준 이하가 적정하며, 비자립 제품의 경우에는 5.0~6.0까지 설정할 수 있다. 하절기에 유통되는 경우나 냉장, 냉동 제품과 같이 냉장, 냉동 조건하에서 유통되는 박스의 경우는 상대습도가 높으므로(RH 85% 이상) 압축 강도 저하율을 고려하여 책정한다.

③ **(표준)재질 선정 및 압축 강도 계산**

제품의 하중, 적재 단 수, 안전 계수 등이 정해지면 상자에 필요한 필요 압축 강도를 다음과 같이 계산할 수 있다.

$$P = kW(n-1) \quad \text{(식 13.1)}$$

P : 필요 압축 강도(kgf) k : 안전계수 W : 상자 내 제품 하중(kg),
n : 적재 단 수(H/h, H : 적재 최대 높이, h : 상자의 높이)

이 값을 바탕으로 제품 상자의 재질을 선정하여 상자의 외치수와 형태에 맞추어 이론 압축 강도를 계산한다. 이론 압축 강도를 계산하는 방법은 여러 가지가 알려져 있으나 국내에서는 실무적으로 켈리커트Kellicutt식이 가장 널리 사용되고 있으며, 이 계산식을 통해 산출된 이론 압축 강도도 계산한다.

④ **필요 압축 강도와 이론 압축 강도의 비교**

최종적으로 앞의 (식 13.1)로 계산한 필요 압축 강도와, 상자의 외치수 및 재질로 계산한 이론 압축 강도를 비교하여 상자의 이론 압축 강도가 필요 압축 강도보다 높을 경우 올바른 재질이 선정된 것이다. 만약, 이론 압축 강도가 필요 압축 강도보다 낮은 경우 재질을 한 단계 상향하여 다시 계산한다.

예를 들어 상자의 외치수가 400×300×250이고, 플라스틱 용기 형태 제품을 10 kg 포장한 경우,

① 팰릿의 적재 방법 선정

1,100×1,100 mm 팰릿에 적재하고 최대 높이 1,900 mm인 경우, 8박스×7단이 가장 적재 효율이 좋다.

② 안전 계수의 기준 선정

플라스틱 용기형의 적정 안전 계수를 3.0으로 선정한다.

③ (표준)재질 선정 및 필요 압축 강도 계산

$$\text{필요 압축 강도(P)} = 3.0 \times 10\ \text{kg}(7-1) = 180\ \text{kgf}$$

재질을 SK180/S120/K180 (A골)을 선정한다고 가정했을 때 이 재질을 가진 400×300×250 상자의 이론 압축 강도는 약 167 kgf(자가 규격, 지종의 품질 기준에 따라 다를 수 있음)이다.

④ 필요 압축 강도와 상자의 이론 압축 강도의 비교

상자의 필요 압축 강도는 180 kgf이나 이론 압축 강도는 167 kgf이므로 조건에 부합한다. 한 단계 높은 재질인 SK180/K180/K180(A골)의 상자의 이론 압축 강도는 215 kgf로 기준에 만족하므로 이 재질로 최종 선정한다.

4. 포장 표준화

1) 유닛 로드 시스템

유닛 로드 시스템unit load system, ULS은 수송, 보관, 하역 등의 물류 활동을 합리화하는 데 그 목적이 있으며, "화물을 일정한 표준의 중량 또는 체적으로 단위화시켜 유닛 로드로 함으로써 하역을 기계화하고, 수송 및 보관 등을 일관하여 합리화하는 방법 또는 시스템"이며 포장 표준화의 기준이 된다. 이는 하역의 기계화 및 합리화, 화물 파손 방지, 적재의 신속화, 차량 회전율의 향상 등을 가능하게 하며, 물류비 절감을 위한 최적의 수송 방법으로 팰릿과 컨테이너를 사용한다. 따라서 이 시스템을 적용하기 위해서는 표준 팰릿의 사용이 선행되어야 하며, 이에 맞는 용기의 규격이 필요하다. ISO 국제 표준 팰릿 6종의 규격은 표 13-15와 같다.

표 13-15 ISO 국제 표준 팰릿 6종의 규격

치수 (mm, 길이×너비)	치수(inches)	주이용 지역
1,016 × 1,219	40 × 48	북미 지역
1,000 × 1,200	39.37 × 47.24	유럽, 아시아(40" × 48"과 크기 유사)
1,165 × 1,165	45.9 × 45.9	호주
1,067 × 1,067	42.00 × 42.00	북미, 유럽, 아시아
1,100 × 1,100	43.30 × 43.30	아시아
800 × 1,200	31.50 × 47.24	유럽

아시아권에서 가장 많이 사용되는 팔레트는 1,100×1,100 mm와 1,200×1,000 mm 팰릿이다. 주로 미국이나 유럽 지역으로 수출되는 물품에는 유럽, 북미 물류 시스템에 적합한 1,200×1,000 mm 팰릿을 사용하는 것이 적절하다.

2) 포장의 표준화 방법

포장 표준화의 4대 요소로는 강도, 치수, 기법, 재료의 표준화가 있으나, 실제 업무에서 포장 표준화를 고려할 때 접근하는 방법은 다음과 같다.

(1) 규격화를 고려한 치수 설계

일반적으로 국내 기업은 제품을 설계하고 설계된 치수에 의해 상자 치수가 선정되며, 이를 바탕으로 팰릿 적재 방법을 선정하는 방식을 주로 사용한다. 하지만 이 경우 팰릿 적재 효율이 낮아 물류 비용이 증가하는 요인이 된다. 이러한 비효율을 개선하기 위해서는 설계단계부터 물류 효율을 고려한 치수 설계가 필요하다. 용기 제품의 경우 용기의 크기가 일정하므로 적재 효율을 최적화하기 위한 크기의 박스를 설계하기 위해 배열이나 입수를 조정할 수 있으나, 설계단계에서부터 적재 효율의 최적화에 맞는 용기의 크기(길이, 너비)를 역으로 계산하여 설계할 수도 있다. 다만, 국내 환경은 제품의 시장 경쟁 상황에 맞추어 타사 제품들의 크기와 비교해 초기부터 용기 크기를 결정하고 설계하는 경우가 많아 표준화에 어려움을 겪기도 한다.

파우치 제품의 경우에는 이와는 반대로 박스 포장 시 유동성이 있어 적재 효율이 최적화된 표준화 박스에 맞추어 투입하면 물류단계에서 효율을 높일 수 있다.

(2) 단계적 모듈화(규격화) 추진

포장의 모듈화는 유닛 로드 시스템의 팰릿과 컨테이너에 적합한 수송 시스템으로, 이는 운송 및 하역 작업 등에서 자동화 및 합리화에 기여할 수 있다. 제품의 설계단계에서부터 현재 KS 규격 팰릿 치수로 산정된 포장 모듈의 기본 치수로 설정된 포장 치수를 표준화하는 작업이 고려되어야 한다. 포장 치수 표준화의 기본 이론은 일관 수송용 팰릿 치수를 정수 분할하여 이 숫자의 조합을 기본 계열 치수로 정할 수 있다.

국내에서 가장 많이 사용되는 T-11형(1,100×1,100), T-12형(1,200×1,000) 팰릿에 맞추어 각각의 규격에 적합한 표준 박스는 수송 포장 계열 치수(KS T 1002-1990)에 나와 있으므로 그중에서 적절한 크기를 선택하면 팰릿 적재 효율을 극대화하고 컨테이너 작업 효율을 높여 운송비의 절감뿐 아니라 물류창고의 효율도 높일 수 있어 종합적인 물류 합리화에 기여할 수 있다.

박스의 높이는 포장하는 제품의 투입 수량과 최대 적재 높이 및 중량 등을 감안해

표 13-16 **포장의 모듈 치수 일람표**(1,100 mm×1,100 mm, KS A 1002)

번호	길이×너비 mm	1단 적재 수	적재 효율(%)	번호	길이×너비 mm	1단 적재 수	적재 효율(%)
1	1,100×1,100	1	100	36	458×213	3×4	96.7
2	1,100×550	2	100	37	450×325	2×4	96.7
3	1,100×366	3	99.8	38	450×216	3×4	96.4
4	1,100×275	4	100	39	440×330	2×4	96.0
5	1,100×220	5	100	40	440×220	3×4 2×4+2	96.0
6	733×366	4	88.7	41	412×343	2×4	93.4
7	711×388	4	91.2	42	412×275	2×4+2	93.6
8	687×412	4	93.6	43	412×229	3×4	93.6
9	687×206	2×4	93.6	44	388×355	2×4	91.1
10	660×440	4	96.6	45	388×237	3×4	91.2
11	660×220	2×4	96.6	46	366×366	3×3	99.6
12	650×450	4	96.7	47	366×275	3×4	99.8
13	650×225	2×4	96.7	48	366×244	3×4+1, 3×3+4	95.9
14	641×458	4	97.1	49	366×220	3×5	99.8
15	641×229	2×4	97.1	50	343×206	2×2×4	93.8
16	628×471	4	97.8	51	330×220	2×2×4	96.0
17	628×235	2×4	97.6	52	325×225	2×2×4	96.7
18	611×488	4	98.6	53	320×229	2×2×4	96.9
19	611×244	2×4	98.6	54	314×235	2×2×4	97.6
20	600×500	4	99.2	55	305×244	2×2×4	98.4
21	600×250	2×4	99.2	56	300×250	2×2×4	99.2
22	576×523	4	99.6	57	300×200	(2+3)×4	99.2
23	576×261	2×4	99.4	58	293×220	3×5+3	95.9
24	550×550	2×2	100	59	288×261	2×2×4	99.4
25	550×366	2×3	99.8	60	275×275	4×4	100
26	550×275	2×4	100	61	275×220	4×5	100
27	550×200	2×5	100	62	275×206	4×4+5	98.3
28	523×288	2×4	99.6	63	250×200	2×3×4	99.2
29	500×300	2×4	99.2	64	244×203	2×3×4	98.2
30	500×200	3×4	99.2	65	235×209	2×3×4	97.4
31	488×305	2×4	98.4	66	229×213	2×3×4	96.7
32	488×203	3×4	98.2	67	229×206	2×3×4+1	97.4
33	471×314	2×4	97.8	68	225×216	2×3×4	96.4
34	471×209	3×4	97.6	69	220×220	5×5	100
35	458×320	2×4	96.9				

설정해야 한다(표 13-16).

(3) 포장 재질의 표준화

포장 표준화 시 골판지상자의 재질과 압축 강도를 표준화하는 것이 중요하다. 골판지상자를 설계할 때 내용물의 중량과 치수에 따라 사용할 골판지상자의 재질을 사전에 결정하고, 유통 및 보관 중의 조건에 따라 내용물에 영향을 주지 않고 견딜 수 있는 필요 압축 강도를 산출해 놓으면 이후 업무에 소요되는 시간을 단축시킬 수가 있다.

(4) 포장 설계의 전산화

외국의 경우 전산화를 통해 포장재 규격 및 재질 등을 관리하고 축적된 노하우를 통해 설계 프로그램을 개발하여 업무에 적용하고 있으나, 국내의 경우에는 일부 대기업을 제외하고는 포장, 물류 설계 업무와 관련한 정보와 노하우가 부족할 뿐 아니라 관련 소프트웨어의 개발도 미흡하다. 포장하는 내용물에 따른 포장 치수, 기법, 강도, 재질 등을 관리하고 설계 시 쉽게 참조할 수 있는 전산 시스템 및 소프트웨어의 개발과 보급이 절실하다.

3) 적정 포장 설계

최근 환경에 대한 관심이 높아지면서 과대 포장 및 적정 포장에 대한 이슈가 대두되고 있다. 과대 포장은 소비자를 현혹시키고 과도한 경쟁을 유발하므로 사회적, 환경적으로 부정적인 영향을 끼칠 수 있다. 적정 포장은 포장재 및 생산 원가와도 직결되는 문제이므로 포장 설계 시 다양한 노력이 필요하다.

국내의 경우 생산공정에서의 편의와 진열 시 경쟁사보다 우위를 차지하기 위한 요구가 효율화나 적정화 요구보다 우선하는 편이고, 제품이 유통 중 파손되는 문제가 발생하면 1차적으로 포장재 강도를 강화하여 신속히 해결하려는 경향이 높아 대부분의 제품 포장이 과대 포장, 과잉 포장이 되는 경우가 많다. 과잉 포장을 줄이기 위한 적정 포장의 7원칙은 다음과 같다.

① 내용품의 보호 또는 품질 보전에 적정할 것.

② 포장 재료 및 용기가 안전할 것.

③ 내용량이 적절하고, 소매 판매 단위로서 편리할 것.

④ 내용물의 표시 또는 설명이 적절할 것.

⑤ 상품 이외의 공간 용적이 필요 이상으로 크지 않을 것.

⑥ 포장비가 내용 물품에 상응하여 적절할 것(일반적으로 상품 판매 가격의 15% 이하).

⑦ 자원 절약 및 폐기 처리상 적절할 것.

환경부에서는 과대 포장으로 인한 소비자의 불필요한 비용 부담을 줄이고 자원의 낭비를 막기 위해 「자원의 절약과 재활용촉진에 관한 법률」을 공포하고 "제품의 포장재질·포장방법에 관한 기준 등에 관한 규칙"이 고시되어 모든 제품의 포장 재료, 포장 횟수, 공간 비율을 관리하고 있다. 과대 포장에 대한 집중 점검도 실시하여 포장 기준을 위반해 제품을 제조 및 수입한 경우 과태료를 부과하기도 한다.

환경부가 고시한 "제품의 포장 재질·포장방법에 관한 기준 등에 관한 규칙"에 따른 제품의 종류별 포장 방법에 대한 기준은 표 13-17과 같으며, 제품 출시 전에 제품의 종류에 맞는 포장 공간 비율을 확인할 필요가 있다.

표 13-17 제품의 종류별 포장 횟수 및 포장 공간 비율 기준

치수 (mm, 길이×너비)			기준	
			포장 공간 비율	포장 횟수
단위 제품	음식료품류	가공식품	15% 이하(분말커피류 20% 이하)	2차 이내
		음료	10% 이하	1차 이내
		주류	10% 이하	2차 이내
		제과류	20% 이하(데커레이션케이크 35% 이하)	2차 이내
		건강기능식품(포장 내용물 80 mL 또는 80 g 이하는 제외)	15% 이하	2차 이내
	화장품류	인체 및 두발 세정용 제품류	15% 이하	2차 이내
		그 밖의 화장품류(방향제 포함)	10% 이하(향수 제외)	2차 이내
	세제류	세제류	15% 이하	2차 이내
	잡화류	완구·인형류	35% 이하	2차 이내
		문구류	30% 이하	2차 이내
		신변 잡화류(지갑 및 허리띠만 해당)	30% 이하	2차 이내
	의약외품류	의약외품류	20% 이하	2차 이내
	의류	와이셔츠류·내의류	10% 이하	1차 이내
종합 제품	1차 식품, 가공식품, 음료, 주류, 제과류, 건강기능식품, 화장품류, 세제류, 신변 잡화류		25% 이하	2차 이내

참고문헌

안덕준. 2001. **식품포장학**. 보문각.

수송포장 계열치수(KS T 1002-1990)

한국골판지포장공업협동조합홈페이지 (http://www.kcca.or.kr)

환경부 홈페이지

Fefco box style guide: Kite packaging (www.kitepackaging.co.uk)

Handbook for sack kraft papers and paper sacks, Billerudkorsnas

Packaging Construction Q & A: 100 Questions and 100 Answers, TOYOBO PACKAGING PLANNING SERVICES INC.

CHAPTER 14

포장재 인쇄 기술

Printing Technology for Packaging

PRINTING TECHNOLOGY FOR PACKAGING

1. 개요

포장재에 사용되는 인쇄 방식은 판의 구조에 따라 크게 세 가지로 나뉜다. 첫 번째로는 볼록판 인쇄에 속하는 플렉소인쇄flexo-printing이며, 오목판 인쇄에 속하는 그라비아 인쇄gravure-printing, 그리고 평판인쇄에 속하는 오프셋인쇄offset-printing이다(표 14-1). 이들 인쇄 방법의 근본적인 차이점은 잉크의 전이 방식으로, 잉크를 어떻게 피착제에 전이하느냐의 차이가 인쇄의 품질 특성과 잉크의 종류, 생산성을 좌우하는 기본적인 요소가 된다.

표 14-1 식품 포장용 판지를 대상으로 하는 주요 인쇄 방법

구분	플렉소인쇄(Flexo)	오프셋인쇄(Offset)	그라비아(Gravure)
판 소재	수지판, 고무판	PS판(Pre-sensitized plate)	금속 실린더(동판)
인쇄 방식	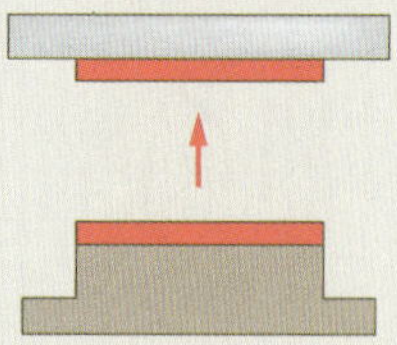	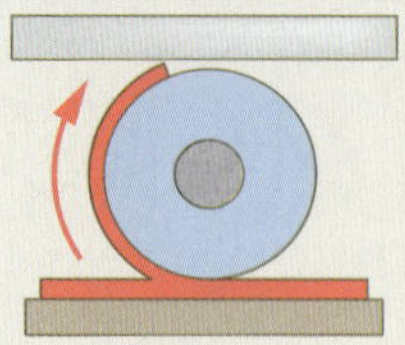	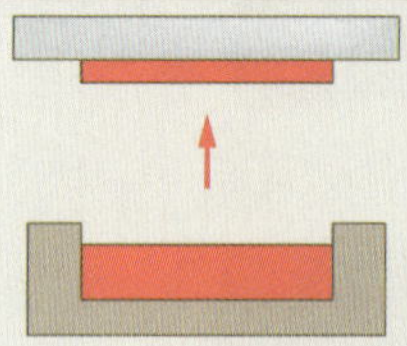

1) 플렉소인쇄

플렉소인쇄는 포장재에 사용되는 대표적인 볼록판 인쇄 중의 하나로, 인쇄판으로는 탄력성 있는 수지를 사용한다. 잉크의 선택도 비교적 자유로우며 강한 인압(인쇄 압력)

을 이용하기 때문에 종이 표면이 거칠어도 비교적 인쇄가 잘 되고 잉크가 번지지 않는 특성을 가진다. 표면이 거친 소재, 예를 들어 골판지나 크라프트지kraft paper 등에도 인쇄할 수 있으며, 종이 외에 연포장지로 사용되는 필름이나 알루미늄 포일aluminum foil 등 비흡수성 재료에도 인쇄할 수 있다. 초기에는 아닐린 염료를 알코올에 녹인 잉크를 사용하였기 때문에 '아닐린인쇄'라고도 하였다.

수지판을 사용하기 때문에 인쇄판 비용은 저렴해야 하지만 고품질 인쇄의 경우 CTPcomputer to plate의 채용이 늘고 있으며 국내 수요가 적은 관계로 제판 비용이 그라비아인쇄에 비해 그리 저렴하지 않다. 또한 플렉소인쇄의 고품질 인쇄는 설비도 비싸기 때문에 우리나라에서는 그리 많이 채용하고 있지 않다. 일본의 경우에는 플렉소인쇄 비중이 골판지상자의 약 90%, 종이 용기는 40~50%, 기타 종이봉투가 약 10% 내외를 차지하여 비교적 높은 편이며, 아직 연포장 분야의 활용은 몇% 되지 않는 수준이다.

(1) 플렉소인쇄의 잉크 전이 방식

플렉소인쇄는 그림 14-1 (a)와 같이 애니록스 롤anilox roll을 통해 인쇄판plate cylinder으로 잉크가 전이되는 것이 일반적이다. 경우에 따라서는 fount roll 대신 닥터블레이드doctor blade를 이용하여, 애니록스 롤의 잉크 양을 조절하기도 한다〔그림 14-1 (b)〕.

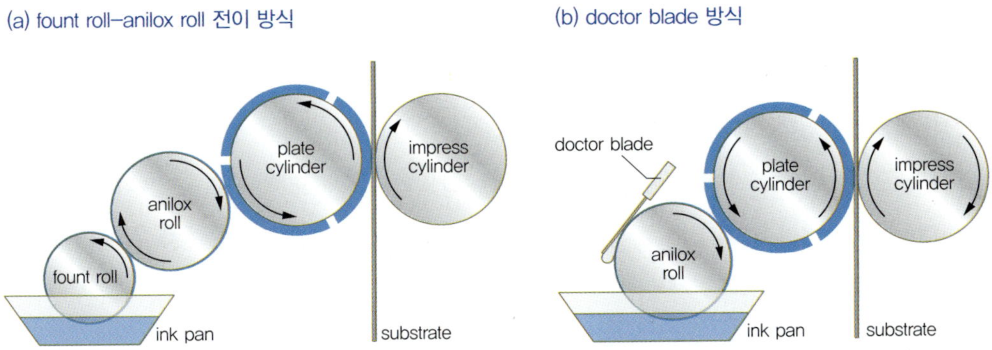

그림 14-1 **플렉소인쇄의 잉크 전이**

- 애니록스 롤(Anilox Roll) : 강재 실린더 표면에 셀(cell)을 조각하여 니켈 또는 크롬 도금한 롤러로, 인쇄판에 일정량의 잉크를 전이시키는 역할을 함
- 인쇄판〔plate cylinder(Flexo plate cylinder)〕 : 인쇄판(고무, 수지)이 부착된 실린더
- 닥터블레이드(doctor blade) : 애니록스 롤(그라비아인쇄에서는 동판)에 적당량의 잉크를 도막하기 위한 장치

(2) 인쇄 특징과 조판 기술

플렉소인쇄의 주요 특징으로는 표면 상태가 나쁜 피착재(종이 등)에도 글자 표현이 명확하게 잘 인쇄되며, 잉크의 소모량이 다른 인쇄 방법보다 적고, 인쇄 속도가 빨라 생산성이 좋다(비용이 저렴)는 장점이 있는 반면에, 잉크의 전이량이 적어 사진 등 선명한 컬러 인쇄 및 색의 구현에 적합하지 않고 투명한 필름에 인쇄하면 색이 비치는 한계가 있다. 따라서 플렉소인쇄는 주로 롤러 상태의 종이나 박스에 인쇄할 때 사용하며, 사진이 들어가지 않은 간단한 디자인의 필름 인쇄에도 사용한다(그림 14-2).

그림 14-2 **필름 포장재에 플렉소인쇄의 이면인쇄 사례**(OPP/인쇄/CPP)

여러 가지 장점에도 불구하고 플렉소인쇄는 사진과 같은 정밀한 원색의 인쇄에는 한계를 보여 왔다. 하지만 최근 기술의 발달로 이러한 단점이 많이 개선되고 있다. 최근의 플렉소인쇄 장치는 컴퓨터로 제어되는 구동 방식의 다이렉트 드라이브direct drive화로 고성능화되고 있다. 챔버형 닥터chamber doctor 방식에 자동 세척 장치를 부여하여 용제의 휘발을 방지하고 작업 효율과 스피드가 향상되었다. 판 교체 시간도 많이 줄어들어서 8색color 인쇄판의 경우는 약 20분, 그리고 별색과 애니록스 롤러 교환 시에는 1시간 미만이 소요된다.

애니록스 롤러의 경우 세라믹 용사 기술과 레이저 조판 기술의 발달로 단위길이당 조각되는 셀 수가 많이 향상되었으며, 셀의 심도 또한 향상되었다. 표 14-2에 애니록스 롤

표 14-2 **애니록스 롤러의 선 수와 셀 용적**

선 수(Line screen)	400	500	600	700	800	900	1,000
셀 용적(cc/m²)	5.62	4.86	3.8	3.34	2.74	2.20	1.90

러의 선 수line screen(線數)와 셀 부피의 예를 들었다. UV 플렉소인쇄에서는 900~1200선/inch, Cell volume 1.50~3.0 cc/m^2의 애니록스 롤러가 쓰인다.

또한 셀의 형상도 많이 개선되어 망점의 정밀도, 가는 선의 재현성, 균일한 도공성 등 인쇄 품질도 많이 향상되었다. 현재 보급된 디지털 CTP판의 부조 형상은 그림 14-3과 같이 기존 판에 비해서 선명한 원뿔 사다리꼴 모양을 나타내고 있다. 이러한 형상적 특징에 의해 인쇄 품질에 큰 영향을 미치는 인쇄압의 흔들림과 망점 재현성이 기존 판에 비하여 많이 개선되었다. 또한 기존의 필름 노광 방식 판의 문제점이었던 최소 픽셀의 비대 문제는 CTP판에서는 노광 시 필름을 사용하지 않으므로 자연히 개선되었다.

digital판 150 Lpi 3%

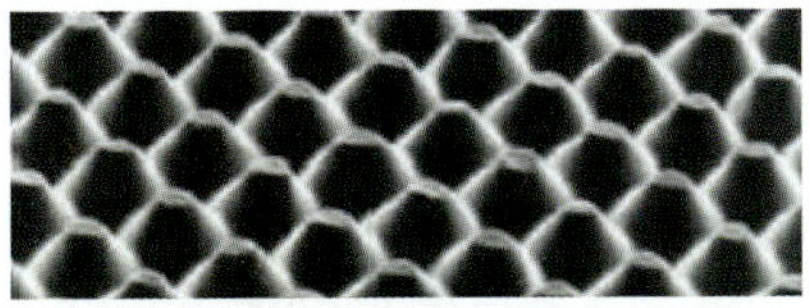

기존 판 150 Lpi 3%

digital판 8 point 인쇄(검은색 바탕)

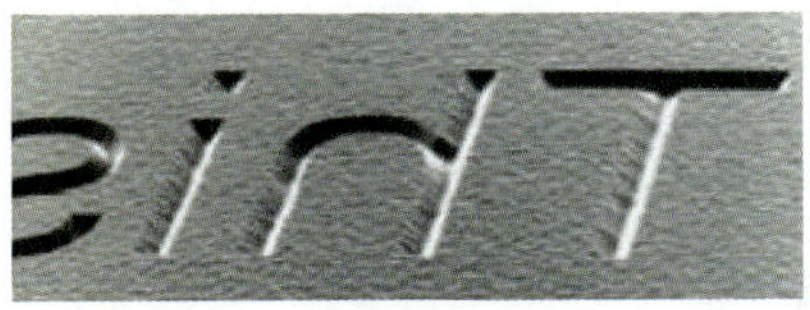

기존 판 8 point 인쇄(검은색 바탕)

그림 14-3 디지털(digital)판과 기존 판의 부조 모양 차이

이러한 조판 기술의 발달로 현재 플렉소인쇄의 재현 가능한 망점의 범위가 더 넓어지고 표현 가능한 선 수도 증가하였다. '도트 디핑Dot dipping' 현상을 막기 위해 인쇄판의 망점이 애니록스 롤러의 셀보다 작아지게 할 수는 없다. 최적의 인쇄 품질을 위해 플렉소 인쇄판 선 수와 애니록스 롤러 선 수의 적정 비율이 중요하다(표 14-3).

표 14-3 플렉소 인쇄판 선 수와 최적의 애니록스 롤러 선 수

인쇄판 선 수(line/inch)	35~60	60~85	85~100	120~133
Anilox roll 선 수(line/inch)	200~300	300~450	450~600	700~900
선 수 비율(Anilox roll 선 수/인쇄판 선 수)	3~4	4~5	5~6	6~7

(3) 플렉소 잉크의 기술 동향

액체liquid형 플렉소 잉크flexo ink가 북미 지역과 유럽에서 많이 사용되고 있으며, 그 이유를 정리하면 다음과 같다. 첫째, 인쇄 비용이 그라비아인쇄에 비해 저렴하다. 플렉소인쇄의 잉크 전이량이 그라비아인쇄에 비해 절반 수준이며, 제판 비용도 더 저렴하다. 둘째로는 제판에 걸리는 시간이 1~2일 수준으로 그라비아인쇄에 비해 짧다.

원가와 납기 시간 절감이라는 장점 때문에 해외에서는 많이 사용되고 있지만, 인쇄 품질은 그라비아인쇄보다 떨어지기 때문에, 일본과 우리나라에서는 아직 적용이 확대되지 않고 있다. 하지만 기술의 발달로 과거보다 세밀한 인쇄가 가능해져서 그라비아나 오프셋을 대체할 수 있는 수준에 이르고 있다.

세밀한 인쇄를 하려면 선 수 높은 인쇄판과 애니록스 롤러 사용이 필수적이며, 이에 맞는 잉크 기술의 개발도 이루어지고 있다. 기존 60~85 line/inch의 인쇄판에서는 애니록스 롤러의 선 수는 높아도 500 line/inch이며, cell volume은 6~8 cc/m^{2}이었다. 인쇄판의 선 수를 120 line/inch로 올리면 애니록스 롤러의 선수는 750~900 line/inch가 되고, cell volume은 3~5 cc/m^{2}로 거의 절반이 되기 때문에 안료 양이 많은 고농도의 잉크가 필요하게 된다. 또한 셀의 입구가 좁아지기 때문에 잉크의 셀 진입성과 셀에서 판에 전이되는 잉크의 전이량을 향상시키기 위해서는 잉크의 점성이 더 있어야 한다. 그러나 잉크의 점도가 높아지면 판에 잉크가 고착화될 수 있기 때문에 신규 안료의 개발과 저점도 수지의 개발, 신규 분산제의 개발 등 관련 모든 분야에서 개선이 이루어지고 있다.

플렉소 잉크는 친환경적인 측면에서 주목을 받고 있다. 최근 가장 주목받는 분야는 유기 용제의 저감에 있다. 플렉소 잉크는 그라비아 잉크에 비해 용제의 유기 용매 사용량이 40% 수준이며, 특히 수성 플렉소 잉크는 그라비아 잉크의 10% 수준이다. 인쇄산업에서 휘발성 유기 화합물volatile organic compounds, VOC의 배출을 억제하는 방안으로는 원료 전환, 관리 개선, 처리 장치 도입 등을 들 수 있지만, 비용적인 측면을 고려하면 원료의 전환이 가장 좋은 방법이다. 원료 전환을 위해서는 non-VOC 잉크, 저VOC 잉크 및 잉크의 수성화가 필요하다. 휘발성 유기 화합물VOCs의 규제 및 친환경적인 측면에서 플렉소인쇄는 그라비아인쇄의 대안이 될 수 있다.

최근의 기술 발전과 더불어 인쇄 품질은 개선되고 있고, 색의 농담을 세밀하게 표현하지 않아도 되는 인쇄에서는 그라비아인쇄에 비해 압도적으로 장점이 많다고 할 수 있다.

2) 오프셋인쇄

오프셋인쇄는 포장재에 사용되는 대표적인 평판인쇄lithography 방식이다. 리소그래피 인쇄판의 면은 볼록판이나 오목판과는 달리 거의 평면상에 형성되어 있으며 명확한 높낮이 차이가 없다. 판의 표면 상태에 따라 화상부가 인쇄 면보다 약간 낮은(보통 1~3 μm) 평오목판, 사진부를 약간 높인(보통 3~10 μm) 평철판, 그리고 화상부와 비화상부가 동일 평면상에 있는 평판 이렇게 3가지로 구분된다. 오프셋인쇄의 대표적인 특징으로는 축임물dampening water, dampening solution을 사용한다는 것이다. 판면의 화상부와 비화상부가 거의 동일 평면상에 있기 때문에 비화상부는 잉크가 반발하는 친수성을 유지하고, 화상부만 잉크가 묻는 친유성으로 유지해야 한다. 따라서 인쇄 면에 미리 화학 처리한 판재를 사용한다. 가장 보편적인 판으로는 'PS판presensitized plate'이 있으며, 미리 감광층이 도포된 판재를 많이 사용한다.

오프셋인쇄는 우리나라와 일본 등지에서 포장용 판지상자 등에 가장 보편적으로 사용하는 인쇄 방식이다. 제판 시간이 가장 빠르고 비용이 적게 들 뿐만 아니라 필름 등에 비해 평활도가 떨어지는 종이 인쇄에 최적이다. 또한 인쇄 품질이 뛰어나 플렉소인쇄로 구현이 어려운 사진 등의 인쇄에도 매우 뛰어난 품질을 보여 준다. 특히 롤러식 인쇄가 아닌 매엽인쇄로, 롤 상태로 보관 시 습기에 의해 변형되기 쉬운 두꺼운 판지를 판 형태로 보관하기 위한 방편으로도 적합하다.

(1) 오프셋인쇄의 잉크 전이 방식

축임물을 사용한다는 점 외에 오프셋인쇄의 주요한 특징은 간접 인쇄 방식이라는 것이다. 플렉소와 그라비아가 인쇄판으로 직접 전사하는 것과 달리 오프셋인쇄는 고무 블랭킷blanket을 통해 종이에 잉크를 전달하는 간접 인쇄이다. 인쇄판에서 잉크를 프레스 실린더press cylinder에 장착되어 있는 탄력성 있는 고무 블랭킷에 전이시키고, 여기에 종이를 밀착시켜 인쇄압을 걸어 찍어 내는 방식이다. 인쇄판 잉크를 블랭킷에 전이(오프off)하고 이를 종이에 전사(세트set)한다는 의미에서 오프셋인쇄offset printing라고 한다. 오프셋인쇄는 평판인쇄의 대표적인 방법으로 현재 가장 많이 보급되어 있는 인쇄 방식이다.

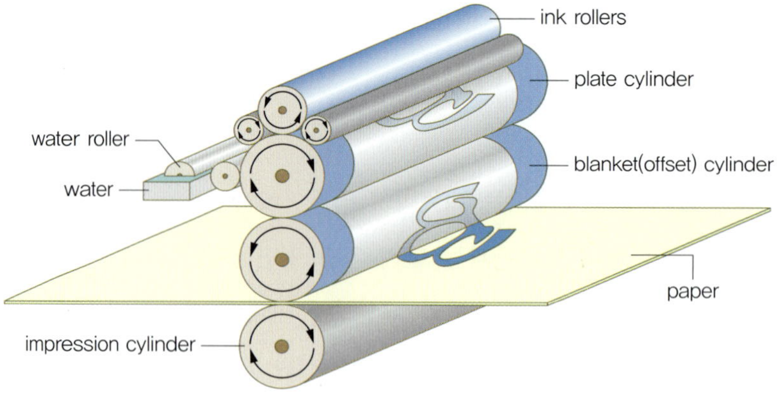

그림 14-4 오프셋인쇄의 잉크 전이 방식

그림 14-4에 주요한 잉크 전이 장치의 구조를 나타내었다.

그림 14-5는 오프셋인쇄와 플렉소인쇄의 잉크 전이 방식을 비교한 그림이다. 오프셋인쇄는 플렉소인쇄와 달리 인쇄판이 종이와 직접 닿지 않기 때문에 인쇄판으로부터 전이될 수 있는 오염 물질 등의 영향이 작고 보다 미세한 표현이 가능하다. 반면 인압이 강한 플렉소인쇄는 종이 표면의 평활도에 제한을 받지 않는다.

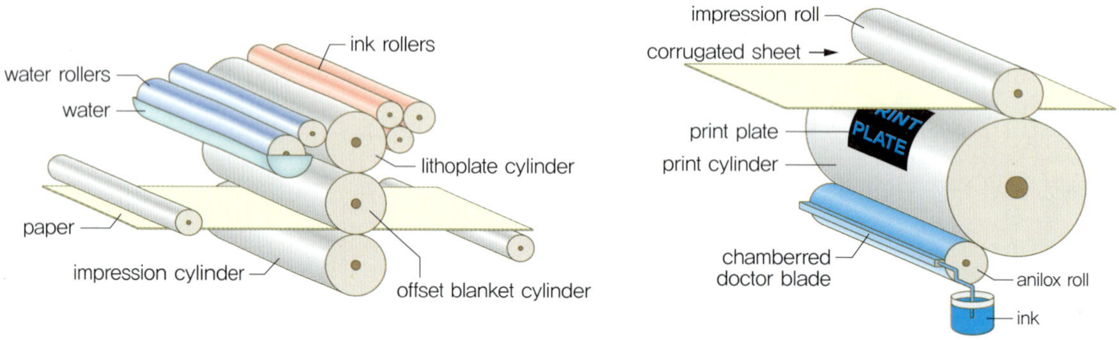

오프셋인쇄 플렉소인쇄

그림 14-5 오프셋인쇄와 플렉소인쇄의 잉크 전이 방식 비교

(2) 인쇄 특징과 조판 기술

오프셋인쇄의 조판은 판재에 필름을 밀착해 노광하여 판면에 화상부(친유부 감지부)와 비화상부(친수부)를 형성하는 작업이다. 이렇게 만들어진 판은 유성인 잉크를 받는 친유성의 화상부와, 잉크에 반발하며 물을 받은 친수성의 비화상부로 구성된다. 만들어진 인쇄판에 물과 잉크를 공급했을 때에 판면의 화상부는 물을 밀어내고 친유성 잉크가 묻게 되고, 비화상부에는 물이 남는 화학적 인쇄 방법이다. 조판에 사용되는 판은 PS판pre-sensitized plate이라고 하며, 그 구조를 그림 14-6에 나타내었다.

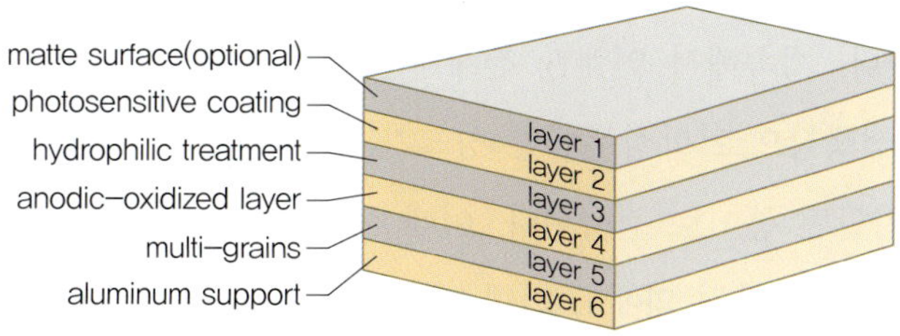

그림 14-6 **PS판(pre-sensitized) plate)의 구조**

판은 알루미늄 판을 지지층으로 하여 다층의 구조로 구성되어 있다. 가장 주요한 역할을 맡는 감광성 코팅photosensitive coating층은 UV에 민감한 수지층으로, UV에 의해 $-$COOH기를 형성(친수성)하게 된다. 노광을 마친 판을 알칼리 수용액으로 현상하면 빛이 닿은 곳은 용해되고 빛이 닿지 않은 부분은 친유성 화상으로 남게 된다(그림 14-7).

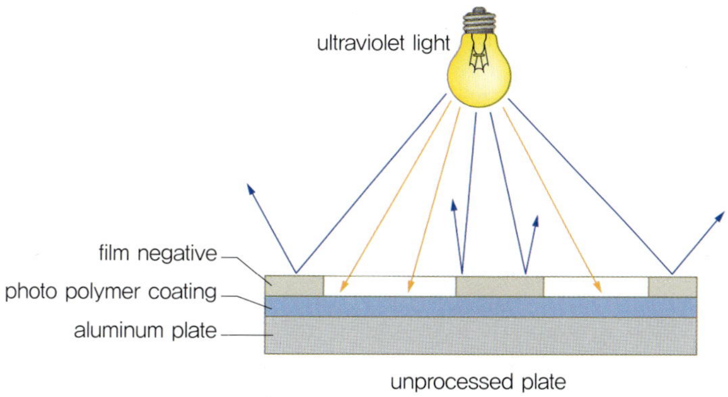

그림 14-7 **Positive PS판을 이용한 조판 방법의 개요**

그 외 다른 층의 기능을 정리하면 각각 다음과 같다.

- 친수성 층Hydrophilic Layer : 수분 수용 능력을 갖는 층으로 잉크/물 평형을 가속화하고 인쇄 중 수분 흡수를 줄임.

- 멀티그레인층Multi Grain Layer : 판에 있는 비이미지 영역의 친수성 물질을 제거하는 역할을 함.
- 양극 산화층Anodic-oxidized Layer : 판의 내구성 및 부식 방지 기능.

인쇄할 때 먼저 인쇄판 전체를 물에 담그면 화상이 없는 부분은 친수성이므로 이 부분에 물이 부착한다. 계속해서 인쇄판 전체에 잉크를 묻혀 가는데 물이 묻은 부분은 잉크를 밀어내고 선택적으로 화상부에만 잉크가 부착한다. 부착된 잉크는 고무 블랭킷으로 이송된 뒤 가압된 종이로 전사된다. 이때 사용되는 수용액을 축임물이라고 한다. 축임물은 잉크에 대한 반발력 외에도 인쇄 면의 냉각, 청정 등의 역할을 한다. 물만으로도 기능을 하지만 여러 가지 약품을 소량 첨가하는데 그 성분은 물, 고무 용액, 인산소다, 활성제, 유기산 등이며, pH는 5~6 수준이 일반적이다. 또한 물의 영향을 경감하기 위해서 이소프로필알코올IPA을 사용하는 경우도 있다.

축임물이 많으면 상대적으로 잉크의 양이 적어 인쇄가 약해지고, 반대로 축임물이 적으면 잉크가 많아져 인쇄 면에 잉크 얼룩이 생기는 등의 문제가 발생한다. 또한 물은 종이의 신축, 강도 등에 영향을 미칠 수 있으므로 축임물과 잉크 비율에는 균형이 중요하다. 최근에는 축임물을 사용하지 않는 워터리스 오프셋인쇄가 일본에서 실용화되어 주목받고 있다. 실리콘과 잉크의 반발성을 이용한 전용 인쇄판을 사용하는 기술로, 인쇄 면 위에 감광층이 있고 그 위로는 실리콘층(약 2 ㎛)을 형성하는 판을 이용하여 조판한다. 노광 후 실리콘층이 고정되어 이 실리콘 층부가 잉크를 밀어내는 화상부가 되고, 빛이 조사되지 않은 부분의 실리콘 층부는 제거되어 감광층이 나타나고 잉크가 묻는 화상부로 남게 된다. 정확하게 말하면 워터리스 오프셋인쇄의 경우에는 판의 오목한 부분이 화상부가 되는 평오목판 구조로 되어 있다. 물을 사용하지 않는다는 점에서 환경적 장점이 있지만, 워터리스 오프셋인쇄에 사용되는 잉크는 실리콘 이형성이 요구되는 등 전용 잉크를 사용해야 하고 축임물을 사용하지 않아서 인쇄기상의 냉각 효과가 없기 때문에 판면의 온도를 조정하는 설비가 달린 전용 인쇄기가 필요하다는 것이 단점이다.

오프셋인쇄는 롤러식 피착재보다는 평판 형태의 종이에 인쇄(매엽인쇄)하는 방식으로 주로 이루어진다. 기본이 되는 색상은 CMYK 컬러로, 시안C, 마젠타M, 노랑Y, 검정K의 4가지 색을 사용하며 미세한 색의 표현을 위해서는 별색을 사용할 수 있다(그림 14-8).

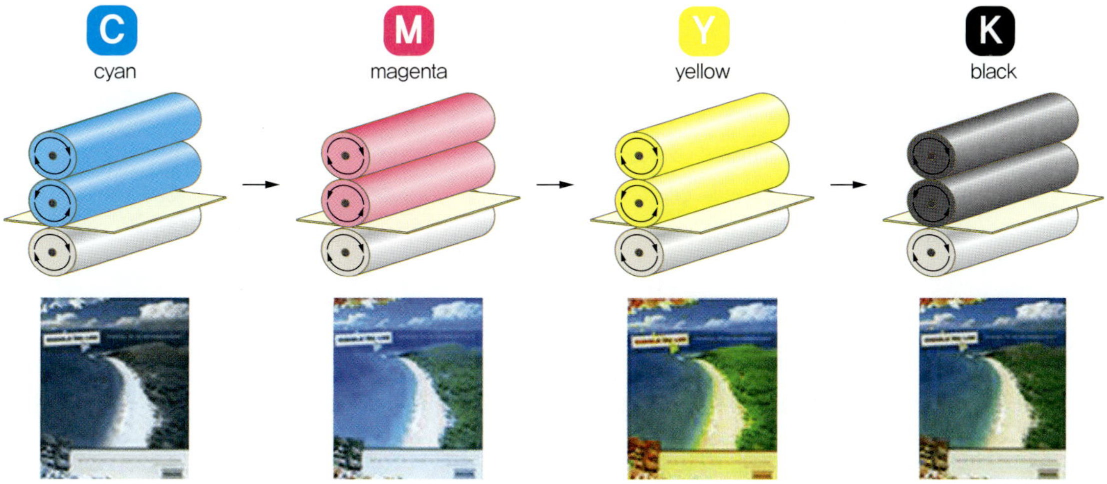

그림 14-8 **오프셋인쇄의 색상 구현 방식과 기본 색상**

(3) 오프셋 잉크 기술

우리나라에서 사용되는 잉크 중 오프셋 잉크가 약 40%를 차지하며 책, 종이상자, 전단, 포스터 등 광범위한 분야에서 쓰이고 있다. 21세기 들어 오프셋 잉크는 환경에 대한 관심과 함께 석유계 대신 콩기름을 활용하게 된 것이 주요한 변화이다. 또한 잉크 중 휘발성 유기 화합물VOCs을 완전히 배제한 non-VOC 잉크도 등장하였다.

VOC는 광화학 산화제photochemical oxidant와 미세먼지의 주범으로, 건강과 환경에 대응하기 위하여 대기 오염 방지법에 의한 배출 규제가 전 세계적으로 확산되고 있으며, 관련 업계도 이에 대한 대응책을 마련하고 있다. 최근 오프셋 잉크 개발의 관심이 친환경 분야에 집중되는 이유가 여기에 있다. 친환경 오프셋 잉크의 최상위에 있는 잉크는 non-VOC 잉크라고 할 수 있다. 이것은 석유계 용제 등의 VOC 성분을 배제하고 설계된 잉크이다. 인쇄 현장에서 VOC 발생원으로는 주로 잉크, 축임물, 세정 용액이 꼽힌다. 이들 각각의 요소를 모두 non-VOC화하기 위해서는 인쇄공정 전체에서 VOC 제거 노력이 필요하다.

세계보건기구WHO의 분류에 따르면 휘발성 유기 화합물은 표 14-4와 같은 형태로 정리할 수 있다.

전 세계적으로 주요 규제 대상인 VVOC와 VOC는 주로 그라비아 잉크가 그 대상이며, 오프셋 잉크에 사용되는 대부분의 석유계 용제는 끓는점 250℃ 이상이다. 일반적

표 14-4 세계보건기구에 의한 화학 물질의 분류

분류 명칭	약어	끓는점(Boiling point)
최고 휘발성 유기 화합물(Very Volatile Organic Compounds)	VVOC	< 0℃~50-100℃
휘발성 유기 화합물(Volatile Organic Compounds)	VOC	50-100℃~240-260℃
반 휘발성 유기 화합물(Semi Volatile Organic Compounds)	SVOC	240-260~380-400℃
미립자 유기물(Particulate Organic Matter)	POM	> 380℃

으로 매엽 오프셋 잉크는 점도 조정의 목적으로 석유계 용제를 10~30% 함유하고 있으며, 보다 더 휘발성이 낮은 식물 유래 성분으로 대체되는 추세이다. 따라서 오프셋 잉크는 사실상 VOC 규제에 대응이 가장 빠른 분야이기도 하다. 현재 개발된 non-VOC 잉크 중에는 석유계 용제를 모두 뺀 것들도 등장하였다.

축임물에 포함되는 VOC 성분에는 에틸렌글리콜ethylene glycol과 프로필렌글리콜propylene glycol 등의 알킬 에테르 용매를 들 수 있다. 인쇄 현장에서는 표면장력을 적정하게 유지하기 위해서 VOC 성분인 이소프로필알코올 등의 알코올류를 첨가하여 사용하는 경우가 많다. 따라서 축임물에 첨가하는 약제에도 VOC 성분을 함유하지 않는 것들이 개발되고 있다. 축임물을 사용하지 않는 워터리스 오프셋인쇄 방식의 경우도 대표적인 축임물의 VOC 저감 사례이다.

오프셋인쇄에서 가장 VOC를 줄여야 할 공정은 축임물보다는 세척공정이다. 오프셋 잉크는 유성이기 때문에 세정에는 석유계 용제를 사용한다. 따라서 세척 시 인쇄공정 중 가장 많은 VOC를 배출하게 된다. 석유계 세척 용제를 대신하여 사용할 수 있는 수계 세정제에 대한 개발이 진행 중이다. 하지만 아직 원가 문제와 세척 시간에 대한 개선이 더욱 필요한 상황이다.

해외에서 오프셋 잉크의 새로운 트렌드 중 하나는 LED-UV 잉크이다. UV 잉크는 자외선 조사에 의해서 순간 경화하므로 건조 대기 시간의 확보가 필요한 매엽 잉크와 비교하였을 때 납기 시간의 단축과 작업 환경 개선 등의 관점에서 유리하며, 기본적으로 용제 성분을 함유하지 않아 non-VOC 잉크이다. UV잉크 경화는 이전에는 수은등과 자외선 램프 광원이 사용되어 왔지만, 최근에는 자외선을 조사하는 발광 다이오드 광원(LED-UV)이 등장하여, 잉크젯 UV인쇄와 오프셋 UV인쇄에 이용되고 있다. 이 LED-UV 램프의 특징은 무엇보다 소비 전력의 감소를 꼽을 수 있다. 일반 램프 방식과 비교하면

70~80%의 전력을 절약할 수 있으며, 이산화탄소 배출량을 대폭 삭감할 수 있다는 환경적 장점이 있다. 또한 폭넓은 파장 분포를 가진 기존 UV램프에 대해서 발광 파장 영역이 365~420 nm로 좁은 LED-UV에서는 오존이 발생하지 않아 램프 방식 특유의 오존 냄새가 없다. 또한 인쇄 매체에 열 손상을 주는 적외선 성분도 포함하지 않고, 이들 오존과 열을 배출하는 송풍기 박스 등의 부대 설비가 필요 없다는 것도 장점이다. 기존 UV 잉크는 LED-UV 광원에서는 충분히 경화하지 않는데, 이것은 사용되는 광중합 개시제의 흡광 계수가 LED 발광 파장 영역에서 극히 낮기 때문이다. 따라서 LED-UV 잉크에서는 LED 파장에 맞는 좀 더 긴 파장을 흡수하는 개시제를 사용한다. 메틸화크산틴methylated xanthine, 디에틸아민diethyl amine계 감광제는 뛰어난 LED 흡수 특성을 가지므로 경화 촉진을 위하여 개시제와 함께 사용하기도 한다.

LED-UV 방식 잉크의 사용은 환경 및 작업성 측면에서 많은 장점이 있는 반면에, 건조 방식이 기존 UV 램프 방식과 완전히 동일하지 않다. 따라서 건조 장비를 새로 설치해야 하는 부담이 있다. 또한 기존의 UV 잉크에 사용되지 않았던 반응 개시제 등을 사용하기 때문에 잉크의 가격이 높아진다는 단점이 있다. 따라서 향후 시장이 커지고 이러한 문제점들이 개선된다면, 인쇄에 적용되는 비율이 늘어날 전망이다.

LED-UV인쇄 시스템은 꾸준히 업그레이드되고 있으며, 수요의 확대가 기대되는 분야이다.

3) 그라비아인쇄

그라비아인쇄는 대표적인 오목판인쇄로, 잉크의 전이량이 많아 색조의 농담 표현이 자유로운 특징을 가지는 인쇄 방법이다. 인쇄판(동판)상의 오목하게 파인 셀 부분에 잉크를 채우고 비획선부에 해당하는 여백에는 여분의 잉크를 미리 닥터블레이드로 제거한 뒤, 압력을 걸어 직접 종이 등에 전이시키는 직접 인쇄 방식이다. 종이 인쇄 분야에서는 컬러사진 등의 인쇄에 적합하기 때문에 잡지나 주간지 등의 화보사진에 많이 이용되고 있을 뿐만 아니라, 잉크가 용제를 사용하는 용액성이라 종이 매체 이외에 연포장 필름, 알루미늄 박 등의 인쇄에 적합하며 출판물, 서적, 포장 재료, 건축 자재 등에도 널리 이용되고 있다.

(1) 그라비아인쇄의 잉크 전이 방식

그라비아 인쇄기의 특징은 잉크 롤러가 작고 건조 장치가 있으며, 동판 표면의 잉크를 긁어내기 위해 닥터블레이드를 사용한다는 것이다. 동판 표면의 미세하게 조각된 셀에 액상의 그라비아 잉크를 넣은 뒤 닥터블레이드로 동판 표면을 긁어 비인쇄부에 묻은 잉크를 제거하고, 셀 내에 전이된 잉크의 양도 조절한다. 셀 내에 갇힌 잉크는 닙롤Nip roll과 접촉부에서 피착제인 종이에 직접 전이된다(그림 14-9). 금속으로 만든 동판이 직접 피착제에 전이되어야 한다는 점에서 피착제의 표면 평활도는 매우 중요하다. 따라서 그라비아인쇄는 필름이나 금속박의 인쇄에 적합하나, 종이의 경우에는 표면 평활도를 향상시킨 전용 종이를 사용해야 한다.

그라비아인쇄의 품질 관리를 위해서는 인쇄 시 적정 수준의 잉크 점도 관리가 중요하며, 작업 후 동판을 깨끗이 세척하는 것이 무엇보다 중요하다. 세척액은 유기 용매이므로 환경적 처리도 매우 중요하다.

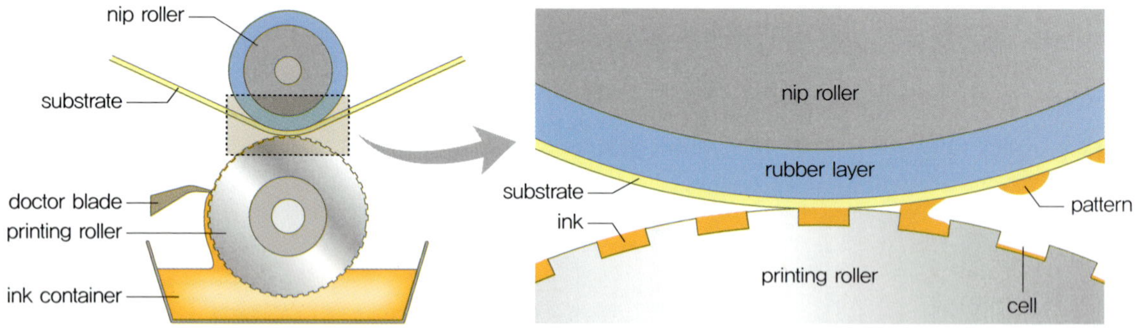

그림 14-9 **그라비아인쇄의 잉크 전이 방식**

(2) 인쇄 특징과 조판 기술

그라비아 인쇄판(동판)은 오목판으로 동판에 조각된 망점의 크기를 동일하게 한 상태에서, 셀의 깊이만으로 잉크의 전이량을 조절할 수 있는 특징이 있다. 이러한 특징은 망점으로 구성되는 인쇄물에서 색조의 농담을 구현하는 데 최적이다. 그림 14-10에서와 같이 조각된 동판의 깊은 셀의 잉크는 얕은 셀의 잉크보다 짙은 색으로 보이기 때문에 스크린의 각 점의 면적은 같아도 농담이 생긴다. 이것이 사진 인쇄 시 계조gradation를 잘 표현할 수 있는 이유이다.

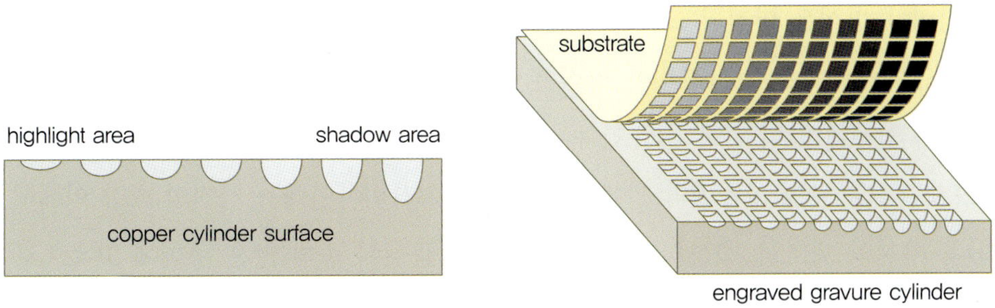

그림 14-10 **그라비아 인쇄판(동판)에서 셀 깊이 조절에 의한 색의 농담 조절 방식**

그라비아 인쇄판(동판)의 조판 방식은 레이저를 이용한 직접 조각 방식과 감광성 수지를 사용하는 방식이 있다. 직접 조각 방식은 고출력 레이저를 사용하여 에폭시 수지가 도포된 금속 실린더에 이산화탄소 레이저로 직접 셀을 형성(수지의 승화)하는 방식이며, 여기서 에폭시 수지가 판plate의 역할을 하므로 내마모성이 필수이다. 감광성 수지 방식은 감광성 수지가 도포된 금속 실린더에 아르곤 레이저로 감광시킨 후 화학적 부식을 통하여 오목 셀을 형성하는 방식이다(그림 4-11).

셀의 조각 방식에 따른 조판 방식에는 컨벤셔널 그라비아conventional gravure 방식, 망점 그라비아 방식, 전자 조각 그라비아 방식의 3종류가 있다. 컨벤셔널 그라비아 방식은 망점의 깊이만으로 색의 농담을 조절하므로 고품격의 사진 인쇄 등에 사용된다. 망

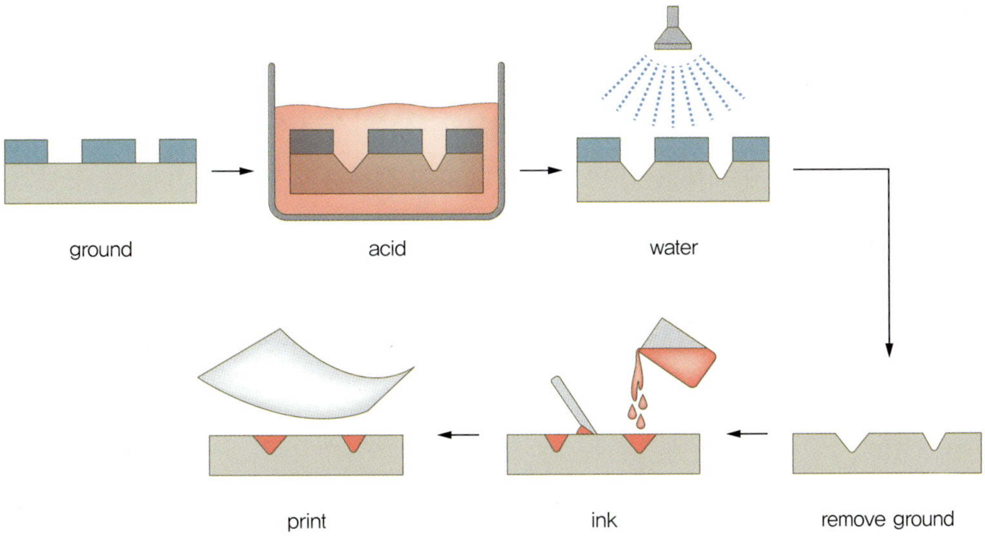

그림 14-11 **화학적 부식에 의한 그라비아인쇄용 동판의 제판**

점 그라비아 방식은 망점의 크기를 조절하는 방식으로 신문의 부록, 잡지 등의 인쇄에 많이 쓰인다. 전자 조각 그라비아 방식은 망점의 크기와 깊이를 모두 조절하는 방식으로 포장지 인쇄에 많이 사용되고 있다.

오프셋인쇄와 함께 고품질의 인쇄에 사용되는 그라비아인쇄는 사진의 대량 인쇄에 적합하다. 사진의 계조를 충분히 재현하고 비교적 품질이 좋지 않은 종이에 고속으로 많은 부수를 인쇄할 수 있는 반면에 제판이 어렵고 고가라는 단점이 있다.

(3) 그라비아 잉크 기술 동향

그라비아 잉크는 끓는점이 낮은 용제를 전색제의 주성분으로 하여 증발 건조가 쉽고 고속 인쇄가 가능한 것이 주요 특징이다. 휘발성 용제(휘발유, 벤졸 등)로 녹인 수지에 안료를 섞은 것이기 때문에 인쇄 후에 급속히 건조되며, 종이뿐 아니라 플라스틱 필름, 금속박 등에도 고속 인쇄가 가능하다. 하지만 이러한 장점 뒤에는 유기 용제를 많이 사용해야 하는 문제점이 있다. 앞서 설명한 플렉소인쇄, 오프셋인쇄와 비교하였을 때 가장 많은 유기 용제를 사용한다. 그라비아인쇄에 사용하는 유성 잉크는 톨루엔 등의 유기 용제로 대기 오염뿐만 아니라 냄새도 문제가 되고 있으며, 현장에서 일하는 직원들에게 미치는 유해성도 논란이 되고 있다. 전 세계적인 VOC 규제 추세로 보면 유성 그라비아 인쇄에서 향후 시급히 개선되어야 할 점은 바로 용제 문제이다.

해외에서는 수성 그라비아 잉크와 인쇄 기술의 개발이 진행되어 왔으나, 아직 인쇄 품질은 기존의 유성 그라비아인쇄 품질의 장점을 완전히 재현하지 못하고 있다. 수성 그라비아 잉크의 채용은 VOC 저감을 위한 확실한 대안이기는 하지만, 인쇄 품질이 떨어진다는 근본적인 문제 외에도 몇 가지 문제를 아직 해결하지 못하고 있다. 즉, 수성 그라비아인쇄 시스템으로 변경하기 위해서는 전용 설비가 필요하고, 인쇄와 건조 시간이 길어져 생산성이 떨어질 뿐만 아니라 기존 방식보다도 더 생산성이 떨어진다는 문제점이 그것이다. 일본에서는 잉크와 설비, 동판의 개선을 꾸준히 진행하여 이러한 단점을 해결한 시스템 개발이 업체별로 진행되고 있으며, 그 결과 10년 전에 비해 많은 진척을 이루고 있다.

수성 그라비아인쇄는 유성과 비교하여 잉크의 사용량을 40%가량 줄일 수 있고, 잉크 중의 용제 구성 비율을 고려하면 유성 인쇄보다 85%의 유기 용제가 절감된다. 수성 그라비아인쇄의 환경적 장점을 정리하면 다음과 같다.

① 휘발성 유기 화합물VOC 사용량을 85% 줄일 수 있다.

② 지구온난화 가스GHG 배출량을 30% 줄일 수 있다.

③ 광화학 산화제를 90% 줄일 수 있다.

④ 자원 소비량을 15% 줄일 수 있다.

⑤ 에너지 소비량을 40% 줄일 수 있다.

⑥ 대기 오염과 관련하여 공장 환경, 지역 환경을 획기적으로 개선시킨다.

⑦ 포장재 중 잔류 용제량을 80% 줄일 수 있다.

현재까지 진척된 수성 그라비아 잉크의 개발 상황을 살펴보면, 제판 분야에 있어서는 기존의 유성 그라비아인쇄 수준의 인쇄 품질을 재현하기 위하여 선 수의 정밀성을 향상시키려는 노력에 결실이 있었다. 유성 그라비아 동판의 경우 보통 175 lines/inch이지만, 수성 그라비아의 경우에는 250 lines/inch이다. 선 수를 세선화함으로써 색상을 고화질로 재현하고, 문자의 정밀도도 향상시킬 수 있었다. 특히 기존의 유성 그라비아 방식이 망점 30% 이하의 하이라이트 부분과 그러데이션 색조 재현이 어려운 단점이 있었지만, 선 수의 증가로 극복이 가능해졌다. 선 수의 증가와 더불어 기존의 그라비아인쇄에 있어 8색+별색의 구성이 보편적이었던 것을 오프셋인쇄와 같은 검은색black, 파란색cyan, 붉은색magenta, 노란색yellow+흰색white의 5색으로 색상을 재현할 수 있게 된 것도 매우 고무적이다. 그러나 이는 연포장 필름의 경우이고, 종이에는 표면의 평활도 차이와 잉크가 스며드는 문제로 종이에 따라 제한적으로 구현될 수밖에 없는 것이 현실이다.

향후 수성 그라비아인쇄의 가능성은 잉크의 원료비와 색상 절감을 통한 원가의 절감으로 생산성 감소라는 제조 원가의 증가 요인을 상쇄시키는 노력 여하에 달려 있다고 할 수 있다. 인쇄 잉크 사용량의 감소와 휘발성 유기 화합물VOC 배출량의 저감을 통한 환경적 규제에 대응할 수 있게 된 것은 향후의 전망을 밝게 하는 요소로 작용한다. 최근 들어 일본에서는 수성 그라비아인쇄의 실용화 단계에 접어들고 있으며, 특히 식품 포장용 인쇄에 적용하는 연포장재를 중심으로 확대되고 있다.

2. 인쇄 방식별 인쇄 품질

1) 계조의 표현 방식 차이

인쇄에서는 문자뿐만 아니라 사진이나 그림 등의 이미지를 재현하는 것이 중요하다. 이미지가 있는 색조를 어떻게 충실하게 재현하는지가 인쇄의 중요한 포인트가 된다. 색조는 밝은 부분highlight에서 중간 영역middle tone 또는 halftone을 거쳐 어두운 부분shadow까지 농도의 단계(색조 변화)로 나타내며, 이 농도 변화를 계조gradation라고 한다. 색의 농담은 점의 많고 적음과 그 면적의 크고 작음으로 나타내는데, 이 미세한 점을 망점halftone dot이라고 한다. 3가지 인쇄판 방식에 따른 계조를 그림 14-12에 나타내었다. 그림에서 그라비아판은 셀의 깊이만을 바꾸는 것으로 표시되어 있지만, 셀의 표면적을 바꾸어 망점의 크고 작은 농담을 표현하는 방법도 있다.

플렉소인쇄와 오프셋인쇄에서는 색조의 상태를 나타내는 방법으로 망점 면적의 크고

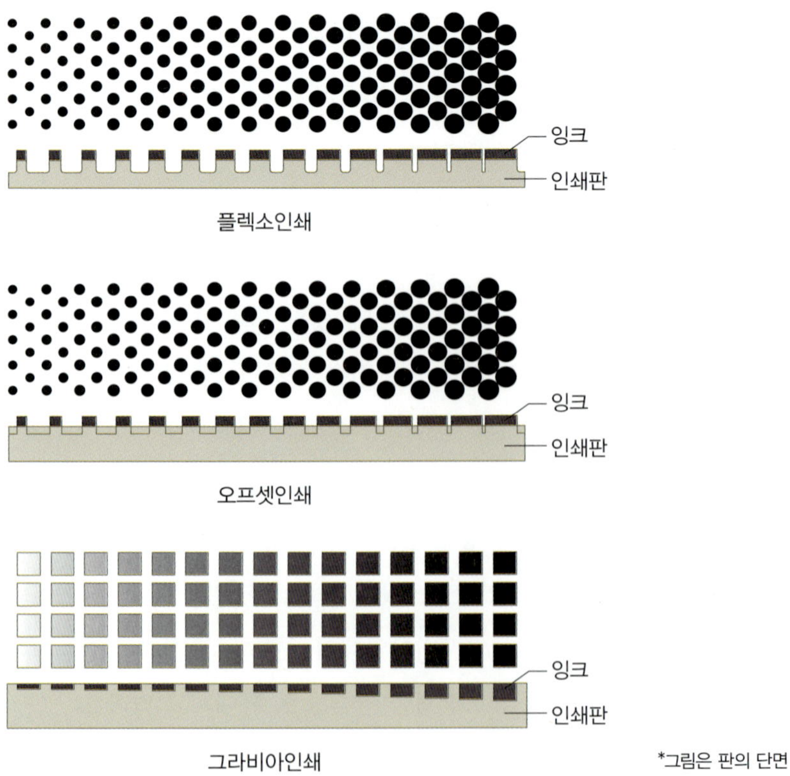

그림 14-12 인쇄판 방식별 계조(gradation)의 표현

작음으로 잉크의 부착량을 조정한다. 암부는 망점을 확대하여 부착량을 늘려서 진하게 인쇄되도록 하고, 반대로 하이라이트는 망점을 작게 하여 잉크 부착량을 줄이는 방법으로 희미하고 부드럽게 표현한다. 그라비아인쇄에서는 망점이 오목한 셀로 구성되기 때문에 계조를 셀의 깊이(2~40 μm)와 표면적을 모두 이용해 표현할 수 있다. 셀의 깊은 곳이 암부가 되고 얕은 곳은 하이라이트가 된다. 이렇게 셀의 깊이와 면적을 함께 계조 표현에 사용하는 조판 방식으로는 전자 조각 방식이 있다. 색의 농담을 나타내는 데 셀의 깊이를 이용하게 되면 망점을 채우는 잉크 두께를 조절할 수 있으므로 색의 담도를 충분히 깊이 있게 표현할 수 있다. 이러한 이유로 계조의 표현은 그라비아 방식이 가장 뛰어나다고 할 수 있으며, 더불어 잉크의 전이량이 가장 많은 특징도 있다. 따라서 피인쇄체의 백색도whiteness가 떨어지는 경우에도 색상이 충분히 잘 살아난다.

2) 잉크의 전이량과 인압 효과

인쇄에 영향을 미치는 요인으로는 인쇄판의 방식과 함께 전이되는 잉크의 양과 특성, 인압을 꼽을 수 있다. 인쇄 방식에 따른 잉크의 전이량에 대해 살펴보면, 판에 전이되는 잉크 두께의 평균은 플렉소인쇄가 8 μm, 오프셋인쇄가 4 μm, 그라비아인쇄는 25 μm 정도이다. 이처럼 그라비아는 잉크 막이 가장 두껍게 판에 전이되는 것이 특징으로, 피착물에 인쇄되어 건조가 진행된 후에도 인쇄층이 두껍게 형성되므로 짙은 인쇄물을 얻을 수 있다. 반대로 전이된 잉크의 양이 많아서 건조를 위해 유기 용제를 많이 써야 하는 것은 문제가 된다.

또 다른 요인인 인쇄 압력(인압)은 인쇄 시 판면 또는 블랭킷 실린더blanket cylinder 면의 잉크를 종이 등의 피인쇄물 표면에 전이시키기 위해 가하는 압력을 말한다. 인압은 플렉소의 경우 5~15 kg/cm^2, 오프셋은 5 kg/cm^2 정도, 그라비아는 20~50 kg/cm^2 정도이지만, 피인쇄물의 인쇄 면에 가해지는 압력은 볼록판인 플렉소가 가장 높기 때문에 플렉소의 경우 탄력이 있는 유연한 수지판(또는 고무판)을 인쇄판으로 사용한다. 그라비아는 동판에 종이 등 피인쇄물을 밀착시키는 압력이 가장 강한데, 이는 오목판 내에 있는 잉크를 모두 전이시키기 위해 각 셀을 완전히 독립적으로 밀폐시켜야 하기 때문이다. 이러한 조건에서 인쇄된 인쇄물은 각각 다른 특징을 가지게 된다. 대표적인 인쇄 품질의 차이를 그림 14-13에 나타내었다.

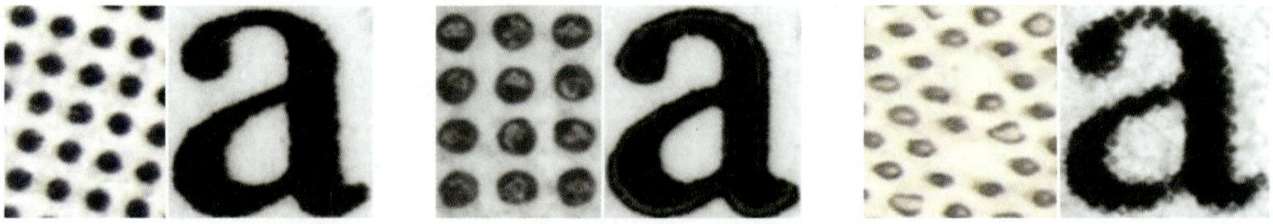

오프셋인쇄

- 20%, 75 L/cm
- 망점이 잉크로 균일하게 덮여 있음
- 가장자리가 울퉁불퉁함 (코팅되지 않은 용지의 경우)
- 균일한 텍스트 인쇄 품질

플렉소인쇄

- 20%, 60 L/cm
- 잉크가 모서리까지 밀리면서 망점 내부의 인쇄 농도 차이가 발생
- 망점 가장자리가 매끄럽게 인쇄됨
- 텍스트 가장자리에 그림자가 생김

그라비아인쇄

- 20%, 100 L/cm
- 가벼운 색조의 경우 망점의 형태가 완전하지 못함
- 도넛 모양의 망점
- 텍스트 가장자리에 톱니 모양이 생김

그림 14-13 **인쇄 방식에 따른 망점과 선의 정밀도**

그림 14-13에서와 같이 오프셋의 망점은 매우 고르게 잉크가 덮이며 가장자리도 깨끗이 잘 나타난다. 이러한 망점의 조합으로 선이 인쇄되기 때문에 오프셋의 인쇄 품질은 세 가지 인쇄 방식 중에서 가장 정밀하고 깨끗하다는 평가를 받는다. 플렉소인쇄의 경우에도 망점의 형태는 깨끗하나, 볼록판이라는 특성상 가장자리에 그림자 형태가 나타나는 '후광 효과halo effect'가 발생하는 것이 특징이다(그림 14-14). 세밀한 글자 표현에 있어서 그라비아는 세 가지 인쇄 방식 중 가장 불리하다. 망점의 형태가 가장 균일하지 않고 잉크의 전이량이 많기 때문에 글자 가장자리가 미세하게 번진 형태로 나타나기 쉽다. 이러한 현상은 인쇄물이 종이인 경우 더 두드러진다.

그림 14-14 **인쇄 방식에 따른 활자인쇄 선의 특징**

3) 인쇄 방식에 따른 인쇄 품질의 대표적 특징

(1) 플렉소인쇄

플렉소인쇄는 오프셋의 경우보다 판 표면의 잉크 막이 두껍고 강한 인압으로 종이에

직접 전이되는 방식이기 때문에 선명하고 딱딱한 문자와 화상을 표현하게 된다. 이러한 인쇄 방식은 선의 표현에 최적이므로 세밀한 문자 인쇄에 적합하다. 검은색 등 1도의 활자인쇄에서는 후광 효과도 적어서 가독성이 우수한 문자의 형상을 표현할 수 있다. 얇은 종이에 인쇄할 경우 인압으로 인해 문자의 인쇄 부분이 약간 패이는 형태로 종이 뒷면에 자국을 남기는 것도 플렉소인쇄의 특징 중 하나이다.

⑵ 오프셋인쇄

오프셋인쇄는 플렉소인쇄와 마찬가지로 망점의 크고 작음에 따라 색조를 표현한다. 그러나 플렉소와 달리 오프셋인쇄는 평판인쇄이기 때문에 평판에 많은 잉크를 담을 수 없다. 따라서 잉크의 양이 가장 적으며, 블랭킷을 통한 간접 인쇄 방식이기 때문에 인쇄 마무리는 부드러운 느낌이다. 블랭킷을 통한 간접 인쇄의 또 다른 장점은 고무 블랭킷에 탄력성이 있으므로 종이 표면에 약간의 요철이 있거나 평활도가 떨어져도 끊어짐이 없이 인쇄가 잘 된다는 것이다. 따라서 오프셋인쇄로 인쇄한 문자나 망점을 보면 플렉소인쇄에서와 같은 후광 효과가 없고, 그라비아인쇄의 톱니 현상sawtooth edge도 없이 완전하고 잉크가 균일하게 퍼져 있는 것을 알 수 있다. 인쇄의 정밀성에 있어서는 세 가지 인쇄 방식 중 가장 뛰어나며 인쇄 품질이 우수한 것도 이러한 이유이다.

⑶ 그라비아인쇄

그라비아인쇄는 잉크의 전이량이 가장 많고, 동판 셀의 깊이에 따라 계조를 표현하기 때문에 3가지 인쇄 방식 중에서는 가장 색의 농도가 풍부하며 세밀한 재현이 가능하여 깊이 있는 인쇄 효과를 얻을 수 있다. 이 점이 그라비아인쇄의 가장 큰 특징이다.

컬러사진의 망점을 확대해 보면 방식에 따라 모양 차이가 있기는 하지만 원형 및 각형, 타원형 등을 하고 있다. 잉크의 부착 모습은 균일하지 않으며, 가장자리가 진하고 중심의 농도는 얇은 것 같은 모습을 하고 있다. 또한 고속으로 인쇄되는 특성상 잉크 점도가 낮은 편이며, 동판의 오목한 셀 내에 갇힌 상태로 전이되기 때문에 문자 또는 선 모양을 돋보기로 확대해 보면 가장자리 부분이 톱니sawtooth 모양인 것을 알 수 있다. 오목한 셀 내의 잉크를 종이에 전이하기 위하여 종이의 평활도는 매우 중요하다. 따라서 그라비아용 인쇄용지는 평활도를 향상시킨 코팅이 충분히 된 용지를 사용해야 한다.

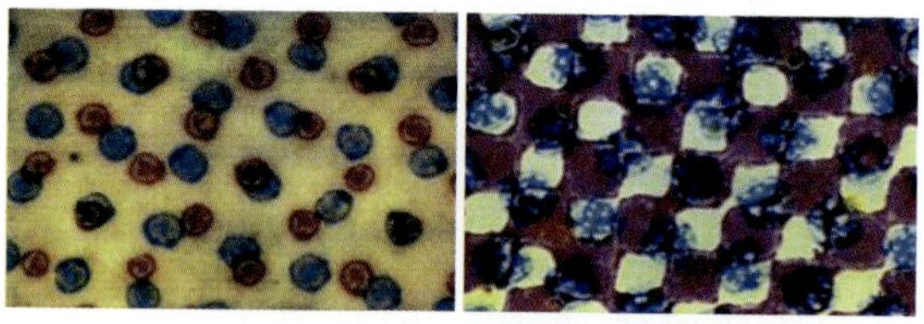

플렉소인쇄

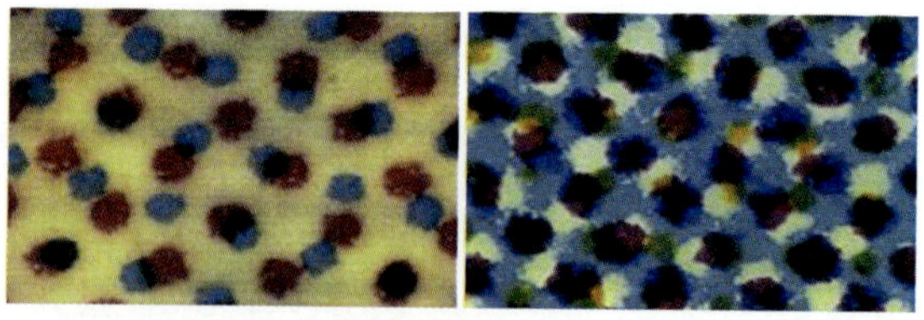

오프셋인쇄

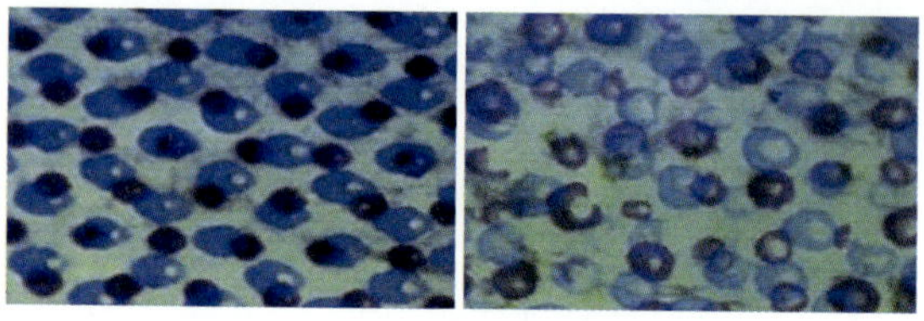

그라비아인쇄

그림 14-15 인쇄 방식에 따른 컬러 망점의 비교

3. 인쇄 방식별 종이의 선택

1) 인쇄물로서의 종이

종이는 극성이 좋고 잉크를 잘 흡수하는 성질이 있어서 인쇄물로 매우 적합하다. 플렉소, 오프셋, 그라비아 등 모든 인쇄 방법에 적용할 수 있다. 인쇄 원리를 생각해 보면 피인쇄물의 표면에 인쇄 잉크를 부착(전이)시키고, 부착된 잉크는 쉽게 고착되어야 한다. 잉크가 인쇄 면에 고착되기 위해서는 피인쇄물의 표면에 요철이나 모세관 현상을 유발하는 틈이 있어야 하며, 거기에 잉크가 들어가 건조된 후 굳어 기계적, 물리적으로 고착하거나 피인쇄물과 잉크 피막과의 사이에 분자 수준의 결합력, 예를 들면 반데르발스 힘van der Waals force 또는 수소 결합 등의 결합력이 작용하여야 한다.

종이는 셀룰로오스cellulose〔섬유소, $(C_6H_{10}O_5)_n$〕로 구성되어 있으며, 분자 내에 친수성의 수산기(−OH기)뿐만 아니라 잉크와 친화성이 강한 C-H−기를 다수 가지고 있기 때문에 잉크와 결합이 잘 된다. 또한 종이는 섬유끼리 얽히고 결합하여 종이층을 형성하고 있기 때문에 복합 섬유 사이에 미세한 간극이 있으며 다공질 구조로 되어 있다. 친수성인 동시에 친유성 성질도 있으며 다공질 구조를 갖는다는 것이 종이가 피인쇄체로서 매우 적합한 특징을 가지고 있음을 설명해 준다. 이러한 성질은 금속, 도자기, 유리, 플라스틱 필름 등의 소재에는 없는 성질이다. 종이 속에는 공기가 많이 포함되어 있으며, 이것이 쿠션 역할을 하므로 인쇄판 또는 블랭킷 실린더 등과 밀착성이 좋아 잉크 전이가 잘 된다. 그러나 종이가 인쇄에서 요구되는 모든 요소를 모두 가지고 있지는 않으며, 원료나 제조법 등 여러 가지 요인에 의해 품질 차이가 생길 수 있다. 이러한 품질 차이를 종이의 다공질 구조 관점에서 살펴보기로 한다.

종이는 다수의 모세관을 가진 다공질 구조이며, 이 모세관공의 크기와 분포에 따라 축임물과 잉크의 침투 정도가 결정된다. 이 모세관공들의 지름이 크면 잉크 흡수가 많아져 인쇄 광택과 선명성이 악화되고, 침투가 더 많아지면 인쇄 이면에 비치는 문제를 일으키게 된다. 반대로 모세관공 지름이 작으면 잉크가 침투하기 힘들고 건조 불량 등의 문제를 일으킨다. 모세관공의 크기와 수는 종이의 종류에 따라 다르므로 각각의 인쇄 방법에 적합한 종이를 찾아 선택해야 한다. 잉크가 수성인지 유성인지에 따라서는 종이 표면의 도공 상태와 코팅이 어떤 것인지도 살펴보아야 한다. 인쇄 방법에 따라 종이의 강도를 요구하는 것(offset)이 있고, 표면의 평활도를 요구하는 것(gravure)도 있다. 인쇄 방식이나 조건에 따라 용지에 요구되는 품질 특성이 다르므로, 품질 좋은 인쇄물을 얻기 위해서는 인쇄 방법이나 인쇄 조건, 용도 등에 맞는 전용 용지를 선택할 필요성이 있다.

인쇄용 종이의 선택은 인쇄 방법에 따른 인쇄 품질의 구현 이외에도 포장재로서 품질과 강도의 안정성, 식품 포장재로서의 안전성, 재활용성, 그리고 생산성과 경제성 등이 고려해야 할 요소들이다. 인쇄 방식과 용도 등에 따라 종이에 요구되는 인쇄 적성이 다

표 14-5 인쇄 용지로서 필요한 주요 품질 적성

인쇄용지로서 필요한 항목(공통)
• 품질의 편차(강도, 두께, 평활도, 백색도, 수분 함량 등)가 적어야 함 • 표면의 광택이 적절해야 함 • 잉크의 흡인 유성이 적절해야 함 • 신축이 적고, 컬(curl)이 발생하지 않아야 함 • 피킹(picking)이 없어야 함 • 식품 포장용지로서 적합한 내수성을 갖추어야 함 • 두께, 수분 등이 균일해야 함 • 시간이 지나거나 광 노출 시 퇴색이 없어야 함 • 재단 시 단면에서 지분의 발생이 없어야 함 • 먼지나 주름, 이물질 등의 혼입이 없어야 함 • 롤(roll)의 경우에는 늘어지거나 주름, 이음매 등이 없어야 하며 굴곡 적성이 좋아야 함

르지만, 인쇄 방식과 상관없이 인쇄 용지로서 필요한 공통 항목이 있다. 그 주요 항목들을 표 14-5에 나타내었다.

2) 인쇄 방식별 요구되는 종이의 품질

인쇄 방식별로 용지에 요구되는 주요 품질 적성을 표 14-6에 나타내었다. 인쇄 방식에 따른 품질 요구 차이는 주로 다음과 같은 이유로 발생한다.

- 볼록판, 오목판 등 인쇄판에 따른 형태 차이
- 인쇄판의 소재(금속판, 수지판, 또는 평판)
- 직접 인쇄 또는 간접 인쇄인지의 여부
- 축임물의 사용 여부

이러한 차이에 따라 각 인쇄 방법에 적합한 용지가 달라지게 된다. 오프셋의 경우 윤활성과 안전성에 대한 요구도는 작지만 물에 대한 내수성과 치수 안정성, 표면 강도(피킹 방지)가 좋은 것 등이 요구된다. 그라비아는 오목 셀에 잉크를 전이시키기 위해 표면의 평활성이 좋은 것이 요구된다. 따라서 슈퍼 캘린더 처리로 마무리하거나 코팅, 또는 합성 라텍스 등의 도포로 평활도를 향상시킨 종이를 사용해야 한다.

표 14-6 인쇄 방식별 요구되는 용지의 주요 품질 적성

인쇄 방식	Flexo	Offset	Gravure
품질 적성	직접 인쇄이므로 종이에 잉크층이 잘 형성되도록 하기 위해서는 다음의 항목들이 필요 • 평활성이 높을 것 • 탄성(쿠션)이 있을 것 • 잉크 흡수성이 필요(고속 인쇄 적합) • 불투명성이 높을 것	피킹을 억제하기 위하여 섬유간 결합이 강화된 강도 높은 종이가 필요 • 내수성이 있을 것 • 피킹 저항성이 좋을 것 • 습도 안정성(치수 안정성)이 있고 신축이 적은 것 • 컬 발생이 없어야 함 • 흡수성이 있어 잉크 건조가 잘 되어야 함	금속판은 직접 인쇄이지만 오목판이고 인쇄 압력이 높기 때문에 다음의 특성들이 필요 • 평활도가 우수해야 함 • 탄성(쿠션)이 많이 요구됨 • 잉크 흡수성이 좋아야 함 • 잉크의 건조가 빠르고 냄새가 적어야 함

표 14-7과 표 14-8에 인쇄 방식에 의한 용지의 주요 인쇄 적성을 비교하였다.

표 14-7 인쇄 방식에 의한 용지의 주요 인쇄 적성(요구되는 종이 물성) 비교

항목	Flexo	Offset	Gravure
평활도	◎	○	◎
흡유도	◎	○	◎
표면 강도	△	◎	△~×
내수성	×	◎	×(수성 잉크 사용 시 : ◎)
잉크 건조성	○	◎	△~×
강도(Stiffness)	○	◎	○
쿠션성	◎	○	◎

* ◎ : 상관 많음　○ : 상관 있음　△ : 관계 적음　× : 관계없음

표 14-8 인쇄 방식의 특징과 용지의 인쇄 적성

항목	Flexo	Offset	Gravure
원리	볼록판인쇄(직접 인쇄)	평판인쇄(간접 인쇄)	오목판인쇄(직접 인쇄)
특징	• 문자 인쇄가 선명함 • 정교한 인쇄 가능 • 친환경적임	• 인쇄가 가장 선명함 • 잉크의 점도가 높음 • 어느 정도는 친환경적임	• 계조 표현이 풍부 • 고급 제판 기술이 필요 • 환경 문제 심각
최근 동향	신문, 출판 인쇄는 감소	약간 증가 추세	거의 답보 상태
판재	감광성 수지판	금속판(알루미늄, 아연)	금속판(구리, 크롬 도금)
블랭킷	미사용	사용	미사용
제판	• 제작 시간이 길 • 가격은 비교적 고가	• 제작 시간이 짧음 • 저렴	• 제작 시간이 길 • 가격은 고가
내쇄력	중(10~20만 통)	소(5~20만 통)	대(100~200만 통)
색조 구현	망점 크기	망점 크기	셀의 깊이, 망점 크기
속도	• 매엽 : 3,000~8,000매/hr • Roll : 600~680 m/min	• 매엽 : ~18,000매/hr • Roll : ~900 m/min	• 매엽 : ~10,000매/hr • Roll : ~900 m/min
인압	베타부에서 5 kg/cm^2 활자 끝에서는 2~3배	5 kg/cm^2 이하	20~50 kg/cm^2
잉크의 건조	침투형	산화 중합	증발형
비히클 조성	미네럴 오일, 수지	건성유, 수지, 녹는점이 높은 용제(콩기름 잉크 채용)	녹는점이 낮은 용제, 수지
점도	100~500 p	300~3,000 p	0.5~5 p
용지 물성	평활성과 탄성(쿠션)	표면 강도 및 내수성	높은 평활성과 탄성(쿠션)
인쇄용지	• 어떤 종이이든 가능 • 아트지, 코팅지, MC지, 상질지, 코트지가 적합 • 엠보싱지는 부적합 • 중질지에도 가능	• 어떠한 종이이든 가능하나 그라비아용지는 불가 • 엠보싱지 사용 가능 • MC지, 상질지, 코트지, 아트지에 적합	• 평활도가 높은 종이가 적합하며, 일반적으로 그라비아 용지를 사용 • MC지, 상질지, 아트지에 적합

4. 인쇄 방식별 잉크의 특징

잉크는 안료pigments, 운반체vehicle, 물water 또는 용제solvents, 첨가제additives의 4가지 성분으로 구성되고 있다. 안료는 색상을 구현하는 소재로 무기계와 유기계로 구분된다. 무기계는 이산화티탄TiO_2(백색)과 같은 금속 산화물이 대표적이며, 유기계의 경우는 방향족 화합물이 주종을 이룬다(그림 14-16).

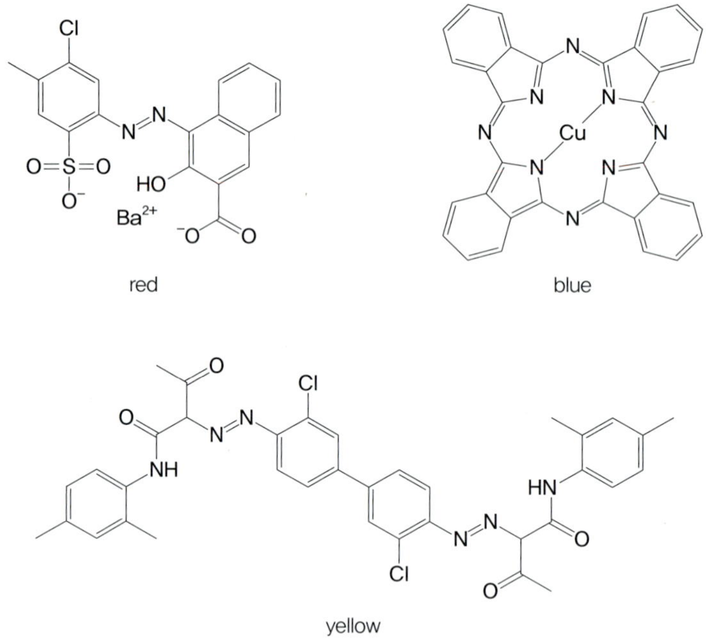

그림 14-16 **유기계 안료의 예와 각각의 색상**

운반체는 바인더binder라고 하는데 주로 용제에 녹는 경화성 고분자로 구성되며, 안료 입자를 피착재에 부착시키는 수지 성분으로 구성되어 있다. 첨가제로는 각각의 인쇄 방식에 따라 습윤제wetting agents, 건조 및 경화제, 산화 방지제, 점도 조절제, 대전 방지제, 슬립제slip agents 등이 사용된다.

그림 14-17의 (a)는 필름층에 인쇄된 그라비아 인쇄층을 찍은 전자현미경 사진으로, 안료 입자와 바인더가 끈끈하게 결합되어 하나의 층을 형성하고 있음을 보여 준다. 이 층에서 바인더를 제거하고 찍은 사진이 그림 14-17의 (b)로, 무기 안료 입자TiO_2가 고르게 분산되어 있음을 알 수 있다. 사진에서 보여지는 것처럼 이들 무기 안료 입자들의

(a) 필름에 인쇄된 잉크층

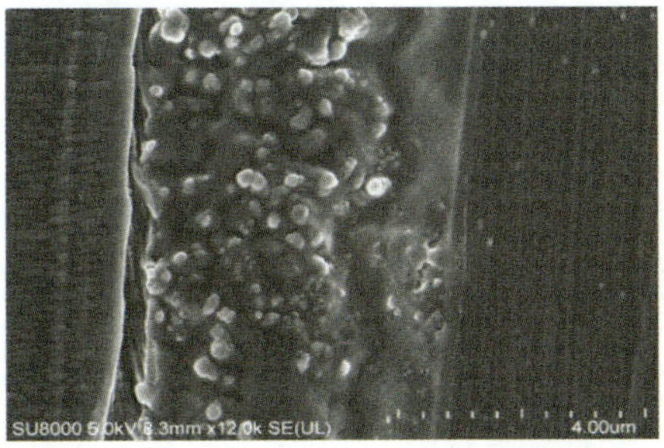

(b) 잉크층의 무기 안료 입자

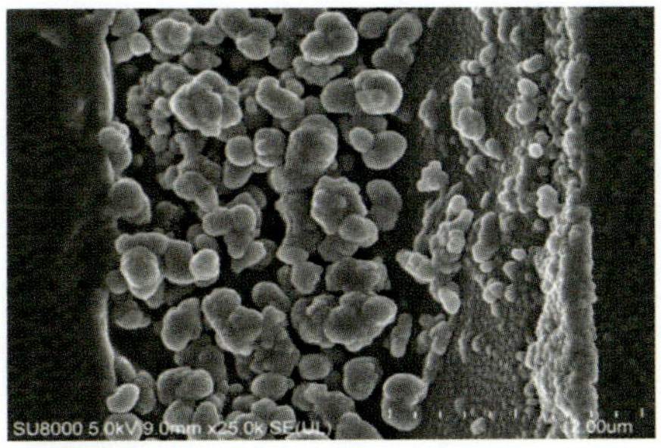

그림 14-17 인쇄된 잉크층과 잉크층의 안료

자료 : 김정민, 고려대학교

크기는 200~400 nm이다.

안료를 종이와 필름 등 피착제에 붙이는(고착하는) 방법으로는 물 또는 용제의 증발, 물 또는 용제의 흡착, 산화 및 화학 반응 등을 이용하며, 인쇄에 따라 각각 다른 방식을 적용하고 있다. 현재 쓰이고 있는 인쇄 방식별로 잉크 종류를 정리하면 다음과 같다.

- Flexo : 용제형, 수성, UV 경화형
- Gravure : 용제형(일반), non-toluene형, 수성
- Offset : 일반, non-VOC형

각각의 사용 용도는 일반형과 친환경형으로 구분될 수 있으며, 이는 최근 인쇄산업에 요구되는 친환경적 추세와 관련이 있다. 일반형 잉크의 경우 각각의 인쇄 방식에 따른 잉크의 특성은 표 14-9와 같다. 잉크 원재료 전이량이 적은 순서는 UV-오프셋, 플렉소, 그라비아의 순이며 그라비아가 가장 많다.

플렉소 잉크의 전이량은 그라비아 잉크 전이량의 절반 정도이다. 인쇄 방식이 다르더라도 인쇄된 잉크 피막 안에 포함되는 안료의 절대량은 거의 동일하기 때문에 플렉소

표 14-9 인쇄 방식에 따른 잉크의 특성

인쇄 방식	점도(Poise)	항복값(dyn/cm^2)	잉크 두께(μm)
Flexo	1~2	0~10	3.0~5.0
Gravure	0.5~1	0~20	8.0
Offset	1,000	10,000	0.7~1.2

잉크로 그라비아 잉크와 같은 농도의 인쇄 재현을 하려면 그라비아의 약 2배 분량의 안료를 설정해야 한다. 이것이 플렉소 잉크의 안료 비율이 그라비아 잉크 안료 비율에 비해 높은 이유이다. 필름 인쇄에 사용하는 수성 잉크의 경우 안료 비율은 용제형 잉크보다 높지만, 실제 인쇄되는 잉크의 농도는 용제형과 거의 동등하다. 이것은 수성 잉크의 전이성이 용제형 잉크보다 떨어진다는 것에 기인한다.

잉크의 건조 방식은 다음과 같이 4가지로 분류된다.

① 증발 건조 : 잉크 중의 용제가 가열 등에 의해 증발함으로써 건조되어 피막을 형성한다. 일반적으로 그라비아인쇄와 플렉소인쇄에 사용되는 잉크는 이 건조 기구가 많이 사용된다.

② 침투 건조 : 잉크 중의 용제가 종이 등에 침투함으로써 피막을 형성한다. 일반적으로 활판인쇄 또는 신문 인쇄 등에 사용하는 잉크 및 잉크젯 인쇄에는 이 건조 방식이 많이 이용된다.

③ 산화 중합 : 잉크 중의 건성유가 금속을 촉매로 공기 중의 산소와 중합하여 피막을 형성한다. 일반 오프셋 잉크는 이 건조 방식이다.

④ UV 경화 : 자외선에 의해 가교결합을 형성, 경화되는 잉크로 자외선 대신 EB(전자선)에서도 마찬가지로 피막이 형성된다.

표 14-10 인쇄 방식에 따른 잉크의 건조 방식

인쇄 방식	증발 건조형	산화 중합형	2액 반응형	자외선 경화형
Flexo	◎		△	△
Gravure	◎		○	
Offset	△	○		○

잉크 중의 안료 농도가 높은 순서대로 늘어놓으면 UV-플렉소, UV-오프셋, 수성-플렉소, 용제형 플렉소, 그라비아의 순서이며, 그라비아 잉크의 안료 농도가 가장 낮다(표 14-11).

표 14-11 잉크의 종류별 조성 비교

항목	용제형 Flexo	수성 Flexo	Gravure	Offset
안료(%)	15	18	10	20~25
수지(%)	15~20	20~30	10~15	30~40
유기 용제(%)	65	20	75	0
물(%)		35		
건성유(%)				20~25
상대 잉크량(kg)	6.67	5.56	10	5.56
유기 용제 총량(kg)	5	1.39	12.5	0

5. 외국의 친환경 잉크 사용 동향

1) 플렉소 잉크

플렉소 잉크는 주로 골판지 용도로 많이 쓰이고 있으며, 수성 잉크와 글리콜 잉크가 사용되고 있다. 판지 및 필름 용도로는 수성 잉크, UV 잉크를 사용한다. 친환경 잉크의 생산 비율은 약 80%이다. 최근 플렉소 잉크로의 UV 잉크 채용에 대한 관심이 높아지고 있는데, 이것은 VOC 저감 추세에 기인한다. UV-플렉소 잉크와 UV-오프셋 잉크는 휘발 성분이 포함되어 있지 않으므로 건조에 따른 감량이 없으며, 전이량이 적어도 높은 농도의 잉크 인쇄가 가능하다. 이것이 플렉소인쇄에 UV-플렉소 잉크가 적합한 이유 중의 하나로 꼽힌다.

용제형 플렉소 잉크와 용제형 그라비아 잉크를 비교하면 동일 농도·동일 무늬 인쇄의 경우, 플렉소인쇄의 잉크 사용량은 그라비아 잉크 사용량의 2/3이다. 따라서 용제를 적게 쓰는 플렉소 잉크의 경우 VOC의 총배출량은 그라비아 잉크의 약 40% 이하이다. 수성 잉크나 UV/EB 잉크가 더 친환경적이라는 것은 말할 것도 없다.

매엽인쇄가 아닌 롤러식 인쇄의 그라비아인쇄보다 플렉소인쇄가 환경적인 장점이 더 크기 때문에 향후 지기 인쇄 분야에서는 플렉소인쇄의 사용이 증가할 가능성이 높다. 이는 플렉소인쇄의 인쇄 품질이 기술의 발달과 더불어 좋아지고 있기 때문이기도 하다.

2) 오프셋 잉크

예전의 오프셋 잉크의 대부분은 방향족 성분을 포함한 휘발성 석유계 용제를 사용하는 잉크였다. 휘발성 석유계 용제는 합성 수지를 용해하고 인쇄 적성을 얻기 위해 중요한 역할을 해 왔으나, 환경적 문제가 대두되면서 21세기에 들어서는 비석유계 식물성 용제로 대체되고 있다. 종래 석유계 용제를 쓰던 것을 콩기름 등 식물성 기름으로 대체하고, 최근 적용하기 시작한 non-VOC 잉크의 경우는 석유계 원료를 전혀 사용하지 않고 있다. 그림 14-18에 잉크의 종류별 성분 조성을 나타내었다.

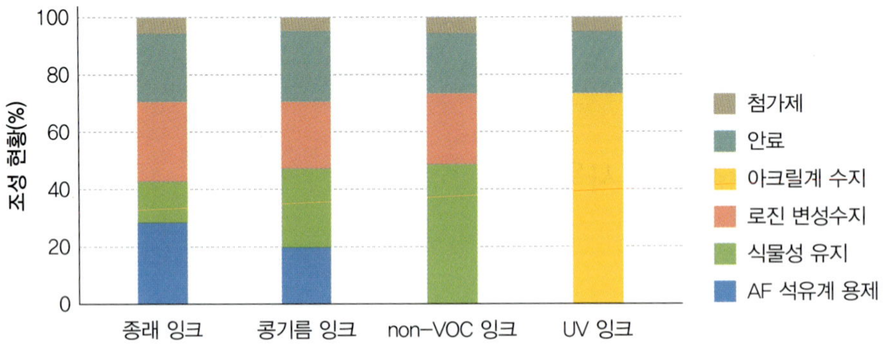

그림 14-18 **잉크의 종류별 조성 현황**(일본 사례)

일본 인쇄잉크연합회의 2016년 조사 결과를 보면 오프셋 잉크의 경우 친환경 인쇄 잉크의 생산 비율은 UV 잉크 7.4%, 식물성 기름 잉크 95.2%, non-VOC 잉크 1.3%로, 식물성 기름 잉크가 대부분을 차지하는 것으로 조사되었다(표 14-12).

최근 적용되기 시작한 non-VOC 잉크는 석유계 용제를 식물성 기름 등으로 대체하여 1% 미만으로 한 잉크이다. 식물성 기름은 콩기름, 아마씨 기름, 야자 기름, 쌀겨 기름

표 14-12 **환경 대응형 오프셋 잉크의 생산량과 생산 비율** (단위 : t, %)

잉크의 종류	2011년		2013년		2015년	
	생산량	비율	생산량	비율	생산량	비율
식물성 기름 잉크	124,926	85	115,999	89.3	105,680	95.2
에코마크 등록 잉크	121,748	82.9	117,873	90.7	103,826	93.6
Non-VOC 잉크	1,196	0.8	2,239	1.7	1,617	1.3
UV 잉크	6,850	4.7	7,250	5.6	8,920	7.4
재활용 대응 UV잉크	1,059	0.7	3,205	2.5	3,835	3.2
합계	146,919		129,950		119,904	

자료 : 일본 인쇄잉크연합회

등을 사용하고 있다. 식물성 기름 잉크보다 더욱 진보된 친환경 잉크가 향후 오프셋 잉크의 주류가 될 것으로 예측하고 있다.

UV 잉크는 자외선UV 조사로 잉크가 경화, 건조하여 강력한 피막을 만드는 잉크이며, 최근 VOC 성분이 극히 적다는 것으로 재조명받고 있다. LED-UV 램프와 더불어 대기 오염을 줄이고 온실가스를 저감할 수 있는 친환경 오프셋인쇄 방법으로 관심이 높아지고 있다. UV 잉크는 그동안 재활용 시 탈묵이 어렵기 때문에 폐지 재생 처리에 적합하지 않은 것으로 알려져 왔지만, 일반 오프셋 잉크 수준의 탈묵 성능을 갖는 재활용 대응형 UV 잉크가 개발되어 판매되고 있다.

3) 그라비아 잉크

특수 그라비아 잉크 생산량 중 친환경 잉크의 생산 비율은 논-톨루엔non-toluene형 62.9%, 수성 잉크 6.5%로, 친환경 잉크의 비율이 전체 그라비아 잉크 생산량의 69.4%를 차지하고 있다. 일본의 경우 톨루엔의 작업 환경 관리 농도 기준이 20 ppm까지 낮추어졌기 때문에 톨루엔의 배출을 최대한 억제하기 위해 잉크의 논-톨루엔화가 진행되고 있다. 논-톨루엔 잉크는 2008년 12월 제정된 기준에 의하면 톨루엔 함량이 0.3% 미만의 잉크로 정의하고 있다.

수성 그라비아 잉크는 유기 용제 대신에 물을 주로 사용하는 잉크로, 주용도는 포장용 종이, 필름 등의 인쇄에 사용된다. 2015년 일본의 수성 그라비아 잉크의 생산량은 약 6,600톤 수준으로, 특수 그라비아 잉크 전체의 5.6% 수준이다. 수성 잉크의 사용은 잉크 및 장비의 기술적 과제가 남아 있지만 점차 증가할 것으로 전망된다.

표 14-13 특수 그라비아 잉크 중 친환경 잉크의 생산량과 생산 비율 (단위 : t, %)

잉크의 종류	2011년		2013년		2015년	
	생산량	비율	생산량	비율	생산량	비율
종래 잉크	35,911	32.4	35,438	30.6	38,481	32.7
Non-Toluene형	68,040	61.4	72,970	62.9	72,464	61.7
수성 잉크	6,945	6.2	7,569	6.5	6,590	5.6
합계	110,896		115,977		117,535	

*특수 그라비아 잉크 생산량 = 그라비아 잉크 생산 – 출판 그라비아 잉크 생산량

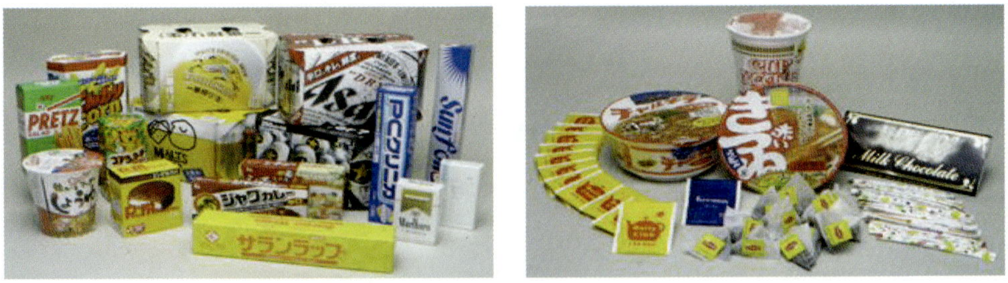

그림 14-19 지기와 종이 포장 용도로 사용한 수성 그라비아 잉크 사례

6. 인쇄 방식의 선정

인쇄의 품질 측면에서 살펴보면 플렉소인쇄의 인쇄 품질은 다소 떨어지나 오프셋인쇄와 그라비아인쇄는 소비자들이 구별하기 어려울 만큼 비슷한 인쇄 품질을 가지고 있다. 따라서 식품 포장재로서 인쇄 품질 면에서는 어느 인쇄 방법이 유리하다고 판단하기가 어려우며, 포장재의 종류와 인쇄기의 성능, 그리고 인쇄량에 따라 결정하는 것이 보편적이다. 인쇄 방식은 생산성과 원가, 설비 투자비, 품질 관리 및 납기, 그리고 친환경성 등을 검토하여 결정할 문제이다.

포장재가 종이일 경우 플렉소인쇄나 오프셋인쇄가 보편적으로 사용되며, 매끄러운 표면을 갖는 투명한 플라스틱 필름일 경우에는 그라비아인쇄를 많이 사용한다. 포장재를 높은 온도에서 열처리해야 하는 레토르트 파우치에는 그라비아인쇄를 사용한다. 생산성과 원가 측면에서는 롤식의 종이를 사용하는 그라비아인쇄가 속도와 종이의 절약 측면에서 유리하다. 그러나 생산량이 많은 품목에 한정되며, 생산량이 적은 제품일 경우에는 제판비와 제판 시간, 인쇄판 교체 시간 등을 고려하면 오프셋인쇄가 더 유리할 수밖에 없다. 인쇄 방식과 용지의 조합도 무시할 수 없다. 예를 들어 오프셋인쇄와 SC-마닐라지는 국내에서 오랫동안 짝지어 사용되어 온 인쇄 방식-용지의 조합으로 이를 그라비아인쇄로 변경을 하려면 많은 시행착오를 감수해야 할 것으로 예상된다.

친환경성 측면에서는 VOC 배출이 많은 그라비아인쇄가 가장 불리하다. 이의 해결을 위해서는 수성 그라비아로의 전환이 필요하지만 아직 잉크 개발의 완성도가 떨어지고 설비도 기존의 그라비아와는 다른 전용 설비가 필요하며, 무엇보다 건조 시간이 길어 생산 속도가 떨어지는 단점을 해결하지 못하고 있다. 외국에서도 아직 기존의 유성 그라비아인쇄와 동등한 수준의 장점을 보유하면서 대체할 수 있는 수준의 기술에는 이르지 못한 상태이다. 그럼에도 수성 그라비아 잉크와 인쇄 기술의 개발은 계속되고 있으며, 친환경성은 물론 유기 용제를 줄여야 하는 것은 인쇄 분야에 있어서 향후 반드시 구현되어야 할 숙제이다.

식품 포장재에 오프셋 대신 생산성 측면에서 유리한 롤식 인쇄를 채용하고자 한다면 그라비아인쇄보다는 플렉소인쇄가 장기적으로는 유리하다. 플렉소인쇄는 인쇄 품질은 다소 떨어지지만 원가와 친환경성 면에서 유리하기 때문이다. 식품 포장재에서 컬러 인쇄 품질의 중요성은 장기적으로는 다소 약해질 것으로 전망하는데 그 이유는 다음과 같다.

- 롤식 인쇄는 생산량이 많은 기존의 제품에 적용이 가능한데, 이러한 제품은 대부분의 소비자가 디자인보다는 브랜드에 대한 선호도에 의해 구매하는 경우가 많기 때문이다.
- 향후 시장에서의 판매는 매장에서 디자인을 매개로 하는 일방적인 정보 전달 방식의 판촉보다는 SNS 등을 통한 정보 공유에 의한 집단 의사에 더 좌우될 것이라 예상되기 때문이다. 이러한 경우 포장재의 인쇄 품질보다는 안전성이나 친환경성이 판매에 더 도움이 될 수 있다.

외국에서도 식품 포장재에 사용되는 오프셋인쇄가 그라비아인쇄로 전환되는 특별한 움직임은 보이지 않고 있다. 하지만, 인쇄 방법을 불문하고 친환경적 잉크를 채용하고자 하는 움직임은 지속되고 있다.

7. 기타 인쇄 기술

1) 드라이 오프셋인쇄

드라이 오프셋인쇄dry offset printing는 용어에서 느껴지듯이 오프셋인쇄와 플렉소인쇄의 중간 형태이다. 인쇄판에 피착재를 접촉시키지 않고 오프셋인쇄와 같이 블랭킷 실린더에 잉크를 전이시켜 간접 인쇄하는 방식이지만, 축임물을 사용하지 않아 'dry(물을 사용하지 않는) offset'이라는 용어로 불린다. 주로 원통형 캔 등에 인쇄할 때 많이 사용되

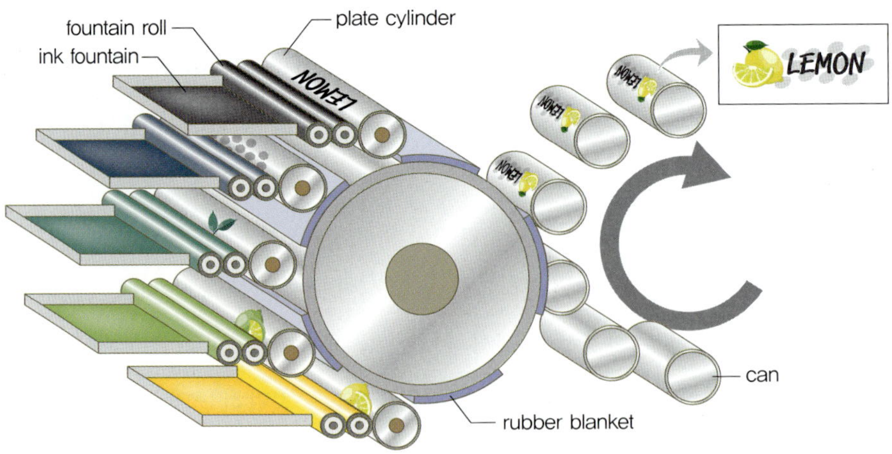

그림 14-20 **원통형 캔에 적용되는 드라이 오프셋인쇄**

는 방식이다(그림 14-20).

캔의 경우 원통형 캔에 인쇄를 할 때는 물론이고 평판에도 적용된다. 축임물을 사용하지 않기 때문에 인쇄판은 볼록판을 사용한다. 따라서 드라이 오프셋인쇄의 특징은 다음과 같이 정리할 수 있다.

- 물을 사용하지 않는다.
- 인쇄판이 볼록판이다(오프셋인쇄에서처럼 평판이 아님).
- 원통 용기에 인쇄할 때 사용한다.

적용되는 포장재의 예를 들면 플라스틱 음료 용기, 플라스틱제 뚜껑plastic lids, 화장품 튜브, 금속 캔, 산업용 플라스틱 용기와 컵 등이다.

오프셋인쇄와 드라이 오프셋인쇄의 차이는 그림 14-21과 같이 이해될 수 있다. 그림 14-21 (a)는 드라이 오프셋으로 볼록판 인쇄인 것이 특징적이며, 오른쪽 그림 14-21 (b) 오프셋인쇄의 평판과 차이를 보여 주고 있다. 물을 사용하지 않고 인쇄판이 볼록판이란 것이 차이점이며, 나머지 방식은 오프셋인쇄와 동일하다. 잉크는 열에 의해 경화되거나 UV 경화 방식을 사용한다.

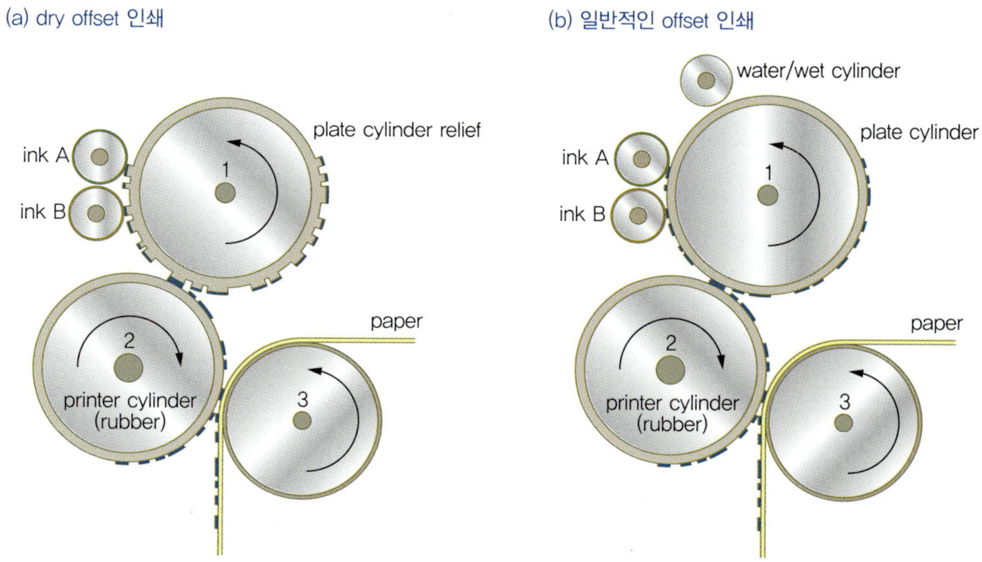

그림 14-21 **드라이 오프셋인쇄와 오프셋인쇄의 차이**

2) 스크린인쇄

스크린인쇄screen printing에서 인쇄하고자 하는 디자인은 금속 또는 플라스틱으로 짜여진 메시mesh 위에 얹어진다. 이 메시 위에는 감광성 수지가 도포되어 있으며 빛(UV)에 노출시킴으로써 빛이 닿지 않은 부분에 수지가 남겨져 경화되면서 인쇄판이 만들어진다. 미세한 금속 또는 플라스틱 메시는 이러한 원리에 의해 잉크가 투과하는 다공성 스크린 영역과 잉크가 전사되지 않는 수지로 밀봉된 영역으로 나뉘게 되며, 잉크가 투과하는 부분에만 인쇄가 이루어지게 된다. 피인쇄체를 스크린 밑에 위치시키고 점도가 있는 유성 잉크를 스크린 위에 와이퍼 블레이드wiper blade로 고르게 도포한다. 스크린

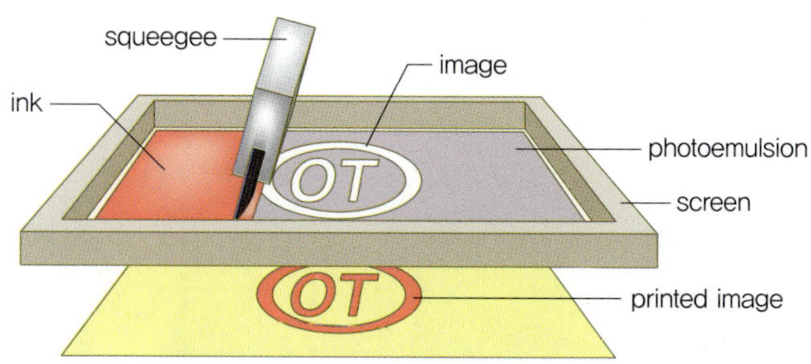

그림 14-22 **스크린인쇄의 방법과 원리**

을 통과한 잉크는 와이핑 블레이드의 작용으로 밑에 위치한 피인쇄체에 전달된다.

스크린 인쇄는 피인쇄체의 종류가 다양하고 잉크의 선택과 인쇄체 선택의 폭이 넓으며 소량의 인쇄에 적합하다는 장점이 있지만, 양산이 불가능하고 속도가 느리며 소량 인쇄에 적합하다는 단점도 있다. 컬러 인쇄의 경우 디자인 시안을 색분해한 후 CMYK의 4색으로 이미지화한 필름으로 각각의 판을 만들어 인쇄한다. 스크린 인쇄는 피인쇄체의 표면 상태에 크게 좌우되지 않으므로 티셔츠와 같은 직물 인쇄에 많이 사용되기도 한다. 포장재에는 다품종 소량 생산되는 품목에 적용되고 있는데, 그 이유는 인쇄판 비용이 싸고 롤이 아닌 매엽(낱장)인쇄를 할 수 있기 때문이다.

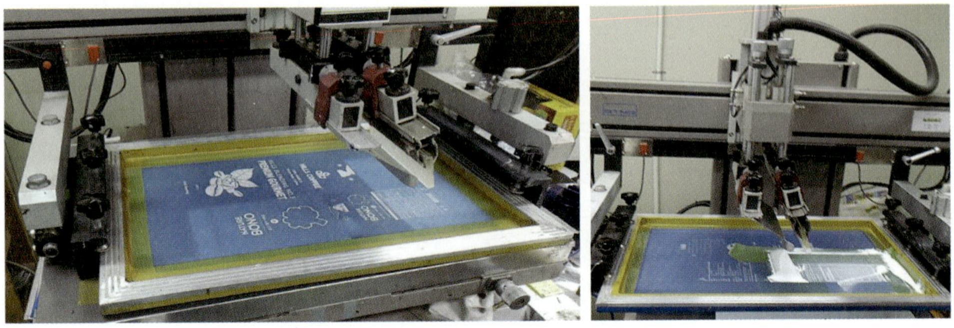

그림 14-23 **자동화된 스크린 인쇄기**

3) 열전사인쇄

열전사인쇄heat-transfer printing는 열을 이용하여 피인쇄체에 이미지를 전송하는 방법이다. 잉크의 건조공정이 없기 때문에 둘 다 친환경적 공정이다. 두 공정 모두 인쇄 시 열에 견딜 수 있는 판이 필요하다. 디자인은 열 전사에 적합하게 구성된 다층 PET 필름에 열에 민감한 잉크로 인쇄한다. PET 필름과 인쇄층 사이에는 분리되기 쉬운 이형 처리층release coating이 있으며, 인쇄층에는 열에 의해 접착성이 부여되는 코팅을 하여 인

그림 14-24 **열전사인쇄의 적용 사례**

쇄되는 피인쇄체와 접촉할 수 있게 한다. 열전사인쇄는 평면이 아닌 곡면을 갖는 피인쇄체에도 인쇄할 수 있다. 그림 14-24에 열전사인쇄의 예를 나타내었다.

핫 스탬프인쇄hot-stamp printing는 열전사인쇄의 또 하나의 예로, 인쇄를 하지 않고 도장과 같은 판을 사용한다. 디자인이 새겨진 가열된 금형을 열전사 PET 다층 필름에 대고 눌러서 이미지를 피인쇄체에 각인하는 방식이다. 이 방식은 금속광택을 내는 인쇄나 장식으로, 고급 초콜릿이나 과자 포장이나 고급 주류의 병 라벨에 사용한다.

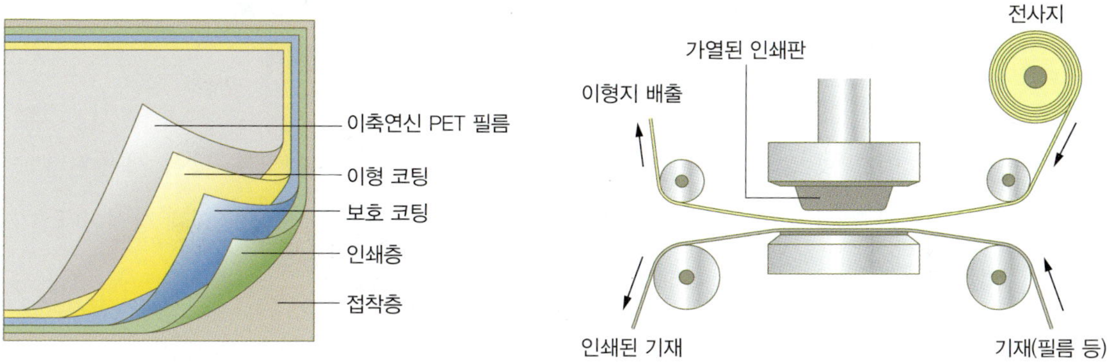

그림 14-25 **핫 스탬프인쇄(hot-stamp printing)의 전사지 구성과 인쇄**

4) 패드인쇄

패드인쇄pad printing는 입체 또는 원통형, 곡면의 피인쇄체에 인쇄하는 데 적합한 방식으로, 인쇄판은 그라비아인쇄판이지만 직접 인쇄가 아닌 간접 인쇄를 한다는 것이 특징이다. 인쇄판에서 잉크는 신축성이 있는 패드pad에 전달되고, 다시 잉크가 묻어 있는 패드를 피인쇄체에 접촉시킴으로써 인쇄하는 방식이다.

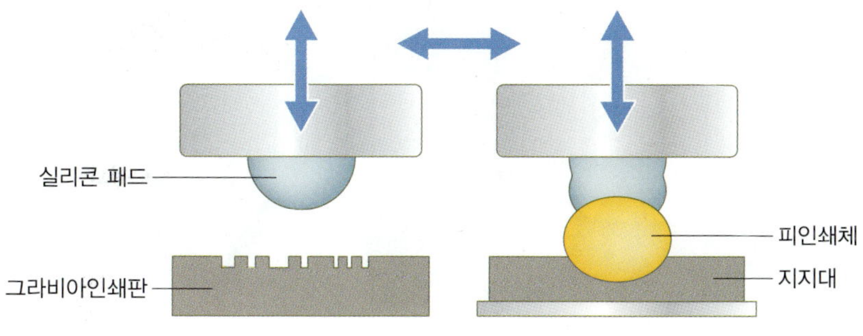

그림 14-26 **패드인쇄(pad printing)의 기본 개념**

그림 14-27 **패드인쇄(pad printing)의 적용 사례**

이 인쇄 방식은 포장재 이외에 조립식 블록이나 장난감에도 많이 사용된다. 그림 14-27과 같이 어린이용 장난감(예를 들어 레고)에도 사용하고 있는 인쇄 방식이다.

5) 기타 장식 기법

(1) 엠보싱

엠보싱embossing은 인쇄물(보통 종이)에 금형으로 형압을 주어 무늬를 새기는 장식 기법이다. 보통 인쇄 면에 질감과 입체 효과를 주기 위해 사용하는 방식이다.

(2) 광택

UV 경화 코팅으로 인쇄 면 위에 플라스틱이 코팅된 듯한 광택gloss을 부여하는 방법으로, UV에 의한 중합체polymer 분자 간의 가교결합이 원리이다.

그림 14-28 **엠보싱(왼쪽)과 UV 경화 코팅(오른쪽) 사례**

(3) 브론징

브론징bronzing은 미세한 금속 분말(알루미늄 등)이 들어 있는 잉크를 사용하여 금속과 같은 질감을 구현하는 방식이다.

(4) 레이저 홀로그램 인쇄

레이저 홀로그램laser hologram 인쇄는 보안이 필요하거나 위조 및 변조 방지를 위한 라벨, 태그tag 등에 사용한다.

1. 플렉소인쇄(flexo-printing), 그라비아인쇄(gravure-printing), 오프셋인쇄(offset-printing)의 각 판을 구성하는 재료를 답하시오.

2. 플렉소인쇄에서 인쇄판으로 잉크를 전이시키는 롤의 이름을 답하시오.

3. 애니록스 롤에 적당량의 잉크를 도막하기 위한 장치를 무엇이라 하는지 답하시오.

4. 포장재에 주로 사용되는 세 가지 인쇄 방식 중에 표면 상태가 나쁜 피착재(종이 등)에도 글자 표현이 명확하게 잘 인쇄되며, 잉크의 소모량이 다른 인쇄 방법보다 적고, 인쇄 속도가 빨라 생산성이 좋은 인쇄 방식을 답하시오.

5. 오프셋인쇄(offset-printing)에서 피착재에 잉크를 전이시키는 실린더를 무엇이라 하는지 답하시오.

6. 오프셋인쇄(offset-printing)에서 기본이 되는 4가지 색을 답하시오.

7. 대표적인 오목판인쇄로, 잉크의 전이량이 많아 색조의 농담 표현이 자유로운 특징을 가지고 있으며, 필름 등 포장재에 많이 사용되는 인쇄 방식을 답하시오.

8. 동판으로 인쇄할 경우, 계조의 표현을 망점의 크기 이외에 어떤 방식으로 더 농담의 표현을 자유롭게 할 수 있는지 설명하시오.

9. 수성 그라비아 잉크를 사용하는 시스템으로 변경하기 위해서는 어떤 문제점들을 해결해야 하는지 서술하시오.

10. 수성 그라비아인쇄의 환경적 장점을 서술하시오.

11. 플렉소인쇄, 그라비아인쇄, 오프셋인쇄 중에서 가장 점도가 높은 잉크가 사용되는 인쇄 방식을 답하시오.

12. 플렉소인쇄, 그라비아인쇄, 오프셋인쇄 중에서 가장 유기용제를 많이 사용하는 인쇄 방식을 답하시오.

13. 일반 평판 오프셋과 다른 드라이 오프셋인쇄의 특징을 설명하시오.

14. 스크린 인쇄의 장점을 서술하시오.

15. 입체 또는 원통형, 곡면의 피인쇄체에 인쇄하는 데 적합한 방식으로, 인쇄판은 그라비아 인쇄판이지만 간접 인쇄인 인쇄 방법을 답하시오.

연습문제 풀이와 정답

1. • 플렉소인쇄 : 수지판, 고무판 • 그라비아인쇄 : 금속 실린더(동판)
   • 오프셋인쇄 : PS판
2. 애니록스 롤(anilox roll)
3. 닥터블레이드(doctor blade)
4. 플렉소인쇄(Flexo-printing)
5. 블랭킷 실린더(Blanket cylinder)
6. CMYK color : 시안(C), 마젠타(M), 노랑(Y), 검정(K)
7. 그라비아인쇄(Gravure-printing)
8. 셀의 깊이로 잉크의 전이량을 조절하는 방법을 사용한다.
9. 전용 설비가 필요하고, 인쇄와 건조 시간이 길어져 생산성이 떨어지는 문제와 기존 방식에 비해 생산성이 더 떨어진다는 문제점을 해결해야 한다.
10. 수성 그라비아인쇄의 환경적 장점은 다음과 같다.
    ① 휘발성 유기 화합물(VOC) 사용량을 85% 줄일 수 있다.
    ② 지구온난화 가스(GHG) 배출량을 30% 줄일 수 있다.
    ③ 광화학 산화제(photochemical oxidant)를 90% 줄일 수 있다.
    ④ 자원 소비량을 15% 줄일 수 있다.
    ⑤ 에너지 소비량을 40% 줄일 수 있다.
    ⑥ 대기 오염과 관련하여 공장 환경, 지역 환경을 획기적으로 개선시킨다.
    ⑦ 포장재 중 잔류 용제량을 80% 줄일 수 있다.
11. 오프셋인쇄(Offset-printing)
12. 그라비아인쇄(Gravure-printing)
13. 물을 사용하지 않는 것과 인쇄판이 볼록판이라는 것이다.
14. ① 피인쇄체의 종류가 다양하다.
    ② 잉크의 선택이 다양하다.
    ③ 폭이 넓으며 소량 인쇄에 적합하다.
15. 패드인쇄(Pad printing)

참고 문헌

Digital Printing Survey in the Printing Industry. 2009. General Incorporated Association of Japan Federation of Printing Industries.

K. Soma. 2011. The Long Honeymoon of the Printing Business World and the Digital Printing, *Japanese Journal of Printing*, 48th, Issue 5.

Kirwan, Mark J. (ed.). 2008. *Paper and paperboard packaging technology*. John Wiley & Sons.

M. Kobayashi. 2006. A Technical Trend of Flexo Ink, *Japanese Journal of Printing*, 43th, Issue 4.

M. Yoshihara, E. Kawamura. 2008. Gravure Printing System, *Japanese Journal of Printing*, 45th, Issue 5.

N. Murakami. 2010. Environmentally Friendly Technologies of Offset Ink, *Japanese Journal of Printing*, 47th Issue 1.

Robertson, L. Gordon. 1998. *Food packaging: principles and practice*. CRC press.

T. Arita. 2015. Trends in printing for packaging in overseas markets -Technologies for Enhancing Product values, *Japanese Journal of Printing*, 52th Issue 2.

W. Soroka. 1999. Fundamentals of packaging technology. Inst of Packaging Professionals.

Y. Tanaka. 2015. Trends and the Future of flexible packaging printing, *Japanese Journal of Printing*, 52th, Issue 2.

"グラビア、フレキソ、インキ、製版水性化で環境負荷低減、作業環境改善", 第7回 地球温暖化防止実行委員会セミナー報告. 2013. 2. GP JAPAN.

日本印刷インキ工業連合会, http://www.ink-jpima.org/

CHAPTER 15

액티브·스마트 포장

Active·Smart packaging

ACTIVE · SMART PACKAGING

1. 개요

액티브 패키징active packaging(활성 포장)이란 일반적인 수동 포장passive packaging에서 벗어남은 물론 수동 포장의 여러 가지 결함을 극복할 수 있도록 고안된 포장이라 정의할 수 있다. 실제 예로 우리가 흔히 사용하는 플라스틱 필름은 적절한 수증기/수분 차단성은 제공하지만, 산소 차단성은 많이 결여되어 있다. 이러한 플라스틱 필름의 산소 차단성 문제를 해결하기 위해서 포장지 내에 산소 흡착제를 쓰는데 이러한 형태의 포장을 액티브 패키징이라 한다. 액티브 패키징은 식품들을 안전하고 신선하게 유통/관리하도록 고안된 방식이다. 곤충이 싫어하는 페로몬류를 마이크로캡슐에 넣어 서방형으로 만들어 포장재에 코팅한 방충 포장도 액티브 패키징의 한 종류이다.

스마트/인텔리전트 패키징smart/intelligent packaging(스마트/지능형 포장)은 식품의 보존뿐만이 아니라 다양한 센서sensor를 도입하여 산도(pH), 온도, 부패 정도, 식중독균의 유무 등을 판단하게 함으로써 제조사에는 신선도를 증진시켜 이익을 창출하는 부가가치를, 소비자에게는 향상된 고차원적 경험을 제공하는 포장 기술이다. 따라서 스마트/인텔리전트 패키징은 식품의 신선도/보존성을 향상시킬 뿐만이 아니라, 나아가 가전제품이 식품 포장과 소통하는 형태이며 이는 소비자들의 요구에 부응하는 것이다. 스마트/인텔리전트 패키징은 최종적으로 포장 내 센서 기술 등을 통해 식품 신선도에 관하여 소비자들과 소통하는 기술이며, 음식물 쓰레기를 줄이는 데도 일조하게 될 것이다.

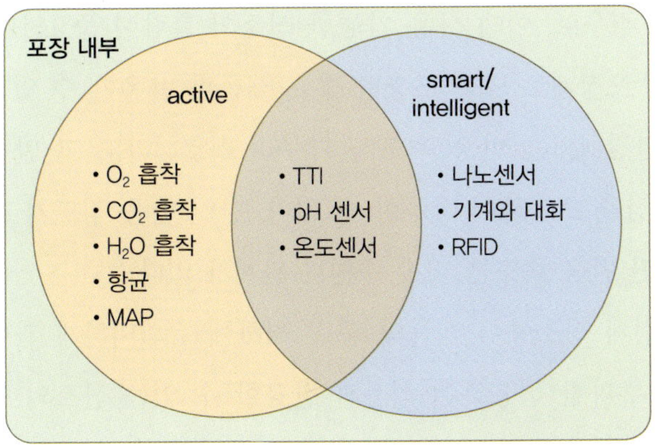

MAP : 기체 조절 패키징(modified atmosphere packaging)
TTI : 시간 온도 지시계(time temperature indicator)
RFID : 고주파 식별 장치(Radiofrequency identification device)

그림 15-1 **액티브, 스마트/인텔리전트 패키징**

표 15-1 **액티브, 스마트/인텔리전트 패키징**

	액티브 패키징	스마트/인텔리전트 패키징
특징	• 수동 포장의 문제점을 극복 • 식품의 안전성과 품질 유지	• 제품과 포장재가 반응 • 제품 변화에 실질적인 반응 • 외부 환경과 반응
실제 예	• 산소 흡착제, 수분 흡수제, 항균제, 이산화탄소 흡수제 • 기체 조절 패키징(modified atmosphere packaging, MAP)	• 마이크로파와 반응하는 포장 • 균형 가스 조절(equilibrium modified atmosphere, EMA)

2. 패키징에 관여하는 인자

액티브 패키징, 스마트/인텔리전트 패키징에 관여하는 중요한 인자들을 정리하면 다음과 같다.

1) 산소

가공식품의 품질에 일반적으로 가장 큰 영향을 주는 인자는 산소이다. 산소에 의해 주로 일어나는 산화반응은 종종 식품에 바람직하지 않은 변화를 일으키는데 그중 하나가 유지의 과산화에 기인한 식품의 산패oxidative rancidity이다. 또한 대부분의 비타민, 색소, 아미노산 및 단백질 들도 산소에 민감하다. 패키징과 관련하여 산소와 연관이 있는 두 가지 경우가 있는데, 이들 변수는 식품의 산화 속도에 서로 다른 효과를 가져온다.

첫 번째는 완전히 산소가 차단된 경우로, 이때 사용 가능한 산소의 총량이 중요하다. 예를 들어 산소가 투과하지 못하는 포장재로 밀봉 포장된 경우, 식품과 반응할 수 있는 산소의 총량은 유한하다. 이러한 환경에서는 반응 속도가 아무리 빠르더라도 그 반응 정도는 산소가 완전히 고갈되는 시점을 초과하여 반응할 수 없다. 만일 반응 정도가 식품의 품질 측면에서 중요하지 않다면 반응 속도는 저장 수명과 관계가 없다.

두 번째는 밀봉된 포장지 내의 전체 산소량이 식품의 품질 저하에 유의미하게 관여할 수 있거나, 용기가 약간의 산소 투과를 허용하여 식품과 반응할 수 있는 산소의 양이 무한한 경우로, 식품의 품질은 포장지 내의 산소량과 포장지의 산소 투과도에 직접적인 영향을 받는다.

패키징의 영향을 평가할 목적으로 식품에서 산패로 인한 품질 저하를 많이 측정하고 있다. 이는 식품에서 확산에 대한 우려 없이 식품 내 반응 속도와 주위의 산소 압력의 관계를 확립함으로써 측정할 수 있다. 식품 자체 내에서 산소의 확산이 잘 일어나지 않는 경우, 반응 속도와 산소 압력의 상호관계를 결정할 물질의 크기와 표면적이 명확히 규정되어 있어야 산화도를 측정할 수 있다. 식품의 가공 후 포장 및 저장 등의 과정에서 식품 내에서 산화가 급속히 일어날 때에는 산소 확산이 산화 속도에 영향을 주는 것으로 보고되어 있다. 또한 산화 속도와 산소압의 관계는 반응의 종류, 생성물의 종류, 온도에 따라 다양하다.

신선한 과일이나 채소를 기체 조절 패키징modified atmosphere packaging, MAP하는 데

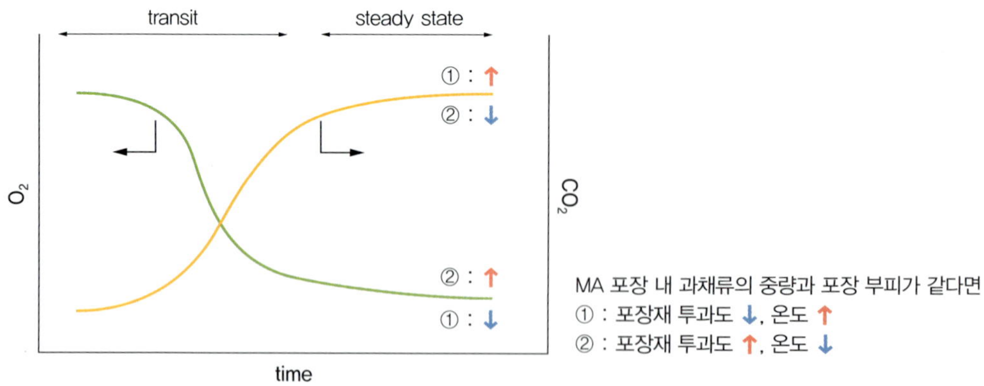

그림 15-2 MAP 과채류 포장 내의 시간에 따른 산소 및 이산화탄소의 변화

있어서도 포장재의 산소 투과 특성을 고려해야 한다. 이러한 제품들은 수확 후에도 호흡을 계속하며, 호흡으로 1몰의 단당이 분해되면 6몰의 이산화탄소와 12몰의 수분, 그리고 열을 생성한다.

과채류의 호흡률은 산소의 부분압을 낮추어 줌으로써 감소시킬 수 있다. 포장으로 MAP를 선택하면 시간이 지남에 따라 산소 농도는 아주 낮은 수준까지 감소되는 반면에 이산화탄소의 농도는 급격하게 상승하게 된다. 여기서 주의해야 할 점은 신선 제품의 종류와 온도에 따라 호기성 호흡의 소멸점extinction point of aerobic respiration이라 불리는 다양한 임계 산소값critical oxygen value이 존재한다는 것으로, 이 값보다 아래에서

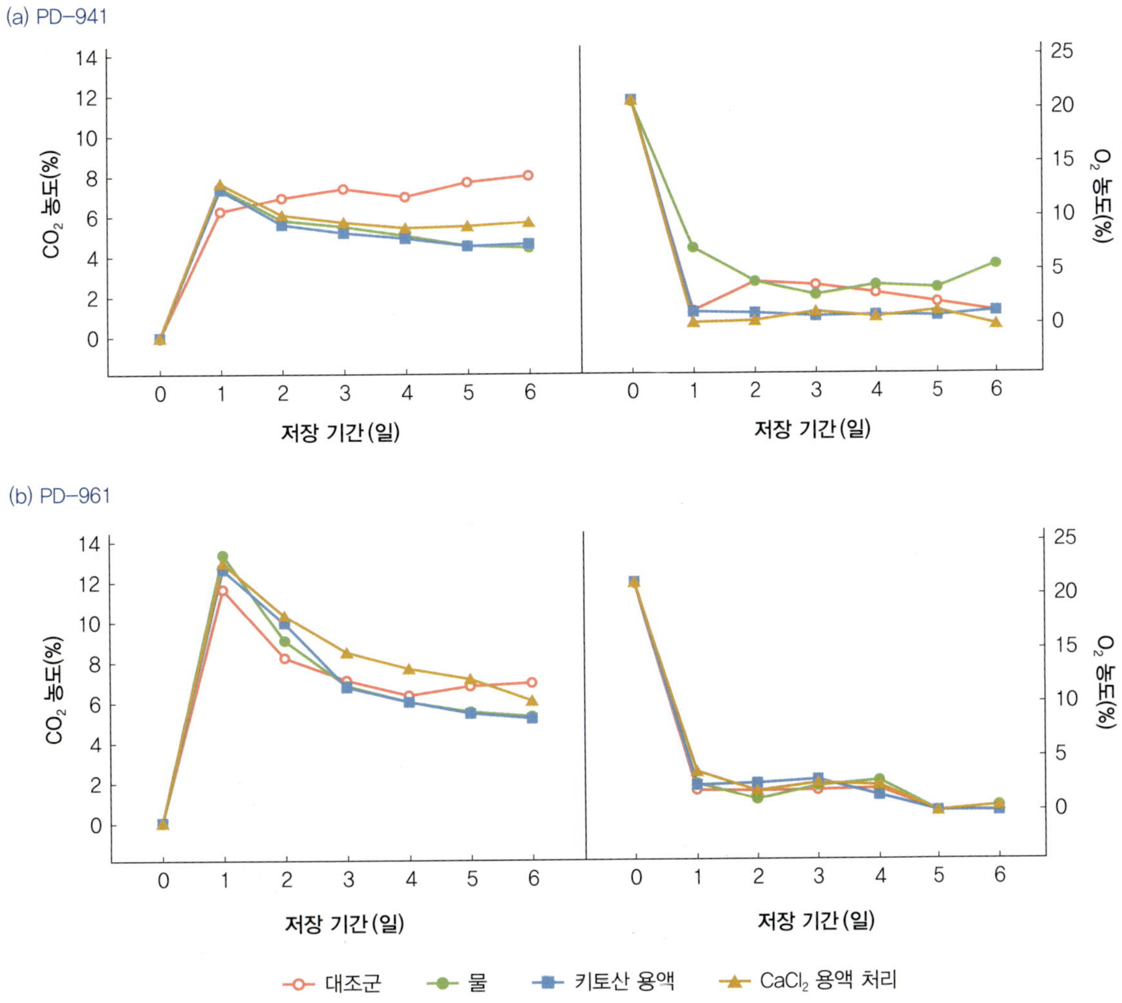

그림 15-3 PD-941과 PD-961 필름으로 포장된 버섯의 저장 기간 중 산소 및 이산화탄소의 농도 변화

는 식물 조직이 산소 흡수 없이도 알코올과 이산화탄소를 생산하는 혐기적 호흡을 수행한다. 만약 혐기성 호흡이 계속된다면 과일이나 채소는 급격하게 품질 저하를 나타낸다. 산소압을 낮추어 채소와 과일의 호기성 호흡률을 낮춘다고 해도, 산소 농도는 반드시 혐기성 호흡이 시작되는 임계값 이상으로 유지해야 한다.

앞에서 설명한 예들을 살펴보면 식품에 대한 산소의 반응은 다양하며, 이는 포장재의 선택이 이루어지기 전에 반드시 숙지하고 있어야 할 사항임을 보여 준다.

(1) 산소 흡착제

많은 가공식품들은 산소에 민감하여 산소가 존재하면 가치가 저하되기 때문에, MAP 기술로 이러한 문제들에 대한 부분적인 해결책을 제시하고 있다. MAP에서 공기를 혼합 가스로 대신하며 주로 이산화탄소와 질소를 사용한다. 질소는 불활성 가스인 반면에 이산화탄소는 박테리아나 곰팡이의 성장을 억제한다. 그러나 많은 식품에서 정기적인 MAP 기술을 사용하여 산소의 농도를 낮게 유지하는 것은 매우 어렵다.

이에 비해 산소 흡착제oxygen scavenger는 포장 내 산소를 감소시키는 데 매우 효과적이다. 대부분의 상업적이고 유용한 산소 흡착제는 철iron을 함유하고 있으며 사셰sachet 형태로 유통되고 있다. 이들은 제품의 외관 및 제품의 유통기한을 향상시키기 위해 MAP 내부에 위치한다. 사셰나 상표label에 함유된 철가루iron powder의 산화에 의해 포장 내부에 남아 있는 산소를 흡수하는 방법이 일반적이다. 사셰의 재료로는 차단성이 우수한 재료를 사용해야 하며 산소 흡착제는 화학반응을 일으키기 때문에 포장 내의 습도, 온도, 압력, 촉매제 등에 따라 반응 속도나 유리산소의 제거 속도에 차이가 날 수 있다. 불포화지방산은 일반적으로 플라스틱 필름에 마스터 배치master batch로 혼합

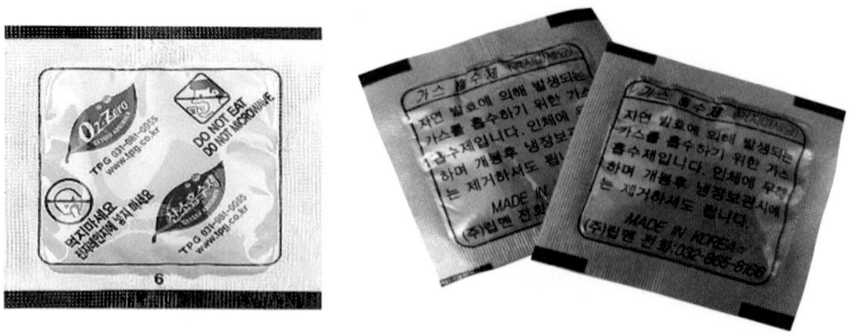

그림 15-4 산소 흡착제

자료 : 텍사스퍼시픽그룹(TPG) 홈페이지(왼쪽)

되어 사용되는데, 약간의 산패에도 민감한 가스 치환 식품 포장의 내부 산소를 제거하는 데 이용된다. 특히 미국에서는 질소 충전된 샌드위치용 스모크햄 포장에 미세한 양의 산소를 제거하는 데 활용되고 있다.

그림 15-5에서처럼 개봉된 와인의 품질 연장을 위해 철이 함유된 일회용 사셰가 산소 농도를 3% 내외로 유지하여 1주일 정도 처음 와인을 개봉했을 때와 비슷한 품질을 유지하는 것으로 보고되었다.

(a) 산소 흡착제 실험을 위해 제작된 와인병

(b) 산소 흡착제, 공기 제거 등에 따른 산소 농도의 변화

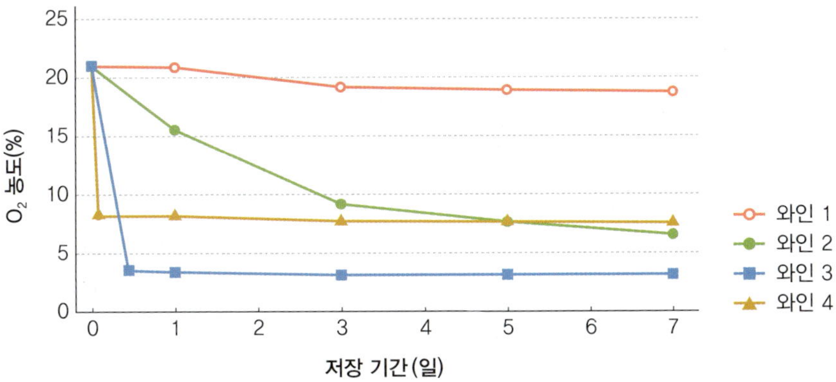

그림 15-5 개봉한 포도주병 내에 철 흡착제 사셰를 이용하여 시간에 따른 산소 흡수로 인한 산소 농도의 변화

(a)의 대조군[wine 1 : 산소 흡착제 없음, wine 2 : 시중에 유통되는 산소 흡착제 사셰를 부착한 와인, wine 3 : 본 실험을 위해 제작된 산소 흡착제 사셰가 부착된 와인, wine 4 : 베큠스터퍼(vacuum stopper)로 내부의 공기를 제거한 와인]

자료 : D.H. Lee, B.S. Kang and H.J. Park. 2011. Effect of oxygen on volatile and sensory characteristics of carbernet sauvignon during secondary shelf life. *J. Agri. and Food Chem.*, 59:11657-11666.

(2) 산소 흡착제의 종류

① 철

이가의 철(Fe^{2+})이 산소를 흡착하여 산화되면서 삼가의 철(Fe^{3+})로 변환한다.

$$4Fe + 3O_2 + 6H_2O \rightarrow 4Fe(OH)_3 \longrightarrow 2(Fe_2O_3 \cdot 3H_2O)$$

② 불포화지방산

불포화지방산의 이중결합이 산소를 흡착하여 반응하면서 포화지방산으로 변환한다.

$$\text{불포화지방산} + O_2 \longrightarrow \text{포화지방산}$$

③ 효소, 글루코오스산화효소, 카탈라아제

효소, 글루코오스산화효소glucose oxidase는 기질로 포도당과 산소를 촉매하여 글루콘산과 과산화수소를 생성한다. 생성된 과산화수소는 다시 카탈라아제catalase에 의해 물과 산소로 분해된다.

$$\text{glucose} + O_2 \longrightarrow \text{gluconic acid} + H_2O_2$$
$$H_2O_2 \longrightarrow H_2O + O_2$$

2) 수분

식품의 수분 함량은 주위의 상대습도와 밀접한 관계가 있다. 식품과 수분과의 관계는 요구되는 포장재의 특성에 크게 영향을 미친다. 특히 수분에 민감한 스낵류의 경우(그림 15-6) 품질 유통기간은 포장지를 통해 유입되는 수분의 양에 의해 결정된다. 식품 중의 수분을 포장지 내에서 제거할 수 있도록 포장지 내에 건조제(예로서 실리카겔, SiO_2)를 사셰에 넣어 포장하는 방법이 있는데 이런 공정을 포장 내 건조in-packaging

그림 15-6 **스낵 포장**

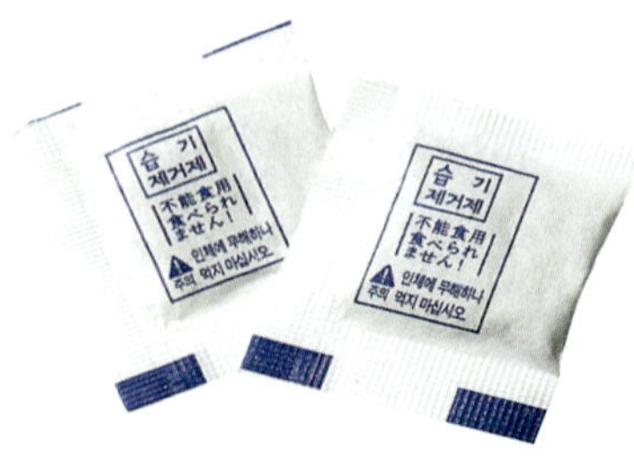

그림 15-7 **실리카겔 수분 흡착제**

dessication라고 한다.

3) 온도

온도는 식품의 생물학적, 화학적 및 물리적 반응 속도에 영향을 미친다. 따라서 식품의 온도 조절과 측정이 매우 중요하다. 최근 소비자들은 감온성 지시계가 사용된 제품을 크게 선호한다. 감온성thermochromic은 열의 'thermo'와 색의 'chromic'의 합성어이며, 감온성 액정liquid crystal은 온도에 따라 반사되는 빛이 달라지는 특성을 이용하여 온도를 표시하는 것이다. 맥주의 경우 감온성 잉크를 사용하여 입사하는 빛이 액정에서 반사되어 마시기 좋은 낮은 온도가 되면 파란빛이 나게 하는 원리이다(그림 15-8).

그림 15-8 감온성 잉크 적용 상품

자료 : www.metalpackagingeurope.org(왼쪽); www.alcircle.com(오른쪽)

3. 스마트/인텔리전트 패키징에 사용된 최신 기술

1) 신선도 지시계

신선도 지시계에는 최근 색측정 센서 배열colorimetric sensor array, CSA 방법이 적용되고 있다. 포장지 표면에 CSA용 어레이array를 부착하여, 포장지 내부의 식품 냄새와 반응하는 어레이에 발색한 부분으로 신선도를 체크한다. CSA는 향 성분의 특이적 반응을 이용하여 pH 변화를 유도한 후 pH 지시약indicator을 이용해서 색 변화를 관찰하는 기기이다. 색 변화는 RGBred, green, blue값으로 변환해서 다변량 통계 분석으로 처리한다.

그림 15-9에서 볼 수 있듯이 질소 병nitrogen bottle, 기체 유량기gas flow meter, 샘플 챔버sample chamber, 반응실reaction chamber, 사진기camera, 컴퓨터computer로 구성된 CSA

시스템을 이용하여 CSA 분석을 수행한다. CSA를 반응실에 위치시킨 후 그림의 A 방향(붉은색 선)으로 일정 시간 동안 질소를 흘려보내면서 CSA를 안정화시킨다. 샘플 챔버에 시료를 위치시킨 후 분석 직전 B 방향(파란색 선)으로 질소 흐름을 바꾸어 시료의 휘발성 성분들이 반응실로 이동하여 CSA와 반응할 수 있도록 한다. 이 과정에서는 카메라로 설정된 시간 간격에 맞추어 CSA의 사진을 찍어 수집한다. 분석 후에는 수집된 CSA의 사진에 보이는 각 sensing spot에 설치된 소프트웨어를 이용하여 RGB값을 추출해 낸다. 추출된 RGB값에서 반응 전후의 RGB값의 차이를 산출해 데이터로 활용한다. 다변량 통계를 활용하여 CSA 데이터로 각 휘발성 성분들의 차이를 식별해 내고 판별할 수 있는지 확인한다. 산출된 RGB값의 차이를 이용해 차영상difference image을 얻어 데이터를 시각화한다.

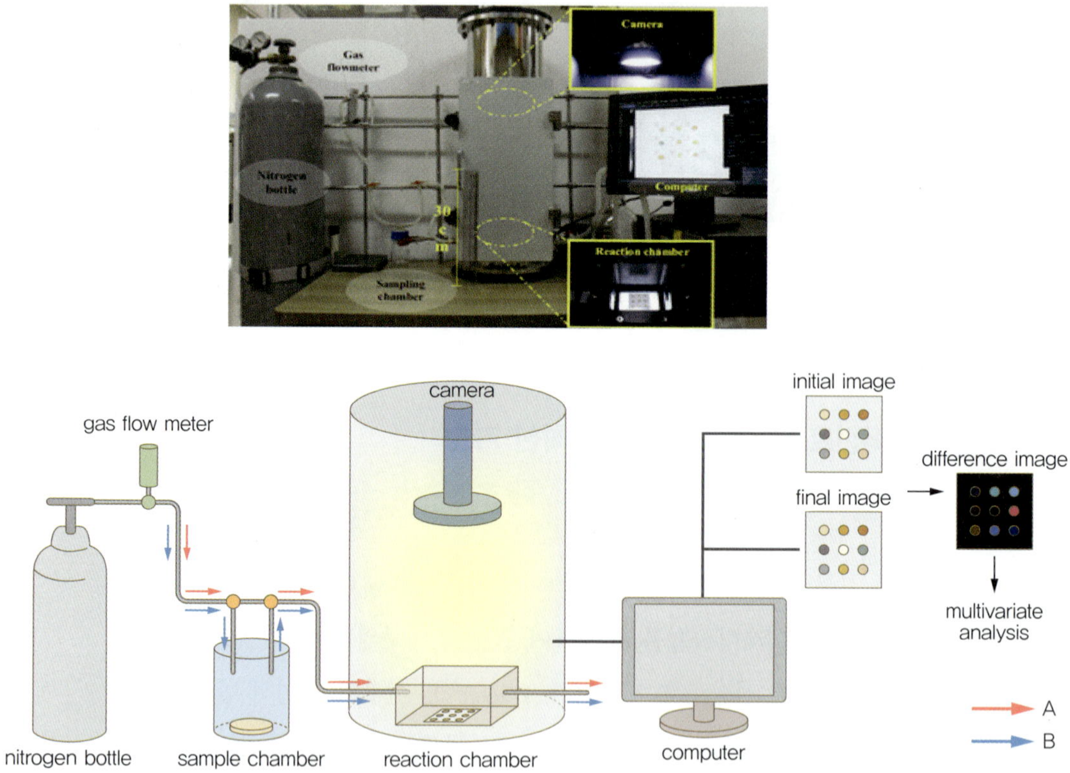

그림 15-9 CSA

자료 : S.Y. Kim, J. Li, N.R. Lim, B.S. Kang, H.J. Park. 2016. Prediction of warmed-over flavour development in cooked chicken by colorimetric sensor array. *Food Chemistry* 211:440-447.

2) 통신 기능

식품 포장지의 바코드에 기록된 조리 정보를 전자오븐에 부착된 2차 스캐너가 인식하여 자동으로 음식을 조리하는 방법이다. 2001년 삼성전자는 '스마트쿠킹' 심포지엄에서 식품 포장지의 바코드를 인식해 자동으로 음식을 조리하는 '스마트오븐'을 식품 업계와 함께 시연하였다. 스마트오븐은 독일의 iF 커뮤니케이션 디자인상iF Communication Design Award, 레드닷 디자인상Reddot Design Award, 일본 굿디자인상Good Design Award 등 세계적으로 권위 있는 디자인상을 수상하였다. 2007년에는 농심에서 라면에 조리 정보가 기록된 바코드를 넣어 스마트오븐이 인스턴트식품을 조리하는 기술을 개발하였다.

그림 15-10 스마트오븐과 조리 정보 반영 라면

자료 : Next Daily, http://www.nextdaily.co.kr/news/article.html?id=20070122800022

3) pH 센서

식품의 pH는 시간에 따라 변하기 때문에 식품의 신선도 체크에 응용할 수 있다. 포장에 부착된 pH 센서는 미생물 성장에 따른 휘발성 물질, 유기산, 이산화탄소, 대사물질과 반응하여 신선도를 시각화한다. 제품으로는 스웨덴 Vitsab사의 체크포인트

그림 15-11 pH 센서

자료 : Vitsab 홈페이지(왼쪽), Fish Information & Service 홈페이지(오른쪽)

CheckPoint와 프랑스 크리올로그Cryolog사의 eO 등이 있다.

4) 고주파 식별 장치

고주파 식별 장치Radiofrequency identification device, RFID는 비접촉식으로, 상품에 부착된 태그tag의 상품 정보(생산자, 가공공장 등)와 물류 정보(온도, 시간, 이동 위치 등)를 송신하면 리더기가 태그의 정보를 수신하여 컴퓨터에 정보를 정리, 보관하는 시스템이다. 국내에서는 한우의 물류 및 이력 추척에 활용되고 있으나 가격이 비싸 개별 패키지에 사용할 수 없는 단점이 있다.

(a) 송신하는 TAG와 수신하는 리더기 시스템(안테나, 리더기, 컴퓨터로 구성)

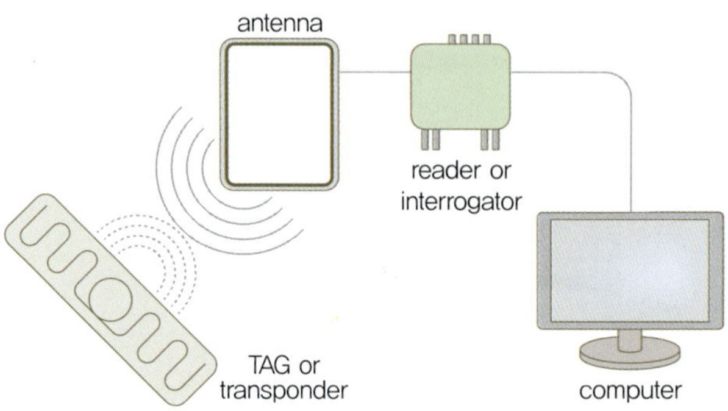

(b) 송신 안테나와 마이크로 칩이 부착된 TAG

그림 15-12 RFID 송신 tag와 수신 리더기 구성

자료 : electronicsforu.com

1. 액티브 패키징이 무엇인지 설명하시오.

2. 스마트/인텔리전트 패키징이 무엇인지 설명하시오.

3. 색측정 센서 배열이 무엇인지 설명하시오.

연습문제 / 풀이와 정답

1. 액티브 패키징이란 일반적인 수동 포장(passive packaging)에서 벗어남은 물론 수동 포장의 여러 가지 결함을 극복할 수 있도록 고안된 패키징으로, 예를 들면 산소 흡착제 사용 패키징, 서방형 페르몬류를 마이크로캡슐에 넣은 방충 포장재 등이 있다.
2. 스마트/지능형 패키징이란 식품의 보존뿐만이 아니라 다양한 센서(sensor)를 도입하여 산도(pH), 온도, 부패 정도, 식중독균의 유무 등을 판단하게 함으로써 제조사에는 신선도를 증진시켜 이익을 창출하는 부가가치를, 소비자에게는 향상된 고차원적 경험을 제공하는 포장 기술이다. 따라서 스마트/인텔리전트 패키징은 식품의 신선도/보존성을 향상시키고 나아가 가전제품이 식품 포장과 소통하는 형태이며, 이는 소비자들의 요구에 부응하는 것이다.
3. 색측정 센서 배열(colorimetric sensor array, CSA) 방법이 적용되어 있으며, 포장지 표면에 CSA용 어레이(array)를 부착하여 포장지 내부의 식품 냄새와 반응하는 어레이에 발색한 부분으로 신선도를 체크한다. CSA는 향 성분의 특이적 반응을 이용하여 pH 변화를 유도한 후 pH 지시약(indicator)을 이용해서 색 변화를 관찰하는 기기이다. 색 변화는 RGB(red, green, blue)값으로 변환해서 다변량 통계 분석으로 처리한다.

참고 문헌

D.H. Lee, B.S. Kang and H.J. Park. 2011. Effect of oxygen on volatile and sensory characteristics of carbernet sauvignon during secondary shelf life. *J. Agri. and Food Chem.*, 59:11657-11666.

G.L. Robertson. 1993. *Food Packaging Principles and Practice*. Marcel Dekker, Inc.

J.H. Han. 2014. *Innovations in Food Packaging* 2nd edition. Academic Press.

K.M. Kim, J.A. Ko, J.S. Lee, H.J. Park, M.A. Hanna. 2006. Effect of modified atmosphere packaging on the shelf-life of coated, whole and sliced mushrooms. *LWT* 39:364-371.

M.L. Rooney. 1995. *Acitive Food Packaging*. Blackie Academic & Professional.

S.Y. Kim, J. Li, N.R. Lim, B.S. Kang, H.J. Park. 2016. Prediction of warmed-over flavour development in cooked chikhen by colorimetric sensor array. *Food Chemistry* 211:440-447.

W. Soroka. 2009. *Fundamentals of Packaging Technology*, 4th edition. Institute of Packaging Professional, IOPP

CHAPTER 16

식품의 포장공정

Food Packaging Process

FOOD PACKAGING
PROCESS

1. 식품의 포장 형태

식품의 패키징 형태는 매우 다양하다. 제품의 특성과 보관 방식, 사용 방법에 맞추어 적절한 포장 형태를 선택해야 한다(그림 16-1).

2. 포장 충전기

식품의 포장 방식은 포장될 내용물을 공급하는 공급부와 공급된 대상물을 포장하는 포장부로 나뉜다. 공급부는 밀가루나 곡물처럼 계량하여 일정한 중량으로 공급하는 계량기와, 사탕이나 알약 등과 같이 일정 수량씩 계수하는 계수 장치, 빵이나 라면 등과 같이 한 덩어리나 일정한 규격을 유지하는 제품을 포장기에 공급하는 장치 등이 필요하다. 포장부는 공급된 제품을 받아 용기에 담아 봉합해야 하는데 용기의 종류에 따라 포장부의 구성은 달라져야 한다. 여기에서는 내용물을 공급하는 공급부와 그 주변 기기들에 대하여 살펴보기로 한다.

1) 계수기

계수기counter는 물품의 숫자를 세어 일정량씩 제어하는 방식의 기계로, 정제, 캡슐 등과 같이 일정한 규격과 형상을 갖춘 제품을 다량 제어할 때에 적합하다. 계수기의 종류는 크게 슬랫 방식과 광전 방식 두 가지로 나눌 수 있다.

그림 16-1 다양한 식품 포장 형태

(1) 슬랫 방식

슬랫 방식slat system은 슬랫(널판지)의 표면에 다수의 홈을 만들어 하나의 홈에 단지 한 개의 제품이 들어가도록 하여 숫자를 세는 방식으로, 하나의 판에 한 번 포장할 만큼의 홈을 만들면 제품이 투입되지 않은 홈이 있을 경우 쉽게 구별해 낼 수 있다. 이런 슬랫을 여러 개 연결하여 루프를 구성하여 제품이 들어 있는 호퍼의 하부를 지나게 하면 호퍼 내의 제품이 구멍에 하나씩 들어가 계수하게 된다.

(2) 광전 방식

광전 방식photo-cell system은 한 줄로 정렬되어 이동하는 제품을 광센서로 감지하여 숫자를 세어서 미리 설정된 수치에 도달하면 다음 줄로 옮겨 반복한다. 한 줄로 구성할 경우 계수 속도가 떨어지므로 병렬로 구성하여 사용된다.

2) 분말 충전기

미세한 입자로 구성된 분말 제품은 입자 사이에 공기를 함유하고 있는데, 공기 함유량은 조건에 따라 변화하여 분말 제품의 밀도를 변화시키며 분말 제품의 계량에 좋지 않은 영향을 미친다. 분말을 일정하게 충전하기 위해서는 분말이 고르게 분포되어서 시작과 정지가 쉬워야 하며, 함유된 공기를 배출해서 가비중을 높여야 한다. 이러한 조건을 맞추기 위해 오거auger를 사용하며, 이렇게 오거로 분말을 계량 충전하는 장치를 오거식 충전기auger filler라고 한다.

오거식 충전기는 일반적으로 원추형 호퍼, 충전용 오거, 교반 장치, 전자 클러치, 브레

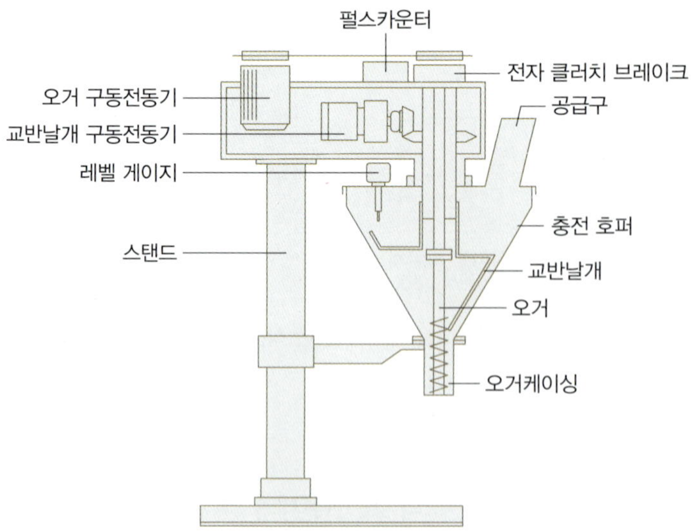

그림 16-2 **분말 충전기**

이크로 구성되어 있으며, 오거의 형상과 크기는 분체의 특성과 충전 속도, 목표 중량에 따라 결정된다. 원추형 호퍼에 일정량의 분말을 넣고 오거를 회전시키면 호퍼 내 분말이 오거 케이싱을 통해 밖으로 밀려 나온다. 이때 호퍼 내 분말의 밀도가 일정하면 오거의 회전으로 밀려 나오는 제품의 양도 일정하므로 오거의 회전을 정해진 숫자만큼 회전하면 일정한 중량이 배출된다. 오거식 충전기는 분말의 무게를 직접 계량하지 않고 회전 수를 제어하는 방식이기 때문에 상대적으로 계량 정밀도가 떨어지는 약점이 있다. 따라서 높은 정밀도를 필요로 할 경우에는 전자식 저울을 장착하여 중량 제어 방식으로 변경해야 한다.

3) 체적 계량기

분말 또는 과립상 제품의 체적volume을 계량하는 기기로 역사가 가장 오래되었다. 주로 1~100 g의 소용량 포장에서 사용되며, 고속으로 충전이 가능하지만 물성이 일정하지 않은 경우에는 오차가 커지는 단점이 있다. 여러 개의 원통형 컵을 원반의 회전 방향으로 장치하여 회전하면서 투입되는 방식으로 되어 있다. 계량값의 형태에 따라 용량을 변경할 때에 컵을 교체하는 방식과 조절하는 방식으로 구분된다.

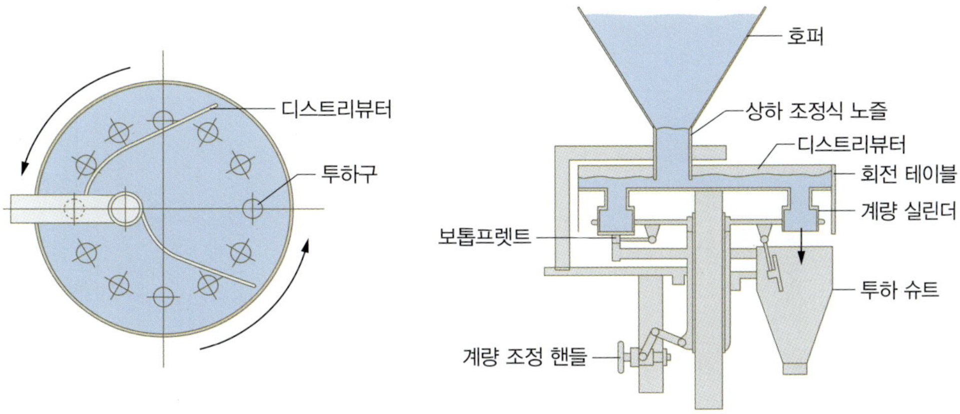

그림 16-3 **체적 계량기**

4) 액체 충전기

액체를 계량할 때 액체의 물성, 즉 점도, 비중, 고형물의 함유 여부, 거품의 유무, 용도 및 충전 용기의 종류에 따라 계량 충전기를 선택한다. 계량 방식은 정수위식과 정량식으로 나눌 수 있으며, 정수위식은 충전하는 액체의 높이를 일정하게 하는 방식이고 정량식은 충전하기 전에 일정량을 계량하여 용기에 주입하는 방식이다. 정수위식은 파우치pouch와 같이 용기 모양이 일정하지 않거나 부정확할 경우에는 사용할 수 없으므로 용기의 형태나 정확성에 영향을 받지 않는 정량식을 사용한다. 정수위식은 주로 중력식을 이용하고, 정량식은 플런저식을 이용한다.

(1) 중력식

중력식gavity system은 가장 단순하면서도 신뢰성 있는 충전 방식으로, 탱크 내의 액체가 중력에 의해 자연스럽게 노즐을 통해 용기 안으로 흘러 들어가는 방식이다. 용기의 입구를 막고 액체 주입구를 통해 액체가 용기 안으로 주입되면 용기 내부의 공기가 통기구를 통해 밖으로 밀려 나가도록 되어 있다. 용기 내부의 액면이 상승하면서 액체에 의해 통기구가 막히면 액체는 더 이상 용기 안으로 주입되지 않아 충전이 완료된다.

(2) 플런저식

플런저식plunger system은 제품이 저장된 탱크 부분, 피스톤 및 실린더로 되어 있는 실린더부, 액체를 용기에 주입하는 노즐부, 그리고 이 3요소의 연결을 제어하는 밸브로

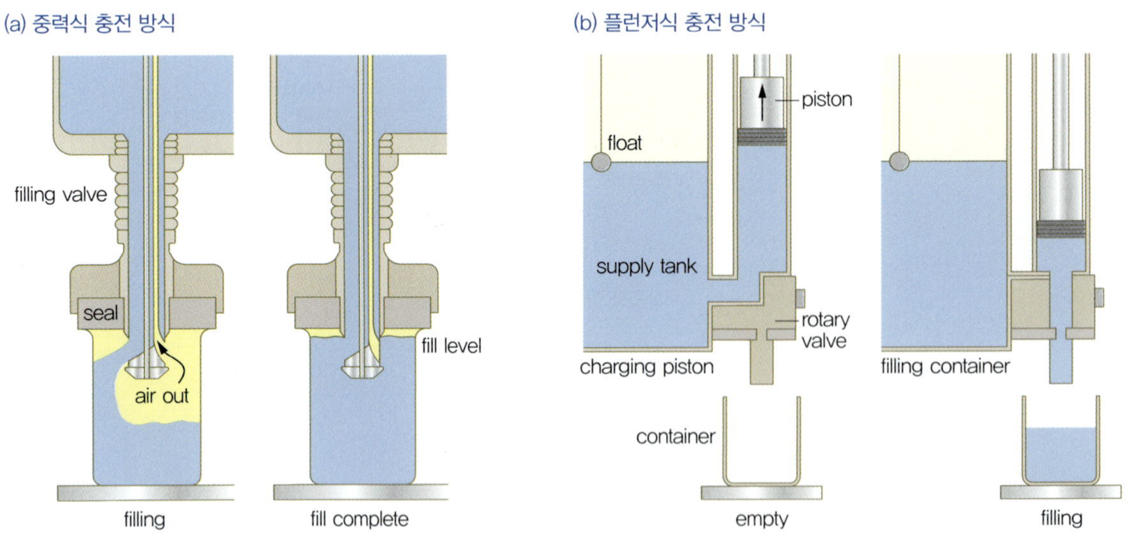

그림 16-4 액체 충전기의 종류 및 충전 방식

구성되어 있다. 밸브의 위치가 탱크와 실린더를 연결한 상태에서 피스톤이 후진하면 실린더 안에 액체가 채워지는데 이 양은 피스톤의 정지 위치로 조절된다. 이 상태에서 밸브가 회전하여 실린더와 노즐이 연결되도록 위치하게 되는데 피스톤이 전진하면 실린더 안의 액체가 노즐을 통하여 용기 안으로 주입된다.

5) 과립 계량기

과립 제품을 계량할 때 일반적으로 유량 제어식 정량기가 사용된다. 유량 제어식 정량기는 계량하고자 하는 물품을 저장부에 담아 놓고 호퍼의 하부에 전자식 진동기 vibrator를 장치하여 이곳에 진동을 주면 제품이 물이 흐르는 것처럼 흐름을 형성하면서 앞으로 진행한다. 진행하는 트랩의 끝 부분에 떨어지는 제품을 받아 내는 계량 호퍼가 놓여 있으며, 이 계량 호퍼가 무게를 감지하는 계량 기구에 올려져 있도록 장치되어 있어서 제품의 무게를 직접 달아 제어하는 중량 제어 방식이다.

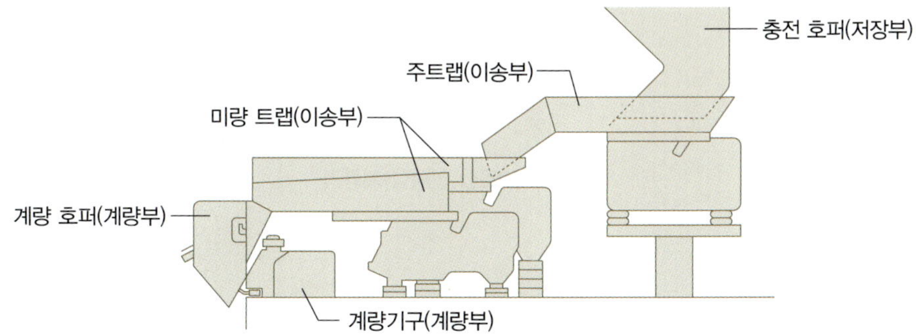

그림 16-5 **유량 제어식 정량기**

유량 제어식 정량기에서 계량의 정밀도를 유지하려면 제품이 일정하고 안정된 형태의 흐름을 유지해야 한다. 따라서 쌀, 깨, 설탕 등 입자가 작고 균일한 제품은 흐름의 형성이 쉽지만, 입자가 크고 불규칙한 제품이나 방향성이 있는 제품은 균일한 흐름을 형성하기 어려워 트랩을 이중, 삼중으로 설치하거나 넓이와 형태를 다르게 하기도 한다. 충전 호퍼에서 제품이 서로 엉켜 제대로 공급되지 못하는 브리지bridge 현상을 막기 위하여 별도의 장치가 필요한 경우도 있다.

6) 조합 선택식 계량기

입자가 크고 불규칙하거나 방향성이 있는 냉동만두, 정육, 썬 김치, 스낵 등의 계량에는 조합 선택식 계량기가 적합하다. 계량할 제품을 계량기 상부의 분산 장치에 놓으면 방사형으로 장착된 피더feeder가 정해진 시간만큼 짧게 동작하여 제품을 호퍼에 담는다. 각 호퍼에 공급된 제품의 양은 일정하지 않으므로 각각의 호퍼에 연결된 계량 장치로 각각 계량하여 얻은 결과를 중앙 처리 장치에서 선택하여 조합함으로써 목표로 하는 계량값에 가장 근접한 계량을 얻어 낸다.

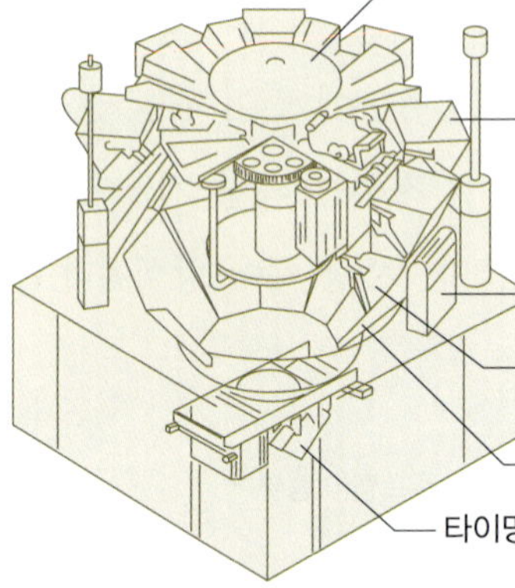

그림 16-6 **조합 선택식 계량기**

3. 파우치 포장

1) 접착의 원리 및 종류

식품을 플라스틱 필름으로 된 파우치를 이용해 외부 환경과 차단하고 내용물을 보호하기 위해서는 적절하게 밀봉해야 한다. 이러한 밀봉 방법으로는 기계적인 방법을 사용하거나 접착제를 사용하는 방법, 열을 이용해 실링하는 방법 등이 있다.

(1) 기계적인 방법

가장 단순하고 간단한 방법이며 끈이나 클립, 테이프 등을 이용해 묶는다. 완전한 밀봉을 필요로 하지 않는 제품을 짧은 기간 보관할 때에 주로 사용한다. 사용하는 도구로는 플라스틱 클립, 철사 끈(빵 끈), 스티커 등이 있다.

(2) 접착성 물질을 이용하는 방법

번들용 비닐백과 같이 접착 성분을 가진 양면 테이프를 붙여 필름을 밀봉하거나 접착성이 있는 성분을 내면에 코팅한 후 눌러서 붙이는 방법 등이 있다. 스넥류의 콜드 씰 cold seal 등이 그 예이다.

(3) 열을 이용해 실링하는 방법

플라스틱으로 된 필름의 내면에 열을 발생시켜 용융시킨 후 다시 냉각하여 붙이는 방법으로, 밀봉성이 좋고 속도가 빨라 가장 많이 이용되는 방법이다. 내면 필름은 열가소성 플라스틱으로 되어 있어서 열을 가하면 접촉면이 녹아 서로 섞이는데, 이때 접촉면이 밀착되도록 압력을 가하면 서로 융착되어 접착이 이루어진다.

- Bar Sealing : 파우치 등을 접착하는 데 가장 많이 사용되는 방식으로 실링용 금속 막대(실링바)를 일정 온도로 가열한 후 필름에 압착시켜 접착시킨다. 열 접착의 3요소는 실링바의 온도, 필름을 누르는 압력, 실링 시간이며, 이 세 가지 조건에 따라 실링 강도 및 품질이 결정된다. 실링 온도는 필름의 녹는점에 따라 모두 다르므로 필름의 재질과 특성을 파악한 후 이에 맞게 설정해야 하며, 온도가 적정하더라도 실링 압력과 열이 전달되는 시간이 부족한 경우 적정한 실링 강도를 충족하지 못할 수 있다. 이와는 반대로 온도가 높거나 실링 압력, 시간이 과다한 경우에는 내면 필름이 과하게 용융되어 실링 면이 균일하지 않아 실링 강도를 충족시키지 못

표 16-1 필름별 열 접착온도

필름의 종류	열 접착온도(℃)
LDPE	120~175
MDPE	125~170
HDPE	135~170
PP	160~220
PVC(연질)	100~110
PVC(경질)	150~170
PS	140~180
Nylon	180~260
PET	150~220
PC	200~430

할 수 있다.

2) 열 접착기의 종류

대부분이 열가소성 플라스틱으로 만들어진 필름 포장재는 튼튼하고 보기 좋으며 손쉽게 접착하기 위해 열 접착기와 같은 장치를 사용하는데, 접착 방식은 포장 재료 및 형태, 용도에 따라 선택적으로 사용해야 하며 대표적인 형태로는 다음과 같은 것들이 있다.

(1) 열판 접착기

열판 접착기heat sealer는 접착 면에 맞추어 가공된 금속봉sealing bar에 전기 열선을 넣어 열원으로 사용하며 접착 대상 필름의 열 접착온도에 맞추어 제어하고 일정한 압력과 시간으로 필름을 눌러서 접착하는 형태로, 자동 포장 기기의 접착 방식으로 널리 사용된다. 열판이 과열되어 필름을 녹이지 않도록 일정한 온도로 제어해야 하며, 접착면이 필름에 직접 닿아서 눌어붙지 않도록 테프론 시트를 접착 부위에 붙여 놓는다. 접착봉의 가공 형태에 따라 다양한 실링 형태가 나타난다.

(2) 임펄스 접착기

임펄스 접착기impulse sealer는 접착봉 표면에 열원으로 장치되어 있는 리본 모양의 전기 열선에 순간적으로 큰 전류를 흘려 열 접착이 가능한 온도까지 발열시켜서 그 전도열로 필름을 접착한다. 일반적으로 수동으로 접착하는 족답식 접착기, 급대식 충전 포장기 또는 진공 포장기 등이 요긴하게 쓰이는 접착 기구이다.

(3) 고주파 접착기

고주파 접착기high frequency sealer는 프레스 기능을 가진 전극 간에 접착 부위를 물리고 가압 상태에서 고주파 전압을 주면 고주파의 유전 발열 작용으로 필름 내부에서 스스로 발열하여 열 접착이 가능해진다. 필름의 종류에 따라 발열량이 많은 것과 작은 것이 있는데 PVC, PVDC, 나이론 등 일부 열가소성 수지에만 제한적으로 사용할 수 있으며, 발열량이 작은 것은 열 접착이 불가능하다. 복잡한 형상의 접착에 널리 쓰이며, 대형 플라스틱 컨테이너 백(톤 백) 제조에도 이용된다.

(4) 초음파 접착기

초음파 접착기ultrasonic sealer는 주파수 20 KHz 이상의 초음파 에너지를 기계적 진동 에너지로 변환하고 혼horn이라고 불리는 공명체에서 초음파 진동을 접착 부위에 전달해 경계 면이나 응력이 집중되는 곳에 강력한 마찰열을 발생시켜 그 열로 녹여서 접착하는 방식이다. 고주파 접착기가 유전체 손실 계수가 큰 일부 플라스틱에만 적용되는 반면에, 초음파 접착기는 대부분의 열가소성 플라스틱에 적용될 뿐만 아니라 이질의 플라스틱 간에도 열 접착이 가능하며 열원이 접착 면에 직접 닿지 않는 간접 접착 방식의 대표적인 예이다.

그 외 뜨거운 기체를 이용한 열풍 접착기hot air sealer나 가스를 연소시켜 불꽃으로 접착하는 방식 등이 있다

3) 파우치 포장 기기

파우치를 포장하는 기기는 파우치를 미리 만들어서 공급하는지, 또는 필름으로 공급하여 파우치를 만들면서 포장하는지에 따라 급대식과 제대식으로 구분하기도 하고, 포장물의 진행 방향에 따라 수직형, 수평형, 경사형 또는 로터리형, 인라인형으로 나누기도 한다. 포장기가 고속화, 고성능화, 소량 다품종 생산을 목표로 하면서 복합 형태의 포장기가 개발되어 일정한 형태로 분류하기가 어렵다. 다만, 인력의 구동 방식에 따라 수동식, 반자동식, 전자동식으로 구분하거나 파우치의 형태로 2면 접착형, 3면 접착형, 4면 접착형, 스탠딩형 포장기로 구분하기도 한다.

(1) 자동형 로터리 접착기

이미 성형이 되어 있는 플라스틱 파우치에 자동으로 제품을 정량 충전하고 열 접착한 후 배출해 주는 포장 기기로 지퍼, 스파우트 등이 달린 파우치뿐만 아니라 스탠딩, 3방 파우치, 이형 파우치 등 다양한 형태의 파우치를 생산할 수 있다. 액상 제품이나 분말 제품뿐 아니라 일정 크기의 덩어리 제품 등 다양한 형태의 제품을 계량 충전하는 충전기와도 호환이 쉬우며, 제품 간 생산 전환이 빨라서 폭넓은 분야에 사용되고 있는 대표적인 파우치 포장 기기이다. 생산량에 맞춰 1열, 2열 등으로 구성할 수 있으며 진공

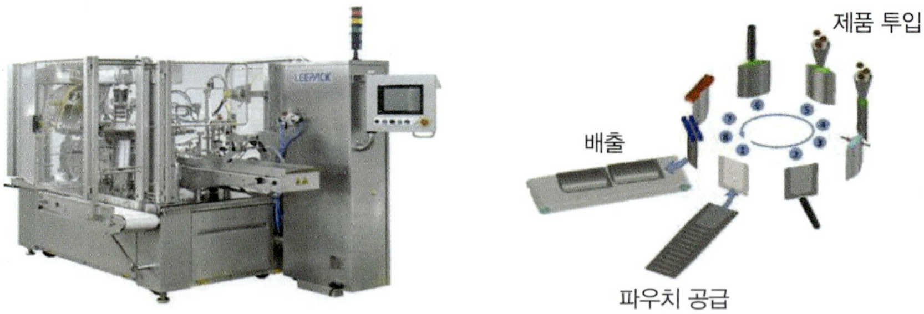

그림 16-7 **자동형 로터리 접착기와 주요 공정**

포장이 가능한 로터리 파우치 접착기도 있다.

주요 구성 공정은 파우치 공급 → 일부인 인쇄 → 개구부 개봉 → 1차 충전 → (2차 충전) → 1차 실링 → 2차 실링(또는 냉각) → 배출로 이루어진다.

(2) 밴드 접착기

밴드 접착기band sealer는 열 접착하고자 하는 부위를 한 쌍의 강철 벨트 또는 테프론 벨트 사이에 끼워 넣어 이동시키면서 가열, 가압 및 냉각하여 열 접착을 완성시키는 기구로, 반자동 포장 라인에 널리 이용되며 길이가 긴 피접착물도 접착할 수 있다. 파우치에 제품을 충전하는 충전공정과는 별도로 파우치만을 실링하는 설비로 이용되며, 제품을 투입하는 방식에 따라 수평형과 수직형으로 나눌 수 있다. 파우치의 크기나 형태가 달라져도 세팅에 많은 시간이 소요되지 않으며, 제품을 연속적으로 공급하지 않아도 되기 때문에 생산 속도를 조절할 수 있어서 대량생산이 아닌 소량 다품목을 생산하는 경우에 적합하다.

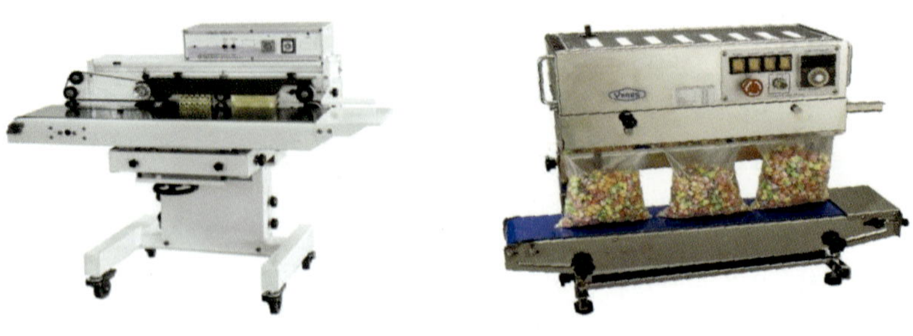

수평형 밴드 접착기　　수직형 밴드 접착기

그림 16-8 **밴드 접착기**

(3) 진공 포장기

가스 차단성이 우수한 포장 재료를 사용하여 용기 내에 존재하는 공기를 제거하고 외부로부터 기체의 유입을 막아 산소 의존성 미생물의 증식을 방지함으로써 제품의 변화를 지연시켜 식품의 신선도와 품질을 오래 유지할 수 있는데, 이러한 포장 기법을 진공 포장이라고 한다. 포장물 내부의 공기를 전량 배출시키기는 불가능하므로 잔존 산소를 제거하고 유통 중 포장재를 통해 들어오는 산소를 흡수하기 위해 탈산소제를 넣기도 한다. 진공 포장의 경우 제품이 포장재 내부에 고정되어 운송 시 흔들림에 의한 제품 간의 충돌을 막을 수 있고 포장 부피를 줄일 수 있다.

포장물 내부의 공기를 배출시키는 방법으로는 기계식 압착법, 수증기 투입법, 노즐식 탈기법, 챔버식 탈기법 등이 있으며, 이 중 챔버식 탈기법을 이용하는 포장 기기가 가장 많이 이용된다. 챔버식 진공 포장기는 주로 반자동식이며, 자동화된 방식으로는 벨트식 진공 포장기와 로터리 챔버식 진공 포장기 등이 있다.

반자동식 챔버식 진공 포장기　　연속 벨트식 진공 포장기　　로터리 챔버식 진공 포장기

그림 16-9 진공 포장기의 종류

(4) 탈산소제 포장

탈산소제 포장oxygen absorbing agent packaging은 식품과 함께 용기 안에 들어 있는 산소를 제거하기 위하여 용기 내에 탈산소제를 집어넣어 식품의 산화를 막고 산소에 의한 미생물의 증식을 방지하는 포장 기법으로, 진공 포장과 유사한 효과를 가지면서도 특별한 장치가 필요하지 않고 포장 작업이 간편하다. 탈산소제로 사용되는 물질은 철 화합물이나 히드로황산염hydrosulfite이 있으며, 히드로황산염은 산소 제거 효과는 좋으나 가격이 비싸서 철계 탈산소제가 많이 사용된다. 탈산소제 포장을 하기 위해서는 진공 포

장과 같이 가스 차단성이 있는 포장재의 사용이 필요하며 주로 ONY/PE 또는 투명 증착 PET/PE, 알루미늄 증착 PET/PE 등이 사용된다.

탈산소제 포장을 하면 곰팡이 또는 호기성 세균에 의한 부패를 방지하며, 화학적으로는 색소 변색을 막고 향기, 맛, 비타민 등을 보존할 수 있다. 탈산소제 포장 시에는 다음과 같은 점을 주의해야 한다.

- 포장 용기 안의 산소를 완전히 흡수할 수 있는 탈산소제의 질과 양을 결정한다.
- 포장 대상 식품의 수분 함량이 70%를 넘을 경우 효과가 줄어든다.
- 가스 차단성이 있는 포장재를 선택해야 한다.
- 탈산소제 투입을 위해 외포장재를 뜯은 후 장시간 경과하지 않도록 한다.
- 포장 대상 식품이나 포장 용기 안에 탈산소제와 반응하는 식품첨가물의 유무를 확인한다.
- 포장 용기에 내용물과 탈산소제를 넣은 후에는 용기의 입구를 완전히 밀봉해야 한다.

4. Form-Fill-Seal 포장기

1) Form-Fill-Seal 특징 및 활용

Form-fill-sealFFS은 미리 만들어진 파우치가 아니라 롤 형태의 필름을 설비에 넣어 파우치를 만든 후 제품을 충전하는 방식이다. 필름이 성형되는 방식에 따라 제대부에서 필름의 이동이 위에서 아래로 진행하는 수직형 포장기vertical form fill seal packer, VFFS와 수평으로 이동하는 수평형 포장기horizontal form fill seal packer, HFFS로 구분된다. 수직형 포장기는 고형물, 분체, 입체, 액체, 페이스트에 이르는 광범위한 용도에 사용되며, 수평형 포장기는 덩어리 형태의 제품이나 용기/트레이 등에 담겨 있는 제품의 포장에 주로 사용된다.

2) FFS 포장기의 종류

(1) 수직형 FFS 포장기

필름 공급부에 놓인 롤 필름을 풀어서 아이마크eye mark로 파우치의 길이를 제어하면서 제대하는데, 먼저 펼쳐진 필름을 포머former를 이용해 말아서 원통형으로 성형하고

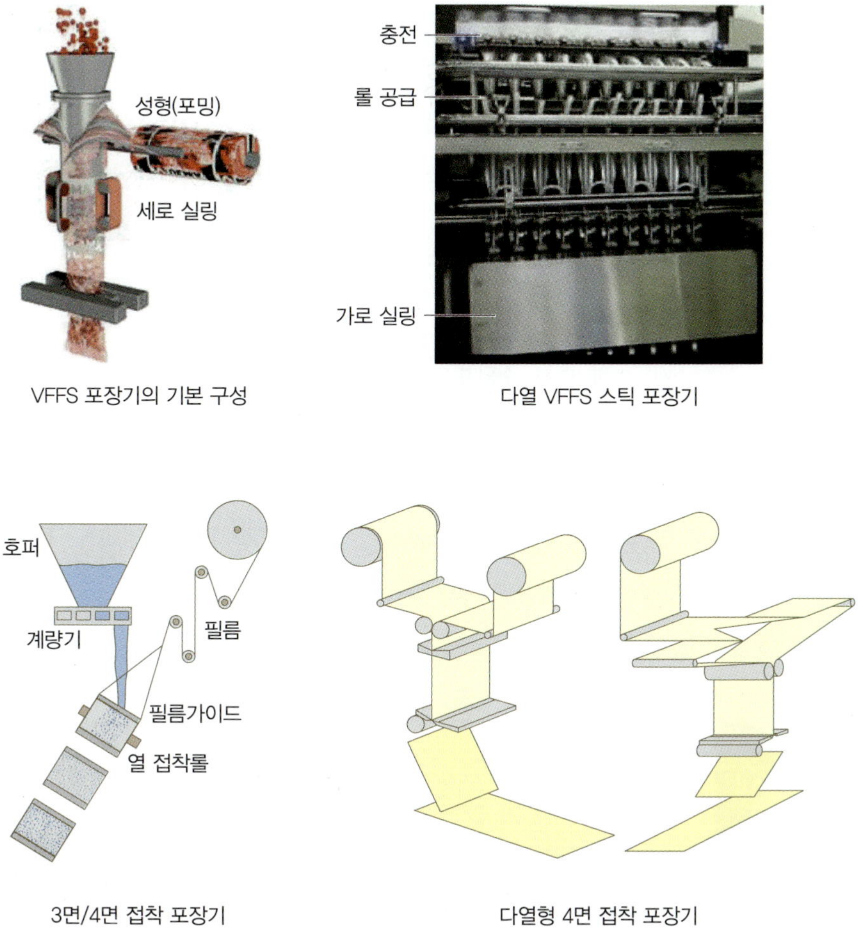

그림 16-10 **수직형 FFS 포장기의 종류**

바닥부를 접착한 후 제품을 집어넣어 상부를 접착한 후 절단해 포장을 완성하여 배출하는 형태이다. 필름이 성형되고 밀봉되는 형태에 따라 T방 포장기(pillow형 포장기), M방 포장기, 삼면/사면 포장기, 랩실 포장기 등으로 구분되며 생산량을 높이기 위해 2열 이상의 다열 포장기도 있다.

(2) 수평형 FFS 설비

수평형 FFS 설비의 경우 수직형 FFS와 같이 롤 형태의 필름을 파우치로 성형 후 제품을 충전해서 실링하여 배출하는 설비와, 미리 계량하여 일정량씩 분할된 덩어리 제품을 파우치로 포장하는 설비 등이 있다. 후자의 경우 수평형 삼면 포장기라고도 한다.

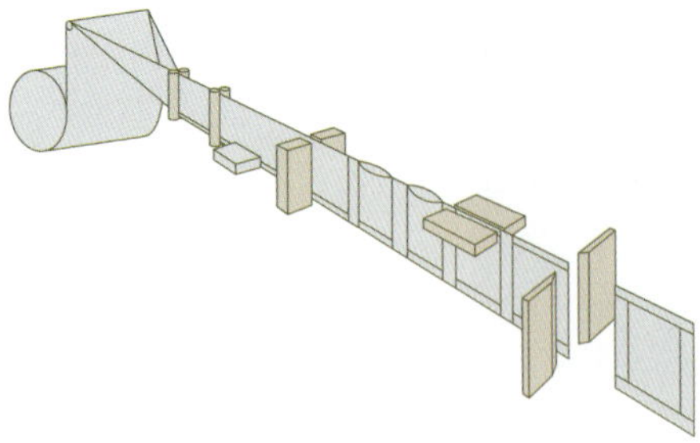

HFFS의 기본 구성도

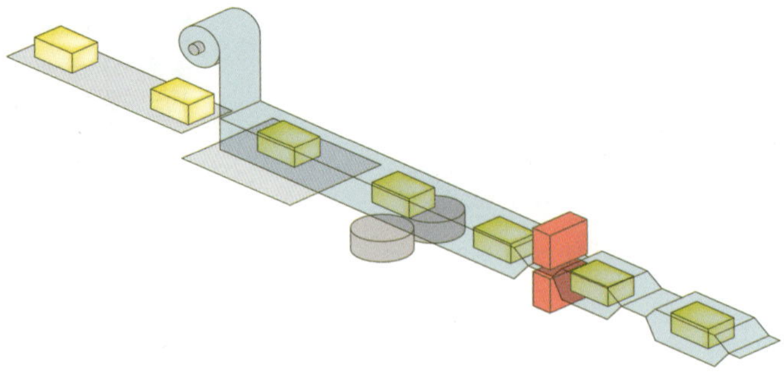

수평형 삼면 포장기의 구성도

그림 16-11 **수평형 FFS 설비**

(3) 수평형 FFS 진공 포장 기기

수평형 FFS의 진공 포장은 흔히 열성형thermoforming 포장 방식이라고도 한다. 열에 의해 하단부 필름을 성형한 후 제품을 충전하고, 진공 챔버에서 내부의 공기를 제거해 진공 상태로 만들며 상단부 필름을 실링해 커팅한 후 제품을 배출하는 형태이다.

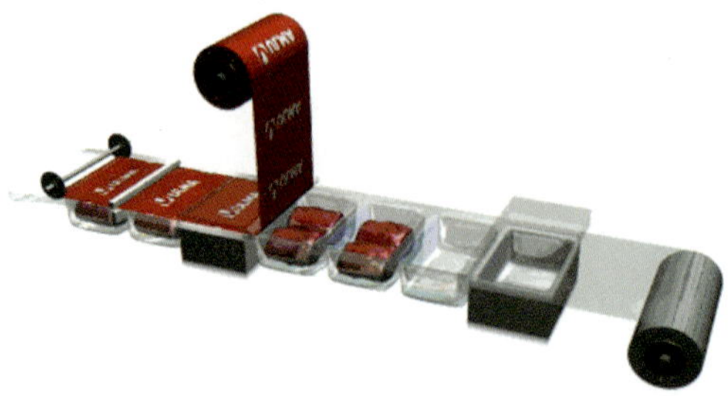

열성형 실링기 개략도

일반적인 FFS 진공 포장기기

그림 16-12 **수평형 FFS 진공 포장기**

(4) 스킨 포장

진공 스킨 포장은 고정된 하부 필름이나 사전 제작된 트레이 위에 포장 대상 제품을 올려놓고 특수한 얇은 필름으로 전 부분을 밀봉하여 제품의 표면에 밀착시켜 내용물을 고정시키는 포장 방식이다. 스킨 포장은 제품의 구조와 품질, 색상, 선도 등을 자연스럽게 보여 주며, 전체가 밀봉되어 액체가 흘러나오는 것을 막아 주기 때문에 눕히거나 세워서 진열할 수 있다. 포장 제품의 유통기한을 연장시켜 주고 뼈와 같이 단단하거나 날카로운 부분이 있는 제품도 안전하게 포장이 가능하다. 주로 육류와 생선, 해산물, 즉석

육류 제품

HMR(Home Meal Replacement) 제품

그림 16-13 **스킨 포장 제품류**

가공식품, 치즈, 육 가공 제품 등에 사용되며, 이지 필easy fill 기능이 있어 포장을 쉽게 개봉할 수 있다. 하단부에 필름이 아닌 시트를 공급해 트레이를 성형한 후 질소 등 가스를 투입해 MAP 포장modified atmosphere packaging을 할 수도 있다.

(5) 블리스터 포장

평면적인 포장재에 피포장물의 모양에 맞는 요부凹部를 만들어 거기에 피포장물을 집어넣고 다른 포장재로 덮어 접착한 후 일정한 크기로 절단하거나 펀칭하여 최종적으로 취급하기 쉬운 포장물을 만드는 방법이다. 포장된 모양이 물집이나 물거품 모양이기 때문에 블리스터 포장blister packaging이라고 부른다. 블리스터 포장 중에서 가장 많이 쓰이고 기기도 가장 발달한 것이 PTP 포장push through pack 또는 press through pack 기법이

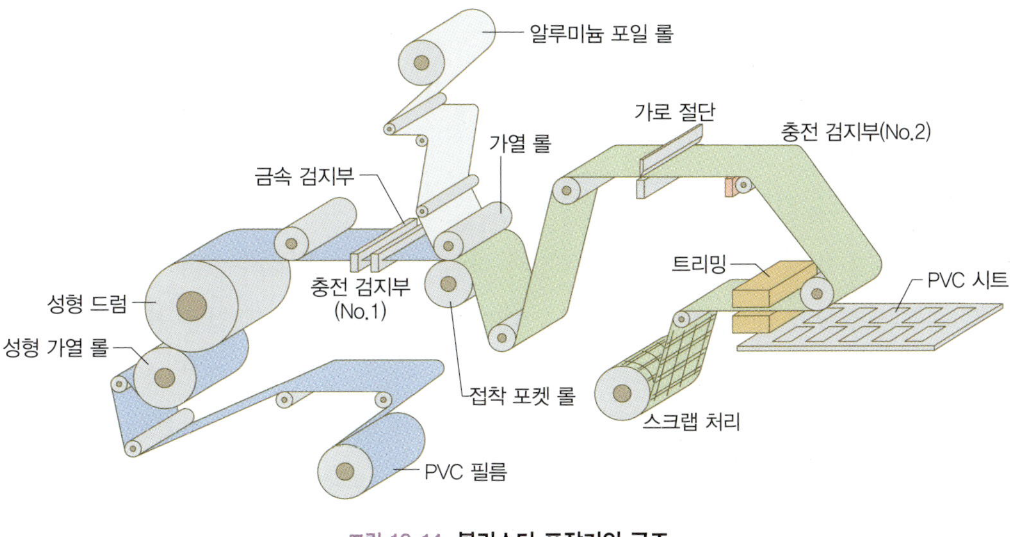

그림 16-14 **블리스터 포장기의 구조**

라고 할 수 있는데 주로 정제, 캡슐 등의 의약품 포장에 적용하고 있다.

블리스터 포장기의 기본적인 구성은 성형, 충전, 접착, 절단으로 되어 있는데, 용기 성형용 필름을 하부에 걸어 이송하면서 제품이 들어갈 자리를 가열 성형하고, 이렇게 성형된 홈에 제품을 집어넣은 다음 뚜껑 필름을 덮어 접착하고 절단하여 포장을 완성한다.

5. 용기 포장기

1) 용기 공급형 포장기

용기(플라스틱, 종이 등)에 상부 필름을 실링하여 제조하는 방식으로, 제조되어 있는 용기를 사용하는 경우를 말한다. 상부 필름은 설비에 따라 롤 필름 형식이나 낱장의 리드 방식으로 공급할 수 있으며, 작동 방식에 따라 자동, 반자동, 수동 포장기로 구분된다.

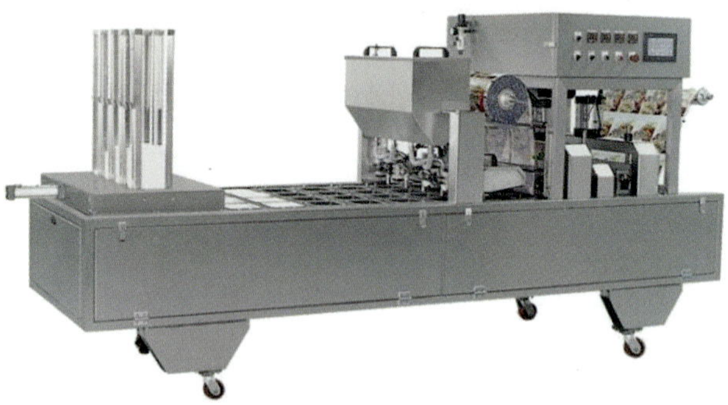

자동형 용기 포장기

반자동형 용기 포장기

그림 16-15 **용기 공급형 포장기의 종류**

2) MAP 포장기

MAP 포장(가스 치환 포장)은 진공 포장과 같이 가스 차단성이 우수한 포장 재료를 사용하며, 밀봉 포장 내의 공기를 배출하고 대신 질소, 이산화탄소와 같은 불활성 가스 또는 일정량의 산소 함유 가스로 치환하여 식품의 변질을 방지하는 환경 조절 포장 방법이다. 식품의 품질을 보존하고 유통기한을 연장하기 위해 실시하는 포장 기법으로, 식품첨가물의 사용 없이 유통기한을 연장할 뿐 아니라 운송 시 외부 환경 요인으로부터 제품을 보호할 수 있다. 주로 사용하는 가스는 산소, 질소, 이산화탄소이며 식품의 종류에 따라 한 종류 또는 두 종류 이상을 혼합해서 사용하기도 한다. 가스 치환 방법은 진공 포장과 유사하게 노즐식, 챔버식, 가스 투입식이 이용된다.

6. 살균 포장

1) 레토르트 포장

식품의 안정성 확보를 위해서는 식품 내의 미생물을 사멸시키거나 불활성화시켜야 한다. 일반적으로 열처리에 의한 미생물 살균 방법을 사용하는데, 최근 비가열 처리에 의한 살균법(오존, 적외선, HPP 등)이 등장하였다. 열처리에 의한 살균은 살균 방법에 따라 포장재가 받는 온도가 달라지므로 이에 맞는 적정한 포장재 설정이 필요하다. 기체, 광 차단성 및 내열성이 우수한 포장재로 포장한 후 100℃가 넘는 온도에서 일정 시간 가압 증기(스팀) 또는 가압 열수를 사용하여 대기압 이상의 일정 압력(1.5~3.0 kg/cm²)으로 살균하는데, 일반적으로 레토르트 살균은 120℃에서 30분간 가열하는 것이 표준이고 레토르트 식품은 보통 115~120℃에서 20분 이상 살균한다. 120~135℃ 온도로 살균하는 것을 하이 레토르트high retort, 135℃ 이상에서 살균하는 것을 울트라 레토르트ultra retort라고 한다.

그림 16-16 침수식 레토르트 포장기

일반적으로 레토르트 포장재로는 4면 접착 파우치 또는 스탠드 파우치 형태를 많이 사용하며, 레토르트 조건을 견디기 위해서 일반 포장재에 비해 열 접착이 우수하고 안정적이어야 한다. 주로 즉석카레, 삼계탕, 곰탕 등의 식품 포장과 상온에서 오랫동안 보관하는 제품을 살균하는 데 사용된다. 레토르트 포장재가 가져야 하는 가장 우선적인 조건은 열 저항성이다. 파우치가 고온, 고압에서 뒤틀림이나 치수 변화 없이 형태의 안정성을 가져야 하며, 필름 간 합지 강도, 실링 강도, 충격 저항성, 핀홀 저항성, 차단성의 특성을 가져야 한다.

2) 비가열 살균 포장

비가열 살균의 대표적인 형태로 최근 많이 이용되고 있는 기술로는 초고압 방식high pressure process, HPP의 살균이 있는데, 이 기술은 물을 압력 매체로 하여 높은 정수압을 이용함으로써 기존의 열처리와 화학 첨가물을 이용한 식품 가공 기술과 달리 열처리나 방부제 처리 없이 식품의 영양 성분, 맛, 향을 유지하면서 식품의 품질을 유지시키는 비가열 살균 기술이다. 음료를 포장된 상태로 용기 내부에 넣고 4,000~6,000 bar의 압력으로 약 1~10분가량 가압하게 되면, 고압에 의해 박테리아 및 미생물의 세포막이 파괴되어 소멸되는 방식이다.

초고압 처리 기술HPP은 제품의 크기나 형태에 큰 제약을 받지 않아 육류, 해산물, 채소, 과일, 주스 등 다양한 식품에 적용할 수 있고, 초고압에 의해 미생물, 효소를 불활성화하여 유통기한을 늘리며 비가열 공정으로 제품의 신선한 품질을 유지할 수 있다.

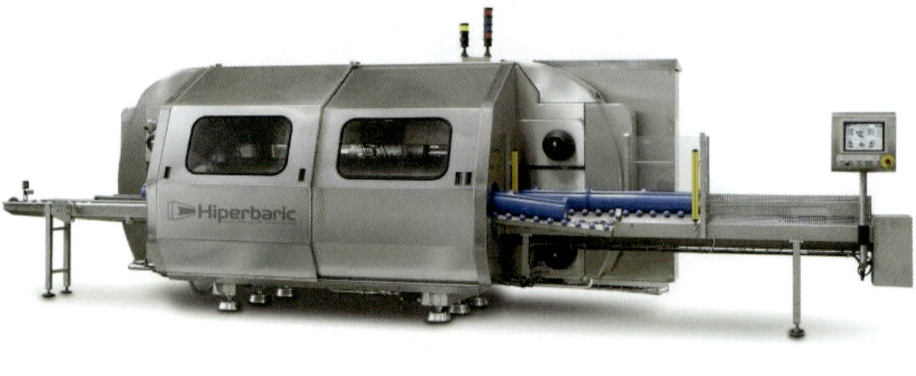

그림 16-17 **초고압 살균기**(HPP 살균기)

완제품 상태로 살균 처리하여 2차 오염을 방지할 수 있으며 친환경 공정으로 화합물이나 2차 부산물의 생성도 없다. 또한 원재료 고유의 맛과 향, 영양소를 유지하며 공정 시간이 짧고 간단하여 대량 처리도 가능하다.

7. 지함 포장

자동 지함 성형 포장기cartoning machine는 각종 식품, 과자 등 낱개 포장된 제품을 지함carton에 직접 포장하는 장치로, 기본 구성은 카턴 공급, 카턴 개구, 제품 충전, 날개 접음 및 접착, 유통기한 인쇄, 배출 등으로 이루어져 있다. 지기를 조립하고 포장하는 모든 과정이 자동화되어 빠른 속도로 제품을 지기에 포장할 수 있는 설비이다.

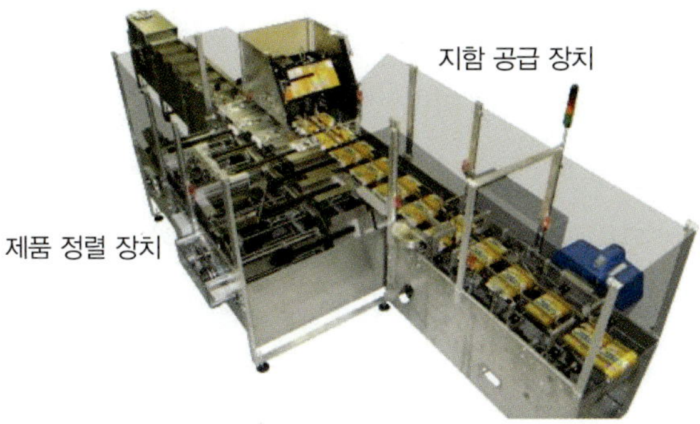

그림 16-18 **자동 지함 성형 포장기**

1) 반자동 카턴 머신

반자동 카턴 머신semi-automatic cartoning machines은 작업자에 의해 제품이 수직이나 수평으로 지함에 투입되는 방식을 수행하는 기기이다. 제품 정렬 및 자동 투입 장치가 없어서 공정은 간단하나 생산 속도가 늦고 많은 작업자를 필요로 한다.

2) 자동 카턴 머신

자동 카턴 머신automatic cartoning machines은 연속 포장 방식과 단속식 포장 방식이 있다. 연속 포장 방식은 특히 고속 라인에 적합하며, 일반적으로 사전 준비가 필요 없는 단단하고 규칙적인 형태의 제품을 포장하는 방식이다. 제품 삽입이 쉽고 분당 60~400개 이상의 속도를 낼 수 있다. 이 기계를 이용해 설명지나 전단지를 접어서 자동으로 삽입하고, 에칭이나 잉크를 이용해 코드를 넣을 수 있다.

연속 또는 단속식 포장 기계는 제품을 카턴에 횡 방향으로 적재하고 카턴의 제품을 포장하며 핫멜트 적용 또는 플랩을 삽입해 끝부분을 봉함하도록 설계된다. 제품은 작업자 또는 자동화 기계를 이용해 투입될 수 있으며, 생산 라인에서는 다음 포장단계로 자동 이송된다.

8. 캔 포장

캔 포장기can seamer는 캔 몸체에 뚜껑을 봉함하는 장치로, 뚜껑 또는 금속 엔드easy open end는 보통 주석 도금 강판을 사용하는 반면에 몸체는 금속(음료 및 스프 캔), 종이판지 또는 플라스틱으로 만들 수도 있다. 형성된 권체seam는 일반적으로 누출 방지 기능을 갖지만 포장된 제품에 따라 달라진다. 권체는 몸체와 엔드의 두 층을 기계적으로 겹쳐 훅을 형성하여 만든다. 이중 이음매의 모양은 권체기seamer의 롤 형태와 상대적인 위치에 의해 결정된다. 캔의 시밍seaming 과정에서 권체기의 척은 롤이 회전할 때 캔을 잡고, 첫 번째 작업 롤이 뚜껑end을 접은 다음 두 번째 작업 롤이 끝부분 솔기를 조이는 과정으로 이루어진다.

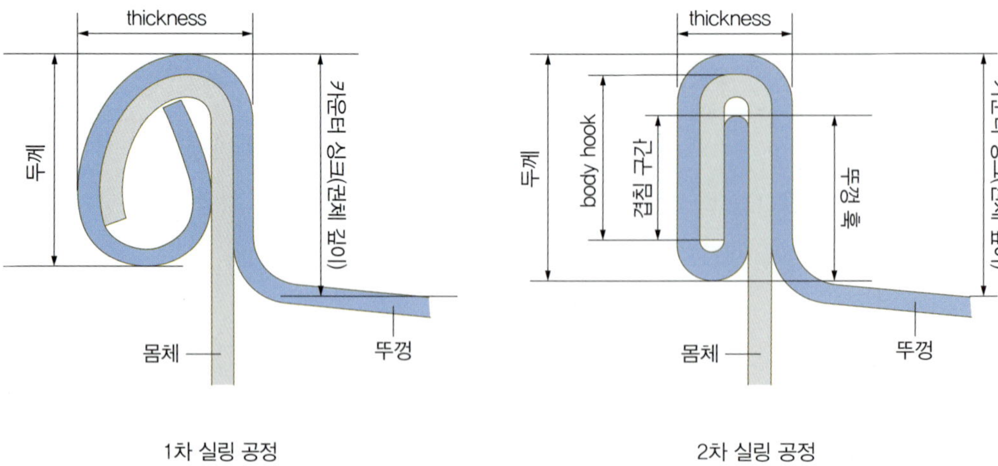

그림 16-19 **이중 권체 형태**(절단면)

첫 번째 작업 솔기는 주름(조임 문제)과 누수 같은 문제를 피하기 위해 중요하다. 솔기의 형상은 제1 작동 롤, 제2 작동 롤, 이들의 상대 위치 및 거리, 리프터의 높이, 리프터 압력의 형상에 의해 결정된다. 권체기 또는 권체 도구에 손상이나 문제가 있으면 심 충돌, 주름, 날카로운 이음새 및 열린 이음새와 같이 이중 심에 심각한 문제가 발생할 수 있다.

탁상형 권체기

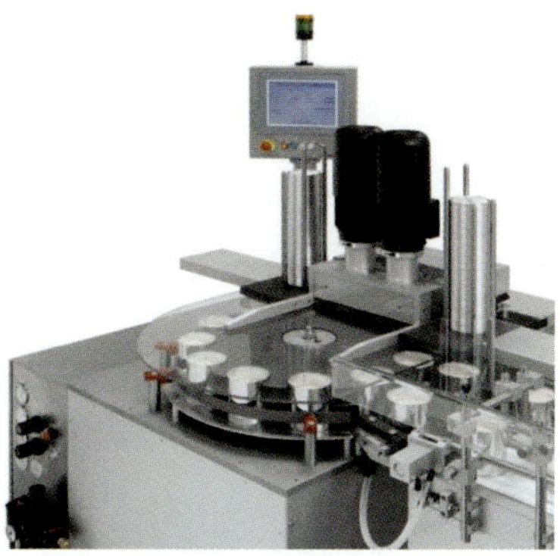

자동형 로터리 권체기

그림 16-20 **권체기의 종류**

9. 라벨 포장과 라벨링

1) 라벨의 종류 및 특성

라벨은 접착제가 라벨지에 도포되어 있는 점착성 라벨과, 접착제가 도포되지 않은 라벨에 접착제glue를 도포해 붙이는 비접착성 라벨로 구분된다.

(1) 점착 라벨

점착 라벨self adhesive label이란 점착지를 이용하여 상품의 상표나 설명서, 광고 포스터 등과 같이 원하는 사양으로 인쇄하여 임의의 모양으로 재단한 것으로 상표, 광고, 기계, 선박, 화학, 전자, 의료, 식품, 문구 등 산업 전반에 걸쳐 사용되고 있다. 흔히 스티커 또는 스티커 라벨이라고도 하는 점착 라벨은, 일반적으로 번거롭게 접착제나 테이프를 별도로 사용하지 않고 적용하고자 하는 대상에 해당 라벨을 간편히 부착시킬 수 있도록 고안된 제품이며 구조상 여러 개의 층으로 구성되어 있다. 또한 각 층은 최종 사용 목

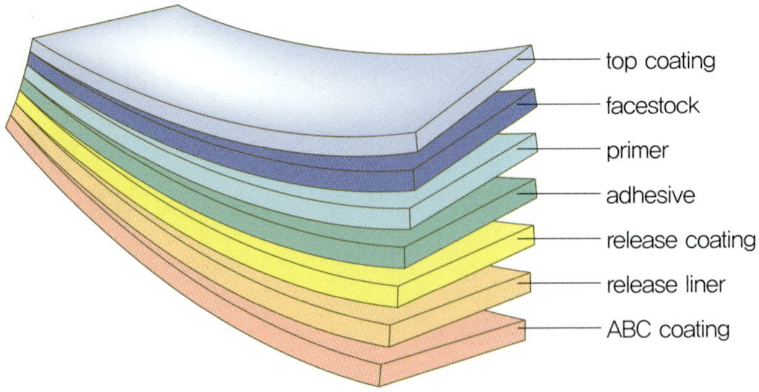

그림 16-21 **점착 라벨의 구성**

적에 맞도록 고유의 특성을 갖고 있다.

- 표면지facestock : 다양한 용도로 쓰일 수 있도록 종이, 필름 및 포일 등이 사용되고 있으며, 인쇄 및 컷팅 등의 가공 과정을 거쳐 최종 사용하게 되는 표면층이다. 주로 사용되는 표면지로는 모조지, 아트지, 고광택지, 감열지 등의 종이류와, 폴리프로필렌PP, 폴리에틸렌테레프탈레이트PET, 폴리에틸렌PE 등의 필름류를 꼽을 수 있다.
- 점착제adhesive : 라벨을 피착체에 고정시키는 물질로 아크릴계 에멀션, 고무계 솔벤트, 핫멜트 등의 점착제가 주로 사용된다. 점착력의 특성에 따라 영구 점착형과 리무버블 점착형으로 구분된다.
- 이형지release liner : 일반적으로 후지後紙라고도 하며, 점착제가 코팅된 표면지를 다양한 피착 면에 안전하게 이송시켜 주는 역할을 한다. 주로 글라신지glassine liner, 폴리라이너poly-coated liner, 클레이 코팅지Clay-coated Kraft, 필름지Filmic Liner 등이 사용된다.
- 이형 코팅release coating : 점착제로 코팅된 표면지가 이형지로부터 쉽게 이탈될 수 있도록 해주는 층으로 주로 실리콘이 사용된다. 실리콘의 유형에 따라 솔벤트형, 환경 친화성 신소재인 무용제형, 수용성 실리콘 등이 있다.

(2) 비접착성 라벨

① Wet Glue label(Cold Glue Label)

종이 라벨에 접착제를 도포하여 용기 위에 부착하는 방식으로, 대량 적용 시 비용이 저렴하여 주류나 드링크류 등 유리병의 라벨로 많이 사용된다. 고가의 라벨 부착기 설비가 필요하며, 저가의 얇은 종이를 사용하는 경우 습도나 마찰에 매우 취약하다. 또한 접착제 자국이 표면에 남아 미관상 좋지 않고, 필름 라벨은 사용할 수 없다.

② Wrap-around Label(Hot Glue Label)

일반 필름 또는 종이의 양끝 단에 접착제(핫멜트 등)를 도포한 후 라벨을 병에 감는 방식으로 주로 생수, 식용유 등 플라스틱 용기에 사용한다. 라벨링할 때 별도 접착제의 도포 과정이 필요하다. 비용은 저렴하나 용기 밀착성과 시각적 매력이 우수하지 않으며 용기 형태의 제한이 있다.

③ In-Mold Label

인 몰드 라벨in-mold label, in-mould label은 용기 성형 시 몰드(용기 성형틀) 안에서 라벨링과 용기 성형이 동시에 이루어지는 방식으로, 사출이나 블로 용기에 사용한다. 주로 커피류 음료 컵, 장류, 식용유, 주방세제 등의 제품에 적용된다. 용기와 라벨이 일체형으로 온도나 습도, 마찰 등 환경적 요인에도 라벨이 들뜨지 않고 미관이 좋은 반면에, 몰드 제작 비용이 비싸 모양 및 크기 변경이 용이하지 않고, 일단 라벨링이 이루어지면 재부착이나 수정이 불가능해서 용기 자체를 불량 처리해야 하므로 불량 비용이 높다. 라벨로 사용 가능한 소재가 제한적이다.

(3) 수축 라벨

수축 라벨shrink sleeve은 일정 이상의 온도를 가하면 수축되는 필름으로 용기를 감싼 후 스팀이나 열풍으로 열을 가해 라벨을 수축시켜 용기 모양에 맞게 밀착시키는 방식이며, 음료 및 생활용품에 주로 사용된다. 라벨이 용기 전체 또는 부분을 감싸므로 외관이 미려하고 굴곡이 심한 용기 등에도 적용할 수 있다. 내수성이 있어 장시간 수분에 노출되어도 변화가 없어 라벨링 후에 살균 공정을 거칠 수 있다는 장점이 있다. 주로 사용되는 필름의 재질은 PET, 폴리염화비닐PVC, 연신폴리스티렌OPS, 연신폴리프로필렌OPP 등이 있는데, PVC 같은 경우에는 환경적 문제와 제품의 안전성 등의 이유로 현재 사용하지 않는다.

10. 묶음 포장

묶음 포장multi & bundle package이란 상품의 많은 판매를 목적으로 두 개 또는 그 이상의 제품을 인위적으로 똑같은 수량으로 묶어 놓은 것이다. 이런 상품은 개별 포장재가 아닌 묶음 단위별로 포장의 개수와 양을 표시해야 한다. 이런 묶음 포장의 방식은 다양하게 이루어지고 있는데 가장 많이 쓰이는 방식은 열수축 필름을 이용한 번들 포장과, 지기나 사출물 등을 이용하는 방식이다.

1) 열수축 포장

열수축성 플라스틱(PVC, PE, PP) 필름을 사용해서 피포장물을 대충 싼 뒤 이것을 열수축 터널을 통과시켜 가열하면 필름이 수축하여 피포장물에 밀착하도록 포장하는 것을 쉬링크 포장shrink bundling(열수축 포장)이라고 한다. 열원으로는 주로 전기로 열풍을 생성하여 사용한다. 열수축 터널 내에는 모터 팬을 돌려 터널 내부에 열이 골고루 전달되도록 해야 하며, 제품은 일정한 속도로 연속 진행시켜 고른 열수축이 일어나도록 한다.

낱개 포장용 수축 포장기에는 L형과 슬리브형이 있으며, 포장 형태로는 3면형, 4면형, 가제트형으로 구분하기도 한다. 수축 포장기는 다른 종류의 제품을 포장할 때도 치수의 변경이 필요 없거나 취급이 비교적 간단하다. 운반을 간편하게 하기 위해 수축 포장 후 손잡이 끈(테이프)을 부착하기도 한다.

그림 16-22 **열수축 포장 사례**

2) 멀티 팩

멀티 팩multi-pack은 수축 필름이 아닌 사출물과 같은 도구나 지기를 이용해 여러 개의 제품을 포장하는 방식으로, 주로 음료나 생수와 같은 제품에 이용된다.

HDPE 플라스틱 핸들

플라스틱 트레이

펄프 몰드

종이보드 바스켓

사출물 클립

지기 멀티 팩

그림 16-23 **멀티 팩 포장 사례**

11. 박스 제함기

카턴 박스 제함기carton erector는 골판지상자의 하부를 접어서 제품을 담을 수 있도록 형상을 만들어 주는 포장 기계로, 테이핑 머신이라고도 부른다. 박스의 하단을 봉함하는 방법은 크게 3가지가 있다. 즉, OPP 테이프를 이용하는 방식, 핫멜트를 이용한 접착 방식, 스테이플러를 이용하는 방식이 있으며, 일반적인 0102 타입(A-1형)의 박스를 제함하는 기계는 OPP 테이프를 이용해 봉함한다. 핫멜트를 이용해 접착하는 방식은 주로 과일이나 채소 상자 등 리테일 레디 패키징retail ready packaging 박스를 제함할 때 사용한다.

박스를 제함할 때에도 핀을 이용하는 방식, 핀과 진공판을 이용하는 방식, 에어패드를 이용한 측면 당김 등이 있다. 이와 같이 박스의 제함 방식과 테이핑 방식에 따라 제함기의 구조가 다르므로 박스의 재질, 두께, 형태와 크기에 따라 달리 선택해야 한다.

자동형 제함기를 사용하기 전에는 박스를 수동으로 접어 테이프를 붙여서 만들어 쌓아 놓고 사용하였으므로 장소, 인력이 많이 필요했으나 자동형 제함기의 도입으로 생산성 향상 및 인건비의 절감 효과를 창출하고 있다.

최근에는 정해진 크기의 박스를 사용하지 않고, 사용자가 필요로 하는 크기의 박스를 바로 만들어 사용할 수 있는 주문형 박스 제작box on demand 장치도 도입되었다.

자동 제함기

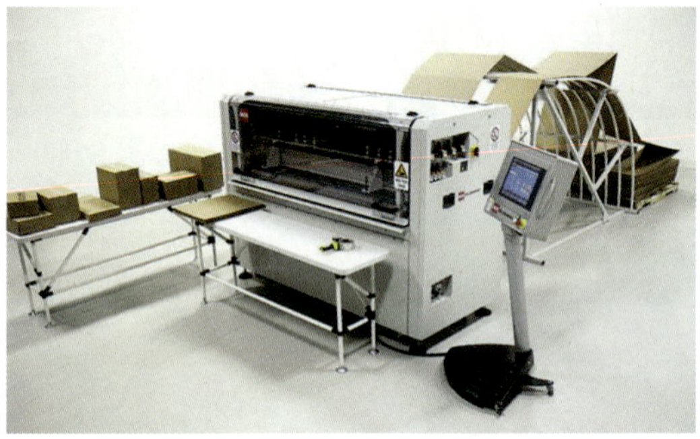

주문형 박스 제작기

그림 16-24 **박스 제함기의 종류**

참고문헌

이종각. 2001. **(연포장을 위한) 포장기계강좌**. 포장산업.

라벨의 종류 및 특성 비교. Avery Dennison Korea

HPP(High Pressure Process), http://www.suflux.com/korean/catalog/Bio_HPP.pdf

9 STEPS TO HEAT SEALING PERFECTION. TOSS MACHINE COMPONENTS, INC.(http://www.tossheatseal.com)

CHAPTER 17

우유 및 유제품의 포장

Packaging of Dairy Products

PACKAGING OF DAIRY PRODUCTS

1. 서론

최근 10년간 우유 및 유제품의 소비는 꾸준하게 증가해 왔다. 우유가 변패되기 쉬운 제품임에도 불구하고 소비가 증가할 수 있었던 것은 포장 기술을 포함한 우유 가공 기술의 발달에 기인한 것이라 할 수 있다. 과거 병에 담은 우유의 유통기한이 4일 전후였으나, 유통기한 자율화가 이루어진 지금은 10~14일 정도로 늘어나 포장공정의 중요성이 더욱 중요시되고 있다.

우유 및 유제품 포장의 목적은 다른 식품과 마찬가지로 패키징을 통해 상품의 가치를 높이고, 유통기간 동안 다양한 유통 환경 조건에서도 제품의 물리적·화학적·생화학적 변패를 방지하는 데 있다. 다만, 우유 및 유제품은 다른 식품과 다르게 변질이 쉽게 되므로 적절한 포장재의 선택이 매우 중요하다. 따라서 선정된 포장재는 안전하고 원래의 맛과 풍미를 보존시키는 재질이어야 한다(표 17-1).

2. 유제품에 사용되는 포장재

유제품에 사용되는 포장재로는 종이, 플라스틱, 금속 캔(깡통), 유리 등 다양한 종류가 있으나 그중에서도 플라스틱류가 가장 널리 이용된다(그림 17-1). 유리의 경우 과거에는 시유에 가장 많이 사용되는 재질이었으나 시유의 용량이 커지면서 제품 무게가 너무 무겁고 유통 중에 빈번하게 파손되어 지금은 거의 사용하지 않는다. 식품에 이용되

표 17-1 **포장재의 기능 및 특성**

기능 또는 요건		내용
기본 기능	보호성	• 물리적 보호 : 유통 중의 압축, 진동, 낙하 충격에 의한 파손, 외력에 의한 변형 등 • 화학적 보호 : 산화, 빛에 의한 약화, 부식, 활성 화학 물질에 의한 작용, 냄새 • 생물학적 보호 : 미생물(세균·효모·곰팡이), 해충, 쥐 • 인위적 보호 : 변조, 위조, 오용
	편의성	• 유통상의 편리 : 수송, 보관상의 편의성, 소포장화의 편의성 • 판매상의 편리 : 진열 편의성, 판매 단위의 편의성 • 소비상의 편리 : 개봉성, 휴대성, 인스턴트(레토르트 및 전자레인지 대응) • 폐기상의 편리 : 분별성, 파괴 용이성, 감용성(感容性)
	정보 성능	• 상품 표시 : 상품명, 식품첨가물, 원재료명, 내용량, 유통기한, 보존 방법, 제조자, 원산지, 성분 표시, 사용상의 주의, 취급상의 주의, 포장재에 대한 정보 제공
추가 구비 요건	안전 위생성	• 식품위생성 : 「식품위생법」에 적합 • 인체 안전성의 확보 : 「제조물 책임법(PL법)」 대응, HACCP 대응
	사회 환경성	• 자원 절약 : 자원 재이용, 재사용(reuse), 리사이클(recycle) 적성, 폐기성(소각 배출 가스, 생분해성, 광분해성) • 「소비자보호법」 적합성 • 다이옥신 등 환경호르몬의 비배출
	생산성	• 포장 작업성 : 포장 기계 및 라인화 적성, 품질 안정성(규격 치수, 형태 오차 등)
	경제성	• 재료 가격 : 재료 가격의 안정성, 조달 용이성

자료 : 김거유 등. 2011. 최신 유가공학. 유한문화사.

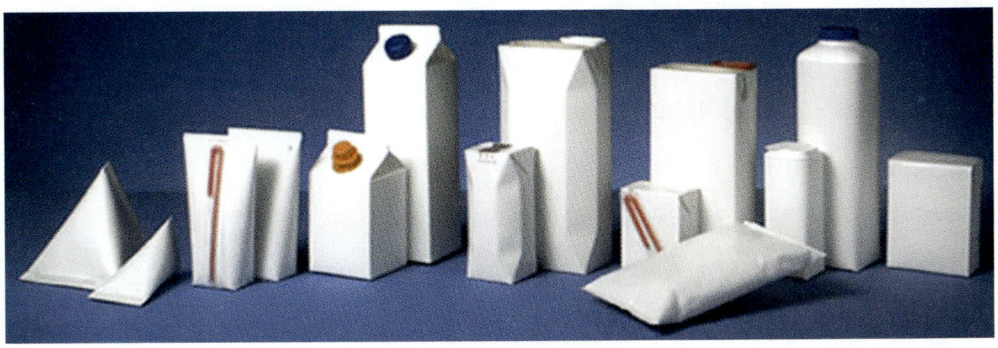

그림 17-1 **다양한 형태의 시유 포장재**

는 플라스틱은 열가소성 플라스틱thermoplastic plastics과 열경화성 플라스틱thermosetting plastics, thermoplastic으로 구별되는데, 우유의 포장재로 가장 많이 사용하는 것은 열가소성 플라스틱 종류이다.

열가소성 플라스틱은 일정 온도 이상으로 올라가면 변형되기 쉬운 부드러운 상태가 되고, 온도가 내려가면 딱딱한 상태가 되지만 특별히 상phase의 변화가 일어나는 것은 아니다. 대체적으로 분자 간의 상호 작용이 약한 선형 분자로 되어 있다. 열가소성 플라스틱은 결정성crystalline과 비결정성amorphous으로 분류하기도 한다. 결정성 플라스틱은 결정인 부분과 비결정으로 된 부분의 밀도가 균일하지 않지만, 두 가지가 섞여 있어서 빛이 잘 통과하지 못하여 불투명하다. 반면에 비결정성 플라스틱은 전체적으로 밀도가 균일하여 빛을 잘 통과시키므로 투명하다. 폴리에틸렌polyethylene, PE, 폴리프로필렌polypropylene, PP, 나일론nylon, 폴리옥시메틸렌polyoxymethylene, POM 등이 결정성 열가소성 플라스틱이고, 폴리스티렌polystyrene, PS, 폴리염화비닐polyvinyl chloride, PVC, 폴리카보네이트polycarbonate, PC, 아크릴acrylic 등이 비결정 열가소성 플라스틱이다(한국물리학회, 2017).

열경화성 플라스틱은 원료 수지를 중합 또는 축합시켜서 성형하여 제품을 제조하는데, 이는 다시 가열해도 연화하지 않는 특성을 가진다. 가열하면 초기에 연화되어 유동성을 나타내지만 차츰 분자 중에 남아 있던 미반응기가 화학적으로 망상 구조를 형성하는 반응을 함으로써 불용 상태가 되기 때문이다. 폴리에스테르, 멜라민, 에폭시 수지 등의 망상 고분자는 대표적인 열경화성 플라스틱으로, 150℃에서 변형이 일어나지 않고 재활용이 불가능하며 불투명한 제품이다.

열경화성 플라스틱은 우유 제품의 포장 용기로는 전혀 사용되지 않지만, 1996년 원유 착유기 고무에서 가소성 물질인 프탈산디옥틸dioctyl phthalate, DOP이 우유로 이행하여 우유 및 분유 제품에서 검출됨으로써 사회적 파장을 일으켰다. 또한 2008년에는 멜라민 수지를 첨가한 불량 우유 제품이 중국에서 유통된 사건이 있었는데, 이들 사건 모두 우유 포장재와 관련된 것은 아니지만, 유제품을 포함한 가공식품에 사용되는 포장재에서 가소성 물질의 용출 여부에 대한 건강 위해성 논란까지 발전하여 환경 친화적 포장재에 대한 관심을 불러일으켰다.

3. 시유의 포장재

젖소에서 착유한 우유를 그대로 음용할 수 없기 때문에 가공공정을 거쳐야 한다. 제품으로 판매되는 우유와 착유 직후의 우유를 구분하기 위하여 젖소에서 착유한 그대로의 우유는 원유raw milk라고 하고, 원유를 시판 제품으로 가공한 것은 시유market milk라고 한다. 일반적으로 우유라고 하면 원유가 아닌 시유를 의미한다.

19세기에 들어와서 유럽과 북미를 중심으로 우유의 소비가 크게 증가하였으며, 당시에는 주로 주석 캔에 담아 대량으로 유통하였다. 1870년 뉴욕시의 유아 사망률이 20% 수준이었으며, 이 중 많은 유아가 오염된 우유를 먹고 사망하였다고 한다. 원인은 당시 우유에 가장 빈번하게 발생한 미생물 오염의 원인균인 결핵균*Mycobacterium tuberculosis*과 디프테리아균*Corynebacterium diphtheriae* 등과 같은 병원성 세균 때문이었다. 그 당시에는 지금과 같은 저온 유통 체계cold-chain system를 갖추지 못했을 뿐만 아니라 대부분 철도와 마차를 이용해 수송함으로써 특히 여름철에는 장거리 배송 시에 결핵균과 같은 병원성 미생물의 오염도가 높아질 수밖에 없었다. 이러한 사실은 당시 미국, 캐나다 등에서 심각한 사회 문제가 되기도 하였다(김 등, 2016). 그 이후로 시유의 포장은 주로 병 제품으로 판매되었으며, 국내에서도 병에 담긴 우유가 1970년대 후반까지 유통되었다.

노상에서 우유를 사서 마시는 사람 (1932년, 독일)

採算面에서본 畜産

간단한 施設로 家內工業도可能

유가공 산업 관련 기사

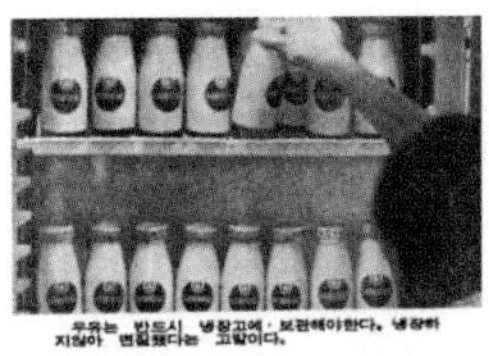

우유의 냉장 보관을 계몽하는 기사

그림 17-2 초기 우유 제품 관련 기사

자료 : 경향신문. 1962년 11월 27일(가운데); 경향신문. 1972년 8월 22일(오른쪽)

현재 시유 포장의 주종을 이루고 있는 것은 종이 재질로 된 카턴 팩carton pack이다. 카턴 팩은 크게 일반 제품용과 장기 보관 제품용으로 구분된다. 현재 국내에서 일반 시유는 4겹으로 된 종이팩 형태로 판매되고 있고, 유통기한이 긴 장기 유통용은 6겹으로 구성된 테트라 브릭tetra brik 팩으로 판매된다. 카턴 팩은 1 L 이하의 소용량 포장에 많이 사용되고, 그 이상의 대용량 제품에는 폴리에틸렌PE 재질의 용기를 주로 쓴다. 카턴 팩은 약 85%의 펄프와 약 15%의 폴리에틸렌으로 되어 있으며 PE/종이/PE/PE(총 4겹)의 형태를 갖추고 있다. 장기 보존용 무균 포장 팩에는 산소, 수증기, 광선 차단 효과가 있는 알루미늄을 얇게 추가하는 것이 특징이며, 그림 17-3에 나타낸 바와 같이 PE/종이/PE/알루미늄/PE/PE(총 6겹)으로 구성되어 있다.

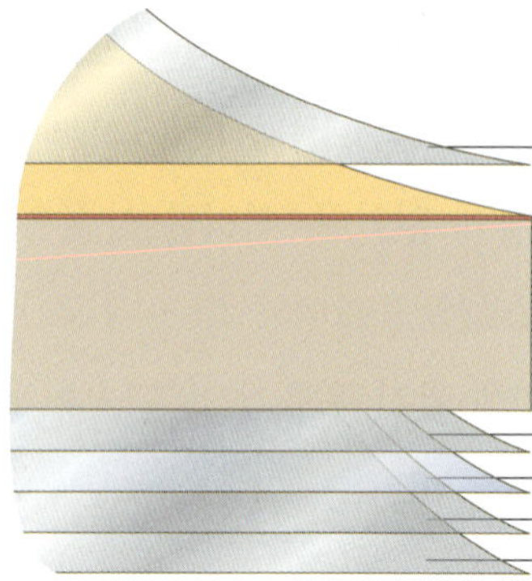

그림 17-3 **테트라 브릭의 포장재 구성**

테트라 브릭을 이용한 멸균우유는 상온에서 3개월 이상 보존할 수 있으며, 이는 무균충전기aseptic filling machine의 개발로 가능해졌다. 최근 서울우유에서 1 L 제품에 과거 병장 제품의 향수를 불러일으키면서 좀 더 투명한 재질인 PET 용기를 사용한 제품을 출시하기도 하였다.

4. 발효유의 포장

발효유는 「식품공전」상 발효유와 농후발효유로 구분되지만, 통상적으로는 무지고형분 3% 이상인 발효해서 마시는 제품을 액상 발효유, 떠먹는 형태의 농후발효유를 호상 발효유, 마시는 타입의 농후발효유를 드링크 발효유로 구분해서 부른다. 액상 발효유에 가장 많이 사용하는 포장재는 PS 재질로 제조 공장에서 직접 성형하여 적용한다(그림 17-4). PS는 인쇄가 용이하고 성형성이 우수하다는 특징이 있으며, 최근에는 PS 포장재 이

그림 17-4 **발효유 포장재 성형기**(왼쪽)**와 성형된 용기를 저장하는 탱크**(오른쪽)

외에 PE와 카턴 팩에 포장된 제품도 출시되고 있다.

액상 발효유의 경우 뚜껑 재료로는 알루미늄 재질에 PE 및 왁스Al/PE/wax 코팅이 된 것을 사용한다. 안쪽 면에 왁스 코팅이 된 이유는 발효유가 뚜껑에 묻지 않도록 하기 위함인데, 이는 액상 발효유에서는 효과가 있지만 점성이 높은 호상 발효유에서는 효과가 적다. 호상 발효유의 포장재로는 200 mL 이하의 소용량에는 PS가 가장 많이 사용되고, 500 mL 이상은 PET, PE 재질도 사용된다. PS를 사용하는 액상과 드링크 발효유는 공장에서 직접 성형하여 최종 제품을 생산하며, 호상 발효유는 미리 생산된 용기를 구입하여 현장에서 뚜껑을 접착하여 발효유 제품(요구르트)을 생산한다.

드링크 발효유는 액상 발효유와 같이 150 mL 이하 제품에서는 공장에서 직접 성형하여 제조하는 PS 재질을 많이 쓰고, 200 mL 이상에서는 PET와 카턴 팩이 주로 사용된다.

액상 발효유(PS; 자체 성형)

드링크 발효유(PS; 자체 성형)

호상 발효유(PS)

그림 17-5 **발효유의 포장 예**

5. 치즈의 포장

치즈는 우유에 유산균, 응유효소, 유기산 등을 가하여 응고, 가열, 농축 등의 공정을 거쳐 제조되며, 우리나라에서는 자연치즈와 가공치즈로 구분하고 있다(「식품공전」, 식품의약품안전처). 「식품공전」에 "자연치즈라 함은 원유 또는 유가공품에 유산균, 응유효소, 유기산 등을 가하여 응고시킨 후 유청을 제거하여 제조한 것을 말한다. 또한, 유청 또는 유청에 원유, 유가공품 등을 가한 것을 농축하거나 가열 응고시켜 제조한 것도 포함한다"라고 정의하고 있다. 또한 "가공치즈는 자연치즈를 원료로 하여 이에 유가공품, 다른 식품 또는 식품첨가물을 가한 후 유화 또는 유화시키지 않고 가공한 것으로 자연치즈 유래 유고형분 18% 이상인 것을 말한다"고 정의하였다.

가공치즈의 포장재로는 PS, PP, PVC가 주로 사용된다. 살균되지 않은 자연치즈는 유통 중에도 계속 숙성이 진행되므로 제품의 특성에 따라 매우 다양한 포장재가 복합적으로 사용되는 것이 특징이다. 따라서 자연치즈는 종류에 따라 나무, PET, PE, PP, 알루미늄, 종이 포장재 등이 함께 사용된다.

그림 17-6 **가공치즈의 포장 예**(PVC 포장)

종이 박스 | 금속 캔 | 알루미늄박 | 플라스틱 포장

그림 17-7 **자연치즈의 포장 예**

6. 분유 및 조제분유

분유는 우유를 건조시켜 분말화한 것으로 탈지분유와 전지분유로 구분하며, 분유의 포장 형태는 크게 합성 캔, 금속 캔과 플라스틱 파우치 형태로 나뉜다. 분유는 수분 함량이 5% 이하로 낮아 미생물에 의한 변패가 잘 일어나지 않지만, 전지분유의 경우에는 지방이 함유되어 있으므로 지방의 산패가 일어나면 제품 품질이 저하되기 때문에 탈지분유보다 유통기한이 짧은 것이 특징이다(일반적으로 3개월). 따라서 분유의 포장재는 수분 투과성과 광선 차단성이 우수한 재질을 사용해야 한다. 일반적으로 탈지분유와 전지분유에 사용되는 포장재는 PVC가 많으며, 질소 및 이산화탄소 충전을 하여 산소를 보다 완벽하게 차단한다.

전지분유는 「식품공전」상의 제품 규격을 보면 지방 함량이 25% 이상이어야 하기 때문에 총 고형분 함량을 45~50%로 농축한 후 건조시켜 제조한다. 전지분유는 저장 중에 지질의 산화로 품질이 떨어질 수 있으므로 이를 억제하기 위하여 85~95℃에서 3~4분간, 또는 125℃에서 20초간 열처리를 할 수 있다. 지질의 산화를 방지하기 위하여 항산화제인 L-아스코르브산 또는 팔미트산아스코빌ascorbyl palmitate을 첨가하거나 질소 가스로 충전하고 알루미늄박이 내재된 다중 필름 포장재로 포장한다.

조제분유 및 조제유는 유가공품을 주원료로 하여 영유아의 성장 발육에 필요한 무기질, 비타민 등의 영양소를 첨가하여 모유의 성분과 유사하게 가공한 것이다. 따라서 열이나 광선에 쉽게 파괴되는 영양소가 많이 있을 뿐만 아니라 불포화지방산을 첨가하기 때문에 쉽게 변질이 일어난다. 조제분유는 3피스piece 주석 캔이 많이 이용되며 내부는 PE로 코팅되어 있고, 제품을 담은 후에는 질소 가스를 넣어 충전 밀봉한다.

PVC 포장재 금속 캔

그림 17-8 **분유와 조제 분유 포장의 예**

7. 농축 유제품의 포장

농축 유제품 중 가장 잘 알려진 제품은 연유 제품이다. 우리나라 「식품공전(식품의약품안전처)」에서는 농축유를 "농축유류라 함은 원유 또는 우유류를 그대로 농축한 것이거나 원유 또는 우유류에 식품 또는 식품첨가물을 가하여 농축한 것을 말한다"라고 정의하고 있다.

농축 제품류의 저장 및 유통 시에는 제품의 누출과 외부 오염을 방지하기 위하여 적절한 포장재를 선택하고 포장의 밀봉 상태를 확인해야 한다. 가당연유는 철관 또는 알루미늄-폴리에틸렌 튜브에 충전 포장한다. 철관에 포장할 때에는 빈 곳이 없도록 채워서 봉관하거나, 진공 상태에서 충전한 후 봉관하여 곰팡이와 효모의 발육을 억제한다. 농축우유는 철관에 봉관하여 레토르트에서 멸균하거나 또는 연속적으로 초고온살균ultra-high temperature sterilization, UHT 처리한 후 무균 상태에서 용기에 충전하고 밀봉한다.

최근에는 디저트 식품 시장이 활성화되면서 연유 제품의 소비가 급증하고 있다. 과거에는 이들 제품에 캔을 많이 사용하였으나 지금은 점차 줄어드는 추세이며, 업소용의 경우 백 인 박스 포장bag-in-box package을 많이 하고 가정용에는 PE 용기를 주로 사용해 포장하여 판매하고 있다.

플라스틱 백 포장 금속 캔 PE 포장

그림 17-9 **농축 유제품의 포장 예**

8. 버터의 포장

버터는 원유, 우유류 등에서 유지방분을 분리한 것이거나 발효시킨 것을 그대로 또는 이에 식품이나 식품첨가물을 가하여 교반, 연압 등 가공한 것을 말하며, 「식품공전」에 제시되어 있는 버터류의 유형으로는 버터, 가공버터, 버터오일 등이 있다. 유지방의 함량이 버터는 80% 이상이고, 가공버터는 30% 이상이다. 따라서 버터의 포장재는 지방의 산패를 최대한 억제시킬 수 있는 재질을 사용해야 한다. 버터 제품은 매우 민감한 제품이기 때문에 햇빛이나 산소에 노출되면 지방의 산패를 촉진시켜 고유의 풍미와 맛을 변화시킨다.

버터는 5 kg 이상의 벌크 팩bulk pack으로 포장되거나 500 g 이하의 소형 포장을 한다. 포장 유형에 따라 다양한 형태의 기계가 사용되는데, 일반적으로 완전 자동화가 이루어져서 포션portion과 포장 모두 다양한 크기로 세팅할 수 있다. 포장 자재는 번들거림이 없어야 하고 빛, 냄새, 향 물질 등을 투과해서는 안 된다. 또한 습기의 침투도 막아야 한다. 포장재가 빛과 향 등을 투과하거나 습기가 침투된다면 버터의 표면이 말라서 바깥층이 다른 부분보다 더 노랗게 변하게 된다(국가직무능력표준, 2015). 버터의 포장재로 양피지parchment는 한때 가장 일반적인 포장재였으며 지금도 여전히 쓰이고 있지만, 최근에는 주로 알루미늄 포일을 사용한다. 알루미늄 포일은 습기가 덜 침투하기 때문에 바람직한 대체재로 자리 잡았다. 우리나라에서는 알루미늄 포장지로 1차 포장을 한 후 종이 박스로 2차 포장을 한다.

그림 17-10 **버터 포장의 예**

9. 아이스크림의 포장

냉동기를 빠져나온 아이스크림은 경화hardening시키기 전에 적당한 포장 용기로 포장을 한다. 포장에는 소비자용으로 개별 포장되는 경우와, 가정용 포장이나 소매점용의 대형 포장 등이 있다. 소비자용 개별 포장은 비스킷 콘 과자biscuit sugar cone에 담아서 종이로 포장하고, 가정용 포장은 내면이 방수 처리된 종이 드럼drum이나 플라스틱 재질의 통 등에 포장되는 것이 일반적이다. 소형 소매 제품은 다중 층의 알루미늄 포일이나 PE로 코팅된 판상지 용기에 포장되고 있으나, 점차 탬퍼tamper 방지용 뚜껑이 달린 고밀도 폴리에틸렌high density polyethylene, HDPE 또는 PS 재질의 플라스틱 용기로 대체되고 있다.

플라스틱 용기는 대부분 대형 소매 제품에 적용된다. 1인용 아이스크림 바 제품은 내습성 포일과 플라스틱 코팅이 된 종이에 포장된다. 아이스크림의 포장은 저장 중의 특성 변화에 상당한 영향을 끼친다. 판상지 중에서는 알루미늄 포일 층이 있는 판상지가

표 17-2 주요 유제품의 보존과 포장재의 특성

제품		저장 수명 결정인자	요구되는 포장재 성질	유통기한
시유	일반	미생물(10^6 이상), off-flavour, 응고	광선 차단, 산화 방지	5~10일
	장기 보존	미생물, 효소, 화학적 off-flavour	광선 차단성, 산소·수증기 차단성	7~12주
요구르트	액상	미생물, 화학적 off-flavour	광선 차단성, 산소 차단성, 성형성	7~10일
	호상			10~14일
버터		이미, 향미 파괴, 이취 흡착, 산패취, 건조 조직 변화, 변색	수증기 차단성, 광선 차단성, 내유성, 방향성	냉장 3개월 냉동 12개월
치즈	생치즈	곰팡이, 효모, 세균, 산패취, 표면 건조	광선·산소·수증기 차단성	3개월
	가공치즈	곰팡이, 효모, off-flavour, 산패취, 표면 건조	광선·산소·수증기 차단성	6개월
	숙성치즈	곰팡이, 효모, off-flavour, 산패취, 표면 건조	광선·산소·수증기 차단성, 기계적 강도, 보향성	경성 12개월 반경성 6개월 연성 3개월
분유	탈지	갈변, 유당 결정화, 용해도 감소, 비타민 손실	광선·수증기·산소 차단성	실온 6개월 암소
	전지	산패취, 응고, 갈변, 유당 결정화, 용해도 감소, 비타민 손실	광선·수증기·산소 차단성	
아이스크림		산패, 재결정화, 미생물	내한성, 광선 차단성, 내유성	

자료 : 김거유 외. 2011. 최신유가공학. 유한문화사.

그림 17-11 아이스크림 포장 예(위)와 생산 라인(아래)

소매 제품의 저장에 가장 효율적이지만, 밀폐된 플라스틱 포장의 저장성이 좀 더 우수하다(국가직무능력표준, 2015).

참고문헌

김거유, 김세헌, 김완섭, 김철현, 남명수, 문용일, 배인휴, 오세종, 윤성식, 이수원, 이원재, 전우민, 하월규. 2011. 최신유가공학. 유한문화사.

김성준·오세종. 2016. 세계 낙농산업 동향: IV. 유제품 소비 및 교역을 중심으로, *J. Milk Sci. Biotechnol.* 34:59-62.

G. Bylund. 2003. *Dairy processing handbook*. Tetra Pak Processing Systems AB.

국가직무능력표준. 2015. 유제품가공(www.ncs.go.kr)

한국물리학회. 물리학백과(http://www.kps.or.kr)

CHAPTER 18 식품 포장재의 안전 관리

Safety Control of Food Packaging Materials and Articles

SAFETY CONTROL OF FOOD PACKAGING MATERIALS AND ARTICLES

1. 서론

식품 포장재는 원료나 제조 과정에서 유해 물질이 들어가 인체의 건강을 해칠 우려가 있을 뿐 아니라 식품을 넣어 사용할 때 잔류 원료 물질이 식품으로 옮겨갈 수도 있다. 따라서 식품 포장재는 기본적으로 식품과 서로 상호 작용이 없도록 설계, 제조되어야 한다. 식품 포장재를 만드는 사람은 식품에 닿아 해로운 영향을 끼쳐 소비자의 건강을 해칠 우려가 있는 포장재는 판매해서도 안 되고, 판매할 목적으로 제조·수입·저장·운반·진열하거나 영업을 해서도 안 된다. 미국이나 유럽에서는 식품 포장재의 제조, 가공, 운반 과정을 제조·품질 관리 기준Good Manufacturing Practice, GMP에 따르도록 하고 있으며, 사업자는 문서화된 품질 보증 체계Quality Assurance System를 계획, 시행, 확인해야 하며 품질 관리 체계Quality Control System를 만들어 유지하도록 하고 있다. 우리나라는 「식품위생법」 및 「기구 및 용기·포장의 기준 및 규격」에서 용기 포장재의 시설 기준, 제조 기준, 보존 및 유통 기준 등을 정하여 관리하고 있다.

2. 식품 포장재 제조 시설의 조건

식품 포장재를 위생적으로 제조하기 위해서는 제조 시설은 다음과 같은 기본적인 조건을 갖추는 것이 바람직하다.

- 건물의 위치는 축산 폐수, 화학 물질, 그 밖에 오염 물질의 발생 시설로부터 식품

포장재에 나쁜 영향을 끼치지 않을 만큼의 거리를 두어야 한다.

- 건물의 구조는 제조하려는 식품 포장재의 특성에 따라 적정한 온도가 유지될 수 있으며 환기가 잘 되어야 한다.
- 건물의 자재는 식품 포장재에 나쁜 영향을 주지 아니하고 식품 포장재를 오염시키지 않는 것이어야 한다.
- 작업장 안에서 발생하는 악취·유해 가스·매연·증기 등을 환기시키기에 충분한 환기 시설을 갖추어야 한다.
- 작업장은 외부의 오염 물질이나 해충, 설치류, 빗물 등의 유입을 차단할 수 있는 구조이어야 한다.
- 작업장은 폐기물, 폐수 처리 시설과 격리된 장소에 설치해야 한다.

3. 식품 포장재 제조 시 유의 사항

식품 포장재 생산 및 작업 기록에 관한 서류와 원료의 입고, 출고, 사용에 대한 원료 수불 관련 서류 및 거래 기록을 작성, 보관해야 한다. 그 외에 식품 포장재를 제조할 때 지켜야 할 유의 사항은 다음과 같다.

- 식품 포장재 제조에 사용되는 기계·기구류와 기타 부가 시설물은 항상 위생적으로 유지·관리되어야 한다.
- 식품 포장재의 제조·가공에 사용되는 원재료는 품질이 양호하고, 유독·유해 물질 등에 오염되지 아니한 것으로 안전성과 건전성을 확보해야 한다.

4. 식품 포장재의 보존 및 유통 시 유의 사항

- 식품 포장재는 위생적으로 취급·판매되어야 하며, 그 보관 및 판매 장소가 불결한 곳에 위치해서는 안 된다.
- 식품 포장재의 취급 장소는 비·눈 등으로부터 보호될 수 있어야 하며, 인체에 유해한 화학약품, 농약, 독극물 같은 것과 함께 보관하지 말아야 한다.
- 식품 포장재는 서늘한 곳에 보관·유통하여 물리적 변형이나 녹 등이 발생하지 않도록 해야 한다.

5. 국내외 식품 포장재 이행 물질의 관리 체계

식품 포장재는 식품(식품첨가물 포함)을 채취, 제조, 가공, 조리, 저장할 때에 식품과 접촉하게 되는 물질이나 물품이다. 식품 포장재에 포함된 어떤 물질이나 성분이 소비자의 건강에 해를 끼치거나 식품의 조성, 맛, 향 등의 품질에 영향을 미쳐서는 안 된다. 대부분의 국가는 식품 포장재로부터 이행되는 물질이나 물품을 관리하고 있는데, 나라마다 서로 다른 관리 체계를 유지하고 있다.

1) 개요

유럽연합에서는 1935/2004〔(Regulation (EC) No 1935/2004〕 기준에 따라 세라믹, 가공 셀룰로오스제, 플라스틱(재활용 플라스틱 포함), 활성 및 지능형 물질active & intelligent materials 등을 식품 접촉 물질food contact materials, FCMs로 관리하고 있다. 미국의 『연방규정집Code of Federal Regulations, CFR』에서 식품첨가물을 식품첨가물direct food additives, 2차 식품첨가물secondary direct food additives, 간접 식품첨가물indirect food additives로 분류하고 있는데 접착제, 코팅제, 종이, 합성수지 등의 식품 포장재를 간접 식품첨가물의 범주에 넣어 관리하고 있다. 우리나라는 「식품위생법」 및 「기구 및 용기·포장의 기준 및 규격」에서 음식을 먹을 때 사용하거나 담는 것, 식품(식품첨가물 포함)을 채취, 제조, 조리, 저장할 때 사용하는 것으로 식품에 직접 닿는 기계, 기구를 대상으로 하여 관리하고 있다.

2) 기준 및 규격 관리 주체

유럽연합 회원국은 식품 포장재에 대한 별도의 규정을 가지고 있지만, 회원국 의회Council Member States, 유럽연합 의회European Parliament, 유럽연합 집행위원회European Commission가 정책 결정 과정을 통해 유럽연합 차원의 통일된 규정을 정하고 있다. 현재 회원국들은 유럽연합의 공통된 규정을 따르는 한편, 여기서 규정하지 않은 종이제, 금속, 유리 등에 대해서는 개별 회원국의 규정을 따르고 있다. 앞으로 유럽연합의 공통된 규정은 점차 늘어날 것으로 전망된다. 유럽연합에서 설치한 유럽식품안전청European Food Safety Authority, EFSA은 유럽연합 및 회원국의 의회나 집행위원회와는 별도로 운영되고 있다. 유럽식품안전청은 이들 기관에 과학 자문을 하고 농약, 사료, 오염 물질, 식품첨가물, FCMs 등에 대한 위해 평가를 실시하며, 과학적으로 발견한 사실들에 대해 소비자에게 알리는 역할을 한다.

미국은 식품의약품청Food & Drug Administration, FDA의 식품 안전 및 영양 센터The Center for Food Safety and Applied Nutrition, CFSAN에서 규정을 만들고 위해 평가를 실시하며 업체 및 소비자에게 정보를 제공하고 있다.

우리나라는 현재 「식품위생법」 및 「기구 및 용기·포장의 기준 및 규격」에 따라 식품의약품안전처에서 기준 및 규격의 제정, 개정을 실시하고, 식품용 기구 및 용기 포장에 대한 안전 관리 및 홍보, 교육 업무를 수행하며, 식품의약품안전평가원에서 위해 평가 업무를 수행하고 있다.

3) 기준 규격 관리

(1) 유럽연합의 식품 포장재 기준·규격 관리제도

유럽연합에서는 유럽 내 국가 간 식품 포장재를 포함한 식품 등이 자유롭게 유통, 이동할 수 있도록 자유 이동 정책을 수행하고 있다. 유럽의 국가들은 대부분 식품 포장재에 관한 규정을 가지고 있으나, 이것이 국가 간 자유무역의 기술 장벽으로 작용하기 때문에 유럽 공통 규격을 만들어 시행하고 있다. 플라스틱(재생 플라스틱 포함), 세라믹, 가공 셀룰로오스 필름regenerated cellulose film, 활성 및 지능형 물질에 관한 규격을 가지고 있으며, 이외에 염화비닐 수지의 원료로 사용되는 염화비닐, 고무제 원료인 니트로사민, 에폭시 코팅제에 사용되는 비스페놀 A 등 개별 성분에 대한 기준 규격도 있다. 대표적으로 플라스틱 기준 규격 [Commission regulation (EU) No 10/2011]에는 플라스틱 제조 시 사용할 수 있는 단량체와 첨가제에 대한 목록이 들어 있다. 식품 포장재에서 식품 또는 식품 유사용매food simulant로 이행되는 '개별물질 용출 규격specific migration limit, SML'을 정하여 관리하고 있다. 이외에 위해하지 않아서 관리가 필요 없거나 아직 평가되지 않은 물질에 대한 안전을 보장하기 위해 '총 용출 규격overall migration limit, OML(총 이행량)'을 60 mg/kg(식품 또는 식품 유사용매)으로 설정하였다.

식품 포장재 제조 업자나 가공 업자가 물질을 사용하려면 화학 물질의 정보, 물리화학적 및 기타 성질, 용도, 이행량 시험 결과 및 독성시험 결과 등의 자료를 EFSA에 제출하여 승인받아야 한다. 유럽연합의 경우에는 식품 중 또는 식품 유사용매(용출용매)로 이행시험을 했을 때 바륨 1 mg/kg, 코발트 0.05 mg/kg, 구리 5 mg/kg, 철 48 mg/kg, 리튬 0.6 mg/kg, 망간 0.6 mg/kg, 아연 25 mg/kg으로 금속 이행량을 제한하고 있다. 유럽연합에서는 별도로 규정된 1차 방향족 아민이 식품이나 식품 유사용매로 이행되어서는 아니 된다고 규정하고 있으며, 이때 검출 한계는 0.01 mg /kg(식품 또는 식품 유사용매)이다.

(2) 미국의 식품 포장재 기준 규격 관리제도

미국은 「연방 식품·의약품·화장품법Federal Food Drug and Cosmetic Act, FFDCA」에 따라 식품용 포장재를 관리한다. 상기 법 201조 및 『연방규격집CFR』 21권의 170~190 파트part 규정에 따라 식품 포장재는 간접 식품첨가물로 관리한다. 각 파트별로는 174 일반 기준Indirect food additives: General, 175 접착제 및 코팅 물질Indirect food additives: Adhesives and components of coatings, 176 종이 및 판지 첨가물질Indirect food additives: Paper and paperboard components, 177 합성수지Indirect food additives: Polymers, 178 보조제, 생산 보조제, 살균제Indirect food additives: Adjuvants, production aids, and sanitizers의 내용이 포함되어 있다. 유럽의 총이행량OML 개념과 같은 추출 한계량extraction limit이 고분자마다 설정되어 있다.

제조 업체나 가공 업체가 제품을 시장에서 판매하려면 기인정 물질, 즉 GRAS Generally Recognized as Safe, 1958년 이전 FFDCA법 채택 전에 FDA가 승인한 물질Prior Sanction, 또는 식품으로 이행되지 않는 경우를 제외하고는 사전 승인Premarket approval을 받아야 한다. 식품 포장재는 식품첨가물에 해당되어 식품첨가물 청원Food Additive Petition제도가 적용된다. 식품첨가물 청원제도를 통해 승인을 받으려면 보통 2~4년이 소요되므로 효율성 제고를 위해 문턱값 규격Threshold of Regulation, TOR 정책을 수행하고 있다. 이는 식품으로 이행되는 유해 물질의 양이 무시할 만하여 공중 보건위생에 문제가 되지 않는 경우에 적용된다. 이 양은 0.5 ppb(μg/kg food) 이하이다. TOR을 위해 화학 물질의 정보 및 용도(온도, 접촉이 예상되는 식품의 종류, 일회용 또는 다회용의 여부), 식품 유사용매로 수행한 이행시험 결과, 가능한 독성 정보에 관한 자료를 FDA에 제출해야 한다. 이때 FDA는 청원에 필요한 자료보다 적은 양의 자료를 요구하고 FDA로부터 90일 이내에 어떠한 반대 의견이 없다면 판매할 수 있다. FDA는 TOR을 원활하게 진행하기 위하여 사전회의pre-notice meeting제도를 운영하고 있다. 그러나 이것이 모든 경우에 적용되지 않기 때문에 식품용 포장재에 대해서는 청원제도를 대신하여 식품접촉물질통지Food Contact Notification, FCN제도를 시행하고 있다. 어떤 신청자가 새로운 간접 식품첨가물에 대하여 FCN을 한 경우, 다른 신청자도 동일 물질에 대해 별개로 FCN 절차를 따라야 한다.

(3) 우리나라의 식품 포장재 기준 규격의 관리제도

우리나라 「식품위생법」에서 '기구'는 음식을 먹을 때 사용하거나 담는 것, 또는 식품이나 식품첨가물의 채취·제조·가공·조리·저장·소분·운반·진열할 때 사용하는 것이며, 식품 또는 식품첨가물에 직접 접촉하는 기계·기구나 그 밖의 물건을 말한다. 또 '용기·포장'은 식품 또는 식품첨가물을 넣거나 싸는 것으로, 식품 또는 식품첨가물을 주고 받을 때 함께 건네는 물품으로 규정하고 있다.

「식품위생법」에 따라 하위 규정으로 식품 포장재의 상세한 기준 및 규격에 관한 「기구 및 용기·포장의 기준 및 규격」을 운영하고 있는데, 이 기준 및 규격은 일반 기준과 재질별 규격으로 나누어져 있다. 일반 기준의 내용은 다음과 같다.

- 기구 및 용기·포장은 물리적 또는 화학적으로 내용물이 오염되기 쉬운 구조가 아니어야 한다.
- 기구 및 용기·포장의 제조 시 식품과 접촉하는 면에는 인쇄를 해서는 아니 된다. 식품과 접촉하는 면에 인쇄를 하고자 하는 경우에는 인쇄 잉크를 반드시 건조시켜야 하며, 이 경우 벤조페논의 용출량은 0.6 mg/L 이하이어야 한다.
- 식품과 직접 접촉하지 않는 면이 인쇄된 합성 수지 포장재 중 연포장재의 경우 잉크 성분인 톨루엔의 잔류량은 2 mg/m^2 이하이어야 한다.
- 합성 수지제, 가공 셀룰로오스제, 종이제, 전분제 기구 및 용기, 포장에 사용되는 재질에는 납, 카드뮴, 수은 및 6가 크롬의 합이 100 mg/kg 이하이어야 한다.
- 기구 및 용기·포장 제조 시 디에틸헥실프탈레이트di-(2-ethylhexyl)phthalate, DEHP를, 랩 제조 시에는 디에틸헥실아디페이트di-(2-ethylhexyl)-adipate, DEHA를 사용하여서는 아니 된다.

재질별 규격에는 합성 수지제, 셀로판, 고무제, 종이제 또는 가공지제, 금속제, 금속관, 목재류, 유리, 도자기, 법랑, 옹기류 및 전분제가 있다. 이 중 합성 수지제는 세분화되어 PVC, PE, PP, PS, PET, PA, PC, PVA, 아이오노머ionomer 수지, 에폭시 수지, PLA 및 PBSA 등이 등재되어 있다. 재질별 관리 항목으로 납, 카드뮴, 안티몬, 비소 등의 중금속, 원료 물질로 염화비닐 단량체, 스티렌, 페놀, 포름알데히드, 멜라민, 메틸메타크릴레이트methyl methacrylate, 카프로락탐caprolactam, 비스페놀 A, 이소시아네이트, 아크릴로니트릴, BADGEbisphenol A diglycidyl ether, BFDGEbisphenol F diglycidyl ether 등이 있다.

재질별 규격에 등재되지 않은 물질을 제조·가공 또는 수입하려면 미국의 FCN 제도와 유사한 '한시적 기준 및 규격 인정 기준'에 따라 인정받아야 한다. 인정 신청 자료로 제품명, 제조 방법, 기준 및 규격(정의, 재질 규격, 용출 규격, 시험 방법 포함)을 제출해야 한다. 첨부 자료로는 공인시험성적서, 독성시험 결과가 필요하다.

6. 식품 포장재 이행 물질의 기준 설정

식품 포장재를 제조할 때 주원료, 부원료, 반응 촉매, 가공 보조제 등이 사용되며, 제조 과정 중 중금속 등 불순 물질이 오염될 수 있다. 합성 수지의 경우 주원료를 고분자화시키는 과정에서 미반응 물질이 생성되거나 원하지 않은 반응 생성물이 생길 수 있다. 이렇게 식품 포장재 내에는 여러 유해 물질이 있을 수 있으나 이들이 식품으로 이행하지 않는다면 문제되지 않을 것이다. 따라서 유럽, 미국, 우리나라는 식품 포장재 내에 잔류하는 물질의 양에 대한 기준보다는 실제로 식품으로 이행될 수 있는 이행 물질에 대한 기준을 설정하고 있다.

유럽, 미국, 우리나라에서는 이행 여부와 관계없이 식품 포장재 내에 잔류하는 물질을 관리하는 경우가 있는데, 이는 식품 포장재에 사용되는 원료, 설비 및 제조 공정 등의 건전성을 확보하기 위함이다. 가끔 실제 이행량을 측정하기 어려운 경우에도 잔류 규격을 설정한다.

1) 기준 설정 대상 이행 물질

인체에 유해한 영향을 미치는 식품 포장재로의 이행 물질을 종류별로 구분하면 표

18-1과 같다. 합성 수지 등 제조 과정에서 원료(단량체)로 사용되어 모두 고분자로 합성되어야 하지만 그렇지 못하고 남아 있는 미반응 원료 물질이 있을 수도 있다. 또한, 고분자로 합성되는 과정에 원하지 않는 반응 생성물이 있을 수 있다. 그 외에 제조 과정에 다양하게 사용되는 가공 보조제가 있으며, 원료에 들어 있거나 제조 과정 중 설비, 환경 등으로부터 오염될 수도 있다.

표 18-1 식품 포장재로의 이행 물질

구분	종류
미반응 원료 물질	비스페놀 A, 포름알데히드, 페놀, 멜라민, 테레프탈산 등
반응 생성물	BADGE, 니트로사민류 등
가공 보조제	DEHP, DEHA, 디부틸주석화합물, 비페닐 등
오염 물질 등	PCBs, 증발 잔류물, 형광 증백제, 총용출량, 납, 카드뮴, 비소 등

2) 이행 물질의 용출량 측정

식품 포장재의 사용 조건에 따라 식품으로 이행되는 유해 이행 물질의 양을 측정하기 위해서는 식품 포장재에 담긴 식품을 직접 분석하는 것이 가장 정확하다. 그러나 실제 식품은 매우 복잡한 성분으로 구성되어 있기 때문에 실제 원하는 유해한 이행 물질의 양을 분석하기가 쉽지 않다. 따라서, 우리나라를 비롯한 유럽연합, 미국 등은 식품

표 18-2 유럽연합의 용출량 측정 시 식품 유형에 따른 식품 유사용매, 용출 온도 및 시간

<table>
<tr><th colspan="2">식품 종류</th><th>용출 용매</th><th>용출 온도[1]</th><th>용출 시간[1]</th></tr>
<tr><td rowspan="3">수성</td><td>수성 식품</td><td>10%(v/v) 에탄올</td><td rowspan="4">식품 포장재 최고 사용 온도로 시험
(예)
• 사용 온도 40℃ < T ≤ 70℃
→ 시험 온도 70 ℃
• 사용 온도 70℃ < T ≤ 100℃
→ 시험 온도 100℃ 또는 환류(reflux) 온도</td><td rowspan="5">식품 포장재 사용 시간이 단기간일 때는 그 시간으로, 장기간일 경우는 조정하여 시험
(예)
• (단기간)
사용 시간 2시간 < t ≤ 6시간
→ 시험시간 6시간
• (장기간)
사용 시간 3일 < t ≤ 30일
→ 시험 시간 10일
사용 시간 30일 이상
→ 가속 시험</td></tr>
<tr><td>산성 식품</td><td>3%(w/v) 초산
(pH ≤ 4.5)</td></tr>
<tr><td>알코올성 식품</td><td>20%(v/v) 에탄올</td></tr>
<tr><td rowspan="2">지방성</td><td>알코올성 식품
(알코올 20% 이상 함유)</td><td>50%(v/v) 에탄올</td></tr>
<tr><td>지방 식품 및 유리 지방산 포함 식품</td><td>식용유</td><td>식품 포장재 최고 사용 온도로 시험</td></tr>
</table>

1) 최악의 식품 포장재 사용 상황을 가정한 온도 및 시간에서 시험

유형에 따라 식품을 대신할 수 있는 여러 종류의 식품 유사용매를 사용하여 이행 물질의 용출량을 분석하고 있다. 표 18-2~표 18-4에는 각각 유럽연합, 미국, 우리나라의 용출량 측정 시 수성, 지방성, 산성 등 식품 종류에 따른 식품 유사용매, 용출 온도 및 시간을 나타내었다.

표 18-3 미국의 용출량 측정 시 식품 종류에 따른 식품 유사용매, 용출 온도 및 시간

<table>
<tr><th colspan="2">식품 종류</th><th>용출 용매</th><th>용출 온도 및 시간</th></tr>
<tr><td rowspan="5">수성
·
산성
식품</td><td>수성 : 염, 설탕 포함 식품(pH > 5.0)</td><td rowspan="5">10%(v/v) 에탄올</td><td rowspan="13">• 냉동 보관(사용 시 포장재 열처리 없는 경우) : 20℃, 5일
• 냉장 보관(사용 시 포장재 열처리하는 경우) : 20℃, 10일
• 상온 포장 및 저장 : 40℃, 10일
• 고온 충전 또는 저온 살균법 : 100℃, 30분 → 40℃, 10일
• 끓는 물 살균 : 100℃, 2시간
• 냉장, 냉동 보관 제품의 즉석조리 : 100℃, 2시간
• 열 살균 또는 레토르트 : 121℃, 2시간
• 오븐, 전자레인지 조리용(> 121℃) : 최대 온도 및 사용 시간</td></tr>
<tr><td>산성 : 염, 설탕 포함 식품(저, 고지방의 O/W 에멀션 포함)</td></tr>
<tr><td>유가공식품 : 고, 저지방의 O/W 에멀션</td></tr>
<tr><td>음료 : 비알코올(nonalcoholic)</td></tr>
<tr><td>수분 포함 빵 : 표면에 지방 미포함</td></tr>
<tr><td rowspan="3">저·고
알코올
식품</td><td>와인, 맥주(알코올 ≤ 15%)</td><td rowspan="2">10%(v/v) 에탄올</td></tr>
<tr><td>알코올 ≤ 8%</td></tr>
<tr><td>알코올 > 8%</td><td>50%(v/v) 에탄올</td></tr>
<tr><td rowspan="5">지방성
식품</td><td>수성, 산성 또는 비산성 : 유리지방 또는 지방 포함(염 및 저, 고지방의 W/O 에멀션 포함)</td><td rowspan="5">식용유(옥수수, 올리브 오일), HB307[1] 또는 Miglyol 812[2]</td></tr>
<tr><td>유가공식품 : 고·저지방의 W/O 에멀션</td></tr>
<tr><td>저수분 지방 및 오일</td></tr>
<tr><td>수분 포함 빵 : 표면에 지방 포함</td></tr>
<tr><td>건조식품 : 표면에 지방 또는 오일 포함</td></tr>
</table>

1) HB307 합성 트리글리세라이드 혼합물(C10, C12 및 C14)

2) Miglyol 812 : 데카노일 글리세라이드와 옥타노일 글리세라이드 혼합물

표 18-4 우리나라의 용출량 측정 시 식품 종류에 따른 식품 유사용매, 용출 온도 및 시간

<table>
<tr><th colspan="2">식품 종류</th><th>용출 용매</th><th>용출 온도 및 시간</th></tr>
<tr><td colspan="2">유지 및 지방성 식품</td><td>n-헵탄</td><td>• 25℃, 30분</td></tr>
<tr><td rowspan="2">주류</td><td>알코올 함량(≤ 20%)</td><td>20% 에탄올</td><td>• 70℃, 30분</td></tr>
<tr><td>알코올 함량(> 20%)</td><td>20% 에탄올</td><td></td></tr>
<tr><td rowspan="2">유지 및 지방성 식품과 주류 이외의 식품</td><td>pH ≤ 5</td><td>4% 초산</td><td rowspan="2">• 식품 포장재 사용 온도 ≤ 70℃ → 70℃, 30분
• 식품 포장재 사용 온도 > 70℃ → 100℃, 30분</td></tr>
<tr><td>pH > 5</td><td>물</td></tr>
</table>

3) 기준 설정 원칙 및 방법

식품 포장재로 사용되는 미반응 원료 물질, 가공 보조제와 식품 포장재의 원료 물질에 포함되거나 제조 과정 중 혼입 또는 생성될 수 있는 중금속 등의 오염 물질 및 반응 생성 물질을 대상으로 용출 규격을 설정한다. 위해 우려가 높아 제조 시 사용 금지 또는 제한이 필요한 경우에는 제조 기준을 설정하여, 사용을 금지하거나 상용량을 제한하기도 한다. 기준을 설정할 때에는 식품 포장재로부터 식품 유사용매로 이행되는 유해 물질의 용출량 조사 결과 및 인체 위해 가능성이 있는지에 대한 안전성 평가 결과를 반영한다. 안전성 평가 결과, 식품 포장재로부터 이행되는 물질의 일일섭취추정량estimated daily intake, EDI이, 평생 동안 섭취해도 건강상 유해한 영향이 나타나지 않는다고 판단되는 양(mg/kg bw/day)인 일일섭취한계량tolerable daily intake, TDI 대비 높아서 위해성이 있거나, EDI가 역치threshold concentration 수준을 초과하거나, 발암성 또는 잠재적 독성이 있는 경우 기준의 설정을 검토한다. 여기서 TDI(mg/kg body weight)는 실험동물에 의한 독성시험을 통해 최대무독성량no observed adverse effects, NOAEL을 결정한 후 동물과 사람의 화학 물질에 대한 반응 차이 10배, 화학 물질에 대한 개인차 등 불확실성 계수 10배 등을 고려하여 일반적으로 100을 곱하여 산출한 값이다. 또한 역치는 가장 감수성이 높은 발암성 물질에 대한 데이터베이스의 TD_{50}(50% toxic dose) 데이터로부터 1/1,000,000 리스크가 되도록 외삽하여 얻는 값virtual safe dose, VSD을 이용, 보수적으로 산출하여 안전성 우려가 없다고 판단되는 용출 농도이다.

(1) 미국의 기준 설정 방법

미국에서 EDI는 매일 먹는 식품과 접촉하는 식품 포장재에서 식품 유사용매로 용출되는 이행 물질의 농도와 총 식품 섭취량을 곱하여 계산한다. 1일 총 식품 섭취량을 3 kg food/person/day로 가정할 때,

$$\text{EDI} = 3\ \text{kg food/person/day} \times \langle \text{CF} \rangle \times \langle \text{M} \rangle$$

여기에서 CF는 소비 계수consumption factor로, 식품과 접촉하는 식품 포장재로 사용되는 유리, 금속, 종이 플라스틱(PE, PP, PC 등) 등 모든 재질에서 특정 재질의 식품 포장재가 차지하는 비율을 말한다. 이에 대한 상세한 내용은 표 18-5에 나타내었다.

표 18-5 소비 계수(CF)

	구분	CF	구분	CF
일반 재질	유리	0.1	접착제	0.14
	플라스틱 코팅 금속	0.17	레토르트 파우치	0.0004
	금속	0.03	전자레인지 수용체	0.001
	플라스틱 코팅 종이	0.2	고분자	0.4
	종이	0.1		
플라스틱	폴리올레핀(필름)	0.35(0.17)	PVC	0.1
	• LDPE(필름)	0.12(0.065)	• 가소제 미첨가	0.05
	• LLDPE(필름)	0.06(0.06)	• 가소제 첨가	0.05
	• HDPE(필름)	0.13(0.006)	PET[1)]	0.16
	• PP(필름)	0.04(0.037)	기타 폴리에스터	0.05
	PS	0.14	나이론	0.02
	EVA	0.02	아크릴, 페놀 등	0.15
	셀로판	0.01	기타	0.05

1) PET 코팅 보드 0.013, 열성형 PET 0.0071, PET 탄산음료병 0.082, 통상 PET 0.056, 결정화 PET 0.0023, PET 필름 0.03, 재활용 PET 0.05

또한, 〈M〉은 식품과 접촉하는 식품 포장재로 사용되는 유리, 금속, 종이, 플라스틱(PE, PP, PC 등)에서 식품 유사용매로 용출되는 이행 물질의 농도와 식품 종류에 따른 분배 계수를 곱한 값이다. 분배 계수에 대한 상세한 내용은 표 18-6에 나타내었다.

$$\langle M \rangle = (f_{수성})(M_{수성}) \times (f_{산성})(M_{산성}) \times (f_{알코올성})(M_{알코올성}) \times (f_{지방성})(M_{지방성})$$

다음은 0.25%의 산화방지제가 사용된 LDPE 재질의 식품 포장재에서 식품 유사용매로 이행되는 산화방지제 EDI 계산의 한 예이다.

$$\langle M \rangle = (f_{수용성} + f_{산성})(M_{10\%에탄올}) + f_{알코올성}(M_{50\%에탄올}) + f_{지방성}(M_{Miglyol\ 812})$$

$$= (0.68)(0.060\ mg/kg) + 0.01(0.092\ mg/kg) + 0.31(7.7\ mg/kg)$$

$$= 2.4\ mg/kg$$

$$CF \times \langle M \rangle = 0.12 \times 2.4\ mg/kg$$

$$= 0.29\ mg/kg$$

$$EDI = 3\ kg\ food/person/day \times 0.84\ mg\ 산화방지제/kg\ 식품$$

$$= 0.87\ mg/person/day$$

표 18-6 식품 유형별 분배 계수

	구 분	식품 유형별 분배 계수(f_T)			
		수용성[1)]	산성[1)]	알코올성	지방성
일반 재질	유리	0.08	0.36	0.47	0.09
	플라스틱 코팅 금속	0.16	0.35	0.40	0.09
	금속	0.54	0.25	0.01	0.20
	금속 코팅 종이	0.55	0.04	0.01	0.40
	종이	0.57	0.01	0.01	0.41
	고분자	0.49	0.16	0.01	0.34
플라스틱	폴리올레핀	0.67	0.01	0.01	0.31
	폴리스티렌	0.67	0.01	0.01	0.31
	• impact	0.85	0.01	0.04	0.10
	• nonimpact	0.51	0.01	0.01	0.47
	아크릴, 페놀 등	0.17	0.40	0.31	0.12
	PVC	0.01	0.23	0.27	0.49
	폴리아크릴로니트릴, 아이오노머, PVDC	0.01	0.01	0.01	0.97
	PC	0.97	0.01	0.01	0.01
	폴리에스터	0.01	0.97	0.01	0.01
	폴리아미드(나이론)	0.10	0.10	0.05	0.75
	EVA	0.30	0.28	0.28	0.14
	왁스	0.47	0.01	0.01	0.51
	셀로판	0.05	0.01	0.01	0.93

1) 수성과 산성 식품의 식품 유사용매로 10%(v/v)에탄올을 사용할 경우 두 값을 합함

아울러 발암성이 아닌 물질로 인체 섭취노출량이 0.5 ppb(μg/kg food) 이하이거나 식품첨가물로 인체 섭취노출량이 일일섭취허용량acceptable daily intake, ADI 1% 이하이면 TOR 대상이다. 미국에서는 1일 인체 섭취노출량이 0.5 ppb이고 총 식품 섭취량이 3 kg food/person/day이라고 가정하여 1일 섭취량의 역치는 1.5 μg/person/day이다.

(2) 유럽의 기준 설정 방법

유럽에서는 개별 물질 용출 규격과 총 용출 규격OML을 기준으로 관리한다. 식품 포장재로부터 용출되는 특정 용출 물질의 양은 개별 물질 용출 규격을 초과해서는 안 된다. 용출 규격은 평균체중 60 kg인 사람이 매일 1 kg의 식품을 소비한다고 가정한 상태의 일일섭취한계량TDI 값으로 다음의 계산식에 따라 산출한다.

$$개별\ 물질\ 용출\ 규격(mg/kg) = \frac{위해\ 우려\ 물질\ TDI(mg/kg\ body\ weight/day) \times 체중(kg\ body\ weight)}{식품\ 섭취량(kg/day)}$$

유럽에서 총이행량은 식품과 접촉하여 식품으로 이행되는 모든 물질의 양으로, 그 기준치를 식품 포장재의 단위면적 1 dm^2(10 cm × 10 cm)에 대하여 10 mg/dm^2로 규정하였다. 유럽에서는 이 값을 식품 또는 식품 유사용매로 이행되어 여기에 포함될 수 있는 기준치의 양으로 환산하였는데, 이때 사람의 체중을 60 kg으로, 포장 식품의 일일섭취량을 1 kg으로, 1 kg의 식품은 1,000 cm^3(10 cm × 10 cm × 10 cm)의 정육면체에 들어 있다고 가정하였다. 따라서 1 kg의 식품(또는 1 L의 식품 유사용매)과 접촉하는 식품 포장재의 표면적은 6 dm^2(= 10 cm × 10 cm × 6면)이므로 1 kg의 식품(또는 1 L의 식품 유사용매)으로 이행되는 총 물질의 양인 총이행량은 60 mg/kg가 된다.

4) 우리나라의 기준 설정 절차

식품 포장재로부터 유래되는 위해 물질에 대한 위해 평가로 기준을 설정하는데 그 절차를 그림 18-1과 같이 나타내었다.

미반응 물질, 가공 보조제, 반응 생성물, 오염 물질 등 위해 요소에 대하여 위해 평가를 실시하여 일일추정섭취량EDI이 일일섭취한계량TDI 값보다 크다면 기준 설정을 검토

대한민국의 「기구 및 용기·포장의 기준 및 규격」의 사례(폴리아미드)

1-11 폴리아미드(polyamide, PA)

가. 정의

폴리아미드란 기본 중합체(base polymer) 중 락탐, 아미노카르복실레이트 또는 이염기산과 디아민의 중합물질의 함유율이 50% 이상인 합성수지제를 말한다.

나. 용출 규격(mg/L)

1) 납 : 1 이하
2) 과망간산칼륨 소비량 : 10 이하
3) 총용출량 : 30 이하
4) 카프로락탐 : 15 이하
5) 일차방향족아민(아닐린, 4,4′-메틸렌디아닐린, 2,4-톨루엔디아민의 합) : 0.01 이하
6) 에틸렌디아민 : 12 이하
7) 헥사메틸렌디아민 : 2.4 이하
8) 라우로락탐 : 5 이하

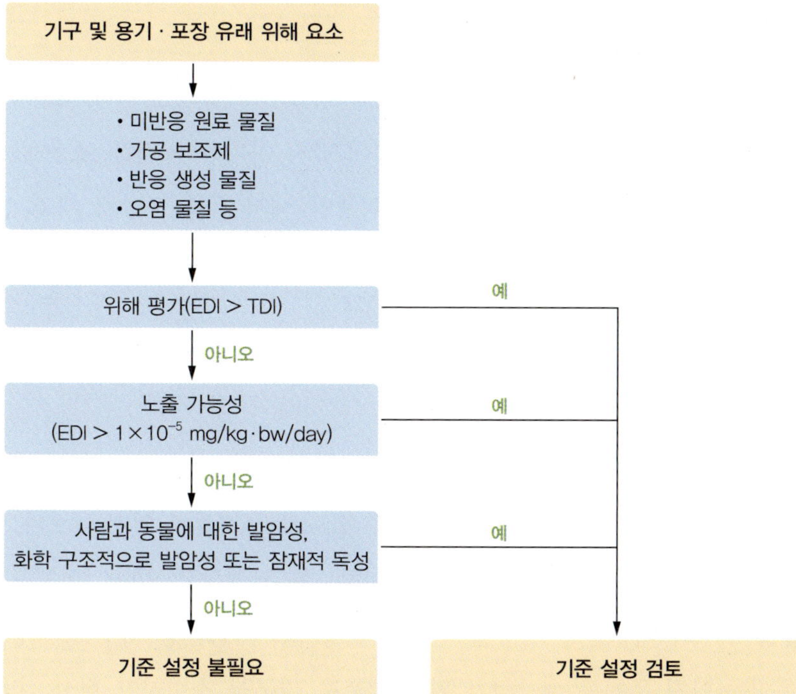

그림 18-1 식품 포장재로부터 유래되는 유해 물질에 대한 위해 평가 과정

하고, 그렇지 않은 경우 EDI값과 역치값인 1×10^{-5} mg/kg body weight/day를 비교한다. EDI 값이 역치보다 크다면 기준 설정이 필요하고, 또한 사람과 동물에 대한 발암성이 있거나 화학 구조적으로 발암성 또는 잠재적 독성이 있는 경우에도 기준 설정을 검토한다. 기준 설정을 위해서는 기준 설정 대상이 되는 미반응 원료 물질, 반응 생성 물질, 가공 보조제, 오염 물질 등 위해 물질에 대한 위해 평가를 위해 용출시험 자료가 필요하다. 독성 자료로는 단 회 투여 독성, 반복 투여 독성, 생식 독성, 발생 독성, 유전 독성, 면역 독성, 발암성 등의 자료가 필요하며, 미국, 유럽연합 등의 주요 국가의 안전성 평가 결과, 기준 자료 및 기준 설정 이유 등을 참고로 한다.

5) 재평가

환경과 식습관 등의 변화로 식품 포장재에서 이행되는 유해 물질의 노출량 등이 지속적으로 변화하게 되는데, 이를 반영하여 안전성을 재평가한다. 재평가는 일정 주기를 정하여 실시하는데 보통 5년 주기로 하는 경우가 많다.

7. 기준 규격검사

유럽연합, 미국, 우리나라에서는 식품 포장재를 영업자 책임하에 식품 포장재 관련 기준·규격에 따라 제조해야 하며, 그 기준·규격에 맞지 아니하는 식품 포장재는 판매할 수 없도록 규정하고 있다. 우리나라는 「식품위생법」에서 식품 포장재 제조 업체에 기준·규격 항목에 대하여 동일 재질별로 정해진 주기(6개월)에 따라 검사하도록 검사 의무를 추가로 부여하고 있다.

8. 식품 포장재 표시

미국에서는 식품 포장재의 표시 사항에 대해 별도로 규정하고 있지 않으나, 유럽연합과 우리나라에서는 '식품용 기구 도안'을 표시하도록 규정하고 있다. '식품용 기구 도안'은 식품용 기구와 비식품용 기구를 구분하지 않아서 비식품용 기구를 사용함으로써 발생할 수 있는 안전 문제를 예방하기 위해 식품용 기구를 소비자가 직접 선택하여 구매할 수 있도록 식품용 도안 또는 단어를 표시하는 제도이다. 특히 가위, 고무장갑 등과 같이 식품용인지 비식품용인지 그 용도를 구분하기 어려운 경우에 '식품용 기구 도안'은 안전한 제품을 고르는 데 중요한 지표가 된다.

한편 식품용 기구의 경우에는 업소명(제조 업소명, 유통 전문 판매 업소명, 수입 판매 업소명) 및 소재지, 재질명(합성 수지제 또는 고무제에 한함) 및 '식품용' 단어 또는 '식품용 기구 도안'을 표시하여야 한다. 그 밖의 유리제 가열조리용 기구는 직화용, 오븐용, 전자레인지용, 열탕용으로 구분해 표시하고, 전자레인지에 사용하는 합성 수지제 기구 또는 용기·포장은 전자레인지용으로 구분해 표시하도록 되어 있다. 유리제 기구의 주의사항으

유럽연합

우리나라

그림 18-2 식품용 기구 도안

로는 "표시된 사용 용도 외에는 사용하지 마십시오" 등을 표시하고, 가열조리용이 아닌 유리제 기구에는 "가열조리용으로 사용하지 마십시오" 등의 표시를 하도록 하고 있다.

우리나라는 식품이 담겨 있는 식품 포장재에서 식품과 직접 접촉하는 부분의 재질을 표시하도록 규정하고 있다. 금속제, 종이제, 유리제, 도자기제 등의 식품 포장재는 어떤 재질인지 알 수 있어 별도로 표시할 필요가 없으나, 합성 수지제 또는 고무제의 경우는 재질에 따라 「기구 및 용기·포장의 기준 및 규격」에 등재된 재질 명칭인 폴리에틸렌, 폴리프로필렌, 폴리스티렌, 폴리염화비닐리덴, 폴리에틸렌테레프탈레이트, 페놀 수지, 실리콘 고무 등으로 각각 구분하여 표시하도록 규정하고 있으며 PE, PP, PS, PVDC, PET 등의 약자로 표시할 수도 있다. 「자원의 절약과 재활용촉진에 관한 법률」에 따라 폴리에틸렌PE, 폴리프로필렌PP, 폴리에틸렌테레프탈레이트PET, 폴리스티렌PS, 염화비닐수지PVC가 표시되어 있으면 별도 재질 표시를 생략할 수 있다.

1. 우리나라에서 식품 포장재 제조 시 유의해야 할 사항을 설명하시오.

2. 유럽연합의 식품 포장재 기준·규격 관리제도를 설명하시오.

3. 미국의 식품 포장재 기준·규격 관리제도를 설명하시오.

4. 식품 포장재로부터 유래되어 식품으로 이행될 수 있는 유해 물질에는 어떤 종류가 있는지 설명하시오.

5. 유럽, 미국 및 우리나라에서 용출량 측정 시 사용하는 식품 유사용매는 어떤 종류가 있는지 설명하시오.

6. 유럽에서 사용하는 개별물질 용출 규격 산출식을 설명하시오.

7. 우리나라의 용기 포장 기준 설정 절차를 설명하시오.

8. 우리나라에서는 '기구'에 '식품용 기구 도안'을 표시하도록 규정하고 있다. 그 이유가 무엇인지 설명하시오.

연습 문제

풀이와 정답

1. 식품 포장재 제조에 사용되는 기계·기구류와 기타 부가 시설물은 항상 위생적으로 유지·관리되어야 하며, 식품 포장재의 제조·가공에 사용되는 원재료는 품질이 양호하고, 유독·유해 물질 등에 오염되지 아니한 것으로 안전성과 건전성을 가지고 있어야 한다.
2. 유럽연합에서는 플라스틱(재생 플라스틱 포함), 세라믹, 가공 셀룰로오스 필름(regenerated cellulose film), 활성 및 지능형 물질에 관한 규격이 있으며, 이외에 염화비닐 수지의 원료로 사용되는 염화비닐, 고무제 원료인 니트로사민, 에폭시 코팅제에 사용되는 비스페놀 A 등 개별 성분에 대한 기준 규격도 있다. 대표적으로 플라스틱 기준 규격[Commission regulation (EU) No 10/2011]에는 플라스틱 제조 시 사용할 수 있는 단량체와 첨가제에 대한 목록이 들어 있다. 식품 포장재에서 식품 또는 식품 유사용매(food simulant)로 이행되는 '개별물질 용출 규격(specific migration limit, SML)'을 정하여 관리하고 있다. 이외에 위해하지 않아서 관리가 필요 없거나 아직 평가되지 않은 물질에 대한 안전을 보장하기 위해 '총 용출 규격

(overall migration limit, OML)'을 60 mg/kg(식품 또는 식품 유사용매)으로 설정하여 관리하고 있다.

3. 『연방규격집(CFR)』 21권의 170~190part 규정에 따라 식품 포장재는 간접 식품첨가물로 관리한다. 유럽의 총이행량(OML)과 동일 개념인 추출 한계량(Extraction Limit)이 고분자마다 설정되어 관리된다. 제조 업체나 가공 업체가 제품을 시장에서 판매하려면 기인정 물질, 즉 GRAS(Generally Recognized as Safe)를 제외하고는 사전 승인(Premarket approval)을 받아야 한다. 식품 포장재는 식품첨가물에 해당되어 식품첨가물 청원(Food Additive Petition)제도가 적용된다. 식품첨가물 청원제도를 통해 승인을 받으려면 보통 2~4년이 소요되므로 효율성 제고를 위해 문턱값 규격(Threshold of Regulation, TOR) 정책을 수행하고 있다. 이는 식품으로 이행되는 유해 물질의 양이 무시할 만하여 공중 보건위생에 문제가 되지 않는 경우에 적용된다. 이 양은 0.5 ppb(μg/kg food) 이하이다. TOR을 위해 화학 물질의 정보 및 용도(온도, 접촉이 예상되는 식품의 종류, 일회용 또는 다회용의 여부), 식품 유사용매로 수행한 이행시험 결과, 가능한 독성 정보 자료를 FDA에 제출해야 한다. 이때 FDA는 청원에 필요한 자료보다 적은 양의 자료를 요구하며 FDA로부터 90일 이내에 어떠한 반대 의견이 없다면 판매할 수 있다. FDA는 TOR을 원활하게 진행하기 위하여 사전회의(pre-notice meeting)제도를 운영하고 있다. 그러나 이것이 모든 경우에 적용되지 않기 때문에 식품용 포장재에 대해서는 청원제도를 대신하여 식품접촉물질통지(Food Contact Notification, FCN) 제도를 시행하고 있다. 어떤 신청자가 새로운 간접 식품첨가물에 대하여 FCN을 한 경우, 다른 신청자도 동일 물질에 대해 별개로 FCN 절차를 따라야 한다.

4. 식품 포장재를 제조할 때 주원료, 부원료, 반응 촉매, 가공 보조제 등이 사용되어 이들이 유해 요소로 될 수 있으며, 제조 과정 중 중금속 등 불순 물질이 오염될 수 있다. 합성 수지의 경우 주원료를 고분자화시키는 과정에서 미반응 물질이 생성되거나 원하지 않은 반응 생성물이 생길 수 있다. 미반응 원료 물질로 비스페놀 A, 포름알데히드 등, 반응 생성물로 BADGE, 니트로사민류 등, 가공 보조제로 DEHP, DEHA 등, 오염 물질로 PCBs, 납 등이 있다.

5. 유럽연합 : 10%(v/v) 에탄올, 20%(v/v) 에탄올, 50%(v/v) 에탄올, 3%(w/v) 초산, 식용유
   미국 : 10%(v/v) 에탄올, 50%(v/v) 에탄올, 3%(w/v) 초산, 식용유, HB307, Miglyol 812
   우리나라 : 물, 20%(v/v) 에탄올, 4%(w/v) 초산, n-헵탄

6. 개별물질 용출 규격(mg/kg) = 〔위해 우려 물질 TDI(mg/kg body weight/day) × 체중(kg body weight)〕/(식품 섭취량(kg/day)

7. 미반응 물질, 가공 보조제, 반응 생성물, 오염 물질 등 위해 요소에 대하여 위해 평가를 실시하여 일일추정섭취량(EDI)이 일일섭취한계량(TDI) 값보다 크다면 기준 설정을 검토하고, 그렇지 않은 경우 EDI값과 역치 값인 1×10^{-5} mg/kg body weight/day를 비교한다. EDI 값

이 역치보다 크다면 기준 설정이 필요하고, 사람과 동물에 대한 발암성이 있거나 화학 구조적으로 발암성 또는 잠재적 독성이 있는 경우에도 기준 설정을 검토한다. 기준 설정을 위해서는 기준 설정 대상이 되는 미반응 원료 물질, 반응 생성 물질, 가공 보조제, 오염 물질 등 위해 물질에 대한 위해 평가를 위해 용출시험 자료가 필요하다. 독성 자료로는 단 회 투여 독성, 반복 투여 독성, 생식 독성, 발생 독성, 유전 독성, 면역 독성, 발암성 등의 자료가 필요하며, 미국, 유럽연합 등 주요 국가의 안전성 평가 결과, 기준 자료 및 기준 설정 이유 등을 참고로 한다.

8. 식품용 기구와 비식품용 기구를 구분하지 않을 경우, 소비자가 비식품용 기구를 사용함으로써 발생할 수 있는 유해 물질에 의한 안전 문제를 예방하기 위함이다. 소비자는 '식품용 기구 도안'이 표시된 기구를 구매하여 안전을 담보할 수 있다. 이에 해당하는 대표적인 기구로 가위나 고무장갑 등을 들 수 있다.

참고
문헌

대한민국, 식품위생법

대한민국, 식품용 기구 및 용기·포장의 기준 및 규격

식품의약품안전처. 2017. 식품 등 기준 설정 원칙 제3차 개정판.

식품의약품안전평가원. 2015. 연구보고서, 국내외 식품첨가물 및 기구·용기·포장 기준 규격 등 조사 연구.

식품의약품안전평가원. 2015. 연구보고서, 축수산물 기구 및 용기·포장의 기준 및 규격 개선.

식품의약품안전평가원. 2013. 연구보고서, 기구 및 용기·포장 용출시험을 위한 식품모사용매(stimulant).

식품의약품안전평가원. 2012. 연구보고서, 용기·포장 이행물질 안전평가를 위한 기반연구.

식품의약품안전평가원. 2012. 연구보고서, 기구 및 용기·포장 원료물질 사용가이드라인(안) 마련 연구.

식품의약품안전평가원. 2011. 연구보고서, 용기·포장 이행물질 분석 해설서 개발 연구.

EC. 2004. The European Parliament and of the Council of the European Union, Regulation (EC) No 1935/2004.

Food and Drug Administration. 2017. Food Types & Conditions of Use for Food Contact Substances.

Food and Drug Administration. 2014. Guidance for Industry: Assessing the Effects of Significant Manufacturing Process Changes, Including Emerging Technologies, on the Safety and Regulatory Status of Food Ingredients and Food Contact Substances, Including Food Ingredients that Are Color Additives.

Food and Drug Administration. 2010. Draft Guidance for Industry: Providing Regulatory Submissions in Electronic or Paper Format to the Office of Food Additive Safety.

Food and Drug Administration. 2007. Guidance for Industry: Preparation of Premarket Submissions for Food Contact Substances (Chemistry Recommendations).

Food and Drug Administration. 2007. Regulatory Report: Assessing the Safety of Food Contact Substances, *Food Safety Magazine*.

Food and Drug Administration. 2005. Guidance for Industry: Submitting Requests under 21 CFR 170.39 Threshold of Regulation for Substances Used in Food-Contact Articles.

Food and Drug Administration. 2005. Regulatory Report: FDA's Food Contact Substance Notification Program, *Food Safety Magazin*.

Food and Drug Administration. 2002. Guidance for Industry: Preparation of Food Contact Notifications (Administrative).

The Commission of the European Communities. 2006. Commission Regulation (EC) No 2023/2006.

The European Commission. 2015. Food Contact Materials.

The European Commission. 2011. Commission Regulation (EC) No 10/2011.

USA. 2017. Code of Federal Regulation. Title 21. Part170～190.

CHAPTER 19

식품 패키징과 물류

Food Packaging and Logistics

FOOD PACKAGING AND LOGISTICS

1. 식품 패키징의 개요

1) 패키징의 정의

패키징packaging(포장)은 내용물을 보전하는 보호성, 사용과 취급이 용이한 편의성, 그리고 내용물의 판매 촉진성이라는 전통적인 3대 요소에 덧붙여서 상품의 정보성, 자원 순환과 같은 공익적 측면이 강조되는 환경 친화성, 상품의 포장비와 물류·유통비를 절감하는 경제성을 포함하는 6대 요소를 현대적 의미의 패키징으로 정의하고 있다(한국포장학회, 2003).

2) 식품 패키징의 기능

산업의 급속한 발전과 이에 따른 사회 구조 및 생활양식의 변화는 식품 패키징의 발전의 기초가 되었으며, 특히 지구의 글로벌화는 물류의 중요성이 그 어느 때보다 중요한 요소 중의 하나로 부각되었다. 여기에서는 패키징의 6대 요소 중 물류와 직접 관련이 있는 기능적 요소를 설명하기로 한다.

(1) 보호성

식품 패키징은 식품의 생산단계부터 소비에 이어 폐기단계까지 여러 환경에 걸쳐 가치사슬value chain이 구성되어 있어서, 상품화된 식품의 품질을 유지하기 위해서는 패키징의 역할이 크게 요구된다. 환경 요소로는 물리적 요소, 화학적 요소, 생물학적 요소,

인위적 요소가 있으며, 특히 물류와 관련된 요인은 다음과 같다.

- 물리적 요소 : 진동, 충격, 압착, 마모, 기계적 변형, 온도, 습도
- 화학적 요소 : 산화, 빛, 부식, 내약품성
- 생물적 요소 : 벌레, 부패
- 인위적 요소 : 변조, 도난

(2) 사용 및 취급의 용이성

- 사용 편의성 : 개봉성, 조리 간편성, 경량성
- 취급 용이성 : 보관, 유통, 하역 및 적재 적합성, 운반 및 폐기 용이성

(3) 판매 촉진성

패키징은 '말 없는 세일즈맨'이라는 말이 있을 정도로 판매에 있어 포장은 매우 중요한 요소로 작용한다.

- 상품의 차별성, 디자인성, 미려성

(4) 정보성

구매자의 소비 행동은 통상 외관적 요소인 패키징, 가격, 브랜드 이미지 등에 의해 결정되지만, 식품위생과 안전에 대한 인식이 높아지면서 내용물의 품질 상태(신선도 등)에 대한 요구가 커지고 있다. 식품이 소비자에게 전달되기까지의 사슬 전 과정에 대한 정보 제공이 중요한 요소로 부각되고 있다.

(5) 사회성과 환경 친화성

- 사회성 : 과대 포장 억제, 노약자와 장애자를 배려하는 유니버셜 디자인
- 친환경성 : 경량성, 유독성, 재활용성, 재사용성 등 지구 온난화와 자원 절약 대응

(6) 경제성

패키징은 유통 가격을 포함한 종합 물류 패키징 가격을 절감할 수 있어야 한다.

- 식품 패키징 경제성 : 생산성, 작업성, 사용 재료, 가공 및 포장비
- 물류 경제성 : 유통 가격, 견고성, 폐기 비용

3) 식품 패키징의 구분

일반적으로 한국산업표준(KST-1001)에 따르면 패키징은 낱포장, 속포장, 겉포장으로 나뉘며, 물류적 관점에서 보면 소비자 패키징과 수송 패키징으로 구분된다.

(1) 단위 패키징

단위 패키징item packaging은 낱포장이라고도 하며 상품을 각각 포장한 것으로, 물품의 상품 가치를 높이거나 보호하기 위해 적합한 재료나 용기 등으로 포장하는 방법 및 상태를 말한다.

그림 19-1 **단위 패키징의 예시**

(2) 내부 패키징

내부 패키징intermediate packaging은 속포장이라고도 하며 포장된 화물 내부의 포장을 말한다. 물품에 대한 수분, 습기, 광열 및 충격 등을 방지하기 위하여 적합한 재료나 용기 등으로 물품을 포장하는 방법 및 포장한 상태를 가리킨다.

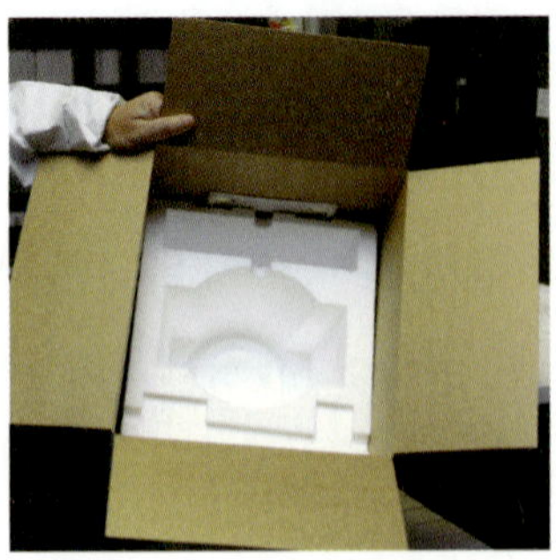

그림 19-2 **내부 패키징 예시**

⑶ 외부 패키징

외부 패키징outer packaging은 겉포장이라고도 하며, 화물 외부의 포장을 말한다. 물품의 상자, 포대, 나무통 및 금속 등의 용기에 넣거나 용기를 사용하지 않고 그대로 묶어서 기호 또는 화물을 표시하는 방법 및 포장된 상태를 가리킨다.

그림 19-3 **외부 패키징 예시**

4) 식품 패키징과 물류의 필요성

식품의 가치사슬은 생산·수확, 처리·저장, 가공·포장, 유통·마케팅, 소비의 다섯 단계로 구분한다. 식품화 가공 및 포장 공정을 거쳐 상품화된 식품은 최종 소비자단계까지 수송, 보관, 하역, 취급, 배송 과정을 거치게 되며, 이 과정에서 여러 가지 장애나 환

그림 19-4 **세계 식품 손실률**

경에 의해 내용물이 품질 저하를 일으키거나 많은 양의 식품이 폐기되기도 한다.

유엔의 식량농업기구UN Food and Agriculture Organization, FAO의 2015년도 보고서에 의하면 세계 식량의 1/3이 낭비되고 있으며, 이를 금액으로 환산하면 1조 달러에 이르는 것으로 추정된다. 과일과 채소류가 45%, 곡물과 어패류가 30%, 그리고 유제품과 육류가 20%의 손실률을 보이고 있다. 식품 손실률은 개발도상국이 생산·수확, 처리·저장의 1단계와 2단계에서 손실률이 높고, 선진국에서는 유통·마케팅과 소비자 단계인 4단계와 5단계에서 높다고 한다(Economy Insight, 2017). 한국은 식품의 가치사슬 측면에서 보면 1, 2단계인 농수산산업에서 아직 영세할 뿐 아니라 4, 5단계도 선진국에 비해 개선이 필요한 것이 현실이다. 이에 식품 패키징과 깊은 관련이 있는 물류에 대해 지금부터 보다 심도 있게 고찰하고자 한다.

2. 물류의 개요

1) 물류의 정의

물류의 어원은 1897년 프랑스의 나폴레옹Napoleon Bonaparte이 군수품을 보급하는 부대를 'Logistique'로 명명한 데서 기인한다. 이후 1922년 클락F.E. Clark이 마케팅의 기능을 구분하면서 물류를 'physical distribution'이라 불렀다. 1985년도에 미국물류관리협의회National Council of Logistics Management, NCLM는 물류를 '재화의 시작점에서 최종 소비점까지 원재료, 중간재, 생산재 및 관련 정보를 이동시키는 것과 관련된 흐름과

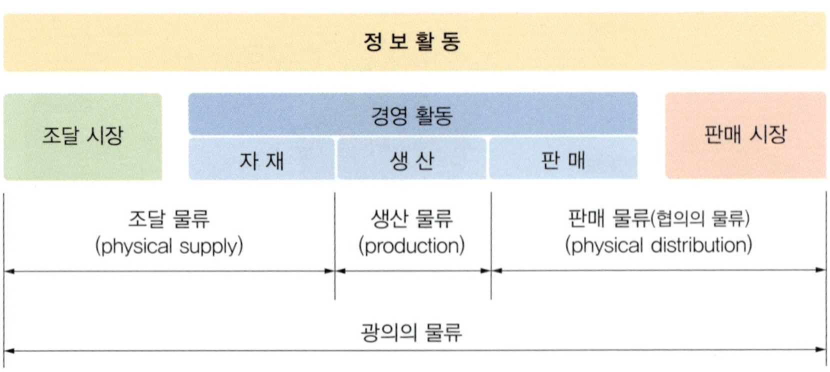

그림 19-5 물류의 정의와 범위

저장을 효과적으로 계획, 수행하고 통제하는 과정'이라고 정의하였다. 그림 19-5에 이러한 협의의 물류와 광의의 물류를 정의해 나타내었다. 국내에서도 2006년 「물류정책기본법」 안을 개정하면서 물류를 패키징과 함께 운송, 보관, 하역, 유통 가공 및 정보통신 등 부가가치 창출을 위한 재화의 흐름으로 정의하였다(건설교통부, 2006).

2) 물류의 목적

미국의 드러커P.F. Drucker 교수는 물류를 '경제의 암흑대륙'이라 하였고, 파커D.D. Parker는 '비용 절감을 위한 최후의 미개척 분야'라고 언급하였다. 즉, 기업에서 만들어 내는 제품의 품질이나 가격에 차이가 없는 상황에서 물류비가 기업 경쟁력을 좌우할 것이며, 나아가서는 글로벌 시대에 물류가 국가 경쟁력의 기반이 될 수밖에 없다는 점을 강조하였다. 다음은 물류의 목적을 국민 경제적 관점과 기업적 관점으로 구분해 설명하였다.

(1) 국가 경제적 관점

국가의 경제 관점에서 물류 비용 절감을 통하여 산업의 체질을 개선하고 소비자 및 도매 물가의 상승을 억제함으로써 국가 자원과 재화의 낭비를 억제할 수 있다. 따라

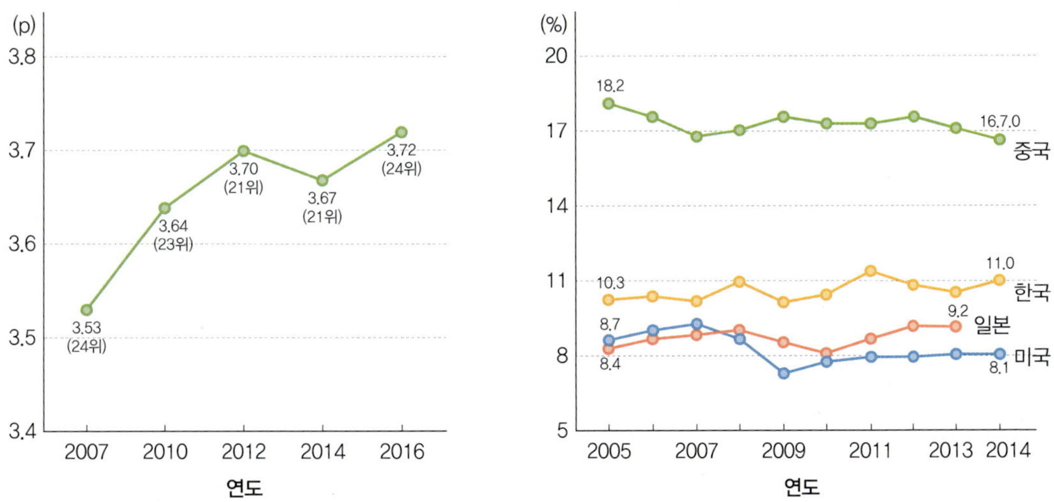

물류 경쟁력 지수 추이 　　　　 GDP 대비 국가 물류비 추이

그림 19-6 물류경쟁력 지수 및 GDP 대비 국가 물류비 추이

자료 : 현대경제연구원. 2017.9.14. 한국해운신문 기고문

서 국가 물류 시스템의 합리화를 기하여 지역 간 경제 발전과 불균형을 해소하고 국민 생활 여건을 향상시켜야 하며, 근본적으로 국가 물류 경쟁력을 제고하는 것이다. 그림 19-6은 한국의 물류 경쟁력 지수 추이 및 GDP 대비 국가 물류비 추이를 나타낸 것으로, 중국에 비해 차이가 있다고 하나 격차가 줄고 있으며 한국은 답보 또는 악화 상태를 보이고 있다. 더욱이 일본, 미국이 8~9%인 것에 비해 2~3% 정도 더 많은 물류비를 소비하고 있다. 물류 경쟁력 지수 또한 20위권 초중반에 계속 머무르는 문제점을 보여 준다. 뒤에서 언급하겠으나 농수산 식품산업을 포함한 산업 전반에 걸쳐 물류 경쟁력 제고가 시급한 상황이다.

(2) 기업적 관점

기업 입장에서 볼 때, 물류를 기반으로 하여 생산과 소비 사이에서 발생하는 비용을 최소화하고 고객 서비스 향상을 전제로 기업 이윤을 극대화할 수 있다. 표 19-1의 국내 연도별 기업 물류비 추이를 보면 2001년도 11.1%로 기업들이 높은 물류비용을 지출하였으나, 지속적인 원가 절감과 물류 합리화를 통해 2013년도에는 8.0%로 낮추었다. 다만, 대기업이 6.8%인 데 반해 90%가 넘는 대다수의 중소기업은 8.3%로 상당한 차이를 보이고 있다.

표 19-1 국내 연도별 기업 물류비 추이

연도	구분	매출액 대비 물류비(%)
2013년	대기업	6.79
	중소기업	8.34
	전체	8.03
2009년	전체	8.37
2005년	전체	9.70
2001년	전체	11.10

자료 : 통계청. 2014.6. 기업물류비.

(3) 식품산업 관점

① 업종별 물류비 차이

식품 관련 산업과 다른 업종과의 물류비 차이를 그림 19-7에 나타내었다. 전체 평균이 8.03%인 데 비해 음식료품업이 12.33%, 농산물이 15.3%, 청과물이 19.2% 그리고 수

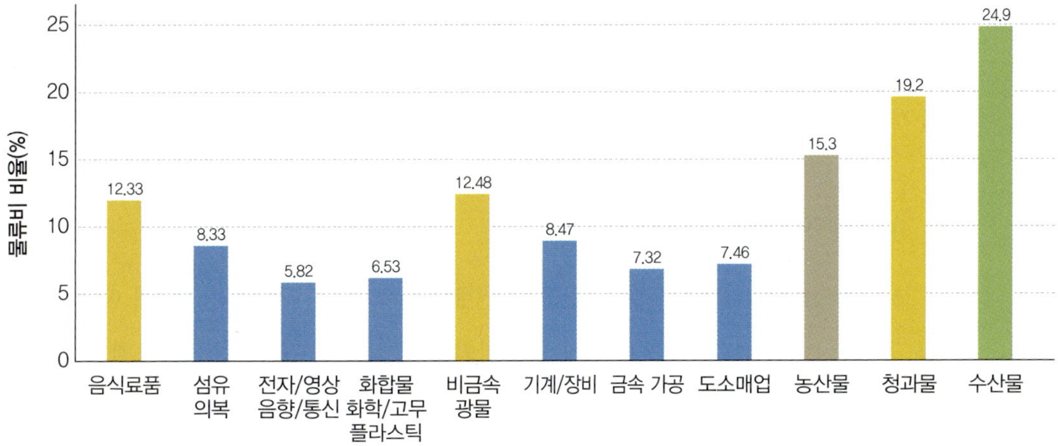

그림 19-7 업종별 물류비 차이

자료 : 농림수산식품부. 2011. 농산물 물류비 실태조사; 해양수산개발원. 2010

산물은 무려 24.9%에 이르고 있어, 식품산업의 각 업종별 물류에 대한 근본적인 개선이 필요하다.

② 농산물 연도별 물류비 내용

표 19-2는 농산물 중 청과물의 물류비 내역을 조사한 사례이다. 포장 가공비가 40% 수준으로 가장 큰 비율을 차지하고 있어, 경량화하되 재사용 또는 재활용이 가능한 경제적인 물류 패키징의 개발이 필요하다. 다음으로 큰 비율을 차지하는 운송비를 절감

표 19-2 농산물(청과물) 연도별 물류비 분석 (단위 : 억 원, %)

구분	2009		2010		2011		2012		2013	
	금액	비율	금액	비율	금액	비율	금액	비율	금액	비율
합계	41,764	100.0	39,607	100.0	41,633	100.0	41,854	100.0	48,168	100.0
포장 가공비	16,600	39.7	15,584	39.3	16,697	40.1	17,523	41.9	18,807	39.0
운송비	12,974	31.1	11,466	28.9	12,474	30.0	11,945	28.5	12,842	26.7
보관비	2,515	6.0	2,394	6.0	2,645	6.4	2,518	6.0	2,978	6.2
하역비	3,824	9.2	3,328	8.4	3,627	8.7	3,551	8.5	3,982	8.3
감모, 청소비	4,326	10.4	5,183	13.1	4,557	10.9	4,446	10.6	7,669	15.9
물류 관리비	1,525	3.7	1,651	4.2	1,633	3.9	1,871	4.5	1,890	3.9

자료 : 권혁구 외 1인. 2014. 국가물류비 산정방법 개선연구(2012). 한국교통연구원; 한국농수산식품유통공사. 2014. 농산물 물류비 산정결과.

하기 위해서는 차량에 적합한 표준화된 패키징과 회수 시 적재 효율을 높일 수 있는 접이식 물류 패키징이 요구된다. 또한 청과물 감모와 이에 따른 청소비 등을 줄이기 위해 충격과 냉해 피해를 줄일 수 있는 적절한 완충 및 단열 패키징 기법도 필요하다.

3) 물류의 범위

그림 19-8과 같이 제조업자 물류와 연계한 물류의 범위는 그 영역에 따라 원부자재를 공급하는 조달 물류, 생산공정에 투입되어 제품 생산이 완성될 때까지의 생산 물류, 제품의 출하에서 판매·보관 창고까지의 사내 물류, 이후 완제품으로 판매되어 고객에게 인도될 때까지의 판매 물류가 있다. 판매된 제품이 결함 등으로 상품의 교환 또는 반품이 이루어지는 반품 물류와 상품 판매 후 부수적으로 발생하는 상자나 팰릿과 같은 물류 패키징을 회수하는 회수 물류, 그리고 파손된 제품이나 패키징을 폐기하는 폐기 물류가 있다. 폐기 물류는 고객이 사용 후 폐기 및 재활용, 재사용의 활동을 맡는 친환경 물류로 확대되고 있다.

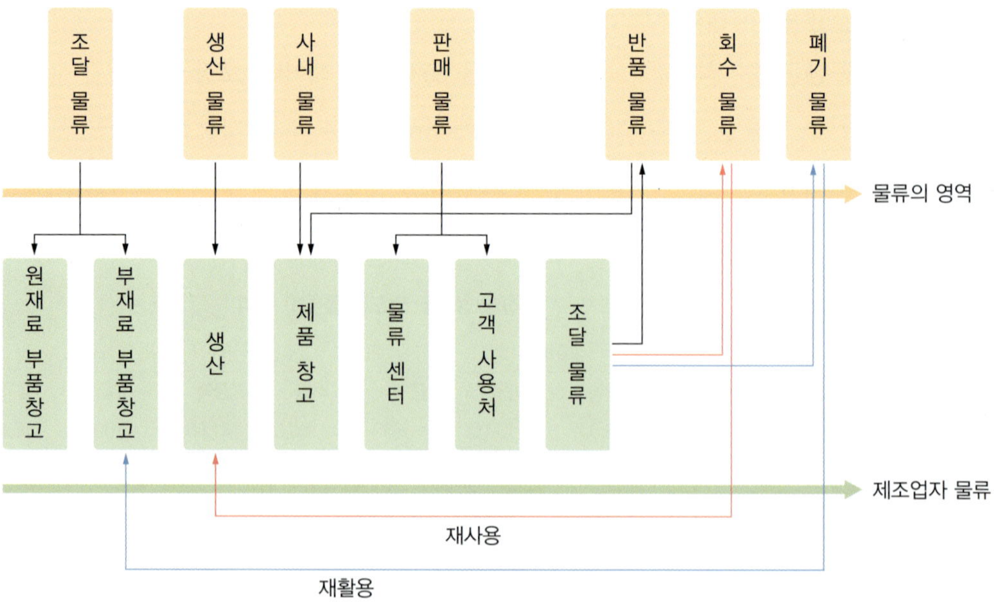

그림 19-8 **물류의 영역**

4) 물류와 패키징

고전적인 유통학 개념에서 상적 유통commercial distribution, CD과 물적 유통physical distribution, PD으로 나누며(박명섭, 2016), 일반적으로 사용하는 물류는 물적 유통의 줄임말이다. 이러한 물적 유통은 물류 관리physical distribution management, PDM의 합리화를 위하여 패키징, 수송, 보관, 하역, 정보의 5대 요소를 상호 유기적으로 결합한 종합 시스템이라 간주하고 이를 발전시켜 왔다. 특히 최근에는 물류의 기본 단위로서 '유닛로드unit load'가 널리 보급되고 있으며, 패키징으로서는 2차, 3차 패키징이 물류 패키징의 주 대상이 된다. 앞에서 언급한 바와 같이 패키징은 크게 소비자 패키징과 물류(수송) 패키징으로 구분된다. 그림 19-9는 물류적 관점에서 소비자 패키징과 물류(수송) 패키징 그리고 1, 2, 3차 패키징을 보여 주고 있다. 따라서 식품산업에 적용되는 넓은 의미의 물류 패키징 개념은 소비자 패키징이 가지는 제품의 보호성은 물론, 물류가 가지는 수송, 하역, 보관의 물자 유통 외에 정보 유통 활동에도 기여해야 한다.

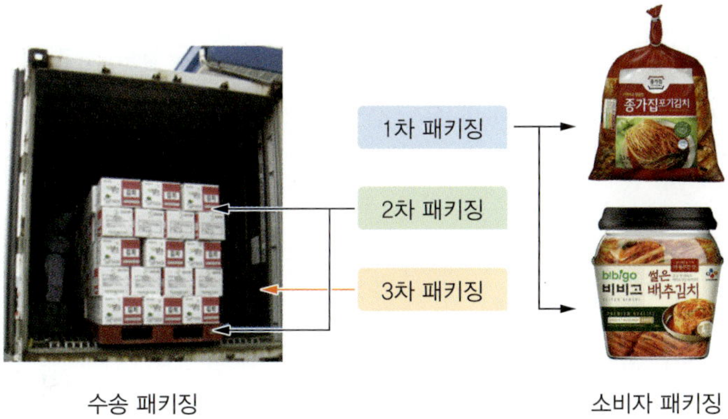

그림 19-9 **물류적 관점에 의한 패키징의 구분**

(1) 소비자 패키징 개념

소비자 패키징은 다양한 상품을 소비자에게 제공하고 내용물을 보호하는 기능을 중심으로 내용물과 일체화된 하나의 상품으로 간주하여 1차 패키징primary packaging이라고도 한다. 통상적으로 유리병, 금속 캔, 플라스틱 컵, 병, 트레이 및 파우치류가 이에 해당된다. 따라서 소비자 패키징은 내용물의 보호성을 포함해 용법, 용량의 정확성, 개봉 용이성 등이 패키징 설계의 주요 요소가 된다. 최근에는 식품의 보존성을 연장할 수 있는 능동형 패키징active packaging, 고객에게 식품의 품질 정보를 실시간으로 제공 가능한 지능형 패키징intelligent packaging, 그리고 친환경성에 대한 강조로 바이오 기반의 패키징과 재활용이 가능한 패키징의 확대가 예상되며, 모두 스마트 물류 시스템과 관련이 있다.

(2) 물류(수송) 패키징 개념

상품에 적합한 수송 패키징의 개발은 상품 기획단계부터 물류의 핵심 기능인 수송, 보관, 하역, 전시 및 폐기에 이르기까지 유통비 절감, 작업 용이성을 포함한 경제성을 전제로 한다. 주로 골판지상자나 플라스틱상자, 그리고 목재 및 플라스틱 팰릿으로 2차 패키징secondary packaging을 한다. 그리고 수송용 20피트 또는 40피트 대형 컨테이너 등 물류 기기가 3차 패키징thirdary packaging으로 간주될 수 있다. 따라서 화물의 종류에 따라 철도 화물 패키징, 자동차 화물 패키징, 선박 화물 패키징과 항공 화물 패키징으로 구분되나, 글로벌화에 따라 상호 연계되는 수송 패키징intermodal transportation packaging으로 확대되고 있다. 수송 패키징의 설계는 치수 변화에 따른 수송의 적재 효율이나 보관, 하역의 환경 조건에 적합한 강도를 가져야 하며, 유통 전반에 걸쳐 발생하는 물류비를 절감할 수 있는 물류 패키징 시스템과의 효율성도 고려해야 한다. 최근에는 국제 간 패키징의 표준화를 통해 유닛로드 시스템unit load system, ULD이 확대되고 있으며, 재사용이 가능한 수송 패키징returnable transportation items, RTI의 개발이 널리 확산되고 있다.

3. 물류 패키징 개론

1) 물류 패키징의 종류

(1) 판지

① 개요

판지는 목재섬유를 주원료로 하여 슬러리를 망으로 떠올려 제조한 다층 구조를 지닌 제품으로, 통상 0.25 mm 이상의 두꺼운 판상의 종이를 말한다. 판지는 평량(g/m^2) 또는 두께(mm)에 따라 상업적으로 적절하게 선택되어 사용된다.

② 판지의 용도

식품용 판지로는 켈로그Kellogg에 의해 콘플레이크 시리얼상자로 폴딩 카턴folding carton이 처음으로 사용되었다. 이후 접착을 위한 왁스 코팅이 개발되었고, 방습 등의 기능을 부여하기 위해 폴리에틸렌 등 플라스틱과 접합된 상품이 보편화되었다. 판지는 주로 백판지를 식품 패키징으로 사용하여 왔는데 이는 시각적으로 미려한 외관의 장점을 활용하여 냉동식품용 낱포장, 우유 용기용 폴딩 카턴, 경량 포장재로 사용되는 세트업 박스set-up box 등 1차 패키징에 주로 사용되고 있다. 여기에서 주로 논의할 물류용 패키징으로는 포장이나 운반, 상하역 등에 견딜 수 있는 물리적 강도가 요구되어 다층으로 구성하여 두껍게 한 골판지용 원지가 주로 사용된다.

③ 판지의 종류

판지는 크게 골판지용 원지, 지기용 원지, 건축 자재용 원지, 지관 및 기타 판지로 나눌 수 있다. 골판지용 원지는 라이너와 골심지로 나뉘고, 지기용 판지는 펄프를 적용한 백판지와 폐지를 주원료로 한 황색보드, 칩보드, 색보드가 쓰인다. 건축 자재용 원지는 폐지를 원료 초지한 것으로 방수 원지, 석고보드 원지가 있으며, 이외에 테이프나 필름을 감을 때 사용하는 지관 등도 있다.

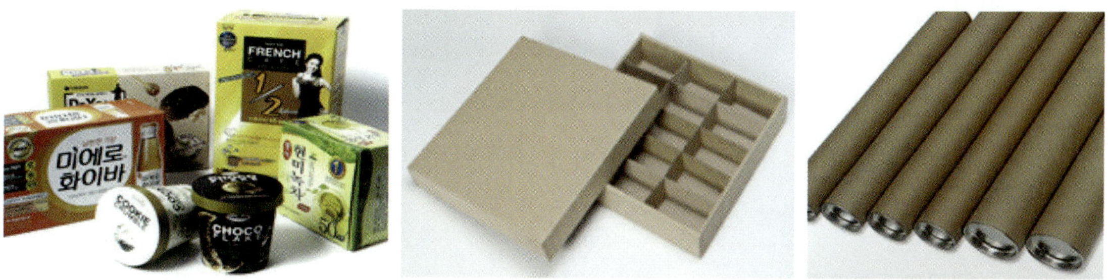

백판지 지기용 판지 지관

그림 19-10 **판지의 종류**

(2) 골판지 패키징

① 개요

1871년 미국에서 램프와 약병을 완충 포장하기 위해 골을 넣은 지류를 포장재로 사용한 것이 골판지 포장재의 효시이다. 골판지상자의 제조는 1873년도에 골이 쳐진 종이를 사용하여 박스 형태를 제작하고, 이듬해에 현재의 골판지와 같은 단면(편면) 골판지가 개발되어 단면 골판지를 이용한 접음상자가 제조되었다. 1882년도에는 강도를 향상시킨 양면 골판지가 개발되었고, 이후 외포장용 골판지상자가 1889년도부터 본격적으로 생산되었다. 1963년 국내에 골판지가 도입되었고, 1964년 상공부 고시 제1164호로 KS규격이 제정되었으며, 현재 골판지상자는 KS T 1061(외부 포장용 골판지상자)에 의해 제한 중량과 치수가 규정되어 있다.

우리나라에서는 골이진 형상이라 이를 '골'이라 부르지만 국제적으로는 'flute'라고 한다. 미국에서는 골판지를 'corrugated fibreboard'라 하고, 일본은 골의 형상이 계단과 비슷하다고 하여 '단보루danbooru'라고 부르며, 중국은 지붕의 기와장과 비슷하다고 하여 '와릉瓦楞 판지'라고 한다.

② 구성 및 구조

골판지용 원지는 앞의 그림 3-1에 나타낸 것과 같이 골심지와 라이너로 구성되어 있다. 골심지는 골판지 안쪽의 골을 내는 부분 또는 양면 골판지의 중간층에 사용되므로 인장 강도, 가공 적정성, 내압 강도 및 접착성이 요구된다. 골심지는 펄프심과 특심으로 구분되는데 펄프심은 펄프 원료를, 특심은 원가를 낮추기 위해 폐지를 사용한다. 반면 라이너는 골판지 바깥쪽의 평평한 부분에 사용되므로 균일성, 내마모성 및 인쇄 적성이 요구된다. 라이너는 외부 포장용과 내부 포장용으로 구분되는데, 외부 포장용은 크라프트 펄프를 주원료로 한 것과 표층은 크라프트, 중층과 이층은 폐지를 사용한 것으로 구분되며, 주로 외장용 골판지상자에 적용된다. 내부 포장용은 폐지를 원료로 하여 주로 내장용 골판지상자에 사용된다.

③ 골의 종류와 특징

골판지는 골의 종류에 따라 압축 강도와 용도가 결정된다. 미국 및 유럽에서는 A, B,

표 19-3 골판지 골의 종류와 특성

종류	골의 높이(mm)	골 수(/30 cm)	수직압강(%)	평면압강(%)
A	4.5~4.8	34±2	100	100
B	2.5~2.8	50±2	75	150
E	1.1~1.4	93±5	65	350

C, E, F와 G가 사용되고 있으며 E, F, G골은 'micro flute'라고 부르며 압축 강도보다는 주로 인쇄 효과를 올리는 데 사용된다. 국내는 주로 A, B, E가 사용되고 있다. 표 19-3에 골판지 제조에 사용되는 골의 종류와 특성을 나타내었다.

④ 골판지의 종류

- 단면(편면) 골판지single faced corrugated fiberboard : 주로 내부 포장용으로 사용되며, 파형으로 골을 낸 골심지 원지의 한쪽 면에 라이너를 접합한 것이다(표 3-1 참조).
- (이중) 양면 골판지single or double wall corrugated fiberboard : 상자용 골판지에 주로 사용되며, 파형으로 골을 낸 골심지 원지의 한쪽 면에 라이너를 붙인 것이다. 가운데 중심지를 대고 이중으로 있는 경우를 이중 양면 골판지라 하며, 충격을 보강하거나 파손되기 쉬운 제품에 적용한다. 농산물상자에 널리 이용되고 있다(표 3-1 참조).
- 삼중 양면 골판지triple wall corrugated fiberboard : 주로 중량물에 적용되며, 이중 양면 골판지에 다시 단면 골판지를 붙인 것이다(표 3-1 참조).

⑤ 골판지 패키징의 장단점

골판지 패키징은 다른 패키징에 비해 가격이 저렴하고 인쇄성이 양호하며 포장 작업이 용이하다. 플라스틱 다음으로 경량성을 가지며 폐기 처리 후 원료로 재활용이 가능한 장점이 있다. 그러나 습기에 약해 압축 강도가 쉽게 저하되어 물류 패키징으로서는 경량품 위주의 일회용품에 주로 적용해야 하는 단점이 있다. 지구 온난화와 관련하여 벌목이 문제되고 있고 이에 따라 펄프 가격이 상승하고 있으며, 투습성 등을 강화하기 위해 다른 소재와 복합화할 경우 재활용이 어려운 것도 단점이다.

⑥ 물류 패키징으로서 골판지의 강도 설계

제품 개발 시 골판지에 요구되는 다양한 특성 중에서 물류 패키징으로서 압축 강도 계산은 필수적이므로 여기에서는 이 부분만 설명하고자 한다.

- 골판지 패키징의 필요 압축 강도 : 압축 강도는 골판지상자가 하중을 받아 파손될 때까지의 최저 강도를 말하며, 필요 압축 강도는 유통 전 과정에서 압상으로 인한 변형을 방지하기 위해 안전 계수를 적용한 강도이다, 즉, 골판지는 하중과 습도 등 보관 조건 및 유통 환경에 따라 피로 열화가 발생하므로 이러한 요인을 패키징 설계에 반영해야 한다. 골판지상자에 필요한 압축 강도(kgf)를 C라고 하면 다음과 같

은 식으로 표시할 수 있다.

$$C = k \cdot w(n-1) \leq C1, \quad n = H/h$$

k : 안전 계수　w : 상자에 포장된 상품의 총 중량(kg)　n : 적단 단 수　H : 적재 총 높이(mm)
h : 골판지상자의 높이(mm)　C1 : 피포장물의 실제 압축 강도(kgf)
단, 팰릿을 2단 또는 3단 적재 시 팰릿의 높이와 무게를 포함

- 안전 계수(k)의 계산 : 안전 계수는 골판지상자의 보관, 운반 및 상·하역 시 일어나는 압축 강도에 미칠 수 있는 열화 요인을 수식으로 반영한다. 통상 3~5의 안전 계수가 적용된다. 표 19-4에는 골판지상자의 필요 압축 강도 설계 시 안전 계수를 나타내었다.

표 19-4 골판지상자의 필요 압축 강도 설계 시의 안전 계수

구분	보관 기간	적재 방법		
		블록 적재	핀 휠 적재	벽돌 적재
국내	3개월 이내	2.5	2.9	3.5
	3~5개월	3.3	3.9	4.7
	5~10개월	4.1	4.9	5.9
수출	해상 컨테이너 수출	보관 기간 및 적재 방법이 유사하면 국내와 동일		
	컨테이너 이외	4.1	4.9	5.9

자료 : 김청. 2007. 골판지 제조기술과 응용. (주) 포장산업.

안전 계수를 반영한 압축 강도 계산의 예

- 제품 : 골판지상자의 바깥 치수 : 400 mm×300 mm×250mm
  골판지 단위상자의 총중량 : 10 kg
  적재 제한 높이 : 400 cm
  안전 계수 : 3.5
- 계산 : C = 3.5 × 10(4,000/250 − 1) = 525 kgf

(3) 목재 패키징

목재 포장재는 예부터 운반 용기로 사용되어 왔으나, 수작업에 의존하는 공정이 많아 대량생산에 대응하기 어렵고 중량이 무거우며 최근에는 열처리를 요구하는 등의 문제가 발생한다. 따라서 기계류 수출 포장이나 표준화가 안 된 특수 용도의 수출용 팰릿에

목재상자

어상자

목재 팰릿

그림 19-11 **목재 패키징의 종류**

물류 패키징으로 적용하고 있다(그림 19-11).

(4) 플라스틱 패키징

플라스틱은 목재나 지류에 비해 비교적 강도가 높고 수분 등 환경 요인에 강하며 치수 및 품질 안정성이 높은 장점으로 널리 사용되고 있으나, 금형 등을 통해 형상을 제작해야 하는 등 초기 투자비와 시간이 소요되는 단점이 있다. 물류용 패키징으로는 중포장대, 중소형 컨테이너와 팰릿이 널리 사용되고 있다. 이외에 부재료로 완충재, 방청 필름 등이 쓰인다.

① 중포장대

중포장대는 방습, 방수성이 요구되는 설탕, 비료, 소금 등 무기물계 식품류에 폴리에틸렌 등 필름 포대 또는 프레콘 백 형태로 적용되고 있다. 직물 포대는 통풍성이 있어 가마니 대신 사용되며, 곡물류나 배합사료 등 유기물 제품에 쓰인다. 경량이고 가격이 저

필름 포대(비정형)

종이/필름 복합 포대(정형)

직물 포대

그림 19-12 **중포장대**

렴한 장점이 있으나, 비정형이라 적재의 한계와 운반 시 흔들림 등의 문제가 있다.

② 중소형 플라스틱 컨테이너

그림 19-13에서 보듯이 플라스틱 중소형 컨테이너는 소주, 맥주, 청량음료용 박스와 농축수산물용 컨테이너에 널리 적용되고 있다. 최근에는 팰릿 일체형 대형 컨테이너가 개발되어 유럽 등 선진국에서 널리 보급되고 있다. 이들은 가볍고 내구성이 강하며 세척 등 내화학성도 우수하여 회수 사용이 가능하므로 물류 패키징으로 적합한 장점이 있다. 이에 반해 금형 제작 등의 초기 투자와 손·망실에 대한 위험이 있었으나 최근에는 관련 업계와 정부의 지원으로 이러한 문제들이 크게 해결됨에 따라 표준화된 팰릿 T11, T12형과의 정합성을 가진 컨테이너가 급속히 확산되고 있다. 표 19-5에 표준 팰릿 이원화(T11과 T12)에 따른 중소형 플라스틱 컨테이너의 패키징 모듈 치수를 나타내었다.

그림 19-13 플라스틱 컨테이너 종류

표 19-5 표준 팰릿 이원화에 따른 컨테이너 패키징 모듈 치수 (단위 : mm)

대표 치수	계열 치수						
1,100×1,100	1,100×550	550×550	550×366	550×275	550×220	366×366	366×275
	366×220	275×275	275×220	220×220	660×440	660×220	440×330
	440×220	330×220	388×237				
1,200×1,000	1,000×600	600×500	600×250	500×300	500×200	300×250	250×200
	600×400	400×300	300×200				

③ 플라스틱 팰릿

팰릿은 1920년대 개발되었으나 오늘날과 같이 널리 보급된 것은 1937년 가스 압축을 이용한 지게차의 개발과 1940년대 초 제2차 세계대전으로 대량의 수송화물을 팰릿 단위로 운송하게 된 데 기인한다(R. LeBlanc, 2010).

- 시장 현황 : 매년 5억 개의 팰릿이 전 세계에서 생산되고 있으며, 약 20억 개가 미국에서 유통되고 있는데 그중 90%가 목재 팰릿이다(T. Vanderbilt, 2012). 산업의 글로벌화로 물류, 유통 분야에서도 국제 간 교역이 증가하면서 목재 팰릿이 유통되었으나 병충해의 확산, 1회 사용에 따른 폐기, 고중량 등의 문제로 플라스틱화가 진행되고 있다. 특히 한국은 플라스틱 팰릿이 주종을 이루어 약 6,000만 개 이상의 플라스틱 팰릿이 회수 렌탈용으로 유통되고 있다(한국파렛트컨테이너협회, 2011). 이는 유럽이나 미국의 인구당 사용 비율에 비추어 볼 때 1/7 수준으로, 보다 시장 확대가 기대된다.
- 재원 : 앞에서 설명한 바와 같이 각 국가가 서로 다른 규격을 사용하다가 최근에 ISO에 의해 T11형(1,100 × 1,100 mm)과 T12형(1,200 × 1,000 mm)이 국제 규격으로 채택되었다. 통상 사방four way 차입형이며, 1톤 이상의 하중을 견딜 수 있게 고안되었다. 최근에는 무선인식radio frequency identification, RFID을 장착하여 위치 파악을 통해 분실에 대비한 팰릿이 미국의 한 기업에서 상용화되었다(그림 19-14). 또한, 온습도 센서를 부착한 스마트 패키징을 개발 중이며, 화주에게 화물에 대한 정보를 실시간 제공할 수 있도록 각종 시도가 진행 중이다.

그림 19-14 RFID를 장착한 iGPS사 팰릿

(5) 금속 패키징

금속제 패키징은 통상 무겁고 부식의 염려가 있어 식품에서는 도소매점에서 바퀴가 부착된 돌리dolly 등에 적용되고 있으나, 주로 고중량물의 물류 패키징으로 쓰인다(그림 19-15).

그림 19-15 **도소매점에서 사용되는 물류 패키징 돌리**

2) 물류 패키징의 기법

물류(수송) 패키징의 기법에는 손상 발생 및 잠재적 유해 환경 요소 제어를 반영한 물류 패키징 설계와 더불어 방수·방습 패키징, 완충 패키징, 방청 패키징이 있다. 유해 환경 요소로는 압축, 충격, 진동, 고도 변화, 정전기, 열과 냉기, 습도 및 부식의 8대 요소가 있다.

(1) 방수·방습 패키징

유통 과정 중에 수분, 습도로부터 제품을 보호하는 포장 기법을 말한다.

① **방수 패키징**(KS A 1031)

포장재 외부로부터 수분이 침투하는 것을 막기 위해 시행하는 패키징 기법으로, 소형 물품 또는 용기를 타포린지, 합성수지 필름 등의 방수 포장재로 싸거나 외장 용기의 내면에 방수 재료를 붙여 물의 침입을 막는 방법이다.

② **방습 패키징**(KS A 1034)

물의 부착에 의해 발청, 품질 저하 등의 우려가 있는 물품은, 방수는 물론 습기의 침입을 막기 위해 합성수지 필름, 금속 박 등의 투습도가 낮은 방습 포장 재료로 물품을 직접 싸고 가능한 한 내부 공기를 빼서 밀봉하며, 결로를 막기 위해 내부에 건조제를 삽입하는 방법이다.

③ **건조제 사용량의 계산 방법**(KS T 1318)

- 방습 패키징 재료에 의한 포장인 경우

$$W = \frac{R \times A \times t \times (h1 - h2) \times K1}{(C1 - C2) \times 10^{-2}} + K2 \times D$$

W : 건조제의 사용량(g) R : KS A 1013의 조건 B에 의한 방습 포장 재료의 투습(g/m²·24hr) A : 방습 포장의 표면적(m²)
t : 포장 기간 h1 : 포장 기간 중 외기의 평균 습도(%) h2 : 포장 기간 중 포장 내부의 평균 습도(%)
K1 : 방습 포장 재료의 종류와 포장 기간 중 평균 온도 Q(C)에 따라 정해지는 계수
C1 : 사용 개시 시의 건조제의 흡습률(%)
C2 : 포장 내부에 허용되는 최고 한도 상대습도에서의 건조제 평형 흡습률(%)
K2 : 포장 내의 흡습성이 있는 포장 재료의 흡습률에 의해 정해지는 계수
D : 포장 내의 흡습성이 있는 포장 재료의 무게(g)

- 건조제의 사용량 계산 사례

문제. 제품을 폴리스틸렌 폼으로 고정하고 두께 0.08 mm의 저밀도폴리에틸렌 필름 자루에 넣어 밀봉한 뒤 이것을 골판지상자에 넣을 때 자루 내의 습도를 50% 이하로 유지하기 위해서 필요한 KS A 2110에 규정하는 A형 2종 건조제 양을 계산하시오.

(풀이) R : 5 g/m²·24hr, C1 : 2.5%, C2 : 2.0%, A : 0.52 m², t : 90 days, h1 : 80%, h2 : 25%
K1 : 25℃로 했을 때 0.0028, D : 0 g이면

$$W = \frac{5 \times 0.52 \times 90 \times (80\% - 25\%) \times 0.0028}{(2.5\% - 2.0\%) \times 10^{-2}} + 0 = 206\ g$$

(2) 완충 패키징

완충 패키징은 수송 및 하역에 의한 낙하, 창고 하역 설비에 의한 스트레스, 차량의 출발, 정지 시 발생되는 순간 충격, 운송 중 도로나 차량 엔진 작동에 의한 진동으

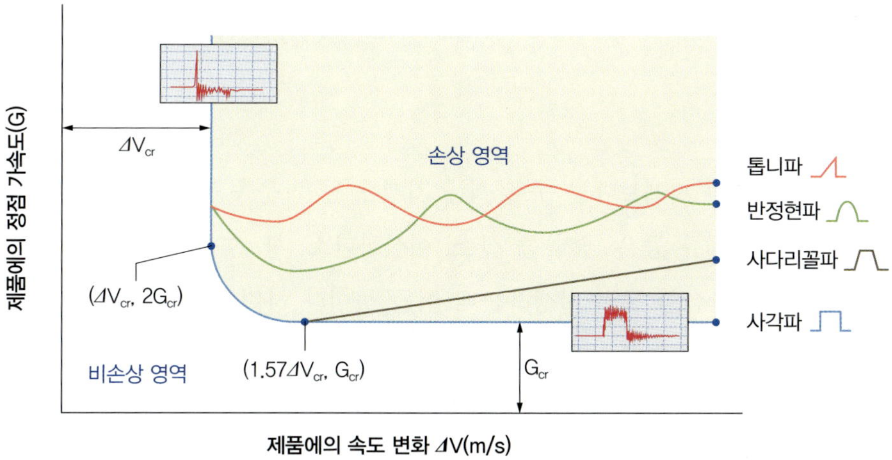

그림 19-16 **손상 경계 곡선**

로 화물에 파손이 발생하는 것을 방지하는 포장 기법으로, 제품의 충격 취약성은 그림 19-16과 같이 제품에의 정점 가속도 G값과 제품의 속도 변화 ΔV를 충격 취약성 시험shock fragility test으로 측정해 손상 경계 곡선 영역을 파악하여 대응해야 한다. 그림 19-17은 사용되고 있는 사례이다.

항목	폴리에틸렌 폼 (EPE)	폴리프로필렌 폼 (EPP)	폴리스티렌 폼 (EPS)
밀도(g/cm³)	0.03~0.4	0.02~0.4	0.016~0.03
기포 구조	독립	독립	독립
기계적 강도	강	강	약
최고 사용온도(°C)	85	100	80
내약품성	매우 양호	비교적 양호	약간 불량
흡수성	극소	극소	적음
내열성	가연	가연	가연
유연성	약간 경질	약간 단단	경질
내후성	양호	양호	떨어짐
충격흡수	양호	양호	떨어짐
최적 변형률(%)	50	-	40
가격	(높음) ——————→ (낮음)		
신뢰성	(높음) ——————→ (낮음)		

그림 19-17 완충 패키징 사례

(3) 방청 패키징

방청 패키징은 식품 자체보다는 주로 식품 기계류 등을 운송 및 보관하는 과정과 관련이 있다. 식품 기계류 등은 공기 중 산소, 이산화탄소, 황, 수분에 의해 금속 표면에 산화물, 수산화물, 탄산염 등이 발생하는데 이를 녹이라 하며, 이 녹의 생성을 조장하는 산소 및 습기를 최대한 금속과 접촉하지 않도록 하는 포장 기법이다. 최근에는 나노 기술을 이용한 방청 소재가 널리 이용되고 있다(그림 19-18).

그림 19-18 **방청 필름을 이용한 식품 기계의 포장 사례**

자료 : https://www.armorvci.com/products/film/

(4) 단열 패키징

신선식품 및 바이오 의약품의 콜드 체인망에서는 기존 단열 패키징으로 발포스티렌EPS, 폴리우레탄PU 및 골판지상자가 널리 쓰이고 있다. 그러나 단열 성능이 부족하여 유통 시간이 짧고 대부분 일회용으로 환경 문제가 있어 VIPvacuum insulation panel과 같은 새로운 단열재가 주목을 받고 있다.

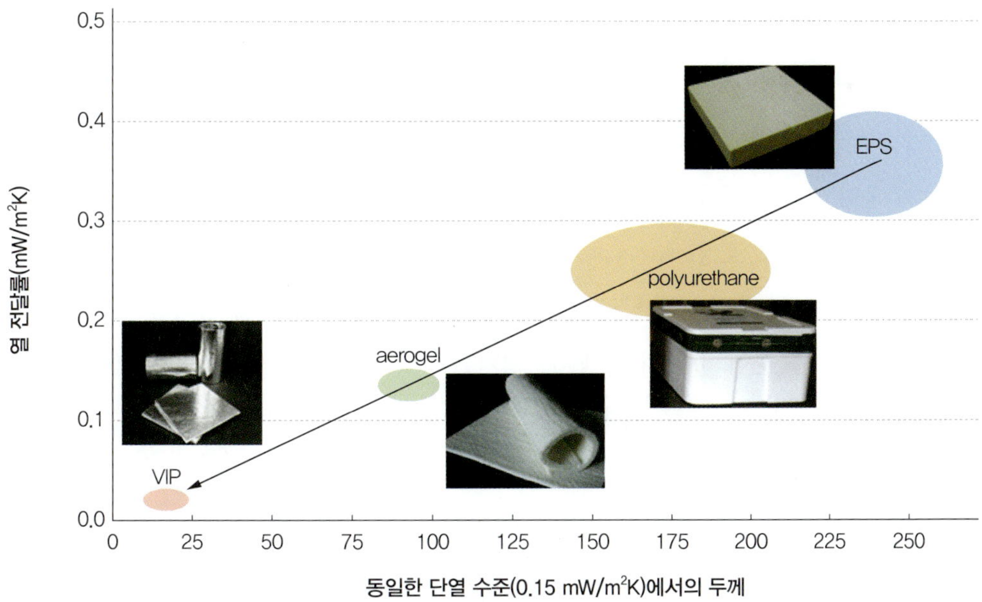

그림 19-19 **단열재 종류 및 성능**

그림 19-20은 VIP를 적용한 용기와 기존 EPS 패키징의 유통시험 결과이다. EPS 경우는 10℃ 이하 유지가 14시간인 데 비하여 동일 조건에서의 VIP는 70시간까지 연장이 가능하다.

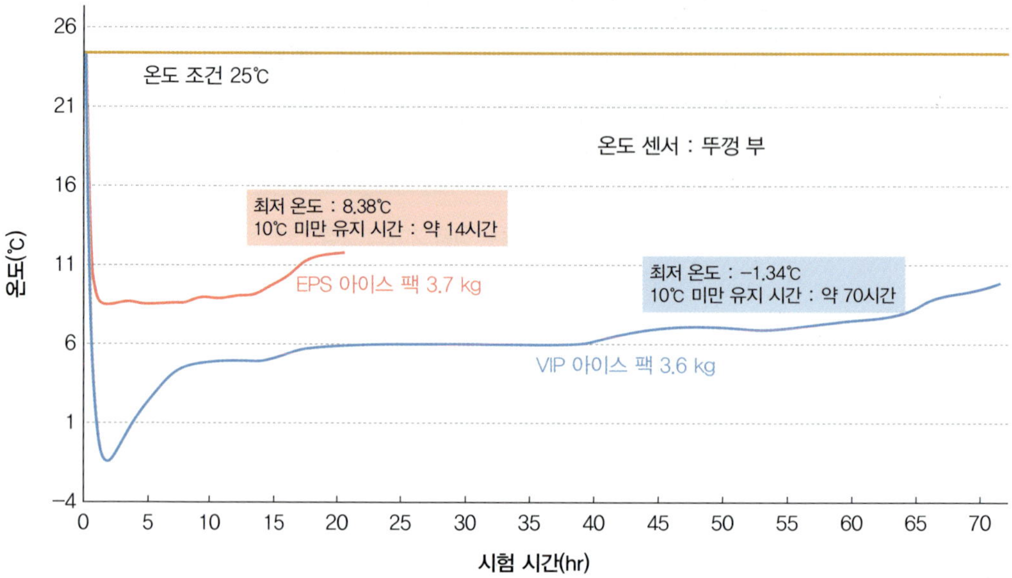

그림 19-20 **동일 조건에서의 VIP와 EPS의 저온 유통시험**

3) 물류 패키징 개발 및 시험표준

(1) 물류 패키징 개발

수송 패키징transport packaging이라고도 불리는 물류 패키징은 수송 용기shipping container, 내부 보호 포장internal protective packaging, 봉함부와 보호재closure and securement material, 수송 단위의 유닛로드unitized load shipping base로 구성되어 있다. 이러한 물류 패키징은 단순히 하나의 포장재로서가 아니라 물류 전반에 걸친 요인을 반영한 종합적인 패키징 시스템으로 이해해야 하며, 이를 물류 패키징 설계 및 개발 과정에서 다음과 같은 단계로 반영해야 한다.

① 내용물의 유통 환경과 사용 조건을 파악하고, 유사 패키징 적용 사례조사.

② 제품의 물리적 특성(하중, 적재, 외관)과 경제성을 감안한 패키징 소재 선정.

③ 환경 위해 요소(충격, 변형 등 물리적 요소와 변질 등 화학적 요소)를 파악.

④ 마케팅과 유통의 요구 사항 파악(포장비, 수송비, 수선비, 회수비 등).

⑤ 유닛로드 시스템의 적합한 수송 단위(외포장, 내포장) 설계.

⑥ 패키징 설계 검증(CAD & CAE) 및 MOCK-UP 제작 평가.

⑦ 시생산을 통한 패키징 생산성 검증과 본 금형 제작.

⑧ 현장시험field test를 통한 제품 및 유통 안전성 검증과 LCA 평가.

⑨ 공인기관 환경 및 제품 유해성 인증.

⑩ 특허 출원 및 개발 종합.

⑪ 최종 원가 분석 및 마케팅 전개.

(2) 개발 사례

① 스마트 기능(RFID)을 부여한 순환 물류 패키징 개발

그림 19-21은 기존의 종이류로 된 바나나상자가 현지 운송에서 국내에서 최종 판매 매대까지 충격 및 진동 등에 의한 파손으로 감모율이 20~30%(중국의 경우는 40~50%)대에 이르고 일회용이며, 방습을 위해 종이 내부에 폴리에틸렌이 코팅되어 있어 재활용이 어려워 사용 후 폐기 문제가 야기되어, 이에 대한 개선과 국제간 순환 물류를 위해 개발한 사례이다.

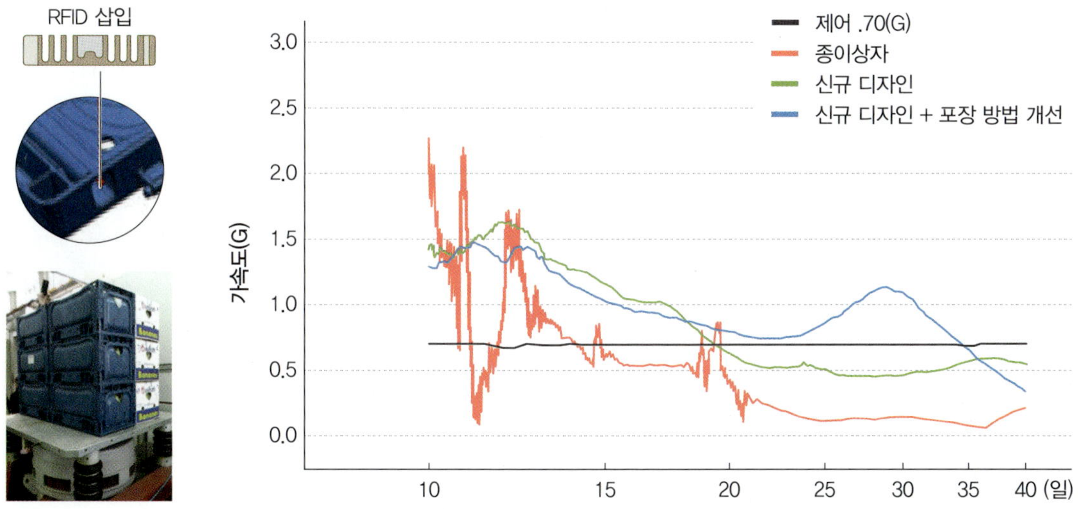

그림 19-21 **스마트 기능 부여 패키징(왼쪽)과 기존 패키징의 유통 안전성 시험 및 결과**

② **친환경 물류 패키징 개발**

그림 19-22는 생활 폐기물을 재활용하고 강도를 보강하여 재사용할 수 있게 한 친환경 팰릿의 개발 사례이다.

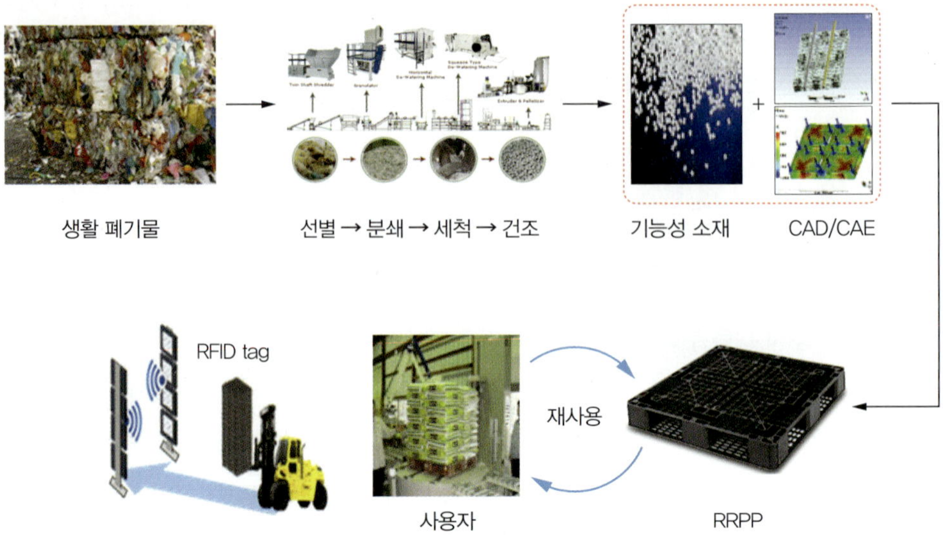

그림 19-22 **스마트 & 친환경 물류 패키징 개발 사례**

(3) 물류 패키징의 시험 표준

물류 패키징에 관한 각종 시험과 표준에 관련된 한국산업규격은 표 19-6과 같다. 이 외에도 국제 규격으로 1947년 출범한 ISO가 164개국 3,335여 개 단체의 표준을 개발하고 있으며, 한국도 대부분 KS화하여 보급하고 있다. 이들 외에 국제안전수송협회 International Safe Transit Association, ISTA가 44개국 150개 기술분과를 갖추고 국가 간 안전수송 기반을 구축하여 무역 장벽을 개선하려 노력하고 있으며, 수송 분야에 있어 패키징 시험 및 인증이라는 개념을 최초로 도입하였다.

4) 순환 물류 패키징

(1) 정의

물류 패키징을 여러 번 재사용할 목적으로 고안된 시스템으로, 회수 사용 또는 재사용 물류 패키징returnable transport packaging 또는 reusable transport packaging, RTP이라 한다.

표 19-6 물류 패키징 관련 한국산업규격 ®

표준 번호	표준 명칭	제정일
KST1081	플라스틱제 순환 물류용 운반 용기	2009.12.30.
KST1304	패키징 화물의 낙하시험 방법	2001.07.28.
KST1309	패키징 화물 및 용기의 회전 6각 드럼시험 방법	1968.08.02.
KST1310	패키징 화물 및 용기의 경사 충격시험 방법	2006.12.15.
KST1311	패키징 화물 및 용기의 살수시험 방법	2002.06.11.
KST1332	패키징 설계를 위한 제품의 충격 강도시험 방법	2002.01.25.
KST1333	패키징 화물-패키징의 무게중심 측정을 위한 시험 방법	2007.11.19.
KST1334	위험물 패키징의 시험을 위한 규격	2002.12.31.
KST1347	재사용 가능 수송 용기 시험 방법	2011.12.29.
KST1348	재사용 가능 수송 용기 시험 방법	2011.12.29.
KST1349	진공 방법을 이용하여 고도에 따른 압력차가 패키징에 미치는 영향을 측정하기 위한 표준 시험 방법	2011.12.29.
KSTISO12048	압축시험기를 이용한 수송 패키징 화물의 압축시험과 적재 시험 방법	2008.12.29.
KSTISO13355	수송 패키징 화물과 단위화물의 수직 랜덤 진동시험 방법	2004.12.16.
KSTISO15119	패키징 포대-충전 포대의 마찰 계수 측정 방법	2007.11.30.
KSTISO15867	비위험물 중형 산적 용기(IBCs) 용어	2009.12.30.
KSTISO16101	패키징-위험물 수송 패키징-플라스틱 적합성 시험	2006.11.24.
KSTISO16103	패키징-위험물 수송 패키징-재생 플라스틱 재료	2008.09.13
KSTISO16104	위험물 수송 패키징의 시험 방법	2004.12.16.
KSTISO16106	패키징-위험물 수송 패키징-위험물 패키징, 중형 산적 용기(IBC) 시험 방법	2008.09.13.
KSTISO16467	비위험물용 연성형 중형 산적 용기(FIBCs)의 명세	2006.11.24.
KSTISO21898	수송 패키징 화물과 단위 적재 화물의 시험 전처리	2006.11.24.
KSTISO223	수송 패키징 화물과 단위화물의 정적하중을 이용한 적재시험	2004.12.14.
KSTISO2234	패키징 화물-수평 충격시험 방법	2007.10.31.
KSTISO2244	고정 저주파에서 수송 패키징 화물 및 단위 적재 화물의 진동시험 방법	2007.10.31.
KSTISO2247	수송 패키징 화물의 수직 낙하시험	2008.12.29.
KSTISO2248	위험물 수송 패키징용 경질 플라스틱 및 플라스틱 복합재 중형 산적 용기의 적합성 시험	2009.12.30.
KSTISO23667	수송 패키징 화물과 단위 화물의 저압시험	2009.12.30.
KSTISO2873	수송 패키징 화물 및 단위 화물의 살수시험	2008.11.19.
KSTISO2875	수송 패키징 화물 및 단위 화물의 살수 방법	2009.12.30.
KSTISO2876	수송 패키징 화물의 롤링시험	2007.10.31.
KSTISO4178	수송 패키징 화물의 유통시험 기록	2002.07.22.
KSTISO4180-1	수송 패키징 화물의 평가시험 방법 통칙 -제1부 : 일반원칙	2004.12.16.
KSTISO4180-2	수송 패키징 화물의 평가시험방법 통칙 -제2부 : 정량적 데이터	2004.12.16.
KSTISO7965-1	패키징-포대-낙하시험 -제1부 : 지대	2007.11.30.
KSTISO7965-2	포대-낙하시험 -제2부 : 열가소성 플라스틱 필름대	2007.11.30.
KSTISO8474	수송 패키징 화물의 침지 시험방법	2008.12.29.
KSTISO8768	수송 패키징 화물의 전도시험	2007.10.31.

자료 : 김종경. 2013. 패키징과 물류. 한국생산기술연구원 패키징기술센터.

국내에서는 그림 19-23과 같이 '순환 물류 패키징'이라고도 부른다. 순환 물류 패키징은 일반적으로 일회용 물류 패키징보다 단가가 높기 때문에 적절한 회수 및 재활용 시스템을 확보하지 못하면 역으로 물류비용의 증가를 야기할 수 있으므로 이에 대한 면밀한 검토나 풀링 업체와의 협업이 필요하다.

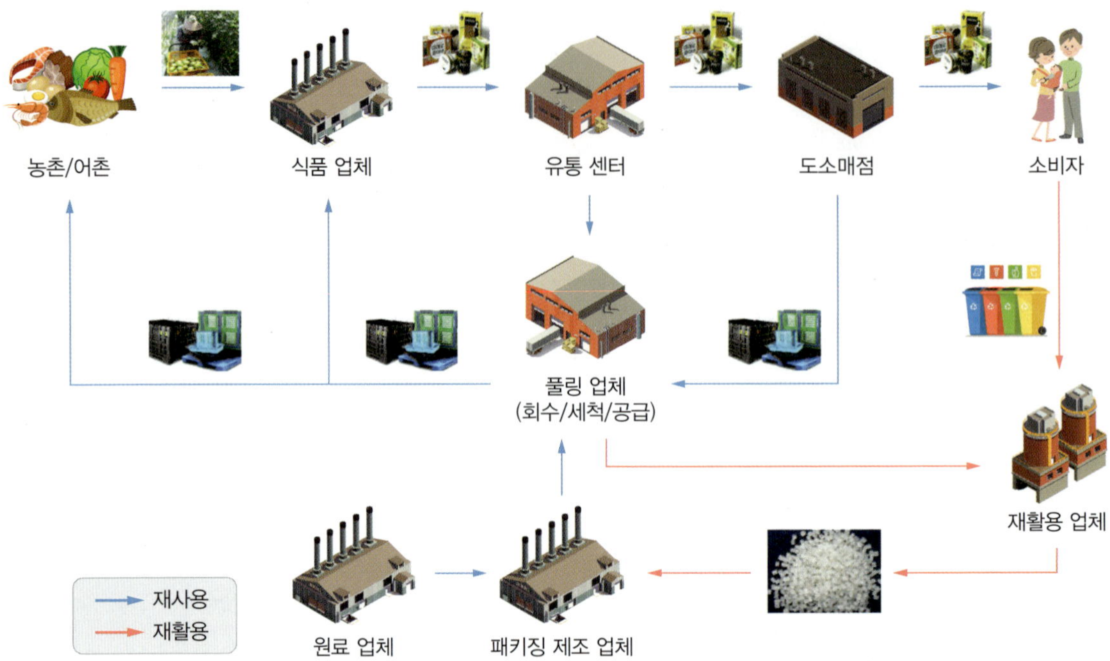

그림 19-23 **순환 물류 패키징 시스템 개념도**

(2) 경제성 분석

그림 19-24에 주로 일회용 목재 팰릿과 재사용 플라스틱 팰릿 간에 경제성을 비교하였다. 약 3.6년 정도가 지나면 플라스틱 팰릿 쪽이 경제성이 더 있는 것으로 나타났다.

(3) 유닛로드 시스템

그림 19-25에서 보듯이 유닛로드 시스템은 국내 및 국제 간 운송, 하역 및 보관에 있어 선적 컨테이너의 개별 품목 또는 화물을 팰릿 잭이나 지게차로 쉽게 이동할 수 있는 단일 단위의 하중으로 결합한 시스템이다. 단위하중 단위로 된 화물은 창고 랙, 복합운송 컨테이너, 트럭 및 박스 카에 적절히 고정되어 운송되지만, 유통 경로에 맞추어 유

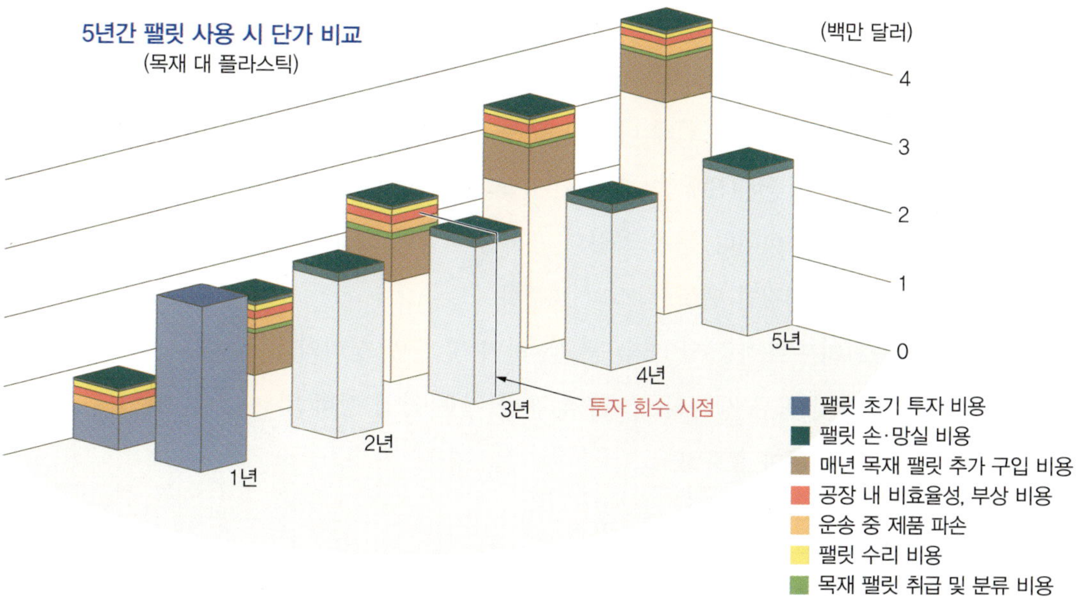

그림 19-24 목재와 플라스틱 팰릿의 경제성 분석

자료 : Sonoco, 2016. FirmaMax Plastic Pallet

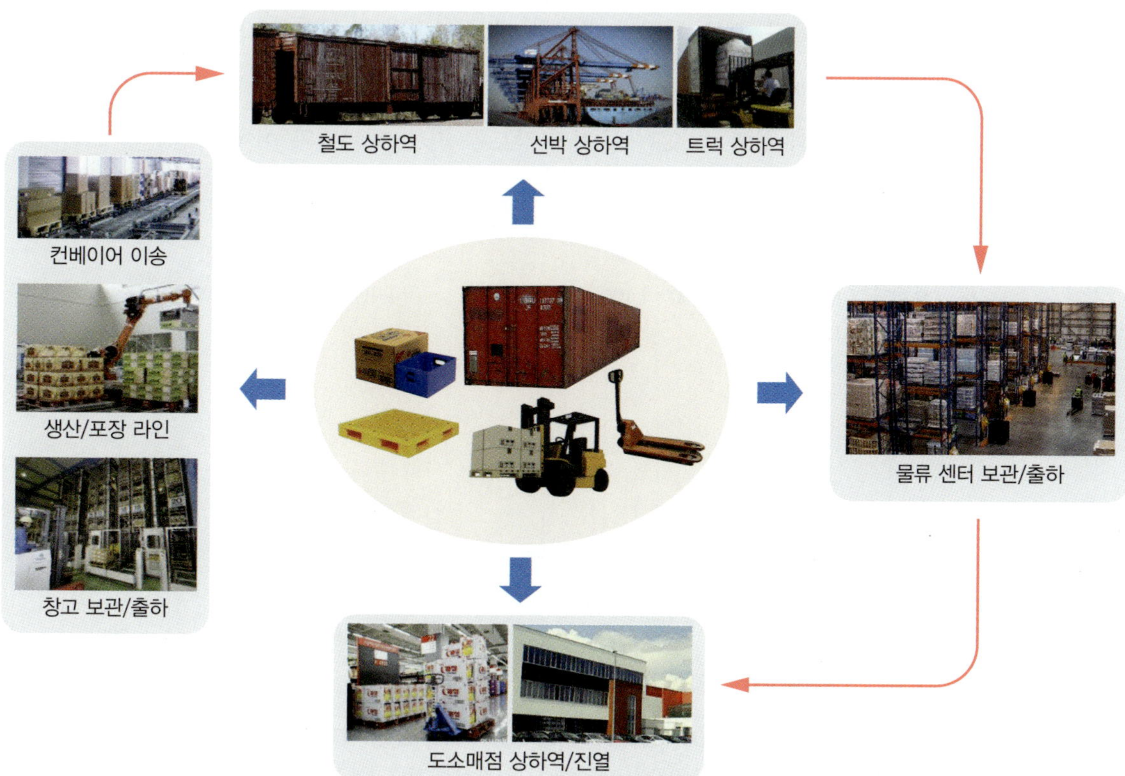

그림 19-25 유닛로드 시스템 개념

통 센터 또는 도소매점에서 쉽게 분리될 수 있도록 고안된 패키징을 적용한다. 패키징으로는 팰릿, 박스, 그리고 수송 컨테이너가 해당된다. 따라서 패키징 설계자는 유닛로드 시스템을 수행하기 위해 다음과 같은 전제 조건을 검토해야 한다.

① 제조공정 장치(컨베이어, 포장 설비, 보관 랙 등)의 표준화.

② 수송 컨테이너나 운송 차량의 규격에 적합한 화물의 단위와 치수 표준화.

③ 수송 패키징인 팰릿, 박스의 표준화.

④ 포크리프트(하중, 날 간격) 등 상·하역 및 운반 장비의 표준화.

⑤ 창고 및 물류 센터의 상·하역, 운반 관련 작업 장비 및 시스템 표준화.

⑥ 거래 단위의 표준화.

(4) 패키징 표준화와 물류 합리화

물류 합리화를 위한 패키징 표준화의 4대 요소로 강도의 표준화, 치수의 표준화, 기법의 표준화, 그리고 재료의 표준화를 들 수 있다. 이를 위한 첫 단계로 패키징의 표준화와 하역의 기계화가 병행되어야 한다. 패키징의 표준화는 포장 자재의 엄격한 관리, 패키징 치수의 모듈화, 요구 품질에 적합한 생산 안정화를 기반으로 할 때 가능하며, 하역의 기계화는 상·하역 또는 보관 과정 중 화물을 충분히 보호하고 적재, 압착 하중 등의 요인에 충분히 견딜 수 있는 물리적 강도를 가진 패키징과 이에 적합한 핸드카, 포크리프트 등 물류 기기가 갖추어졌을 때 가능하므로 이러한 조건을 확보해야 한다.

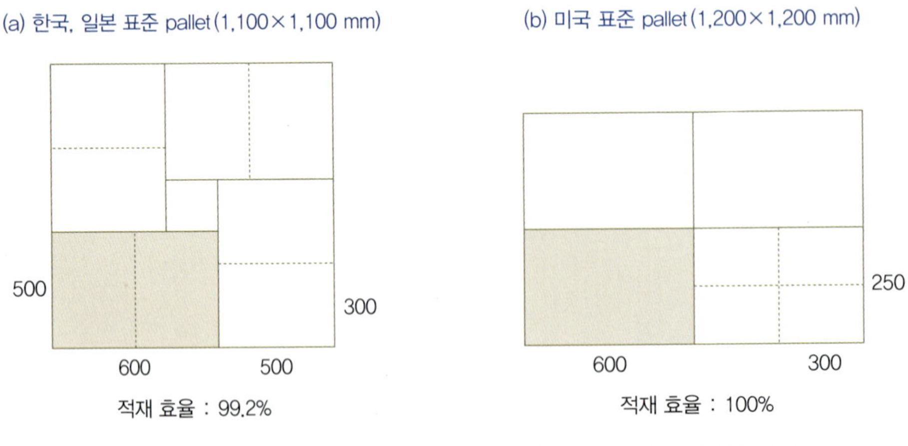

그림 19-26 600×500 mm 포장 모듈의 표준 팰릿(T11과 T12) 적재 효율 분석

자료 : 기술표준원. 2013. 표준화가 물류산업의 미래를 만든다

이를 전제로 식품의 제조 업체와 유통 업체, 그리고 최종 소비자 단계에 이르기까지 일관된 시스템을 구축하고 이를 전산화해야 하며, 이를 유닛로드 시스템이라 한다. 유닛로드 시스템을 통하여 공정이 단순화되고 제품 파손이 감소하며 인적, 물적 비용이 감소해 기업의 물류비 경쟁력을 제고할 수 있다. 그 중심에 물류 패키징의 표준화가 있으며, 그림 19-26에서와 같이 국제적으로 표준화된 T11형(1,100×1,100 mm)과 T12형(1,200×1,000 mm) 팰릿이나 이에 적합한 상자를 사용해야 한다. 따라서 패키징의 사용자나 개발자도 이를 감안한 1차 패키징의 도입과 2, 3차 패키징과의 연계를 고려해 나갈 때 기업은 물론 국가도 더욱 물류 경쟁력이 높아질 것이다.

5) 친환경 물류 패키징

(1) 개요

친환경 물류 패키징은 지속 가능성을 향상시키는 포장의 개발 및 사용에 있다. 넓은 의미에서 재사용하는 순환 물류 패키징을 포함한다고 할 수 있다. 여기에는 환경 영향 및 생태 발자국footprint을 줄이는 포장재 사용지침을 돕기 위해 LCILife Cycle Inventory 및 LCALife Cycle Assessment의 사용 증가가 포함된다. 즉, 기본 기능부터 마케팅, 수명 종료 및 재생에 이르기까지 공급망 전체를 살펴보고 가치 비율에 대한 에코-비용이 유용할 수 있는지를 보는 것이다(Sustainable Packaging, 2011). 목표는 인류의 지속적인 생존과 삶의 질을 향상시키고 자연 생태계의 수명을 연장시키는 데 있다.

(2) 패키징 설계 요소

지속 가능 포장은 미래 세대가 자신의 필요를 충족시킬 수 있는 능력을 손상시키지 않으면서 현재의 기능적, 경제적 수요를 충족시키는 것이다. 지속 가능성은 최종 상태가 아닌 지속적인 개선 과정을 의미하며, 이를 위한 지속 가능 포장의 설계 요소는 다음과 같다(wikipedia, Sustainable_packaging).

① 안전성 : 인체 유해 물질 및 식품 접촉 소재/첨가물 사용에 관한 안전 규정 준수.

② 대기/기후 영향 준수 : 오존층, 온실가스, 탄소 배출권 등 유엔 기후협약 사항.

③ 감량성reduce : 내용물 보호 1차 포장의 부피, 중량, 구성층 감소.

④ 재활용성recycle : 회수 경제성 확보 및 재활용을 저해하는 소재/자재의 사용 제한

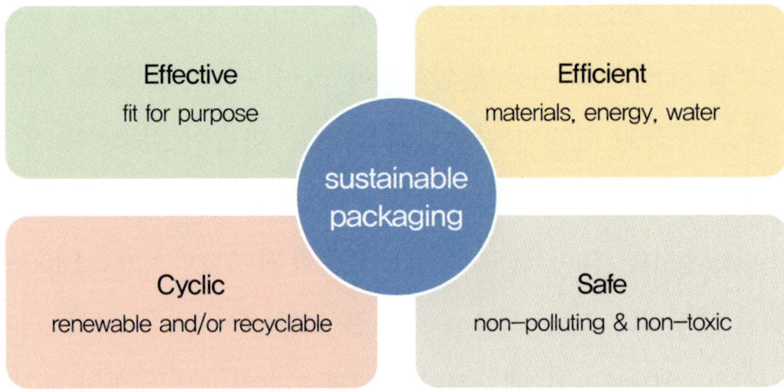

그림 19-27 지속 가능한 친환경 물류 패키징의 개념

자료 : Lewis et al., 2002. Sustainable Packaging Alliance

과 축소.

⑤ 재사용성reuse : 반복적인 포장 재사용 등 경제성과 물류 효율성 제고.

⑥ 생분해/붕괴성renewal : 사용 중 기능 저하 없는 퇴비화 물질의 사용.

⑦ 에너지 회수성recovery : 가치사슬 전반에 대한 총에너지 함량 저감과 다른 에너지화.

(3) LCA

① 개요

전 과정 평가Life Cycle Assessment, Life Cycle Analysis, LCA는 대상 제품을 원료 추출단계에서 제조, 수송, 폐기의 전 과정에 투입물과 산출물을 정량화하고 이들이 환경에 미치는 잠재적 영향을 평가하는 기법이다(그림 19-28). 특히 패키징의 경우 식품을 1차에서 3차 패키징단계까지 다양한 원·부재료의 취급과 물류, 유통 및 판매 후 폐기 처리와 깊

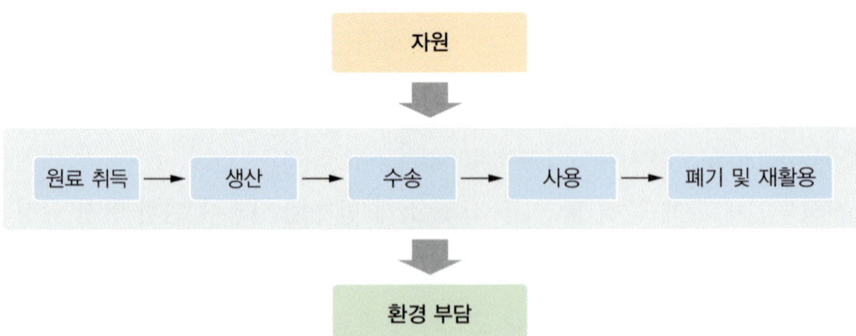

그림 19-28 전 과정 평가 시스템

은 관계가 있어 LCA 기법이 해외에서는 널리 사용되고 있다.

② **수행 절차**

LCA의 수행 절차는 그림 19-29와 같으며 ISO 14044에 따른다.

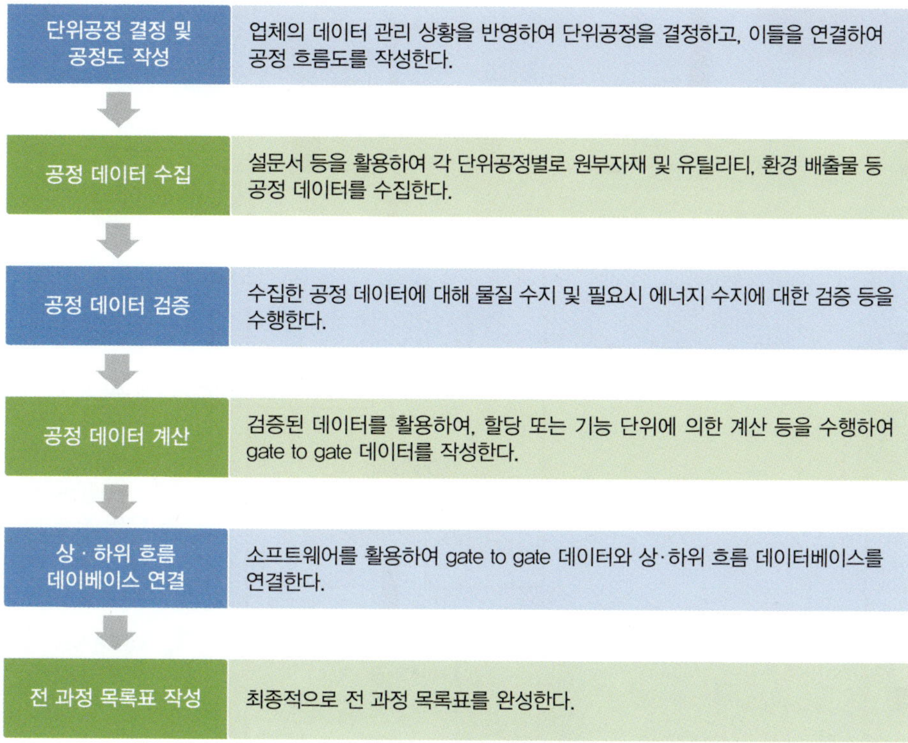

그림 19-29 **LCA 수행 절차**

③ **프로그램에 의한 공정 데이터 계산의 사례**

압출 소재에 의한 물류 패키징 제조 과정에 대한 지구 온난화의 계산 예시를 그림 19-30에 나타내었다.

④ **전 과정 평가 결과**

그림 19-31은 전 과정 평가 결과 내용 중 지구 온난화와 관련된 부분이다. 기존에 사용되던 패키징(필름)은 총 88 kg CO_2 eq이었으나 새로운 소재로 만든 패키징은 23 kg CO_2 eq로 거의 4배 가까이 줄인 것을 알 수 있어 새로운 필름이 보다 친환경적 패키징임을 알 수 있다.

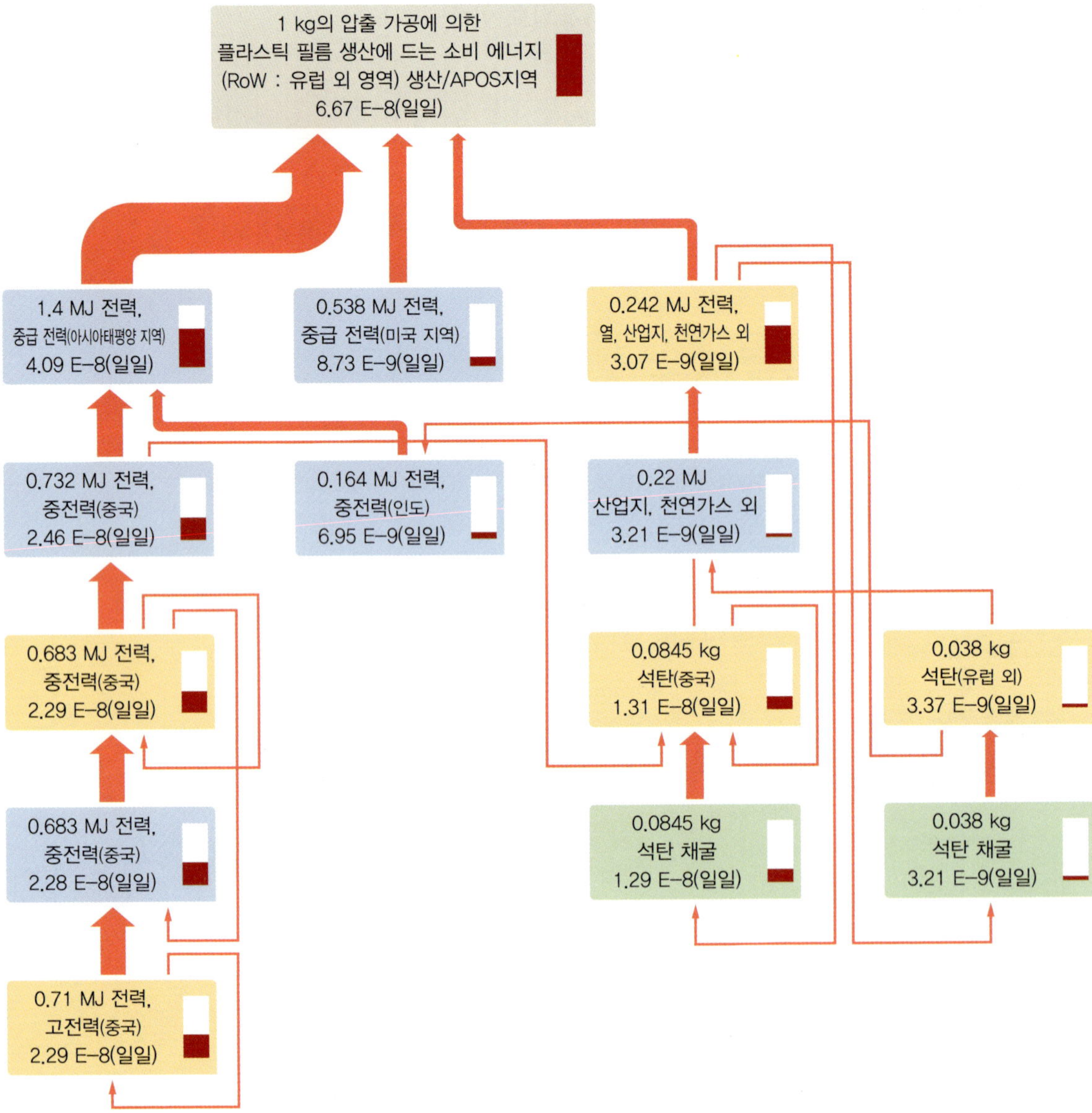

그림 19-30 **프로그램을 활용한 공정 데이터 검증 및 계산 예시**

(4) 개발 사례

물류용 포장 기기로 재사용이 가능한 순환 물류 패키징이 급속하게 성장하고 있는데, 이는 유닛로드 시스템과 팰릿을 포함한 중소 컨테이너 패키징의 규격이 표준화된 데 기인한다. 특히 농산물, 축산물에 크게 보급되었으며 최근에는 수산물 어상자가 개발되고 있다. 그림 19-32는 재활용 플라스틱을 적용하고 회수 시 1/4~1/5로 접을 수 있

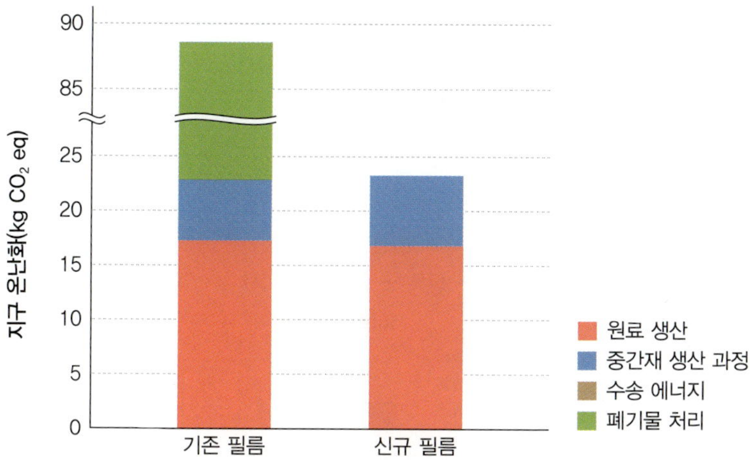

그림 19-31 **전 과정 평가 결과**

그림 19-32 **재사용이 가능한 접이식 패키징 사례**

는 구조로 만들어 회수 물류비를 현격히 줄인 대표적인 친환경 물류 패키징의 예이다.

6) 스마트 물류 패키징

(1) 개요

스마트 물류 패키징은 RFID를 포함한 ICT 기반의 통신 기술과 제조, 유통, 소비의 전 과정에서 식품의 온도, 습도, 충격 등에 대하여 센서 및 나노 소재 기술을 이용한 배터리를 통해 소매업자나 고객에게 유통 중인 식품의 신선도 정보를 제공할 수 있는 미래 패키징 기술이다. 이는 식품의 손실률을 획기적으로 저감할 수 있는 초연결 기반의 스마트 컨슈밍을 제공할 수 있다(그림 19-33).

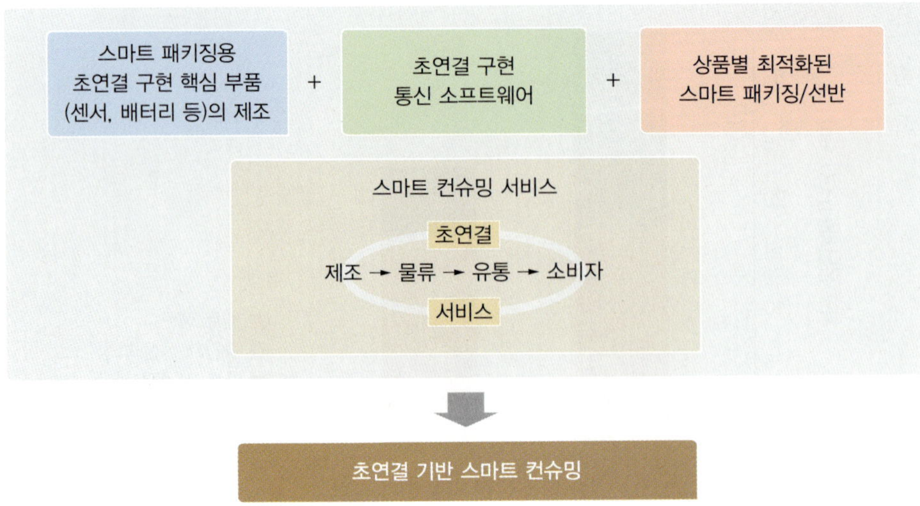

그림 19-33 **스마트 패키징과 스마트 컨슈밍 개념**

(2) 기술 키워드 분석

IBM(2010)에서 발표한 스마트 물류에 대한 4대 기술 키워드는 다음과 같다.

① 상호 연계 물류 기술interconnectedness : 스마트 시스템과 유닛로드와의 정합성.

② 정보 연계 수단instrumentation : 가시성visibility을 높여 물류와 연계해 상품을 촉진 하는 기술.

③ 지능형 패키징 기술intelligence : 제품 및 물류 유통 정보의 패키징을 통한 전달.

④ 선진 기반 구축infrastructure : 순환 물류 및 친환경 패키징 기반 구축.

(3) RFID 장착 스마트 패키징 관련 표준(ISO)

표 19-7에는 패키징에 부착되는 RFID 태그에 대하여 나타내었다.

표 19-7 **RFID 부착 스마트 패키징과 관련된 ISO 표준**

분류번호	영문명	내용
ISO 17363(2007)	Freight Container	화물 컨테이너에 장착되는 RFID 규정
ISO 17364	Returnable Transport Items	팰릿, 중소 컨테이너 등 순환 물류 패키징에 장착된 RFID 규정
ISO 17365	Transport Unit	수송 단위마다 장착되는 RFID 규정
ISO 17366	Product Packaging	패키징된 제품을 관리하기 위한 RFID 규정
ISO 17367	Product Tagging	제품 자체를 관리하기 위해 정착되는 RFID 규정

(4) 스마트 패키징 개발 사례

① 중소형 컨테이너에 RFID를 장착한 사례

앞서 iGPS사가 팰릿에 장착한 사례와 같이 유럽에서는 IFCO사가 접이식 컨테이너와 IBC에 적용하였으며(그림 19-34), 농산물과 식품류 이동에 사용하고 있다. 국내에서도 개발되었으나, 리더기 등 주변 기기와 관련된 전산 시스템의 개발이 미비해 진행 중에 있다.

접이식 컨테이너 IBC

그림 19-34 RFID의 적용 사례

자료 : https://www.flexpack.org/sustainable-packaging/

② 매장 내 자율 주행 스마트카트의 활용 사례

스마트카트는 4차 산업혁명과 관련 물류 유통 분야의 혁신적인 변화를 모색하고 있으며, 패키징에 인쇄된 바코드나 QR 코드를 자율 주행 카트에 설치된 모니터를 통해 자동으로 계산을 할 수 있도록 시행하고 있다.

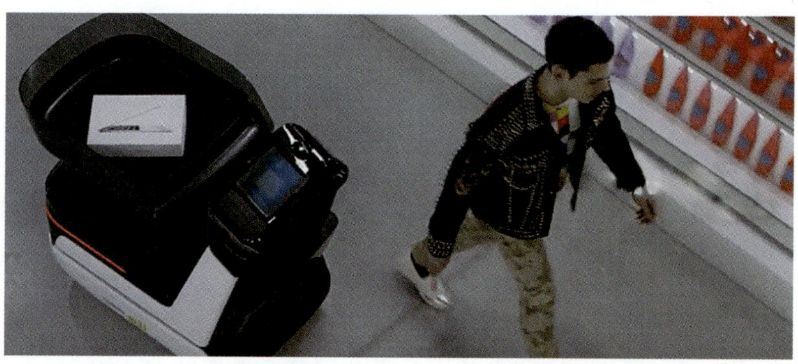

그림 19-35 국내 대형유통 매장 내 자율 주행 스마트카트 운영 사례

자료 : 이마트, 자율주행 카트 '일라이' (https://www.youtube.com/watch?v=XNTNivq8Suk)

③ 네스팅상자에 신선도 표시 라벨을 부착한 사례

영국에서 2017년도 가공육을 포장한 네스팅nesting 플라스틱상자에 시간-온도 이력 지시계time-temperature indicator, TTI를 부착하여 상용화한 사례이다. TTI는 유통 및 저장 중에 식품이 경험한 시간-온도 이력을 나타내는 라벨을 패키징에 부착한다. TTI는 시간-온도 이력에 따라 색이 변화하여 동반된 식품의 품질을 예측할 수 있는 간접적인 방법으로 사용된다. 그림 19-36에서 사용한 Temptime사의 Lifelines freshness monitor TTI는 고체 상태로의 중합반응 원리를 이용한 것이다. 이 고분자형 TTI는 온도의 증가에 따라 단량체인 디아세틸렌diacetylene의 중합반응이 일어나 색을 나타내는 결정형 구조로 되어 있어 색 변화를 관찰할 수 있다.

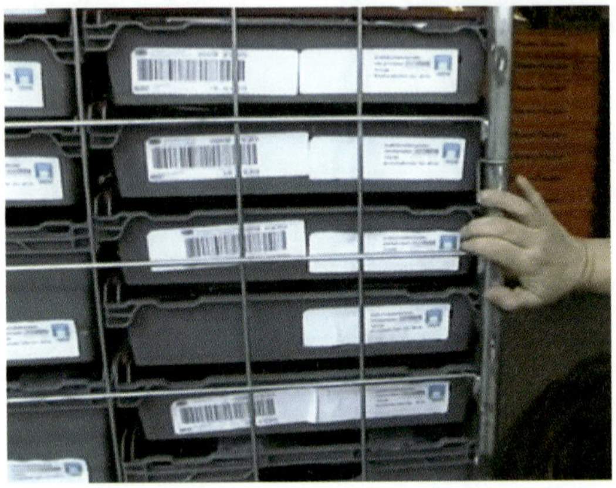

그림 19-36 육가공품용 네스팅상자에 스마트 라벨(freshness label)을 적용한 사례
자료 : Tempix Labels, https://www.youtube.com/watch?v=OkJmFlCTxeo&t=6s

④ 콜드 체인용으로 각종 센서를 부착한 스마트 물류 패키징

신선식품과 바이오 의약품은 글로벌 운송에 따른 품질 안전성을 위하여 세계적으로 엄격한 온도 규제가 요구되고 있으며, 이는 규정된 콜드 체인 조건과 혁신적인 패키징 솔루션을 요구하고 있다. 공급망 위험을 줄이기 위해 업계에서는 고성능 포장 제품에 대한 수요가 증가하고 있는 추세이다. 산업계에서는 자산 관리 사스SaaS, Software as a Service와 결합된 재사용 가능한 시스템을 구축하는 추세이다. 현재 시장에서 운영되는 사스SaaS 제품은 다양한 스마트 패키징 옵션과 연결되어 있어 패키징 공급 업체가 진동, 빛, 습도, 온도, 신선도와 기타 다양한 데이터를 추적할 수 있다.

표 19-8 **스마트 패키징과 연계된 다양한 센서류**

구분	다양한 기존 가스 센서들						Time–Temperature–Indicator(TTI)		
회사	ICA (영국)	Figaro (일본)	Figaro (일본)	센코 (한국)	Freshpoint Lab. (이스라엘)	DSM NV and Food Quality Sensor Internet ional Inc (미국)	Temptime Corp. (미국)	3M (미국)	Freshpoint and Ciba (스위스)
제품		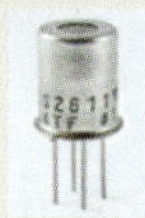			freshpoint				
적용 분야	아세틸렌 (식물의 성숙도 측정)	TMA(생선의 신선도 측정)	암모니아 (고기의 신선도 측정)	황화수소 (함황단백질 부패도 측정)	산소 농도 측정(진공 포장 내의 산소도 측정)	식품의 신선도 측정 (pH 측정)	시간에 따른 온도 측정	시간에 따른 온도 측정	시간에 따른 온도 측정

자료 : 중소벤처기업부. 2017. 중소기업 물류로드맵 2018~2020.

⑤ 진공 단열재(VIP)와 PCM을 장착한 콜드 체인용 스마트 물류 패키징

전통적으로 포장 업체들은 포장된 기술의 핵심 형태가 폴리스티렌 또는 우레탄 폼의 외부 상자에 절연 재료를 통합하여 보호 및 절연을 제공하는 수동 포장 제품을 제공하는 기본적인 열 제어 방법에 의존하였다. 이러한 시스템은 많은 양의 물과 부피가 큰 단열재를 필요로 하기 때문에 때때로 무거웠으며, 매우 가변적인 외부 온도 문제에 대한 성능이 항상 신뢰할 만한 것은 아니었다. 이러한 낡은 시스템은 점차 기술적으로 진보된 패키징 시스템으로 교체되고 있다.

가장 최근 시장에 도입된 기술로는 단열재의 두께를 줄이고 성능을 향상시킨 진공 절연 패널VIP의 출현을 들 수 있으며, 재질도 유리 섬유나 흄드 실리카fumed silica에 비해 호흡기 등 인체에 유해한 문제를 개선한 폴리에스터계가 상용화될 것으로 보인다. 또한 전통적인 수계 시스템은 물질의 조합을 통해 냉각제의 녹는점이 이상적인 온도로 설계된 상변화 물질phase change material, PCM을 사용하는 시스템으로 빠르게 대체되고 있다. 그림 19-37은 PCM을 신선식품이나 바이오 의약품에 적용한 패키징과 차량 내부에 적용한 사례이다. 이러한 고성능 시스템을 가진 패키징이 개발되고 경제적으로나 환경적으로 효과가 큰 친환경 순환 물류 용기와 관련 시스템 및 인프라가 확대되고, 온·습

그림 19-37 VIP와 PCM이 적용된 패키징 및 차량의 예시
자료 : https://withbuyer.com/news_file/f_20110531141045.jpg

도는 물론 각종 신선도 측정 센서가 부착된 미래형 스마트 물류 패키징이 향후 확대될 것을 기대해 본다.

(5) 스마트 패키징의 시장 예측

그랜드 뷰 리서치(Grand View Research, 2016)에 따르면 세계 스마트 패키징 시장은 2015년도 108억 달러에서 2024년도 267억 달러로 2.5배 정도의 높은 성장이 예측된다고 한다. 특히 식품 및 음료의 스마트 패키징은 2015년도 51억 달러에서 2024년도 115억 달러로 전체 시장의 40~50%를 차지하고 있어 이 시장을 주도할 것으로 보인다.

표 19-9 글로벌 스마트 패키징 시장 예측 (단위 : 백만 달러)

구분	2015년	2016년	2018년	2020년	2022년	2024년
식품&음료품	5,123	5,605	6,710	8,032	9,615	11,510
의약품	1,631	1,841	2,347	2,992	3,813	4,860
생활용품	1,050	1,174	1,470	1,840	2,304	2,884
자동차부품	1,130	1,267	1,591	1,998	2,509	3,151
기타	1,859	2,048	2,480	2,991	3,594	4,299
합계	10,793	11,936	14,598	17,853	21,835	29,704

참고 문헌

국가법령정보센터. 2006. 화물유통촉진법. 건설교통부.

기술표준원. 2013. 표준화가 물류산업의 미래를 만든다.

김종경. 2013. **패키징과 물류**. 한국생산기술연구원 패키징기술센터.

김청. 2007. **골판지 제조기술과 응용**. ㈜포장산업.

박명섭. 2016. **국제물류의 이해**. 법문사.

중소벤처기업부. 2017. 중소기업 물류로드맵 2018~2020.

한국파렛트컨테이너협회. 2011. 파렛트 컨테이너 생산 및 사용실태조사 보고서.

한국포장학회. 2003. 포장기술편람.

IBM. 2010. *Smarter Supply Chain of the Future*. Life Sciences Industry Edition.

Lewis et al., 2002. *Sustainable Packaging Alliance*.

R. LeBlanc. 2010. *History of pallet usage*. Packagingrevolution.net.

Sonoco. 2016. *FirmaMax Plastic Pallet*.

Sustainable Packaging. 2011. Org, EURO for Packaging and Environment, What is Sustainable Packaging?.

T. Vanderbilt. 2012. *The single most important object in the global economy*. Slate Group LLC.

농림수산식품부. 2011. 농산물 물류비 실태조사.

이마트. 자율주행 카트 '일라이' (https://www.youtube.com/watch?v=XNTNivq8Suk)

이코노미 인사이트. 2017.4.1. 식품 폐기물 처리 기술의 진화. http://www.economyinsight.co.kr/news/quickViewArticleView.html?idxno=3529

통계청. 2014.6. 기업물류비.

해양수산개발원. 2010.

현대경제연구원. 2017.9.14. 한국해운신문 기고문.

https://en.wikipedia.org/wiki/Unit_load

https://en.wikipedia.org/wiki/Sustainable_packaging

https://www.armorvci.com/products/film/

https://www.flexpack.org/sustainable-packaging/

https://withbuyer.com/news_file/f_20110531141045.jpg

Tempix Labels, https://www.youtube.com/watch?v=OkJmFlCTxeo&t=6s

CHAPTER 20

식품 패키징과 환경

Food Packaging and Environment

FOOD PACKAGING AND ENVIRONMENT

1. 식품 패키징과 환경

대량으로 발생하는 플라스틱 폐기물은 심각한 환경 오염의 원인으로 대두되고 있어 많은 나라에서 환경 보호를 위해 일회용품 및 난분해성 플라스틱의 사용을 규제하고 있다(You YS, 2017). 전 세계 각국에서 인체에 무해하고 재활용이 용이하면서도 가격 경쟁력을 유지하며, 기존 플라스틱의 물성을 유지하는 포장재 개발에 박차를 가하고 있다(You YS, 2015).

지속 가능한 포장sustainable packaging이란 일반적으로 재사용이 가능한 포장, 재활용이 가능한 포장, 재활용 재료로 만든 포장, 청정 생산을 통해 만들어진 재료로 제작된 포장, 그리고 에너지 최적화 상태에서 생산된 재료로 만든 포장 등이 포함된다(Brody AL. 등, 2008). 따라서 지속 가능한 포장은 환경, 사회, 경제 및 기능적 측면이 적절하게 고려된 개념이다(Maxwell D. 등, 2003). 뒤의 표 20-1은 지속 가능한 식품 포장을 디자인할 때 다루어야 하는 특성을 나열하고 있다. 이러한 속성들이 함께 다루어졌을 때 지속 가능sustainable하다고 할 수 있다. 지속 가능한 포장은 인간 활동으로 야기되는 환경 피해를 줄이거나 방지할 수 있도록 디자인된다. 지속 가능한 포장을 통해 생산되는 제품은 소비자들이 가공식품에 대한 구매 결정을 내릴 때 중요한 요소로 작용한다(Bruhn CM, 2009). 따라서 많은 식음료 기업들이 에너지 사용 및 원가를 절감하기 위한 기술 적용과 재생 가능한 자원 사용에 관심이 높다(Nachay K, 2008).

2. 포장 재활용

재활용은 물질을 새로운 제품으로 재생산하는 것으로, 반환된 제품을 사용하여 그 원래 형태로 돌리는 재사용과는 다르다(Marsh K. 등, 2007). 포장 소재 재활용은 그 역할이 확대되고 있으며, 시중에서 수많은 활용 사례를 찾아볼 수 있다. 재활용의 이점은 미래를 위한 자원 보존, 온실 가스 및 수질 오염원의 배출 방지, 에너지 절약, 청정 기술의 개발 촉진, 쓰레기 매립 축소 등을 포함한다. 소비자가 사용한 후 재활용한 포장재를 PCRpost-consumer recycled 포장재라고 하는데 친환경 소재의 수요 증가와 더불어 PCR 포장재의 사용이 증가하고 있다.

PCR 플라스틱 포장재는 주로 원소재와 혼합하여 사용되며, 이때 혼합은 포장재의 물리적 성질에 부정적인 영향을 미쳐서는 안 된다. PCR 플라스틱 소재를 식품이 직접 닿는 곳에 재활용하는 경우에는 소비자의 건강과 안전에 더 주의 깊게 관심을 가져야 하므로 오염과 오염 물질의 이동에 대하여 훨씬 더 많은 지식을 필요로 한다.

PCR 플라스틱의 물질 조성은 소비자의 안전과 관련하여 원소재의 조성을 유지하면서 오염 물질을 제거하는 재활용 공정이 주목을 받는다. 재활용된 물질의 안전성을 평가할 때에 주요 위해 요소는 화학적 오염, 구조적 손상, 미생물 오염이다. 이러한 위해 요소들은 플라스틱 사용에 있어 플라스틱의 다공성 속성 등으로 인해 유리나 금속보다 플라스틱을 사용할 때에 더욱 우려된다. 식품의 플라스틱 용기는 식품 소비 후 본래의 용도가 아닌 차량 오일 또는 살충제 등을 포함한 화학 물질을 담는 데 재사용되기도 하는데 이러한 재사용이 플라스틱 재활용 시 문제가 될 수 있다.

플라스틱을 재활용하는 데 있어 해당 플라스틱의 불활성도는 화학적 오염 가능성과 관련하여 중요한 지표가 된다. 일반적인 포장재 고분자의 불활성은 다음의 순서로 감소한다: 폴리에틸렌테레프탈레이트poly ethylene terephthalate, PET > 경질 폴리염화비닐rigid poly vinyl chloride, RPVC > 폴리스티렌polystyrene, PS > 고밀도 폴리에틸렌high density polyethylene, HDPE, 폴리프로필렌polypropylene, PP > 저밀도 폴리에틸렌low density polyethylene, LDPE.

이러한 측면에서 보았을 때 PET가 다른 플라스틱 포장재와 비교했을 때 선호되는 포장재가 될 수 있다.

재활용의 내재적 문제에는 복구된 물질의 불균질성과 이로 인한 부적합한 포장재의

플라스틱의 재활용 횟수

일반적으로 플라스틱의 재활용 횟수는 1~3회이다. 실제로도 여러 번 재활용되는 것은 아니며, 제조 정보를 파악할 수 있으므로 재활용 누적에 의한 문제는 우려되지 않는다.

물리적 특성이 있다. 일반적으로 원하는 포장재 성질을 만들기 위해 다양한 공정 첨가제(예를 들어 유연제 등)가 여러 가지 조성으로 사용된다.

1) 종이

종이는 비교적 재활용이 간단하며, 일반적으로 섬유를 물에 용해시켜 재펄프화한다. 대부분의 종이 포장재가 플라스틱 층으로 코팅되어 있지만 유압을 사용한 공정hydra pulper을 통해 종이 섬유질을 회수할 수 있다. 종이 포장의 재활용에서 핵심 절차는 잉크를 제거하는 탈잉크" 절차이다. 탈잉크에 사용되는 가장 일반적인 기술은 펄프 현탁액slurry에 비누를 풀고 탱크 바닥에 공기를 주입하여 잉크가 떠오르게 하는 것이다. 공기가 표면에 떠오르면서 잉크 입자를 운반하여 부유하는 거품 표면에 부착시키고, 이 잉크가 부착된 거품을 제거하면 된다. 그 다음 추가 세척 및 필터링을 통해 잔존하는 미세 분쇄된 잉크 입자와 그 외 콜로이드 물질을 종이 섬유질로부터 제거한다.

전 세계적으로 상당량의 폐지가 재활용되고 있지만, 일반적으로 독성의 오염 물질이 완전히 제거되었다고 보장할 수 없기 때문에 식품과 직접 닿는 부분에 사용하는 것은 권장하지 않는다.

2) 철

철제 캔은 주로 주석 또는 크롬으로 도금되어 있다. 주석 코팅된 캔의 경우 철제 캔을 수산화나트륨 용액에 담가 주석이 용해되어 분리되도록 한다. 주석이 제거된 철제 캔을 세척 후 건조하여 철강소로 보내면 그곳에서 다시 제품으로 만들어지게 된다. 한편, 주석을 함유한 수산화나트륨 용액을 필터링하여 종이 조각을 제거시킨 후 전기분해하여 주석을 얻는다.

3) 알루미늄 캔

알루미늄 캔은 재활용되는 식품 포장재 중 1순위이다. 알루미늄 캔을 수집하고 분리한 후 압축하여 재활용 처리 공장으로 옮겨 그곳에서 알루미늄 캔을 작은 조각으로 파쇄하고 자기 분리기magnetic separator를 통과시켜 철제 물질을 모두 제거한다. 잉크와 에나멜 코팅은 연소를 통해 제거하며, 용광로를 통과한 후에는 최종 용도에 따라 합금들을 추가하여 주괴ingot로 만들어진다. 주괴를 가지고 먼저 알루미늄 판sheet을 만들고, 만들어진 알루미늄 판으로 캔을 제작한다.

4) 유리

일반적으로 유리 제조에는 15~20%의 파유리(폐기된 유리)를 원소재와 혼합하여 사용해 왔으나, 많은 국가에서 재활용이 폭넓게 늘어나면서 파유리 비율이 65% 이상으로 증가한 경우가 대부분이다. 유리는 해머 밀로 파쇄한 후 철을 분리하는 자기 분리기와 종이 또는 플라스틱 같은 경량 물질을 제거하는 공기 분급기를 통과함으로써 재활용 재료로 준비된다. 유리 재활용에서의 핵심은 다양한 유색 용기들을 갈색, 녹색 등 색깔별로 분리하는 것이다.

5) 플라스틱

주로 경질rigid 플라스틱 포장재가 재활용된다. 그중 가장 많이 재활용되는 소재는 PET이고 HDPE와 PP가 그 뒤를 잇고 있으며, PET의 경우 현재 폐 루프closed-loop 재활용이 적용된다.

플라스틱 포장 재활용에서 '분류'는 순도를 결정하는 매우 중요한 단계로, 대부분의 분류 작업은 여전히 재활용 선별 시설materials recovery facility, MRF에서 수작업으로 이루

> **폐 루프 재활용**
> 특정 물질이 사용된 후 여러 단계의 과정을 거쳐 유사한 물질로 만들어지고, 만들어진 물질은 다시 사용된 후 또 다시 다단계의 과정을 거쳐 유사한 새로운 물질이 만들어지는 과정이 반복 순환되며 이루어지는 재활용을 폐 루프 재활용이라고 한다. 알루미늄 캔, 골판지상자, 그리고 유리병이 폐 루프 시스템으로 재활용되고 있다.

어진다.

PET 재활용의 경우 재활용을 목적으로 수집된 PETPCR PET를 세척하여 4~20 mm 크기의 조각으로 분쇄한 후 다시 세척한다. 그러나 일반적인 세척단계는 단지 플라스틱 표면의 오염만을 제거할 뿐 내부로 들어간 유기물은 제거하지 못한다. 따라서 세척된 PCR PET 조각의 순도는 폐 루프 재활용에 적합하지 않으며, 식품 포장의 민감한 부분에 재사용하기에 적합하지 않다. PCR PET 조각에는 3가지 유형의 재활용 공정이 적용된다. 용융 재처리를 포함하는 기계적 방법과 고분자 분해depolymerization, 정제purification, 재중합repolymerization 등을 포함하는 화학적 방법, 그리고 다층 압출 multilayer extrusion 방법이 있다. 음료병을 다층 압출로 생산할 때에 PCR PET가 중요하게 사용되는데, 이때 PCR PET를 중간층으로 사용하고 이를 미사용 PET로 덮어 병을 생산한다. 재활용 공정 기술은 꾸준히 발전하고 있으며 이는 포장 분야에서 재활용 고분자의 시장 점유율을 확대하는 데 중요한 토대가 될 것이다.

6) 향후 동향 및 재활용 자료

오염 물질을 감지하고 제어하는 시스템들이 발전하고 있으며, 이에 따라 불필요한 수준의 재활용 화합물에 대한 소비자 노출 위험을 감소시킬 수 있다. PCR 플라스틱 활용에 도움이 되는 지침 자료로는 미국 FDA Points to Consider, 유럽 ILSL 문서, 독일 BfR 권고안 등이 있다.

3. 친환경 포장 설계

제품과 포장 개발에 친환경 디자인을 결합할 때에는 포장재의 환경에 대한 영향에만 초점을 맞춰서는 안 되고 경제성, 처리 방식, 유통과 마케팅, 소비자 행동, 안전성, 폐기물 관리 등과 같은 모든 관련 기능들을 고려해야 한다. 식품 손실 예방은 식품 포장의 친환경적 디자인의 주요 요소로 간주되므로 식품 포장은 포장된 내용물을 잘 보호해야 한다. 또한 인간의 건강과 생태계에 유해한 영향을 미치지 않도록 하여 인간의 삶의 질을 향상시키는 동시에 에너지를 효율적으로 사용하는 방식으로 설계되어 지구의 생태계 보호에 도움이 되어야 한다. 경제적 관점에서도 생산자가 제품으로 이익을 창출할 수 있어야 한다.

표 20-1에는 친환경 식품 포장 디자인과 관련된 주요 전략을 나타내었다. 이들 전략은 업계에서 받아들여진 일반적인 전략들이다.

표 20-1 친환경 식품 포장의 시스템 설계를 위한 포장 전략

원리	전략
유효성	• 어떤 포장이 담지, 보호, 의사 소통, 그리고 편리의 기능을 달성할 수 있는지 검토함 • 포장을 최적화하여 포장 층 또는 구성 요소의 총 개수를 최소화함 • 환경적 영향에 대한 정보를 검토하여 포장 시스템을 설계 • 제품 공급망에서 총비용을 최소화함 • 소비자에게 포장의 영향 및 폐기에 대한 정보 및 조언을 제공
효율성	• 제품 안전성 및 안정성을 방해하지 않는 범위에서 포장 부피(빈 공간 포함), 무게, 두께를 최소화함 • 제품 집약 및 최적의 대량 포장을 통해 운송 효율성을 개선하는 방법을 찾음 • 식품 폐기는 최소화하고, 에너지와 소재 사용의 효율성을 최대화하는 방법을 찾음 • 유통기한, 유통 조건, 소비자의 식품 구매 및 소비 형태에 대한 균형 잡힌 식품 포장 시스템을 설계
활용성	• 재사용 및 재활용을 위하여 빈 포장 회수 방법을 확보 • 최대한 재사용 가능한 포장을 사용 • 가능한 한 모든 포장 요소에 재활용 가능한 단일 소재를 사용 • 반드시 한 가지 이상의 소재를 사용해야만 한다면 쉽게 분리되거나 호환되는 소재를 선택 • 포장재 제조 시 재활용된 소재를 가능한 한 최대량으로 사용 • 재활용이 가능한 소재 또는 퇴비화되는 소재는 재활용 또는 퇴비화 소재 표시를 시행
안전성	• 독성 물질은 포장에 사용하지 않음 • 포장재 제조 시 식품으로 옮겨갈 수 있는 유해 가공 첨가물을 사용하지 않음

자료 : D. Maxwell, R. Van der Vorst. 2003. Developing sustainable products and services. ***J. Clean Prod.*** 11(8): 883-895.; E.M.S. Selke. 1990. ***Packaging and the environment: alternatives, trends, and solutions.*** 1st ed. Technomic Publishing, Lancaster, PA, USA. pp. 167-173.; H. Lewis. 2008. Eco-design of food packaging materials. pp. 238-262. In: ***Environmentally Compatible Food Packaging.*** Chiellini E (ed). Woodhead Publishing Limited, CBG, UK.; H. Lewis, L. Fitzpatrick, K. Verghese, K. Sonneveld, R. Jordon. 2007. ***Sustainable Packaging Redefined.*** Sustainable Packaging Alliance, Dandenong, VIC, AUS.; K. Verghese. 2008. Environmental assessment of food packaging and advanced methods for choosing the correct materials. pp. 182-210. In: ***Environmentally Compatible Food Packaging.*** Chiellini E (ed). Woodhead Publishing Limited, CBG, UK.; W. Jedlicka. 2009. ***Packaging sustainability: tools, systems and strategies for innovative package design.*** John Wiley & Sons, NJ, USA. pp. 133-221.

4. 전 과정 평가

지구 온난화, 오존층 붕괴, 고형 폐기물 생산 등이 환경에 미치는 영향을 평가하기 위해 다양한 방법이 제안되어 왔다. 가장 광범위한 측정 방식은 전 과정 평가life cycle assessment, LCA로 이는 제품 제작(예를 들어 포장 등)을 위한 전 과정, 즉 원료 채취, 가공, 제조, 수송 유통, 사용, 재활용, 폐기 등의 관리 과정에 소모되고 배출되는 에너지와 물질을 정량화하고 이들 과정이 환경에 미치는 영향을 총체적으로 평가하여 이를 바탕으로 환경 개선 방안을 모색하는 객관적이고 적극적인 환경 영향 평가 방법이다.

LCA의 목적은 다양한 인간 활동에서 환경 부하를 저감하는 방향으로 의사 결정이 이루어질 수 있도록 판단 정보를 제공하는 데 있다. LCA는 관련된 투입물과 산출물에 대한 목록을 작성하고 이들과 관련된 환경 영향을 평가하는 것인데, 이를 위한 기본적 구성단계는 ① 목표 및 범위 수립, ② 목록 분석, ③ 영향 평가, 그리고 ④ 결과 해석이다. LCA 실행에 있어 정해져 있는 단일 방법이나 최종 용도는 없기 때문에 비권위적 지침으로 사용된다. 국제 표준인 ISO 14040에서 LCA 실행을 위한 기본 체계를 제공하고 있다.

1) 목표 및 범위 수립

LCA의 목표를 설정하고 LCA에 사용할 기능 단위functional unit들을 결정함으로써 범위를 수립한다. 기능 단위는 LCA를 수행할 때에 사용하는 정량적 수행quantified performance이다. 단위의 예로 주어진 음료의 용량 1,000 L 또는 식품의 양 1톤에 사용하는 포장을 들 수 있다.

평가 과정에 환경에 영향을 미칠 수 있는 모든 기능 단위를 포함하려고 노력하면 그만큼 정확한 평가 결과를 얻을 수 있을 것이다. 그러나 시간과 자원의 소모 등 물리적 제한이 따르므로 단위들 중 환경에 미치는 영향이 적은 것은 포함시키지 않고 영향이 큰 것만 포함시켜 LCA 범위를 결정하는 것이 필요하다. 환경에 미치는 영향을 제대로 보여 주기 위해서는 포장이 이루어지는 공정에서 생산되는 부산물이 환경에 미치는 영향도 정량화해야 한다.

2) 목록 분석

대상물의 전 과정에 걸쳐서 투입물의 양과 사용된 에너지, 그리고 생산물과 부산물의 양 등 데이터를 수집하고, 환경 부하 항목에 관한 입출력 목록을 구축하여 계량화하는 단계를 목록 분석life cycle inventory, LCI이라 한다. 모든 투입과 산출 과정이 분리되어 물질 및 에너지 정량화가 이루어진다. 목록 분석은 LCA의 핵심적인 단계로 많은 시간과 노력이 필요하다.

3) 영향 평가

영향 평가life cycle impact assessment, LCIA는 LCI 단계에서 얻은 데이터를 다양한 환경 영향의 범주(예를 들어 온실 가스 부하, 화석 연료 투입량, 오존 붕괴 가능성, 환경 이슈 등)로 분류하여 환경 영향을 분석·평가하는 단계이다. 각 범주의 환경 영향을 종합하여 환경에 미치는 영향을 총체적으로 분석·평가한다. 분석·평가를 할 때에는 여러 가지 특성 계수들을 이용한 예측이 이루어진다. 영향 평가를 위해 선택된 범주는 과학적 및 기술적으로 유효하며 국제적으로 인정된다. 또한 환경적 관련성이 있는 것이어야 한다.

4) 결과 해석

결과 해석life cycle interpretation은 영향 평가의 결과를 평가·해석하는 단계이다. 해석을 통해 LCA의 목표에 대한 결론을 얻게 되고, 그 결과를 기초로 하여 환경 개선을 위한 조치가 이루어진다. 결과 해석에서는 높은 투명성이 요구되며 영향 평가에 대한 객관적인 방법(모델)이 부족하거나, 또는 결과에 대한 해석 기술이 부족하면 산업 및 정책 결정에 대한 적용 가능성이 제한된다. LCA 소프트웨어 패키지를 이용하여 내부 및 외부(공공) 데이터베이스에 연결하여 특정 포장을 평가하거나 다른 제품 및 시스템과 비교할 수도 있다.

LCA는 환경에 미치는 영향을 평가할 목적으로 다양한 분야에서 유용하게 이용될 수 있다. 예를 들어 LCA는 중요한 자원이 어디에서 사용, 폐기 그리고 배출되는지 식별해 낼 수 있으므로, 제품 생산 과정 중 어떤 지점에서 변화 또는 개선이 이루어져야 하는지 제안할 수 있다.

5. 친환경 포장 소재

사용되는 양을 줄일 수 있는 소재, 재활용률이 높은 소재, 퇴비화할 수 있는 소재, 인간과 환경에 무독성인 소재, 그리고 기존 환경 보호 프로그램에 적합한 소재 등이 친환

표 20-2 세계 각국의 바이오 플라스틱 로고

바이오 플라스틱	로고
생분해 플라스틱	대한민국 마국 일본 독일 벨기에
산화 생분해 플라스틱	대한민국 영국 스웨덴 아랍에미레이트 싱가포르
바이오 베이스 플라스틱	대한민국 미국 일본 독일 벨기에

경 포장 소재로서 개발되어 왔다. 새로운 분해성 고분자를 개발하고 분해성 플라스틱 제품을 상용화하려는 노력의 일환으로 미국, 일본, 독일과 이탈리아를 포함한 일부 선진국에서는 쇼핑백 및 플라스틱 용기에 분해성 플라스틱 소재의 사용을 의무화하고 있다(Narayan R, 1994; Huang JH. 외, 1990).

친환경 포장 소재의 예로는 재생 가능한 원재료로 만들어지는 바이오 플라스틱을 들 수 있다. 바이오 플라스틱에는 생분해 플라스틱, 산화 플라스틱, 그리고 바이오 베이스 플라스틱 등이 있다.

1) 생분해 플라스틱

생분해 플라스틱 포장은 폴리락트산polylactic acid, PLA, 알긴산염, 셀룰로오스, 키틴질과 같은 자연으로부터 파생된 물질을 이용하여 제조한 소재이다. 이 소재는 물리적, 화학적, 열적, 그리고 생물학적으로 완전하게 분해되어 퇴비로 사용하였을 때 완전하게 이산화탄소와 물로 분해될 수 있다(Avella M. 등, 2001). 현재 대표적인 생분해 플라스틱인 PLA는 전분을 발효시켜 젖산lactic acid을 만들고, 만들어진 젖산을 중합하여 제조된다. PLA은 사출성형injection molding이나 압출성형extrusion과 같은 일반적인 플라스틱 가공 방법으로 제품화될 수 있다. 상업용 PLA 중에서는 제한된 일정 온도에서 식품에 접촉해 사용할 수 있는 것이 있다(Ahvenainen R, 2003).

미생물 생산 고분자microbial biopolymer에는 폴리히드록시알카노에이트polyhydroxy-alkanoate, PHA, 폴리-베타-히드록시부티르산염poly-β-hydroxybutyrate, PHB, 그리고 폴리-베타-히드로리발레르산염poly-β-hydrolyvalerate, PHV 등이 있다. 또한 단량체를 화학적으로 합성하여 얻는 생분해 플라스틱에는 지방족 폴리에스터, 폴리카프롤락톤polycaprolactone, PCL, 폴리글리콜산poly glycolic acid, PGA 등이 있으며, 이는 미생물 생산 고분자보다 생산이 비교적 쉽고 기존 플라스틱과 물성 및 응용 분야가 유사하다는 장점이 있다(You YS 외, 2015).

유기화합물의 생분해성은 국제적으로 승인된 기준을 바탕으로 결정할 수 있다. 일반적으로 생분해성의 결정은 통제된 퇴비화 조건에서 검사하는 것을 선호한다. 생분해성 플라스틱은 분해 표준 물질인 셀룰로오스 대비 6개월에 90% 이상이 분해되어야 한다(You YS. 2015).

광분해 플라스틱은 햇빛에 노출되었을 때 분해가 되는 특성을 가진 소재이다. 이 소재의 광분해를 더 빠르게 진행하기 위해서는 자외선을 조사하여 고분자 구조를 붕괴시키는 방법과 플라스틱 고분자의 주요 부분에 금속 변화 촉진제, 산화 촉진제, 감광성 물질 등을 첨가하는 방법이 있다(Avella M. 등, 2001; Albertsson AC. 등, 1992). 광분해성 플라스틱의 생산은 비용면에서는 효율적이지만, 햇빛이 부족한 매립지에서는 분해되지 않을 수 있다는 문제가 있다(Bruhn CM, 2009).

2) 산화 생분해 플라스틱

산화 생분해 플라스틱은 기존의 범용 플라스틱에 바이오매스, 산화 생분해제, 상용화제, 생분해 촉진제, 산화제 등을 첨가하여 제조한다. 산화 생분해 플라스틱은 열, 빛, 미생물, 효소, 화학 반응 등의 복합적 작용에 의해 분해가 촉진된다. 제품 사용 중에는 플라스틱에서 요구되는 물리적 특성을 가지면서도 완전히 분해되기까지 기간을 1~5년으로 단축시키며, 이를 제어하기 위해 계속해서 개발되고 있다(You YS. 등, 2015). 산화 생분해 플라스틱은 셀룰로오스 대비 6개월에 60% 이상(36개월에 90% 이상)이 분해되어야 한다(You YS. 2015).

3) 바이오 베이스 플라스틱

최근 산업화가 급속히 진행되고 있는 바이오 베이스 플라스틱은 바이오매스와 기존 난분해성 플라스틱을 중합하거나 가교 결합하는 방식으로 생산한다. 현재 상업적으로 생산·판매되어 실용화된 바이오 플라스틱 소재 중 생분해 플라스틱에는 PCL, PLA, PBTApolybutylene adipate terephthalate, 테레프탈산terephthalic acid, TPA, 폴리비닐알코올polyvinyl alcohol, PVA, PESpolyethylene succinate, PHA, PHB, 폴리부틸렌석시네이트poly butylene succinate, PBS 등과 지방족 폴리에스테르 및 전분과 지방족 폴리에스테르를 혼합하여 제조한 것 등이 있다(You YS. 등, 2015). 천연계 고분자 중에서도 생분해성 플라스틱의 원료로 전분을 가장 선호하며, 실제로 전분을 원료로 한 바이오 플라스틱이 포장 용도로 현재 가장 많이 실용화되는 추세이다(You YS. 등, 2015).

표 20-3 바이오 플라스틱의 비교

구분	친환경 플라스틱		
	생분해 플라스틱	산화 생분해 플라스틱	바이오 베이스 플라스틱
사용 원료	천연물, 미생물 산물, 석유 유래 원료 합성	산화 생분해제, 식물체 등	천연물-고분자 결합체, 천연물 단량체 합성
종류	PLA, TPS, PHA, AP, CA, PBS, PES, PVA, PCL, PBAT 등	Oxo Bio-PE, Oxo Bio-PP 등	Bio-PE, Bio-PP, Bio-PET, Bio-PA 등
합성 플라스틱 사용 여부	사용 안함	사용함	사용함
규격 기준 예	ASTM D 6400, KSM 3100-1, ISO 14855, EN 13432	ASTM D 5208, ASTM D 6954, KBMP-OBP 1410, SPCR 141, EN 13432, OECD 207	ASTM D 6866, KBMP 0107, ISO 472, CEN/TR 15932
장점	생분해 우수 탄소 저감 우수(천연물계)	물성 우수 분해 기간 조절 가능	이산화탄소 저감 우수 물성 우수
단점	높은 가격 불충분한 물성(내수성, 내열성 및 내한성) 너무 짧은 분해 기간(유통 중 분해 가능성)	산화 분해(열, UV) 필요 현재 필름 적용 가능	생분해 속도 매우 느림 강도가 낮고 내수성을 가질 수 있음. 불충분한 물성(내충격성, 내열성, 성형성 포함)
분해 메커니즘	미생물 분해	산화 분해 후 미생물 분해	-
플라스틱 사용 여부	사용 안함	사용함	사용함
생분해 기간	3~6개월	24개월	-

4) 생물고분자 필름

바이오 플라스틱 계열이 아닌 친환경 포장 소재의 하나로 식품에 적용되고 있는 생물고분자 필름film과 코팅coating이 있다. 필름은 식품으로부터 분리될 수 있는 층layer의 형태를 가지고 있으며, 랩이나 소시지 케이싱casing, 또는 파우치pouch 등의 형태로 사용된다. 코팅은 식품과 분리되지 않는 필름 형태로, 초콜릿 땅콩과 왁스wax를 입힌 사과 등의 표면에 적용되고 있다. 식품에 주로 사용되는 가식성 필름과 코팅의 기능으로는 산소·이산화탄소·향기 성분·물·기름을 차단하는 방벽 역할, 겉보기 향상 기능, 물리적 특성 향상 기능, 그리고 기능성 물질·향 성분·색소 물질들을 식품으로 전달하는 역할 등이 있다(그림 20-1).

감자 껍질, 사과 껍질, 그리고 생선 껍질의 젤라틴 등 부산물을 이용한 식품 적용 목적의 가식성 생물고분자 필름도 개발되었다(그림 20-2).

그림 20-1 가식성 생물고분자 필름의 예

자료 : S.C. Min. 2009. Antimicrobial and sustainable biopolymer films for food packaging (항미생물-환경 친화 생고분자 식품필름 연구). *Food and Machinery*. 6(1): 14-17.

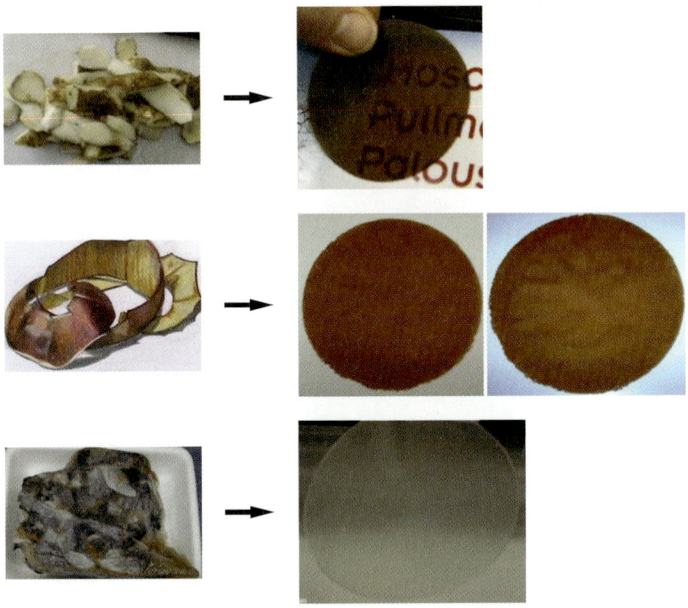

그림 20-2 농수산 가공 부산물을 이용한 생물고분자 필름들의 예

자료 : S.C. Min. 2009. Antimicrobial and sustainable biopolymer films for food packaging (항미생물-환경 친화 생고분자 식품필름 연구). *Food and Machinery*. 6(1): 14-17.

6. 결론

식품 포장의 기능으로 지속 가능성sustainability이 강조되고 있다. 적절하지 않게 디자인된 친환경 포장의 경우에는 식품을 보호하는 기능이 떨어져 식품 손실이 늘어나고, 기존의 포장보다도 더 큰 환경적 부담을 초래할 수 있다. 환경적 포장 사용에 대한 규제는 식품 기업이 지속성 소재의 사용 결정을 내릴 때 영향을 미친다. 많은 도소매 업자들도 윤리적인 포장 계획을 수립하여 제조업자들이 제품을 만들 때 지속 가능한 전략을 선택하도록 하고 있다. 식품 기업은 더욱 효율적인 소재 사용, 규제 준수, 지속성을 선호하는 소비자를 유치하고 이를 통해 얻는 경쟁적 우위로 경제성 향상을 얻을 수 있다(Han JH. 등, 2012). 소비자의 환경 보호에 대한 관심 증대는 환경 관련 기술 개발의 수요 증대로 이어지고, 친환경 포장 산업의 구조 변화를 초래하고 있다.

친환경 포장산업의 시장은 선진국 주도형 고부가가치 시장으로, 기술력 때문에 시장 진입 장벽이 높다는 것이 큰 특징이라고 할 수 있다(You YS. 등, 2015). 친환경 식품 포장 소재의 상업화가 좀 더 활성화되기 위해서는 원가 절감, 생산성 향상, 물성 강화, 생분해 기간의 조절, 인체에 대한 무해성 입증, 기능성 추가 등 많은 연구를 필요로 한다. 뿐만 아니라 친환경 식품 포장 소재 개발 및 적용을 위한 기업의 의지와 노력이 필요하며, 관련 교육의 확충, 개발 지원, 법규화 등 정부 차원에서의 지원도 필요하다.

1. 지속성 포장을 설명하시오.

2. PCR을 설명하시오.

3. PCR PET 조각들의 재활용 과정에 대해 서술하시오

4. LCA의 정의에 대해 설명하시오.

5. LCA의 목적을 설명하시오.

6. 전 과정 해석(Life cycle interpretation)의 기본적인 구성단계를 설명하시오.

7. 광분해 플라스틱의 분해를 빠르게 반응시킬 수 있는 방법을 서술하시오.

8. 생물고분자 필름과 코팅의 차이점을 설명하고, 생물고분자 필름과 코팅이 식품에 사용된 예를 서술하시오.

9. 생분해 플라스틱 중 PLA의 제조 방식을 설명하시오.

10. 바이오 플라스틱의 종류별 사용 원료를 설명하시오.

연습 문제 / 풀이와 정답

1. 재사용이 가능한 포장, 재활용이 가능한 포장, 재활용 재료로 만든 포장, 청정 생산을 통해 만들어진 재료로 제작된 포장, 그리고 에너지 최적화 상태에서 생산된 재료로 만든 포장을 말한다.
2. Post-consumer recycled의 약자로, 소비자 사용 후 재활용이란 뜻이다. 제조 후 처음 사용되는 소재가 아니라 이미 소비자들이 사용한 적 있는 재활용 소재를 말한다.
3. PCR PET 조각에는 3가지 유형의 재활용 절차가 사용된다. 용융 재처리를 포함한 기계적 방법과 고분자 분해(depolymerization)·정제(purification)를 포함한 화학적 방법, 그리고 다층 압출(multilayer extrusion) 방법이 있다.
4. 전 과정 평가(Life Cycle Assessment)로, 제품 제작을 위한 전 과정에 소모되고 배출되는 에너지 및 물질을 정량화하고 이들 과정이 환경에 미치는 영향을 총체적으로 평가하여 이를 바탕으로 환경 개선 방안을 모색하는 객관적인 환경 영향 평가이다.

5. 주요 자원이 환경에 미치는 영향을 평가하여 제품 생산 과정의 변화, 또는 개선점을 제안하는 데 있다.
6. 전 과정 해석의 기본적인 구성단계는 목표 및 범위 수립, 목록 분석, 영향 평가, 그리고 결과 해석의 4단계이다.
7. 광분해 플라스틱에 자외선을 조사하여 고분자 구조를 붕괴시키거나 금속 변화 촉진제, 산화 촉진제, 또는 감광성 물질을 첨가한다.
8. 생물고분자 필름은 식품에서 분리할 수 있는 층의 형태를 띤다. 예를 들어 랩이나 소시지의 케이싱, 파우치 등의 형태가 있다. 생물고분자 코팅은 필름과는 다르게 식품과 분리할 수 없는 필름이다. 예를 들어 초콜릿을 입힌 땅콩이나 왁스를 입힌 사과 등이 있다.
9. PLA는 전분을 발효시켜 젖산(lactic acid)을 만들고, 만들어진 젖산을 중합하여 제조한다. 사출성형과 압출성형 같은 일반적인 플라스틱 가공 방법을 사용하여 제품화할 수 있다.
10. 생분해 플라스틱은 천연물, 미생물 산물, 석유 유래 합성 원료를 사용하고, 산화 생분해 플라스틱은 산화 생분해제와 식물체를 사용한다. 바이오 베이스 플라스틱은 천연물-고분자 결합체와 천연물 단량체 합성 원료를 사용한다.

참고 문헌

Y.S. You. 2017. 해외 바이오플라스틱 규제 및 대응 현황. KEITI 한국환경산업기술원. 제품환경성 규제분석 report.

Y.S. You. 2015. 바이오 화학 소재, 표준화 및 인증 제도 (플라스틱을 중심으로). 경기바이오인사이트. 4-13.

A.C. Albertsson, C. Barenstedt, S. Karlsson. 1992. Susceptibility of enhaced environmentally degradable polyethylene to thermal and photo-oxidaion. Polym. Degrad. Stabil. 37: 163-168.

A.L. Brody, B. Bugusu, J.H. Han, C.K. Sand, T.H. Mchugh. 2008. Innovative food packaging solutions. *J. Food Sci.* 73(8): R107-R116.

C.M. Bruhn. 2009. Understanding 'green' consumers. *Food Technol.* 63(7): 25-35.

D. Maxwell, R. Van der Vorst. 2003. Developing sustainable products and services. *J. Clean Prod.* 11(8): 883-895.

E.M.S. Selke. 1990. *Packaging and the environment: alternatives, trends, and solutions.* 1st ed. Technomic Publishing, Lancaster, PA, USA. pp. 167-173.

H. Lewis. 2008. *Eco-design of food packaging materials.* pp. 238-262. In: Environmentally Compatible Food Packaging. Chiellini E (ed). Woodhead Publishing Limited, CBG, UK.

H. Lewis, L. Fitzpatrick, K. Verghese, K. Sonneveld, R. Jordon. 2007. Sustainable Packaging Redefined. Sustainable Packaging Alliance, Dandenong, VIC, AUS.

J.H. Han, S.C. Min, M.S. Chung. 2012. Eco-design of food and beverage packaging. Emerging Food Packaging Technologies. 361-379.

J.H. Huang, A.S. Shetty, M.S. Wang. 1990. Biodegradable plastics: A review. *Adv. Polym. Technol.* 10: 23-20.

K. Marsh, B. Bugusu. 2007. Food packaging -roles, materials, and environmental issues. *J. Food Sci.* 72(3): R39-R55.

K. Nachay. 2008. In search of sustainability. *Food Technol.* 62(7): 38-49.

K. Verghese. 2008. Environmental assessment of food packaging and advanced methods for choosing the correct materials. pp. 182-210. In: *Environmentally Compatible Food Packaging*. Chiellini E (ed). Woodhead Publishing Limited, CBG, UK.

M. Avella, E. Bonadies, E. Martuscelli, R. Rimedio. 2001. European current standardization for plastic packaging recoverable through composting and biodegradation. *Polym. Test*. 20(5): 517-521.

R. Ahvenainen. 2003. *Novel food packaging techniques*. Woodhead Publishing Limited, CBG, UK. pp. 521.

R. Narayan. 1994. Impact of governmental policies, regulations, standards activities on an emerging biodegradable plastics industry. *Stud. Polym. Sci*. 12: 261-272.

S.C. Min. 2009. Antimicrobial and sustainable biopolymer films for food packaging (항미생물-환경친화 생고분자 식품필름 연구). *Food and Machinery*. 6(1): 14-17.

W. Jedlicka. 2009. *Packaging sustainability: tools, systems and strategies for innovative package design*. John Wiley & Sons, NJ, USA. pp. 133-221.

Y.S. You, Y.S. Oh YS, S.H. Hong, S.W. Choi. 2015. International trends in development, commercialization and market of bio-plastics. *Clean Technol*. 21(3): 141-152.

Y.S. You, Y.S. Oh, U.S. Kim, S.W. Choi. 2015. National certification marks and standardization trends for biodegradable, oxo-biodegradable, bio based plastic. *Clean technol*. 21(1): 1-11.

찾아보기

ㄱ

가로방향 46
가스 투과도 230
가식성 필름 573
가열 밀봉 192
감온성 447
강성 포장 87
강판 97
개별물질 용출 규격 501
거대원섬유 32
건조 파트 41
결정성 고분자 193
결정화도 193
계수기 454
고온 살균 레토르트 219
고유점도 182
고정 가스 247
고주파 식별 장치 450
고해 37
고해공정 36
골 56
골심지 56
골정 56
골판지 원지 31
골판지 제조공정 61
공산품 상자 71
과립 계량기 459
광분해 플라스틱 572
광전 방식 456
굽힘 강도 169
권은지 30
글라신지 30, 39
기계 방향 213
기계의 진행 방향 46
기계적 펄프 35
기체 조절 패키징 442

ㄴ

납땜관 111
내굴곡균열 217
내부 패키징 522
내유지 30, 39
내응력 저항성 205
내천공성 217
냉각 상태 173
Neck 결정화 314
neck-in 현상 205
네크 피니시 299
녹는점 174
농축수산물 상자 72
능동형 패키징 530
능동확산 238
니켈도금강판 99

ㄷ

다분산도 168
다층 압출 코팅 210
닥터블레이드 67, 399
단량체 162
단위 패키징 522
닫힌 금형 147
대형 상자 72
더블-버블 방법 213
도요심 111
도전성 골판지상자 71
도트 디핑 401
동시연신 213
D 강종 98
DR강판 97
DRD 캔 113
DRY END 공정 63
DR 캔 113
디에틸헥실프탈레이트 153
D & I 캔 101, 113
DTR 캔 113
땅콩 단백질 227

ㄹ

라디오파 178
라이너 56
랜덤 공중합체 202
램식 267
러그 캡 151
레토르트 219
레토르트 포장 471
로진계 39
롤러 도장 104
롤 58
리브 299

ㅁ

마그네트론 178
매니폴드 모듈 197
메탈로센 촉매 179
목 구경 128
몬모릴로나이트 258
무주석강판 97
묶음 포장 478
물관 32
물류 패키징 542
물적 유통 529
미라심 111

미세섬유 32
미술관 119
미표백 크라프트 펄프 29, 36
밀랍 227
밀의 글루텐 227

ㅂ

바이오 베이스 플라스틱 572
바이오플라스틱 177
박엽지 30
발포 PP 181
방사세포 32
배럴 305
배향 213
백상지 30
버블 197
변성 에폭시 106
변형 170
볏짚 펄프 34
보틀 캔 89, 117
부분결정 고분자 169
부착형 탭 뚜껑 131
분리대두 단백 227
분말 충전기 456
분해온도 175
블랭킷 403
블로 성형 378
블로 필름 194, 204
블록 공중합체 202
비결정성 고분자 193
비결정 형태 168
비균질도 168
비닐계 도료 105
비닐 아세테이트 203
비목재 펄프 34
비스페놀 A 92
비틀림 강도 170

ㅅ

사이징제 39
사출성형 204, 377
산소 투과도 231
산소 흡착제 444
산업용지 31
산화 생분해 플라스틱 572
산화 속도 442
3피스 캔 109
상적 유통 529
색측정 센서 배열 방법 447
생물고분자 필름 573
생물원료 177
생분해 플라스틱 177, 571
생산자책임재활용제도 131
선상 저밀도 PE 199
선 수 401
셀룰로오스 32, 227
수송 패키징 542
수증기 투과도 230, 239
수 평균분자량 167
순환 물류 패키징 546
스마트/인텔리전트 패키징 440
스마트/지능형 포장 440
스크루식 267
스크루 인 라인식 268
스크린 드럼 43
스트레치 로드 304
스틸 97
스포트 111
스프레이 도장 104
습윤성 205
시머기 123
CPP 필름 194
식품 용기 92
식품 유사용매 501
식품의 산패 441
식품 접촉 물질 500
식품접촉물질통지제도 503
식품 패키징 16
실런트 204
싱크 마크 308
쌀겨 왁스 227

ㅇ

아닐린인쇄 399
아레니우스식 247
아연도금강판 99
아이오노머 206
아크릴 코팅 212
아페르 17
알긴산 227
알루미늄 101
알루미늄 증착 CPP 필름 208
알루미늄 캔 565
ROPP 캡 152
α-올레핀 199
압력 씰 149
압축 강도 169
압출 코팅 210
압출 파트 195
애니록스 롤 67, 399
액체 충전기 457
액티브 패키징 440

양면 골판지상자 59
어큐뮬레이터식 267
에어로졸 캔 119
에어 링 196
AC 처리 후 표면 코팅 210
HDPE 필름 194
A형 상자 69
에콕스팩 48
에틸렌-메틸아크릴산 204
에틸렌비닐 아세테이트 203
에틸렌-아크릴산 204
에틸비닐알코올필름 19
에폭시계 도료 105
에폭시 수지 164
에폭시화 폴리아미드 41
L 강종 98
LDPE 필름 194
LLDPE 필름 194
MR 강종 98
MAP 포장 470
연신 나일론 필름 194
연신폴리프로필렌 218
연포장재 363
열가소성 수지 166
열가소성 플라스틱 376, 485
열경화성 수지 166
열경화성 플라스틱 485
열기계 펄프 35
열성형 380
영률 171
오거식 충전기 456
OPET 필름 194
OPS 필름 194
OPP 필름 194
와이어 파트 41
왁스 코팅 상자 72
외부 패키징 523
용융 흐름지수 205
용접관 111
원색 분해 컬러박스 71
원형 다이 195
WET END 공정 61
위변조 방지 캡 141
위생적인 캔 123
유닛 로드 529
유닛 로드 시스템 391
유리 136, 565
유리 상태 173
유리 전이온도 173
유산지 30
유청 단백질 227
융용상 성형 방식 337
응력 170
이면 인쇄 194
EVA 필름 194
이소택틱 폴리프로필렌 202
이음부 90
이중권체 121
이중 밀봉 108
이지오픈엔드 90, 101, 120
이축연신 나일론 필름 218
이축연신 폴리프로필렌 216
이축연신 필름 213
2피스 캔 112
2-히드록시에틸 181
인장 강도 169
인장 응력-변형 곡선 170
인플레이션법 194
일반 씰 149
일일섭취추정량 507
일일섭취한계량 507
임계 산소값 443

ㅈ

장망 초지기 42
재사용 156
재사용 물류 패키징 544
재생지 34
재활용하기 157
저석도금강판 99
저온 실링 코팅 212
전 과정 평가 567
전분 유도체 227
전이온도 167
전해 도장 104
전환 모듈 197
절단 치수 128
접착관 111
접착제 204
접합부 93
제인 227
젤라틴 227
조립상자 72
존스 57
종이 28, 564
주석-니켈도금강판 99
주석도금강판 97
중량 평균분자량 167
중심지 31
지글러-나타 촉매 179, 201
지능형 패키징 530
지력 증강제 40
지류 포장 382
지방산 227
지속 가능한 포장 48, 562
지함 포장 473
직접 코팅 210
진공 씰 149

ㅊ

철제 캔 564
첨가제 39
첨가중합 162
체적 계량기 457
초고온 살균 레토르트 219
초지 공정 41, 65
최대무독성량 507
축임물 403
축차연신 213
축합중합 162
충격 강도 170
층상 결정 형태 168
친환경 포장 566
침엽수 32
침엽수 펄프 34

ㅋ
카나우바 왁스 227
카라기닌 227
카세인 227
카턴 382
카턴팩 138
카토캔 48
칸데릴라 왁스 227
캐스팅 필름 194
캔용 도료 103
캔 포장기 474
캘린더 파트 43
커핑 공정 118
케라틴 227
코노웰드 111
코루게이터 61, 79
코팅 공정 45
콜드 엔드 처리 144
콜라겐 227
콤파운드 108
크라운 캡 151
크롬도금강판 99

ㅌ
타발관 113
탄성률 171
탈잉크 564
테트라 브릭 488
텐터 방법 213
토마스 켄세트 89
투과능 240
투과도 239
투과도 계수 239
T-다이 주조법 194
TULC 캔 115
TP 캡 152

ㅍ
파라핀 왁스 227
파스퇴르 18
판지 28
패널 299
패리슨 142, 264
패키징 520
팰릿 20
펄프 몰드 트레이 49
펄프액 42
펙틴 227
편면 골판지 58
평량 30
폐 루프 재활용 565
포장 내 건조 446
포장 충전기 454
폴리글리콜레이트 226
폴리락테이트 226
폴리락트산 571
폴리메틸메타크릴레이트 163
폴리부텐-1 163
폴리부틸렌테레프탈레이트 165
폴리비닐알코올 182
폴리비닐알코올 코팅 212
폴리스티렌 163, 183
폴리아미드 184
폴리아미드 6 163
폴리아미드 66 165
폴리아크릴아미드 40
폴리에스터 19
폴리에틸렌 163, 179
폴리에틸렌 테레프탈레이트 181
폴리에틸렌테레프탈레이트 165
폴리염화비닐리덴 코팅 212
폴리카보네이트 164, 185
폴리카프로락톤 226
폴리테트라플루오로에틸렌 163
폴리페닐렌 설파이드 165
폴리프로필렌 163, 180
표면지 31
표백 크라프트 펄프 36
품질 관리 145
품질 보증 145
프레스 파트 41
프리폼 182
프리프린팅 인쇄상자 71
플라스틱 565
플라스틱 용기 376
피드블럭 197
피드포트 모듈 197
PCR 포장재 563
PS판 405
pH 센서 449
PET 필름 217
피터 듀란드 87, 89
핀 홀 238

ㅎ
하이그로스지 30
핫러너 시스템 303
핫 엔드 처리 144
핫 택 204
항복응력 171
항복점 171
항아리 137
해리 37
헛물관 32
헤드박스 41
헤미셀룰로오스 32
헨리 법칙 239
호모폴리머 202
홈판형 69
화학적 펄프 35
확산법칙 238
환망 초지기 43
활엽수 32
활엽수 펄프 34
황산염 펄프 35
횡방향 213
휘발성 유기 화합물 407
흐름온도 174
히드록시프로필셀룰로오스 229
힐 데이어드 28

영문

A

accumulator type 267
acetylated glycerides 227
ACL printing 154
acrylic coatings 212
activated diffusion 238
active packaging 440, 530
adhesives 204
aerosol can 119
air ring 196
Albert L. Jones 57
Al. SOT/St. SOT 121
amorphous form 168
ANILOX 67
anilox roll 399
auger filler 456

B

barrel 305
biaxially oriented nylon film 218
biaxially oriented polypropylene 216
Biaxial stretching film 213
biodegradable plastic 177
biomass 177
bioplastic 177
blank 143
blanket 403
Blank Seam 148
bleached kraft pulp 36
block copolymer 202
blow & blow 142
blow film 204
Blow mold 146
blow molding 378
blown film 194
BOPP 216
bottle can 89, 117
Bottom Plate Parting Line 148
bubble 197

C

calendar part 43
candelilla wax 227
can seamer 474
carnauba wax 227
carrageenan 227
Carrier Board 31
Cartocan® 48
carton 382
casein 227
cellular board box 59
cemented side seam can 111
Charles Hildeyerd 28
chuck wall radius 128
circular die 195
closed-loop 565
closed mold 147
coating on A.C. treatment surface of substrate 210
coating part 45
cold end treatment 145
collagen 227
colorimetric sensor array 447
commercial distribution 529
Composite Can 49
compound 108
compression strength 169
computer to plate 399
conoweld 111
core rod 304
counter 454
countersink 128
cross direction 46
crown cap 151
crystallinity 193
crystallite melting temperature 174
crystallize PET 182
CSA 447
CTP 399
cupping 118
cut-edge 128
cylinder machines 43

D

dampening solution 403
dampening water 403
decomposition temperature 175
Deep Drawing 98
Die cutting 75
diethylhexyl phthalate 153
direct coating 210
doctor blade 67, 399
Dot dipping 401
double reduced 97
double seaming 108, 121
Draw 113
Draw Can 113
Drawn & Ironed Can 113
Drawn Redrawn Can 113
Draw Redraw Can 113
dryer part 41

E

EAA 204
Easy Feel End 121
easy open end 90, 120
Easy Peel-able Layer 203
EcoXpac 48
EDI 507
EMAA 204
EOE 101, 120
EPL 203
Epoxy resin 164
estimated daily intake 507
ethylene-acrylic acid 204
ethylene-methylacrylic acid 204
ethylene vinyl acetate 203
EVA 203
expanded polypropylene 181
Extended Producer Responsibility 131

extrusion-coating 210
extrusion part 195

F

FCMs 500
FCN 503
feedblock 197
feedport module 197
FFS 336
fixed gas 247
Flex-crack resistance 217
flexural strength 169
flow temperature 174
flute ti 56
food contact materials 500
Food Contact Notification 503
food simulant 501
Form-fill-seal 466
Fourdrinier machines 42
free form 182
frozen state 173

G

gelatin 227
general can 119
glassine paper 30
glass transition temperature 173
glassy state 173
gluten 227
greaseproof paper 30
grease-resistant paper 39

H

HDPE 179
head box 41
heat seal 192
hemicellulose 32
Henry's law 239
heterogeneity index 168
high temperature retort 219
HMR 47
home meal replacement 47
homopolymer 202
hot end treatment 144
hot runner system 303
Hot Stamping 154
Hot Tack 204
hydroxypropyl cellulose 229

I

impact strength 170
inflation method 194
injection molding 204, 377
intelligent packaging 530
intermediate packaging 522
intrinsic viscosity 182
ionomer 206
isotactic polypropylene 202
item packaging 522
Ivory 31

J

jar 137

K

keratin 227
Kraft pulp 35

L

lamellar crystalline form 168
LCA 568
LDPE 179
life cycle assessment 567
linear low density PE 199
liner 31
line screen 401
LLDPE 179, 199
Louis Pasteur 18
Low Residual 98
low-temperature sealing coating 212
Low Tin Steel 99
lug cap 151

M

machine direction 46, 213
macro fibril 32
magnetron 178
manifold module 197
MAP 442
MD 213
medium 31
Medium Residual 98
Melt Index 205
melt phase forming 337
MI 205
micro fibril 32
mira seam 111
modified atmosphere packaging 442
modified epoxy 106
Mold Seam 148
monomer 162
montmorillonite 258
MPF 337
multi & bundle package 478
multilayer extrusion coating 210

N

Natural Kraft Pulp 36
neck crystallization 314
Necked-in diameter 128
neck finish 299
Neck-in 211
Neck-ring mold 146
Neck Ring Parting Line 147
Nicolas Appert 17
Nip Roll 197
NOAEL 507
no observed adverse effects 507
normal seal 149
Nucrel 204

number-average molecular weight 167
Nylon 6 163

O

Olivier Long 58
olyphenylene sulfide 165
orientation 213
oriented polypropylene 218
outer packaging 523
oxygen scavenger 444

P

PA 184
PA 6 163
PA 66 165
packaging 520
pallet 20
panel 299
paper making process 41
parchment 30
parison 142, 143, 264
Parison mold 146
PBT 165
PC 164, 185
PCL 226
PE 163
peanut protein 227
pectin 227
Peel-off E.O.E. 121
permeability 239, 240
PET 165, 181, 182
Peter Durand 87
PET film 217
PHA 226
PHB 226
PHBV 226
photo-cell system 456
phthalate 153
physical distribution 529
pinholes 238
PLA 164, 571
PLLA 226
PMMA 163
poly-3-hydroxybutyrate-3-hydroxyvalerate 226
polyacrylamide 40
polyaddition 162
polyamide 184
Polyamide 6 163
Polyamide 66 165
Polybutene-1 163
Polybutylene terephthalate 165
polycaprolactones 226
Polycarbonate 164, 185
polycondensation 162
polydispersity index 168
Polyethylene 163
Polyethylene terephthalate 165
polyethylene terephthalate film 217
polyglycolates 226
poly-hydroxy-alkanoate 226
polylactates 226
polylactic acid 164, 571
polylactide 164
poly-L-lactide 226
Polymethyl methacrylate 163
Polypropylene 163
Polystyrene 163
Polytetrafluoroethylene 163
polyvinyl alcohol 182
polyvinyl alcohol coatings 212
polyvinylidene chloride coatings 212
poly-β-hydroxybutyrate 226
post-consumer recycled 563
PP 163, 180
PPS 165
pre-sensitized plate 405
press & blow 142
press on twist off cap 152
press part 41
pressure seal 149
PS 163, 183
PTFE 163
pulp furnish 42
pulp mold tray 49
puncture resistance 217
PVDC coatings 212
PVOH 182
PVOH coatings 212

R

Radiofrequency identification device 450
radio wave 178
ram type 267
random copolymer 202
ray cell 32
regular slotted container 69
retort 219
returnable transport packaging 544
re-use 156
reverse printing 194
RFID 450
rib 299
rigid packaging 87
Ring Pull E.O.E. 121
roll-on pilfer proof cap 152
Rosin 39
Royal Ivory 31
RSC 69

S

sanitary can 123
SC-Manilla 31, 44
screen drum 43
screw type 267
sealant 204
seamer 123
semi-chemical pulp 35

sequential stretching 213
Sform-fill-seal 336
side seam 90, 93
simultaneous stretching 213
single-facer corrugated board 58
sink mark 308
sizing agent 39
slotted-type 69
smart/intelligent packaging 440
SML 501
soldered side seam can 111
SOT 131
soy protein isolate 227
specific migration limit 501
spot 111
srew in line type 268
stay on tab 131
Stay On Tab E.O.E. 121
strain 170
straw pulp 34
stress 170
stress crack resistance 205
stretch rod 304
sustainable packaging 562

T

tamper evident cap 141
TD 213
TDI 507
T-die casting method 194
tensile strength 169
tensile stress-strain curve 170
tetra brik 488
TFS 115
TFS-CT 99
TFS-NT 99
TFS-ZT 99
T_g 173
the modulus of elasticity 171
Then Redraw 113
thermochromic 447
thermoforming 380
thermomechanical pul 35
thermoplastic 166, 376, 485
thermoplastic plastics 485
thermosets 166
thermosetting plastics 485
Thompson & Norris 58
Tin Canister 87
Tin Free Steel 97, 115
Tin Nickel Steel 99
tinplate 97
tolerable daily intake 507
torsional strength 170
Touch & Go/ Pull Tab 121
Toyo seam 111
Toyo Ultimate Can 115
tracheid 32
transition module 198
transition temperature 167
transmission rate 239
transport packaging 542
transverse direction 213

U

UKP 29
ultra high temperature retort 219
unbleached kraft pulp 29
unit load 529
unit load system 391

V

vacuum metalized CPP film 208
vacuum seal 149
vessel 32
VM-CPP film 208
VOCs 407

W

water vapor transmission rate 239
weight average molecular weight 167
welded side seam can 111
wet end 42
wettability 205
whey protein 227
wire part 41

Y

yield point 171
yield stress 171
Young's modulus 171

Z

zein 227

저자 소개

박현진 **현재** 고려대학교 식품공학과 교수
미국 클렘슨대학 포장공학과 겸임교수
한국과학기술한림원 정회원

고려대학교 식품공학과 학사, 석사
미국 조지아대학 식품공학 박사

김성우 **현재** 한일제관㈜ 전무

부경대학교 식품포장학 겸임교수
인제대학교 식품포장학 겸임교수
산자부 산하 산업디자인진흥원 포장관리사 과정 금속용기 강사
한국 생산 기술연구원의 전문교육교재 중 금속포장용기 교재 집필

김정민 **현재** 한국농수산식품유통공사 농식품유통교육원 교수
고려대학교 식품공학과 겸임교수

고려대학교 식품공학 박사
㈜오뚜기 중앙연구소 포장개발 연구실장

김형계 **현재** 대양화성주식회사 연구소장

인하대학교 고분자공학과 학사
이달의 엔지니어상 수상(2012. 07)

민세철 **현재** 서울여자대학교 식품공학전공 교수
미국 위싱턴주립대학교(School of Food Science) 겸임교수

미국 오하이오주립대학교 식품공학과 박사
미국 캘리포니아주립대학교(Davis) 식품공학과 박사 후 연구원
미국 아이다호주립대학교(School of Food Science) 조교수

배호재 **현재** 건국대학교 줄기세포재생공학과 부교수
한국과학기술한림원 YKAST 회원

미국 클렘슨대학 식품공학 박사
미국 하버드의학대학 전임강사

신양재 **현재** 고려대학교 연구교수
한국포장학회 회장 겸 한국물류과학기술학회 수석부회장

미국 미시간주립대학교 패키징학과 박사
㈜이생 사업본부장 및 두산테크팩 (식품/의료 포장) 개발팀장
로지스올 그룹 (물류 포장) 연구소장

오세종 **현재** 전남대학교 동물자원학부 교수
한국축산학회 편집위원장

한국야쿠르트 중앙연구소 수석연구원
미국 코넬대학교 식품공학과 연구원
캐나다 구엘프대학교 식품위생연구소 방문연구원
한국유가공학회 편집위원장

이성주 **현재** CJ제일제당주식회사 중앙연구소(가공식품 및 식품소재 포장 연구개발)
마케팅관리사, 포장관리사

서울대학교 식품공학 학사, 석사
㈜오뚜기 중앙 연구소(가공식품, 포장재 연구개발)

이춘식 **현재** 아세아㈜ 사업개선본부 전략영업실 이사
제일산업㈜ 영업부문장

유진판지㈜ 상자영업부문장
㈜에이팩 사외이사

전대훈 **현재** 식품의약품안전처

서강대학교 화학과 학사, 석사
한국방송통신대학교 법학과 학사
고려대학교 식품공학 박사
효성기술원

실무를 위한 식품포장공학

2021년 2월 25일 초판 2쇄 발행
2019년 5월 27일 초판 1쇄 발행

대표저자 박현진
지은이 김성우 · 김정민 · 김형계 · 민세철 · 배호재
신양재 · 오세종 · 이성주 · 이춘식 · 전대훈

발행인 이 영 호
발행처 **수 학 사**
10881 경기도 파주시 회동길 56 기한재 1층
출판등록 1953년 7월 23일 제2020-000143호
전화번호 031) 946-4642(代) 팩스 031) 944-1457
http://www.soohaksa.co.kr
디자인 북큐브

정가 29,000원

ISBN 978-89-7140-726-4 93570